核生化防护技术丛书

刘国宏　左伯莉　主编

化学传感器原理及应用

HUA XUE CHUAN GAN QI YUAN LI JI YING YONG

国防工業出版社
·北京·

内 容 简 介

本书共分6章,根据近年化学传感器的进展,较系统、全面地阐述了化学传感器的基本原理与应用,内容包括绪论、光学传感器、电化学传感器、质量传感器、热化学传感器、化学传感器新进展,并介绍了分子印迹、微纳传感器、模式识别、物联网等新技术在化学传感器中的应用。

本书内容丰富,取材新颖,重点介绍了各类传感器的原理、结构、特点与应用状况,充分反映了近年化学传感器的新进展与新成果。

本书不仅可供大专院校分析化学及相关专业的师生阅读,还可供化学化工、生物技术、医学、药学、农业、环保、质检等部门的科研人员和分析检验人员参考。

图书在版编目(CIP)数据

化学传感器原理及应用/刘国宏,左伯莉主编.—
北京:国防工业出版社,2022.9
(核生化防护技术丛书)
ISBN 978-7-118-12558-0

Ⅰ.①化… Ⅱ.①刘… ②左… Ⅲ.①化学传感器-
研究 Ⅳ.①TP212.2

中国版本图书馆 CIP 数据核字(2022)第140116号

※

国防工業出版社出版发行
(北京市海淀区紫竹院南路23号 邮政编码100048)
北京龙世杰印刷有限公司印刷
新华书店经售
*

开本 710×1000 1/16 **印张** 42 **字数** 754千字
2022年9月第1版第1次印刷 **印数** 1—1500册 **定价** 189.00元

国防书店:(010)88540777 书店传真:(010)88540776
发行业务:(010)88540717 发行传真:(010)88540762

前言

自1906年发明第一支pH电极以来,化学传感器至今已经历了100多年的发展,由最初的电化学传感器发展到今天形形色色的化学传感器。特别是近十几年来,随着社会和科学技术的进步和多学科的融合发展,化学传感器已成为一门集物理、化学、生物、电子学、计算机及信号处理等多门学科的综合技术,是化学专业重要的研究领域之一。目前,化学传感器的应用已深入人们现代生活的各个环节。化学传感器已成为当代分析化学发展的主要趋势之一,是环境保护与监测、工农业生产、食品、气象、医疗卫生、疾病诊断等领域的重要技术与分析手段,在工农业生产、安全防护与国民经济中发挥着重要的作用。

本书共分6章。第1章绪论,简要介绍了化学传感器的概念、基本原理、类型、特点及发展概况与趋势;第2章~第5章分别以光化学传感器、电化学传感器、质量传感器和热化学传感器为主题,介绍了光纤传感器、荧光传感器、光声传感器、化学发光传感器、表面等离子共振传感器、非色散红外传感器、RGB传感器、电位型化学传感器、电流型传感器、电导型传感器、场效应传感器、半导体气敏传感器、体声波传感器、声表面波传感器、微悬臂梁化学传感器以及各种热化学传感器的基本原理、分类、特点及近十几年的应用研究进展;第6章介绍了分子印迹、微纳传感器、模式识别、物联网等新技术在化学传感器中的应用。

本书是结合陆军防化学院多年的化学传感器教学和科研经验,在查阅了大量的国内外参考资料的基础上编著而成的。本书以当前化学传感器研究的前沿为选材内容,并以大量图表全面系统地介绍了各种化学传感器的特色及发展现状,力求向读者介绍各种传感器的设计思路、结构特点、研制目的和应用方法。因此,该书内容广泛,理论性及系统性强,具有很高的实用价值,不仅可作为大专院校分析化学及与相关专业的教学参考书,而且对于大学高年级学生进行毕业论文设计、研究生进行论文研究、科研技术人员和分析检验人员从事化学传感器技术的研究与检测也是一本很有实用价值的参考书。

本书由刘国宏和左伯莉主编。第1章由陈传治和左伯莉编写;第2章光纤化学传感器由马果花编写,荧光传感器由吴为辉编写,光声传感器由吴泓毅编写,化学发光传感器由刘国宏编写,表面等离子共振传感器由孙杨编写,非色散红外传感器和RGB传感器由刘国宏、任丽君、马斌编写;第3章除半导体气敏传感器由李丹萍编写外,其他部分由肖艳华编写;第4章声表面波传感器和微悬臂梁化学传感器由陈传治编写,体声波传感器由张红兴编写;第5章由张红兴编写;第6章分子印迹聚合物传感器由沈永玲编写,微纳传感器由刘兴起编写,模式识别技术在化学传感器中的应用由王鑫编写,物联网技术在化学传感器中的应用由李建编写;吴明飞对本书进行了审读。

由于化学传感器技术发展迅速,加之编者学识有限,书中误漏之处在所难免,恳请各位读者批评指正。

编　者

2022年03月

目录

第1章　绪论

第2章　光化学传感器

第 3 章 电化学传感器

第 4 章　质量传感器

第5章 热化学传感器

第6章 化学传感器新进展

第 1 章

绪　　论

测量、控制和自动化等现代科学技术的迅速发展，极大地推动了信息技术的进步，人类社会已步入了信息时代。作为信息技术三大支柱之一的传感器技术是获取信息的主要手段，在现代科学技术中发挥着越来越重要的作用。化学传感器是现代传感器技术的重要组成部分，在科学研究和工农业生产、环境保护、医疗卫生、安全防卫等方面得到了广泛的应用。

1.1 化学传感器的基本概念与原理

化学传感器已成为化学分析与检测的重要手段，然而，化学传感器的定义至今尚无统一规定。国内有的学者将化学传感器定义为能够将各种化学物质（电解质、化学物、分子、离子等）的状态或变化定性或定量地转换成电信号而输出的装置。

在国家标准 GB/T 7665—2005《传感器通用术语》中则将化学传感器定义为"能感受规定化学量并转换成可用输出信号的传感器。"

在国外也有不同的定义，R. W. Catterall 在其著述中将传感器定义为一种能够通过某化学反应以选择性方式对特定的待分析物质产生响应从而对分析物质进行定性或定量测定的装置。此类传感器用于检测特定的一种或多种化学物质。O. S. Wolfbeis 则将化学传感器定义为包含有识别元件、换能元件和信号处理器且能连续可逆地检测化学物质的小型装置。他强调，化学传感器必须是可逆的，其他不可逆的装置由于只能进行一次检测而应该称为探头。

化学传感器是一种强有力的、廉价的分析工具,它可以在干扰物质存在的情况下检测目标分子,其传感原理如图1.1所示,其构成一般由识别元件和换能器以及相应电路组成。当分子识别元件与被识别物发生相互作用时,其物理、化学参数会发生变化,如离子、电子、热、质量和光等的变化,再通过换能器将这些参数转变成与分析物特性有关的可定性或定量处理的电信号或者光信号,然后经过放大、储存,最后以适当的形式将信号显示出来。传感器的优劣取决于识别元件和换能器的合适程度。通常,为了获得最大的响应和最小的干扰,或便于重复使用,将识别元件以膜的形式并通过适当的方式固定在换能器表面。

识别元件亦称敏感元件,是各类化学传感器装置的关键部件,能直接感受被测量(一般为非电量),并输出与被测量成确定关系的其他量的元件。其具备的选择性让传感器对某种或某类分析物质产生选择性响应,这样就避免了其他物质的干扰。换能器又称为转换元件,是可以进行信号转换的物理传感装置,能将识别元件输出的非电量信息转换为可读取的电信号。

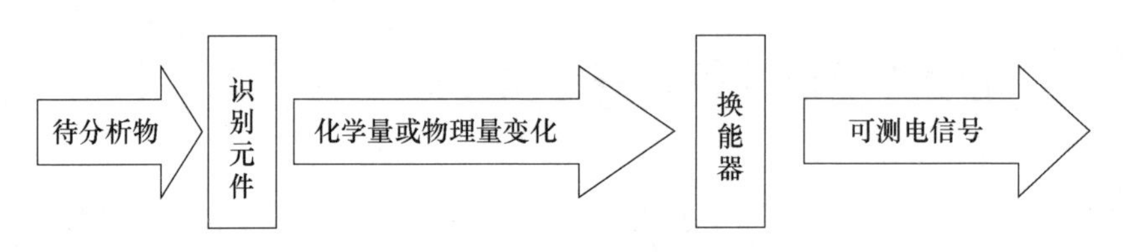

图1.1　化学传感器原理示意图

1.2 化学传感器的类型

化学物质种类繁多,性质和形态各异,而一种化学量又可用多种不同类型的传感器测量或由多种传感器组成的阵列测量,也有传感器可以同时测量多种化学参数,因而,化学传感器的种类极多,转换原理各不相同且相对复杂,加之多学科的迅速融合,使得人们对化学传感器的认识还远远不够成熟和统一,故其分类方法也各不一样。通常,按照传感器选用的换能器的工作原理可将化学传感器分为电化学传感器、光化学传感器、质量传感器、热化学传感器等，如图1.2所示。

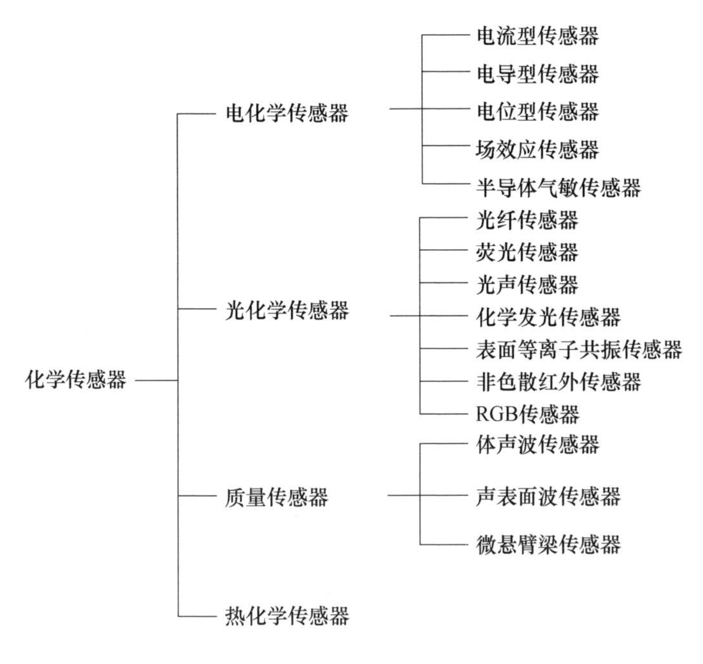

图1.2　化学传感器分类

电化学传感器是发展最为成熟和应用最广的一类传感器，主要包括电流、电导、电位、场效应等传感器，其中比较重要的是以离子选择电极为代表的电位型传感器和近年发展起来的场效应化学传感器。离子选择电极传感器已有多种商品问世，并且价廉，在环境监测和生产实践中发挥了重要的作用；场效应管的研发促进了场效应传感器的研究；电导型传感器中以半导体气敏传感器最为重要。

光学传感器包括光纤、荧光、光声、化学发光、表面等离子共振、非色散红外和RGB 7个类型。在这里，光纤化学传感器是以光导纤维做传光元件的传感器，它一般是基于光纤端部覆盖的可与待测物发生光化学反应（荧光、吸收、散射等）的薄膜引起光纤传光特性的改变而进行检测的，具有可塑性好、体积小、使用方便等优点，非常适用于微区、微体积乃至活体的检测。荧光传感器具有极高的灵敏度，在痕量物质的检测中具有独到优势，但因并不是所有的物质均有荧光,因此,它的应用受到一定的限制。光声效应是物质吸收调制光后,通过无辐射弛豫产生的热现象。光声传感器具有灵敏度高,散射光不影响其测定等优势,可适用于气、固、液、粉末、薄膜、活体等多种样品,是迄今为止诸化学传感器中适用样品范围最广泛的一种传感器。化学发光传感器是基于物质在化学发光试剂存在下,发生化学发光反应时产生的可见、紫外光进行分析测定的,近年来,在电致化学发光、纳米材料化学发光等方面均有长足的进展。近年发展起来的表面等离子体共振传感器是基于金属与石英或玻璃表面产生的等离子体共振现象,一般是通过检测棱镜侧面附着的物质来检测其与溶液中待测物质的反应,特别适用于抗原与抗体间反应的实时检测。

质量传感器有 QCM(石英晶体微天平)、SAW(声表面波)与近年发展起来的悬臂梁传感器,QCM 和 SAW 传感器均是基于各种压电材料的压电效应受外界质量作用而引起频率的变化检测的,不同的是,QCM 是在压电晶体上覆以金属电极,而 SAW 是覆以叉指电极,由于 QCM 的共振频率一般为十几兆赫,而 SAW 是几百兆赫,甚至可以更高,因此,后者比前者灵敏度可以高几个数量级,制造与研究的费用也相对要高得多,SAW 和毛细管色谱联机,用以检测环境中的污染物,并且已有商品问世,SAW 研制的化学战剂报警器可对多种化学战剂检测并具有很高的灵敏度,已被美军用于装备部队。悬臂梁传感器是基于微型晶片上附着待测物引起的质量变化进行检测的,具有极高的(ppt 级)灵敏度,得到了广泛研究,但传感器的体积太小,制作工艺相对复杂,尚处于发展阶段。

热化学传感器是基于化学反应中物质的热性质进行检测的,在生物领域中应用得较多。

另外,还可以按照传感器敏感对象的特性将化学传感器分为湿敏传感器、离子敏传感器、气敏传感器等。

1.3 化学传感器的特点

化学传感器的特点,主要有下述几个方面。

(1)涉及学科面广、综合性强。化学传感器是一门集物理、化学、电子学、计算机、生物等多门学科的综合技术，它的发展与当代物理、光学、电学、微电子、计算机、信号处理等技术的发展密切相关，化学传感器的水平是建立在上述学科综合水平之上的。总之，20 世纪科技的进步在化学传感器发展史上留下了深深的烙印。可以说，没有激光的发现，就没有光声传感器与拉曼检测的今天；没有光电倍增管等微弱信号探测技术的发展，就没有化学发光传感器的进展；没有通信技术发展，光纤传感器就不会有今天的成熟；没有场效应管的出现，也就没有场效应传感器的发展；叉指电极的制造工艺的成熟促使声表面波传感器走向了今天的市场。微悬臂梁、表面等离子共振技术、分子印迹等技术的发展，为化学传感器新世纪的发展开辟了一个又一个新的领域。

（2）使用方法灵活、结构形式多样。化学传感器类型各异，除少量实现商品化外，大部分没有固定的结构形式。一般是根据检测对象的性质、体积、状态，检测方法的特点，检测样品的要求等选择不同的检测方法，并设计合适的传感器的结构形式。基于多种检测原理和多种结构的化学传感器为样品检测选择合适的方法提供了广泛的基础，微电子加工工艺的发展也为设计研究新型化学传感器提供了广阔的空间，促进了新一代化学传感器的发展，这也正是化学传感器技术的优势所在。

（3）自动化程度高。化学传感器是将化学反应的信号转换成电信号后输出，由于近代微电子学、信号处理技术、计算机技术的发展，使化学传感器的自动化程度得以大幅度提高，用微机检测的传感器信号及影像技术、CCD 等技术的发展，使化学传感器在实时检测、活体成像检测、快速检测等方面得到飞速发展，自动化程度得以极大地提高。

1.4 化学传感器发展概况及趋势

化学传感器的历史可以追溯到 1906 年，化学传感器研究的先驱者 Cremer 首先发现了玻璃薄膜的氢离子选择性应答现象，发明了第一支用于测定氢离子浓度的玻璃 pH 电极，从此揭开了化学传感器的序幕。随着研究的不断深入，基于玻璃薄膜的 pH 值传感器于 1930 年进入实用化阶段。但在 20 世纪 60 年代以前，化学传感器的研究进展缓慢，期间，仅 1938 年有过利用氯化锂作为湿度传感器的研究报告。此后,随着卤化银薄膜的离子选择应答现象、氧化锌对可燃性气体的选择应答现象等新材料、新原理的不断发现及应用,化学传感器进入了新的时代,发展十分迅速,压电晶体传感器、声波传感器、光学传感器、酶传感器、免疫传感器等各种化学传感器得到了初步应用和发展,电化学传感器则在这一时期得到了长足的发展,占到了所有传感器的90%左右,而离子选择电极曾一度占据主导地位,达到了所有化学传感器的半数以上。直到20世纪80年代后期,随着化学传感器方法与技术的扩展和微电子等技术在化学传感器中的进一步应用,基于光信号、热信号、质量信号的传感器得到了充分发展,大大丰富了化学传感器的研究内容,从而构成了包括电化学传感器、光化学传感器、质量传感器及热化学传感器在内的化学传感器大家族,电化学传感器的绝对优势才逐步开始改变,化学传感器进入了百家争鸣时期。

随着化学传感器的不断发展,其高选择性、高灵敏度、响应速度快、测量范围宽等特点得到了人们的广泛重视,成为了环境保护与监测、工农业生产、食品、气象、医疗卫生、疾病诊断等与人类生活密切相关的技术和手段,并成为当代分析化学主要的发展趋向之一。1981年,由日本学者清山哲郎、盐川二郎、铃木周一、笛木和雄等编著的《化学传感器》一书出版,自此有关化学传感器的国际学术会议经常召开。1983年,第一届化学传感器国际学术会议在日本福冈召开,由著名学者清山哲郎等九大名誉教授作为大会主席,这次大会为国际化学传感器的发展奠定了基础。此后,从1990年第3届国际化学传感器会议开始,该会议每两年召开一次(原计划于2020年在美国芝加哥举行的第18届国际化学传感器会议因新冠肺炎疫情影响而推迟),在欧、美以及亚洲轮流,至今已成功召开了17届。表1.1列出了历届化学传感器国际会议的基本情况;同时,与化学传感器相关的其他各种国际化学会议(如生物传感器国际学术会议、欧洲传感器会议、东亚化学传感器会议等)也先后召开,并且化学传感器在国际纯粹化学与应用化学联合会召开的国际化学会议中也占重要地位;我国的全国性化学传感器学术会议也先后举办了14届。这一切表明,化学传感器的开发研究是当今世界一个十分活跃的领域,非常引人注目。

表 1.1 历届化学传感器国际会议的主题内容及其论文数量

年份	会议地点	主题
1983 年（第一届）	日本福冈（Fukuoka）	半导体气敏传感器、固体电解质气敏传感器、湿敏传感器、场效应化学传感器、离子选择电极、生物传感器、新方法新系统
1986 年（第二届）	法国波尔多（Bordeaux）	半导体气敏传感器、固体电解质气敏传感器、湿敏传感器、场效应化学传感器、离子选择电极、生物传感器、新检测机理、新器件
1990 年（第三届）	美国克利夫兰（Cleveland）	气敏传感器、离子敏场效应晶体管、声表面波器件、生物传感器、传感器技术、电化学传感器/光敏传感器、光敏传感器和敏感材料
1992 年（第四届）	日本东京（Tokyo）	气敏传感器、生物敏传感器、离子敏传感器、湿敏传感器、光纤化学传感器、声化学敏传感器、传感器系统、环境检测、医疗应用、化学传感器制造技术、检测原理和机理
1994 年（第五届）	意大利罗马（Roma）	气体传感器、生物传感器、光学传感器、声学传感器、湿度传感器、离子传感器、电化学传感器、传感器系统、化学场效应管、离子敏场效应管、传感器技术与材料
1996 年（第六届）	美国盖德斯堡（Gaithersoburg）	气体传感器、生物传感器、声传感器、湿度传感器、敏感原理和机制、电化学器件、光学器件、传感器制造技术、新材料发展、环境检测与控制、传感的新研究、离子选择电极与离子传感器、信号处理技术、过程控制传感器
1998 年（第七届）	中国北京（Beijing）	气体传感器、电子鼻与电子舌、新材料发展、生物传感器、气体选择性、环境控制、原理和机制、湿度传感器、传感器制造技术、声表面波器件、电化学器件、离子选择电极、光学器件、医学器件
2000 年（第八届）	瑞士巴塞尔（Basel）	传感原理及机制、新材料、新型传感技术、分子印迹聚合物、信号处理、光学器件、电化学器件、生物传感器、声学器件、气体传感器、微系统分析环境监测、光可寻址电位测量传感器、味觉/嗅觉传感器
2002 年（第九届）	美国波士顿（Boston）	阳离子检测、物化传感器、传感器理论与模型、传感器阵列、小分子传感器、气体传感器、湿度传感器、传感器检测方法、汽车用传感器、金属氧化物传感器、环境检测、生物传感器

（续）

年份	会议地点	主题
2004 年（第十届）	日本筑波（Tsukuba）	气体传感器、湿度传感器、离子传感器、生物传感器、光电器件、电化学传感器、新型材料、电子鼻、信号处理、传感器制造技术
2006 年（第十一届）	意大利布雷西亚（Brescia）	传感原理与机制、新材料进展、传感器制造技术、光学器件、电化学传感器、声波器件、半导体/阻抗传感器、生物传感器、μ－TAS、传感器系统、信号处理与数据分析、纳米材料与纳米结构
2008 年（第十二届）	美国哥伦布市（Columbus）	半导体传感器，电化学传感器，光学传感器，压电传感器，生物传感器，安全和安保，传感器阵列，电子鼻，信号处理，机理、建模和仿真，纳米材料和纳米结构，传感新方法，制造和包装
2010 年（第十三届）	澳大利亚珀斯（Perth Western）	半导体、电化学、光学、声表面波和压电传感器，健康与安全，传感器阵列、电子鼻和信号处理，机制、建模和仿真，新材料，纳米材料和纳米结构，新的感知方法，制造和封装
2012 年（第十四届）	德国纽伦堡（Nuremberg）	化学和生化传感器，化学与生化传感技术，机构、建模与仿真，新兴传感材料和技术，传感器阵列与数据分析，辅助部件、制造和包装，感知健康、安全和安保，高温过程和恶劣环境应用的传感器，腐蚀过程传感器，混合设备
2014 年（第十五届）	阿根廷布宜诺斯艾利斯（Buenos Aires）	新材料进展、传感器制造技术、化学与生化传感技术、传感器阵列与数据分析、安全和安保、信息感知方法、制造和封装、建模与仿真
2016 年（第十六届）	韩国济州岛（Jeju Island）	气体、湿度、液体离子，电子鼻，电化学设备，光学设备和传感器制造技术
2018 年（第十七届）	奥地利维也纳（Vienna）	化学传感器、生物传感器和仿生传感器、机构建模与仿真、新兴传感技术、化学传感器用纳米材料及其复合材料、传感器阵列与数据分析、化学传感器系统与制造、用于诊断和医疗保健的传感、安全和安保应用传感器、灵活可伸缩可穿戴的传感器、混合传感器设备、化学传感器的应用

随着当代科学技术的迅猛发展，学科之间相互渗透和促进，化学传感器的基础研究日益活跃。各种新技术、新材料、新方法的不断出现与应用，加之微加

工工艺的不断发展与完善,特别是分子印迹技术、功能化膜材料、模式识别技术、微机械加工技术等技术的融合可实现将传感器敏感阵列元件、神经网络芯片、模式识别芯片集成在一起,用神经网络理论和模式识别技术对传感器阵列响应信号进行分析处理,并通过传感器网络进行传输,从而显著提高化学传感器的检测性能与远程检测能力,促进化学传感器的应用和发展,推动化学传感器向微型化、集成化、多功能化、自动化、智能化、网络化等方向发展,为化学传感器开创了一个新时代,其前景方兴未艾,可以期望未来化学传感器将会取得长足的发展,开拓更多、更新的领域。对化学传感器的现状、发展趋势进行深入、系统的研究,必将对我国化学工业的发展起到重要的推动作用,使其在现代化建设中做出更大贡献。

第 2 章

光化学传感器

2.1 光纤传感器

光纤是以玻璃、石英、塑料等材料为纤芯的导光器件,光纤传感器是光学与电子学结合的产物,从 20 世纪 70 年代问世以来,在通信、传感监测等领域得到广泛应用,光纤传感器已被公认为是最具发展前途的高新技术产业之一,具有极好的市场前景。1995 年,光纤化学传感器产品世界市场销售额达 3.4 亿美元(换算),并且以每年 10% 的速度增长。对使用光纤进行物质检测方法的研究也很广泛,已有多本优秀专著问世[1-5]。本节主要介绍光纤化学传感器的原理与应用。

2.1.1 光纤的基本知识

1. 光纤的结构和分类

光纤是由纤芯及包层组成的同心圆结构,如图 2.1 所示。纤芯一般由玻璃、塑料或石英材料构成,最外层为保护层,一般是用塑料制成的圆形保护套,纤芯直径一般为 5 ~ 85μm,包层直径一般为 100 ~ 200μm,外层直径一般为 1mm。为保证光波在纤芯内传播高效率,纤芯的折射率 n_1 一般要大于包层的折射率 n_2。

2. 光纤的分类

光纤按纤芯材料可分为石英光纤、玻璃光纤、塑料光纤。石英光纤一般用于紫外光、可见光,玻璃光纤只能用于可见光,塑料制成的光纤质量小、成本低,但传输损耗大。

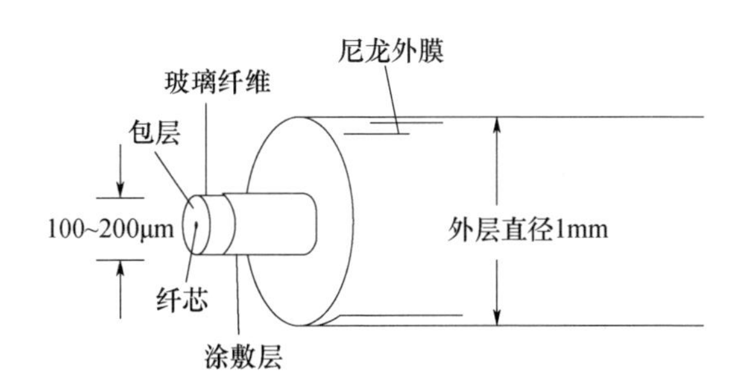

图 2.1 光纤的结构

按光纤传输模式可分为单模光纤和多模光纤，单模光纤的纤芯要比多模光纤的细，传输干扰要小。

按光纤折射率剖面可分为阶跃光纤、渐变折射率光纤和特殊光纤。其中，阶跃光纤的纤芯和包层的折射率都是均匀的，这也是应用最多的一种光纤。

按光纤根数可分为单根光纤、多根光纤、光纤束等。

(1) 单根光纤。光纤的作用是朝两个方向传输光信号，使用一根光纤足以将光传输到样品区，并将样品调制后的光导入检测器。

单根光纤广泛用于基于吸收和荧光原理的检测中，样品池使用固定池或流动池均可，用以测量吸收物质或荧光物质的光谱性质。对于精确的吸收测量需要对光源的散射和反射光进行校正，用于荧光检测时，由于样品荧光和光纤内荧光的干扰，限制了其灵敏度，对于典型的荧光物质罗丹明 B，用 600μmPCS 光纤，检测限为 $3 \times 10^{-6} mol \cdot L^{-1}$。

因为漫反射现象，用单根光纤做反射传感器不是理想的选择。

为了提高集光效率，可在单根光纤前端放置反射镜或微型球。

(2) 多根光纤。对于双根光纤，可用一根光纤将激发光导入样品区，另一根收集信号光导入检测器，和分叉式光纤的原理是一样的。对于双支光纤，为更好地提高光耦合效率，可在其结构上进行优化，如图 2.2 中的两种方法，图 2.2(a)是在底部放入 45°的反射镜，图 2.2(b)是将入射光和接收光成 90°的夹角，这两种方法均可提高集光效率。当几根光纤平行放置并覆以不同的敏感材料时，可同时测定多种物质。Gehrich 等研制了可同时测 pH、pCO_2、pO_2 的三根光纤传感器[6]，如图 2.3 所示。

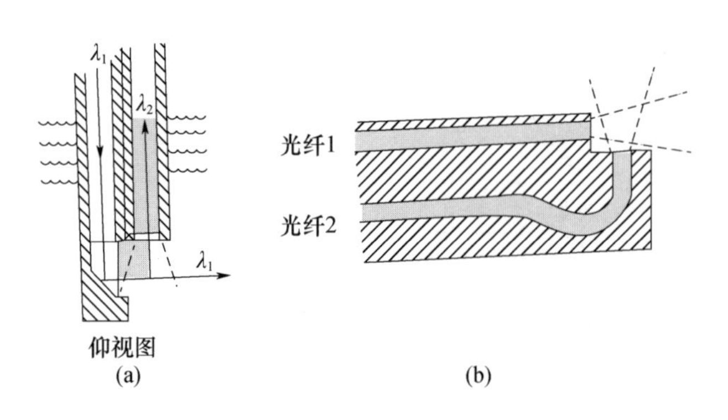

图 2.2　双根光纤传感器端部结构图

(3)光纤束。用数十根光纤组成的光纤束可同时进行数十个样品测定。用一根光纤做激发光纤,周围辅以数十根光纤用于检测。图 2.4 为光纤束示意图,中间 1 根为激发光纤,周围 6 根为接收光纤束。

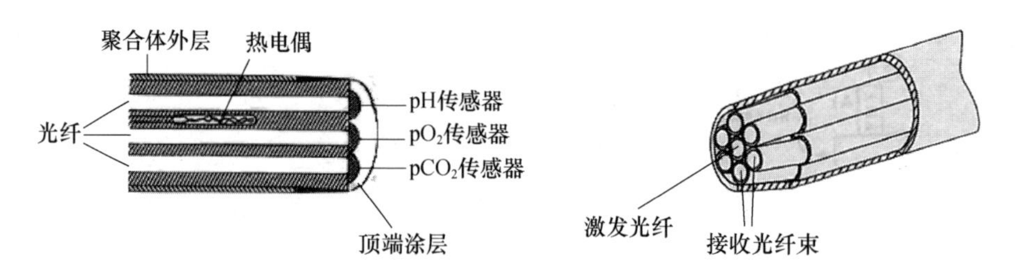

图 2.3　三根光纤传感器结构图　　　　图 2.4　光纤束结构图

3. 光纤的传光原理

光波在光纤中传播理论主要有射线理论和模式理论。射线理论是根据光的反射和折射分析光在纤芯中的传播规律,模式理论是把光看成电磁波,根据麦克斯韦方程进行求解。

下面从射线理论分析光纤的传光原理,如图 2.5 所示,当一束光以 θ_c 的角入射光纤端面时,光在纤芯中传播,因为 $n_1 > n_2$,光在光密介质中传播时,有一部分光要从光密介质透射到光疏介质;如果 $\theta_c < \theta$ 时(θ 为临界角),光线将反射回光密介质,称为全反射,根据 Snell 定律,实现全反射时,入射角应为

$$\theta = \arcsin\left(\frac{1}{n_0}\sqrt{n_1^2 - n_2^2}\right) \tag{2.1}$$

n_0一般为空气的折射率,其值为 1,则

$$\theta = \arcsin\left(\sqrt{n_1^2 - n_2^2}\right) \tag{2.2}$$

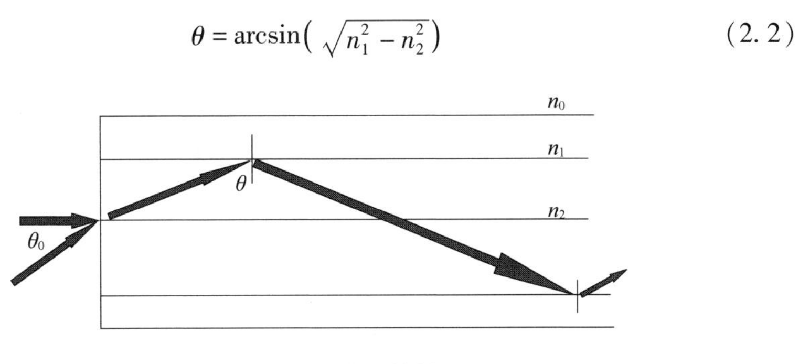

图 2.5　光纤中光的传播图

2.1.2　光纤的性能

光纤的性能主要是指光纤的集光能力和传输光的性能，接收光的性能用数值孔径（*NA*）表示，传输光的性能用光纤模式、色散、传输损耗表示。

数值孔径（*NA*）是光纤的一个重要参数，它描述了光纤的集光能力，其数值为

$$NA = \sin\theta = \frac{1}{n_0}\sqrt{n_1^2 - n_2^2} \tag{2.3}$$

从式（2.3）可知，数值孔径只与光纤的折射率有关，而与光纤的几何尺寸等无关，数值孔径越大，说明集光本领越强，可在较宽的入射角范围内输入全反射光。一般来说，石英光纤的 $NA = 0.2 \sim 0.4$。

光纤模式是指光波沿光纤传播的途径和方式，光纤的模式有单模和多模两种。单模光纤只能传播一种模式，纤芯直径较小。能传播多种模式的光纤称为多模光纤。多模光纤的制造与耦合相对容易，但性能较差。

色散是指光脉冲在传输过程中的展宽现象，光纤的色散分为波导色散、多模色散和材料色散 3 种。波导色散是由于传输模的群速随光波长的变化而产生的；多模色散是由于不同模的群速度不同引起的，它是多模光纤色散产生的主要原因；材料色散是由于材料的折射率随光频率变化而引起的，它是单模光纤色散的主要原因。

光纤的损耗是指光在光纤传输过程中能量的消耗，它直接影响传输效率与检测的灵敏度。光纤的损耗一般来源于吸收损耗、散射损耗和弯曲损耗。

2.1.3 光纤传感器

光纤传感器是以光纤做导光器件的传感器，属于光学传感器的一种。

光纤传感器检测一般由光源、输入和输出光纤、检测系统三大部分组成。光源一般使用激光、发光二极管(LED)、灯光源等。激光光源能量高，干涉性、单色性好，可大大提高检测灵敏度，但波长可调性差，而且价格昂贵。

发光二极管体积小、价廉，但光强较弱。

灯光源有氘灯、碘钨灯、氙灯等，一般要配以主分辨率的波长调节器使用。

光纤传感器使用的检测器有光电二极管、光电倍增管，配以二极管阵列及电子耦合装置(CCD)进行检测，也有使用光纤束或光纤影像实现信号的存储和传感。

光导纤维作为传感器有其独特的优势，也有其不足之处。光纤传感器的优势如下。

(1)尺寸小、柔韧性好、检测的样品用量少。

(2)化学与热稳定性好。光纤一般由石英制成，具有良好的化学与热稳定性，纯的硅石在1000℃才熔化，在强酸、强碱，甚至HF环境中均可使用。

(3)灵敏度高。

(4)低损耗。每千米光纤吸收值小于1.0(只相当于几分贝)，可以进行远距离遥测。

(5)质量小、价廉。氧化硅的密度只有铜的1/4，用光纤代替铜作网络材料，质量小、便宜，这对于航天工业和海洋工业是非常有用的。

(6)电绝缘性能好。光纤的电绝缘性能好，能抗电磁干扰，可在电噪声环境中使用。

(7)在多数情况下，光纤传感器在测量时不浪费被分析物，这对于小体积样品的检测是非常有利的。

(8)同化学电极相比，一根光纤能够传输更多的待测样品信息，这种高传输的信息包括波长、相位、衰变曲线、偏振或强度调制。一根光纤不但可以同时传输大量的信号，而且可同时进行多组分分析检测，因为不同的分析物和指示剂可对不同的波长进行响应,如使用一根光纤可同时测定 O_2 和 CO_2。

(9)由光纤传感器组成的传感系统便于与中心计算机连接,以便实现多功能化、智能化检测。

光纤传感器的不足之处如下。

(1)光纤是光传导元件,易受杂散光的干扰。

(2)动力学区间小。多数光纤传感器使用固定化试剂,限制了检测的动力学区间,pH 光纤一般只有 2~3 个 pH 单位。

(3)易被污染。光纤传感探头易被污染,影响其稳定性与重现性。

(4)光纤传感系统较复杂。光纤传感系统需要的光学系统一般较复杂,有时需光的准直、聚焦等,比电化学传感器复杂。

(5)用指示剂制成的光纤传感器的长期稳定性是受限制的,这是因为光漂白及清洗所致。光漂白作用随着光照强度的增强而增加。

(6)通常光纤传感器的分析物与指示剂相是属于不同的凝聚态,一般指示剂相是固态而分析物相为气态或液态。因此,质量必须转移才能达到稳定平衡,这样就需要较长的时间达到恒定的响应值,特别是对于扩散系数小的分析物所需的时间更长,从分析物到指示剂相的体积也以小为好。

(7)商业化光纤传感器光学系统还不成熟。稳定、长寿命光源,好的连接器、终端,价廉的激光器,可用于整个可见光区的半导体激光器,都是发展光纤传感器所需要的。

(8)多数用于光纤敏感层的指示剂在固定化或者溶解在聚合物后,其灵敏度会下降,使响应曲线的线性范围减小。

光纤传感器按其检测的对象可分为光纤化学传感器、光纤物理传感器及光纤生物传感器。光纤物理传感器以检测物理量为基础,如温度、电流、电压、速度、位置等。光纤生物传感器检测包括组织、细菌、生理量、免疫反应等。这里着重介绍光纤化学传感器。

2.1.4 光纤化学传感器

从 1980 年第一个光纤化学传感器问世以来,已有 20 余年的历史。光纤化学传感器的检测对象是物质的化学性质及其定量的关系。它一般是通过固定在光纤上能与待分析物质发生敏感反应的薄膜实现检测的。光纤化学传感器的分类有多种,即可按检测对象,传感器的结构、形状,传感的原理,敏感膜固定化方式,可逆性等来分类。

1. 按传感器的结构分类

按光纤上固定敏感膜的位置可分为端部固定和中间固定,按光纤是否分叉又可分为单支式和分叉式。现在使用的光纤化学传感器的结构大体可分为上述3种形式[7]。图2.6(a)是分叉式,一叉输入光,一叉输出光,试剂相在光纤端部;图2.6(b)是端部置试剂相光纤化学传感器,只是入射与接收光纤均为同根。对于端部试剂相型光纤,光通过光纤导入试剂相,试剂相与样品发生反应(如光吸收或荧光、折光等)引起光的波长或强度等信号发生变化,被探测光纤接收,再转化成电信号进行检测。单根光纤是一种简单、有效的检测方式,但是因为激发光与探测光从同一根光纤上通过,其频率需要被分辨,一般使用二色分束器或其他光学器件调整。提高分辨率亦可用时间分辨技术或多种新颖的传感器结构来达到。图2.6(c)是中间固定相光纤化学传感器,其一般是依据消逝波原理,当光在光纤中传播时,电磁波大部分在光纤中传播,但有部分会在光纤周围呈指数衰减形式传播,称为波的消失,区域一般限制在100nm以内。通常,用这种方法检测光纤周围光指示剂的存在或者裸露光纤表面折射率的变化。如果光纤周围选择适当的光指示剂,该方法可达极高的灵敏度。

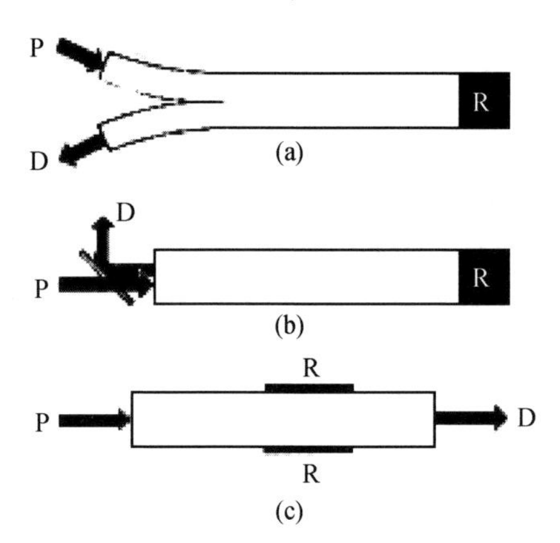

图2.6 光纤化学传感器结构图

P—输入光;D—输出光;R—试剂相。

2. 按敏感膜形状分类

按敏感膜形状可分为多种类型，如薄膜型、微球膜型、圆柱膜型。图 2.7 为最常见的薄膜型光纤化学传感器。[8]

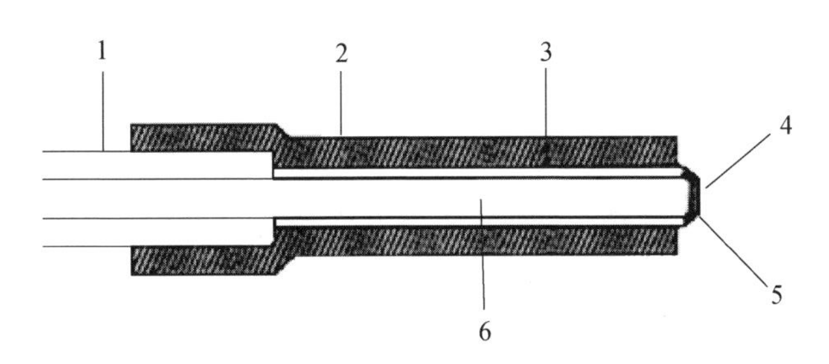

图 2.7　薄膜型光纤化学传感器

1—外壳；2—密封层；3—导向层；4—指示剂；5—薄膜；6—光纤。

该 pH 光纤传感器是苯乙烯－丁二烯苯共聚物吸附溴百里酚蓝指示剂做成薄膜，将其固定在光纤探头上，整个光纤外径 2mm，当 pH 变化时，其颜色由黄色酸型变成蓝色的碱型。

图 2.8[9] 为微球膜型光纤敏感探头，它是用 1μm 直径的聚苯乙烯球和酚红指示剂做成的光纤 pH 传感器，检测的 pH 范围在 7.0 ~7.4，灵敏度为 0.01pH，这是由于微球加大了反射光的能量所致。

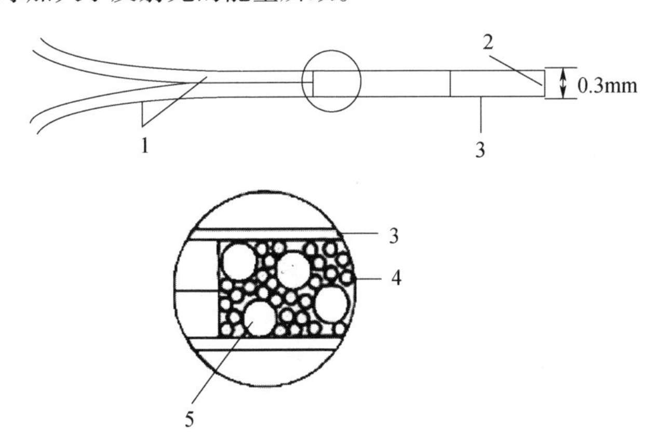

图 2.8　微球膜型光纤敏感探头

1—光纤；2—密封端；3—纤维素透析管；4—聚苯乙烯微液滴（1μm）；

5—聚丙烯酰胺微液滴（5 ~10μm）+酚红。

图2.9是圆柱膜型光纤化学传感器[10]，它是基于半透膜的竞争反应，用以测量葡萄糖分子，传感器的探头为直径3mm、长3mm的圆柱体，在圆柱体内有可固定葡萄糖和葡聚糖的伴刀豆球蛋白A。用异硫氰酸盐荧光染料标记的葡聚糖分子与伴刀豆球蛋白A键合，这个大分子不能通过半透膜扩散，而葡萄糖分子可以通过半透膜。当把该光纤传感器放入葡萄糖溶液中时，溶液中的葡萄糖分子能进入半透膜取代葡聚糖而使荧光染料强度增加。用蓝光照射以测定异硫氰酸盐的荧光强度，测定其发出的绿色荧光等于间接测定葡萄糖的含量。该传感器可检测2.8~22mmol的葡萄糖，响应时间为5~7min，该时间是分子扩散与键合的时间共同作用所需的时间。

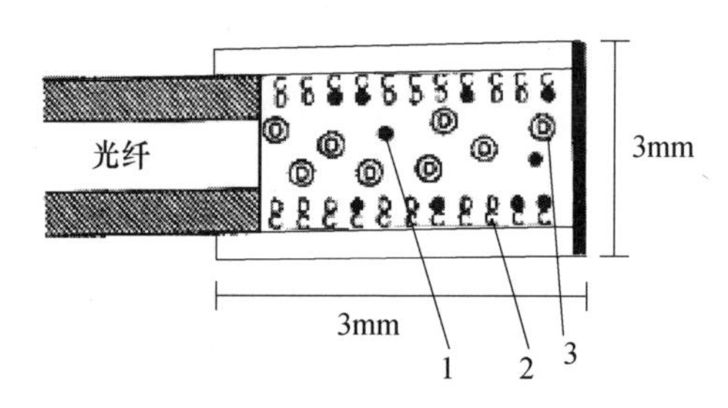

图2.9　圆柱膜型光纤化学传感器

1—葡萄糖；2—伴刀豆球蛋白A；3—异硫氰酸盐荧光染料标记的葡聚糖。

3. 按检测对象分类

光纤化学传感器按其检测对象可分为气体光纤传感器、液体光纤传感器和固体光纤传感器，其中检测气体的光纤传感器有O_2、NH_3、CO、CO_2、CH_4、H_2O和丁烷等有机挥发性气体30余种[11]；检测液体样品包括H^+、Na^+、K^+、Ca^{2+}、Ag^+、Hg^{2+}、Pb^{2+}、Th^{4+}、Co^{2+}、Mn^{2+}、Ni^{2+}、Fe^{2+}、Fe^{3+}、Al^{3+}等多种阳离子，重金属离子[12]及有机化合物。对于H^+光纤传感器、重金属离子光纤传感器等光纤传感器在环境检测[13]及其在化学与生物领域中的应用不乏优秀的评述文章[14-15]，但是对固体样品的光纤检测应用较少。

4. 按反应机理分类

按检测原理可分为吸收光谱、荧光光谱、磷光光谱、折光、化学发光、全反射衰减或消逝波、表面等离子体共振、拉曼光谱等方法的光纤化学传感器。下面将按其原理分述各自的特点及其在化学传感器领域中的应用。

2.1.5 光纤化学传感器的响应机理及应用

1. 基于吸收光谱法

紫外可见吸收光谱法是研究分子吸收在 190 ~ 750nm 波长范围内的光谱。主要产生于分子价电子在电子能级间的跃迁。它的定量分析是基于朗伯 - 比耳定律：$A = -\lg T = \lg \frac{I_o}{I} = \varepsilon bc$，即在光程长度为 b 的透明池中，被分析物质浓度为 c，溶液的透射比 T 或吸光度 A 应符合上述的定量关系。但是，这里的光应该是单色光，这是符合朗伯 - 比耳定律的条件。

基于光吸收的光纤传感器是常用的一类传感器，它是基于光纤探头上附着的对待测物敏感的薄膜引起光吸收的变化进行检测的。设计此类传感器的关键是寻找灵敏度高、选择性好的薄膜。1 -（2 - 吡啶偶氮）-2 - 萘酚（PAN）与 Co^{2+} 的反应是最典型的光吸收显色反应。2002 年，Paleogos[16] 基于上述反应研究了光吸收的光纤传感器。它是将醋酸纤维素和 PAN 制成的薄膜附着在光纤探头上，膜厚 20μm，入射与检测光纤外径均为 1000μm，固定在 8mm 外径的塑料头上，光源发出 360 ~ 900nm 的可见光，使用和 CCD 相连的光谱计检测。最后用计算机处理数据，图 2.10 为检测图，用该光纤传感器检测溶液中存在的过氧化硫酸氢盐时，PAN 与 Co^{2+} 发生显色反应，最低检测限为 0.07mg · L^{-1}，线性范围为 0.1 ~ 2mg · L^{-1}。

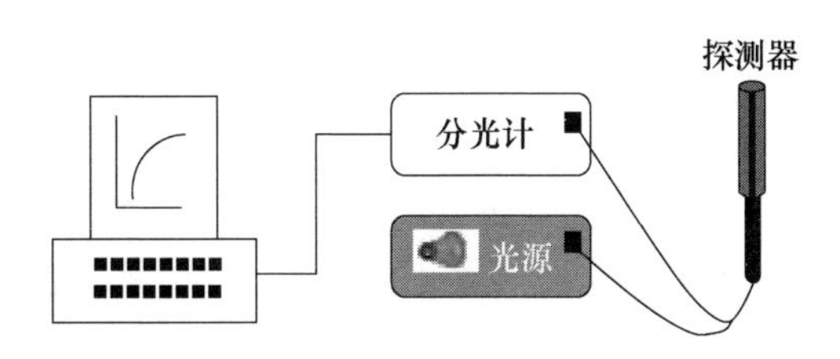

图 2.10 光吸收光纤传感器检测图

为了研究土壤中污染物的渗透规律，Treadaway 等[17] 研究了可埋于沙土中的用于定位检测污染物的光纤传感器，如图 2.11 所示。两个传感器分别埋于沙土下的 30mm 和 80mm 深处，整个床深 96mm，用直径 300 ~ 150μm 的细沙填充。用发光二极管做光源，发出 620nm 的光检测绿色染料的水溶液在沙土中渗透浓度和规律。

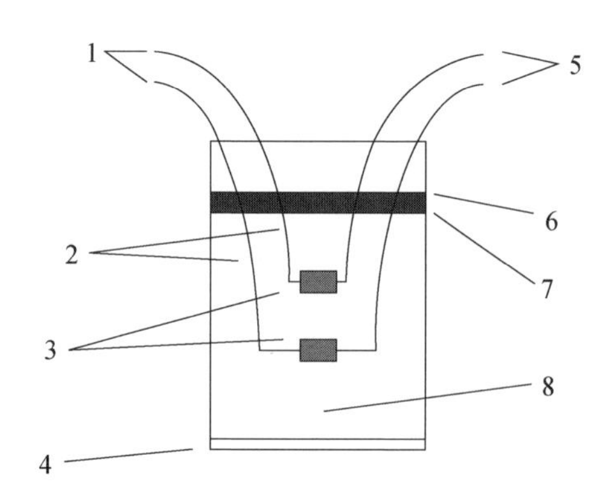

图 2.11　光纤传感器深度检测图

1—光输入;2—光纤;3—光电传感器;4—渗水底部;5—光输出;

6—污染物质;7—沙层;8—未污染的沙子。

为了测定有机膦类神经毒剂,Ashok Mulchandani 等[18]研制了一种适合于直接测定有机膦神经毒剂的光纤生物传感器,其特征是存在能够在细胞表面表达有机膦水解酶的重组大肠杆菌细胞和能够对酶催化有机磷化合物水解反应进行光学检测。能够在细胞表面表达代谢酶的细胞被用作生物传感器因子,可以有利于物质运输,使分析物和产物无阻力的通过细胞膜,同时,免去了酶的纯化过程,与常规的基于细胞内表达酶的微生物传感器和基于酶的传感器相比成本大大降低。

该传感器在细胞表面表达有机膦水解酶(OPH)的大肠杆菌细胞通过低熔点的琼脂糖被固定在尼龙膜上,然后被吸附在分叉光导纤维的末端上。表达OPH的大肠杆菌催化有机膦农药的水解,产生一定化学量的可吸收特定波长的生色团,可通过光学方法用光电倍增管进行测量。该信号与有机膦浓度具有相关性。

在合适条件下,该光纤生物传感器在 10min 内可选择性地检测出对氧磷、对硫磷和蝇毒磷。对对氧磷和对硫磷的最低检测限为 3μmol · L^{-1},蝇毒磷的最低检测限为 5μmol · L^{-1}。在 22℃的缓冲溶液中,可稳定 1 个月以上,该类光纤生物传感器是一类对有机膦农药污染的废水的解毒过程进行实时监测的理想工具。

为了测定小鼠神经细胞中氨的含量,Spear 等[19]设计了基于光吸收原理的光纤流动池,如图 2.12 所示。池体由两个立方体上下紧密合并构成,中间夹有聚四氟乙烯薄膜,上池体为流动样品进出流路,下池体中央刻有 1mm 宽、100μm 深的凹槽,7 根光纤组成的光纤束中间断开 1cm,分别作为光导和光接收光束,并分别与光源和 PMT 检测器相连,凹槽中放入溴百里酚蓝检测液,聚四氟乙烯薄膜为 0.2μm 孔径的微孔膜,厚度为 0.025mm,当流动相中氨扩散经微孔膜进入凹槽时,会使溴百里酚蓝的颜色发生变化。光吸收值的改变可用接收光纤接收并检测。

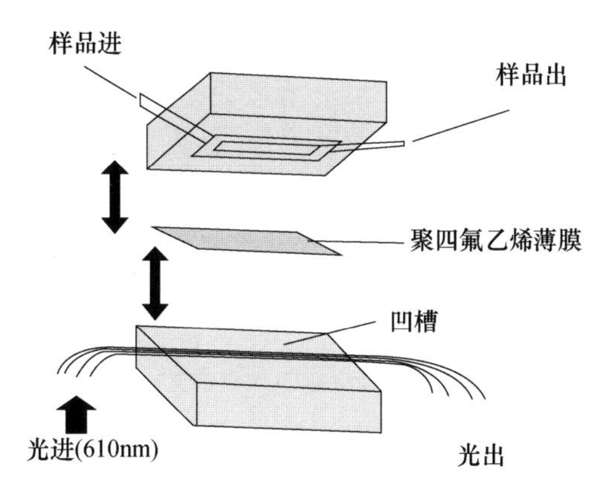

图 2.12 液体流动光纤传感器结构图

挥发性有机化合物(VOC)的快速测定在环境污染、食品工业、化学工业均具有非常重要的意义。2006 年,Cesar Elosua 等[20]研究了用光纤传感器检测空气中 VOC 的方法。它的原理是分子式为$[AuAg(C_6F_5)_2L]_n$类的化合物(其中 L 可以是吡啶、2,2′-二吡啶、1,10-菲咯啉等配合物)遇到丙酮、甲醇、乙醇等有机气体时,会从橙色或红色转变成白色,利用该性质,可用荧光、折光或者光吸收法进行测定。实验中,将 $Au_2Ag_2(C_6F_5)_4(C_6H_5N)_2$的亮红色粉末固定在光纤探头上,光纤内径为 62.5μm,包层外径为 125μm,使用光二极管光源测定。将光纤放入密闭容器中,让液体在容器中挥发,测定探头上敏感膜层光学性质的变化。从实验中可知,当用 385nm 的激发光时,乙醇蒸气发射的荧光光谱峰值为 575nm,当测定甲醇、乙醇等化合物的吸收光谱时,其峰值在 680nm 附近。并用该传感器测定了乙醇的反射光谱。

Jitendra Kumar[21]使用 SF2000 型光纤光谱仪(波长范围为 360 ~ 1000nm)

和自行设计的微型反应器(图 2.13),将黄杆菌属细胞固定在 5mm 半径的玻璃纤维载体上,用分叉式光纤传感器及光吸收原理,检测甲基对硫磷与黄杆菌属水解反应产生的对硝基酚。反应池体积为 75μL,对甲基对硫磷的最低检测限为 0.3μmol·L^{-1}。

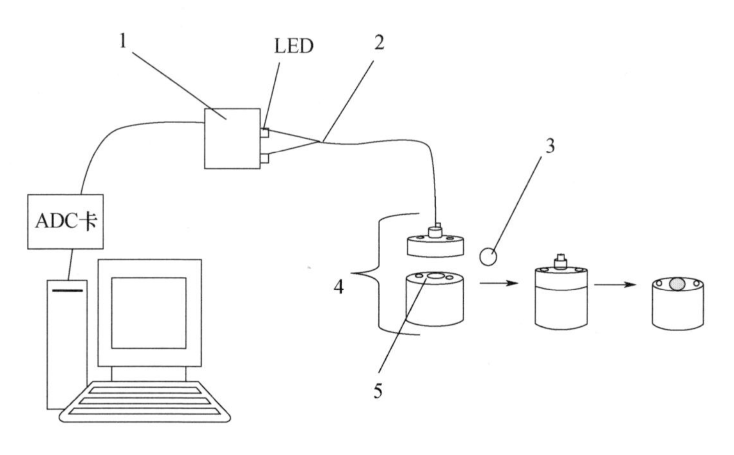

图 2.13　玻璃纤维载体光吸收光纤传感器

1—SF2000 型光纤光谱仪;2—分叉的光纤探针;3—玻璃纤维载体(直径 5mm);4—反应锅;5—样品槽。

Schwotzer 等[22]用各种硅氧烷涂层的光纤吸收传感器在紫外区测定了水、空气中的甲苯、萘、芴,对水中上述 3 种物质的检测限分别为 10ppm、0.034ppm、0.0033ppm①。

罗鸣等[23]采用溶胶凝胶法和包埋法分别将对 pH 值与湿度敏感的指示剂修饰在光纤纤芯表面,制成了具有较宽检测范围的光纤 pH 传感器和光纤湿度传感器。当 pH 值在 4.5 ~13 的范围内变化时,该传感器的光输出功率与 pH 值近似呈线性变化规律;当相对湿度(RH)在 25% ~80% 的范围内变化时,光输出功率与 RH 值近似呈线性变化规律,并且二者在其检测范围内均具有良好的可逆性。

2. 基于折光法

光纤折光传感器是基于光纤裸露部分感受到的周围介质折射率的变化进行检测的。光纤传感器的优势之一是抗外界的电磁干扰,可进行远距离测定,

① ppm = 10^{-6}, ppb = 10^{-9}, ppt = 10^{-12}。

特别适用于有毒有害物质环境下的分析。Sukhdev Roy[24]在1999年设计了一个简单的使用强度调制光源的光导纤维传感装置，利用折射率的变化或吸光度的变化测定汽油和柴油中掺入石油的比例。图2.14是检测装置图，使用He-Ne激光光源，其输出波长为632.8nm。使用纤芯直径为600μm的塑料夹硅(PCS)光纤，其数值孔径为0.17。30cm长的光纤中间被剥去6cm长后，穿入一个圆柱形玻璃池，池下放置磁力搅拌器。

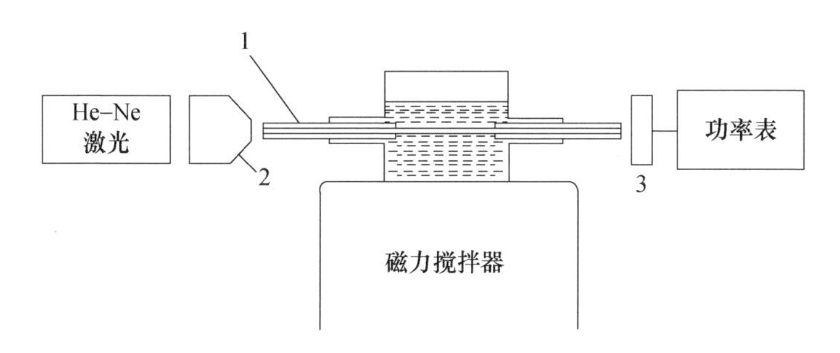

图2.14 光纤折光传感器检测图

1—光纤；2—显微镜物镜；3—探测器。

池中放入80mL的汽油，然后逐步加入石油，用阿贝折光仪测定其折射率。纯汽油和石油的折射率分别为1.419和1.436。由混合物的折射率可知其中石油的百分率。用可见光分光光度计(model No. 301E)在630nm时可检测溶液的吸收，当汽油或柴油中石油的百分比增加时，吸光度增加，亦可在该波长段由吸光度值计算汽油和柴油中石油的百分比。

Cunningham等[25]研究了用光纤传感器检测生物样品间相互作用的比色共振反射技术。在平面玻璃的基座上用氧化硅的氮化物制成衍射光栅，当用白光照射光栅时，只反射单波长的光，而当样品分子附着在光栅表面时，反射光的波长会改变。当生物分子附着在光栅表面时，可以检测与之发生作用的物质引起的光谱变化。光的导入与光的接收由多根不同的光纤完成。该系统可以实时检测生物分子相互作用的动力学过程，检测的样品可以是气体或者是液体。当检测液体样品时，可以从光栅下面透过玻璃入射光进行检测。该系统可实时检测抗原与抗体的反应动力学过程。

Ahmad等[26]研究了用光导纤维反射检测溶液中的汞离子浓度的方法。该研究对于环境中污染水的检测是非常有用的。使用的光纤为分叉式光纤，未分叉端置于水溶液中，分叉端的一端连接激光光源，发射光波长 635nm、功率 5mW，另一端连接光谱分析器，用以检测光反射光谱信号，光纤传感器前端用 XAD7 圆球形固定相固定锌离子和双硫醇的配合物，当溶液中有汞离子存在时，由于配合物稳定性不同，汞离子会取代锌离子，使溶液颜色从粉红到橙黄，导致反射光强度的变化。用该方法检测汞离子的检测限为 0.05ppm，标准偏差 1.53%，工作曲线线性范围为 0 ~ 180.0ppm。

Mitsuaki Watanabe 等[27]研制了基于金的不规则反射性质的光导纤维生物传感器。金的这种性质是 1991 年发现的。即金在波长大于 550nm 时表现金属性，在波长小于 550nm 被紫光或蓝光照射时表现出绝缘体性质，即对光的反射率小于 50%。如果金的表面附着单分子化合物时，其反射率会大大增强。实验方法是在硅片上镀上厚度为 300nm 的金膜，利用金膜上附着的物质与空气或溶液中待测物质相互作用引起折射率的变化进行检测。光源使用 470nm 的蓝光，用光导纤维将光导入镀金传感器表面，光纤端面与传感器之间的距离为 1mm，反射光信号用同一根光导纤维接收并导入光电倍增管。他用这种方法实验时检测了当八癸烷硫醇和金膜的键合，抗生蛋白链菌素和生物素标记的 1 - 氨基 - 11 烷硫醇作用时折射率发生的变化。

Boonsong Sutapun 等[28]设计了两种不同形式的光栅耦合型光纤化学传感器，用于液体样品折射率的测定，如图 2.15 所示，图 2.15(a) 中的光纤平行紧贴光栅，而图 2.15(b) 中光纤与光栅成一定的角度。光栅使用金镀膜，光栅常数为 3600 根/mm，长度为 12.5mm，光纤纤芯为 200μm，光纤采用分叉式，一端输入光，另一端将信号输入光谱计进行检测。光源采用二极管光源或者钨灯，将液体样品置于光栅与光纤之间，使用图 2.15(b) 型结构传感器，当光的入射角为 55°时，测定了空气、水、丙酮、甲醇的反射光谱，其峰值分别在 493nm、605nm、616nm、604nm 处。

为了测定溶液的折射率，Meriaudeau 等[29]设计了用镀金膜作为光纤端面的光纤传感器。其原理是基于金的等离子体激发现象，传感器结构与测试系统如图 2.16 所示。光纤的外径、中径、内径分别为 1850μm、1250μm、1000μm，数值孔径为 0.16，长 4 英尺(1 英尺 = 0.3048m)，光纤端面喷镀厚 40Å(1Å = 0.1nm)

的金膜，然后在600℃时退火4min，光源使用Xe灯，用单色器调制入射光纤光的波长，用注射器将样品注入玻璃池中，不同折射率样品的吸收信号用硅光电二极管检测，用该检测系统得到不同折射率溶液样品在400～700nm的吸收光谱图，该研究对于工业、生化、环境、高温条件下检测具有应用前景。

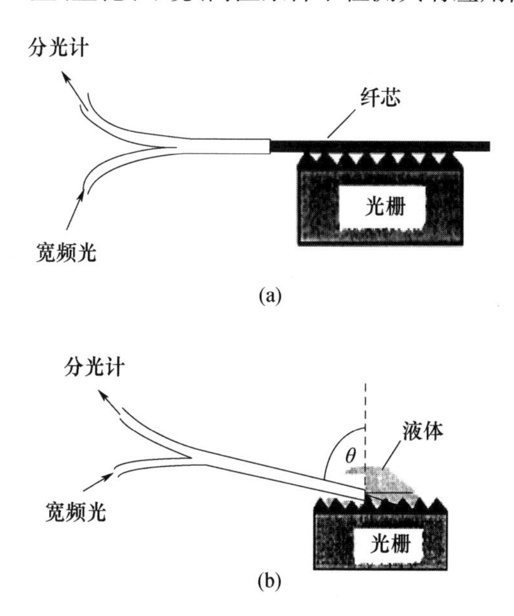

图2.15 光栅耦合型光纤传感器

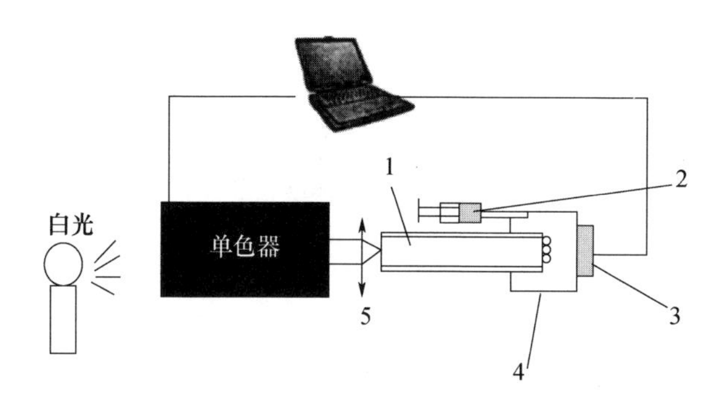

图2.16 金等离子体激发光纤传感器

1—端部有镀金膜的光纤；2—装有样品的注射器；3—硅检测器；4—玻璃池；5—显微镜物镜。

南京大学鲁建中等[30]设计了可用于流动注射分析用的分叉式光纤传感器（图2.17）。它是将亚硝基R盐和离子交换树脂（A－27）混合、干燥后，填充于与传感器相联的流路，两端用玻璃毛固定。池体的直径是4mm，入射光经过分叉式光纤一端到树脂薄层，反射光通过光纤另一端用光谱仪记录，用该方法可检测 Cu^{2+}。图2.18为用该传感器测定的 Cu^{2+} 和亚硝基R盐配合物的反射光谱。用该光纤反射光谱法检测铜的检测限为5.0ng·mL^{-1}。检测的浓度范围为0.01～1.0μg·mL^{-1}。

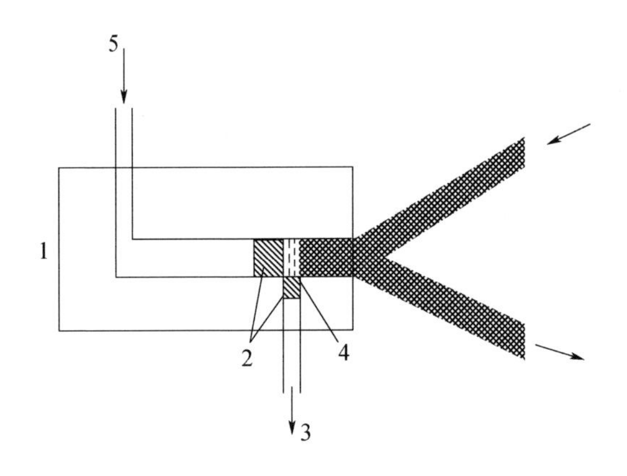

图2.17　流动注射分叉式光纤传感器图

1—池体；2—玻璃毛；3—溶液出口；4—基座；5—溶液入口。

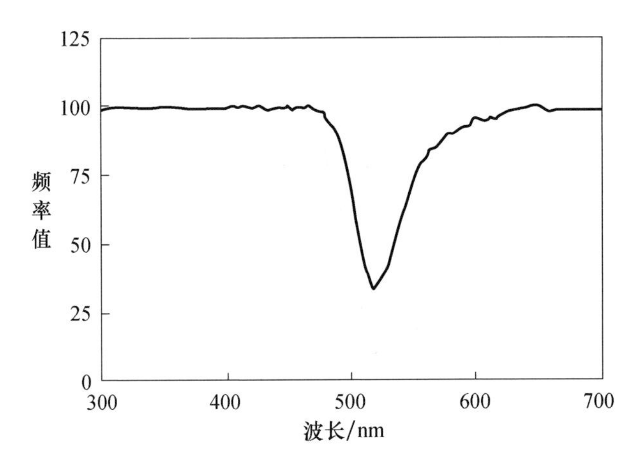

图2.18　亚硝基R盐反射光谱图

付华等[31]采用穴番A修饰的涂层光纤构建了基于模式滤光检测的光纤化学瓦斯传感器。图2.19所示为光纤瓦斯传感器系统示意图。该方法的测量背景要比传统的检测光纤末端光的方式小10～100倍，很大程度上提高了测量的信噪比和灵敏度,而且,把新型甲烷吸附材料穴番 A 用于光纤涂层,进一步提高了瓦斯检测的灵敏度。实验表明,该传感器的响应时间为 110 s,瓦斯的响应范围为 0~16.0%,最小检测体积分数为 0.15%,说明该传感器灵敏度高,选择性和重现性好,拓宽了模式滤光光纤传感技术的应用范围,为矿井瓦斯检测提供了一种新的办法。

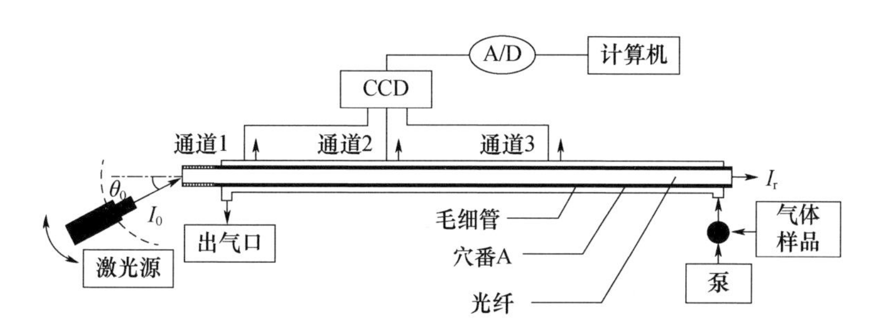

图 2.19　光纤瓦斯传感器系统示意图

Lee 等[32]采用硬聚合物包层光纤(HPCF)开发了一种全光纤光学化学传感器。采用机械方法去除外硬聚合物包层,露出内芯。通过曝光使泄漏的化学物质和具有不同折射率(RI)的核心接触,使用光学时域反射计(OTDR)进行检测。OTDR 通过测量纤维包层上不同化学物质产生的后向散射光(信号)中的光损耗,使传感器能够实时检测和定位化学物质的泄漏。采用苯、甲苯、吡啶、二甲亚砜和其他几种有毒化学物质对传感器的可靠性进行测试,结果表明,该传感器能够检测出液体状态下的化学物质,并定位事故位置。

3. 基于荧光光谱法

荧光有原子荧光和分子荧光,分子荧光是分子吸收电磁辐射后激发至激发态,当返回基态时,以辐射能的形式释放出能量。

在室温下,大多数分子均处在基态的最低振动能级,当其吸收了一定频率的电磁辐射后,可以跃迁至第一(或第二)单重态的各个不同的振动、转动能级,对光产生吸收。通过无辐射弛豫跃迁至第一单重态的最低振动能级,再回到基态时发出的光称为荧光。荧光与物质第一单重态的最低振动能级有关,而与激发波长无关。荧光的发光时间较短,一般在激发后 10^{-5}s 时发射荧光。持续的时间较短,一般为 10^{-9} ~ 10^{-5}s。

荧光发射波长与物质的结构有关，可做定性鉴定的依据，荧光强度与溶液中发射荧光物质的浓度有关，遵循下列公式，即

$$I_f = k'(I_0 - I) \tag{2.4}$$

式中：I_f为发射的荧光光强；I_0为入射光（激发光）光强；I 为通过厚度为 b 的介质后的光强；k'为常数，取决于荧光效应。

根据朗伯－比耳定律，有

$$\frac{I}{I_0} = 10^{-\varepsilon bc} \tag{2.5}$$

式中：ε 为物质吸收系数；c 为荧光物质浓度；b 为槽厚度。

将式(2.5)代入式(2.4)得

$$I_f = k'I_0(1 - 10^{-\varepsilon bc})$$

由式展开，得

$$I_f = k'I_0\left[2.3\varepsilon bc - \frac{(2.3\varepsilon bc)^2}{2!} + \frac{(2.3\varepsilon bc)^3}{3!} - \cdots\right]$$

若 $\varepsilon bc < 0.05$，可近似得

$$I_f = 2.303k'\varepsilon bcI_0$$

当入射光强 I_0 一定时，则有

$$I_f = k'c$$

这就是荧光定量分析的公式与依据，其在低浓度时适用。

荧光分析法由于其高灵敏度受到分析工作者的关注，使用光纤传感器非常适用于荧光测量，一般荧光法是测量产生的荧光强度，但是荧光强度或荧光量子产率可被其他物质影响而降低或不发生，这种现象称为荧光猝灭。应用荧光猝灭亦可用于猝灭剂的测定，该方法称为荧光猝灭法。荧光猝灭法产生的机理有以下4种[33]。

(1)静态猝灭。静态猝灭是指荧光分子与猝灭剂在基态发生作用，生成非荧光化合物。$F + Q = F \sim Q$，猝灭平衡系数 K_S由猝灭剂浓度决定，即

$$K_S = \frac{[F \sim Q]}{[F][Q]} \tag{2.6}$$

$$\frac{F}{F_0} = \frac{1}{1 + K_S[Q]} \tag{2.7}$$

式中：F_0 为指没有猝灭剂时的荧光强度；F 为猝灭剂存在时的荧光强度。

静态猝灭通常是由于重金属离子的作用引起的，因此，该方法可用来测定金属离子，即在光导纤维上固定具有荧光特性的配位基，该配位基可与金属离子生成配合物，使荧光猝灭。

(2)动力猝灭。动力猝灭是指在荧光分子寿命期间，猝灭剂与荧光分子间由于碰撞而产生猝灭，对于猝灭剂 Q，相关平衡为

$$F + h\nu \rightarrow F^* \rightarrow F + h\nu$$

$$F^* + Q \rightarrow F + Q^*$$

该现象可用斯特恩－沃尔默(Stern－Volmer)平衡表示，即

$$\frac{F}{F_0} = \frac{1}{1 + k_Q \tau_0 [Q]} = \frac{1}{1 + K_{SV} [Q]} \tag{2.8}$$

式中：K_{SV} 为 Stern－Volmer 常数，$K_{SV} = K_Q \tau_0$；K_Q 为扩散速率常数，$K_Q \approx 10^{10} mol^{-1} \cdot s^{-1} \cdot L$；$\tau_0$ 为荧光寿命，因为荧光寿命一般是 $10^{-11} s < \tau_0 < 10^{-7} s$，因此，$10^{-1} L \cdot mol^{-1} < K_Q \tau_0 (K_{SV}) < 10^3 L \cdot mol^{-1}$

从式(2.7)和式(2.8)来看等式基本相同，故静态猝灭和动力猝灭很难区分，除非提供一些关于反应的其他数据，动力学猝灭一般用于测定 O_2 或氟烷。

(3)共振能量转移(Förster 转移)。荧光能量转移是指激发态能量从供电子体到受电子体的转移，这个转移没有光子发出，主要是供电子体和受电子体的偶极子之间相互作用的结果，即

$$D \rightarrow D^*$$

$$D^* + A \rightarrow D + A^*$$

$$A^* \rightarrow A$$

按照 Förster 理论能量转移率，有

$$E_{ff} = \frac{K_T}{K_T + K_d} = \frac{R_0^6}{R_0^6 + R^6} \tag{2.9}$$

式中：K_T 为能量转移速率常数；K_d 为指对所有其他因素的荧光衰减速率常数；R 为供、受体之间的距离；R_0 为指 $E_{ff} = 0.5$ 时，供受体之间的距离，即

$$R_0 = 9.79 \times 10^3 (K^2 n^{-4} \varphi_d J)^{1/6} \text{Å} \tag{2.10}$$

式中：φ_d为供体荧光量子产率；n 为介质的折射率；J 为发射光谱和吸收光谱的重叠数量。光谱重叠积分 J 为

$$J=\frac{\int \varepsilon_A(\lambda)F_d(\lambda)\lambda^4\mathrm{d}\lambda}{\int F_d(\lambda)\mathrm{d}\lambda}(\mathrm{L}\cdot\mathrm{mol}^{-1}\cdot\mathrm{cm}^3) \tag{2.11}$$

式中：$\varepsilon_A(\lambda)$为受体的分子吸光系数；$F_d(\lambda)$为供体的荧光强度。从式(2.11)可见，能量转移过程主要决定于供、受体间距离和供体的发射光谱和受体吸收光谱重叠的数量(即 J)。

光纤 pH 荧光传感器是基于能量转移模式，含有荧光供体的曙红固定在传感器上，吸收体为酚红，曙红发光和酚红接收二者光谱重叠，能量转移时，pH 值增加，荧光强度减弱。

(4)内过滤作用。在荧光猝灭中一个不可避免的作用就是猝灭剂对发射光的吸收，这样的作用称为内过滤作用(Inner－Filter Effect)。内过滤作用主要是由激发光被溶液中各种发射团或被分析物的基体吸收所致，次要的是由发射荧光被同一发射团所吸收，即自吸现象。荧光的自吸作用一般可以忽略。因为它可以通过降低荧光物的浓度或选择合适的发射波长克服。这里，光纤表面发射荧光由于内过滤引起荧光衰减可由 Leese 和 Wehry[34]方法计算，即

$$\frac{F}{F_0}=\frac{1-10^{-\varepsilon_{\mathrm{ex}}[Q]b}}{2.303\varepsilon_{\mathrm{ex}}[Q]b} \tag{2.12}$$

类似地，有

$$\frac{F}{F_0}=\frac{1-10^{-\varepsilon_{\mathrm{em}}[Q]b}}{2.303\varepsilon_{\mathrm{em}}[Q]b} \tag{2.13}$$

式中：$\varepsilon_{\mathrm{ex}}$和 $\varepsilon_{\mathrm{em}}$为 Q 对激发和发射光的分子吸光系数；b 为有效吸收长度，对于光导纤维 b 可按下列平衡计算，即

$$b=1.303r_0\cot\alpha \tag{2.14}$$

$$\cot\alpha=\left[\left(\frac{n}{\mathrm{NA}}\right)^2-1\right]^{1/2} \tag{2.15}$$

式中：r_0为光纤半径；NA 为光纤的数值孔径；α 为光纤的半孔角。内过滤荧光猝灭一般用做临床诊断分析用。

式(2.12)为第一内过滤，式(2.13)为第二内过滤。

荧光光纤传感器有基于荧光强度检测和荧光寿命及猝灭检测的传感器,但以前者应用为多。典型的荧光寿命是2~20ns,而磷光寿命是1μs~10s。荧光寿命检测通常有两种方法:一种是脉冲方法;另一种是相调制方法。对于前者,样品用短脉冲激发,测定发光强度随时间的衰减。对于后者,样品用正弦调制光激发,对激发光和发射光正弦函数的相变化进行测定[35]。

使用荧光光纤传感器可用于水中污染物遥测分析,测量最长距离可达25m。Chudgk[36]研究了用于遥测水中有机污染物的光纤荧光遥测系统。光源使用Na:YAG脉冲激光器,发射波长266nm,脉宽4~5ns,使用一根激发光输入光纤,一根发射光输出光纤分别与激光器与检测系统相连。使用Boxcar积分检测系统、162型平均积分器、166型积分器与光电倍增管相连。光纤纤芯直径为600μm。用该方法对水中污染的苯、甲酚、腐殖酸、氯苯、对硝基苯、甲苯、2,4二硝基苯、二甲苯等荧光物质进行了检测,对苯、甲酚和腐殖酸的检测限分别为10ppb、1ppb和0.1ppb,并分析了提高检测灵敏度与改善光耦合效率的方法。

Rosenzweig[37]研究了基于荧光猝灭原理的光纤O_2传感器。它是将三(1,10-菲咯啉)钌(Ⅱ)氯化物固定在光纤探头上,使用Ar^+激光器作光源,在488nm的波长下利用O_2对其荧光猝灭反应检测其浓度。该传感器检测O_2的10次测量的标准偏差为2%,检测限为1×10^{-17}mol。

生物分子学技术的发展需研制微型的生物传感器,光纤传感器在微区检测方面有其独到的优势。近年来,双圆锥形光纤传感器的研究有所开展[38],该类传感器使用样品量少,适于检测生物样品。图2.20是荧光双圆锥形传感器的结构图[39],光纤纤芯直径为8μm,外径为1258μm,圆锥腰直径为3.69μm,腰长为7.1mm,光源为75W的Xe灯,用光电倍增管检测,使用的荧光物质为荧光黄,光纤左端激发波长为460nm,右端产生荧光信号的发射波长为510nm。荧光溶液置于圆锥形的束腰区。荧光物的浓度与荧光信号的强弱成正比,用该方法可作生物样品的荧光性质(如消逝波)研究,在医药、生物方面有潜在的应用前景。

Koronczi[40]研究了用相调制技术检测发光的衰变时间的光纤pH和pCl化学传感器。将发光指示剂薄膜固定在光纤传感器的端头上,对pH传感器,衰变时间的变化是由钌络合物(供体)向溴百里酚蓝(受体)的共振转移产生的。

供、受体离子对均固定在水凝胶薄膜中，并固定在光纤端头，随着 pH 变化衰变时间同时发生变化。氯传感器是用三(十二烷基甲胺)氯化物置于 PVC 薄膜中，固定在光纤端头，溶液中氯离子被吸附到薄膜时，为维持电中性，将等摩尔量的质子也吸收到薄膜中，使薄膜中的染料质子化。使用该方法可检测 Cl^-。这两种传感器均可用于生理溶液的检测。

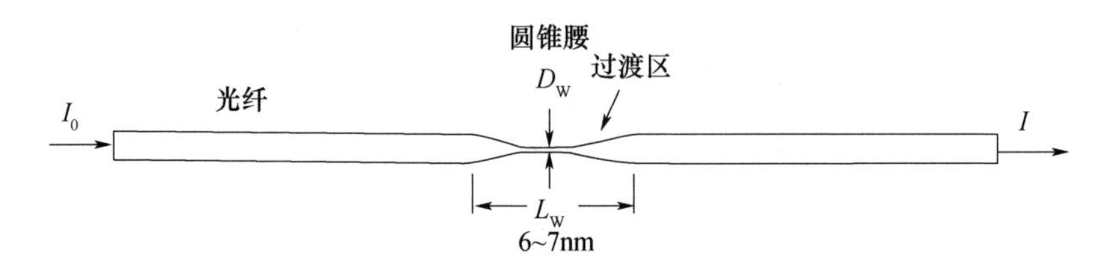

图 2.20　双圆锥形传感器的结构图

Rosenzweig 等[41]研究了一种微型的光纤生物传感器，可以快速检测血清中的胆红素。血清中胆红素在胆红素氧化酶的催化下可被氧化成胆绿素，该反应消耗溶液中的氧。该检测是基于三(4,7 - 二苯 - 1,10 菲咯啉)钌氯化物[Ru(dpp)$_3$]与 O_2的荧光猝灭反应。光纤探头是用 Ru(dpp)$_3$和胆红素氧化酶固定在丙烯酰胺基体上，再将基体通过光聚合反应利用共价键附着在光纤探头上。用该探头的荧光猝灭反应检测胆红素的检测限为 1×10^{-7}mol · L^{-1}，响应时间为 10s，线性范围为 $1 \times 10^{-7} \sim 3 \times 10^{-4}$mol · L^{-1}。

使用 Ru 的多种络合物可用荧光猝灭法检测 O_2，该方面的研究多有报道，因为 Ru 的多种络合物具有较好的荧光特性，如较好的光稳定性、较长的荧光寿命和高的量子产率。这些特性对于荧光检测是非常有利的。Singer[42]曾用 Ru 与三(4,7 - 苯 - 1,10 菲咯啉)的氯化物测定 O_2的荧光猝灭性质，并成功地应用于血清样品，三(1,10 - 菲咯啉)的 Ru 与氯的化合物[Ru(phen)$_3$]曾作为光纤阵列传感器，用以同时测定 O_2、pH 和 CO_2[43]。Kerry P. McNamara[44]合成了三(5 - 丙烯酰胺 - 1,10 - 菲咯啉)Ru 的氯化物，并利用它的荧光猝灭性质用光纤传感器测定了水溶液中溶解的 O_2。将光纤传感器先进行硅烷化 1h，然后将其插入聚合物等混合的 pH 为 6.5 的磷酸缓冲液 35% 丙烷酰胺、5% N - N - 亚甲基双丙烯酰胺、0.1M 三乙胺、2×10^{-4}MRu(5 - 丙烯酰胺 - 1,10 - 菲咯啉)中浸泡 1 ~3min，然后将传感器浸在水溶液中 48h，待用。测定时，使用 Ar^+ 激光光源,发射波长为488nm,因该配合物在450nm有强吸收,摩尔吸光系数达2×10^4。在610nm有强的荧光发射。用该光纤传感器检测水中溶解氧,检测限为0.3ppm,在0~15ppm区间线性关系良好。

当用光纤波导的脉冲光照到荧光物质时,其激发物质产生的荧光信号可用时间延迟的方法测量,即测定光纤芯中激光脉冲与荧光脉冲的返回信号的时间延迟。Prince[45]用第二根检测光纤做光延迟线以达到上述时间分辨检测的目的。使用的光源为337nm的脉冲N_2激光,脉宽0.6ns,单个脉冲能量为1.4mJ,两根光纤中,纤芯为400μm、长为1m的光纤做激发光纤,纤芯为200μm、长500m的光纤做检测光纤,将两根光纤端部外层剥离至纤芯,以90°的角度相靠并放入荧光染料溶液中,延迟检测时间信号约为2.5μs。

上述方法用光电倍增管和光谱分析仪检测在两光纤端面分界处产生的荧光延迟信号,检测罗丹明6G荧光染料的灵敏度约为$10^{-7}mol\cdot L^{-1}$。

近年来,模拟脊椎动物嗅觉的电子鼻一直是分析工作者十分关注并致力于研究的问题。Dickinson[46]研究了多光纤束的阵列传感器,使用其上聚合物膜与待测气体产生的荧光信号进行检测。该光纤传感器是用19根单支光纤组成的光纤束(图2.21),端部用不锈钢套箍住,每根光纤用不同的聚合物或染料包覆,包覆的方法有光聚合或者溶剂挥发法。使用的染料有尼罗红等,激发光波长为535nm,发射光波长为610nm,使用CCD检测,用视频系统接收。该系统可以识别单种气体,并以高准确度识别其浓度,这样的电子鼻在环境和医学检测方面有很好的应用前景。

图2.21　光纤束结构图

Walt[47]详细地研究了用于气味识别的光纤阵列传感器的灵敏度、响应时间、模式识别方法及在多种化合物存在时识别目标化合物和识别有机官能团的能力。

新疆医科大学陈坚等在荧光光纤传感器的研究与应用方面做了大量的工作,提出"荧光多元猝灭响应光纤传感器"的新概念[48]。图2.22是他们研制的3种不同的光纤传感器端头结构图,其中图2.22(a)用于静止检测,图2.22(b)

用于流动检测,而图2.22(c)有不锈钢外套,是用于插入生物体内进行实时检测的光纤传感器,用该方法可同时检测第一内过滤、第二内过滤、共振能量转移。动力学猝灭等多元猝灭信号,使检测的灵敏度大大增强。用它组装的光纤多元猝灭传感器与光源检测系统,检测了40余种固体药物的溶出度[49],并成功应用于血浆、尿液与脑髓液中多种药物浓度的检测[50]和环境污染废水中 Cr^{6+}[51]在线监测。

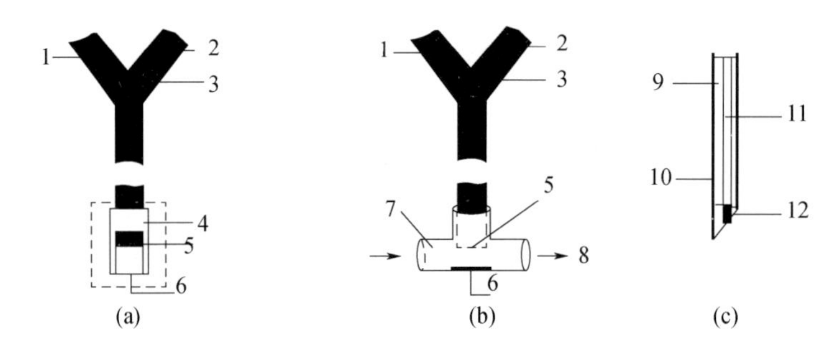

图2.22　荧光多元猝灭响应光纤化学传感器结构示意图

1—接光源;2—接检测器;3—光纤;4—套管;5—光纤端部平面;6—敏感膜;7—形套管;8—流动样品溶液;9—包层;10—不锈钢管;11—纤芯;12—敏感膜。

Zhang等[52]采用基于光纤化学传感器的荧光法准确测定VB2含量。将VB2片溶解在水溶液中,采用基于荧光法的光纤化学传感器检测系统测定溶液光谱,定量分析VB2含量,该方法VB2最大发射波长为533nm。质量浓度为 $3.2\times10^{-5}\sim8\times10^{-4}mg\cdot ml^{-1}$,与荧光强度呈良好的线性关系。检出线为 $1.55\times10^{-8}mg\cdot ml^{-1}$,日精密度为0.19%,而每日精度为1.2%,回收率为97.9%~105.1%。

Nguyen等[53]采用分子印迹聚合物(MIP)作为荧光素,开发了一种用于检测可卡因的光纤化学传感器。荧光MIP形成共价连接到光纤的远端。该传感器在浓度范围为0~500μm的乙腈水溶液混合物中,对可卡因的荧光强度响应增强,在24h内具有良好的重现性,实验表明,相比于其他药物,该传感器对可卡因的选择性更强。

4. 基于化学发光原理

基于化学发光的光纤传感器多有报道,该传感器是基于化学发光试剂(如鲁米诺等)和待测样品的化学发光反应进行检测的。该方法的优点是省去光源,只需检测光纤即可。最典型的一种化学发光传感器是将氧化酶用聚丙烯酰胺固定在光纤上,用以检测过量鲁米诺存在条件下过氧化物的浓度。反应的机理是基于过氧化酶对鲁米诺与过氧化氢反应的催化作用。Chen Zhongping[54]根据有机膦杀虫剂对乙酰胆碱酯酶的抑制作用,用光纤化学发光传感器测定了有机膦杀虫剂的含量。

Choi Sue Hyung 等[55]研制了用生物发光细菌检测有毒化合物的生物发光光纤传感器。其基本结构如图 2.23 所示。整个传感器由三部分组成,即放置冻干敏感细菌株的小瓶、放置小瓶的小型密闭暗箱和发光检测仪。发光池通过橡皮管和底部小洞与光纤的一端相连,光纤另一端与高灵敏度发光光度计相连。将酚类毒物用注射器注入样品池,由发光细菌的发光强度检测毒物对细菌发光强度的抑制。实验中检测了 5 种不同的发光细菌对酚等毒物的生物发光响应信号,并研究了加入吐温 -80、葡萄糖等物质对细菌发光的影响。

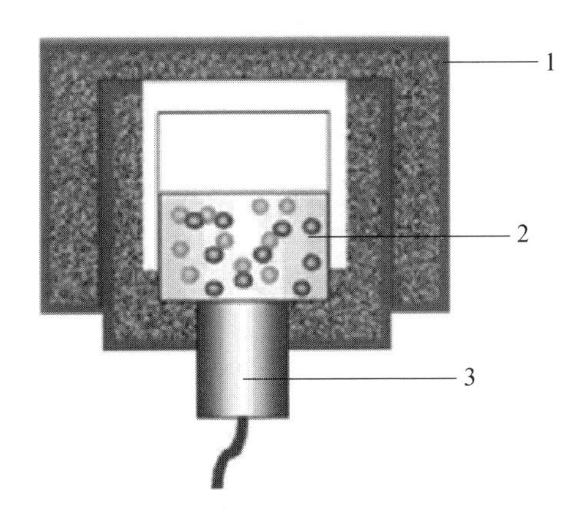

图 2.23 检测细菌发光光纤传感器示意图

1—腔体;2—样品池;3—光纤探针。

5. 基于磷光原理

磷光是物质吸收光能后[56],核外电子由第一激发单重态的最低振动能级,以系间窜跃方式转至第一激发三重态,再经过振动弛豫,转至其最低振动能级,由此激发态跃回基态时,便发射磷光。磷光发光速率较慢,为 $10^{-4} \sim 100$s。这种光在光照停止后,仍可持续一段时间。

Campiglia 等[57]研制了室温磷光光纤传感器，并用其检测了芳烃类化合物。他使用脉冲 N_2激光器，发射波长 337nm，使用 1 根入射光纤(纤芯 600μm)、18 根检测光纤(纤芯 200μm)，采用分叉式结构。如图 2.24 所示，光纤传感器的主体用两个圆柱体以同轴相连，将光纤芯卷入其中，用位于不锈钢壳体的螺丝固定光纤端头与固体基片间的距离。塑料螺栓端头开 0.3cm 直径的孔以使样品溶液进入。滤纸用打孔器打成 0.4cm 的圆片，用醋酸铊浸润并用红外灯干燥。测定时，将传感器端面浸入到待测液，用红外灯从反面照射干燥，然后用单色器、光电倍增管配以积分器进行荧光光谱与荧光强度测定。用该传感器检测了芘、苯并芘等多种芳烃类化合物。其中对蔻($C_{24}H_{12}$)、1,2,3,4－苯并蒽、2,3－苯劳的检测限分别为 15ng · mL^{-1}、56ng · mL^{-1}、6ng · mL^{-1}。

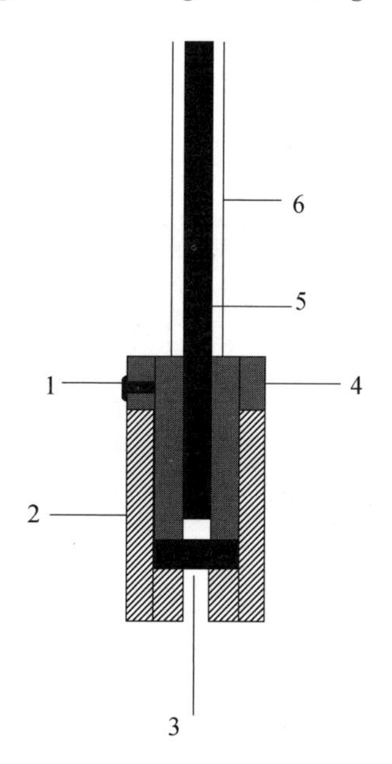

图 2.24　磷光光纤传感器

1—螺钉；2—聚四氟乙烯外层；3—固体基座；4—不锈钢外壳；5—中心光纤；6—覆层。

6. 基于拉曼光谱法

红外光谱是研究物质结构的重要方法，光纤传感器的纤芯一般由硅石、玻璃或有机高分子塑料制成，这些材料在红外区是不透明的；用红外区透明的材料如 ZnSe、KBr 作纤芯则是有难度的。因此，用光纤在红外区进行物质结构分析是有难度的。但是使用拉曼光谱法可用光纤传感器进行物质的结构分析。拉曼现象是基于光子与物质分子的非弹性碰撞所产生的散射现象。将光导纤维探针引入拉曼光谱技术,为拉曼遥测提供了新的分析手段,特别是对于有毒、有放射性污染物的遥测。从 20 世纪 60 年代起,陆续有该方面的研究报道。1984 年,Schwab 等[58]报道了光纤拉曼光谱法。在仅使用 1 根入射光纤和 1 根拉曼检测光纤的情况下,如果样品是均匀的且在拉曼位移区域没有光吸收,那么,当样品中某一点的坐标为 x、y、z 时,其拉曼信号的大小可由下式决定,即

$$P_{\mathrm{c}} = \frac{P_{\mathrm{o}}\beta N R_2^2 d_x d_y d_z}{R_{\mathrm{i}}^2 a^2} \tag{2.16}$$

式中:P_{o} 为光纤出口的激光功率;β 为拉曼散射系数;R_{i} 为入射光纤锥面距光纤端面 Z 点的半径;N 为单位体积内散射光数目;R_2 为检测光纤半径;a 为从 x、y、z 点到检测光纤表面的距离。

从式(2.16)可见,拉曼光纤检测信号与待测物的浓度和待测物与入射光纤及检测光纤的距离、位置坐标等有关。Scott 还设计了用 19 根光纤做成的拉曼光纤传感器,中间 1 根是入射光纤,周围内 6 根、外 12 根均为拉曼检测光纤。将光收集到光谱计进行检测,该光纤组合使检测灵敏度提高了 9 倍。用该光纤传感器可检测多种样品,如液体、固体甚至是低温样品的拉曼信号。

由于拉曼散射很弱,其光谱信号通常比较小,不是很灵敏,但利用共振或表面增强拉曼可大大提高拉曼光谱的灵敏度。Stokes 等[59]研制了表面增强拉曼光纤传感器,其结构如图 2.25 所示,该单根光纤可同时激发和收集拉曼光谱信号,光纤长为 8cm,半径为 600μm,光纤端部剥离 1cm 长,并附着铝纳米微粒壳层,在此壳层上再真空镀 1000Å 银膜。光源使用 He - Ne 激光器,发射波长为 632.8nm 的红光。该光纤上产生的拉曼信号再经第二根端部耦合的光导纤维进入拉曼全息过滤器,后再进入光谱仪进行信号处理。用该系统和拉曼增强光纤传感器检测了甲苯紫、亮甲苯兰、对氨基苯甲酸、三氨基苹等化合物,对甲苯紫的检测限为 50ppb。

光纤传感器的探头非常小,又具有可弯折性,对于生物活体样品的检测具有独到的优势。用光纤激光拉曼传感器检测生物组织样品多有报道,Frank 等在 1994 年[60]、1995[61]年使用 10 ~ 200mW 的激光器和 1 × 6 组合式光纤传感

器、CCD 检测方法,比较了正常人和癌症患者的胸腺组织的活检样品(图 2.26),图中,A 为正常人的拉曼光谱,B 为癌症患者的拉曼光谱。从图中可见,二者有明显的不同。该研究说明了用光纤激光拉曼传感器做快速诊断的可行性。

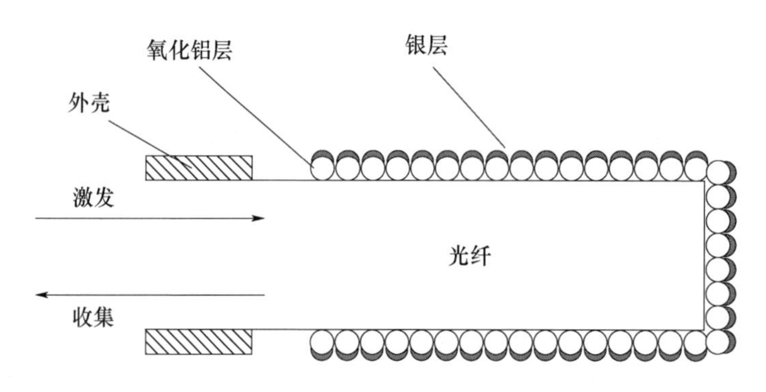

图 2.25　表面增强拉曼光纤传感器

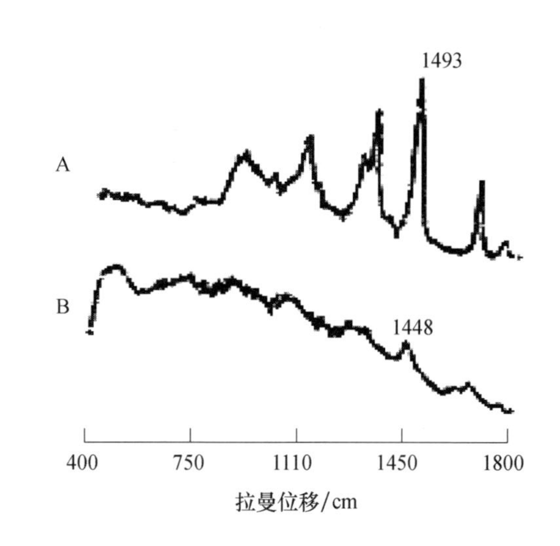

图 2.26　正常人(A)和癌症患者(B)的光纤拉曼位移谱

7. 基于消逝波原理

当一束光以大于临界角从光密介质(n_1)照到光疏介质(n_2)时,在两介质的界面上产生全内反射,当光产生全反射时,还会有少量光进入光疏介质,产生一个随深度变化且其电场强度呈指数衰减的拖尾,这一现象称为消逝波[62]。

光线在光疏介质中穿透深度(dp)可由下式计算,即

$$dp = \frac{\dfrac{\lambda}{n_1}}{2\pi\left[\sin^2\theta - \left(\dfrac{n_2}{n_1}\right)^2\right]^{1/2}} \tag{2.17}$$

在消逝波场中如有光活性物质时，它将与场中入射光能量相互作用，导致光能损耗，该损耗与光波长有关，入射光强度的改变可提供界面上物质定性与定量的信息。当光导元件是圆柱形光纤时，该技术就称为消逝波光谱（ZWS）。根据光纤理论，如果在消逝波场中存在活性物质，导入光纤中光强度将按下列关系衰减式列出，即

$$-\lg\left(\frac{I}{I_0}\right) = \alpha_e LC + \lg\left(\frac{NA_0^2}{NA^2}\right) \tag{2.18}$$

式中：I 为照射后光穿透后的强度；I_0 为无分析物时参考光强；L 为光纤长度；C 为光活性物质浓度；NA、NA_0 为光纤在有或没有光活性物质存在时的数值孔径；α_e 为光活性物质的分子吸收和进入光纤作为消逝波存在于光纤包层那一部分光的乘积。

图 2.27 为 Dinana[62] 研制的基于消逝波的光纤传感器结构图，使用石英卤素近红外光源，液氮制冷 InSb 检测器。光纤内径为 200μm，外径为 300μm，内径与外径材料的折射率分别为 1.4571 和 1.41。光纤外包装用沸腾的 1,2 丙二醇煮 5min 除去。消除长度分别为 1.05 m 和 2.92m，前者用于研究样品扩散，后者用于定量检测，光纤被弯成 5cm 半径的线圈并固定在铝架上，如图 2.27 所示，使用上述传感器测定了甲苯、三氯甲烷、1,1,1 - 三氯乙烷，测定了它们的扩散系数，定量测定结果说明其浓度测定范围为 20 ~ 300ppm。

Potyrailo 等[63] 研制了近紫外消逝波吸收的多模光纤传感器。他们研制的 2 支光纤传感器，1 支将光纤剥离到纤芯，1 支只剥去外包装层，前者剥去 75cm 长，盘成直径 50mm 的圆圈；后者剥去 180cm，盘成直径 16mm 的圆圈。将二者分别放入臭氧流动池中，使用 300W 的 Xe 灯，在 254nm 波长时，用光电倍增管进行测定，臭氧的浓度用吸收光谱法进行标定，检测结果说明，只剥外包装层的光纤传感器比剥离到纤芯的传感器具有更好的灵敏度，对臭氧检测的灵敏度为 200ppm。

Fang 等[64] 报道了光纤表面产生消逝波激发荧光，其用成像法进行检测，光纤使用圆柱形和方形两种，圆柱形光纤尾部用化学腐蚀法剥去 5cm，方形（1mm

宽)光纤长30cm,尾部剥去4cm,光纤一头接 Ar^+ 激光器,尾端嵌入自制塑料槽(3cm×2cm×0.2cm),将塑料槽卡在显微镜载物台上并充以样品溶液。在剥去外层的光纤表面产生的消逝波诱导溶液中罗丹明6G产生荧光,通过显微镜用ICCD检测,在ICCD前放置滤光片用以检测荧光。用上述原理与装置可检测罗丹明6G分子,实验说明,响应信号与罗丹明6G浓度呈线性关系,应用该方法可检测四甲基罗丹明6G标记的生物分子。

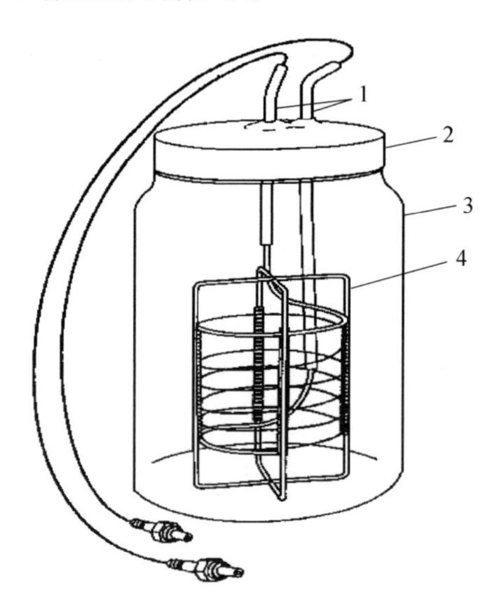

图2.27 消逝波光纤传感器检测图

1—倒入管;2—容器盖;3—容器;4—铝架。

Gupta等[65]研制了基于消逝波吸收检测的U形光纤pH传感器。它是将光纤传感器弯成U形,在其上用溶胶－凝胶法固定甲酚红、溴苯酚兰、氯苯酚红等混合pH指示剂,用钨卤素灯光源将光导入U形光纤,光纤的U形部分浸入玻璃池水溶液中,U形光纤弯成半径为3.48mm、1.14mm、0.82mm 3种,从实验结果可知,U形光纤有很多优点,其中最主要的优点是具有高的灵敏度。半径越小,其灵敏度越高,传感器响应时间为15s。

赵明富等[66]采用溴酚蓝、氯酚红、甲酚红和刚果红的混合物作为光纤pH传感器的敏感指示剂,通过溶胶凝胶法将混合敏感指示剂涂覆到光纤纤芯表面,大大提高了光纤pH传感器的测量范围,缩短了传感器的响应时间,同时也延长了传感器的使用寿命。实验表明,pH测量范围为2.0~13.0,输出光功率示数与对应的溶液 pH 基本呈线性关系，响应时间约为 200s，并且具有良好的可逆性及重复性。

Mulyanti 等[67]研制了一种用于评估酸雨水平的倏逝波型光纤化学传感器。光纤化学传感器系统应用于印尼酸雨期间包括雅加达、马那多、庞提那克、茂物和泗水在内的五大城市。在光纤化学传感器的开发中，配备原型氨检测仪进行检测值的监测，同时，利用原型氨水检测器对光纤化学传感器传感器进行测试，并在光功率计上进行验证。结果表明光纤化学传感器传感器与原型氨检测器和光功率计的相关系数为 0.78，分别为 7.12 ~ 8.34dBm 和 7.51 ~ 7.71dBm。

8. 基于表面等离子体共振原理

自 Liedbery[68]指出表面等离子体共振法作为光传感器的前景以来，该方法已被广泛研究，Liedbery[69]和 Jorgenson[70]研究了在可见光波段内等离子体共振池，使用金作为检测器的膜材料。Abdelghani[71]研究了用银做膜材料的表面等离子体共振光纤传感器，可用于液相和气相检测，传感器价廉且灵敏度高。

图 2.28 为光纤表面等离子体传感器结构和检测系统图，光源使用二极管激光器，输出波长 670nm，用精密旋转器控制光入射角 α。流动池内可置气体或液体，光纤使用多膜硅光纤，光纤数值孔径 0.36，纤芯直径 600nm，光纤中部剥去长 15mm 的外层后，镀以 50μmAg 膜，用正十八烷硫醇膜保护银膜不被氧化，如果检测样品为气体，则在其上再覆以氟硅氧烷薄膜。

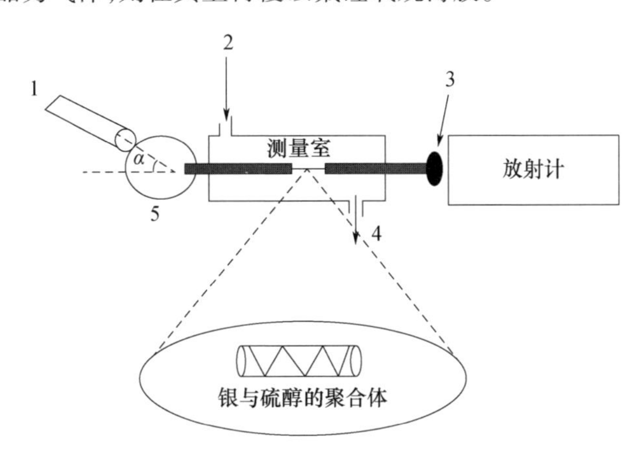

图 2.28 光纤表面等离子体传感器结构和检测系统图

1—激光二极管(670nm)；2—气体进口；3—光电二极管；4—气体出口；5—精密旋转器。

用该等离子体光纤传感器检测了氯化物和芳烃类气体化合物,对 CH_2Cl_2、CCl_4、$CHCl_3$、乙基氯化物检测限分别为 0.3%、0.7%、1% 和 2%,吸收时间 2min,解吸时间 2.5min。

用表面等离子体光纤检测技术可以实施原位、实时检测光纤表面溶液的吸收值的变化。图 2.29 为 Lin[72] 设计的光纤表面等离子体共振传感器的检测图。光纤为 21cm 长多模阶梯指数光纤。在光纤中段剥去 15mm 的外层,并用真空镀膜法镀以 40 ~ 70nm 厚的金膜。入射光波长为 658nm,当光通过光纤时,在镀膜表面产生的表面等离子体信号与金膜吸收层和溶液中待测物作用直接相关,信号变化用光二极管检测。当入射光角 α 为 10℃,溶液中样品为烷基硫醇时,可从检测信号上看出硫醇在光纤表面的吸收、饱和、调整、稳定 4 个阶段全过程。当在光纤上固定抗体时,可实时检测抗原在抗体上的结合过程,并用该法做抗原的定量检测。对抗原检测最低灵敏度为 $70ng \cdot mL^{-1}$。

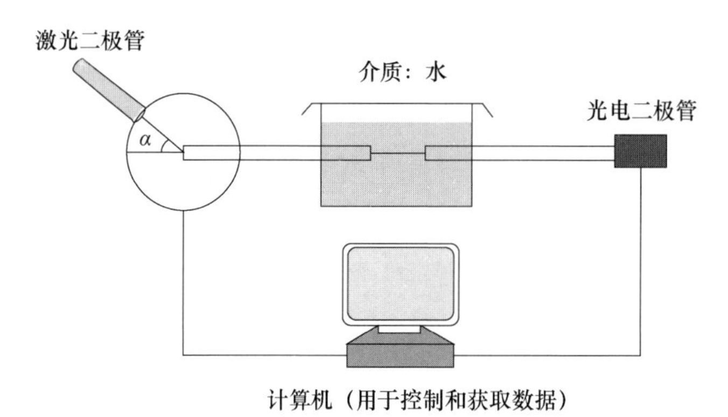

图 2.29　光纤表面等离子体共振传感器检测图

Sharma 等[73] 利用表面等离子体共振(SPR)技术,在近红外(NIR)环境下模拟和分析 SPR 聚合物包覆和 MoS_2 单分子层的硫系化合物光纤传感器,用于检测溶解在水溶液中的混合醇(乙醇和甲醇)。将单色光在轴上以不同角度射入光纤芯,然后测量通过 SPR 探头区域的功率损耗,对所提出的光纤传感器进行角度询问分析。根据该传感器的品质因数(FOM)对其性能进行分析,结果表明,该传感器对酒精的特异性和相当大的 FOM 是通过利用聚噻吩(PT)层实现的,较长的近红外波长提供了优越的传感性能,当甲醇在水溶液中的体积分数较大时,传感器的性能更好。

Jang 等[74]研究了一种涂覆石墨烯的表面等离子体共振光纤传感器。通过热化学气相沉积(TCVD)合成的石墨烯薄膜被转移到光纤的传感区域。该传感器的检测机制是基于 SPR 信号随被测物的折射率变化的原理,采用生物素化双交叉 DNA(DXB)点阵和链霉亲和蛋白(SA)进行评估。这是首次尝试用石墨烯替代传统金属薄膜,观察到确切的 SPR 现象和红移 7.276nm 的 DXB 和 SA 组合。

Lewis 等[75]利用嵌入金纳米颗粒的分子印迹聚合物(MIP)膜,研制了一种基于表面等离子体的用于可卡因检测的光纤化学传感器。在纤维芯表面沉积的金薄膜层上形成 MIP,基于由分析物结合引起的 MIP 膜膨胀,使共振光谱向更短的波长移动,从而实现传感。实验表明,在乙腈水溶液中,该传感器对浓度范围为 0 ~ 400μm 的可卡因表现出反应。

Pathak 等[76]制备并演示了一种用于乙醇低含水量检测的锥形表面等离子体共振传感器。采用 11nm 厚度的铝包覆探针尖端以产生等离子体波。当含水量在 1% ~ 10% 范围内时,由于乙醇的折射率的增加,输出功率随含水量呈线性增加;当含水率逐步增加 20% 时,RI 急剧下降,从而导致输出功率下降。

9. 基于光纤影像原理

微电子、光学技术的发展,促进了光纤传感器的微结构与传感技术,光纤影像技术就是其中之一。

光纤影像是由数千个直径为 3 ~ 4μm 的单支光纤熔融后非常紧密地结合在一起,检测平台一般使用经过改造的显微镜。

Karen[77]研究了利用光纤影像技术进行物质表面荧光测量的技术,他将表面荧光显微镜由直立式改为水平式,水平式工作台面用于固定与微调光纤传感器,使用 6000 个 3.5μm 的微光纤组成光纤传感器,用 75W 的氙灯做光源,使用 490nm 滤光片,用二色镜将入射光聚焦到光纤末端的敏感层,产生的荧光信号返回通过二色镜、滤光片,被 CCD 检测。CCD 照相机有 256 × 256 个光敏感元与电子增强器耦合,用视频图卡和影像处理软件对视频影像进行数字化处理。

Karen 研制的两个传感器,一个是涂有乙二醇 - 异丁烯酸酯类聚合物薄膜的化学传感器,另一个是用乙酰胆碱/荧光异氰酸酯/PNA 作敏感材料的生物传感器,由上述化学传感器荧光法测 pH,响应时间 2s,0. 05pH 的变化可在 50ms 内检测到,酶传感器的响应时间小于 1s,对乙酰胆碱酯酶的检测限为 35μmol · L^{-1}。

10. 基于干涉原理

光干涉方法是利用光干涉原理而设计成的一种物理方法,主要技术手段是各种干涉仪。光的干涉是若干个光波(成员波)相遇时产生的光强分布不等于由各个成员波单独造成的光强分布之和,而出现明暗相间的现象。干涉现象通常表现为光强在空间做相当稳定的明暗相间条纹分布;有时则表现为当干涉装置的某一参量随时间改变时,在某一固定点处接收到的光强按一定规律作强弱交替的变化。

干涉可分为双光波干涉和多光波干涉。当成员波在考察点处偏振方向不一致时,产生偏振光的干涉,可广泛用于精密计量、天文观测、光弹性应力分析及光学精密加工中的自动控制等领域[78]。

上官春梅等[79]利用化学腐蚀法对单模光纤(HI - 1060)进行端面微加工处理,制作了一种光纤干涉型传感器。如图 2. 30 所示,通过将单模光纤一端放置于40% 浓度氢氟酸溶液中制备传感器,制得的传感器条纹对比度为 6 dB,波长间隔 14nm。同时,分别设计不同温度及不同折射率的酒精溶液对传感器的温度特性以及折射率特性进行分析研究。实验发现,随着温度的增加,传感器的谐振波长发生红移,温度灵敏度和线性度分别为 15. 3 pm/℃和 0. 996;随着酒精溶液折射率由 1. 3417 增加到 1. 3483,传感器的谐振波长发生蓝移,折射率灵敏度和线性度分别为 -1185. 7nm/RIU 和 0. 951。实验结果表明,基于化学腐蚀法制作的光纤干涉型传感器对温度以及液体折射率变化均有较高的灵敏度,可用于温度和液体折射率传感测试。

11. 基于光栅原理

由大量等宽等间距的平行狭缝构成的光学器件称为光栅(Grating)。一般常用的光栅是在玻璃片上刻出大量平行刻痕制成,刻痕为不透光部分,两刻痕之间的光滑部分可以透光,相当于一狭缝。精制的光栅,在 1cm 宽度内刻有几千条乃至上万条刻痕。这种利用透射光衍射的光栅称为透射光栅,还有利用两刻痕间的反射光衍射的光栅,如在镀有金属层的表面上刻出许多平行刻痕,两刻痕间的光滑金属面可以反射光,这种光栅称为反射光栅。

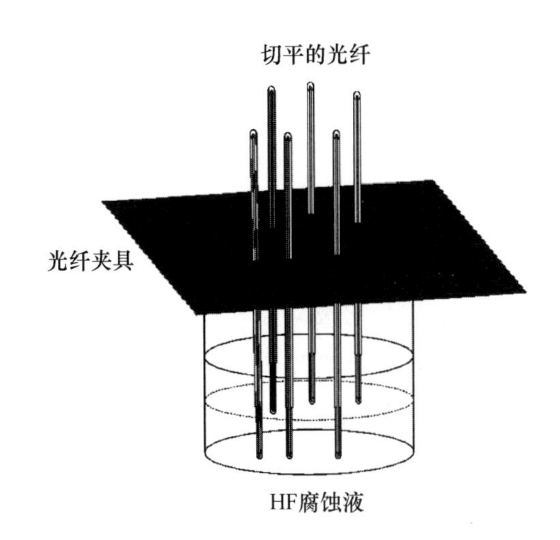

图 2.30 化学腐蚀光纤系统图

Liu 等[80]提出了一种石墨烯氧化物涂层长周期光纤光栅(GO - LPG)的化学传感应用。氧化石墨烯(GO)沉积在长周期光栅表面,形成传感层,显著增强了 LPG 传播光与周围介质的相互作用。GO - LPG 的传感机理依赖于光栅共振强度随环绕介质折射率的变化。采用 GO - LPG 测量糖水溶液浓度,实验表明,低折射率区(1.33 ~ 1.35)的折射率灵敏度为 99.5 dB/RIU,高折射率区(1.42 ~ 1.44)的折射率灵敏度为 320.6 dB/RIU,低折射率区和高折射率区折射率分别提高了 3.2 倍和 6.8 倍。GO - LPG 具有高灵敏度、实时性和无标记传感等优点,可进一步推广到光学生化传感器的开发。

2.2 荧光传感器

当光照射到某些物质时,这些物质会发射出各种颜色和不同强度的可见光,而当光停止照射时,这种光线也随之很快地消失,这就是荧光现象。利用某些物质被光照射后所产生的能够反映该物质特性的荧光,以进行该物质的定性分析和定量分析称为荧光分析。

荧光分析已广泛应用在工业、农业、医药、食品、卫生、环境、生命科学、司法鉴定和科学研究等各个领域中。可以用荧光分析鉴定和测定的无机物、有机物、生物物质、药物等的数量也与日俱增。荧光分析法成为分析化学工作者所必须掌握的一种分析方法。

荧光定量分析是根据试样溶液所发生的荧光强度测定试样溶液中荧光物质的含量。荧光分析的灵敏度不仅与溶液浓度有关,而且与激发光照射强度及荧光分光光度计的灵敏度有关。因此,荧光分析法的灵敏度一般高于应用最广泛的比色法和分光光度法。比色法及分光光度法的灵敏度通常在千万分之几,而荧光分析法的灵敏度常达亿分之几甚至千亿分之几。

荧光分析法的另一个优点是选择性高。这主要是对有机化合物的分析而言。凡是能发生荧光的物质,首先必须能吸收一定频率的光,但吸光物却不一定能产生荧光,而且对于某一给定波长的激发光,物质发出的荧光波长也不尽相同,因而,只要控制荧光分光光度计中激发光和荧光单色器的波长便可以得到选择性良好的方法。

荧光分析法还具有方便快捷、取样容易、试样用量少等优点。

荧光分析法也有不足之处,主要是其应用范围还不够广泛。因为许多物质本身不能产生荧光,要加入某种试剂才能达到荧光分析的要求。此外,对于荧光的产生与化合物结构的关系,尚需人们更加深入地研究。

2.2.1 原理

某些物质分子吸收了一定波长的光能之后,基态电子跃迁到激发态,很快以无辐射跃迁的形式下降到第一电子激发态的最低振动能级。再由第一电子激发态的最低振动能级下降到基态的各个振动能级,同时发射出比原来所吸收的频率较低、波长较长的光能,这种光称为荧光。

光子被一个分子吸收是一种单一的、瞬间的相互作用。荧光则涉及两种作用和两个光子,即吸收,接着再发射。每一种过程实际上都是瞬间的,但在过程之间存在时间间隔(一般为约 10^{-8}s)。在这段时间里分子处于电子激发态的时间间隔是可变的,因为它依赖于与荧光去活化过程竞争的、使激发态去活化的各种非辐射猝灭过程。这些非辐射猝灭过程的效率取决于分子的环境因素,辐射的强度也与环境有关。

处于分子基态单重态中的电子对,其自旋方向相反,用 S_0 表示。分子吸收能量后,其中一个电子被激发时,通常跃迁至第一激发单重态轨道上,也可能跃迁至能级更高的单重态上。第一电子激发单重态和第二电子激发单重态分别用 S_1、S_2 表示。第一电子激发三重态和第二电子激发三重态分别用 T_1、T_2 表示,$\nu=0,1,2,\cdots$表示基态和激发态的振动能层。这种跃迁属于禁阻跃迁,如图 2.31 所示。根据洪特规则,处于分立轨道上的非成对电子,平行自旋要比成对自旋更稳定。因此,三重态能级总是比相应的单重态能级略低。

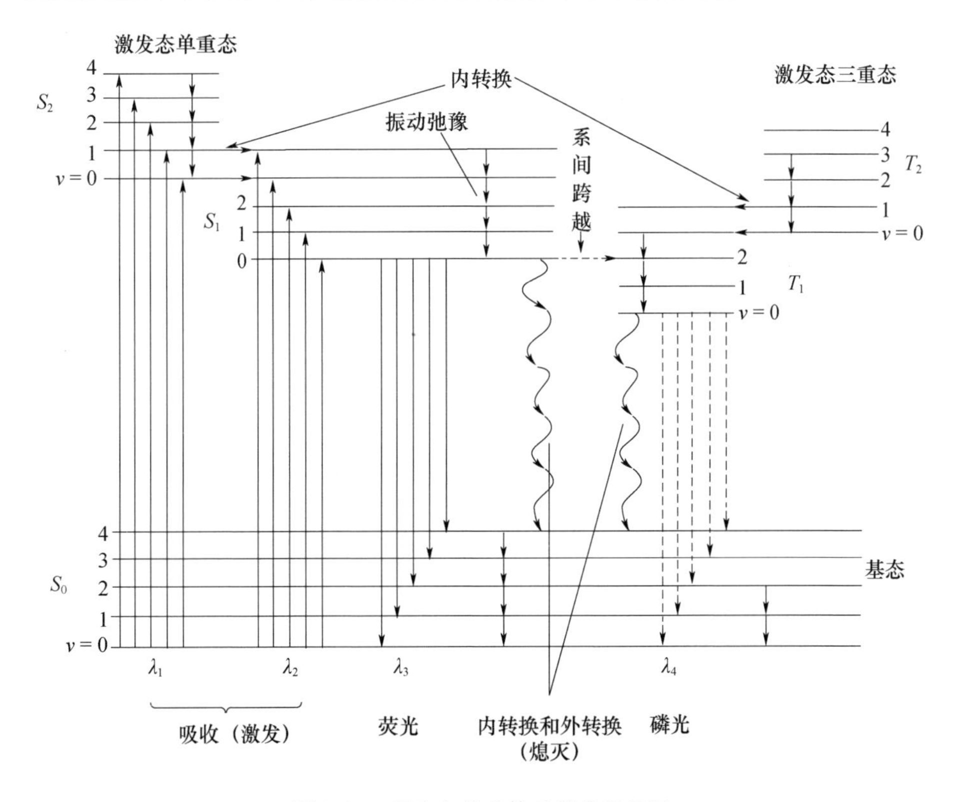

图 2.31　荧光和磷光体系部分能级图

处于激发态的分子是不稳定的,它通常以辐射跃迁和非辐射跃迁等去活化过程再回到基态。辐射跃迁主要涉及荧光、延迟荧光或磷光的发射;无辐射跃迁则是指以热的形式辐射其多余的能量,包括振动弛豫(Vibrational Relaxation,VR)、内转换(Internal Conversion,IC)、系间跨跃(Intersystem Crossing,ISC)及外转换(External Conversion,EC)等,情况比较复杂。各种跃迁方式发生的可能性及程度,与荧光物质本身的结构及激发时的物理和化学环境等因素有关,其中以速度最快、激发态寿命最短的途径占优势。

大多数分子吸收了光被激发至第一或以上的电子激发态的各个振动能层之后,通常会急剧降到第一电子激发态的最低振动能层。在这个过程中,它们和同类或其他分子碰撞消耗了相当于这些能层之间的能量,因而不发出光,即无辐射跃迁。当分子处于激发单重态的最低振动能级时,以 $10^{-9} \sim 10^{-7}$s 的时间内发射一个光子并返回基态,这一过程称为荧光发射,所产生的光称为荧光。由于溶液中和高压气体中振动弛豫效率很高,它在发射前后都有可能发生,因此,发射荧光的能量比分子吸收的能量要小,即荧光的特征波长比它所吸收的特征波长要长。荧光发射多为 $S_1 \rightarrow S_0$跃迁。不论分子被激发到哪个能级,最终只发射出波长恒定的荧光。

从激发单重态到三重态的分子系间跨越跃迁发生后,接着发生快速的振动弛豫到达激发三重态的最低振动能层上,激发态分子由激发三重态的最低振动能层跃迁回到基态而发生磷光。当然,去活化方式也可以是内转换和外转换。如果以内转换或外转换去活化方式为主,那么,磷光就会减弱甚至熄灭。所以,通常只能在低温、高黏度或分子被分散到固体表面时才能观察到磷光。发生磷光的跃迁过程也是禁阻跃迁,其发光速率较低,为 $10^{-4} \sim 10^{2}$s。因此,这种跃迁发射的光在光照停止后,仍可持续一段时间。因自激发三重态降落至基态时所释放出的能量比由第一激发单重态的最低振动能层直接返回至基态时放出的能量要小,所以磷光波长比荧光波长稍长。

由此可见,荧光与磷光的根本区别是:荧光是由激发单重态最低振动能层至基态各振动能层的跃迁产生的,而磷光是由激发三重态的最低振动能层至基态各振动能层间的跃迁产生的。荧光产生不涉及电子自旋状态的改变,因而荧光寿命较短($<10^{-5}$s)。磷光产生需要经过电子自旋状态的改变,因而寿命较长,有的甚至能持续几秒或更长。通常,磷光波长比荧光波长。

2.2.2 荧光分光光度计

1. 荧光探针的固定方法

由于大多数被检测对象(如生物分子)本身无荧光或荧光较弱,被检测时灵敏度较低，因此人们用强荧光的标记试剂或荧光生成试剂对待测物进行标记或衍生，生成具有高荧光强度的共价或非共价结合的物质，使其检出限大大降低，这就是荧光探针技术。所用的荧光标记试剂或荧光生成试剂称为荧光探针。

在荧光化学传感器的研制中，荧光探针的固定是最关键的一步。无论使用哪种荧光载体都需要将其固定在传感器上。固定方式直接影响传感器的性能，如传感器的寿命、可逆性、重现性、响应时间及膜的机械性能等。荧光探针的固定化方法主要有吸附法、包埋法和共价键合法 3 种方式。

吸附方法是用物理和化学方法吸附荧光探针。其中物理方法是通过分子间作用力（取向力、诱导力、色散力、氢键）将荧光探针固定在传感器上。化学方法是通过探针和固定底物之间的化学反应，将其固定在传感器上。

包埋方法是把荧光探针包埋在多孔聚合底物上。常用的多孔聚合物有 PVC、纤维素、全氟磺酸、阴阳离子交换树脂、溶胶 - 凝胶、聚乙烯醇、聚苯乙烯和氧化铝等。

共价键合法是通过化学反应生成共价键将探针固定在荧光化学传感器上。常用的共价键合法有以下几种：一是通过聚合物基质上的一些特性官能团（如羟基、氨基等活性基团）与荧光探针反应，将荧光探针共价键合在传感器上；二是将荧光指示剂单体化学修饰到聚合的末端双键，并与膜基质单体发生共聚反应，直接将荧光指示剂固定在含末端双键的荧光传感器的基质上。

2. 荧光分光光度计的构造

荧光分光光度计通常是由激发光源、单色器、样品室、信号检测系统和信号记录处理系统组成。图 2. 32 是荧光分光光度计的结构示意图。荧光检测采用激发光与发射光成直角的光路。

其工作原理可简述如下。光源发出的光经第一单色器得到所需要的激发光，然后照射到样品室的样品上。由于一部分光能被荧光物质吸收和散射，其透射光强度比入射光强度要低。荧光物质被激发后，将向各个方向发射荧光。为了消除入射光和散射光的影响，通常将荧光分析仪检测器安装在与激发光成直角的方向上。为消除可能存在的其他光线的干扰，如由激发光产生的反射光、瑞利散射光和拉曼光，以及将溶液中杂质所发出的荧光滤去，以获得所需要的荧光，在样品池和检测器之间设置了第二单色器。荧光照射到检测器上，得到相应的电信号,经放大后再用记录仪或计算机记录下来。为了弥补光源的漂移,可采用双光束荧光分析仪。

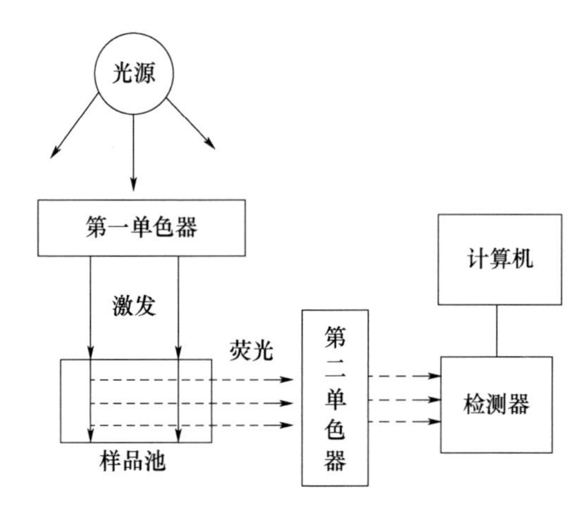

图 2.32　荧光分析仪的示意图

(1)激发光源。光源的发射强度应比分子吸收光谱中使用的钨灯和氘灯的发射强度大,其目的是为增大荧光分析的灵敏度。常用的光源是低压汞灯、高压氙灯、氙－汞弧灯和激光器。

低压汞灯的平均寿命为 1500～3000h。它能产生激发波长为 254nm、302nm、313nm、546nm、578nm、691nm 和 773nm 的激发光。

高压氙灯为连续光源,它能发出波长为 300～1300nm 的连续光。它是一种短弧气体放电灯。外壁为石英,内充氙气,室温时其内部压力为 0.5MPa,工作时压力约为 2MPa。所以操作高压氙灯要严格按照操作程序。

激光光源具有单色性好、强度大等优点,常用的有染料激光器和 He:Ne 激光器。激光光源设备较为复杂,但它有自己的独特用途,例如:①适用于样品量非常少时,如在毛细管电泳中或在芯片检测中;②适用于远距离的检测,如用荧光法检测大气中的自由基;③单色性好,减少了光的干扰。

(2)样品池。荧光分析的样品池必须用低荧光的材料制成,通常用石英或玻璃,形状以圆柱形和长方体为宜。

(3)单色器。大部分荧光分光仪采用光栅作为单色器,这样便于可调控制。单色器数量至少有一个,通常有两个:第一单色器用于选择激发波长;第二单色器用于分离出荧光发射波长。

(4)检测器。荧光的强度通常比较弱,因此,要求用具有较高灵敏度的光电倍增管作检测器。但要进行光学多通道检测时,则要用如光导摄像管等多通道检测器。

3. 荧光分析实验技术

光源可根据需要选择连续光源(如高压氙弧灯)、带状光源(如低压汞灯)或激光光源(如 He:Ne 激光光源)。

仔细地选择激发波长和发射波长在荧光分析法中是非常必要的。通常,使用同步双扫描技术选择合适的最大激发波长和最大发射波长。但选择激发波长和发射波长时,还要考虑杂质的影响。通过选择一个激发波长(此处杂质的吸收很少)和一个发射波长(此处杂质不具有发射),可以把杂质的影响降到最低。

所研究的样品如为液体,只要在荧光物质的激发与发射波长的范围内没吸收和发射,可使用任何溶剂。不论溶液如何透明,它总会散射某些入射光。固体样品同样存在这样的问题。所以通常最好只观测样品的前表面,把样品池安放在与入射光线成一个角度的位置上。

另外,还可采用时间分辨技术。时间分辨荧光光谱技术是基于不同荧光发光体发光衰减速率的不同而建立起来的分析技术。它需要选择延迟时间和门控时间。对发射单色器进行扫描,可得到时间分辨发射光谱,因此,可以解决光谱重叠但寿命不同的组分检测问题。

2.2.3 荧光分析传感器应用

荧光分析传感器中,荧光探针的选择非常重要。虽然迄今为止关于荧光化学传感器的文献报道比较多,但荧光探针的选择范围仍相当有限。这里对常见的不同荧光探针(如荧光素类衍生物和罗丹明衍生物、金属配合物、多环芳烃、超分子、荧光蛋白、荧光纳米材料)的应用进行详述。

1. 荧光素类衍生物和罗丹明衍生物荧光探针

生物发光现象普遍存于自然界中,荧光素在生物发光现象中起着非常重要的作用。随着荧光素酶的应用领域越来越广泛,荧光素的应用价值也备受关注。荧光素，又称荧光黄、荧光红。荧光素分子存在两种共振体，即内酯型和醌型，如图2.33所示。由于氧桥键把两个苯环固定在一个平面上，使分子具有刚性共平面结构，有利于荧光的产生。

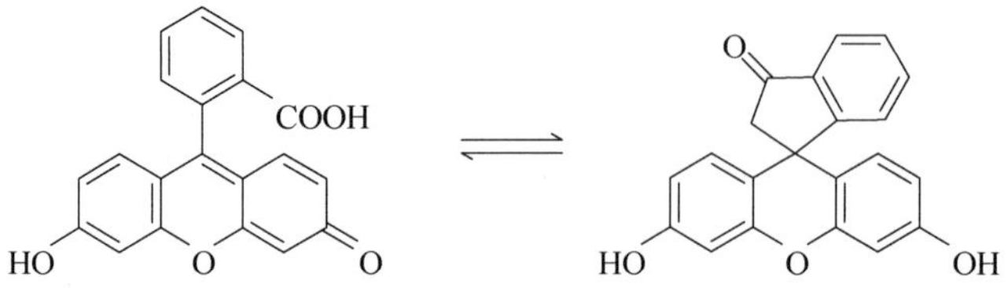

图2.33 荧光素分子的两种共振体

荧光素或苯环上的活泼氢被其他基团取代，可生成各种荧光素类衍生物。荧光素类衍生物包括氨基荧光素、丙烯酰胺基荧光素、异硫氰酸荧光素、烯丙氨基荧光素、荧光素钠、二乙酸荧光素等。

荧光素及其衍生物是重要的荧光探针材料，属于呫吨染料。自1871年Bayer首次合成荧光素至今100多年来，荧光素仍然被广泛应用于研究蛋白质的结构特性。1927年，Kennard[81]研究了荧光素的荧光激发。荧光素在人类皮肤中组胺诱导荧光抑制可作为抗组胺剂活性的探针[82]。通过对荧光素的定量测量，可跟踪检测抗组胺剂药物，也可以作为研究体液和组织中抗组胺剂持久性的一种工具。荧光的荧光发射和pH值有关[83]。当荧光素以阳离子形式存在时，荧光量子产率为0.9~1.0；当荧光素以中性分子形式存在时，荧光量子产率为0.20~0.25；当荧光素以阴离子形式存在时，荧光量子产率为0.25~0.30。中性分子和阴离子形式存在的荧光在515nm都有最大发射，发射光谱一直延伸到大约700nm。当pH值=3时，相对荧光强度为0，pH值在4~5之间增加缓慢，在6~7之间增加迅速；当pH值=8时，相对荧光强度达到最大值；当pH值>8时，相对荧光强度保持稳定[84]。当酸度过大时，以硫酸为例，当硫酸浓度从$1mol \cdot L^{-1}$逐步增加到$18mol \cdot L^{-1}$时，荧光素的荧光寿命反而增加，并发生蓝移[85]。同样，异硫氰酸荧光素的荧光强度也会随着pH值的变化而变化，据此发展了一种pH值传感器[86]。

荧光素的寿命与荧光素的浓度、pH值和添加物的浓度有关[87]。由于自吸和能量转移，荧光素的寿命随着荧光素浓度的增加而增大。浓度越大，荧光光谱的最大发射波长也越大。当荧光素浓度增大至$10^{-4}mol \cdot L^{-1}$时,其最大波长为522nm。当浓度低于$2 \times 10^{-5}mol \cdot L^{-1}$时,荧光素的自吸可以忽略不计。当pH值增加时,荧光素的寿命也增加。在pH值>7时,荧光素的寿命基本保持不变,约4.65ns。有其他物质添加到荧光素溶液中时,其寿命只有轻微减小。

荧光素可以用在生物疾病检测中。将荧光素标记到患流行性感冒的雪貂呼吸道上皮细胞的抗体上,被传染的细胞具有很强的荧光,经过荧光素标记研究,流感A病毒3个种类之间存在交叉反应,水溶性抗原是这种传染病的罪魁祸首[88]。荧光素可以用来标记DNA。Kumke等[89]报道了荧光素标记的DNA,然后用荧光各向异性谱检测,如图2.34所示。首先将标记的DNA单链与被检测的DNA单链形成一个DNA双链,杂交DNA双链与EcoRI抑制酶复合,使荧光强度增强,有利于提高检测DNA的灵敏度。

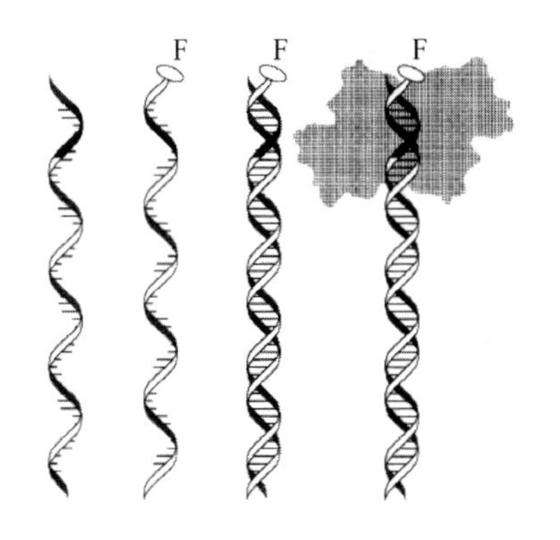

图2.34 荧光素标记的DNA

N,N-二羧甲基氨甲基的荧光素衍生物可用来检测生物样品中的碱土金属、铝离子、钴离子、铜离子、镍离子和锌离子[90]。荧光素也可对阴离子进行检测。龚波林等[91]报道了荧光素荧光猝灭法测定微量碘酸根。在$0.05mol \cdot L^{-1}$ H_2SO_4介质中,碘离子和碘酸根离子反应生成了碘,碘与荧光素反应,使荧光素荧光猝灭。该体系的激发波长和发射波长分别为493nm和514nm。碘酸根含量在$2 \sim 80\mu g \cdot L^{-1}$范围内有良好的线性关系,检出限为$2\mu g \cdot L^{-1}$。荧光素也用于对大气中污染物的检测。李学强等[92]报道了荧光素荧光法测定大气中的SO_2。该方法是一种间接测定SO_2的方法。在pH值=5.5~7.5中性缓冲介质中,I_2与荧光素反应,使荧光素的荧光猝灭。SO_2用氢氧化钠溶液吸收生成了

SO_3^{2-}。当加入 SO_3^{2-} 时，SO_3^{2-} 与 I_2 反应使体系荧光增强。同样，采用间接荧光方法可以测定环境样品中的微量 As^{3+}[93]。在 pH 值 =5.5 ~7.5 中性缓冲介质中，I_2 与二氯荧光素反应，使二氯荧光素的荧光猝灭。当加入 As^{3+} 与 I_2 反应时，使体系荧光增强。该方法灵敏度高，选择性好，操作简便，体系荧光稳定，测定线性范围宽，成功地用于工业废水和河水中微量 As^{3+} 的测定。

异硫氰酸荧光素也可以用于对抗生物素蛋白和生物素的检测。Mohammad 等[94]采用异硫氰酸荧光素标记生物素，然后利用抗生物素蛋白和生物素之间进行免疫反应，最后用荧光分光光度法进行检测。同样，异硫氰酸荧光素被用作镇静安眠剂的荧光标记物。不同表面活性剂（如十二烷氯化铵、十二烷基三甲基氯化铵、十六烷基三甲基氯化铵、十四烷基三甲基溴化铵等）形成的胶束对异硫氰酸荧光素标记的镇静安眠剂的荧光强度、最大发射波长和寿命都有影响[95]。

高灵敏的荧光传感器是基于异硫氰酸荧光素标记氨基酸，然后用毛细管电泳分离发展起来的[96]。这种传感器由激光、聚焦透镜、样品池、光聚焦系统、单色器和光电倍增管组成。设计这种传感器是基于两个原则：一是简单，可以降低成本，提高可靠性；二是能够尽可能检测到荧光产生的光子，同时减少背景光强度。这种传感器对异硫氰酸荧光素标记的半胱氨酸的检出限为 $1.3\times10^{-12}mol\cdot L^{-1}$。在此基础上，对 17 种异硫氰酸荧光素的氨基酸进行检测，只需要 13.5min，检出限可达 600 分子[97]。

异硫氰酸荧光素还被用于标记蛋白质。Relf 等[98]报道了异硫氰酸荧光素标记的蛋白质 G 作为亲和剂用于亲和/免疫毛细管电泳荧光检测。通过异硫氰酸荧光素标记的蛋白质 G 和抗体之间的亲和反应，把荧光探针标记到人血清中的抗体上。这种复合物用毛细管区域电泳分离检测仅需 1min。这种快速测定可以防止检测过程中复合物分解。

荧光素十八烷基酯可以作为光纤荧光传感器检测醇类的荧光探针[99]。将亲脂性的荧光素十八烷基酯荧光试剂固定在 PVC 膜上，形成一种光极膜。这种传感器检测醇类的响应机理是：荧光素十八烷基酯和醇类分子之间形成氢键，增加了相对荧光强度。荧光素烷基酯同样可用于羧酸的检测，如图 2.35 所示[100]。可作为荧光探针的荧光素烷基酯有荧光素十八烷基酯、荧光素十六烷基酯、荧光素十二烷基酯、荧光素癸基酯等。光极膜的好坏直接影响检测效果。将3mg的荧光素烷基酯、50mg的PVC和100mg的邻苯二甲酸-2-乙基己基酯的混和物溶于2mL的新蒸四氢呋喃中。取0.1mL混和液滴到12mm石英片上旋涂。得到4μm厚的光极膜,将这种光极膜固定到光纤头上,即可制成荧光化学光纤传感器。这种传感器可以对甲酸、乙酸、丙酸、异丁酸、己酸进行检测。

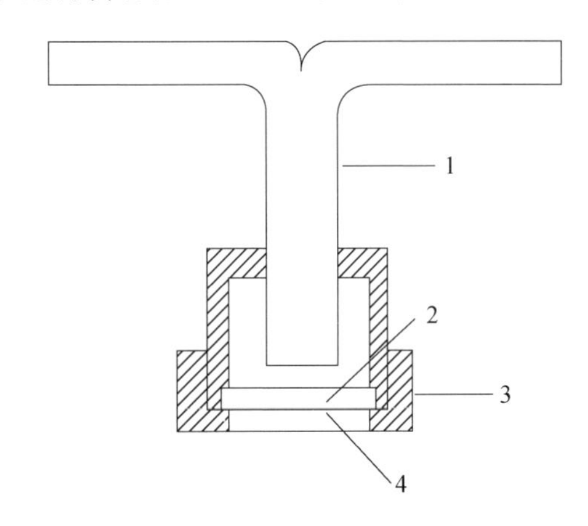

图2.35 选择性检测羧酸的光纤传感器结构示意图

1—分叉光纤;2—石英盘;3—螺旋帽;4—敏感膜。

二氯荧光素结合氯化十六烷基吡啶荧光猝灭法测定微量碘[101]。在实验中对溶液酸度、表面活性剂、荧光试剂的用量等进行优化,并用此方法对模拟样品进行了分析。5-溴甲基荧光素同样也被用作荧光探针。Mukherjee等[102]报道了用5-溴甲基荧光素对生物样品胆甾醇丁酸进行衍生化,衍生化的产物用高效液相色谱分离,然后用激光诱导荧光检测。

总之,荧光素及其衍生物在生物领域的研究中占有极其重要的位置,一直是化学及生物分析领域中研究的热点。

与荧光素属于同一类化合物的还有罗丹明衍生物,如罗丹明6G、罗丹明B、异硫氰酸罗丹明、罗丹明G、高氯酸罗丹明6G、罗丹明101等。罗丹明类化合物是以氧杂蒽为母体的碱性染料,与其他常用的荧光染料相比,罗丹明类荧光染料具有光稳定性好、对pH不敏感、波长范围较宽和荧光量子产率较高等优点,因此广泛应用在生物学、环境化学、单分子检测、信息科学、荧光标记等方面。罗丹明B、罗丹明6G分子结构式如图2.36所示。

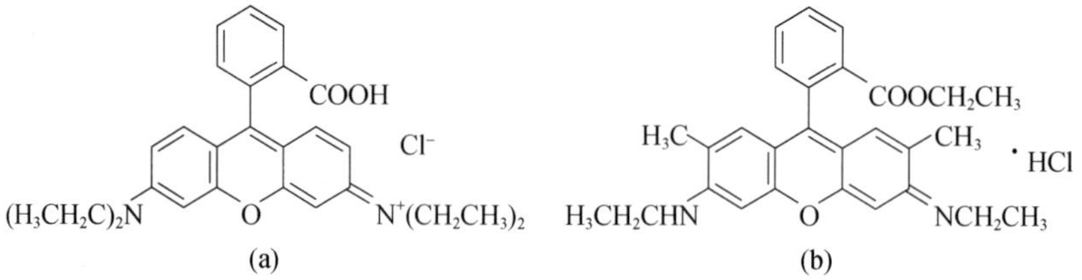

COOH
Cl^-
$(H_3CH_2C)_2N$ O $N^+(CH_2CH_3)_2$
(a)

$COOCH_2CH_3$
H_3C CH_3 · HCl
H_3CH_2CHN O NCH_2CH_3
(b)

图2.36　罗丹明B分子结构式(a)和罗丹明6G分子结构式(b)

罗丹明6G的荧光寿命在纳秒级[103]。其实验在甲醇溶液中进行,这是因为甲醇对激光的发射波长是透明的,而且对荧光发射也是透明的,另外,甲醇对罗丹明6G具有很好的溶解性,可以得到清澈透明的溶液。校正自吸作用后,罗丹明6G的荧光寿命随着浓度增加而减小,在2×10^{-4}mol·L^{-1}时,为3.7ns。当罗丹明6G的浓度大于10^{-2}mol·L^{-1}时,荧光寿命迅速降低,主要因为能量转移到双分子罗丹明6G猝灭中心了。猝灭中心的寿命约为1ps±0.5ps[104]。在流动状态下,罗丹明6G荧光寿命为4.2ns±0.2ns[105]。

荧光量子产率是衡量荧光物质荧光量的尺度,有分析应用价值的荧光化合物其值常处于0.1~1。荧光量子产率是指荧光物质吸光后所发射的荧光的光子数与所吸收的激发光的光子数的比值,可通过测量待测荧光物质和已知量子产率的参比荧光物质稀溶液在同样激发条件下的积分荧光强度(即校正荧光光谱所包括的面积)与吸光度加以计算得到。罗丹明B和罗丹明101可作荧光量子产率的参考物质[106]。在所有温度下罗丹明101的荧光量子产率几乎为1.0,因为罗丹明101具有较稳定的刚性结构。经过校正,在温度低于200K时,罗丹明B的荧光量子产率几乎为1.0,但在室温下,罗丹明B的荧光量子产率小于或等于0.5。虽然荧光量子产率有了大概的值,但仍需可靠的荧光量子产率数值。在室温下,Kubin等研究了在0.5mol·L^{-1}的硫酸介质中罗丹明类化合物的荧光量子产率[107]。具体的结果为罗丹明6G(0.95)、罗丹明B(0.65)、罗丹明3B(0.45)、罗丹明19(0.95)、罗丹明101(0.96)、罗丹明110(0.92)和罗丹明123(0.90)。

未知物质的荧光量子产率可用下列公式进行计算,即

$$\phi_U=\phi_S\times\frac{F_U}{F_S}\times\frac{A_S}{A_U}$$

式中：ϕ_U为待测样品的量子产率；ϕ_S为标准物质的荧光量子产率；F_U、F_S为待测样品、标准物稀溶液的积分荧光强度；A_U、A_S为待测样品、标准物在激发波长的最大吸光度值。

罗丹明6G已被用作检测碘化物的光纤传感器的荧光探针[108]。它是基于碘离子能使罗丹明6G的荧光猝灭的原理而建立起来的光纤传感器，如图2.37所示，一根2m长的光纤用于荧光激发，另外6根光纤围在周围，用于收集发射荧光。用于固定荧光探针的固体支持物连接到玻璃管的末端。对碘离子的测出限为0.18mol·L^{-1}。将罗丹明6G固定在全氟磺酸膜上，可用于对铜离子的检测[109]。

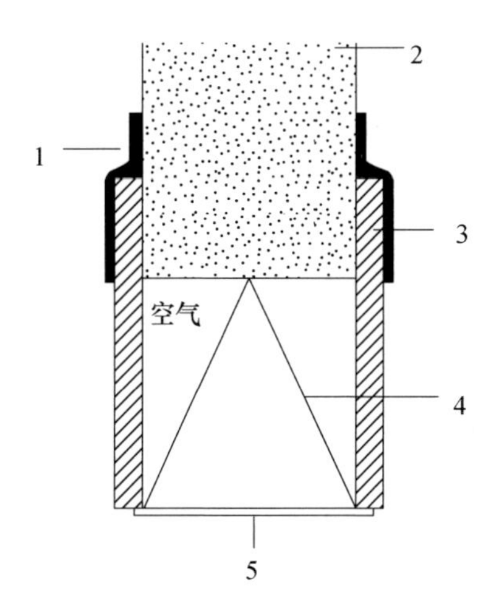

图2.37 检测碘化物的光纤传感器

1—热收缩管；2—光纤束；3—玻璃隔板；4—激发圆锥；5—特氟龙膜。

罗丹明类化合物已在分析化学上被广泛应用，主要用于检测各种阴离子、阳离子、有机物、蛋白质等。罗丹明类荧光探针的分析应用如表2.1所列。

表2.1 罗丹明类荧光探针的分析应用

荧光探针	检测对象	分析原理	检测限	文献
罗丹明800	丙戊酸	高效液相色谱分离，然后用可见二极管激光诱导荧光检测	11.54μg·mL^{-1}	110
罗丹明6G	碘离子	将罗丹明6G吸附光极膜上，碘离子使荧光熄灭	0.18mmol·L^{-1}	108

（续）

荧光探针	检测对象	分析原理	检测限	文献
罗丹明6G	钌	钌与硫氰酸根形成络离子与罗丹明6G形成复合物，使罗丹明6G荧光猝灭	0.002ppm	111
罗丹明6G	金	金与罗丹明6G形成复合物，这种复合物有荧光	$0.0025\mu g \cdot mL^{-1}$	112
罗丹明6G	磷	在酸性介质中，磷钼酸盐可与罗丹明6G形成络合物，从而猝灭罗丹明6G的荧光	0～10ppb	113
丁基罗丹明B	铟	丁基罗丹明B与$InBr_4^-$反应形成三元络合物，然后测其荧光	$0.05\mu g \cdot mL^{-1}$	114
罗丹明B	铜	铜（Ⅱ）对铬（Ⅲ）催化溴酸钠氧化还原型罗丹明B有活化效应	$0.11ng \cdot mL^{-1}$	115
丁基罗丹明B	铋	在PVA和Tween 80存在下，铋离子与硫氰酸钾和丁基罗丹明B形成三元络合物，使丁基罗丹明B的荧光熄灭	无	116
丁基罗丹明B	钽	丁基罗丹明B与TaF_6^-反应形成三元络合物，然后测其荧光	$0.01\mu g \cdot mL^{-1}$	117
罗丹明B	钼	在聚乙烯醇存在下，用罗丹明B－Mo（Ⅴ）－SCN－荧光猝灭法测钼	$0.12ng \cdot mL^{-1}$	118
罗丹明B	硒	硒（Ⅳ）－碘化物－罗丹明B体系荧光猝灭	无	119
罗丹明B	溴离子	溴离子能催化过氧化氢氧化罗丹明B反应	$0.034\mu g \cdot mL^{-1}$	120
罗丹明6G	汞	以β－CD为稳定剂和以碘离子为配体，汞对罗丹明6G荧光有熄灭作用	无	121
罗丹明6G	硅	在酸性介质，PVA存在下，硅钼杂多酸与罗丹明6G形成络合物，使罗丹明6G荧光猝灭	$2.1 \times 10^{-4}\mu g \cdot mL^{-1}$	122
罗丹明6G	砷	在聚乙烯醇存在下，砷钼杂多酸－罗丹明6G形成络合物，使罗丹明6G荧光猝灭	$2ng \cdot mL^{-1}$	123
罗丹明6G	铈	在硫酸介质中，Ce（Ⅳ）氧化罗丹明6G，使罗丹明6G荧光猝灭	$1.0 \times 10^{-7}mol \cdot L^{-1}$	124
罗丹明B	碲	在高浓度碘化钾溶液中，碲（Ⅳ）与碘离子形成络合物，这种络合物再和罗丹明B形成络合物，使罗丹明B荧光猝灭	$0.91\mu g \cdot mL^{-1}$	125

（续）

荧光探针	检测对象	分析原理	检测限	文献
罗丹明 B	亚硝酸根	在盐酸介质中，亚硝酸根氧化碘化钾生成的 I_3^- 使罗丹明 B 荧光猝灭	3.6μg·mL^{-1}	126
丁基罗丹明 B 和四溴荧光素	镓	使镓与丁基罗丹明 B 络合物解析出丁基罗丹明 B，再与四溴荧光素形成络合物，生成双荧光剂	0.1μg·L^{-1}	127
罗丹明 B	铌	铌对罗丹明 B 荧光体系有猝灭作用	0.3μg·L^{-1}	128
罗丹明 B		罗丹明 B 与磷钼杂多酸可生成稳定的离子缔合物而使其本身的荧光猝灭	无	129
罗丹明 6G	硒	在盐酸介质中，硒（Ⅳ）氧化碘化钾的反应，其反应产物使罗丹明 6G 荧光猝灭	1.2μg·L^{-1}	130
罗丹明 6G	铬	在硫酸介质中，铬（Ⅵ）氧化罗丹明 6G，使罗丹明 6G 荧光猝灭	0.8ng·mL^{-1}	131
罗丹明 6G	钌	在盐酸介质中，钌对高碘酸钾氧化罗丹明 6G 的反应具有催化作用	6.5×10^{-12}g·mL^{-1}	132
罗丹明 3GO	亚硝酸根	在盐酸介质中，亚硝酸根使罗丹明 3GO 荧光猝灭	1×10^{-9}g·mL^{-1}	133
罗丹明 110	亚硝酸根	在盐酸介质中，亚硝酸根使罗丹明 110 荧光猝灭	7.0×10^{-10}mol·L^{-1}	134
罗丹明 6G	碘酸根	在稀硫酸溶液中，碘酸根与碘化钾反应生成碘分子，碘分子与罗丹明 6G 进行反应，使其发生荧光猝灭	无	135
罗丹明 B	糖类	罗丹明 B 和糖类反应生成物产生荧光	0.35～1.75fmol/μL	136
罗丹明 6G	抗氧化活性	$Mn^{2+}-H_2O_2$ 体系在碱性介质中产生的羟自由基可以迅速氧化罗丹明 6G 使其荧光猝灭，而油性种子的浸提物可以清除羟自由基，从而使溶液的荧光猝灭程度降低，据此建立了测定油性种子抗氧化活性的新方法	无	137
罗丹明 S	二氧化氯	在氨－氯化铵缓冲溶液中，二氧化氯氧化罗丹明 S，使罗丹明 S 荧光猝灭	0.0030μg·mL^{-1}	138
罗丹明 6G	维生素 B_{12}	维生素 B_{12} 使吖啶橙－罗丹明 6G 荧光猝灭	4.8×10^{-7}mol·L^{-1}	139
罗丹明	蛋白质	蛋白质吖啶橙－罗丹明 6G 荧光猝灭	0.32mg·L^{-1}	140

（续）

荧光探针	检测对象	分析原理	检测限	文献
丁基罗丹明B	人血清蛋白	在阴离子表面活性剂十二烷基苯磺酸钠存在时，随蛋白质浓度增大丁基罗丹明B荧光强度	$4.4\mu g\cdot L^{-1}$	141
罗丹明S	次氯酸根	在稀盐酸介质中，次氯酸根与碘离子反应生成碘分子，碘分子使罗丹明S荧光猝灭	$0.016mg\cdot L^{-1}$	142
罗丹明6G	铬	在稀硫酸溶液中，Cr(VI)与碘化钾反应生成碘分子，碘分子与罗丹明6G反应，使其发生荧光猝灭反应	无	143

2. 金属配合物荧光探针

配合物的荧光强度与金属离子最外层电子的构型有关。8－羟基喹啉与许多金属形成的配合物能产生荧光。这些金属离子如Al^{3+}、Zn^{2+}、Mg^{2+}和Li^{+}等的最外层电子较为稳定。最外层电子是空、半充满或全充满。但是不具有稳定最外层电子结构的金属离子，如Mo、V、Fe、Cu、Au、Ti等阳离子与8－羟基喹啉虽然能形成有特征颜色的配合物，但它们被紫外光照射时却没有荧光[144]。荧光的强弱顺序为Al＞Y＞Sc、Zr、Mg、Sn＞Be＞Zn＞Ag＞Li＞Na。金属与8－羟基喹啉配体的摩尔比影响了8－羟基喹啉配合物的荧光极化。8－羟基喹啉本身没有荧光，但当它和不同金属离子结合后就会有荧光。在甘油中用370nm的光激发，8－羟基喹啉与Al^{3+}、Mg^{2+}、Zn^{2+}分别形成的3种配合物（摩尔比均为1：1）的极化度分别为0.327、0.301、0.314。随着配体与金属的摩尔比增加，8－羟基喹啉金属配合物的极化度降低。这类变化表明了激发能量能从一个配体转移到同一金属中心的另一个配体上[145]。8－羟基喹啉的衍生物5－磺酸－8－羟基喹啉也是荧光金属配合物的优良配体，它与许多金属离子配合生成具有荧光的金属配合物。镉与5－磺酸－8－羟基喹啉生成一种荧光强度很强的金属配合物，它的荧光被表面活性剂和溶剂中的金属离子增强[146]。金属离子中，只有Al^{3+}、Ga^{3+}、In^{3+}、Zr^{4+}和Hf^{4+}能与5－磺酸－8－羟基喹啉和螯合剂Chelex－100形成三元配合物。这类三元配合物具有很强的荧光。基于这个现象，Gong等发展了一种检测水中Al^{3+}、Ga^{3+}、In^{3+}、Zr^{4+}和Hf^{4+}的固体表面荧光传感器。由于其他金属离子不能形成三元配合物，因而不干扰检测[147]。由于

5 - 磺酸 - 8 - 羟基喹啉能与水中的铝和其他金属离子(钙、镁、锌、镉)形成强荧光配合物,因此 5 - 磺酸 - 8 - 羟基喹啉被用作毛细管电泳的柱后荧光配位剂。把 5 - 磺酸 - 8 - 羟基喹啉在毛细管电泳柱后加入,与分离缓冲溶液混合。被检测的金属离子与 5 - 磺酸 - 8 - 羟基喹啉发生配位反应,生成了具有荧光特性的 5 - 磺酸 - 8 - 羟基喹啉金属配合物[148]。

某些稀土金属离子如 Eu(Ⅲ)、Tb(Ⅲ)等与某些配位体可生成会发强荧光的配合物,该配合物由配位体吸光,随后能量由它的激发单重态(S_1,S_2),通过它的三重态(T_1,T_2)再转移到稀土金属离子的振动能级上,并以窄带线型发射荧光。当 Eu(Ⅲ)、Tb(Ⅲ)和大肠杆菌的转移 RNA 形成配合物时,改变了 Eu(Ⅲ)、Tb(Ⅲ)的激发光谱,却没有改变发射光谱。Eu(Ⅲ)、Tb(Ⅲ)的激发光谱由原来的几个尖锐明显的谱带变成了在 345nm 的一个主要谱带及在 295 ~ 305nm 和 410nm 处的谱带。这种配合物形成使 Eu(Ⅲ)、Tb(Ⅲ)荧光增强数百倍[149]。棕黄酸与 Eu(Ⅲ)、Tb(Ⅲ)形成了有荧光的金属配合物[150]。同时,棕黄酸与二价过渡金属如 Cu^{2+}、Pb^{2+} 等形成了有荧光的金属配合物[151]。稀土金属离子与聚合物的配体和低分子量的配体形成三元配合物。这类稀土金属配合物具有荧光特性。聚合物有聚苯甲基丙二酸苯乙烯(PBMAS)、聚苯甲基丙二酮苯乙烯(PBAAS)、聚苯甲基偶氮安息香酸苯乙烯(PBAHBAS)。铕 - 聚合物 - 噻吩甲酰基三氟丙酮(TTA)的荧光强度随着 PBMAS、PBAAS、PBAHBAS 的顺序而降低。铕 - PBMAS - 低分子量配体的发射光谱形状、荧光强度、最大发射波长随着低分子量配体改变而改变。荧光强度随着 PBMAS、PBAA、PBAHBAS 的顺序而降低[152]。

许多金属离子与席夫碱形成具有荧光的配合物。邻羟苯亚甲基 - O - 氨基苯酚及其衍生物是一类常用的席夫碱。它们与镓、铝和其他金属形成配合物,在 8% DMF 溶液中产生荧光。邻羟苯亚甲基 - O - 氨基苯酚衍生物与镓、铝形成配合物荧光强度是邻羟苯亚甲基 - O - 氨基苯酚与镓、铝形成配合物荧光强度的 2 倍以上[153]。同样,邻羟苯亚甲基 - O - 氨基苯酚及其衍生物的席夫碱还可与铍和钪形成具有荧光的配合物。其中,N - 邻羟苯亚甲基 - 2 - 羟基 - 5 - 磺基苯胺和铍形成的配合物具有稳定荧光,对钪来说,最合适的配体为 2,4 - 二羟基苯甲醛缩氨基脲。对铍的检测范围为 0.4 ~ 200ng · ml^{-1};对钪的检测限范围为2～400ng·mL^{-1}[154]。N－邻羟苯亚甲基－2－羟基－5－磺基苯胺和2,4－二羟基苯甲醛缩氨基脲也是铝和镓的最适荧光配体。对铝、镓、铟都适合的荧光配体为N－2－羟基－4－甲基－苯亚甲基－2－羟基－4－甲苯胺。

桑色素(3,5,7,2′,4′－五羟基黄酮)常用于荧光检测,它能检测多种金属离子,如Be(Ⅱ)、Zn(Ⅱ)、Al(Ⅲ)、Ga(Ⅲ)、In(Ⅲ)、Sn(Ⅳ)、Th(Ⅳ)、Zr(Ⅳ)等形成荧光配合物。其荧光特性如表2.2所列[155]。

表2.2　异戊醇中桑色素和金属离子配合物的荧光特性

金属离子	摩尔比(金属离子:桑色素)	荧光最大发射波长/nm	最大激发波长/nm	荧光寿命/ns
Al^{3+}	1:2	495	438	3.3±0.1
	1:1	503	483	2.0±0.3
Ga^{3+}	1:2	500	468	2.7±0.1
	1:1	503	483	1.6±0.4
In^{3+}	1:2	500	452	4.6±0.1
	1:1	506	483	3.5±0.1
Be^{2+}	1:2	500	438	2.1±0.1
	1:1	508	451	4.8±0.3
Zn^{2+}	—	502	468	2.1±0.3
Th^{4+}	1:2	513	483	2.6±0.3
Zr^{4+}	1:2	508	440	4.6±0.3
Sn^{4+}	—	—		2.3±0.4

三(2,2′－联吡啶)钌(Ⅱ)是一种很好的金属配合荧光探针。在均相溶液中,它的荧光寿命为0.6μs。但在低于临界胶束浓度的十二烷基硫酸钠存在的溶液中,三(2,2′－联吡啶)钌(Ⅱ)的荧光寿命发生了改变[156]。当用高强度的光激发时(如脉冲激光),指数衰减得更快。这是由于高浓度的激发态物质之间的三重态与三重态熄灭引起的。快速激发态熄灭后紧随的是慢速衰减,这是由孤立的单一激发态分子引起的。铑的卤氨配合物有两个截然不同的荧光发射。一个是慢发射,寿命长,超过1ns,这是配体的场致磷光。另一个是快发射,寿命长为50～220ps[157]。Eu(Ⅲ)与2,2′－联吡啶在二氧化硅干凝胶中原位生成了Eu(Ⅲ)与2,2′－联吡啶配合物。Eu(Ⅲ)与2,2′－联吡啶配合物在水中分解。

含有配合物二氧化硅干凝胶在加热到100℃后其荧光增强了10倍。林玲等[158]将4,7－二苯基邻菲咯啉钌[$Ru(ddp)_3(ClO_4)_2$]固定在以溶胶－凝胶为基质的氧敏感膜上，并将微生物膜固定在光纤探头上，通过氧敏感膜作为二次传感，研制了基于氧光导检测的BOD微生物传感器。

非离子型的表面活性剂对金属配合物的荧光有增加作用。胶束对荧光的增加作用取决于表面活性剂的类型。壬基酚环氧乙烷缩合物、聚乙二醇辛基苯基醚、环氧乙烷环氧丙烷缩合物3种非离子表面活性剂对铌－荧光镓试剂的配合物的荧光增强因子分别为19.3～25.5、14.7～19.5、3.5～5.6。表面活性剂链的长短不影响荧光增强因子[159]。

3. 多环芳烃荧光探针

多环芳烃(Polycyclic Aromatic Hydrocarbons，PAHs)是芳香性的化合物，通常具有荧光特性，如表2.3所列。Marsh等[160]结合高效液相色谱分离，用荧光检测多环芳烃及其代谢产物，收到了良好的效果。时间分辨激光诱导荧光对多环芳烃的检测能获得更高的灵敏度。脉冲激光作为激发光源，如果激发和检测之间延迟足够长，仅有长荧光寿命的荧光被检测到。检测限可达1～10pg级[161]。气相多环芳烃(如芘、菲、屈)的荧光光谱峰宽随着温度的增加而增加，这是由热振动和多普勒效应引起的[162]。多环芳烃的荧光光谱分析通常是在常温下进行的，其谱带较宽，光谱往往重叠，不易分辨。在较低的温度下，分子之间的相互作用、分子的转动能以及热变宽(多普勒)效应大大减少，因此能够产生精细的准线性振动结构光谱，得到各种多环芳烃的指纹信息，提高了光谱分辨能力。

表2.3 多环芳烃的荧光特性[163]

物质名称	化学结构式	荧光激发波长/nm	荧光发射波长/nm
萘			323,335,348
菲			346,355,364,383

（续）

物质名称	化学结构式	荧光激发波长/nm	荧光发射波长/nm
蒽	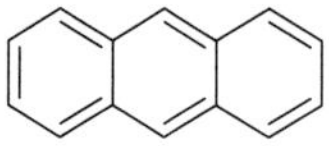		378,398,422,446
芘	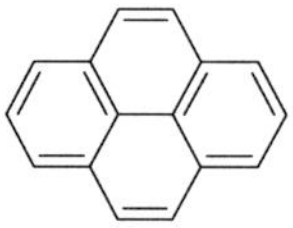		377,383,393
苯并蒽	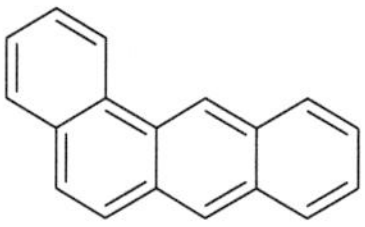		385,404,426,464
萘芴	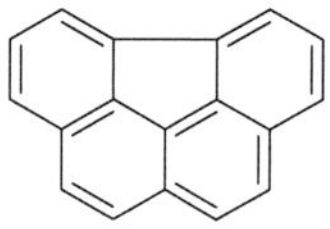		366,376,388,408
菲啶	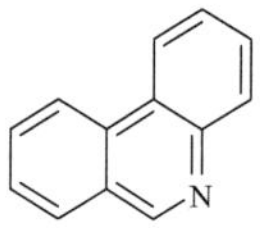 N	325,340,348	353,363,382,404
苯并喹啉	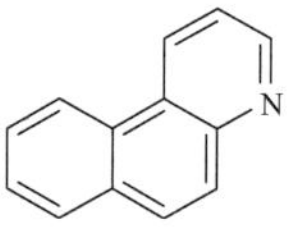 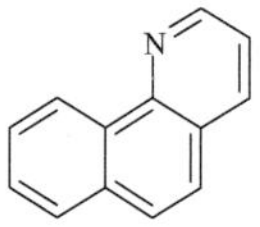 N N	315,322,328,336,344 315,322,329,338,346	350,362,381,402 347,362,381,402
N杂芘	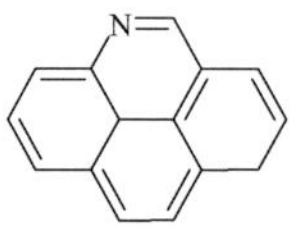 N	236,260,278,300, 337,352,370	372,380,392,402,413
苯吖啶	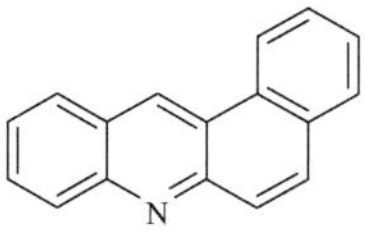 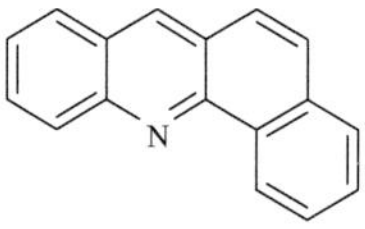 N N	284,330,345,360,380 273,280,300,340,356,376	382 401 425 384,408,430,458

（续）

物质名称	化学结构式	荧光激发波长/nm	荧光发射波长/nm
氮杂苯并芘	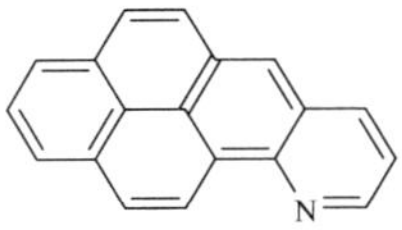 N	290,297,315,340, 354,368,384,408	410,430,462
二苯吖啶	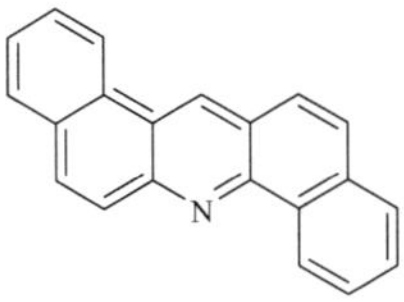 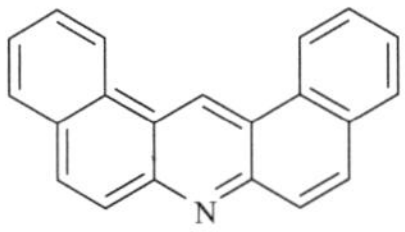 N N	290,318,330,344, 350,370,380 264,290,320,330, 352,370,388	395 403 4 18 445 470 395 400 4 16 440 465

4. 超分子荧光探针

自从 Lehn、Cram 和 Pedersen 3 位科学家因在超分子化学方面的开创性工作和杰出贡献共同分享了 1987 年诺贝尔化学奖以来，对超分子化学的研究受到科学工作者的广泛关注。超分子物种的基本功能为分子识别、转换和传输。超分子化学是一门新兴学科，它是基于冠醚与穴状等大环配体的发展以及分子自组装的研究和有机半导体、导体的研究进展而迅速发展起来的。超分子作用是一种具有分子识别能力的分子间相互作用，是空间效应影响下的范德华力、静电引力、氢键力、π 与 π 相互作用以及亲水/疏水相互作用等。通过叠加和协同，分子间的弱的相互作用在一定条件下可以转化为强的相互作用。超分子体系研究非常广泛，已不限于化学范畴，而是与生物、物理、生命科学、材料、信息以及环境等学科相互交叉、相互渗透，形成了超分子学科。国际上超分子科学的研究开展得如火如荼。

环糊精（Cyclodextrin）是由葡萄糖通过 1,4 – 糖苷键相连形成的一类筒状化合物，其内腔疏水而外腔亲水，可以依据范德华力、疏水相互作用、主客体分子间的匹配等与许多有机或无机分子形成包合化物，从而成为超分子化学工作者感兴趣的研究对象。手性 D,L – 色氨酸对映体在环糊精存在下呈现显著不同的手性包络差异，这种差异可用荧光测定。γ – 环糊精通过三胺与芘相联生成

一种具有荧光的 γ - 环糊精超分子化合物。这种超分子化合物在不同 pH 值时会产生 1 个、2 个甚至 3 个电荷。pH 值 = 8.6 时，γ - 环糊精超分子化合物生成了带两个电荷的二聚体。这种二聚体驱使三胺形成一种假氮杂冠醚环，这种假氮杂冠醚环可能适合键合碳酸氢根而不适合其他离子，如图 2.38 所示[164]。由于碳酸氢根的加入，诱导 γ - 环糊精荧光超分子化合物的荧光光谱发生改变。

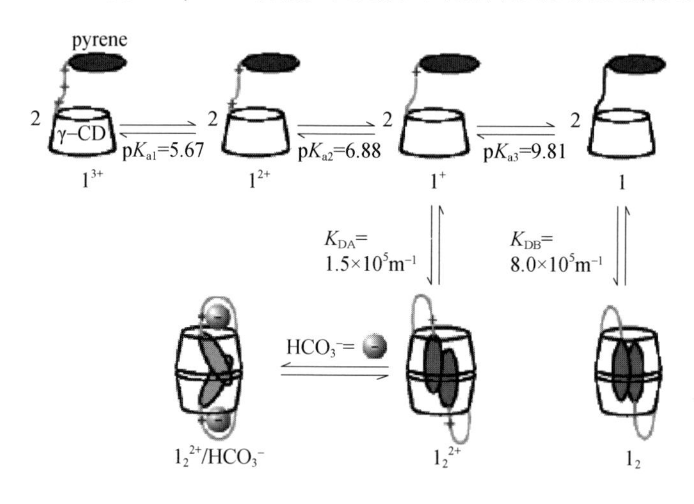

图 2.38 γ - 环糊精荧光超分子化合物与碳酸根之前的键合反应

杯芳烃(Calixarene)是酚单体通过亚甲基在酚羟基邻位连接而成的环状低聚化合物，因分子像一个杯子或者花瓶而得名。从结构上看，杯芳烃的上缘是疏水性的烷基基团，和苯环一起构成疏水性杯状空腔。下缘是整齐排列的亲水性酚羟基。杯芳烃由于和冠醚、环糊精一样具有独特的空穴结构，故称为继冠醚和环糊精之后的第三代主体超分子化合物，受到了科学工作者的广泛关注。杯芳烃中最简单的是杯[4]芳烃，杯芳烃的命名习惯上写成“杯[n]芳烃”。杯芳烃可以用作检测 DNA 的探针。当镨与杯[4]芳烃相互作用时，会使镨的荧光猝灭。再加入 DNA 后，产生的荧光大幅度增加。检出限为 $1.276\times10^{-3}\mu g\cdot ml^{-1}$[165]。另外，杯芳烃 2,3 - 二氮杂环[2,2,2]八 - 2 - 烯(DBO)具有强荧光，当它遇到对磺酸基杯[4]芳烃时，就会生成一种内嵌的复合物。这种复合物的稳定常数可达 $10^3 m^{-1}$ 数量级。但这种复合物只有微弱的荧光。当往这种复合物中加入胆碱和肉毒碱及四烷基铵时，荧光就再生了。这种荧光再生的机理如图 2.39 所示[166]。

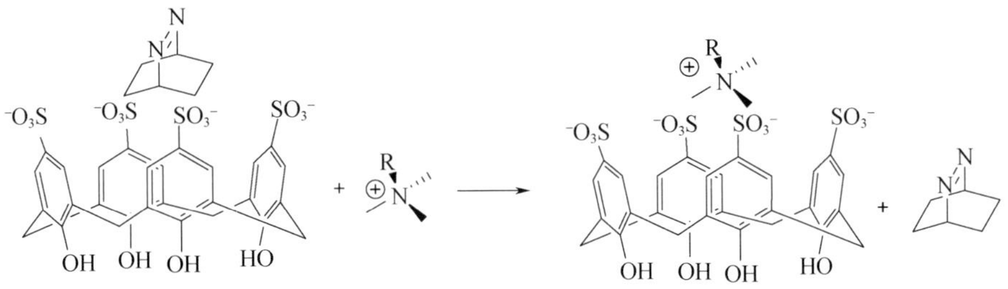

图 2.39 DBO 荧光再生机理

卟啉连接其他疏水基团能形成超分子结构。Sirish 等合成了 5,10,15,20 - 四(3 - (9 - 蒽甲氧基) - 苯并卟啉)超分子。虽然蒽的荧光被卟啉分子熄灭不明显,但分子内蒽的荧光被熄灭达 90% 以上。这是因为分子内单重态 - 单重态能量从蒽转移到卟啉上了[167]。

超分子研究已涉及纳米科学技术领域。尹伟等[168]报道了铕离子与邻菲咯啉、噻吩甲酰三氟丙酮和联吡啶形成的四元、三元与二元系列配合物,形成配合物与纳米级的分子筛组装成新的系列强发光超分子纳米功能材料,有潜在的应用前景。Palaniappan 等[169]报道了水溶性的 β - 环糊精修饰的 CdS 量子点。表面固定化的 β - 环糊精仍具有分子识别能力。这种超分子化合物的荧光受分析物诱导而发生改变,而且具有选择性和可逆性,因此,有望发展一种检测水介质中化学和生物物质的实用异相超分子荧光传感器。

5. 荧光蛋白荧光探针

荧光蛋白是从生物体中提取或通过转基因表达而获得的一类可以发光的物质,主要包括绿色荧光蛋白、藻胆蛋白等。

绿色荧光蛋白(Green Fluorescent Protein,GFP)来源于海洋生物水母,近年来成为生物化学和细胞生物学中应用最广泛的标记性蛋白质之一,称为“有生命”的荧光。由于水母整体荧光及提取的蛋白质颗粒荧光都呈绿色,因此,后来人们将这种蛋白命名为绿色荧光蛋白。它产生荧光无需底物或辅酶因子,发色团是其蛋白质一级序列固有的。绿色荧光蛋白由 238 个氨基酸残基组成的多肽单链,分子量约 27kD,其结构如图 2.40 所示[170]。GFP 荧光极其稳定。其最大吸收波长在 395nm,最小吸收波长在 470nm,最大发射波长为 508nm。作为一种理想的活体标记分子,GFP 已被广泛应用于肿瘤细胞学、分子病毒学、基因克隆、细胞转化筛选等研究领域。对 GFP 及其突变体分子特性的了解远落后于 GFP 突变体的增加及其应用范围的扩展,进一步了解 GFP 及其突变体的分子特性,能更具针对性地进行定点突变,从而获得具有不同光谱特性和高荧光强度的 GFP 突变体。利用 GFP 的荧光特性对某一蛋白质的 N 或 C 末端进行标记,然后借助荧光显微镜便可对标记的蛋白质进行细胞内活体观察。

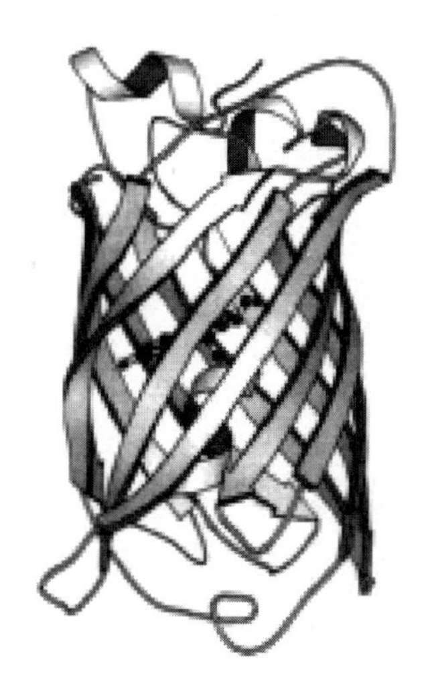

图 2.40 荧光绿蛋白的立体结构图

改进型黄色荧光蛋白为绿色荧光蛋白衍生物,含有使蛋白发出黄绿色荧光的突变,其在 527nm 处激发出的荧光比野生型 GFP 强约 35 倍,非常适用于荧光显微镜和流式细胞仪分析。红色荧光蛋白是人们从珊瑚虫中克隆的一种与绿色荧光蛋白(GFP)同源的荧光蛋白,在紫外光的照射下可发射红色荧光。

藻胆蛋白是一种新型荧光探针,包括藻红蛋白、藻蓝蛋白、异藻蓝蛋白和藻红蓝蛋白。它们分别分布于红藻、蓝绿藻、隐藻及某些甲藻等海洋藻类中。目前已应用于免疫组化、荧光免疫分析等领域,因此,研究藻胆蛋白系列荧光探针及其标记方法对藻胆蛋白类荧光探针的开发和利用具有重要意义。藻胆蛋白含有多个色素生色团,具有极强的发射荧光的能力,其亮度大约是荧光素的 20 倍。荧光蛋白的显著优点是生物相容性好,标记生物分子后不影响其生物活性,发光强度较强。但是,荧光蛋白的种类较少,而且都是从生物体中提取得到的,因此很难大批量生产。

6. 荧光纳米材料荧光探针

荧光纳米材料的大小在100nm以下,具有较强的发光强度,并且部分纳米颗粒具有发射光谱较窄、激发光谱比较宽、Stokes位移大等特点,这些特点使其成为一类具有发展潜力的荧光探针。荧光纳米材料是对传统的有机荧光探针的有利补充,并且在某些应用领域内可以部分取代有机荧光探针。

1)量子点荧光探针

量子点(Quantum Dot,QD)又称为半导体纳米微晶体(Semiconductor Nanocrystal),目前,文献中报道的主要是ⅡB-Ⅵ族化合物(如CdSe、ZnTe、HgSe)和Ⅲ-Ⅴ族化合物(如InP、InAs、GaAs)以及核壳结构(如CdS/HgS)纳米颗粒等。由于光谱禁阻的影响,当这些半导体纳米晶体的直径小于玻尔直径(一般小于10nm)时,这些小的半导体纳米晶体就会表现出特殊的物理和化学性质。量子点材料的电子结构理论主要包括3个效应:量子尺寸效应、介电效应和表面效应。量子点处于宏观固体和微观分子的中介状态。当半导体材料从块体逐渐减小到一定的临界尺寸时,其载流子(电子、空穴和激子)的运动将受到强量子封闭性的限制,导致能量的增加,相应的电子结构也从体相连续的能带转变为类分子的准分裂能级。因此,光学行为与一些大分子(如多环芳烃)相似,可以发射荧光。三维受限的量子点更引人瞩目。这种0维体系的物理行为(如光、电性质)与原子相似,因而量子点被称为“人造原子”。

量子点的荧光特性主要包括以下几方面。

(1)激发量子点的激发波长范围宽,并且连续分布,所以可以用同一波长的光激发不同大小的量子点。

(2)被激发的量子点所发射的荧光谱峰狭窄而对称,半峰宽通常只有40nm甚至更小,这样就允许同时使用不同光谱特征的量子点,而发射光谱不出现交叠,因此可进行多通道检测。

(3)半导体纳米晶体具有很高的量子产率,核壳结构(如在CdSe纳米颗粒表面再包上一层InP)的半导体纳米晶体的量子产率提高到约50%,甚至更高,并显示出独特的荧光特征。量子点的荧光强度是罗丹明6G的20倍,稳定性是它的100倍以上,光谱线宽只有其1/3。

(4)量子点的发射波长可通过改变它的粒径大小和材料组成来“调谐”,从而可制备多种荧光光谱特征各异的量子点。

(5)半导体纳米晶体的发光寿命可达 ms 级,并且荧光光谱几乎不受周围环境(如溶剂、pH 值、温度等)的影响。

荧光分析是生物学中广泛应用的工具。作为荧光探针,QD 的光学特性比在生物成像中常用的传统有机染料有明显的优越性。

Chan 等报道了将 ZnS/CdSe 核壳结构的纳米晶体用于超灵敏生物检测。他们用巯基乙酸作为量子点的增溶剂和量子点与蛋白质的键合剂,如图 2.41 所示。把 ZnS 包裹的 CdS 量子点悬溶于氯仿中,巯基乙酸的巯基和 Zn 键合,极性的羧酸基团伸向外端,增加了量子点的水溶性。通过羧基与胺基反应,自由羧基也可用来键合上述不同种生物分子(如蛋白质、肽、DNA)。另外,巯基乙酸层减少了蛋白质在量子点上的被动吸附[171]。

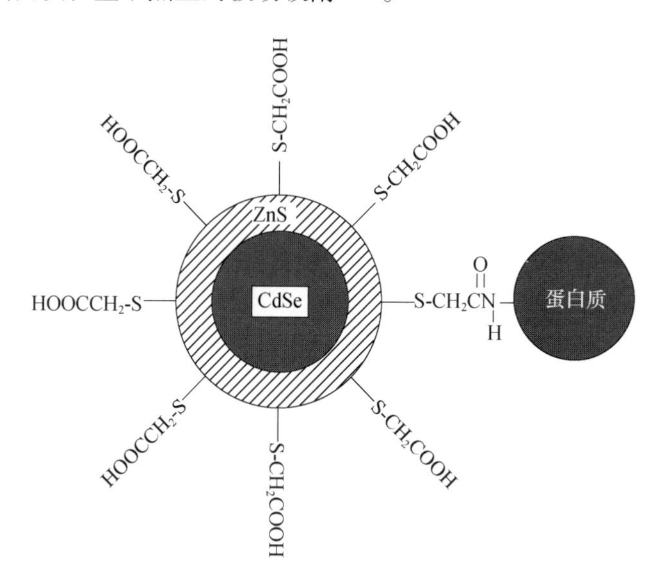

图 2.41　ZnS/CdSe 核壳结构量子点通过巯基乙酸键合蛋白质示意图

为了增加量子点的亲水性,Bruchez 等拓展了核壳结构,增加了第三层 SiO_2,并将拓展的 CdSe/CdS 核壳结构的纳米晶体用于鼠纤维原细胞的标记。他们合成了不同粒径大小和组成的量子点,获得了 400nm ~ 2μm 范围内的多种荧光发射光谱,如图 2.42 所示。从右到左,1 ~ 5 荧光发射峰为蓝光,分别对应的是 2.1nm、2.4nm、3.1nm、3.6nm、4.6nm 的 CdSe;6 ~ 8 荧光发射峰为绿光,分别对应的是 3.0nm、3.5nm、4.6nm 的 InP;9 ~ 12 荧光发射峰为红光,分别对应的是 2.8nm、3.6nm、4.6nm、6.0nm 的 InAs。同时,可采用不同类型的硅烷化试剂对硅包裹的 CdSe/CdS 核壳结构的纳米晶体进行表面修饰。他们采用的量子点粒径为 2nm 和 4nm,分别发射绿色和红色荧光。用修饰过的纳米晶体对细胞进行标记,采用共聚焦荧光显微镜观察,肉眼能清楚地分辨出细胞内两种材料的发光情况[172]。

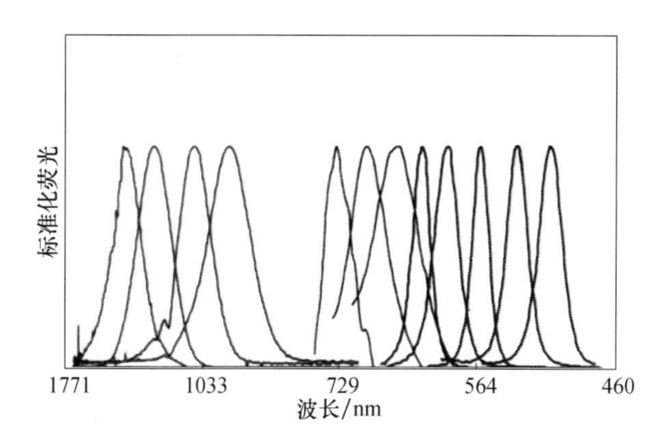

图 2.42 不同粒径大小和组成的量子点的荧光发射光谱

量子点不仅可以用于生物标记,还可以用在对爆炸药物的检测上。Goldman 等[173]报道了一种基于量子点 - 抗体片段的荧光共振能量转移的 2,4,6 - 三硝基甲苯(TNT)传感器,如图 2.43 所示。抗 TNT 特定抗体片段与寡组氨酸序列相连,固定在 CdSe - ZnS 量子点上。染料标记的 TNT 类似物和抗 TNT 特定抗体片段发生了特异性识别吸附,通过荧光共振能量转移使量子点的荧光猝灭。往这种溶液中加入 TNT,TNT 取代了染料标记的 TNT 类似物,量子点的荧光得到一定程度的恢复,这种恢复的程度和加入 TNT 浓度呈一定相关关系。这种传感器已经应用于对 TNT 污染的土壤检测。

2)稀土掺杂纳米材料荧光探针

稀土在世界上的储量丰富,它在地球上的丰度比常见的铜、锌、锡等还要多。我国是世界上稀土资源最为丰富的国家,其产量占世界总产量 70% 以上。开发稀土资源,发展稀土产业,大力拓展稀土应用,促进各相关产业的发展,变资源优势为经济优势，是我国经济发展的迫切需要，也是促进全国范围内经济合理布局和协调发展的迫切需要。随着纳米科学技术的发展，稀土掺杂纳米材料研究越来越受到人们的重视，其中稀土掺杂纳米材料的荧光特性是一个热点。与体相材料相比，稀土掺杂纳米发光材料出现了一些新现象，如电荷迁移带红移、发射峰谱线宽化、猝灭浓度升高、荧光寿命和量子效率改变等。

图 2.43　基于量子点的传感器检测 TNT 的示意图

1—荧光共振能量转移；2—三硝基苯 - 黑洞熄灭剂；3—4,6 - 三硝基甲苯。

稀土元素具有较多的电子能级。稀土元素中有 13 种元素具有未充满的 4f 电子组态，共有 1639 个能级，能级之间可能发生跃迁的种类高达 192177 个。目前，已有 11 种三价稀土元素（Ce、Pr、Nd、Eu、Gd、Tb、Dy、Ho、Er、Tm、Yb）和 4 种二价稀土元素（Sm、Eu、Dy、Tm）能发生荧光辐射，涉及 48 个 4f - 4f 能级和 3 个 5d - 4f 能级间的跃迁，可以产生的发射光波长覆盖范围为 0.17 ~ 1.15μm。其突出优点是荧光强度高、斯托克斯（Stokes）位移大、性能稳定，其中大量稀土荧光粉量子产率达到 90% 以上。

由于稀土离子掺杂的硫化钙是一种非常有效的阴极射线发光材料，20 世纪 70 年代以后，人们对这类材料的关注日益增加。从生物学和生物化学的动力学角度考虑，用于生物标记的荧光材料应该足够小，使其可以悬浮在反应溶液中，并很容易与生物分子反应。纳米颗粒标记具有更多的优点，如较高的灵敏度、大的斯托克司位移和低毒性等，因此，在生物标记中很受欢迎。Meiser 等[174]报道了生物功能化的稀土掺杂的 $LaPO_4$ 纳米粒子，其反应示意如图 2.44 所示。将 $LaPO_4$ 纳米粒子扩散到含有 6 - 胺基正己酸的水溶液中。6 - 胺基正己酸具有双功能基团，它把负电荷传递到纳米粒子表面，6 - 胺基正己酸的胺基附着在纳米粒子表面，羧基伸向外端。这样 6 - 胺基正己酸修饰的 $LaPO_4$ 纳米粒子有两种作用：一是它能使 $LaPO_4$ 纳米粒子在水中具有足够的稳定性；二是末端羧基能够和含有胺基的配体如蛋白质结合。用1-乙基-3-[3-二甲胺基丙基]碳二亚胺作为交联剂，这种交联剂可激活纳米粒子的羧基，和抗生物素蛋白的胺基形成酰胺键，从而把抗生物素蛋白共价耦合到纳米粒子表面。纳米粒子表面的抗生物素蛋白分子仍具有活性，因此，可以用于免疫荧光检测。

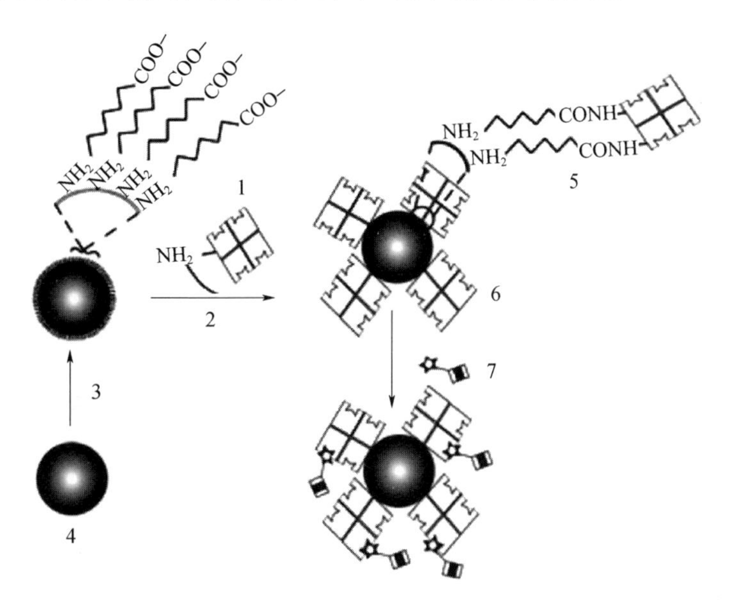

图2.44 抗生物素蛋白功能化 Ce/Tb 掺杂的 $LaPO_4$ 纳米粒子反应示意图

1—抗生物素蛋白；2—1-乙基-3-[3-二甲胺基丙基]碳二亚胺；3—用6-胺基正己酸功能化；4—$LaPO_4$ 纳米粒子；5—酰胺键形成；6—抗生物素蛋白和 $LaPO_4$ 纳米粒子的生物复合物；7—生物素化分子。

上转换荧光材料是在长波长光的激发下，发出短波长光的一类荧光材料。它们经历了基态激发到一种激发光态，再受激激发至另一种更高的激发态，然后回到基态，发射出比激发光波长短的荧光。它们大多属于稀土掺杂的无机材料，如镱铒共掺杂的氟化钇、氟化钇钠、氧化镧、钼酸镧等。它们在980nm红外光激发下，能发出不同颜色的可见光。最近，用上转换荧光材料作为生物分子荧光的标记探针受到了广泛关注。Yi等[175]采用络合共沉淀法合成了尺寸可控的红外到可见光的上转换纳米材料 $NaYF_4$:Yb,Er，并用于生物标记中。在980nm红外光的激发下，可发出明亮的上转换荧光。上转换荧光光谱中有两个主要发射峰，分别位于540nm和660nm处。由于上转换荧光纳米材料颗粒的大小均匀，可以保证实验的重现性。将上转换荧光纳米材料用作生物分子的标记探针具有下列优点。

(1)检测背景低。在红外光照射下，只有上转换荧光材料发光，而与之相连的生物分子因为不具备上转换性质而不发光。用该类材料作荧光标记探针，背景荧光的干扰很低，使检测灵敏度和线性范围大大提高。

(2)信号强度大。可采用廉价高效的980nm红外激光器作激发光源，由于激发光的增强，又可提高荧光信号。因此，用上转换荧光纳米材料标记生物分子有利于生物分子检测水平的提高。

除了上述无机荧光纳米探针外，有机纳米荧光材料作为荧光探针也是一个发展方向。

2.2.4 展望

荧光光化学传感器的发展方向，主要包括开发廉价、具有竞争力、实用的传感装置，寻找高灵敏度、高选择性、稳定可逆的指示剂或染料，探索新的染料载体及试剂固定方法，研究和制作多功能荧光传感器，探索在光纤上实现多参数同时检测，制成实用的小型多功能光纤荧光传感器。其中在荧光探针方面，纳米荧光探针将是以后重点研究的领域。

2.3 光声传感器

光声效应是基于物质吸收调制光解后通过无辐射弛豫放热而激发出声波的效应。早在1880年，美国著名科学家Bell等[176]就发现了光声效应，他们在用断续光照射密闭池中的固体材料时，与池相连的声探测器检测到信号，Bell正确地指出光吸收与光声效应内在的依赖关系。由于光强太弱，光声效应一直没有受到重视，直到20世纪70年代，由于微弱信号探测技术和现代激光技术的发展，光声光谱再度崛起，重新焕发了生命力。Kreuzer[177]于1971年在光声气体检测方面做了开创性的工作，他利用可调谐激光器作光源，测得浓度低至10^{-7}ppm的气体吸收光谱，并从理论上分析了使用激光光源和高灵敏度的微弱信号探测器可对气体光声光谱检出限达到10^{-13}数量级。光声光谱法的高灵敏度得到了人们的极大关注,并使它得以迅速发展。

由于光声光谱法的灵敏度高,检测波谱范围广,特别是不受样品的形态限制,对固体、液体、气体、粉末、薄膜样品均可直接检测,它不仅能对样品进行定性定量检测,还可以用来研究气体的离解、振动跃迁弛豫速率、无辐射跃迁等瞬间过程,检测物质的热弹性质及其他物理性质,研究生物样品不同深度的性质,因而,受到广大科技工作者的青睐,已有多本专著问世[178-180]。光声光谱的理论与实践日趋成熟,并广泛应用于物理、化学、生物、环境、材料、医学等许多领域,已成为分析检测中一个重要的方法和手段。

图2.45是光声信号的产生与检测原理示意图。

图2.45 光声信号的产生与检测原理示意图

调制光被吸收后所产生的声波被声传感器接收,转换成电信号输出。由此可见,光声信号的产生和检测是一个光、热、声、电的能量转换过程。光声效应的实质是一种光热吸收光谱,更准确地说是一个能谱。当照射在样品上的入射光按波长扫描时,可得到物质在不同波长下的光声信号谱,对于不同物质,随波长不同有不同的吸光度,因此该图谱是不同的,故可作为物质定性分析的依据,而固定波长后得到的光声信号,则可以作为定量分析的依据。

在诸多吸收光谱法中,光声检测有几个独特的优势。因为它是检测物质通过无辐射跃迁直接吸收的光能信号,而不像紫外分光光度法以入射与透射之比作为检测信号。所以样品光反射、散射不影响光声检测,可以得到完全不透明和高度散射材料的光声图谱,这种特点扩大了光声光谱的应用范围,它适用于气、液、固、凝胶、粉末、薄膜、胶体等几乎样品所有的状态,对于生物、医学样品尤为适用。

光声光谱法可以通过变化调制频率得到不同深度样品的信息,这是一般光谱分析方法无法得到的,对于一些生物样品、固体样品的分析是非常适用的,这对于物质结构特性方面的研究是很有意义的。

光声光谱法的另一个优势在于光声信号与入射光的能量成正比，因此，可以使用高能量的入射光以增加其检测灵敏度。这就是激光的发现使光声光谱法的应用更为广泛的主要原因。

正因为光声光谱法具有以上的优势，故对于一些弱吸收样品的检测光声光谱法具有其独到的优势：较小的信号也能被检测到，对液体样品检测灵敏度达 $10^{-8}cm^{-1}$，同传统的吸收光谱法相比提高了几个数量级。一般用其他方法无法检测到的样品如粉末、高散射性样品等，不需要前期处理过程即可用光声光谱法直接进行测定。

光声光谱法基于光、热、声、电的能量转换，能量耦合是影响光声检测灵敏度的重要因素，光声理论较一般的吸收光谱法要复杂，对于不同状态的样品（如固、液、气），光声理论是不一样的。此外，光声检测池与其相连接的声探测装置是光声光谱的核心器件，一般是根据样品的形态和测量研究目的自行设计的。光声检测涉及的多种理论和检测样品形态的各异性为光声传感器的研制提供了更为广阔的空间，也是光声研究的魅力之所在。

2.3.1 光声光谱理论

在光声效应发展初期，就很重视光声光谱理论的研究，在整个光声光谱发展过程中，对光声光谱理论的研究一直处于很重要的位置，试样状态（气、液、固）、光源（脉冲、连续波）、光声池与耦合方式（直接、间接）的不同，光声理论的处理方式就不同，因此，很难找到可供解释各种情况统一的光声光谱理论。下面介绍气体光声光谱理论、固体样品 R－G 理论，液体样品热膨胀理论。

1. 气态光声光谱理论

若考虑一两个能级系统，基态分子数密度为 n_0，激发态分子数密度为 n_1，在常温下分子数密度遵从玻耳兹曼分布，大多数分子处于基态。光射入样品后，n_1 与 n_0 间的关系有

$$n_1 = n_0 \Phi \sigma \tau \tag{2.19}$$

式中：Φ 为入射光源单位截面积上单位时间的光子数（$cm^{-2} \cdot s^{-1}$），即入射光束的光子流密度；σ 为分子的吸收截面积（cm^2）；τ 为激发态分子平均寿命（s），激

发态分子通过无辐射弛豫放出的热能显然与其密度 n_1 成正比。生成热能的速度 H 即热功率密度(W/cm^3)为

$$H(\boldsymbol{r},t) = n_1(\boldsymbol{r},t)A_{nr}E' \tag{2.20}$$

式中:n_1 与 H 都为空间位置与时间的函数;E' 为单个分子由碰撞引起无辐射失活放出的平均热能。产生的热能使气体膨胀。当被斩波调制的激光照射光声池中的样品时,引起周期性的压力波—声波,经转换即为光声信号。气体中声振动可用声压 $p(\boldsymbol{\gamma},t)$ 描述,它是总压力 P 和平均值 P_0 之差,即 $p = P - P_0$。

根据 Morse 提出的由热源 $H(\boldsymbol{\gamma},t)$ 产生声波的理论[181],可用下面波动方程描述,即

$$\nabla^2 p - \frac{\partial^2 p}{v^2 \partial t^2} = -\left(\frac{\gamma - 1}{v^2}\right)\frac{\partial H}{\partial t} \tag{2.21}$$

式中:v 为声速;$\gamma = C_p/C_v$ 为气体的比热容比。

解上述非齐次波动方程可用傅里叶变换。

式(2.21)的解为相应齐次方程简正模解的无穷级数,即

$$p(\boldsymbol{\gamma},\omega) = \sum_{j_0} A_j(\omega)p_j(\boldsymbol{\gamma}) \tag{2.22}$$

其中 p_j 是方程

$$(\nabla^2 + \omega_0^2/v^2)p(\boldsymbol{\gamma}) = 0 \tag{2.23}$$

的解。p_j 必须满足边界条件,即在使用圆柱筒状光声池且激光沿轴向入射时,径向分量在池壁处为零,并且具有正交性和归一性。

由此可得标准音响模(极坐标式)为

$$p_j(r,\Phi,z,t) = C_j.\cos(m\Phi)\cos(k\pi z/L)\mathrm{J}_m(\alpha_{m,n}\pi r/R)\exp(-\mathrm{j}\omega_j t) \tag{2.24}$$

共振频率为

$$\omega_j = \pi v\left[(k/L)^2 + (\alpha_{m,n}/R)^2\right]^{1/2} \tag{2.25}$$

式中:k、m、n 分别为轴向、方向角及径向的模次数(去正整数);$\mathrm{J}_m(\alpha_{mn}\pi r/R)$ 为 m 阶第一类贝塞尔(Bessel)函数;C_j 为标准化常数;L 为光声池长;R 为池半径;$\alpha_{m,n}$ 为在池壁面($r = R$)处满足径向声压变化为零的临界条件——$d\mathrm{J}_m/d_r = 0$ 时的 n 次根。

在典型条件下 $L = 7\mathrm{cm}$,$R = 0.5\mathrm{cm}$,$v = 330\mathrm{m/s}$,则最低径向模式($k = 1$,$m =$

$1, n=0)\omega_0 = 19.4\text{kHz}$。

考虑黏滞与传导损耗，当激光沿池中心轴入射，并且气体吸收很弱时，如用角频率为 ω 的斩波器调制的激光照射，光斑直径远小于池内径（1/3 以下），当 $\omega \ll \omega_j = \pi V \alpha_{0j}/R$（$j$ 次共振频率）时，在 $r=R$ 池壁处声压大小可用下式表示[182]，即

$$P(\omega) = \frac{P_{abs}(\gamma-1)}{V\omega}\left\{1+\frac{1}{(\omega\tau_T)^2}\right\}^{-1/2} \tag{2.26}$$

式中：P_{abs} 为吸收功率可用池内吸收光峰值功率的 1/2 给出；V 为光声池内容积；$\tau_T = Q_0/\omega$ 为光声池热弛豫常数（Q_0 为零次模共振 Q 值），它与气体热扩散率 $\delta = K/\rho C_p$（K 为热传导度，ρ 为密度，C_p 为压定比热）的关系为 $\tau_T = R^2/2.5\delta$。在标准状态下，$\delta = 0.3\ \text{cm}^2/\text{s}$，当光声池内径 1cm 时，$\tau_T = 0.3\text{s}$。考虑调制频率远小于腔最低简正模频率时（即 $\omega \ll \omega_j$）为非共振情况，$P_{abs} \propto CI_0L$ 则为基频成分声压，即

$$p(\omega) \propto \frac{\alpha C I_0}{D^2\ (\omega^2+\tau_T^{-2})^{1/2}} \tag{2.27}$$

当用矩形调制光时可得[183]

$$p(\omega) = \frac{0.2293\alpha C I_0}{D^2\ (\omega^2+\tau_T^{-2})^{1/2}} \tag{2.28}$$

式中：α 为分子的吸收系数（$\text{atm}^{-1}\cdot\text{cm}^{-1}$）；$I_0$ 为断续入射光功率（J）；D 为光声池腔体内径（cm）；C 为样品气体浓度（atm）。

声压 $p(\omega)$ 被微音器检出后产生光声信号 V_s，若其响应率为 R_m 时，有

$$V_s = R_m p(\omega) \tag{2.29}$$

将式(2.28)代入则得

$$V_s = \frac{0.2293R_m}{D^2\ (\omega^2+\tau_T^{-2})^{1/2}}\alpha C I_0 = R\alpha C I_0 \tag{2.30}$$

其中 $R = \dfrac{0.2293R_m}{D^2\ (\omega^2+\tau_T^{-2})^{1/2}}$ 可称为仪器常数，则

$$C = \frac{1}{\alpha R}\left(\frac{V_s}{I_0}\right) \propto \frac{V_s}{I_0} \tag{2.31}$$

作出样品的工作曲线即可进行定量分析。

当$(\omega\tau_T)^2 \gg 1$时，有

$$\omega^2\left(1+\frac{1}{\omega^2\tau_T^2}\right)\approx\omega^2$$

则式(2.30)近似为

$$V_s=\frac{0.2293R_m}{D^2\omega}\alpha CI_0 \tag{2.32}$$

当可见入射光越强，调制频率越低，池内径越小，光声信号越大，但D减少会使τ_r减少，从而使信号在低频时反而减少，加上内径小，则安装困难，因此D不能过小。另外，从式(2.32)可看出，ω不是太小时，$V_s\propto 1/\omega$。

2. 固态光声光谱理论

当检测固体样品时，样品分子吸收光子后跃迁到激发态，激发态分子通过分子碰撞将能量传递给周围的气体介质，使气体介质产生周期性的压力变化，再用微音器检测，这说明了固体光声光谱理论。下面用最简单的圆柱形图形表示测定固体试样的光声池，如图 2.46 所示。

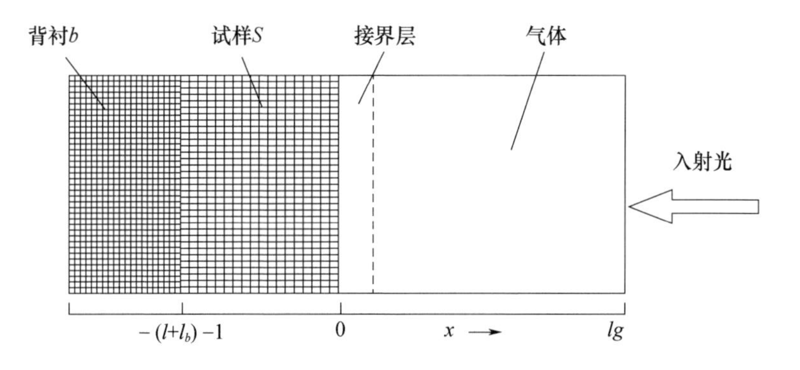

图 2.46 固体光声池示意图

入射光经光窗入射。设试样的背衬b与密闭容器的充气均不吸收光能，试样厚度l与气体长度l_g均远小于声信号波长。如果仅考虑唯一的情况，光源的强度为I_0时，正弦斩波的瞬间光强度与光调制频率ω有关，即

$$I=1/2I_0(1+\cos\omega t) \tag{2.33}$$

设试样对某一波长的吸收系数为$\beta(\mathrm{cm}^{-1})$，在试样内某一点x处，吸光产生的热可用下式表示，即

$$1/2\beta I_0\exp(\beta x)(1+\cos\omega t) \tag{2.34}$$

从试样到气体的周期性热流导致光声信号的产生，Rosencwaig - Gersho 推导出光声信号振幅为

$$Q=\frac{\beta I_0\gamma P_0[(r-1)(b+1)e^{\sigma sl}-(r+1)(b-1)e^{\sigma sl}+2(b-r)e^{-\beta l}]}{2\times 2^{1/2}T_0k_sl_ga_g(\beta^2-\sigma_s^2)[(g+1)(b+1)e^{\sigma sl}-(g-1)(b-1)e^{-\sigma sl}} \tag{2.35}$$

式中：k_s 为物质的热传导度；a_g 为热扩散系数；T_0 为温度；P_0 为腔体气体压强，并且

$$b=\frac{k_b\sigma_b}{k_sa_s},g=\frac{k_ga_g}{k_sa_s},r=(1-j)\beta/2a_s,\sigma=(1=j)a$$

式中：下标 b、s、g 分别表示背衬、样品、气体。由于 Q 的表示太复杂，一时难以看出其物理意义，可以根据研究一些特殊的情况使 Q 的表示式简化。美国学者罗森威格根据不同的特殊性，分为 6 种情况。首先按试样厚度 l 与其光吸收长度 $\mu_\beta=l/\beta$ 比较，将试样分成光学上透明($\mu_\beta>l$)与不透明($\mu_\beta<l$)两种。每一种中又按试样的热扩散长度 $\mu_s=(2a_s/\omega)^{1/2}$ 与 μ_β、l 之间的关系各分为 3 种情况，即($\mu_s>\mu_\beta>l$)、($\mu_\beta>\mu_s>l$)、($\mu_\beta>l>\mu_s$)、($\mu_s>l>\mu_\beta$)、($l>\mu_s>\mu_\beta$)、($l>\mu_\beta>\mu_s$)6 种情况。图 2.47 表示出这 6 种情况下 Q 的结果，其中 Y 是常数因子。在光学透明的 3 种情况下，可利用光声信号与 β 成正比的规律进行检测。改变调制频率 ω 使 $\mu_s<l$ 时甚至可以得到材料内部深层次处的光吸收信息，这种深度剖面分析的本领是光声检测技术所特有的，是十分有用的。对于光学上不透明的试样($\mu_\beta<l$)，光声光谱理论处理变得较为复杂。在这种情况下，试样的光学性质(β,$\mu_\beta=l/\beta$)和热学性质(μ_s)间的关系极为重要，光学不透明的 3 种情况中只有在 $\mu_s<\mu_\beta$ 时，光声信号才与试样的光学性质 β 成正比例，从而可对固体试样用光声法检测。其他情况下，光声信号饱和，无论在光学上还是光声学上都变成不透明物质，声信号与 β 无关，因此无法检测。如果把 μ_s 看作光声光谱法测得深度方向的热分布参量，那么，就容易理解在 μ_s 内入射光被完全吸收($\mu_s<\mu_\beta$)时，光声信号饱和这一事实。由于 μ_s 是光源调制频率的函数，所以如果能增大调制频率，减小 μ_s，使 $\mu_s<\mu_\beta$，那么，即使在光学上不透明试样，也能使其在光声学上变得透明，从而进行光谱测定。

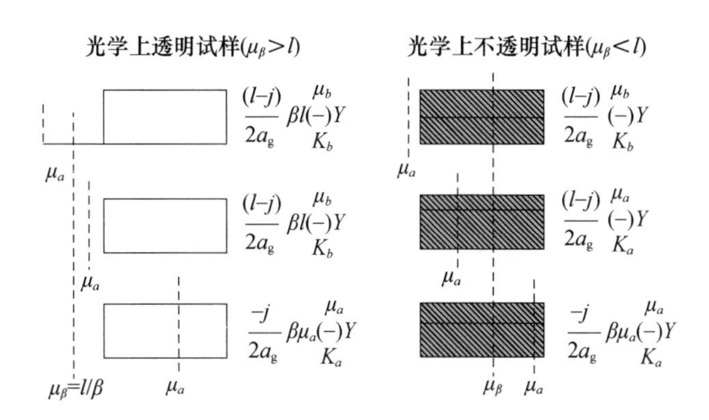

图 2.47 固态样品光声信号

3. 液体光声光谱理论

光声信号的产生是基于物质吸收光后通过无辐射弛豫放出热量所引起的压力变化,Pate 和 Tam[184]对液体样品膨胀和收缩引起光声信号有过详细论述。光源(脉冲激光、连续激光)、耦合方式(直接、间接)、液体吸收率、激光光束截面大小不同都对光声信号的产生有影响。我们仅介绍脉冲激光作光源对弱吸收的液体介质产生光声信号的过程。

如图 2.48(a)所示,当一束半径 R_s很小的激光光束(即 $\tau_L c > R_s$,c 为声速,τ_L为脉宽)穿过盛有弱吸收液体样品池时,形成一个细长圆柱形辐射区域。假定激光脉冲宽 τ_L大于检测器响应时间和样品无辐射弛豫的时间。当每个脉冲能量为 E_0时,辐射区域体积所吸收能量为

$$E_{abs} = E_0(1 - e^{-\alpha l}) \tag{2.36}$$

式中:l 为吸收程长;α 为液体吸收系数。

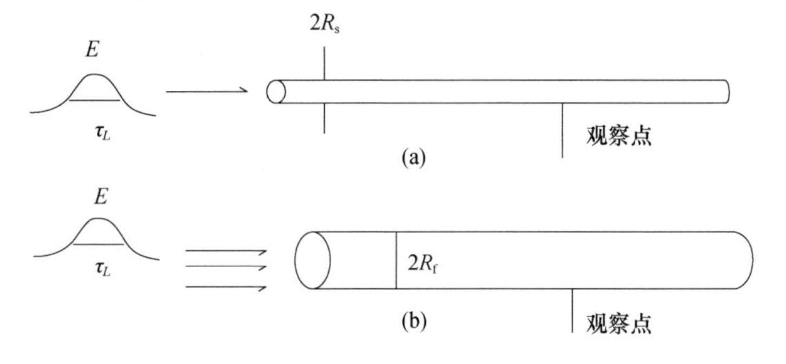

图 2.48 液体中光声信号的产生

对弱吸收介质而言，$\alpha l \ll 1$，故式(2－36)可简化为

$$E_{abs} \approx E_0 \alpha l \tag{2.37}$$

液体吸光变热引起体积膨胀，该圆柱形体积变化为

$$\pi l(R + \Delta R)^2 - \pi R^2 l = \beta V \Delta T \tag{2.38}$$

式中：V 为体积；ΔT 为温升；β 为体积膨胀系数。温升与溶液热力学性质的关系为

$$\Delta T = \frac{E_0 \alpha l}{\rho V C_p} \tag{2.39}$$

式中：ρ 为液体密度；C_p 为等压热容。因为 $c\tau_L = R$，R 为一次脉冲后声传播的半径，将式(2－39)式代入式(2－38)，并假定 $\Delta R \ll R$，有

$$\Delta R = \frac{E_0 \alpha \beta}{2\pi R \rho C_p} \tag{2.40}$$

$$\Delta R = \frac{E_0 \alpha \beta}{2\pi c \tau_L \rho C_p} \tag{2.41}$$

由于受照射圆柱形液体体积膨胀，导致压力波以声速从受照射圆柱体迅速向外传播，根据 Landan 和 Lifshitz 圆柱声波理论，在观察点 r 处，并当 $r \ll l$ 时，位移峰值 $U_{s(t)}$ 与 $r^{1/2}$ 成反比[185]，即

$$U_{s(t)} = \Delta R \left(\frac{R}{r}\right)^{1/2} \tag{2.42}$$

根据 r 点声压峰值 $P_{s(t)}$ 位移的关系，将式(2.40)和式(2.41)式代入式(2.42)可得

$$P_{\mathrm{s(r)}} \approx \frac{c\rho U_{\mathrm{s(r)}}}{\tau_{\mathrm{L}}} \tag{2.43}$$

$$P_{\mathrm{s(r)}} \approx \frac{E_0 \alpha \beta c^2}{2\pi C_p \tau_{\mathrm{L}} R_{\mathrm{r}}^{1/2} r^{1/2}} \tag{2.44}$$

由式(2－44)可见，r 点产生声压大小与光源强弱、几何参数、溶液的吸收系数、热力学及声学性质有关。当激光光束半径较大时，如图 2.48(b)，$R_{\mathrm{r}} > c\tau_L$，同样可推导，在观察点 r 产生的峰值压力为

$$P_{\mathrm{f(r)}} \approx \frac{E_0 \alpha \beta c^2}{\pi C_p R_{\mathrm{f}}^{3/2} r^{1/2}} \tag{2.45}$$

显然 $P_{f(t)} < P_{s(t)}$，即半径小的光源产生大的压力波。在激光参数、受照射几

何形状恒定的情况下,有

$$P_{s(t)} = KE_0\alpha \tag{2.46}$$

其中

$$K = \frac{\beta c^2}{2\pi C_p \tau_L R_s^{1/2} r^{1/2}}$$

或

$$K = \frac{\beta c^2}{\pi C_p R_f^{3/2} r^{1/2}}$$

$$S_{PA} = \frac{P_{s(r)}}{E_0} = K_1\alpha \tag{2.47}$$

式(2.47)指出,受照射点恒定时,对某一固定样品,作为声压(S_{PA})大小检测的归一化声光信号与吸收系数 α 成正比,这就是脉冲 *PAS* 定性和定量分析基础。

液体吸收光辐射后产生以柱面形式向外传播的热弹性波。可将压电元件放在液体中直接检测,也可用间接耦合的方式检测。现在,大多采用固体间接耦合方式。这时,压力波从液体传输到固体,最后到达压电元件。因此,声波传输过程比较复杂。故提高检测灵敏度的关键在于选择特性阻抗相匹配的材料作耦合介质,减少声波传输过程中能量的损失,以及选择合适的压电材料等[186]。

2.3.2　光声光谱仪

目前,市场上有不少厂家推出了各种型号的光声光谱仪,在工业生产上有了较好的应用。图 2.49 为光声光谱仪基本构造图。

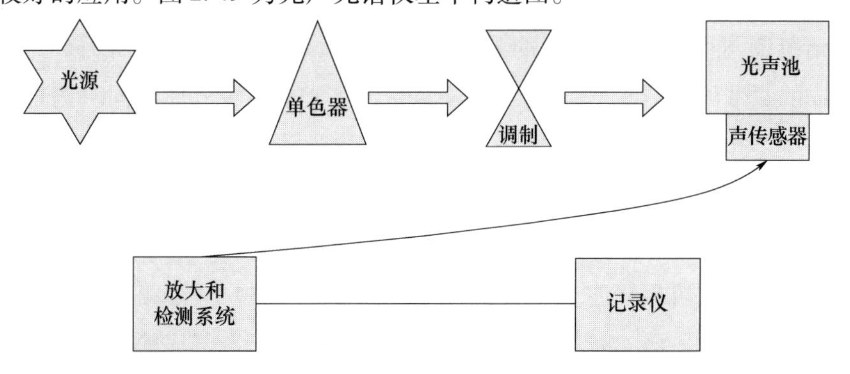

图 2.49　光声光谱仪基本结构图

1. 光源

光声光谱仪所使用的光源按其波长范围可分为红外、可见、紫外等光源。它可由普通氙灯或汞-氙灯等提供,亦可用激光光源,由于激光光源具有相干性好、能量高、输出光高度准直等特点,因此,它是光声光谱法的优良光源。使用激光光源的优点还在于激光的能量集中、光束小,故可将光声光池做得很小,而光声信号的大小与光声池体积成反比。这对于提高检测灵敏度是有利的。使用激光光源的缺点是波长不可调,即使使用染料激光器,波长可调谐范围也很窄。

量子级联激光器是近年来发展起来的一种理想的中红外光源,它具有较分布反馈式(DFB)激光器更宽的调谐范围,目前,商品级量子级联激光器功率较小,为毫瓦量级,波长接近4mm附近可以在常温下连续工作,在5~8mm的长波长条件下需以冷水下脉冲等方式准连续工作。量子级联激光器在中红外区有大范围的输出波长(3.1~24mm),覆盖了大量气体分子振转能级的基频吸收,使得中红外激光光源成为痕量气体高灵敏度探测的有效工具,可以实现多种痕量气体的高灵敏度检测。在光功率方面,量子级联激光器有着突出的光谱学特性,量子级联激光器的缺点是结构复杂,生长层次繁多,阈值电流密度大,散热性差,室温下需脉冲工作,作为半导体激光器,输出功率小且光束质量差。

半导体激光器中还有一种差频激光器,差频激光器的原理是利用二阶非线性效应。当入射光和抽运光进入非线性晶体时,经过频率变换得到一束输出波长为差频的激光。系统中的差频变换器件为铌酸锂晶体(PPLN),增大信号光的调谐范围可以增大输出光的调谐范围,该激光器可以实现3.5mm波段、100nm的宽带可调谐波长输出,利用该激光器可实现多种气体的同时测量。但是该系统结构复杂,偏振态变化导致耦合效率等性能不够稳定,市场价格较高。

2. 调制器

使用光源时,必须进行光束调制,光的振幅和频率都能进行调制。进行振幅调制的方法有机械斩波、电调制、电光调制、声光调制,进行频率调制的器件有电光调谐器等。脉冲光源可直接作光声光谱的光源,脉冲光源具有峰值功率高的优点,脉宽短的光源可使用时间分辨技术来选择信号,这对于光声检测更为有益。

3. 光声传感器

光声传感器由光声池与声检测器组成,光声池是光声仪器的核心部件,一般是根据需要自行设计的。池的材料一般选用热传导系数较大的玻璃、黄铜及不锈钢制成。光声池的设计一般有几个原则:一是入射光要直接透过样品,尽量减少与池壁、池窗、声检测元件直接作用,尽量减少背景信号的产生;二是光声池应尽量屏蔽,以与外界声音隔绝;三是尽可能增强池内样品光照的强度和长度,以提高信噪比;四是池内表面要光洁,减少其对样品的吸附;五是光声池体积尽可能要小,以增强其信号。对于不同形态的样品,研制的光声池所用的材质与结构是完全不一样的。但不管什么类型的光声池,对于研制光声池而言,提高信噪比是设计的关键所在。

光声检测是一系列的能量转换过程,选用光窗材料也是非常重要的。材料选择的原则是能量损耗少,如热导系数小则耦合效率要高。对于红外波段光声检测一般使用 ZnSe 作光窗,紫外、可见区可用石英及光学玻璃作光窗。

对于气体光声检测,由于气体有较大的热导系数,用微音器检测,微音器一般以电容型为主,也有驻极体型微音器,可达到较高的灵敏度。液体多用压电传感器检测,液、固声阻不匹配,使声传输效率低,导致灵敏度降低。对于气体样品而言,最高灵敏度可达 $10^{-10}\mathrm{cm}^{-1}$;对于液体样品而言,灵敏度仅达到 $10^{-7}\mathrm{cm}^{-1}$。如根据声学定律,二层界面的声传输过程能量损耗由界面材料声特性阻抗 Z 决定。当光垂直入射时,穿透率 $T=\dfrac{4Z_1Z_2}{(Z_1+Z_2)^2}$($Z_1$、$Z_2$分别为介质 1、2 的声特性阻抗),两种物质 Z 值越接近,穿透率越大,当 $Z_1=Z_2$时,全部透过。根据上述公式,铝与石英界面的声透率可达 98%,石英与水声透率仅为 33%。对于石英探针做成的液体光声传感器,在石英与水之间加入中间匹配层可改善声阻匹配,提高声传输效率[187]。对于不同状态样品的光声池、声传感器的结构与近年进展将在下面专门论述。

4. 放大和检测系统

光声检测一般用微弱信号探测器,如使用锁定放大器,信号由计算机或记录仪记录或显示。对于气体、固体、液体光声检测,结构有很大的不同。静态光声检测池的设计相对简单，而对于流动光声检测池的设计要复杂得多，由于近年来色谱技术的发展，各种形状各异的色谱检测器相继出现推动了光声流动池的研制。这些池设计时由于要考虑光的通路、流体的流路与声的传输通路，所以研制的难度相对较大。

2.3.3 光声传感器及其应用

1. 气体光声传感器及其应用

气体光声传感器由光声池与微音器组成。气体检测分为非共振型光声池和共振型光声池，共振型光声池又可分为光学共振和声学共振，目前大多采用声学共振。共振池的优点：一是通过调整共振频率可以降低环境噪声，提高检测信噪比；二是激发的声波场具有一定的空间分布，通过把样品进出口放在节点上，可以实现流动式实时检测。共振池的缺点：一是共振池体积一般较大；二是限定固定频率才能发生共振。Q 值（声品质因子）是共振光声池一个重要指标，它由池的结构、气体的黏滞系数和热传导系数决定。

1）非共振型光声池

图 2.50 为典型的非共振型气体光声池示意图，光和气体池同轴，上方两端为样品气体进出口，下面连有微音器。光窗根据样品与光源波长选择不同的材料，对紫外可见波段的光源选用石英、K9 光学玻璃，对于红外光源则选用 KBr、ZnSe 作为光窗材料。

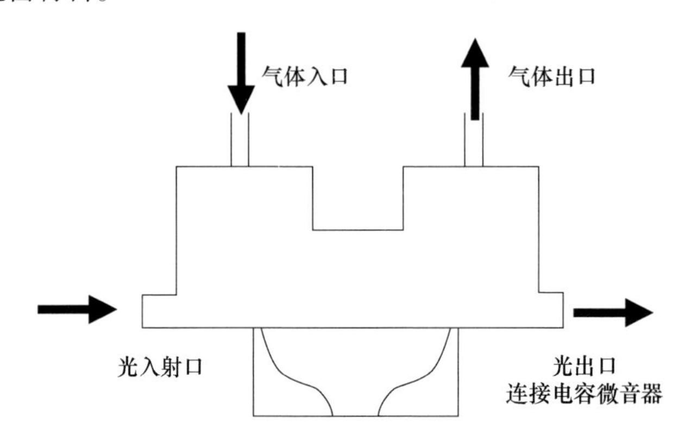

图 2.50　非共振型气体光声池示意图

图 2.51 为适用于气体光声检测的玻璃光声池,采用最通用的圆筒状外壳,池体上端通过 2 个 2mm 高真空活塞与真空配气系统相联结,池长 8.5cm,池内径 10mm,池两端为 ZnSe 光窗。池体下端安置有微音器(CZⅡ -60,膜片直径 8mm),微音器及线路置于黄铜壳体内。光源采用选支 CO_2激光器,通过选支使其工作频率可调,其工作波长为 9.18 ~ 11μm。使用该光声池,用波长扫描检测气态沙林如图 2.52 所示。图 2.52(a) ~ (c)分别为 N_2、空气和气态沙林的光声光谱图[188],在 9P38 波长下斩波频率 100Hz 用自制的真空配气系统配制不同浓度的沙林气体,可检测的最低浓度为 0.1ppm,对 DMMP、梭曼、VX、路易氏剂的检测灵敏度分别为 0.01ppm、0.05ppm、0.3ppm、1ppm[189]。

Michael 等[190]用 CO_2激光器、光声气体池检测 DIMP(二异丙基甲基膦酸酯,沙林降解产物,神经毒剂模拟剂),在 60s 的测定时间内,检出限为 0.5ppb。

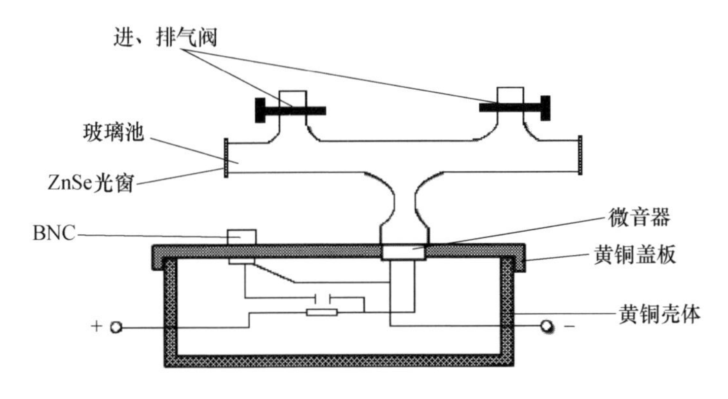

图 2.51 气体光声池结构图

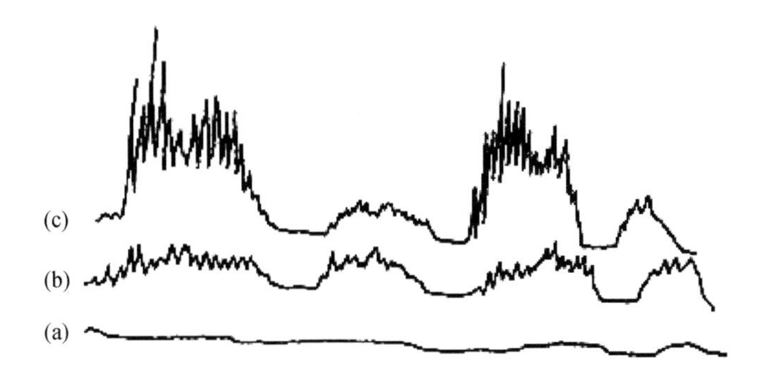

图 2.52 气态沙林光声光谱

(a)N_2;(b)空气;(c)沙林蒸气。

图2.53为易良平等研制的可作为气相色谱检测器的气体光声流动池[191]，池体由不锈钢制成的圆柱形样品池($\phi 2 \times 10$mm)，其体积为31μL。使用该池与SP2305气相色谱联机检测了醚类化合物混合物。在9P28和9P36波长下，对乙醚和异丙醚的检出限分别为10μg、6.0μg。

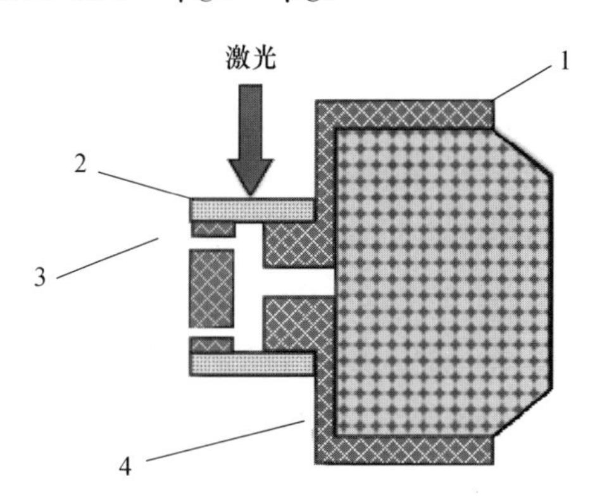

图2.53　气体光声池结构示意图

1—池体；2—ZnSe光窗；3—气体进出口；4—微音器。

2)共振型光声池

Kreuzer曾研究过最通用的共振型气体光声池的信噪比影响因素，这种光声池基于激光源，是一条细的光束，照射到圆筒形样品室的中心。产生的光热信号沿着激光束径向向外传播，对于弱吸收样品而言，这类光声池的信噪比为

$$\frac{S}{N}=\frac{(\gamma-1)A_m L_d \alpha \bar{W}}{2K^{1/2}T^{1/2}\omega V_c \delta^{1/2} \Delta f^{1/2}} \tag{2.48}$$

式中：K为玻耳兹曼常数；T为样品温度；r为吸收物质的热容比；A_m为微音器膜面积(cm^2)；δ为该膜的阻尼(g/s)；$\bar{W}$为激光功率(10^{-7} J/s)；a为吸收系数(cm^{-1})；V_C为池的容量(cm^3)；L_d为池长(cm)；ω为调制频率(s^{-1})；Δf为共振频率与调制频率差。

从上述公式看出，激光能量高，吸收系数大，热容比大；光声池体积小，信噪比越大。斩波频率小对于信噪比是有益的，但斩波频率太小检测起来有一定的难度。

检测中采用共振池可增大信噪比。共振形式可有多种：信号线共振、内径共振、无窗池的径向或水平共振等。声共振池的结构常常较为复杂，如果使用

布鲁斯特窗，其进、出窗口常在压力的节点上，以改善其信号。

气体检测大多是应用共振型光声池，近年来，对共振型光声池的研究非常多，在池体形状、结构，针对不同的检测对象形态各异[192-194]，下面举几种具有特色的共振池体进行介绍。

Helmholtz 光声池首次研制出并用于固体分析是在 1977 年。该种共振光声池一般为两个池体，用细毛细管相互连接，其体积一般较小，共振频率较低，可用不同的 HR 池形状改善其信噪比。图 2.54 为 Zeninari 等[195]设计的用于流动气体检测的 HR 共振池，两池体均由硬质玻璃毛细管组成，两边用 BaF_2 光窗安成 Brewster 角度，以降低光窗的反射。两个驻极体微音器置于池体中央。两池两端分别用毛细管连接，中间置两通真空阀，以成对称结构。使用 CO_2 激光器，用包金的镜面来调制光，并将光束射到反射镜 M_1，M_1 将光射入光声池 2。通过上述的 HR 池与流动检测系统，使用乙烯作检测物，研究了该类池的灵敏度、重现性、压力、频率、浓度的变化影响及噪声，并测定了乙烯的吸收系数。

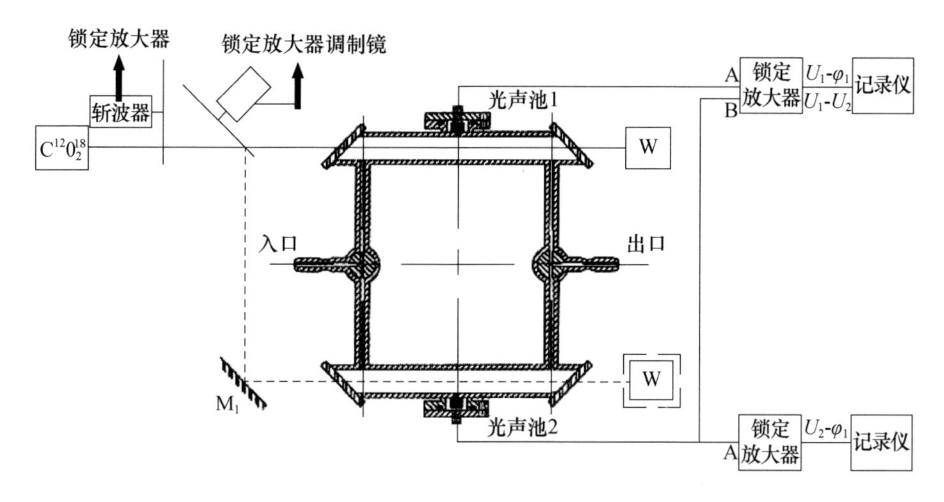

图 2.54　毛细管 HR 光声池

Patrick 等[196]设计了可用于检测悬浮物浓度的气体共振光声池。池的结构如图 2.55 所示，该池结构简洁明了。样品气体流向与激光光束同轴且方向相反，池体上方安放微音器以检测光声信号。使用压电陶瓷检测声共振频率和共振品质因数。该池的特点是在气体进入口安放陷波器，以消除泵流及环境噪声的干扰，激光入射光窗位置在声压的节点位置，以减小它们与共振模式的耦合作用。使用该光声池和 532nm 倍频 Na:YAG 二极管激光器,激光的平均功率为 60mW。光声池的共振频率约 500Hz,检测碳颗粒的最小质量浓度为 $40ng \cdot m^{-3}$。

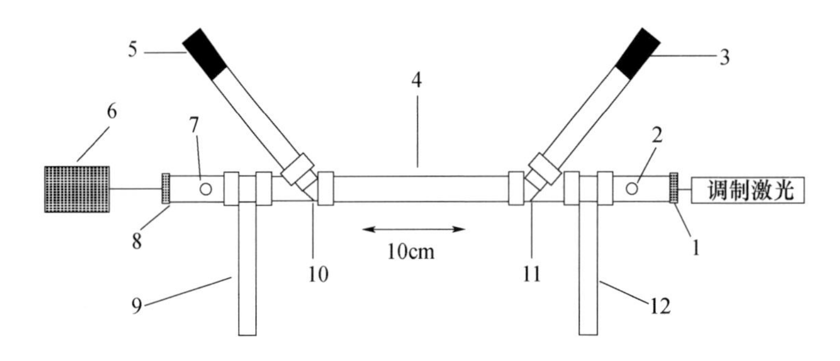

图 2.55　管状共振池

1、8—光窗;2—样品出口;3—微音器;4—压力波腹;5—压电晶体片;6—激光束流收集器;7—样品进口;9、12—声陷波滤波器;10、11—压力节点。

法国大气光谱分子公司(GSMA)和俄罗斯大气光学研究所(IAO)从 1997 年开始研制多种 Helmholtz 共振气体光声池,并使用近红外二极管激光光源检测甲烷,其目的是用于检测甲烷气体运输中的泄漏问题[197]。图 2.56 是 4 种不同结构的 Helmholtz 共振气体光声池(HR)。

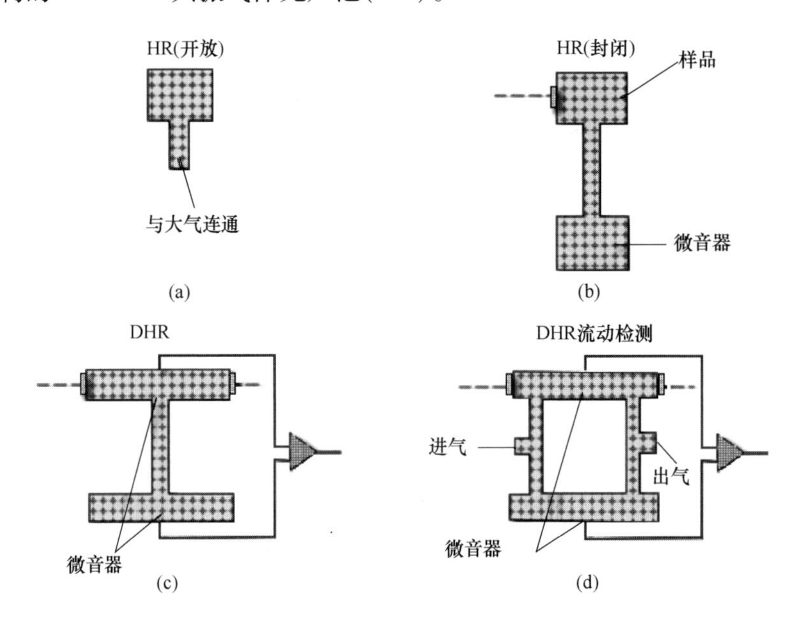

图 2.56　四种不同的共振光声池

图 2.56(a)池是对大气开放的;图 2.56(b)池是检测固体样品的封闭池;图 2.56(c)池是检测气体样品的差分池,未通过激光的池中微音器信号作为背景信号扣除;图 2.56(d)池是检测流动样品的差分池。用 4 种池子检测甲烷的检出限分别为 300ppm、60ppm、5ppm、0.3ppm。

图 2.57 是使用二极管激光器和 DHR 传感器的工作示意图。

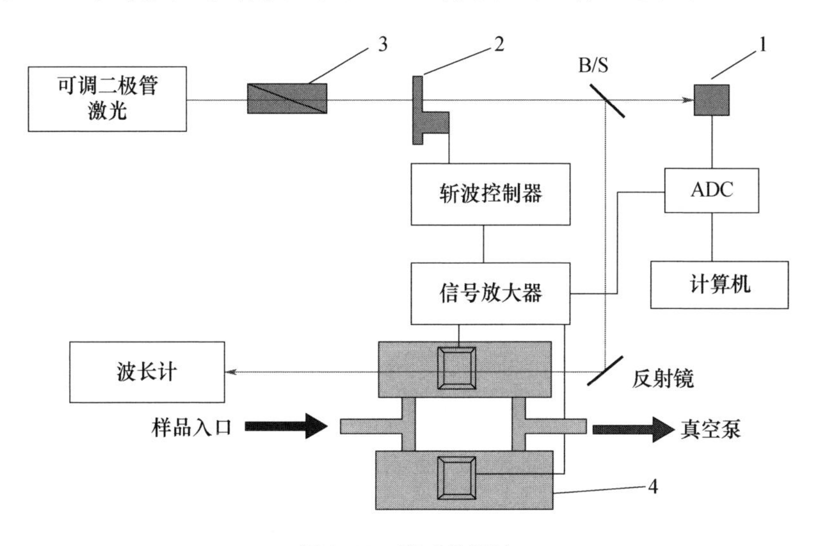

图 2.57 流动共振池

1—光电二极管;2—机械斩波器;3—隔音装置;4—DHR 池。

Kyuseok Song[198] 于 2005 年用二极管激光器在 1380nm 光波长下,用图 2.57 所示的流动 Helmholtz 共振池(该池的共振频率为 580Hz,激光的机械调制频率也为 580Hz,激光束入射池的功率为 2.5mw),测定水蒸气为 4×10^{-4}Torr,相当于 $7.3\times10^{12}cm^{-3}$ 水分子。

Jean 等[199] 在 2006 年研制出可同时检测 CH_4、H_2O 和 HCl 的气体光声共振池,其仪器装置结构如图 2.58 所示。

使用 DFB 激光光源,池体由内径 3cm、长 17cm 的不锈钢管构成,两端置有 85mm 长的缓冲腔。中间 3 个独立的纵向共振器,信号由微音器、前置放大器及锁定放大器处理接收。压电传感器固定在缓冲体的外侧,自动显示共振频率。用该系统在波长 1615.0nm、1368.6nm、1737.9nm 处对 CH_4、H_2O、HCl 的检出限分别为 80ppb、24ppb、30ppb。

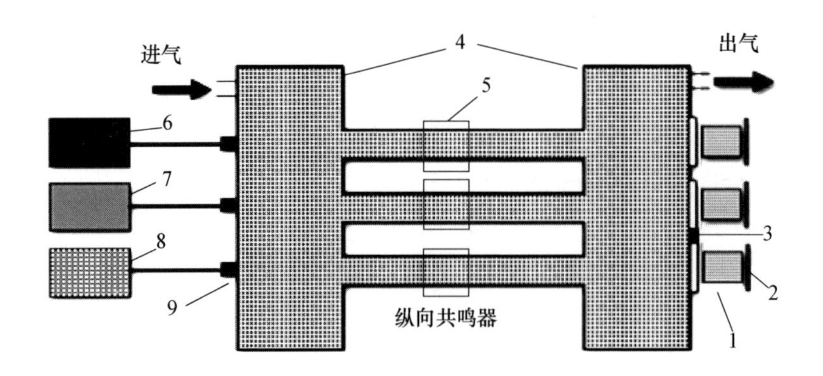

图 2.58　三组分测定共振池

1—气体参比池;2—光电二极管;3—压电片;4—微音器;5—缓冲腔;

6—CH_4 激光;7—H_2O 激光;8—HCl 激光;9—入射瞄准仪。

光声光谱法可测定含有悬浮颗粒的气体,甚至是含碳黑微粒的气体,这对于火警的监测是非常有用的。Chen[200] 和 Nebiker[201] 研究了用于火警的光声气体检测方法,同年,Keller[202] 设计了用于火警检测的开放式和封闭式光声气体共振池,池体由长 30mm、直径 16mm 的金属圆柱体构成。池体两端可为开放式或封闭式。图 2.59 为池体剖面和相关共振模式压力分布。

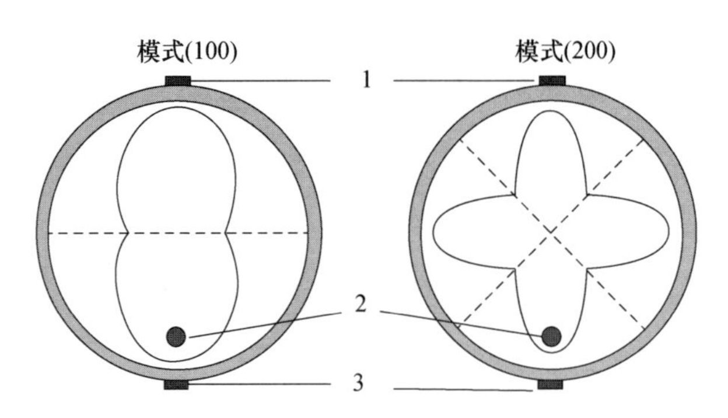

图 2.59　开放式光声池

1—微音器;2—激光束;3—扬声器。

池顶圆柱体中央安放微音器,其对面置扬声器。用上述封闭式池检测气溶胶发生器产生的不同浓度的碳黑气体,测定的结果如图 2.60 所示,线形回归方程为 $Y = 0.201X - 0.035$,回归系数为 0.999。碳黑的质量吸收系数为 $3m^2 \cdot g^{-1}$。

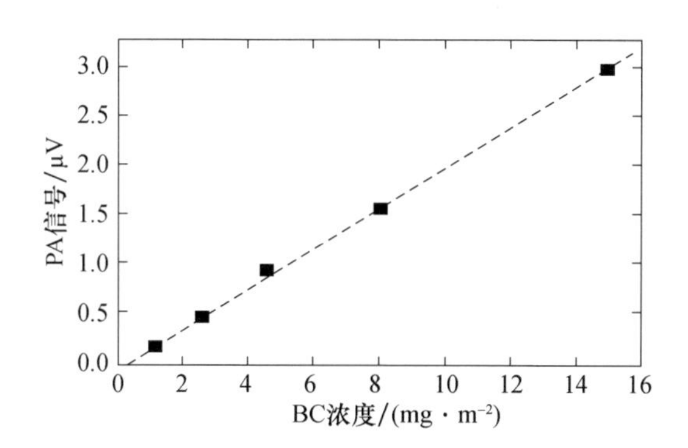

图 2.60 用开放式光声池对碳黑检测结果

光声气体检测的一个重要问题是抗环境干扰,如何在高环境噪声的条件下,检测待测气体是在传感器设计中要考虑的问题之一,在光声传感器的结构中,可用多种方法达到此目的,如加入声过滤器、缓冲腔等。下面 3 种光声池的设计旨在高噪声环境下,提高信噪比。

Gondal 等[203]使用 TEA CO_2脉冲激光器研究了 3 种不同结构的用于降低环境噪声的圆柱形气体光声池(图 2.61 ~ 图 2.63),激光脉冲宽 20ns,线宽约 0.133cm^{-1}。

图 2.61 为第一种:高 Q 值共振气体池[204-205]。

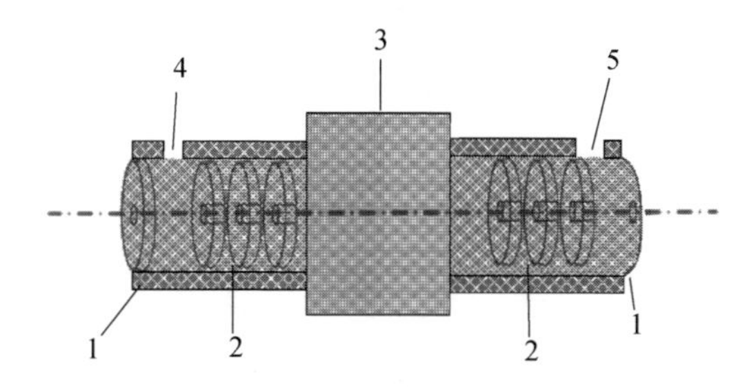

图 2.61 适用于高噪声下气体检测光声池(一)

1—光窗;2—声过滤器;3—微音器;4—进气品;5—出气口。

它的主要特点是使用了声过滤器,池体用不锈钢制成,半径 5cm,池长 10.2cm,池内部抛光,使用 ZnSe 作为光窗,用微音器检测,5 个滤声器件(即 3 个 1/4λ 声过滤器和 2 个缓冲腔)分别置于池体两端,λ 为声波长。3 个固体 λ/4 过滤器的内径为 3.0mm、长为 16.6mm,2 个缓冲腔内径为 24.7mm、长为

13.3mm。声过滤器和缓冲腔在光声检测中对于降低外界噪声起到了非常重要的作用。

图2.62为第二种:气体共振光声池[206]。

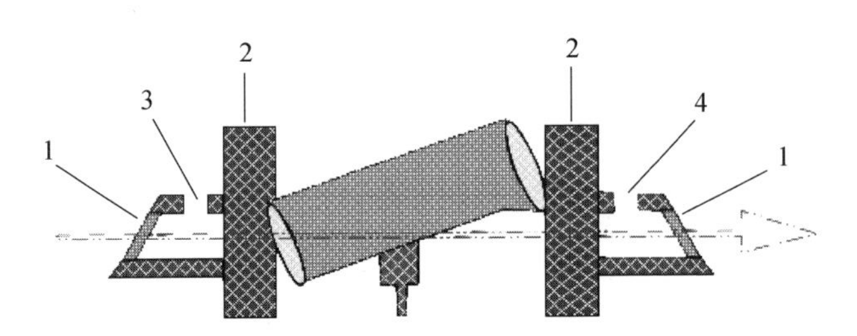

图2.62　适用于高噪声下气体检测光声池(二)

1—光窗;2—缓冲腔;3—进气口;4—出气口。

池体由不锈钢构成,腔体内径25mm,光窗使用ZnSe,并使用布鲁斯特角度。在池体两头放置缓冲腔体。该池的最大特点是信噪比高,适合近似于发动机噪声环境中的污染物流动检测。

图2.63是第三种:气体共振池[207]。

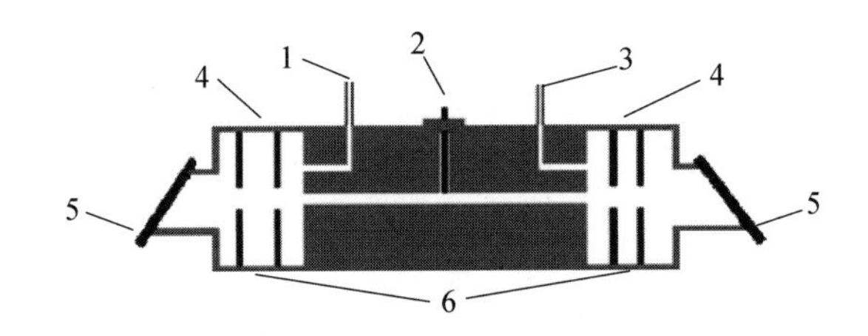

图2.63　适用于高噪声下气体检测光声池(三)

1—气体入口;2—微音器;3—气体出口;4—缓冲腔;5—光窗;6—声过滤器。

窗体亦使用ZnSe的布鲁斯特光窗,池体使用不锈钢材料,两面均有缓冲腔,池共振腔体的半径为8mm,池长160mm,微音器置于池中央,缓冲气体选择氮气。对于这样的小半径长管的池体,其方位角和半径模式的本征频率非常高,可用微音器限制其频率响应来检测,这里是指仅需要检测其纵向模式。

以上3种池体采取多种方法以降低环境噪声对其检测的影响,3种池体对检测氮气中的SF_6灵敏度极高,可达到35ppt、38ppt、19ppt。从3种池体比较来看,第三种池体灵敏度最高。

传统共振光声光谱技术的发展还呈现出多种技术交叉融合的发展趋势。2017年,查申龙等采用3D打印的一体化小型光声池,结合近红外DFB激光器,开展了C_2H_2气体共振光声光谱探测,其探测灵敏度达到0.3ppm[208]。Yufei Ma等在共振光声光谱中,引入棱镜折返方法,增加了有效光功率,探测灵敏度得到了提升,长时间平均的情况下,对C_2H_2的探测灵敏度可达600ppt[209]。Qiang Wang等利用光纤环形激光器,开展了内腔共振光声光谱技术研究[210],对C_2H_2的探测灵敏度达到了390ppb。Luo Han等将光声池与Herriott型多通池结合以增加光声系统的灵敏度,其中激光光源在光声池中可折返18次[211]。Wei Ren等结合腔衰荡光谱的光学谐振腔技术,开展了高精细度光腔增强的共振光声光谱技术[212],有效光功率提高了630倍,是当前所有光声光谱气体检测技术中所报道的最高探测灵敏度,其功率归一化的最小可探测等效噪声吸收系数为$1.1\times10^{-11}\mathrm{cm}^{-1}\cdot\mathrm{W}\cdot\mathrm{Hz}^{-1/2}$。

3)气体光声检测新技术

气体光声检测通常使用微音器,尤以电容型为主。微音器大多是以其中膜片在声压下弯曲引起的电流变化进行检测的。近年来,气体光声检测发展可分为两个大方向:一是以新的声检测方法代替微音器,以达到超高灵敏度;二是检测池的微型化、集成化,以达到检测的便捷性。新的检测方法有悬臂梁和光导纤维。用微型悬臂梁做光声检测的研究时有报道。2004年,Kauppinen等[213]设计了一种悬臂梁,其原理是利用光学反射法检测光声压力所引起的悬臂梁弯曲,从而进行光声气体检测,可以达到极限的灵敏度。

图2.64是他们研制的悬臂梁微音器,微音器由硅片制成,长4mm、宽2mm,厚度为5μm。它置于一个圆形的框架上,框架厚380μm,框架的三边与悬臂梁有一个狭窄的30μm的间隙。当压力波动时,悬臂梁只弯曲而不伸长。

图2.65是检测系统示意图。它是由两个腔体组成,这两个腔体内均充入待测气体,中间像门窗一样竖立的是悬臂梁,左侧腔体用黄铜制成管状,内部抛光,直径为$2r$、管长为d、体积为V、声压为P、红外光调制角频率为ω、入射光能量为$P_0\cos\omega t$,根据推导,产生的光声信号A为

$$A_x(\omega)=\frac{A(\gamma-1)\alpha_x P_x\dfrac{2I_0}{\cos\Theta}}{\omega\left(k+\dfrac{\gamma PA^2}{2V}\right)}\quad(\omega\ll\omega_0)\tag{2.49}$$

式中：I_0为进入池体调制光的平均能量；γ 为样品的等压热容与等体积热容比；k 为悬臂梁的弹性常数；A 为面积；Δx 为最大位移；α 为样品的吸收系数；ω_0为池共振频率；P_x为分压；P 为压力。

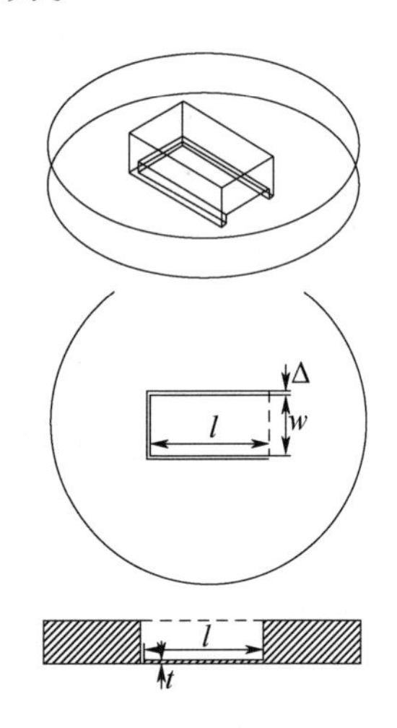

图 2.64　悬臂梁微音器结构图

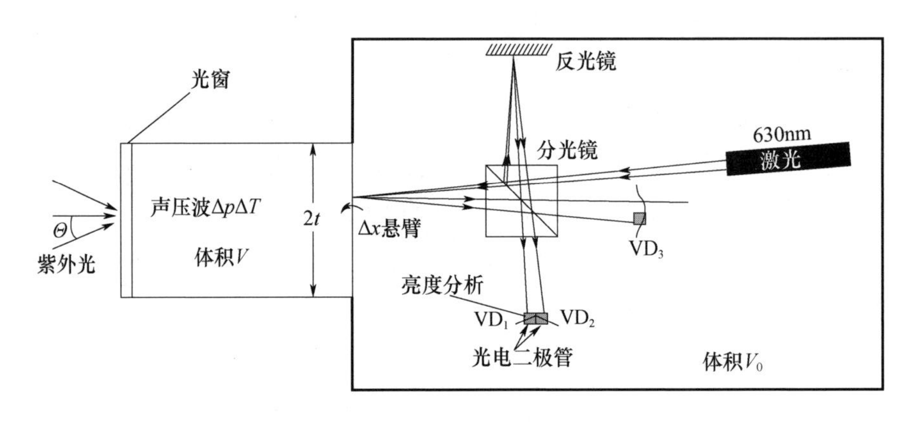

图 2.65　悬臂梁微音器检测示意图

从式(2.49)可见，增大入射光能量与减小池的体积对于提高测量信号是有益的。

从图 2.65 中可见，使用反射镜置于右腔体的上方，并安置 3 个光电二极管 VD_1、VD_2、VD_3。当悬臂梁移动时，光电二极管的相位会发生变化。VD_1 和 VD_3 的相位正差 180°，分析 3 个信号可以连续计算干涉计的相位，即使它变化 2π，正好等于悬臂梁移动 $\lambda/2$。

使用上述光学方法检测悬臂梁的位移,可以达到极高灵敏度,实验证明,该系统可检测悬臂梁最小的位移达 2×10^{-12}m,几乎等于其噪声大小。可检测最小的压力大小为 2×10^{-7}Pa,它几乎是人耳听力阈值的 0.01 倍。最小的温度变化可测到 2×10^{-9}K。检测最小的甲烷质量为 4×10^{-12}g。

上述池体亦有需要进一步优化的地方:悬臂梁与框架间隙需要适当减小;池体需缩小,使用共振池效果更佳;使用激光会比使用红外黑体光源效果更好;甲烷因为有强的吸收也不是理想的待测物。

使用悬臂梁替代微音器进行检测是近年发展起来的光声检测的新方法,使用的光源有紫外或红外,光声池也可以设计为多种形式。图 2.66[214] 是一种用悬臂梁进行差分检测形式的光声池。

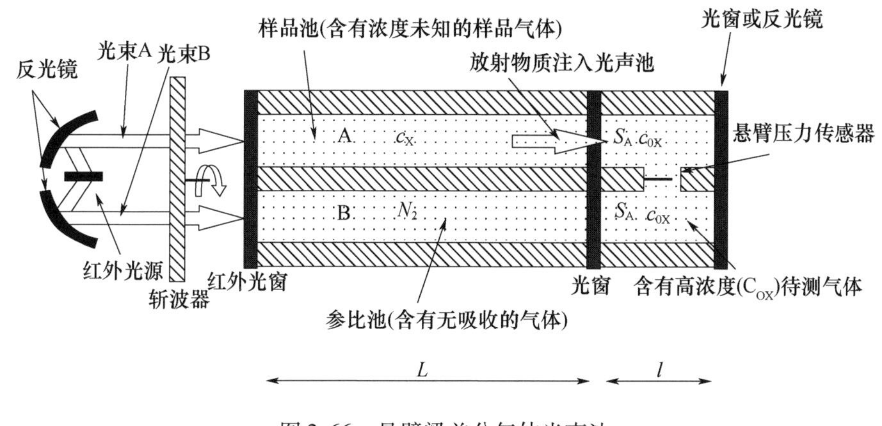

图 2.66 悬臂梁差分气体光声池

光声池分为两个部分:一部分是主体样品池(A);另一部分是无吸收气体参考池(B)。

红外光源分成两束分别射入 A、B 两池,得到的信号为池 A 与池 B 的信号差值,它与样品 A 的浓度成正比。悬臂梁由硅片制成,两面抛光,长 4mm、宽 2mm、厚 5μm。使用该系统在 0.37s 的调制时间里对甲烷的检出限为 13ppb。如果光声池结构与光源性能得到改善,其灵敏度还可进一步提高。当光声池内样品稳定时,悬臂梁是稳定的,选择性只受样品本身吸收系数影响。同常用电微音器相比,悬臂梁的灵敏度可提高 3.8 倍。

2018 年,Michal Dostal 等利用悬臂增强型光声光谱技术结合量子级联激光器,开展了对生物质燃烧产生 HCOOH、CH_3CN 等样品的测量研究[215]。同年,Tommi Mikkonen 等发展了基于中红外超连续光源的悬臂增强光声光谱技术[216],Teemu Tomberg 等结合高功率、窄线宽的中红外连续波 OPO 与悬臂增强型光声光谱对 HF 进行了探测,在 32min 的时间内,噪声等效浓度可达到 650ppq[217]。

Kun Liu 等于 2018 年实现了基于压电薄膜的悬臂光声光谱新技术[218],在这一技术中,探测的悬臂采用了具有压电特性的薄膜,光声信号激发悬臂振动时,薄膜悬臂的压电特性直接产生了电信号,不再需要光学干涉仪等设备对其振动进行测量,结构更加简单化,其基本装置如图 2. 67 所示。

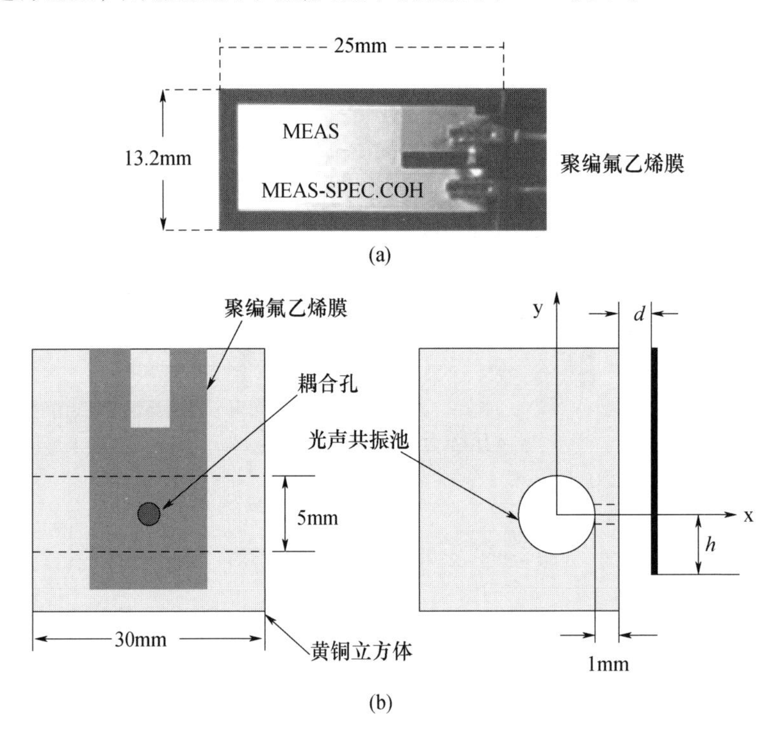

图 2. 67　基于压电薄膜的悬臂式光声光谱

提高灵敏度的另一种方法是用光导纤维代替微音器进行检测,光导纤维微音器的优点是可以在距光源与检测器较远的地方进行检测,并可以将微音器置于池外,单独作为微音器的膜片,可使其达到高于电微音器的灵敏度。

图 2. 68 是 1995 年 Breguet 等[219]设计的一种光导纤维微音器的实验装置图。

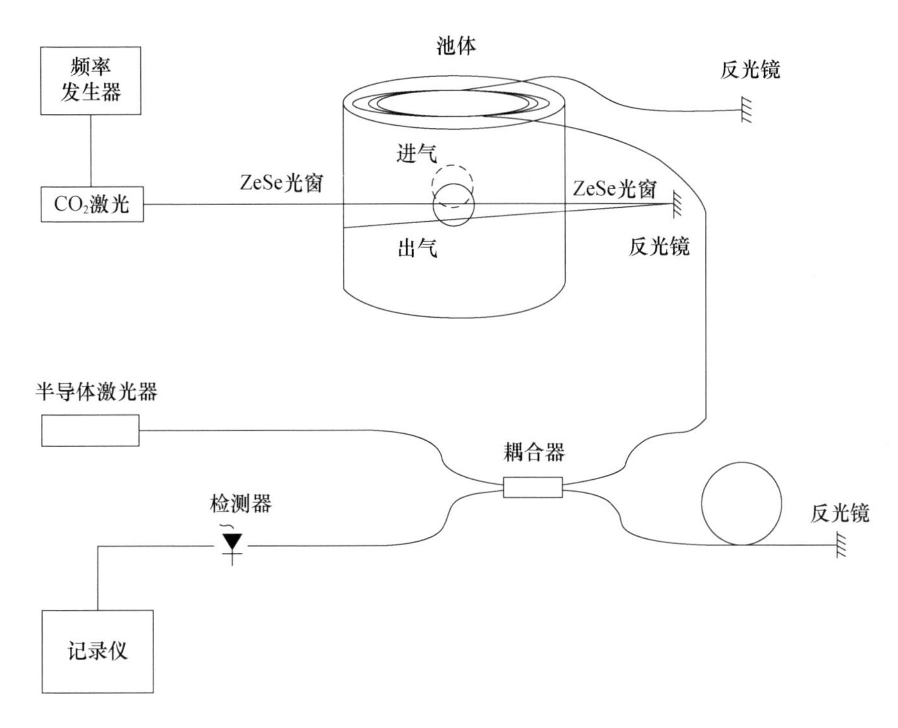

图2.68 光导纤维微音器实验装置图

整个检测装置是一个干涉计，它有以下几个部分：半导体分配反馈激光器（DFB）作光源（发射1.3μm的激光）；一个50：10单模耦合器和等长的两条光纤（一条作参考光纤，一条作信号光纤）。检测器是InGaAs光电二极管。信号由光谱分析仪处理。激光光源是CO_2气体激光器，使用的波长为9P14（9.50μm）。光声池是纵向模式的圆柱形共振池，直径与高度均为4cm，池体开4个洞，其中2个为光窗、2个为气体进出口。光窗使用ZnSe。实验结果说明，光纤微音器检测可以消除电、磁干扰，不同于电连接，它可以置于共振池外，可以抵抗压力波。当光导纤维长度是4.5km时，用0.6W的CO_2激光器时，光导纤维微音器检测乙醇的检出限是14ppb，检测臭氧的检出限是6ppb。

除圆柱形光声池外，Breguet等还设计了无光窗池和铝卧式池，用光纤干涉法进行检测。传感器的微型化与集成化研究亦是近年光声传感器发展的一个重要方向。2001年，Samara[220]设计了两种可用于检测二氧化碳气流中丙烷含量的微型池，图2.69是其中的一种。

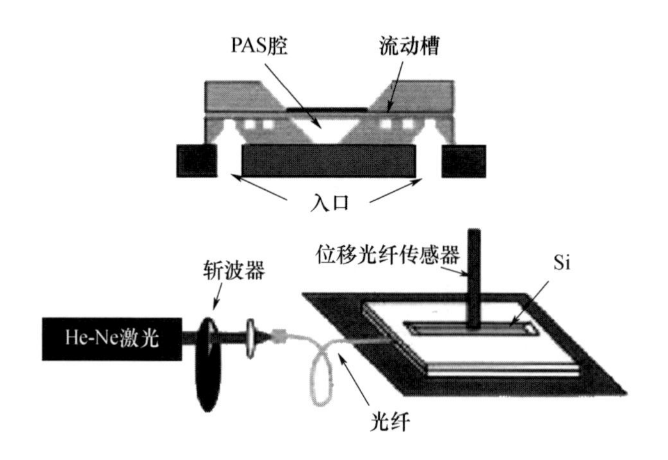

图 2.69　微光声传感器示意图

该光声池是由 15mm 长、750μm 宽的微型腔体组成,用一个 2.3μm 厚的硅片覆盖。气流通过一个宽 420μm ±20μm、深 240μm ±20μm 的弯曲管道进出光声腔体。整个装置固定在一个铝板上。激发光源是 He - Ne 激光器,用光学调制,一个 Philtec 光纤位移检测器作为光学微音器检测膜片的位移。其灵敏度为 72mV/μm。用该系统可检测 CO_2 中 0.05Pa 的丙烷。

近年来,悬臂光声光谱技术与光纤技术相结合,发展了光纤式悬臂光声光谱技术。2018 年,Ke Chen 等设计了一种新型的法布里 - 珀罗(F - P)悬臂式话筒,其位移分辨率可以达到皮米量级[221],其基本实验装置如图 2.68 所示。同时,该悬臂式话筒的信噪比比电容式话筒高 10 倍以上。2019 年,利用该悬臂式全光纤光声光谱实验装置,开展了对 H_2S 气体探测的研究,其探测灵敏度在 10s 内达到 33ppb[222]。

光纤式悬臂传感结构示意图如图 2.70 所示。

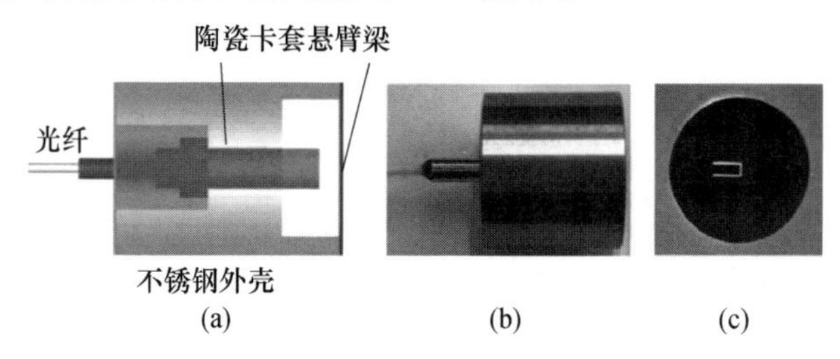

图 2.70　光纤式悬臂传感结构示意图

石英音叉谐振增强光声光谱是近年来迅速发展起来的一种新型光声光谱技术，2002 年，由美国莱斯大学的 Frank Tittel 研究小组首次报道[223]。石英音叉谐振增强光声光谱（QEPAS），采用具有压电特性的、高品质因数的石英音叉晶振探测微弱的光声信号。通过将微弱光声信号的频率与石英音叉晶振谐振频率同频，使石英音叉晶振发生共振，实现微弱光声能量的积累与放大，并通过其压电特性把光声信号转化为电信号输出。QEPAS 的基本原理如图 2.71 所示，对激光光源以一定频率进行调制（波长调制时为 $f/2$，振幅调制时为 f），其中 f 为石英音叉的共振频率，随后通过聚焦透镜对激光进行准直和聚焦，使其通过石英音叉两个臂之间的狭缝，样品吸收光后产生的声信号激发石英音叉共振从而产生压电电流，最后用锁相放大器进行信号解调即可得到光声信号。

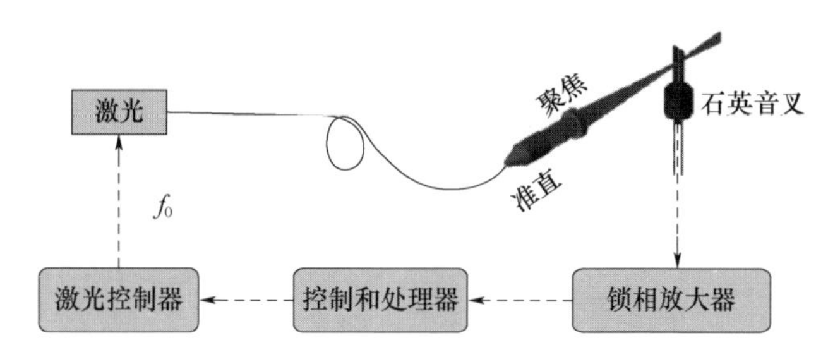

图 2.71　石英音叉谐振增强光声光谱原理图

QEPAS 最大的特点是体积小（石英音叉约为 ϕ3mm，长为 8mm）、品质因数 Q 值高（常压下约为 10000，真空下约为 100000），可有效抑制环境噪声，因此得到了快速的发展。为了进一步增强探测性能，常在 QEPAS 中增加微小型声学共振管，其中常用的方式是在光路上的石英音叉两侧各加一个内径约为 0.5mm 的声管，其基本结构如图 2.72(a)所示。董磊等对管的尺寸参数进行详细的研究[224]，通过优化的管尺寸参数，信号能增强 10 ~ 30 倍。在此基础上，他们还提出了多管 - 双光路 QEPAS 技术，其基本结构如图 2.72(b)所示[225]。

刘锟等创新性提出了离轴石英音叉谐振增强光声光谱技术[226]，在这种离轴技术中，光不再通过石英音叉两个臂间的狭缝，而是直接通过一个声学谐振腔，在声学谐振腔中间开一个狭缝，石英音叉安装在狭缝外探测声学谐振腔内的共振光声信号，其基本结构如图 2.72(c)所示，同时，通过音叉自身的共振，进一步增强光声信号,增强因子约为20。离轴方法的优势在于信号增强效果明显,同时不受狭小的石英音叉狭缝的限制,降低了对光束质量的要求,可根据光源光束质量,选择不同内径的声学谐振腔,对于光束质量差的宽带光源、中红外光源尤为适用[227-228]。在此基础之上,郑传涛等提出了双管增强离轴QEPAS技术[229],如图2.72(d)所示,信号增强因子达到30。S. Borri等利用光声信号与光功率成正比的特性,开展了光腔增强QEPAS技术[230],通过光腔增强有效光功率增强约500倍,探测性能噪声吸收系数达到$10^{-10}cm^{-1}\cdot W\cdot Hz^{-1/2}$,实现了300ppt的$CO_2$探测灵敏度,其基本结构如图2.72(e)所示。

基于QEPAS的高灵敏度和小巧的特点,QEPAS技术得到了快速的发展,应用的光源覆盖了可见光、近红外、中红外到太赫兹(THz)波段[231-232]。2008年,杜昌文等[233]使用红外光声光谱法研究了3种土壤(红壤、潮土和水稻土)的中红外光声光谱特征,获得了很好的效果。

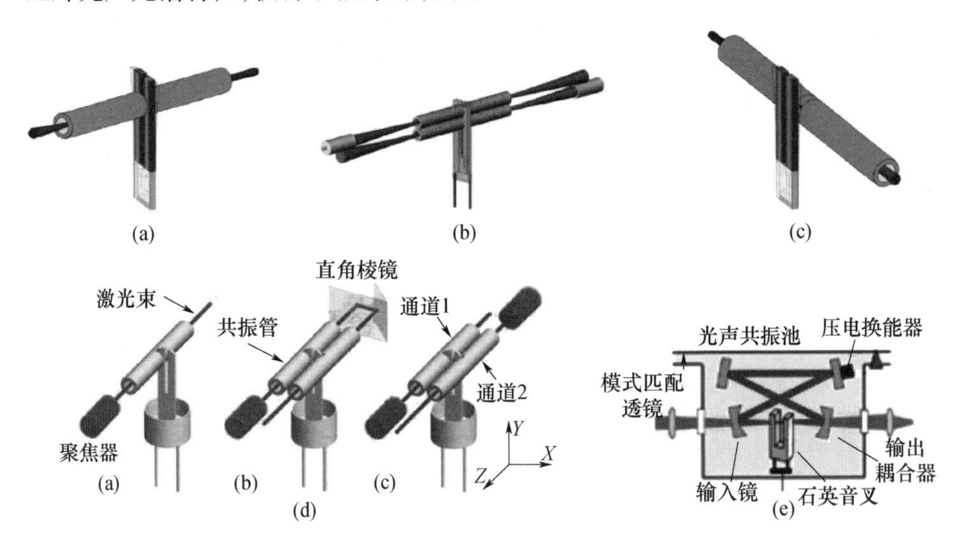

图2.72 典型的石英音叉增强型光声光谱结构图[234]

一般的共振光声光谱中,只有一个声学共振腔,其对应只有一个最佳的工作频率f_0,在采用多光源进行多组分同时探测时,无法区分、提取各光源所对应的光声信号,只能采用时分复用或单个光源对应单个光声池的方式,大大增加了光声光谱多组分探测系统的复杂性、体积和成本。这限制了光声光谱同时探测多组分的能力,在一定程度上也限制了光声光谱技术的应用与发展。虽然宽调谐范围的激光可以实现一个光声系统多组分探测,但这样的光源成本非常昂贵,不适合光声检测仪器的研发。因此,光声光谱仪器如何采用多光源实现多组分同时探测一直是一个有待解决的技术瓶颈。董磊等报道了基于石英音叉基频和泛频共振的双组分同时探测技术,实现了对 C_2H_2 和 H_2O 的同时探测[235]。2017 年,刘锟等报道了开创性的多通道共振光声光谱技术[236],这一技术中,单个光声池内设有 3 个不同共振频率的声学谐振腔,使各声学谐振腔的光声信号互不干扰,3 个声学谐振腔的信号通过声导管汇聚到一起,这样仅用一个声传感器就实现了各个声学谐振腔中光声信号的同时探测。图 2.73 即为新型的多通道共振光声光谱机构示意图。其中这一技术的可行性已通过同步测量水汽(H_2O)、二氧化碳(C_2H_2)和甲烷(CH_4)得到了验证,获得的最小可探测系数达到了 $10^{-9}cm^{-1} \cdot W \cdot Hz^{-1/2}$,与传统光声光谱的器件性能基本一致。

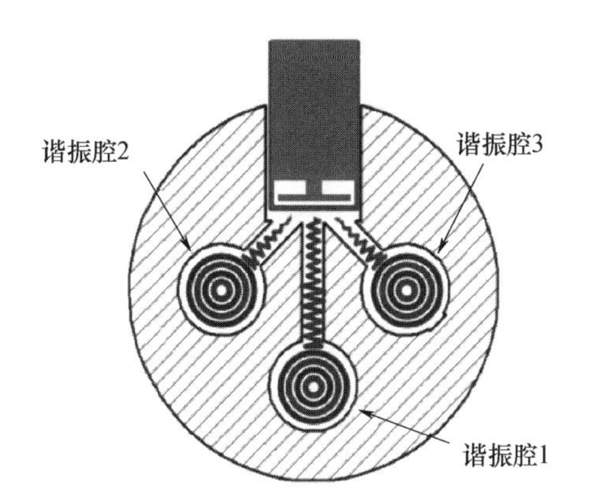

图 2.73 多通道共振光声光谱结构示意图

2. 液体光声传感器及其应用

液体光声检测灵敏度比气体要低几个数量级,光声池的设计与研制难度相对较大。

图 2.74 为液体探针式光声池[237],它用石英作波导管,石英棒长 20cm,直径 8mm。实验证明,此类光声池可以达到与直接接触型光声池相当的灵敏度。

左伯莉、邓延倬等[238]设计了双探针式石英棒光声池用于扣除溶剂背景吸收。第一个用于液体流动检测的光声池是由 Sawada 等[239]设计的,如图 2.75 所示,它由不锈钢制成,样品环路体积 20μL。

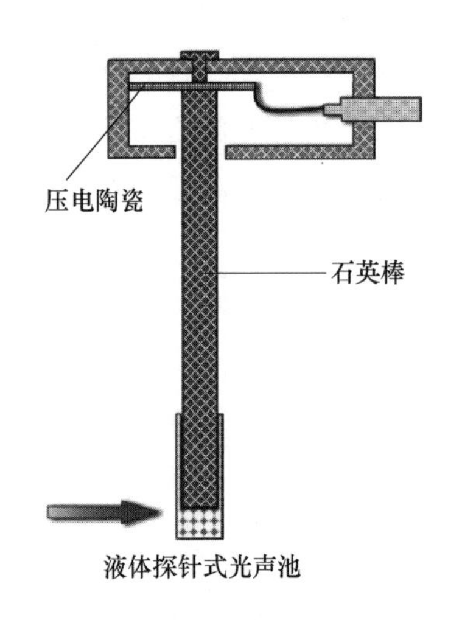

图 2.74　液体探针式光声池

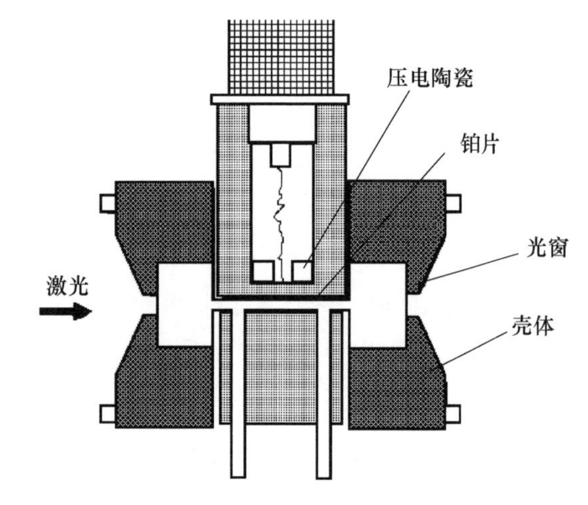

图 2.75　光声流动池

左伯莉、邓延倬等[240-241]又设计了微型石英流动光声池和石英毛细管光声池，池体体积分别为 3.8μL 和 15μL，武汉大学邓延倬等从 20 世纪 80 年代开始在国内首次进行液体光声检测研究[43-44,242-245]，他使用 Na:YAG 脉冲激光器，设计了多种液体光声池进行液体光声研究。

图 2.76 中石英毛细管光声池为纵向毛细管型，其外径为 ϕ6.3mm、内径为 ϕ1.4mm、长为 8mm，毛细管嵌入铝棒并胶合。毛细管轴心至压电陶瓷的铝棒长度设计成约 1/4 光声波长。压电陶瓷为薄圆片型(PZT-5H，中国科学院声学研究所)，激光器为 Na:YAG 泵浦染料激光器(YG581/TDL50，Quantel)，使用 R590 染料倍频，波长 280nm，用 Boxcar 积分器(M162/165，PAR)信号处理并记录在 X-Y 记录仪上。用 SYB-2 型平流泵，C18 填料色谱柱，甲醇为流动相，检测多核芳烃的混合物，对 3,4-苯并芘和联苯的检出限分别为 2ng 和 10ng。

Autrey 等[246]在 2001 年使用氙灯发射的紫外光 355nm 和可见光 532nm 两条波长的光，使用 1cm×1cm 石英池同时测定了水溶液中的 CrO_4^{2-}、Co^{2+}，如图 2.77 所示。检测器使用 PZT 紧固在池体边上，该系统的特点是既可用于紫外光，也可用于可见光的测定，使用 532nm 和 355nm 的光测定 Co^{2+-} 和 CrO_4^{2-} 分别可以达到 $2.6\times10^{-4}cm^{-1}$ 和 $4.4\times10^{-4}cm^{-1}$ 吸收单位，对 CrO_4^{2-} 相当于 6ppb。如果用 1,5-二苯卡巴腙与 CrO_4^{2-} 络合物，在 532nm 时测定，可使检出限达 0.35ppb。

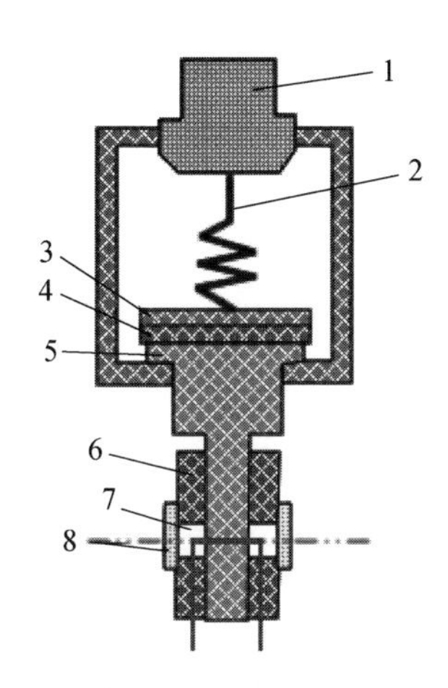

图 2.76 毛细管液体光声检测池

1—BNC;2—弹簧;3—Pb;4—PZT;5—AI;6—法兰盘;7—毛细石英管;8—光窗。

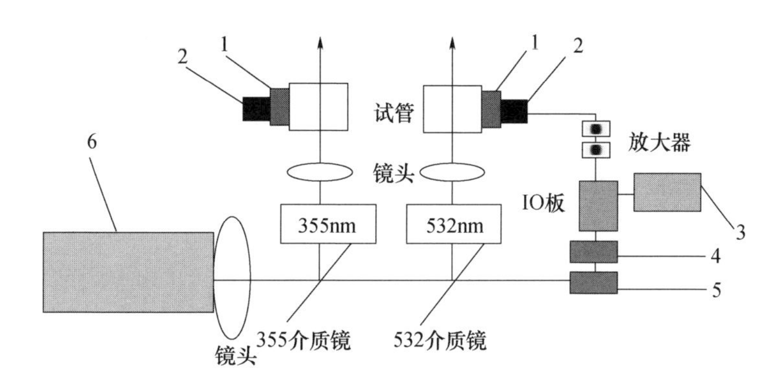

图 2.77 液体样品双光声传感器系统图

1—铝镜;2—变频器;3—计算机;4—鉴别器;5—光电二极管;6—氙脉冲闪光灯。

液体光声检测一般使用压电陶瓷作为声传感器,但也有用微音器的。图 2.78 是 Sikorska 等[247]在 2005 年设计的用微音器做传感器的用于液体样品检测的光声开放池。用该池研究了聚乙烯乙二醇 200 在水溶液中的热学性质。

图 2.79 是 Hodgson 等[248]测定水中汽油所用的实验装置。该池为最典型、方便的液体光声检测装置。光声池为石英材料,池底连接 PZT-5A 压电陶瓷。光源使用二极管激光,发射波长为 0.904μm,光束用聚焦透镜聚焦后,射入光声池,PZT 置于不锈钢盒体内,以减小电致噪声。使用该系统检测水中的甲醇和戊烷,检测线性范围为 0~900mg·L^{-1}。

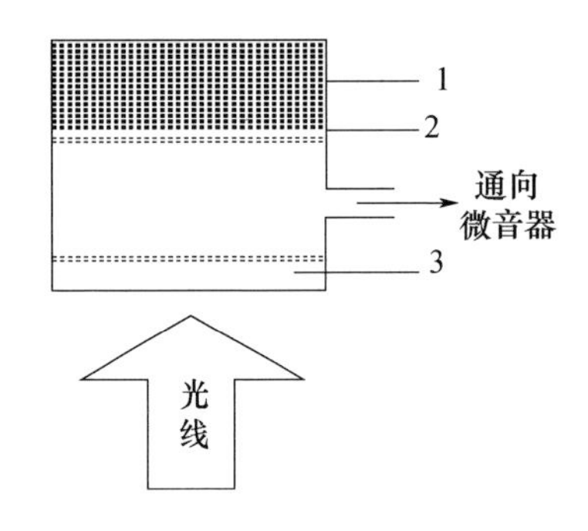

图 2.78　液体光声开放池

1—液体;2—金属薄片;3—光窗。

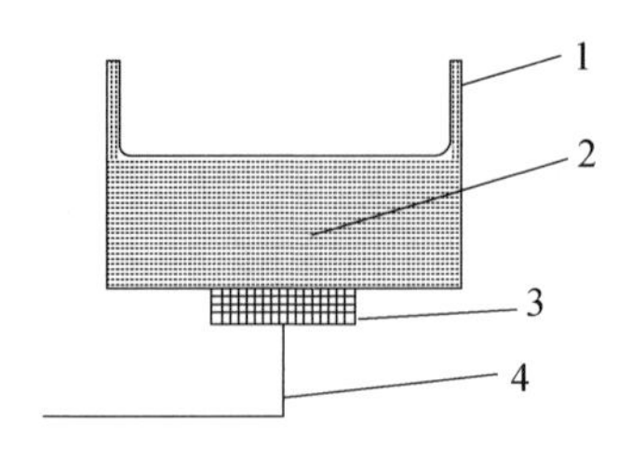

图 2.79　石英液体光声池

1—石英试管;2—样品;3—PZT 检测器;4—声学信号。

光声检测中,光束大多从光声池中样品通过,以避免照射到池体上产生背景噪声。1998 年,Tom Antrey[246] 设计了一种新颖的液体光声池,它不使用光窗,用 2 块相同的棱镜拼起做光声池,光束直接照射到光声池体上。其结构如图 2.80 所示,整个池体像一块三明治,2 块完全相同的双棱镜夹住黄铜垫片,黄铜垫片中央有小孔,以通过液体样品,右边棱镜上钻有液体进出的小孔,整个池体用夹具夹在池体架上。左边棱镜上安有压电陶瓷,并输出光声信号。光照过池体,如图 2.81 所示,光束穿过棱镜通过孔中液体后射出,光声信号从棱镜传到 PZT 输出。棱镜既是光窗又是池体和传声介质。该池优点是具有较高的灵敏度,用该池可进行时间分辨率和动力学的研究。

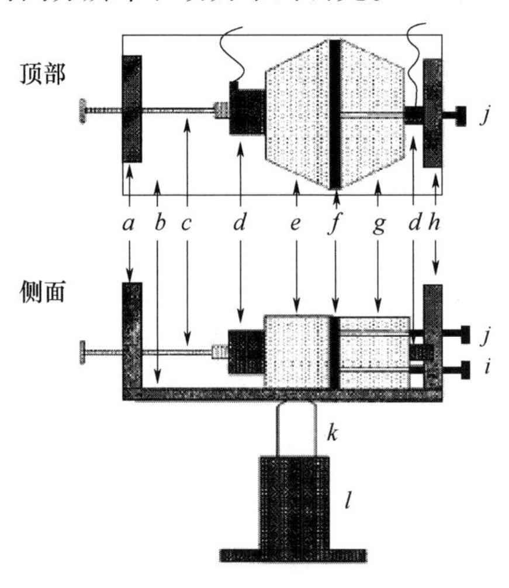

图 2.80　双棱镜液体光声池图

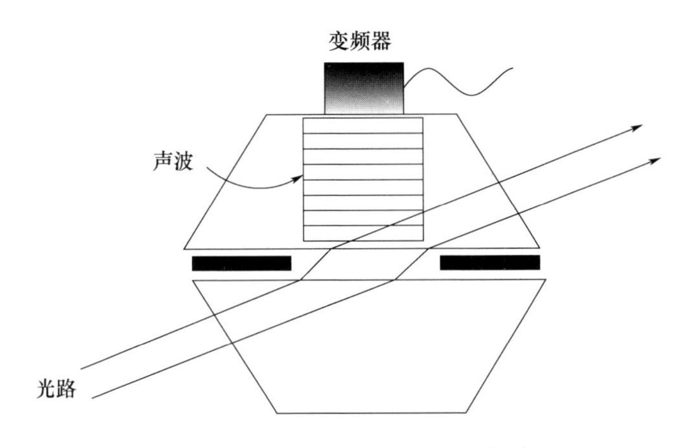

图 2.81　双棱镜光声池光照示意图

在液体光声检测中,可以根据需要将光源用光导纤维导入分析溶液中。图 2.82 是 Shan[249] 设计的用于液体光声超声检测用的传感器结构图。该池的特点是使用光导纤维将光束导入池体,光源使用倍频 Nd:YAG 脉冲激光,脉宽为 8ns。光声池中盛有蒸馏水作为光传输介质。在 *A*、*B* 位置上各有一个聚偏氟乙烯(PVDF)的传感器,以接收光声信号。*A*、*B* 之间放置有中密度的玻璃过滤器。用该系统得到的 *A*、*B* 传感器所接收光声信号波型、延迟时间等可研究液体光声传输的规律与传感器的特性。

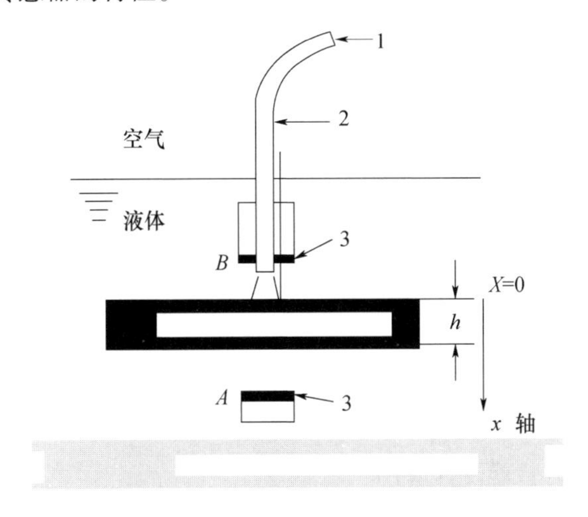

图 2.82　光导纤维液体光声池

1—高能激光脉冲;2—光纤;3—聚偏氟乙烯变频器。

Mohacsi[250]报道了一种可置于液体内的用于检测水中工业污染物(如苯、甲苯、二甲苯)的液体光声池,池的结构如图 2.83 所示。

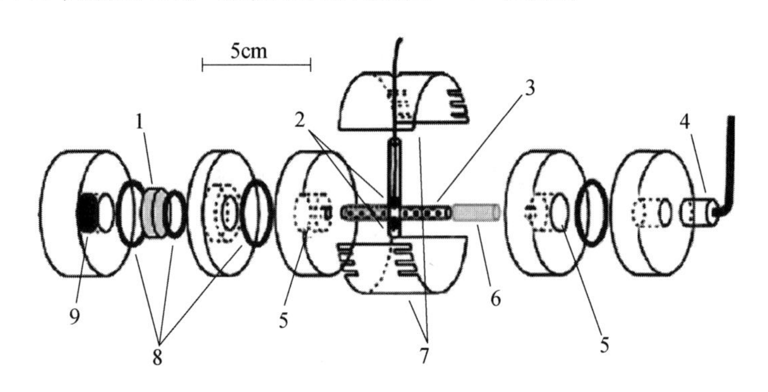

图 2.83 污染物检测液体光声池

1—弧形石英光窗;2—微音器;3—多孔声共鸣器;4—光纤激光输入;5—缓冲腔;6—PTFE 管状膜片;7—消声器;8—O 形环;9—光吸收器。

光源为单模的 DFB 二极管激光,池型采用"Organ - pipe"型设计,这种设计的特点是有一个中心共振腔,其长度等于声波波长的 1/2,半径只有几毫米,微音器置于中心共振腔的中间,此处的标准声波值为最大。两边安置圆柱形缓冲腔,这类池 Bozóki 已在 1999 年研制过,并证明其具有较高的灵敏度。图中,中心共振腔用黄铜制成,长为 50mm,直径为 4mm。两个微音器一个用作测定光声信号,一个用作测定声扩音器,以测定光声池的共振频率,包括两个缓冲体积的整个池体积为 $3.7cm^3$。光声池的运行是依靠散射的样品通过 GoreTex™ PTFE 管状膜片,从液相中萃取气体样品,分析物通过很多直径为 0.5mm 的小孔进入共振池,整个池体是密封的,没有气体进出。为降低环境噪声,一个薄金属圆柱将整个共振器围绕,金属圆柱有一个缝隙让样品水溶液也进入渗透管。光导纤维将光导入池体,光窗为石英光窗。检测时,将光声池整个浸入待测液体。用该检测池检测了水中的污染物苯、甲苯,从 0 到 $14mg \cdot L^{-1}$范围内线性相关性良好,对甲苯和苯的检出限分别为 $1.1mg \cdot L^{-1}$和 $0.35mg \cdot L^{-1}$。

3. 固体光声传感器及其应用

光声检测优势领域是气体与固体样品,这是由声传感器的特性所决定的。由于光声检测具有散射光不影响测定及光声可对样品表面深度进行检测两大独特特点,使其在样品检测中可以通过光声池设计进行其他的检测方法难以进行的工作,这在固体检测中表现得尤为突出。为了研究杀虫剂或过氧化物对固体生物膜的作用,Schmid 等[251]设计了一种用 3 个传感器组成的生物膜光声流动检测系统,如图 2.84 所示。

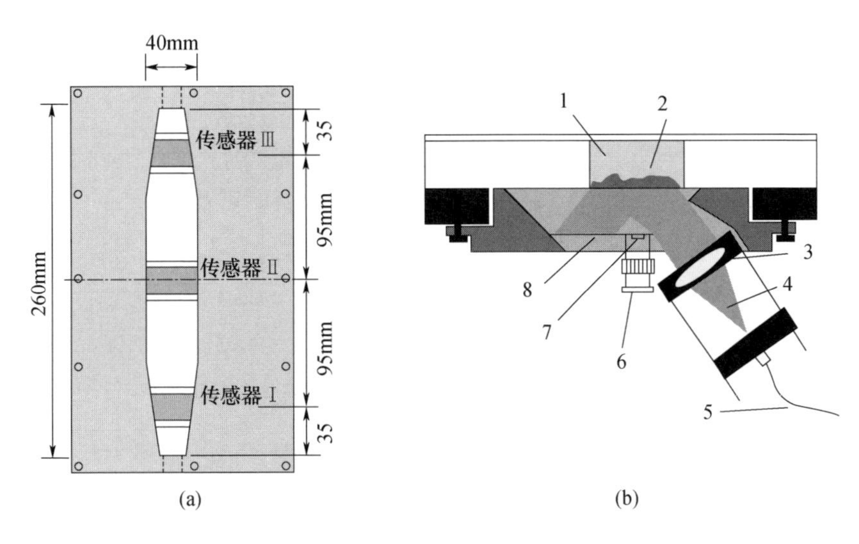

图 2.84 三传感器结构图

1—通路;2—生物薄膜;3—镜头;4—激光束;5—光纤;6—BNC 插座;7—压电薄膜;8—棱镜。

实验使用脉冲激光是波长 532nm 的倍频 Nd:YAG,用光导纤维将光输入传感器。生物膜通过透明棱镜的照射后,产生的压力波被压电膜检测。生物膜由微有机物的组合物组成。让生物膜直接生长在传感器探头表面,传感器由 25μm 厚压电聚合物(亚乙烯基氟化物)薄膜耦合在透明的棱镜上,耦合剂为导电的环氧化合物。流动的液体流过不同位置的 3 个传感器时产生的光声信号进行比较。图 2.85 是当流动的液体为 1000ppmH_2O_2时,从 3 个不同位置的传感器得到的光声信号图。

从图 2.85 中可见,传感器 1 的信号变化不大,但传感器 2 和传感器 3 在几分钟内信号急剧下降了 80%,以传感器 3 下降尤为快速。这是因为 3 个传感器在流动腔体内不同的流动条件所致。使用该系统研究了催化剂的加入,以及异噻唑啉酮类生物杀伤剂对生物膜的影响,这一类杀伤剂是一种快速杀伤剂,它能阻止藻类和细菌的生长和代谢。但实验结果说明,在加入该种杀伤剂的前后,生物膜的光声信号未见太大的变化。上述实验说明,使用该系统可以观察生物膜的离解过程。

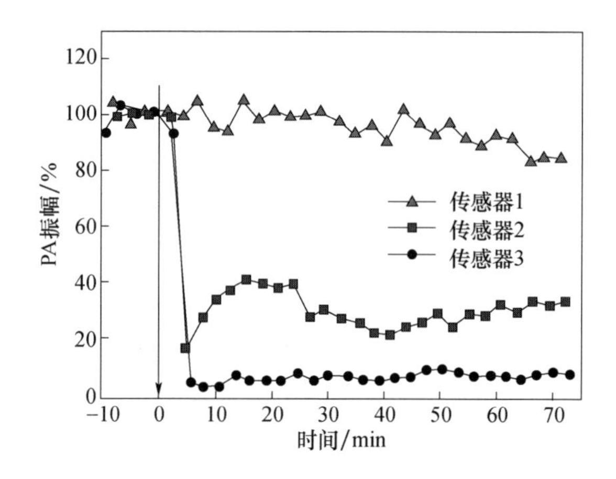

图 2.85 加入 1000ppm 的 H_2O_2后,3 个传感器的响应曲线

为使用光声法研究遮光剂对人皮肤的渗透作用,Puccetti 等[252]设计了图 2.86 结构的固体的光声传感器,该装置由两个形状、大小均相同的气室联立构成,气室 1 为样品室,气室 2 中既不透光源也无样品,两个气室分别输出样品信号和背景参考信号。光源为脉冲 Na:YAG 激光,输出波长为 354.7nm,脉宽为 3.5nm,单个脉冲能量为 1.4mJ,光束照到样品上光斑大小为 $2.8mm^2$。

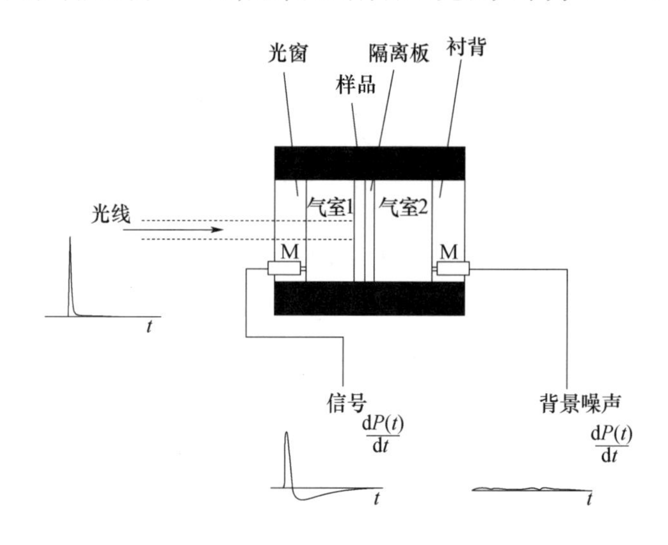

图 2.86 研究皮肤样品固体光声池

人皮肤样品为半径 9.0mm、厚 0.8mm 的新鲜人皮，将遮光剂如发色团或固体 TiO_2 微粒抹在皮肤上时，使用该装置，通过光声信号的时间、波形与对浓度检测研究了遮光剂在人皮肤上的扩散、渗透的规律，以及人皮肤上的固体微粒对光的散射作用。

Jurge 等[253]设计了用于低温光声检测的固体样品池（图 2.87）。其池形为亥姆霍兹共振型，光由两根光导纤维导入光窗，光声信号通过共振管导入微音器。微音器检测在室温下进行。样品池的不锈钢壳体置于液氮中，检测温度范围可从 77K 到 300K，利用该池使用光声相位滞后的方法研究了材料的热学性质。

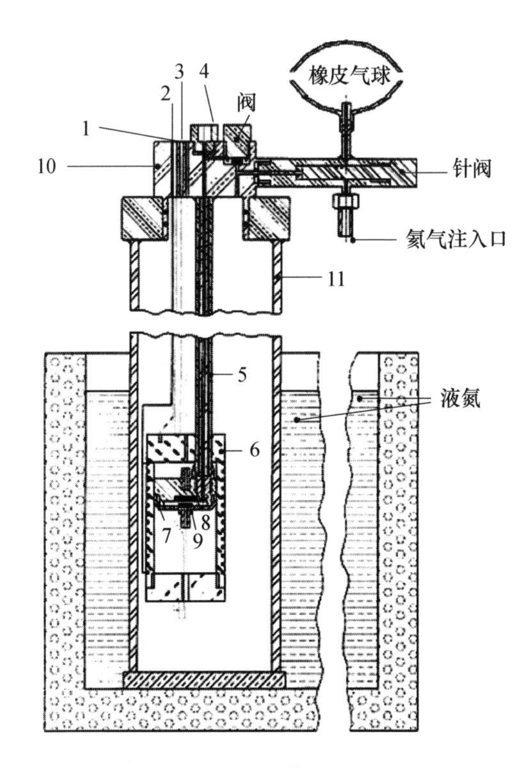

图 2.87　固体低温池

1—热电偶；2—电阻；3—光纤；4—微音器；5—共鸣管；6—炉；7—样品固定器；8—光窗；9—样品；10—黄铜坚固件；11—不锈钢圆柱。

为了研究水通过薄膜的渗透过程，Osiander 等[254]设计了检测薄膜的固体光声传感器。如图 2.88 和图 2.89 所示。

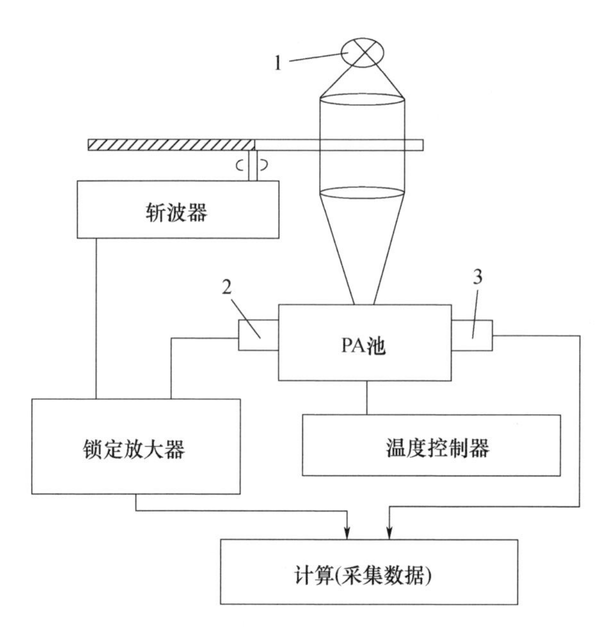

图 2.88　实验装置图

1—卤素灯;2—微音器;3—热电偶。

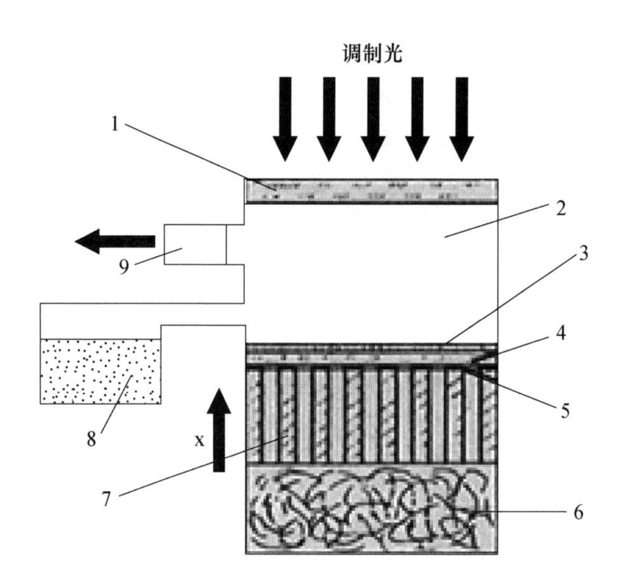

图 2.89　薄膜固体光声传感器

1—光窗;2—潮湿空气;3—LB 膜;4—聚合体薄片;5—石墨涂层;6—湿纤维素;7—多孔过滤器;8—甲硅烷;9—微音器。

光源采用250W的卤素灯,用机械斩波调制,聚焦后照入样品池,样品吸光后产生的压力波动用微音器检测,再输入锁定放大器。样品池中薄膜有3层,即LB膜为二十酸镉,3μm的聚对苯二乙酸乙二醇酯,再下面是石墨膜层。使用该系统研究了是否加入聚对苯二乙酸乙二醇酯膜时水渗透的影响,并研究了当水池中水加热时,LB膜由于温度变化的扩散阻力,实验中说明,50℃以下时,没有变化,50~60℃时,扩散阻力急剧上升。

Qing Shen[255]设计了图2.90所示的固体样品光声池,用于对多孔硅(PSi)样品的光吸收和热扩散性能进行研究。池体是铝材料的圆柱体,微音器嵌入其内,内部的体积约为0.5cm^3。使用光源为300W的氙灯,用机械方法调制。多孔硅的样品用电子显微镜测定约4μm。用上述a型光声池可进行反射检测,用b型光声池可进行透射检测。研究了3种经过和没经过化学蚀刻的多孔硅样品受紫外光照射后光吸收及热扩散性能。

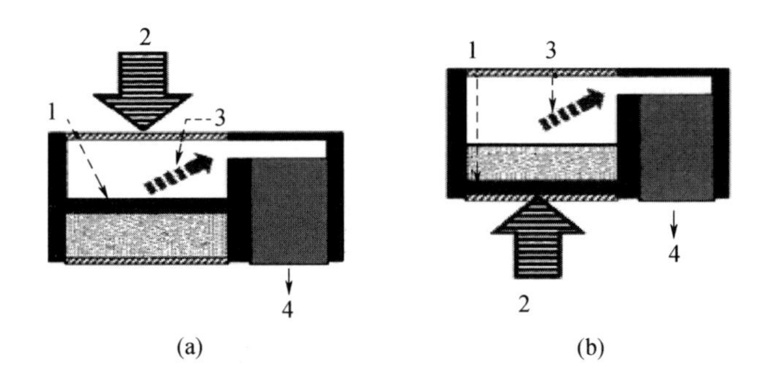

图2.90 固体样品池

1—磷硅层;2—已调制的入射光;3—声波;4—PA信号。

美国MTEC光声光谱公司从20世纪80年代开始进行光声光谱的器件研究与开发工作。从MTEC100型到2005年推出Model300型光声光谱池产品,其中Model300型外形如图2.91所示。MTEC100型光声池被美国《研究与发展》杂志评为100种最杰出的技术产品。苏庆德[256]对该产品的结构与特点及使用方法和提高检测灵敏度的技术曾有过评述。该池可方便地与Perkin-Elmer 1800型傅里叶变换红外光谱仪联用,用作高聚物结构分析、表面深度分析和吸附物研究。300型光声池配有多个样品池。其多种设计可用于多种样品如微粒、纤维的多种功能如漫反射、光声吸收和漫透射的测量和研究。

图 2.91　Model300 型固体光声池

图 2.92 为可控温的凝聚态样品检测的光声池[257]，样品置于含有气体的密封池体内，由样品吸光引起的压力波动通过边置的微音器进行检测，Thoen 于 1999 年使用该类型的光声池研究了固体样品的热学、光学性质，详细地验证了 R－G 理论。

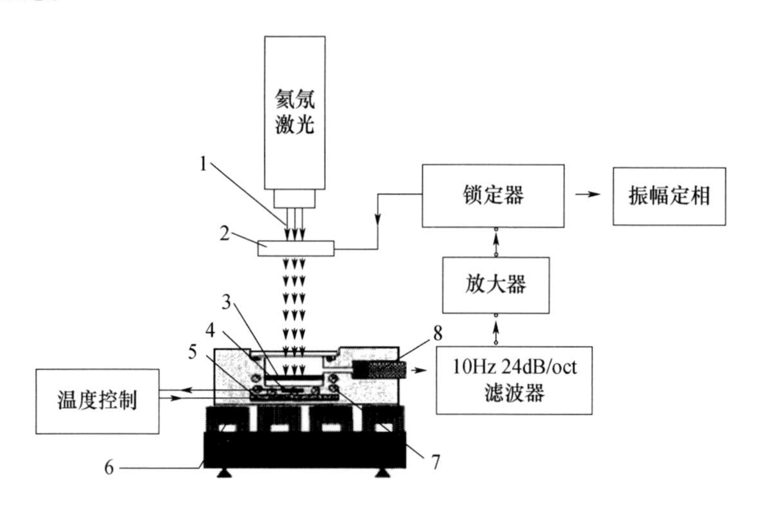

图 2.92　可控温凝聚态光声池

1—直径 4mm 的光束；2—光声调节器；3—样品；4—电热调节器；5—加热器；6—减振材料；7—水平磁场；8—微音器。

光声光谱信号作为一种快速、直接、非破坏性的分析方法,可方便地用于粉末类样品的直接分析。为了用光声法研究粉末类样品,Doka 研制了检测该类样品的光声池[258],如图 2.93 所示。该池最大的特点是使用了小型化的微音器,微音器和样品池之间用长 3mm、内径 0.3mm 的石英毛细管连接,光源是用 300W 的氙灯。光束经斩波后用透镜聚焦到样品池,达到光声池的能量约为 5mW。使用该系统得到波长 250～550nm 的木质素、木聚糖、纤维素及它们之间不同配比的粉末的光声图谱,并测定了木聚糖和纤维素中不同含量木质素的工作曲线。

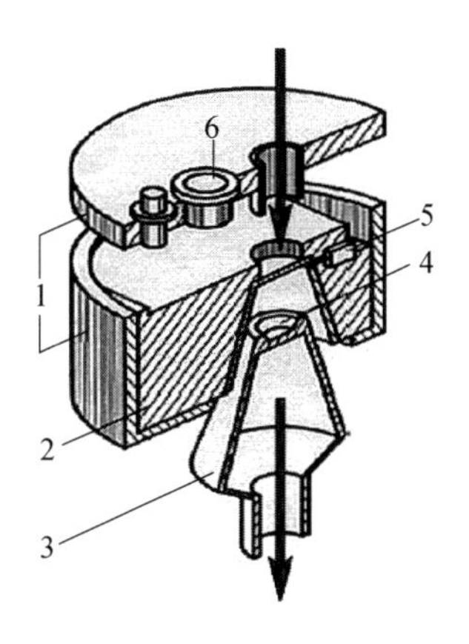

图 2.93 粉末样品光声池

1—钢质外壳;2—特氟纶材料;3—石英样品固定器;4—样品;5—微音器;6—电池。

王习东等[259]根据 R－G 理论,优化设计了基于传声器的非共振圆形光声池,采用高灵敏度的声探测器和透过率高的光窗,使用低噪声高信噪比(SNR)放大电路,增强光声信号的强度,并采用小波分析提高光声信号分析能力,成功鉴别了硝基化合物粉末和硫酸铜粉末混合物。

4. MEMS 光声化学传感器

光声光谱法的高灵敏度和光声池的可塑性引起环境与军事研究工作者极大的关注,因为这对于战场环境中毒物检测和工厂与环境污染物检测中是十分有用的。Michael 等[260]在 2004 年用 CO_2 光源和共振气体光声池检测 DIMP,在 60s 的检测时间中灵敏度为 0.5ppb。美国研究实验室 Pellegrino 和 Polcawich[261]在气体光声传感器的微型化 MEMS 光声传感器的设计与工艺做了大量的研究工作。他们的工作主要有 3 个方面:微气体光声池的研制、MEMS 光声微音器的制造、MEMS 光声池的制造与其光声学性能的测试。他们研制的微型光声池的大小是 1996 年 Bijen 等研制的微气体光声池的 1/4,如图 2.94 所示。池体采用标准的气体共振池结构,共振池半径为 0.75mm,长度为 30mm,两边为缓冲腔。降低噪声采用了 3 种办法:一是 ZnSe 的 Brewster 光窗;二是声缓冲腔;三是可调的气体共振柱池体。池体由不锈钢制成。缓冲腔半径约为共振腔体半径的 3 倍,长度是共振腔体的 1/2。用该微型共振池检测 SF_6 的灵敏度为 45ppt。共振池的灵敏度比非共振池高 400 倍。

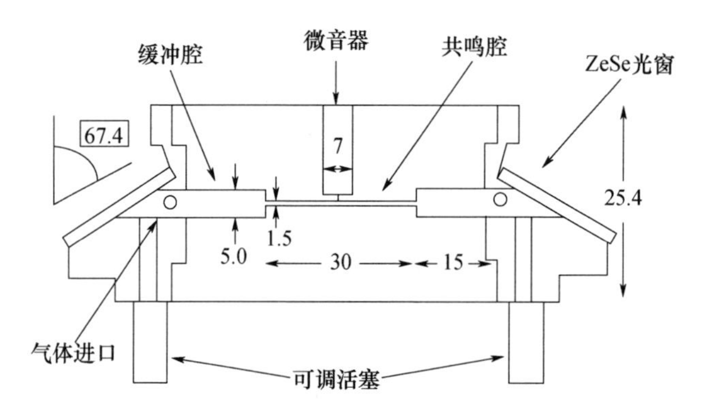

图 2.94　微型气体光声池结构图

图 2.95 为研制的 MEMS 微音器,原材料是两面抛光的薄硅片,使用多次喷镀、退火,使上面覆盖 Si/SiO_2/Ti/Pt/PZT/Pt 等薄膜及其电极。

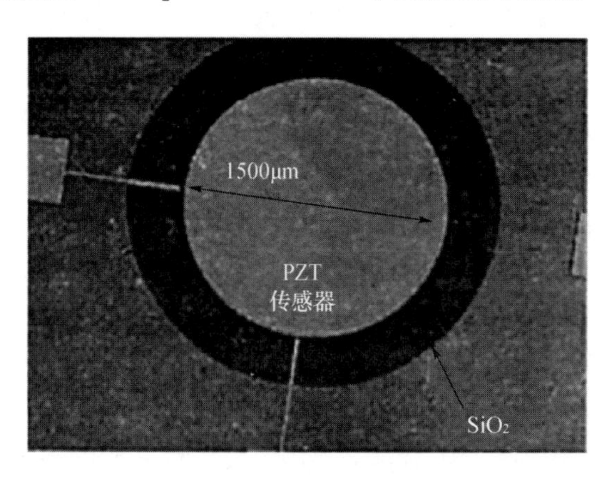

图 2.95　光声微音器结构图

图 2.96 为 Pellegrino 设计的 MEMS 气体光声传感器设计图。它是由 4 片硅片制成，如图 2.97 所示。每个硅片上均镀有 200Å Ti/10000Å Au。顶层硅片上装有微音器；第二片硅片为共振腔和缓冲腔体提供了空间；第三片硅片将共振腔密封，并增加了缓冲空间，同时为气体提供了进出的通道。4 片硅片成功地装配及检测结果说明 MEMS 气体光声池是有前景的。

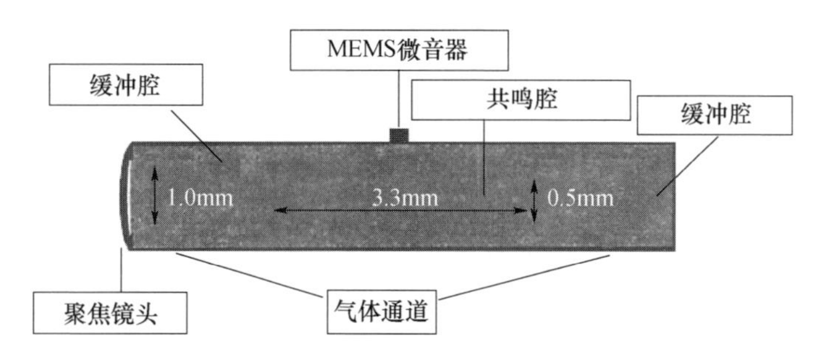

图 2.96 MEMS 光声池设计图

图 2.97 MEMS 光声池结构图

2.4 化学发光传感器

化学发光(Chemiluminescence)简称 CL，由于化学发光所产生的温度一般在 800K 以下，故又称冷光(Cold Light)。最早发现的化学发光现象是萤火虫发光，它发生在生物体内，又称生物发光。到了 19 世纪，人们发现非生物有机化合物也能产生化学发光。1877 年发现的化学发光试剂洛汾碱和 1928 年发现的化学发光试剂鲁米诺至今仍然普遍使用。这些发光试剂的合成和发展推动了化学发光的发展，也为化学发光在分析化学中的应用奠定了基础。但是，大多数化学发光的光强很弱,并且由于早期的光检测技术和设备不能胜任对化学发光这样微弱光的检测,因此,早期的化学发光在分析化学中研究进展一直比较缓慢。直到 1945 年光电倍增管的发明,才使化学发光得以迅速发展。

化学发光分析方法在国外研究较早,20 世纪 60 年代至 70 年代曾有快速发展,至今研究应用仍然很活跃。我国的研究工作起步较晚,直到 70 年代后期才有文章介绍,但近十年发展迅速,化学发光潜在的应用能力与优势逐渐被人们所认识。国内化学发光分析受到人们越来越多的重视,已成为我国分析化学界一个重要的研究领域。

化学发光是具有灵敏度极高的微量及痕量分析技术。它具有仪器设备简单、操作方便、分析迅速、灵敏度高等优点。这种光学分析方法,由于不使用任何光源,减少或消除了拉曼和瑞利散射,避免了背景光和杂散光的干扰,降低了噪声,因此应用广泛,前景诱人,是当前分析化学研究中的一个热点。化学发光广泛应用于化学、生物、环境、材料、医学、工业等领域,已成为分析检测中一个重要的方法和手段。

图 2.98 是化学发光的光信号的产生与检测原理示意图。

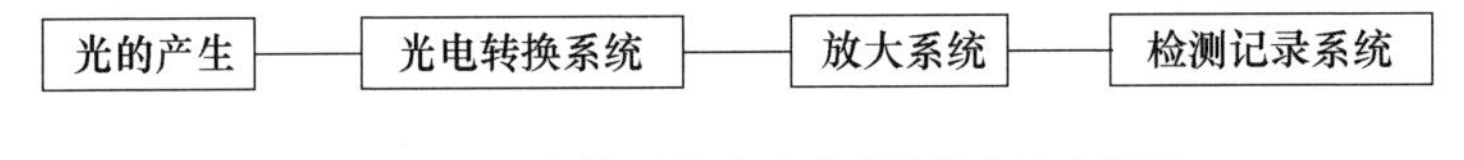

图 2.98　光声信号的产生与检测原理示意图

化学发光辐射的光电子通过光电倍增管接收,把光信号转换成电信号,电信号通过记录仪或 A/D 转换器把模拟信号转换成数字信号通过计算机记录下来。在选择光电倍增管时,应从信噪比和光谱响应两个角度考虑,一般以信噪比大,光谱响应宽为宜。经光电倍增管出来的信号为电流信号,而且强度很小。信号放大系统将电流信号转换为电压信号,并且能够对很弱的电压信号进行足够倍数的放大。放大的信号再由检测记录系统记录,并且进行数据分析。通常用化学发光的强度作为定量分析的依据。

在诸多光谱法中,化学发光检测法有着独特的优势。它不需外来光源,避免了背景光和杂散光的干扰,灵敏度很高,线性范围宽,通常可达到 3 ~ 6 个数量级。

化学发光法的另一个优势在于化学发光能够和其他分析方法(如液相色谱

法、气相色谱法、毛细管电泳法、微流控芯片、免疫等)相结合。这推动了化学发光法的发展,同时也拓宽了化学发光的应用领域。

2.4.1 化学发光分析法原理

化学发光是在化学反应过程中,由于化学物质分子吸收了化学能而受激跃迁至激发态,当激发态分子重新回到基态时,以光子形式释放能量,产生光辐射的现象。化学发光可以看成是光化反应的逆过程,它与大多数的化学反应以热形式释放能量不一样,是一种以光的形式释放能量的现象。根据化学发光反应在某一时刻的发光强度(如峰值或发光总量)确定反应中的相应组分含量的分析方法称为化学发光分析法。

化学发光可用发光的颜色、强度、量子产率和衰变速度 4 个参数表示。化学发光按时间或持久度来分可有如下两种极端情况:快化学发光,这类反应可瞬间完成($<1s$);慢化学发光,这类反应的持续时很长(>1 天)。化学发光一般是以可见光为主的电磁辐射(紫外光、可见光或红外光)。

对化学发光而言,激发态必须能在化学反应过程中产生,并且有能够以光子形式释放能量的通路。针对这些特点,发生化学发光的反应条件如下。

(1)反应必须释放能量,而且放出的能量足以形成电子激发态。化学发光反应的自由能变化ΔG(kcal/mol)可表示为

$$-\Delta G \geqslant hc/\lambda_{ex}$$

或

$$-\Delta G \geqslant 2.86 \times 10^4/\lambda_{ex}$$

式中:h 为普朗克常数;c 为光速;λ_{ex}为发射光波长(mm)。对于可见化学发光至少需要 40 ~ 70kcal/mol 的能量。

(2)存在生成电子激发态的通路,也就是说,化学反应放出的能量要能被化学物质分子吸收形成电子激发态。

(3)电子激发态能够以光子的形式释放能量或者把能量转移到荧光物质上去。

化学发光分析法是利用化学反应所产生的发光现象对组分进行分析的方

法。化学发光反应的灵敏度用化学发光效率 Φ_{CL} 表示[262]，它定义为

$$\Phi_{CL}=\frac{发射光子的数目(或速度)}{参加反应的分子数目(或速度)}=\Phi_R\cdot\Phi_{ES}\cdot\Phi_{ET}\cdot\Phi_F$$

式中：Φ_R 为反应产率；Φ_{ES} 为激发态产率；Φ_{ET} 为荧光量子产率；Φ_F 为能量转移效率。

一般而言，化学发光的 $\Phi_{CL}<0.01$，其值与发光物质的结构和反应条件有关，对于某一确定的发光物质，其值一般为定值。

化学发光强度 I_{CL} 与化学反应速率及化学发光效率 Φ_{CL} 之间的定量关系为

$$I_{CL}(t)=\Phi_{CL}\cdot \mathrm{d}C(t)/\mathrm{d}t$$

对于一个确定的化学发光反应，Φ_{CL} 为定值，是一个常数，一般介于 0.01 ~ 0.2。但化学发光易受反应条件的影响，如反应温度、pH 值、反应物的浓度、表面活性剂等。如果在反应条件一定的情况下，通过测定化学发光强度就可以测定反应体系中样品的浓度。

由上式可知，若利用化学发光检测器测出反应产生的发射光的强度，就能确定反应物的浓度。

测量化学发光强度的方式有 3 种：光强度峰值测量、总发光强度测量和部分积分发光强度测量。

化学发光体系中，最常用的试剂有酰肼类、亚胺类（如洛酚）、二氧杂环丁烷类、酚类（如联苯三酚），此外，还有罗丹明类、光泽精类。对过氧化草酸酯类、荧光虫素、海生细菌类荧光素，国外研究得较多。酰肼类有机化合物作为发光试剂的例子很多，其中最有名的试剂是鲁米诺，它是国内最早商品化的化学发光试剂。一直以来，鲁米诺以量子产率高、水溶液稳定、能被多种氧化物直接氧化发光、可被众多的金属离子催化发光、久用不衰而被誉为化学发光的探针。光泽精和过氧化草酸酯化学发光试剂由于国内尚未商品化，需要进口，限制了其研究应用，国内报道文章不多，国外报道文章相对较多。

化学发光法的进展主要依赖于化学发光试剂的性能，一个新的发光效率高与选择性好的化学发光试剂会给化学发光法的应用开辟新的领域。但是，从化学发光法几十年发展状况来看，该方面进展甚微，其原因可能有以下几个方面：一是化学发光研究工作者大多是搞分析的，把研究重点放在分析应用上，对试

剂合成涉足不多;二是发光试剂合成难度较大,一般要经过多步合成,合成后性能未必能超过鲁米诺。由于上述原因,对新化学发光试剂合成方面报道甚少,国外1994年才有这方面的报道,而国内在该方面的研究基本上没有进展。

1)鲁米诺类化合物

鲁米诺类化合物以鲁米诺为代表。早在1928年国外就有鲁米诺的文献报道,它也是国内最早商品化的化学发光试剂。鲁米诺以化学发光量子产率高、水溶液稳定、能被多种氧化剂直接氧化发光、可被众多的金属离子催化发光等优点而应用范围十分广泛。主要的反应体系的pH值为10~12,并有氧化剂如过硼酸钠或过氧化氢存在。李善茂等[263]利用α-酮酸和4,5-二胺基邻苯二酰肼合成了3种新发光试剂(EDIQ、HDIQ、CEDIQ)。他们详细地研究了过氧化氢浓度、铁氰化钾浓度和氢氧化钠浓度对化学发光强度的影响,并对其化学发光性能进行了研究,结果发现新发光试剂EDIQ、HDIQ和CEDIQ发光强度分别为鲁米诺的0.83倍、3.51倍和1.92倍。

鲁米诺在碱性水溶液中经过双电子反应生成叠氮醌:

NH_2 O NH NH O $\xrightarrow{OH^-}$ NH_2 O N^- NH O $\xrightarrow{OH^-}$ NH_2 O N N O

叠氮醌

鲁米诺和过氧化氢发光过程如下:

NH_2 O N N O $\xrightarrow[OH^-]{OOH^-}$ NH_2 O^- N N O O O^- $\longrightarrow$ $\left[NH_2\ COO^-\ COO^- \right]^*$ + N_2↑

$\left[NH_2\ COO^-\ COO^- \right]^*$ $\longrightarrow$ NH_2 COO^- COO^- + 光

最后发出最大发射波长为425nm的光。鲁米诺的化学发光效率为0.01~0.05。

以上化学发光反应的速率很慢，但某些金属离子会催化这一反应，增强发光强度。利用这一现象可以测定这些金属离子。其化学发光体系已用于分析化学测量痕量的 H_2O_2 以及 Cu、Mn、Co、V、Fe、Cr、Ce、Hg 和 Th 等金属离子。

2)过氧草酰类化合物

过氧草酰类试剂包含草酰氯、草酸酐、草酸酯和草酸酰胺 4 种羧基衍生物。从 20 世纪 60 年代开始报道这类新的发光体系，即在适当的稳定的荧光试剂存在下，某些过氧草酰类化合物与过氧化氢反应，能产生高效率的化学发光，其最大化学发光效率可达 34%。过氧草酰类典型的化学发光机理如下：

$$RO-\underset{\underset{O}{\|}}{C}-\underset{\underset{O}{\|}}{C}-OR \; + \; H_2O_2 \longrightarrow RO-\underset{\underset{O}{\|}}{C}-\underset{\underset{O}{\|}}{C}-OOH \; + \; ROH$$

$$RO-\underset{\underset{O}{\|}}{C}-\underset{\underset{O}{\|}}{C}-OOH \longrightarrow \text{(O=C—C=O, 四元环 O—O)}$$

$$\text{(O=C—C=O, 四元环 O—O)} \; + \; F \longrightarrow \text{复合物}$$

$$\text{复合物} \longrightarrow 2\,CO_2 \; + \; F^*$$

$$F^* \longrightarrow F \; + \; \text{光}$$

过氧草酰类试剂具有反应速度快、发光强度大的特点，并可在 pH < 3.5 的情况下进行测定，广泛应用于氨基酸分析、环境样品分析、药物及临床分析等。

3)吖啶类化合物

吖啶类化合物的主要代表是光泽精。1935 年，Glen 等发表了第一篇关于光泽精的化学发光的报道。在光泽精的化学发光反应中，N－甲基吖啶酮(NMA)被认为是该反应的发光体，发出的最大发射波长为 445nm。光泽精化学发光体系的发光效率较高，有报道可达 1.6%。光泽精与 H_2O_2 的化学发光反应如下：

$$\text{光泽精}\;(CH_3-N,\; N^+-CH_3) \xrightarrow{OOH^-} \text{(中间体，含 } OOH\text{)} \xrightarrow{OH^-} \text{(中间体，含 } OO^-\text{)}$$

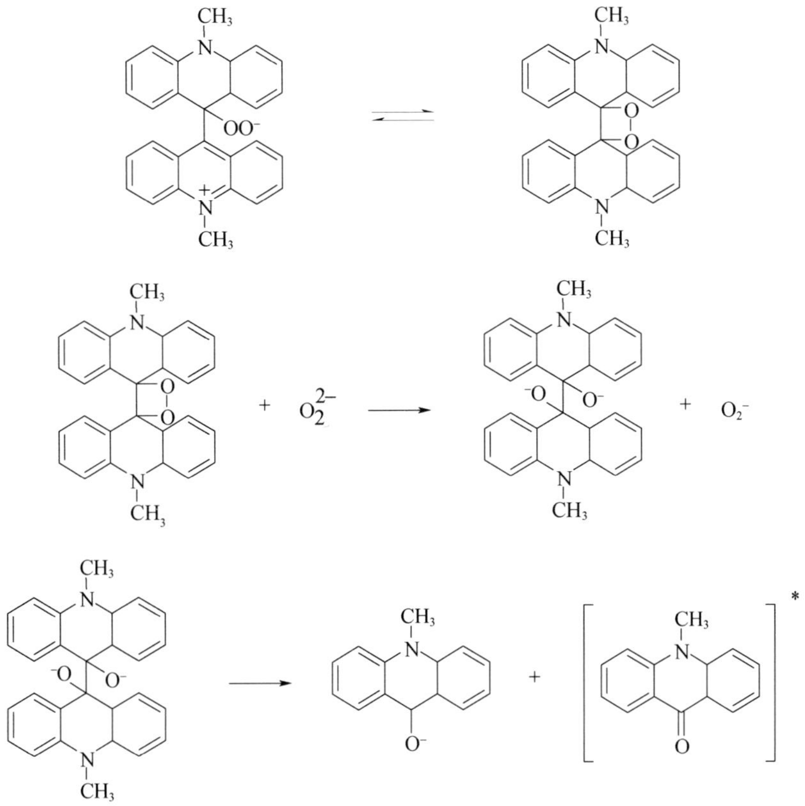

CH_3 N OO^- N+ CH_3 ⇌ CH_3 N O O N CH_3

CH_3 N O O N CH_3 + O_2^{2-} ⟶ CH_3 N ^-O O^- N CH_3 + O_2^-

CH_3 N ^-O O^- N CH_3 ⟶ CH_3 N O^- + $[CH_3$ N $O]^*$

处于激发态的 NMA* 将通过两条道路释放能量：

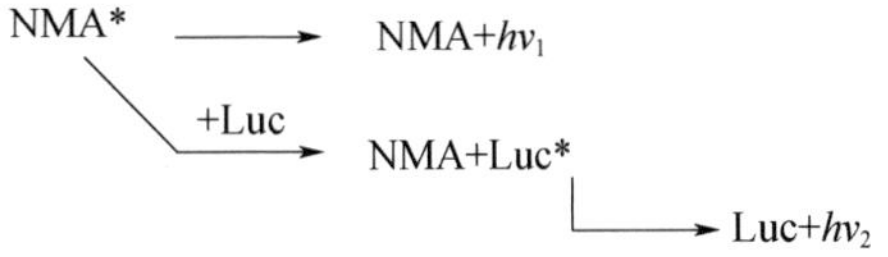

$$NMA^* \longrightarrow NMA + h\nu_1$$

$$NMA^* \xrightarrow{+Luc} NMA + Luc^* \longrightarrow Luc + h\nu_2$$

光泽精已被用于检测钴、抗坏血酸、尿酸、葡萄糖等。光泽精也用作化学发光探针，可用来对人体全血中吞噬细胞的活性进行直接测定。

4）二氧杂环烷酮类的化学发光反应

二氧杂环烷酮的化学发光的中间体可能与许多生物发光有关，因而倍受关注。其化学发光的历程可表示如下：

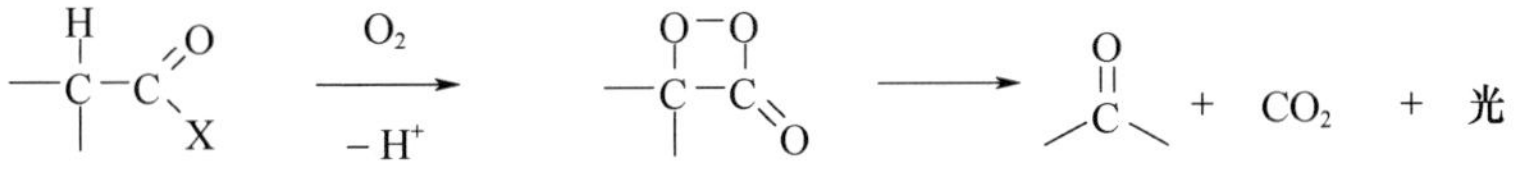

$$\text{H—C—C(=O)X} \xrightarrow[-H^+]{O_2} \text{—C(O—O)—C=O} \longrightarrow \text{C=O} + CO_2 + 光$$

各种荧光素，如萤火虫、海萤等的生物发光反应都可用上面历程表示。

5)咪唑类化合物

在碱性并有氧化剂存在的条件下,许多芳基化合物、咪唑类化合物都能发生化学发光反应。洛粉碱(即2,4,5-三苯基咪唑)在氢氧化钾-乙醇介质中混进空气时,可观察到长寿命的黄光。有人发现大量的芳基咪唑的取代物在碱性介质和有氧存在下都可发光。在过氧化氢存在下,咪唑本身也可发出很弱的光。

洛粉碱可能是文献上记载的经典的有机化合物化学发光中最早的一个化合物,但它在分析化学中的应用却不像后来发现的鲁米诺和光泽精那样广泛。直到1979年有人把它应用于钴的测定后才重新受到重视。

2.4.2 化学发光仪

化学发光按产生化学发光的化学物质的状态分为固相化学发光、液相化学发光、气相化学发光。有关固相化学发光和气相化学发光的报道不多。章竹君、杨维平、吕九如等利用固相化学发光法测定样品中的钴、镍、铬、银、金。固相化学发光具有操作简便快速、准确度好等特点。李建中等报道了气相化学发光法测定实验室模拟气体中HF的含量,结果同离子选择性电极法的测定结果吻合。液相化学发光分析法的进展及其分析仪器进展的综述已有报道。常见的化学发光的文章报道一般为液相化学发光。

根据体系的结构和试剂加入方式,化学发光检测仪器可以分为静止池化学发光检测器和流动池化学发光检测器。所谓静止池化学发光检测器,就是反应混合物处于静止状态,所有的反应物都是通过注射器加入到反应池中;与此相对的是流动池化学发光检测器,它是利用一个或几个泵将反应物连续不断地以某一速率泵入到反应池中,试样通过进样器由流动相带入到反应池中。利用这种检测器研究化学发光的分析方法称为流动注射分析法。静止池和流动池化学发光检测器在检测方面各有优缺点。静止池可以通过记录化学发光反应的强度-时间曲线绘制化学发光反应动力学曲线,可用于发光条件的研究,但重现性和选择性相对较差。由于该方法依赖于手动进样,所受到的影响因素较多,最主要的是操作者的人为误差造成的,如注射器量取发光试剂、过氧化氢的体积造成的误差,以及操作者的进样速度,因而,重现性不如由仪器控制的流动注射分析;另外,由于具有化学发光的各种化合物都会在相近的时间内产生发光信号,因而,又会使选择性较差。流动池由于使用机械自动进样,消除了人为误差,因而,稳定性和重现性较好,并且本底信号低,可以在线测定一些化合物,特别是与高效液相色谱联机可以解决测定的选择性问题。但在流动池运用中,还要考虑如何平衡化学发光检测的灵敏度和高效液相色谱的选择性,如何克服高效液相色谱分离条件和化学发光最佳条件的不相容性。国内静止池和流动池已商品化。最早商品化的是由陕西师范大学研制、西安无线电八厂生产的 YHF-1 型和 YHF-2 型化学发光仪。类似的还有福州大学研制、福州无线电六厂生产的 FG-83-1 型和厦门大学研制、厦门英华无线电厂生产的 HF-1 型等。流动注射化学发光分析仪有江苏泰县分析仪器厂生产的 8601 型、FICT-8604 型和 FC-878 型,陕西师范大学研制、核工业部 262 厂生产的 FJ-2116 型和 FJ-2117 型等。国内的化学发光分析仪器由于加工工艺水平较低,不少仪器的关键性元件和加工水平精密度影响着仪器的质量,国产仪器性能和质量与国外相比还有一定的差距。

2.4.3 化学发光传感器及应用

传感技术的研究与应用,是实现实时在线分析的重要途径。化学发光传感器是成为光学传感器的一个非常活跃的研究领域,已成功地用于遥测分析、新型环境污染自动监测系统的建立、化学战争制剂的环境检测、生物医学和临床化学中各种无机物与有机物分析、药物分析及免疫分析等,是分析化学的前沿领域之一。

1. 气体化学发光传感器

许多气体化学发光传感器是基于某些气体能与固定化的化学发光试剂(如鲁米诺、光泽精)反应产生化学发光的原理发展起来。Collins 等[264]发展了一种采用水溶胶的方法将化学发光试剂固定化,制成氧和二氧化氮的气体化学发光传感器,如图 2.99 所示。将聚合物、鲁米诺和金属催化剂的碱性甲醇溶液喷到玻璃衬底上制成聚合薄膜。玻璃衬底后面对着光电倍增管的窗口,采用减压方式将气体样品导入。导入气体中的二氧化氮在金属催化剂作用下与鲁米诺反应产生化学发光。采用不同金属催化剂还可以对氧气进行检测。根据同样的原理,也可以制成二氧化氮的化学发光探头。

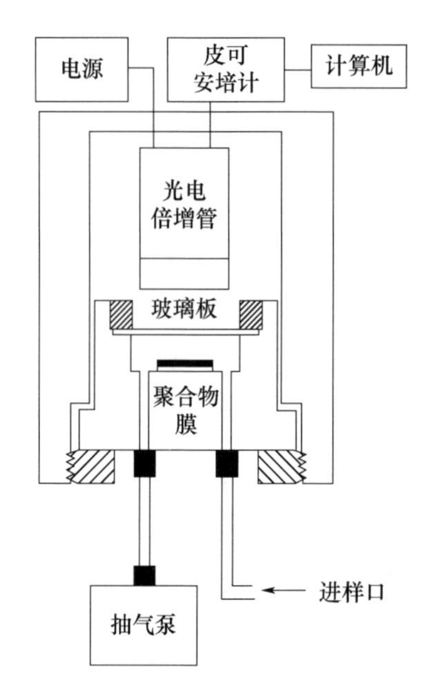

图 2.99　氧和二氧化氮的气体化学发光传感器

Collins 等[265]报道了一种检测氯代烃的化学发光传感器，如图 2.100 所示。将化学发光试剂鲁米诺或三(2,2－联吡啶)合钌(Ⅲ)固定在光电倍增管和聚四氟乙烯膜之间，样品通过扩散进入检测池。使用铂作催化剂把检测物在进入检测池前氧化分解，分解产物能与化学发光试剂反应产生化学发光。对四氯化碳、氯仿、二氯甲烷的检出限分别为 1ppm、2ppm、4ppm。

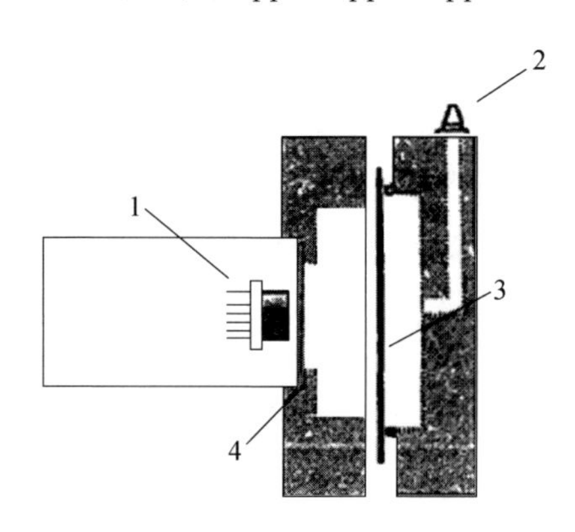

图 2.100　氯代烃的化学发光传感器

1—微型光电倍增；2—空气进样管线；3—扩散膜；4—透明窗口。

Liu 等[266]报道了基于挥发性氯化物在纳米 TiO_2 表面分解及富集的现象，发展了一种用化学发光法检测挥发性氯化物的方法，如图 2.101 所示。研究了富集时的温度、流速和解吸附时的温度、流速以及氢氧化钠浓度与鲁米诺浓度等影响因素对化学发光强度的影响。在选定的最佳条件下，测定四氯化碳的线性范围为 0.1～380ppm，检出限为 0.04ppm($S/N=3$)。在此基础上进一步研究了在相同实验条件下对其他挥发性氯化物的检测效果。结果表明，化学发光强度按照 $CH_2Cl_2 < CHCl_3 < CCl_4$ 的顺序而增加。该方法充分利用纳米材料的反应活性和表面效应，并结合了化学发光检测技术的高灵敏度，能够分析大气中痕量总有机氯化物的浓度。在上述研究基础上以 CCl_4 为模型化合物从固体产物、气体产物以及反应的中间产物等多方面研究了挥发性氯化物在纳米 TiO_2 上富集的机理[267]。研究发现，CCl_4 与纳米 TiO_2 反应生成氯氧化钛，使氯富集到 TiO_2 上。在较高的温度下，富集的氯与载气中的氧发生交换反应，释放出 Cl_2，因此，该方法不仅可以测定空气中有机氯化物的含量，也可用于空气中有机氯化物的净化处理。解吸附过程中由于发生了氯与氧的交换，使 TiO_2 得以再生，所以填充有二氧化钛的反应器具有可逆性，克服了文献报道的反应器在有机氯化物净化处理中不可逆的不足。

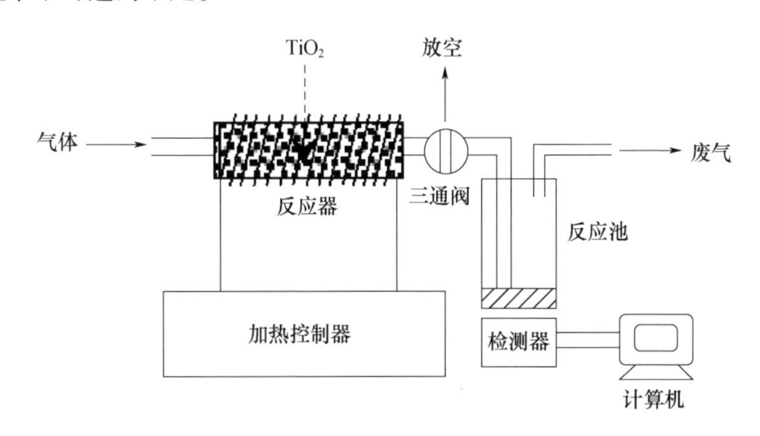

图 2.101　基于二氧化钛富集和化学发光检测的装置示意图

Lan 等[268]报道了一种检测 CO_2 的化学发光传感器，如图 2.102 所示。在没有氧化剂存在的条件下，CO_2 能增强鲁米诺－酞菁钴(Ⅱ)化学发光。CO_2 气体在鲁米诺溶液界面发生反应，产生化学发光。CO_2 检出限可达 ppm 级。

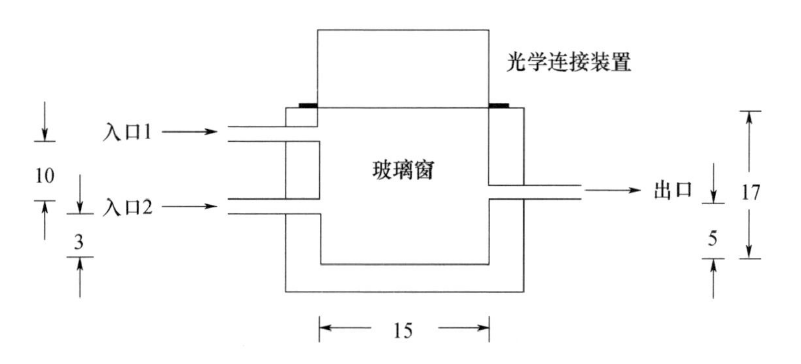

图 2.102　检测 CO_2 的化学发光传感器

MacTaggart 等[269]报道了一种连续硫化学发光系统,这种系统具有无火焰、温度可控等特点,能实时检测空气中的总硫,如图 2.103 所示。氢气从同心的氧化铝陶瓷管内管引入系统中,空气样品从氢气引入管相对的一端导入。硫化学发光检测器传输线连接至抽真空的检测单元,限制装置可用来调整气体样品流速。该检测系统对硫有较好的响应线性范围,检出限为 10ppt。空气中 H_2O、NO_2 或 O_3 没有明显的干扰。

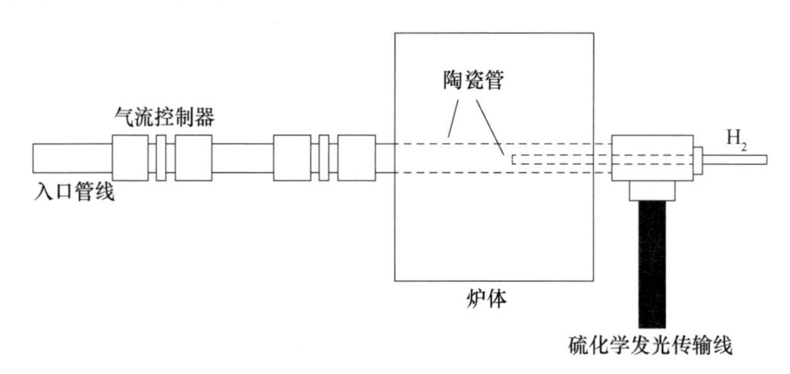

图 2.103　连续硫化学发光系统

Li 等[270]报道了一种纳米组装的电流计 SO_2 气体传感器,如图 2.104 所示。在这个传感器结构中,以铂盘电极作为工作电极,饱和甘汞电极作为参比电极,金丝作为附属电极。在铂盘工作电极上组装一层纳米金。对 SO_2 检测的线性范围为 5~500ppm,检出限为 2.6ppm。其他共存的气体 CO、NO、NH_3 和 CO_2 不干扰检测。

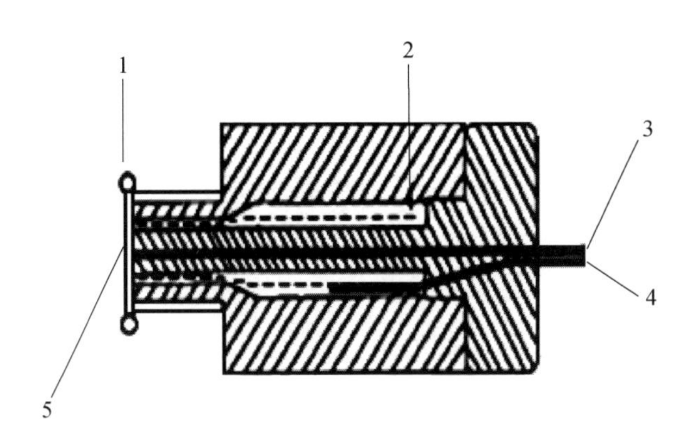

图 2.104 SO_2气体传感器

1—O 形环;2—内电极;3—铂盘电极;4—Ag/AgCl 参比电极;5—选择性渗透膜。

何振江等[271]研发低浓度氮氧化物的化学发光传感器(图 2.105),反应基本原理如下:

$$NO + O_3 \rightarrow NO_2^* + O_2$$

$$NO_2^* \rightarrow NO_2 + hv \quad (\lambda = 600 \sim 2800nm)$$

NO 与 O_3发生化学反应生成激发态二氧化氮(NO_2^*)和氧气,当 NO_2^* 从激发态跃迁回基态时,放出光子。上述反应产生的化学发光与 NO 的浓度成正比。化学发光法的检测器包括两部分:产生化学发光的反应室和检测化学发光的光电探测器。氧气与臭氧的混合用双层喷嘴结构完成,可以使一氧化氮分子与臭氧分子在新型化学反应室内迅速全面发生化学反应,从而提高化学发光效率;将光子计数头冷却,能使光子计数器的本底信号降低;使用改进的多组臭氧发光器和串行气路基本上消除了臭氧本底信号;采用多点离散光源会聚光路提高了光子探测能力。该检测系统的检测灵敏度已达到 5count/1ppb。

Ademola 等[272]报道了一种分析水中砷的气相化学发光传感器,如图 2.106 所示。水样中砷在反应室中用硼氢化钠还原成 AsH_3,生成的 AsH_3进入化学发光室,与由空气发生的臭氧发生反应产生化学发光,发出的光用光电倍增管进行检测。这个方法在不同的 pH 值时可以区分检测 As(Ⅲ)和 As(Ⅴ)。当 pH 值≤1 时,As(Ⅲ)和 As(Ⅴ)定量转化成 A_SH_3;当 pH 值 =4 ~5 时,只有 As(Ⅲ)定量转化成 AsH_3。这种方法检测限可达 $0.05\mu g \cdot L^{-1}$。

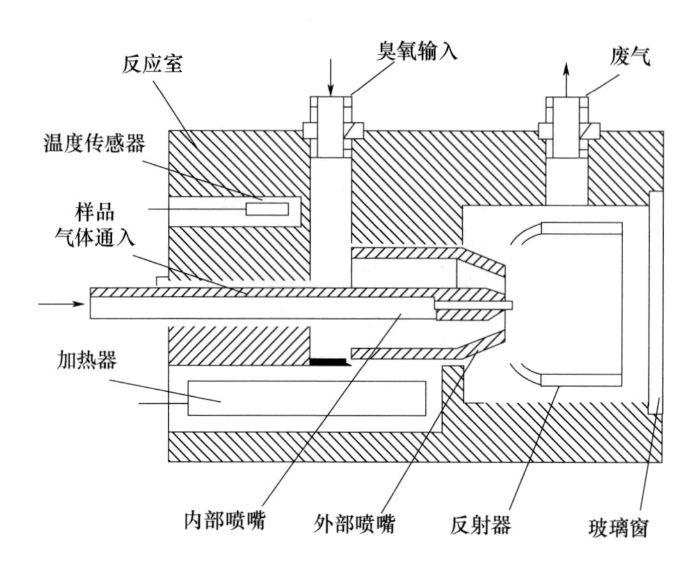

图 2.105　NO 化学发光传感器

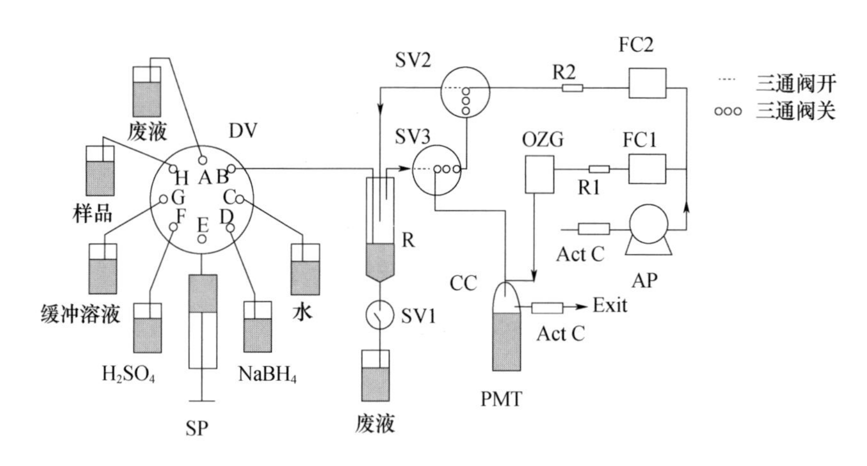

图 2.106　分析水中砷的气相化学发光传感器

SP—注射针泵；DV—8 通阀；R—反应器；SV1—二通阀；SV2—三通阀；PMT—光电倍增管；CC—化学发光室；OZG—臭氧发生器；AP—空气泵；FC1,2—质量流量计；R1,2—流速阻尼器；Act C—活性炭柱。

2. 液相化学发光传感器

1)酶传感器

这类传感器把化学发光与酶催化反应相结合，以生物分子作为检测对象，把生物分子信息转化为化学发光信号输出，具有利用酶法分析的专一性，克服了化学发光分析选择性差的不足,从而兼有化学发光反应的灵敏度高和酶法分析的选择性好等特点。

使用固定化酶可以测定底物;同样,固定底物也可以测定酶的活性。Martin 等[273]报道了一种将三(2,2－联吡啶)合钌(Ⅱ)和脱氢酶固定在阳离子交换树脂膜上制成的电致化学发光生物传感器,如图 2.107 所示。根据三(2,2－联吡啶)合钌(Ⅱ)和脱氢酶的位置不同可设计不同的传感器。第一种是三(2,2－联吡啶)合钌(Ⅱ)和脱氢酶并排放着。当样品和固定化的酶接触时生成 NADH,NADH 流到固定化的三(2,2－联吡啶)合钌(Ⅱ)时产生了电致化学发光。第二种是堆集模式。酶层在三(2,2－联吡啶)合钌(Ⅱ)层上面。第三种是相对模式。这种传感器已成功应用于对 NADH、NADPH 的检测。

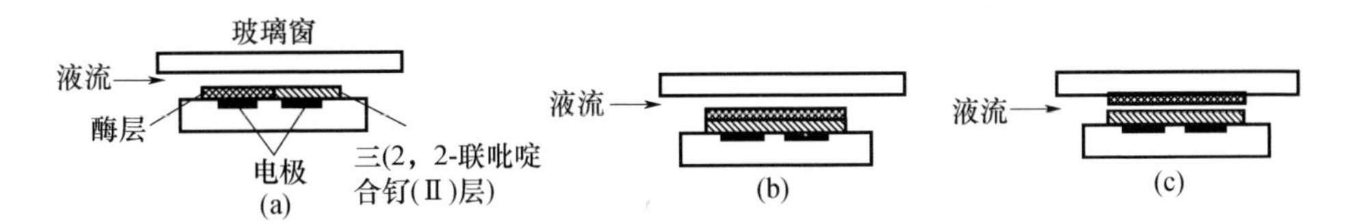

图 2.107 电致化学发光生物传感器

(a)并排;(b)堆集;(c)相对。

2)免疫传感器

当代生物技术的研究和应用的高速发展,也大大推动了化学发光免疫分析方法的更新换代速度。化学发光免疫分析法是将化学发光技术和免疫分析相结合的一种方法,具体是将化学发光试剂、酶或荧光物质标记到抗原(抗体)上,通过免疫反应后,用化学发光法测定标记物的化学发光强度,以确定被标记的抗原(抗体)的量。该方法具有抗体与相应的抗原反应高度专一性和化学发光反应的高灵敏度等特点,已成为放射免疫分析最有力的竞争者。

Pei 等[274]报道了一种 96 孔板磁性微球化学发光免疫检测卵清蛋白的方法,如图 2.108 所示。其中图 2.108(a)为卵清蛋白的多克隆抗体包覆的磁性微球;图 2.108(b)为将包覆好的磁性微球加入到 96 孔板上;图 2.108(c)为加入单克隆抗体标记的辣根过氧化酶加入多孔板中,和抗原结合;图 2.108(d)为加入化学发光试剂产生化学发光,用化学发光仪进行检测。检测卵清蛋白的线性范围为 0.31 ~ 100ng · mL^{-1},检测限为 0.24ng · mL^{-1}。

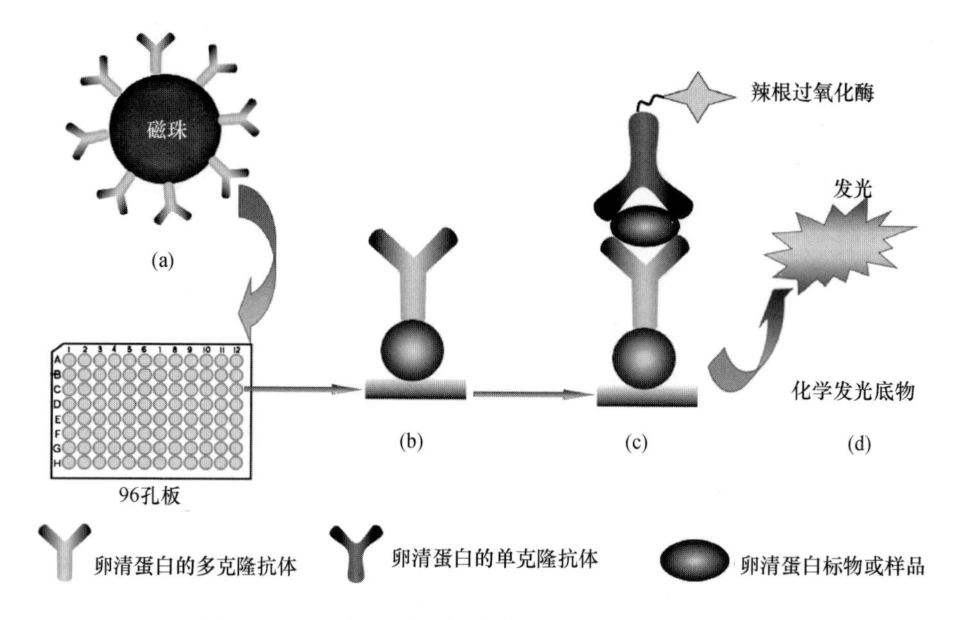

图 2.108　96 孔板磁性微球化学发光免疫检测卵清蛋白

3)金属离子化学发光传感器

金属离子的化学发光分析在整个化学发光分析研究和应用中占有重要的地位。国内对金属离子的化学发光分析研究很活跃。金属离子对化学发光反应的催化作用是化学发光分析的基础,关于被测无机物组分的氧化作用或催化化学发光的抑制作用的研究报道也较多,而且在很大范围内,反应的发光强度与金属离子的浓度呈线性关系。研究的金属离子以过渡元素为多,研究的发光体系也非常广泛。张帆、陈国南等在新发光体系的探索、应用的机理研究方面开展了较多的工作,包括苏木色精 - H_2O_2 - Co(Ⅱ)体系、没食子兰 - H_2O_2 - Co(Ⅱ)体系、邻菲啰啉 - H_2O_2 - CTAB - Cu(Ⅱ)体系、吐温 40 - H_2O_2 - Au 体系、酸性靛蓝 - H_2O_2 - Cu(Ⅱ)体系、香豆素 - H_2O_2 - $AuCl_4^-$ 体系等的研究。章竹君课题组在用化学发光分析法分析金属方面做了大量的工作。使用光泽精体系进行发光研究在国内较少见。章竹君课题组用光泽精测定了铀(Ⅲ)、钒(Ⅱ)、钼(Ⅲ)、铁(Ⅱ)、钛(Ⅲ)、钨(Ⅲ)、铬(Ⅱ),并对反应机理进行了探讨。国外用化学发光法检测金属离子的研究也进行得非常广泛。对 Co(Ⅱ)的检测限可达 1 pg。

除了上述发光体系用于检测金属离子,Long 等[275]报道了一种通过低温等离子体产生的臭氧诱导的碳纳米点快速测定金属离子的化学发光传感器,如图2.109所示。低温等离子体由介质阻挡放电产生,通过聚四氟乙烯管和碳纳米点溶液相连,同时,化学发光信号用 BPCL 超微弱化学发光仪检测。当碳纳米点溶液存在不同金属离子时,会得到不同化学发光信号,这样5个不同种类的碳纳米点溶液就会获得金属离子的指纹图谱,利用线性判别分析法能区分13种金属离子。

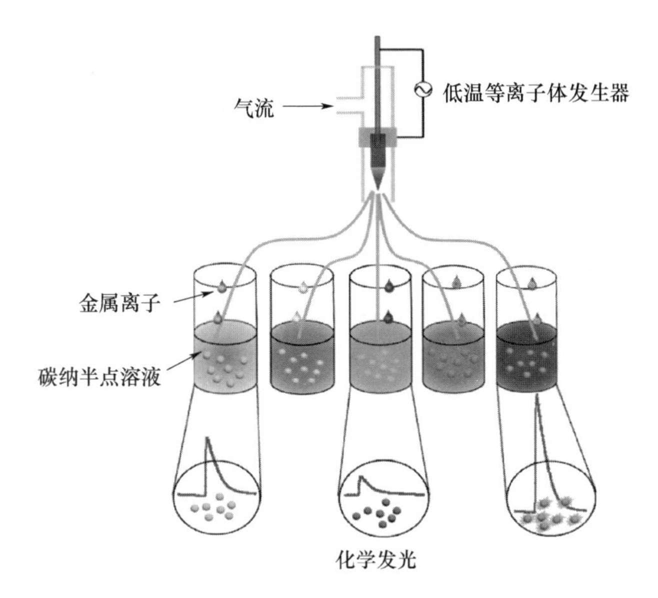

图2.109 低温等离子体产生的臭氧诱导的碳纳米点快速测定金属离子的化学发光传感器

4)药物化学发光传感器

许多药物能增强化学发光,因此可以研发检测各种药物的化学发光传感器。Qin 等[276]报道了测定维生素 B_{12}的化学发光流动传感器,如图2.110所示。这个传感器将化学发光和流动注射有机结合起来。流动池中的过氧化氢由负极电解水中溶解氧生成。化学发光试剂固定在阴离子交换树脂上。使用时,用洗脱剂把鲁米诺从阴离子交换树脂上洗脱出来。从维生素 B_{12}解离出来的钴(Ⅱ)和鲁米诺过氧化氢反应产生化学发光信号。维生素 B_{12}的线性范围为 $1.0\times10^{-3}\sim10\mathrm{mg\cdot L^{-1}}$,检测限为 $3.5\times10^{-4}\mathrm{mg\cdot L^{-1}}$。这种流动传感器已成功地应用于药物制备中维生素 B_{12}的检测。

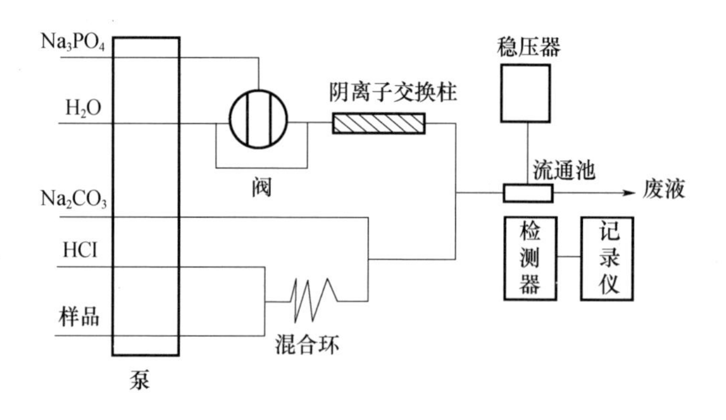

图 2.110　维生素 B_{12} 的化学发光流动传感器

Song 等[277]报道了一种核黄素的连续流动化学发光检测方法，如图 2.111 所示。将高碘酸根和鲁米诺阴离子固定在阴离子交换树脂上。然后，将固定化阴离子交换树脂装填到微柱中。将 200μL 的洗脱液注入载流中，鲁米诺和高碘酸钾被定量释放出来。在到达流通池前，鲁米诺、高碘酸钾和氢氧化钠在混合管混合。当核黄素样品与鲁米诺、高碘酸钾和氢氧化钠溶液混合时，化学发光被增强了。核黄素的线性范围为 0.04 ~ 200ng · mL^{-1}，检测限为 0.02ng · mL^{-1}。这种流动传感器已成功地应用于人尿的核黄素检测中。

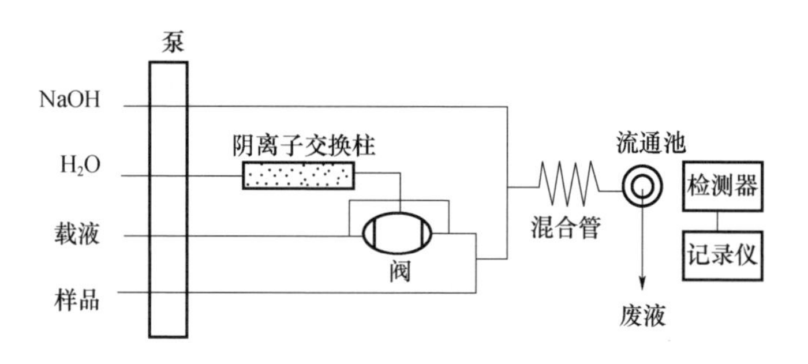

图 2.111　核黄素的连续流动化学发光检测

5) 毒物分析

对毒物的化学发光分析国内外均有报道。吕九如等[278]报道利用鲁米诺 - 氰化物化学发光体系测定了环境水样中氰化物的新方法。Wu 等[279]等利用 Cu(Ⅱ) - CN^- - 荧光素钠化学发光体系对自来水中的 CN^- 进行了测定，检测限达 5pg。

虽然化学发光反应早有报道，但将其用在对毒剂的检测并不多。1957 年，

Goldenson[280]报道了用化学发光对神经战剂的检测,提出含磷毒物中含有 P－CN 和 P－F 键的化学发光的强度较大,发光效率也大,有利于化学发光检测。1974 年,Yurow 等[281]报道了使用鲁米诺－H_2O_2体系对 α－取代腈进行检测,简述了反应机理。此后,Yurow 又继续对苯氯乙酮、氯化氰、氮芥气、硫光气、路易氏剂、GB、GA、VX、DM 进行了检定。Fritsche[282]报道了使用鲁米诺－过硼酸钠体系对沙林、梭曼、DFP 检测,最低检测限为 0.5ng。还对塔崩、VX 进行了检测,检测限为塔崩 1ng、VX 10ng。刘国宏等[283]报道了基于鲁米诺－过氧化氢体系对邻氯代苯亚甲基丙二腈和丙二腈的化学发光的检测,如图 2.112 所示。考察了其反应动力学曲线,详细研究了 pH 值、鲁米诺浓度、过氧化氢浓度、氯化钠浓度、本底信号的稳定性对化学发光强度的影响。邻氯代苯亚甲基丙二腈的检测线性范围为 $10^{-2} \sim 10^{-5}$mol·L^{-1},绝对检测限为 1.1ng($S/N=3$)。丙二腈的检测线性范围为 $10^{-3} \sim 10^{-6}$mol·L^{-1},绝对检测限为 0.5ng($S/N=3$)。浅析了其反应机理,建立了鲁米诺－过氧化氢体系对液相化学发光对邻氯代苯亚甲基丙二腈和丙二腈的分析方法。

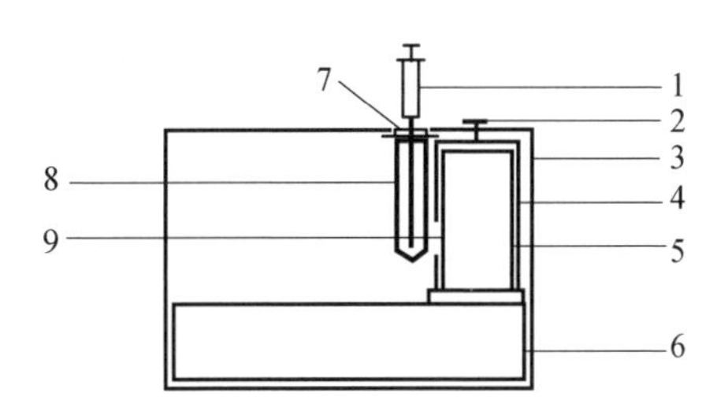

图 2.112 液相化学发光分析装置示意图

1—微量注射器;2—旋转螺帽;3—暗盒;4—遮蔽铁筒;5—光电倍增管;
6—底座及高压电源;7—硅胶隔膜;8—反应管;9—光电倍增管窗口。

向玉联等[284]报道了以 CTAB 在氯仿与环己烷为主体溶剂相中所形成的逆胶束介质,基于鲁米诺－H_2O_2化学发光体系对沙林进行定量分析,研究了氯仿与环己烷的不同配比、R 值、CTAB 浓度、pH 值、鲁米诺浓度及 H_2O_2浓度对化学发光强度的影响。沙林的检测线性范围为 $1 \times 10^{-6} \sim 1 \times 10^{-2}$mol·L^{-1},检出限为 1.5×10^{-7}mol·L^{-1},对水样及土样测定的回收率均在 90% 以上。向玉联等[285]又报道了以十六烷基三甲基溴化烷(CTMAB)在氯仿与环己烷为主体溶剂相中所形成的逆胶束介质,基于鲁米诺 - H_2O_2 化学发光体系对邻氯代苯亚甲基丙二腈(CS)进行定量分析。CS 的检测线性范围为 $1 \times 10^{-5} \sim 5.5 \times 10^{-3} mol \cdot L^{-1}$,检出限达 $4 \times 10^{-6} mol \cdot L^{-1}$($S/N = 3$),对水样及土样的回收率均在 90% 以上。

Maddah 等[286]报道了一种高灵敏化学发光检测 2 - 氯乙基乙基硫醚(2 - CEES)的方法。2 - CEES 是芥子气的模拟剂。2 - CEES 能够抑制碱性条件有银纳米粒子存在情况下鲁米诺 - $AgNO_3$ 体系的化学发光。优化了 pH、$AgNO_3$ 浓度、鲁米诺浓度等因素对化学发光强度的影响。在最佳检测条件下,2 - CEES 的检测线性范围为 $1 \times 10^{-4} \sim 1 ng \cdot mL^{-1}$,检出限为 $6 \times 10^{-6} ng \cdot mL^{-1}$。

据所收集的资料看,此类文章较少,可能是研究较少,也可能是由于出于保密的需要,尚未解密,未加公开。

3. 电致化学发光传感器

电致化学发光或电化学发光(Electrogenerated chemiluminescence,ECL)是电解的氧化还原产物之间或与体系中某种组分进行化学反应时生成的不稳定激发态回至基态时所产生的化学发光。它是光和电化学相互渗透的产物。这种分析方法不仅灵敏度高,而且可以通过电位控制来控制发光过程,因而引起了人们极大的兴趣。

ECL 既具有化学发光的优点又具有电化学检测的优点。通过电致化学发光可研究一些电子转移的本质。由于 ECL 是利用电解技术在电极表面产生某些氧化还原物质而导致的化学发光,所以该方法较一般的化学发光方法具有装置简单、重现性好、可进行原位发光等特点;特别是对使用不稳定氧化物及产生短寿命激发态的化学发光反应,更具有灵敏度高的优点;尤其是在生化分析、药物分析和免疫分析等方面独具特色。

电致化学发光现象的发现可以追溯到 19 世纪。水溶液中阴极发光现象的最早报道是在 1898 年。Braun 发现电解水溶液中,在氧化物涂抹的单向导电金属电极上施加一定电压时,可观察到发光现象。1927 年,Dufford[287]在电解格氏试剂(如 C_6H_5MgCl、C_6H_5MgI)时发现了化学发光现象。1929 年,Harvey[288]成功地在施加较低电压(0.5V 和 2.8V)的情况下,观察到鲁米诺的 ECL。1964 年,Hercules[289]提出了芳香碳氢的电致化学发光。1966 年,Hercules[290]提出了钌的络合物的化学发光。随着对 ECL 反应机理研究的日趋成熟,其在分析化学上的应用,特别是近几年作为高效液相色谱(HPLC)的新型检测器正日益受到人们的重视。电致化学发光传感器使用化学发光试剂固化、电极覆膜和光纤传导信号等新技术,以增大电致化学发光分析法的应用面和增加方法的实用性。

文献上报道了许多物质的 ECL。依其反应机理,ECL 可分为 4 种类型,即多环芳烃类、酰肼、金属络合物、纳米材料等。以下详细说明各类 ECL 的反应机理及其在分析化学上的应用与其他联用技术的研究。

1)多环芳烃类的 ECL

关于这类化合物的 ECL 报道最早开始于 20 世纪 60 年代。Hecules[289] 报道了在无氧非水溶剂条件下芳香碳氢的电致化学发光现象。这种电致化学发光不是发生在电极表面而是发生在溶液中。这个实验中使用了 3 种不同的电极系统:第一种是铂工作电极和参比电极用多孔玻璃盘分开;第二种是两个铂箔相隔 1cm;第三种是两个同心圆柱电极,里面是铂柱电极,直径为 2.5mm,外面是铂网电极,直径为 6mm。使用的溶剂为乙腈和 DMF,使用的支持电解质为四乙基溴化铵和高氯酸四乙基铵。这种现象具有一定普遍性,蒽、屈、芘、四并苯、二萘嵌苯等都能发生电致化学发光,如表 2.4 所列。

表 2.4　芳香碳氢的电致化学发光

芳香碳氢	溶剂	电解质	颜色	
			化学发光	溶液荧光
蒽	乙腈	四乙基溴化铵	蓝白(弱)	蓝紫
屈	乙腈	四乙基溴化铵	蓝白(中)	蓝紫
屈	DMF	四乙基溴化铵	蓝白(中)	蓝紫
芘	DMF	四乙基溴化铵	蓝白(强)	蓝
四并苯	DMF	四乙基溴化铵	绿(强)	绿
二萘嵌苯	DMF	四乙基溴化铵	蓝(强)	蓝
二萘嵌苯	乙腈	四乙基溴化铵	蓝(强)	蓝
二萘嵌苯	DMF	四乙基溴化铵	蓝(强)	蓝
六苯并苯	DMF	四乙基溴化铵	蓝(中)	蓝
红荧烯	DMF	四乙基溴化铵	橘红(很强)	橘红
十环烯	DMF	四乙基溴化铵	绿(弱)	绿
二苯并蒽	DMF	四乙基溴化铵	蓝紫(中)	紫

这种电致化学发光的机理如下：

阳极：$Ar \longrightarrow Ar^{+\cdot} + e^-$ 发生了氧化反应

阴极：$Ar + e^- \longrightarrow Ar^{-\cdot}$ 发生了还原反应

正负离子自由基复合 $Ar^{-\cdot} + Ar^{+\cdot} \longrightarrow Ar^* + Ar$

产生的激发单线态 Ar^* 返回基态时以光子的形式释放出能量，这样产生了化学发光。

Santhanam 等[291]采用循环伏安法，支持电解质为高氯酸四丁基铵，研究了9,10-二苯基蒽（DPA）的电致化学发光行为。结果发现，DPA 在阴极产生了9,10-二苯基蒽（DPA）阴离子自由基。当在阳极氧化生成的阳离子自由基或具有氧化性化合物与9,10-二苯基蒽（DPA）阴离子自由基复合后，产生了激发态的 DPA^* 而发光。

这之后许多研究报道了多环芳烃类的电致化学发光。Zweig 等[292]报道了异环芳香碳氢化合物-芳香烃基取代的异苯并呋喃和异吲哚的电致化学发光。电解池是由一个 15ml 玻璃容器和两个 $1cm^2$ 的 80 目铂网电极组成的。支持电解质为高氯酸四丁基铵，使用的溶剂为 DMF。Zweig 等又进一步研究了异苯并呋喃类化合物及相关化合物的化学发光。他们首先合成了这些异苯并呋喃类化合物，然后采用了循环伏安法研究了这些化合物电致化学发光的特性。他们证明了电致化学发光过程中离子自由基中间体的存在。

Maricle 等[293]研究了红荧烯的电致化学发光。以 $0.1mol \cdot L^{-1}$ 高氯酸四丁基铵为支持电解质，溶剂为 DMF。通过实验，他们发现了红荧烯的电致化学发光过程，即异相电子转移，接着三线态湮灭产生化学发光。

Faulkner 和 Bard[294]研究了在 DMF 溶液中蒽的电致化学发光机理。电致化学发光装置是以一对螺旋的铂丝作电极，池子上面是磨口，通过它便于抽真空，如图 2.113 所示。当电解电压到达到 2.8V 以后，蒽才出现电致化学发光现象，并且随着电压的增大，电致化学发光强度也增大，直至电压为 5V 时，又出现一个发光峰。这个发光峰的波长在 565nm 左右。蒽的电致化学发光曲线随着所使用的溶剂不同而不同。他们采用荧光光谱、气相色谱法对发光机理进行研究，发现电致化学发光过程中，生成了一种新的物质蒽酚。蒽酚还存在蒽酮互变体。蒽酚是蒽的阳离子自由基分解生成，同样生成的蒽酚也能发生电致化学发光。

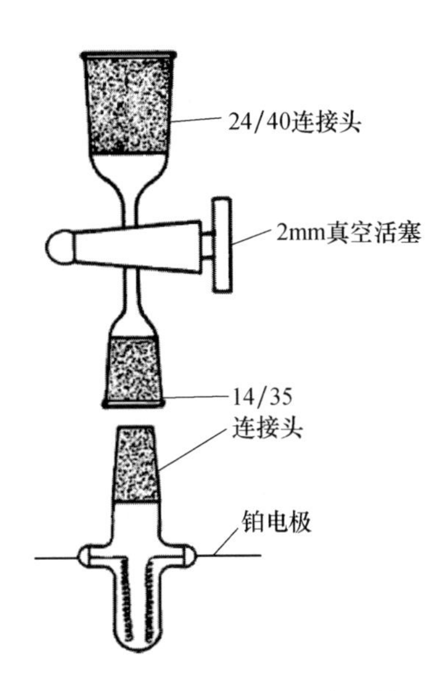

图 2.113 蒽的电致化学发光装置

由于蒽的阳离子自由基在电致化学发光过程中不稳定，Werner 等[295]研究了一种阳离子自由基更稳定的化合物－二萘嵌苯。在这个实验里，他们使用了三电极系统：工作电极和对电极均为铂，参比电极为 Ag^+/Ag。三电极系统采用的是管状结构。支持电解质为高氯酸四丁基铵。使用的溶剂为苯甲腈或乙腈。电致化学发光池由一个 18mm 外径的耐热玻璃管组成，有 4 个出口连接点，固定 3 个电极和 1 个氮气鼓泡器，这种设计消除了对电极发射的干扰。检测电极尽量靠检测器狭缝的位置放置。溶液要进行完全脱氧处理。他们通过实验发现，二萘嵌苯的电化学氧化还原过程中出现了两个大的可逆波，这表明了二萘嵌苯的阳离子和阴离子很稳定。

在方波电解几个小时后，二萘嵌苯的溶液褪成无色，荧光光谱也表明有新的荧光物质生成。通过对比二萘嵌苯的荧光光谱和电致化学发光光谱，发现两者最大的发射波长相同，整个光谱的轮廓也相似，即

$$P \longrightarrow P^{+\cdot} + e$$

$$P^{+\cdot} \longrightarrow A, \quad P^{+\cdot} \longrightarrow B$$

$$P + e \longrightarrow P^{-\cdot}$$

$$P^{+\cdot} + P^{-\cdot} \longrightarrow {}^1\dot{P}^* + P$$

$$P^{-\cdot} + A \longrightarrow {}^1\dot{P}^* + Q$$

$${}^1\dot{P}^* \longrightarrow P + hv$$

$$1\dot{P}^* + B \longrightarrow P + {}^1B^*$$

$${}^1B^* \longrightarrow B + hv'$$

$${}^1P^+ + Q \longrightarrow X + P$$

式中:P 代表二萘嵌苯(perylene)。在阳极,P 被氧化失去一个电子生成 P 的阳离子自由基。P 的阳离子自由基分解生成 A 和 B,其中 A 被氧化失去一个电子生成 C。在阴极,P 被还原得到一个电子生成 P 的阴离子自由基。P 的阳离子自由基和 P 的阴离子自由基复合生成激发态的 P^*,P 的阴离子自由基和 A 反应也生成了激发态的 P^*,激发态的 P^* 返回基态时发出光。同时,激发态的P^* 的能量也会转移给予 B,B 得到能量生成了激发态的 B^*,激发态的 B^* 返回基态时发出另一种波长的光。

在这之后,仍有许多文献报道了多环芳烃及其含杂原子的多环芳烃的研究。Tokel 等[296]报道了以四苯基卟吩(TPP)大环化合物的电致化学发光。在电致化学发光池中,银丝为参比电极,铂丝为附属电极,工作电极为铂丝电极,如图 2.114 所示。电极分别用管子分开。电致化学发光涉及 TPP 阳离子自由基和阴离子自由基复合生成了三线态的 TPP,二分子三线态的 TPP 转化为一分子激发单线态的 TPP^*,激发单线态的 TPP^* 返回基态时以光子形式释放能量。

$$TPP^{-\cdot} + TPP^{+\cdot} \longrightarrow {}^3TPP + TPP$$

$$2\,{}^3TPP \longrightarrow {}^1TPP^* + TPP$$

$${}^1TPP^* \longrightarrow TPP + hv$$

Saji 和 Bard[297]报道了叶绿素 a(Chl a)的电致化学发光。工作电极为铂网电极,接近玻璃壁放置,避免任何发射被吸收,如图 2.115 所示。电致化学发光用光电倍增管检测。发光光谱用 20nm 带宽的荧光光度计检测。在电化学过程中,发现有叶绿素 a 阴离子自由基 $Chl\ a^{\cdot-}$ 和 $Chl\ a^{2-}$ 生成。这两种物质在缺少质子给予体和氧时相当稳定。在有氧条件下,叶绿素 a 还原时会产生发光;在无氧条件下,阴离子和阳离子复合却不能发光。

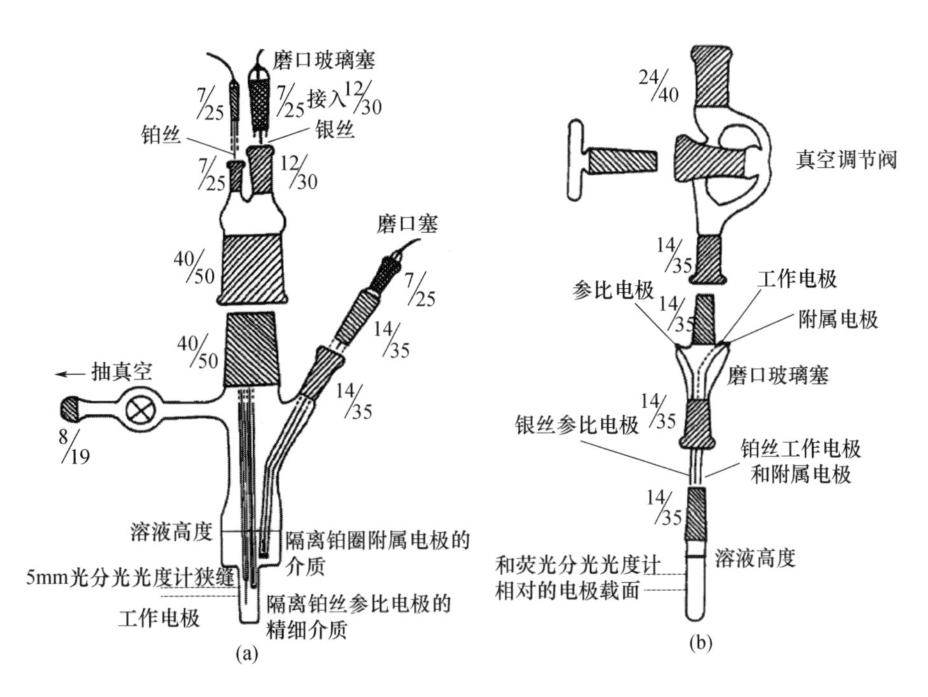

图 2.114　大环化合物的电致化学发光装置

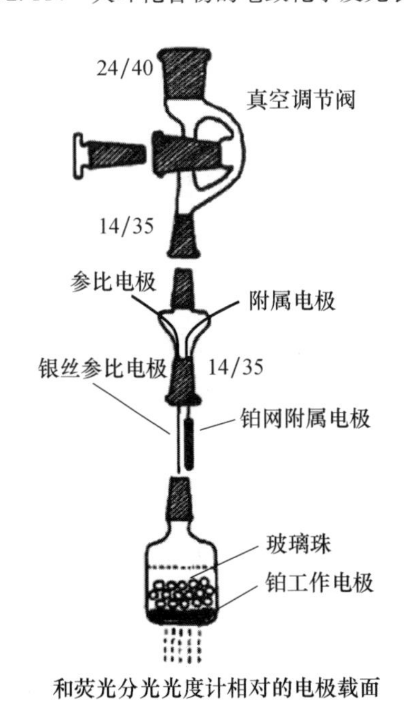

图 2.115　叶绿素的电致化学发光装置

Debad 等[298]合成一种多环芳烃化合物，如图 2.116 所示，这种化合物与一般芳香烃相比具有更大溶解性、阴阳离子自由基更稳定、发光效率更大等特点。

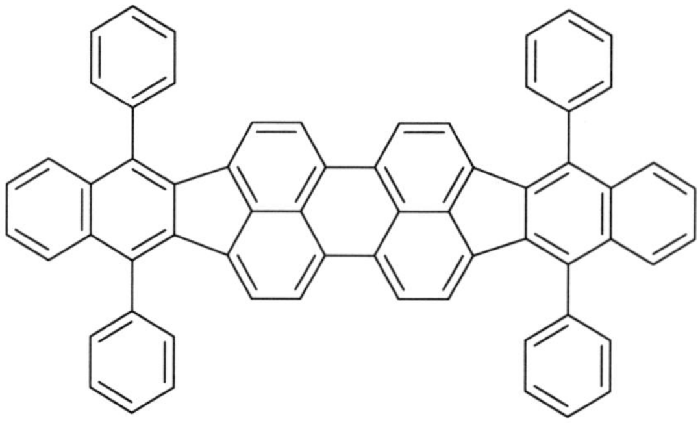

图 2.116　多环芳烃化合物分子结构式

Lai 等[299]报道了一种新合成的化合物电致化学发光。这种新化合物含有两个电子接受体苯基喹啉基团和一个光发射电子给予体。电致化学发光是由阳离子自由基和阴离子自由基复合产生的。

2）酰肼类化合物的 ECL

酰肼类化合物的典型代表化合物为鲁米诺。鲁米诺的 ECL 可以追溯到 1929 年，当时 Harvey[288]在施加较低电压（0.5V 和 2.8V）的情况下，成功地观察到鲁米诺的 ECL。鲁米诺阴离子在电极上氧化生成鲁米诺自由基，然后被超氧基自由基或过氧化氢阴离子进一步氧化为激发态的 3－氨基邻苯二甲酸根离子在返回基态的弛豫过程中释放出光子。鲁米诺是很好的电致化学发光试剂之一，因为它具有高的电致化学发光量子产率、低的氧化电位，而且可用在有氧有水体系中。鲁米诺的电致化学发光机理如图 2.117 所示。

3）金属络合物的 ECL

许多金属络合物都能产生 ECL。涉及的金属离子包括 Os、Ru、Cr、Cd、Pt、Pd、Re、Ir、Mo、Eu、Tb、Cu 等。对一些金属，如 Ru 和 Os 等，有许多配体能与它们形成具有不同 ECL 的络合物。配体还能进行不同程度的修饰。钌络合物是分析研究与应用得最广泛的络合物，因为钌络合物具有良好的电致化学发光分析特性、广泛的适用性、较高的稳定性和有水有氧条件下仍具有高的量子产率等特点。早在 1966 年，Hercules[290]就对钌的络合物的化学发光进行了研究。三

(2,2－联吡啶)合钌(Ⅲ)在还原剂如肼发生电子转移产生了化学发光。产生的化学发光光谱与三(2,2－联吡啶)合钌(Ⅱ)(图 2.118)的荧光光谱一致。

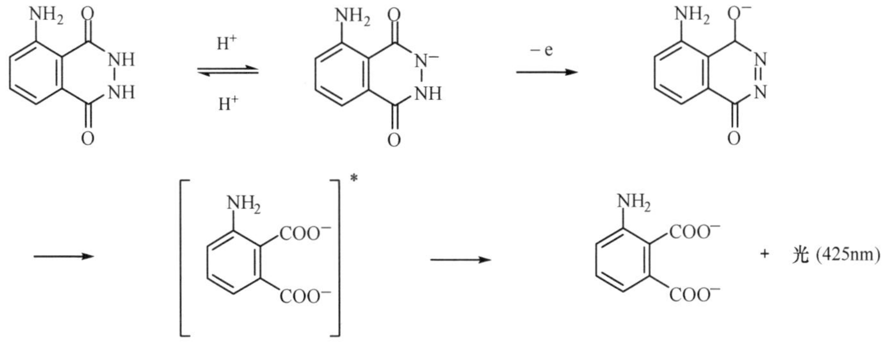

图 2.117 鲁米诺的电致化学发光机理

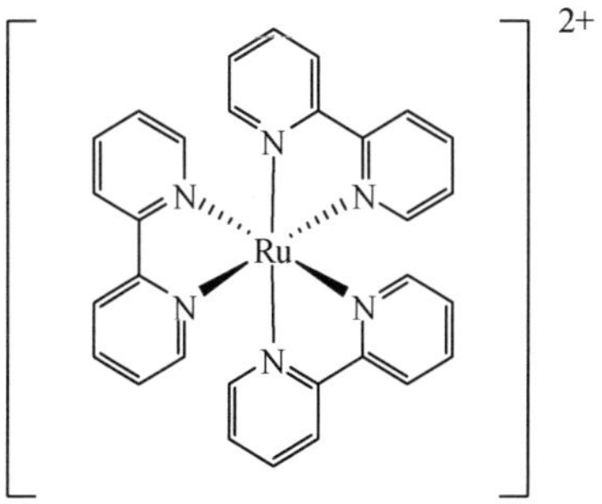

图 2.118 三(2,2－联吡啶)合钌(Ⅱ)

1972 年,Tokel 等[300]首次报道了三(2,2－联吡啶)合钌(Ⅱ)电致化学发光现象。四氟硼酸四正丁基铵为支持电解质,乙腈为溶剂。电致化学发光是由于三(2,2－联吡啶)合钌(Ⅰ)和三(2,2－联吡啶)合钌(Ⅲ)复合产生了激发态的三(2,2－联吡啶)合钌(Ⅱ)而发光,最大发射波长为 610nm。但在三(2,2－联吡啶)合钌(Ⅱ)的循环伏安过程中,发现了 3 个还原峰电位和一个氧化峰电位。3 个还原峰电位分别对应为三(2,2－联吡啶)合钌(Ⅰ)、三(2,2－联吡啶)合钌(0)和三(2,2－联吡啶)合钌(－Ⅰ)。一个氧化峰电位对应为三(2,2－联吡啶)合钌(Ⅲ)。当在氧化峰电位和第一还原峰电位或第二还原峰电位或第三还原峰电位之间进行循环伏安扫描时,都发现了 ECL。因此,三(2,2－联吡啶)合钌(Ⅱ)电致化学发光的机理比图 2.119 所示的反应式要复杂得多。

$$Ru(bipy)_3^{2+} + e^- \longrightarrow Ru(bipy)_3^{+}$$

$$Ru(bipy)_3^{2+} - e^- \longrightarrow Ru(bipy)_3^{3+}$$

$$Ru(bipy)_3^{+} + Ru(bipy)_3^{3+} \longrightarrow Ru(bipy)_3^{2+*} + Ru(bipy)_3^{2+}$$

$$Ru(bipy)_3^{2+*} \longrightarrow Ru(bipy)_3^{2+} + h\nu$$

图 2.119　三(2,2 - 联吡啶)合钌(Ⅱ)电致化学发光的机理

Tokel 等[301]又进一步报道了不同配体的钌络合物的电致化学发光。不同配体有 2,4,6 - 三吡啶基 - s - 三嗪(TPTZ)、2,2′,2″ - 三吡啶(Terpy)、1,10 - 邻二氮杂菲(O - phen)、2,2′ - 联吡啶(bipy)。使用的 ECL 池是三电极系统:工作电极和附属电极为铂丝,参比电极为 Ag 丝。ECL 池放置在不漏光的密闭盒子里,所有控制部分放在外面。经过实验,他们得出这几种配体的钌络合物的电致化学发光机理和 2,2′ - 联吡啶(bipy)的钌络合物基本上一致的结论。2,2′ - 联吡啶(bipy)的钌络合物的电致化学发光效率在这几种配体的钌络合物中最高,达 5% ~6% 。

许多 ECL 几乎是在非水介质(如 DMF 和乙腈)中发生的。但是水溶液 ECL 更令人感兴趣。Rubinstein 等[302]报道了涉及三(2,2 - 联吡啶)合钌(Ⅱ)的水溶液 ECL,并初步研究了草酸盐和几种有机酸的耦合还原性氧化反应。电化学检测装置使用的是三电极系统:铂丝或玻碳盘为工作电极,铂为附属电极,硫酸汞/汞或银丝为参比电极。草酸盐和三(2,2 - 联吡啶)合钌(Ⅱ)耦合电致化学发光效率为 2%,比非水溶剂乙腈的三(2,2 - 联吡啶)合钌(Ⅱ)电致化学发光效率低 2/3 左右。草酸盐和三(2,2 - 联吡啶)合钌(Ⅱ)耦合电致化学发光的机理如图 2.120 所示。

在报道了有水存在的条件下,草酸盐和三(2,2 - 联吡啶)合钌(Ⅱ)耦合电致化学发光后,White 等[303]报道了相似的还原性氧化产生的 ECL 体系:$Ru(bipy)_3^{2+}$ 和 $S_2O_8^{2-}$ 体系。ECL 装置使用的是常规的三电极系统:铂丝为对电极,饱和甘汞电极为参比电极,铂盘电极或玻碳盘电极为工作电极。工作电极在使用前用 0.5μm 钻石粉抛光。光谱记录采用 1.0μm 光栅单色器,使用的溶剂为乙腈 - 水溶液。

$$Ru(bipy)3^{2+}-e^{-} \longrightarrow Ru(bipy)3^{3+}$$

$$Ru(bipy)3^{3+}+C_2O_4^{2-} \longrightarrow Ru(bipy)3^{2+}+C_2O_4^{-}\cdot$$

$$C_2O_4^{-}\cdot \longrightarrow CO_2+CO_2^{-}\cdot$$

$$Ru(bipy)3^{3+}+CO_2^{-}\cdot \longrightarrow Ru(bipy)3^{2+*}+CO_2$$

$$Ru(bipy)3^{2+}+CO_2^{-}\cdot \longrightarrow Ru(bipy)^{3+}+CO_2$$

$$Ru(bipy)^{3+}+Ru(bipy)3^{3+} \longrightarrow Ru(bipy)3^{2+*}+Ru(bipy)3^{2+}$$

$$Ru(bipy)3^{2+*} \longrightarrow Ru(bipy)3^{2+}+h\nu$$

图 2.120 草酸盐和三(2,2－联吡啶)合钌(Ⅱ)耦合电致化学发光机理

4)纳米材料的 ECL

纳米科学技术是 20 世纪 80 年代末期崛起并迅速发展起来的新科技。纳米材料是指尺寸大小在 1～100nm 的物质材料。纳米材料通常包括纳米粒子、纳米管、纳米棒和纳米线等。当材料尺寸进入纳米量级时,其本身具有量子尺寸效应、小尺寸效应、表面效应和宏观量子隧道效应,因而,纳米材料具有许多特有的性质,在化学上有着广泛的应用前景。

在块体半导体材料中,电子和空穴自由穿过晶体,但是在纳米晶中,电子和空穴的受限导致不同光电特性。电致化学发光广泛地研究激发态的本质、发光机理、电子转移的理论。Ding 等[304]报道了硅纳米晶量子点的电致化学发光,使用的溶剂为 N,N′－二甲基甲酰胺和乙腈。电子注入至硅纳米晶(2～4nm)。电子注入和空穴注入对应着最高空轨道和最低占有轨道。两者的能带差随着纳米晶尺寸的减少而降低。在正、负电荷纳米晶之间的电子转移反应导致了电子空穴的湮灭,从而产生可见光,如图 2.121 所示。电致化学发光光谱最大峰位置为 640nm,与光致荧光(420nm)相比有明显的红移。同时,硅纳米晶能够作为具有组合光电特性的氧化还原大分子物种,如硅纳米晶和草酸盐类、过硫酸盐类等组合产生强的电致化学发光。

Myung 等[305]报道了对电子转移不稳定的 CdSe 的电致化学发光。电化学池是由铂盘工作电极、铂丝对电极和银虚拟参考电极组成。高氯酸四丁铵作为支持电解质,电化学池密闭不漏气,光致荧光最大发射波长为 545nm,循环伏安

法和差示脉冲伏安法的实验结果没有明显不同。电化学产生的氧化型和还原型的物种湮灭产生了化学发光。氧化型的物种比还原型的物种更稳定,电致化学发光光谱和光致发光光谱相比发生了红移($\Delta\lambda = 200$nm)。实验还证明,表面状态在光发射过程中起着重要作用。

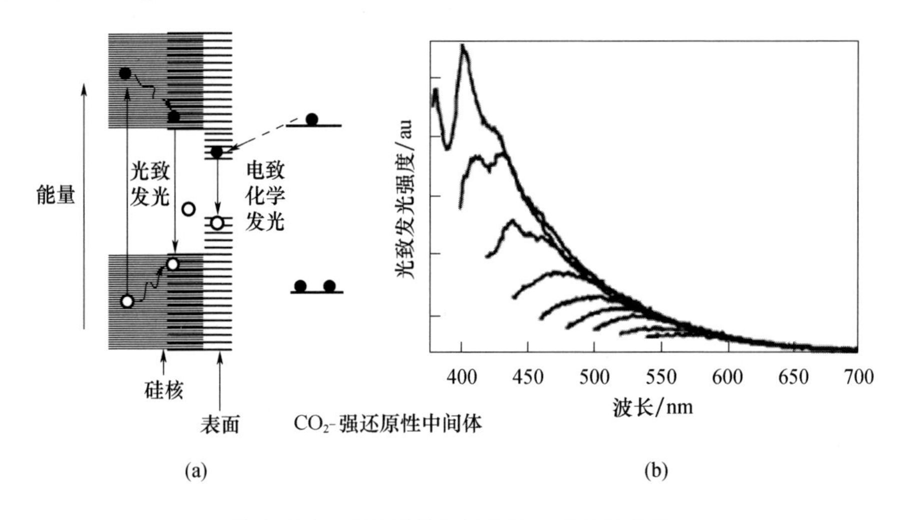

图 2.121　硅纳米晶量子点的电致化学发光

核壳结构 CdSe/ZnSe 纳米晶具有很强的荧光。Myung 等[306]又对核壳结构 CdSe/ZnSe 纳米晶的电致化学发光进行了报道。由于核壳结构,CdSe/ZnSe 纳米晶的光致荧光光谱与紫外吸收光相比只有轻微的红移。电致化学发光与光致荧光光谱相比,CdSe/ZnSe 纳米晶的最大发射波长几乎一致,这主要是因为 CdSe 纳米晶被 ZnSe 所钝化。这是第一次发现电致化学发光与光致荧光光谱如此一致,也进一步证明电致化学发光是研究表面状态非常有用的工具。

Bae 等[307]报道了 4nm CdTe 纳米粒子的电致化学发光。CdTe 是第Ⅱ~第Ⅳ主族半导体化合物,在光电池和电光调制器上有着非常重要的作用。CdTe 纳米粒子能带约为 2.1eV,这个值与 CdTe 纳米粒子扩散产生的两个阳极峰一致。一个大的阳极峰约在 0.7V 位置,其可能是由多电子反应产生。另一个阳极峰可能是由还原性物质氧化产生。在负电位区域里还原性纳米粒子和具有还原性的氧化性物质之间发生电子转移,产生了电致化学发光。电致化学发光光谱与光致发光光谱一致,这说明了纳米粒子的表面状态在发光过程中起着作用。电致化学发光机理可能是：

$$CH_2Cl_2 + e^- \longrightarrow CH_2Cl_2^{-\cdot} \longrightarrow CH_2Cl^{\cdot} + Cl^-$$

$$(CdTe)_{NP}^{\cdot -} + CH_2Cl^{\cdot} \longrightarrow (CdTe)_{NP}^{*} + CH_2Cl^-$$

与硅纳米晶相比,锗纳米晶的玻尔半径更大,这将导致更为显著的量子限制效应。另外,锗可能具有副族和半导体之间的特性。Myung 等[308]报道了锗纳米晶在 DMF 中电致化学发光现象。支持电解质为高氯酸四丁铵。电解池使用的是三电极系统:铂工作电极、铂对电极和银参比电极。电解池放在圆柱形的耐热玻璃中。锗纳米晶在电化学过程中能够通过电荷注入发生氧化或还原反应。氧化的物种和还原物种通过电子转移而湮灭,从而产生化学发光。

金纳米簇也可以产生电致化学发光。Wang 等[309]报道了一种在硫辛酸稳定化的金纳米簇在室温条件下水溶液中产生强的电致化学发光。这种新的增强电致化学发光的机理是通过和稳定化金纳米簇的硫辛酸共价连接 N,N－二乙基乙二胺,这样和电化学过程中氧化还原活性相匹配,如图 2.122 所示。硫辛酸稳定化的金纳米簇和外围的 N,N－二乙基乙二胺都在相近电位下被电极氧化。外层配体上的叔胺去质子后变为强的还原剂,还原被氧化的硫辛酸稳定化的金纳米簇,再一次被电极氧化能够产生强的电致化学发光。

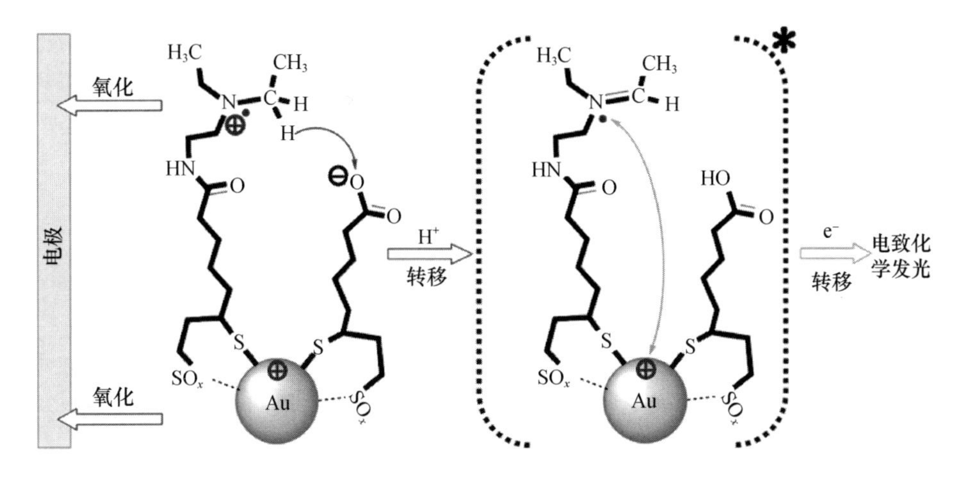

图 2.122 稳定化的金纳米簇电致化学发光机理

除以上所述类型的电致化学发光以外,还有吖啶酯类、过氧草酸酯等化合物的电致化学发光的研究报道。

5)电致化学发光与其他联用技术的研究

电致化学发光可与高效液相色谱相结合。Morita 等[310]报道了使用三(2,2′－联吡啶)合钌(Ⅱ)作为电致化学发光试剂与高效液相色谱联用检测羧酸,实验装置如图 2.123 所示。所有溶液经 He 脱气或膜脱气,用液相泵压出,用自动进样器进样,经过流通池流出。用多孔石墨工作电极进行电化学氧化。产生的化学发光信号用光电倍增管检测。2－(2－胺乙基)－1－甲基吡咯烷和 N－(3－胺丙基)吡咯烷(NAPP)被选择作为羧酸的高选择性和高灵敏性的衍生化试剂。衍生后的羧酸可以与三(2,2′－联吡啶)钌(Ⅱ)发生电致化学发光。这种检测羧酸的方法具有高选择性和高灵敏性。衍生化的 10 种脂肪酸能够完全被高效液相色谱分离。使用建立起来的方法已成功地应用于对人血浆中脂肪酸的检测。他们还发现了一种可用高效液相色谱检测羧酸的更为灵敏的衍生化试剂。

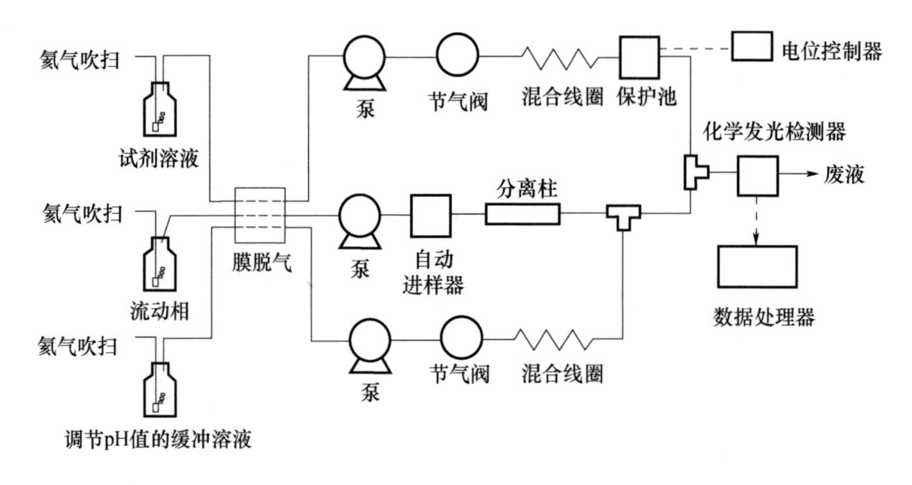

图 2.123　流动电致化学发光结构示意图

电致化学发光可以与微流控芯片相结合。Zhan 等[311]报道了三通道、二电极微流控系统电致化学发光检测电活性的底物,如图 2.124 所示。三(2,2′－联吡啶)钌(Ⅱ)和三丙基胺作为电致化学发光试剂。微流控芯片使用聚硅氧烷采用抛光方法制作。工作电极为氧化锡铟(ITO)片,约为 0.45cm^2,对电极为铂丝,参比电极为 Ag/AgCl。针泵用来传输液体。电致化学发光信号用光电倍增管检测,光电倍增管位于 ITO 电极下面,它通过阳极氧化检测分析物。

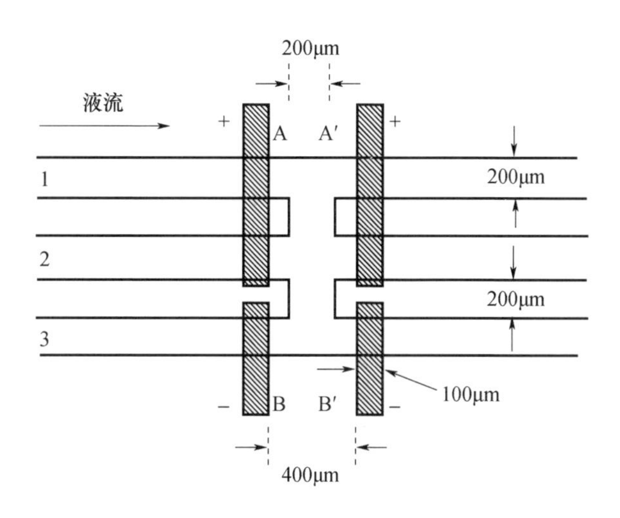

图2.124　三通道、二电极微流控系统电致化学发光

电致化学发光还能与毛细管电泳相结合,这是与电致化学发光相结合方法中报道最多的一种方法。Cao 等[312]报道了一种毛细管电泳柱后电致化学发光检测技术,如图2.125所示。一个300μm的铂工作电极直接和75μm的毛细管相对,距离为220~260μm。ECL池体是由有机聚合物制备。为了减少毛细管对光的吸收,毛细管末端3~5mm长的有机聚合物保护膜采用热方法去除。毛细管末端经过清洗后,插入到4.0cm不锈钢管作为毛细管电泳的电极。然后,对工作电极进行校正。将300μL的三(2,2′-联吡啶)钌(Ⅱ)加入到池中。参考电极和对电极插入液体,位于毛细管和工作电极的上方,避免遮光。电泳电流不影响ECL,毛细管的高压仅影响ECL检测电位。他们用这种新的方法对尿样中掺杂的利多卡因进行了检测。

Liu 等[313]设计了毛细管电泳和流动注射分析用的微型三(2,2′-联吡啶)钌(Ⅱ)电致化学发光池,如图2.126所示。微型池由两片玻璃组成,使用了三电极系统:铂盘电极为工作电极,不锈钢导管作为对电极,银丝作为参比电极。用三丙胺、脯氨酸和草酸评估这种微型池的效果。结果表明,这种电致化学发光具有多功能、灵敏、准确等特点。

电致化学发光还可和免疫分析方法相结合。Miao 等[314]报道了使用三(2,2′-联吡啶)钌(Ⅱ)作为电致化学发光标记物检测固定化DNA和蛋白质,如图2.127所示。首先在金衬底上自组装单分子层;然后用三(2,2′-联吡啶)钌

(Ⅱ)对 DNA 和蛋白质进行标记,将 DNA 和蛋白质的探针固定在金衬底上的自组装单分子层上;接着将用三(2,2′-联吡啶)钌(Ⅱ)标记的 DNA 和蛋白质进行杂交或免疫反应。这样就可以利用电致化学发光对固定化的 DNA 和蛋白质进行检测。

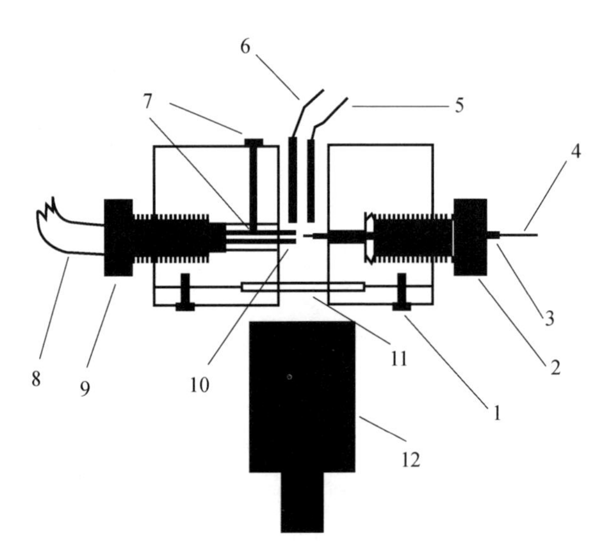

图 2.125　耦合毛细管电泳柱后电致化学发光检测结构示意图

1—不锈钢固定螺丝;2—毛细管固定螺丝;3—不锈钢管;4—毛细管;5—参比电极;6—对电极;7—校准用螺丝;8—工作电极电缆;9—电极固定螺丝;10—工作电极;11—光学玻璃窗;12—光电倍增管。

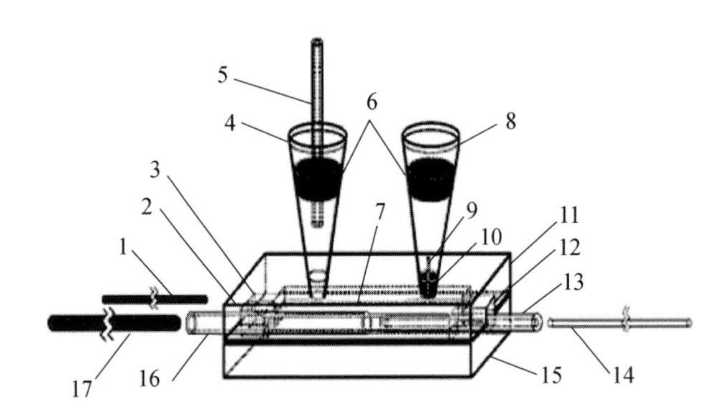

图 2.126　微型三(2,2′-联吡啶)钌(Ⅱ)电致化学发光池

1—银丝准参比电极;2—工作电极凹槽;3—参比电极;4—废液储槽;5—出口管;6—橡胶密封塞;7—通道;8—电致发光试剂储槽;9—连接着的毛细管;10—橡胶塞;11—上板;12—毛细管;13—毛细管套线;14—入口毛细管;15—底板;16—工作电极套线;17—工作电极。

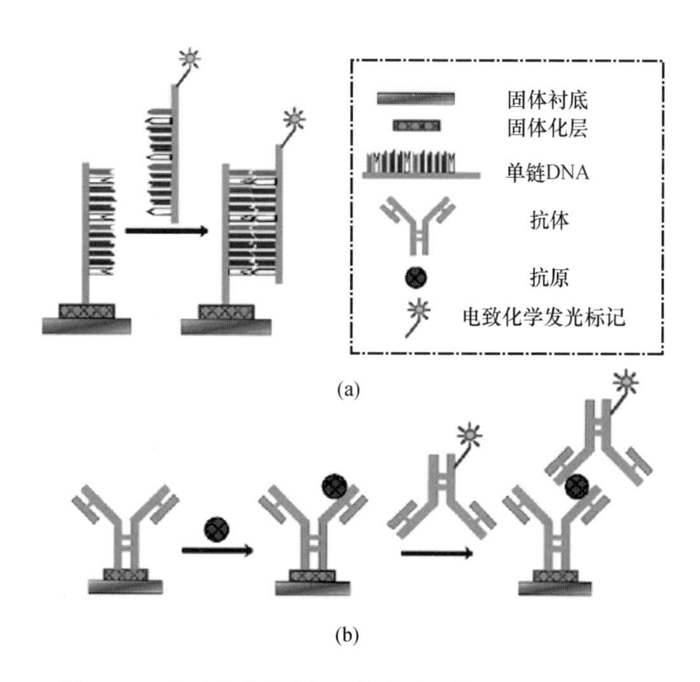

图 2.127 电致化学发光标记物检测固定化 DNA 和蛋白质

4. 纳米催化化学发光气体传感器

1976 年，Breysse 等[315]发现在氧化钍上一氧化碳催化氧化产生了化学发光，他们把这个现象命名为催化化学发光（CTL）。自从发现催化化学发光现象后，有人发现了 $\gamma-Al_2O_3$催化氧化有机气体时，也能产生化学发光[316]。但由于受材料种类与催化活性的限制，这一研究没有获得广泛的重视。

张新荣课题组[317]创新发展了基于纳米材料催化化学发光的乙醇传感器。这种传感器由 4 个部分组成，如图 2.128 所示。

（1）化学发光室。由表面涂有一层纳米材料的陶瓷加热棒和有气体进出口的石英管组成，气体样品与纳米材料在石英管内能有效接触。

（2）温控系统。在室温约为 650℃时可控调节。

（3）分光系统。可用滤波片在 400 ~ 745nm 范围内选择适当波长的光。

（4）光电检测及数据处理系统。由光电倍增管、前置放大器、脉冲计数器和数据采集处理器组成，本实验采用中科院生物物理所研制的微弱发光测量仪（BPCL 系统）。

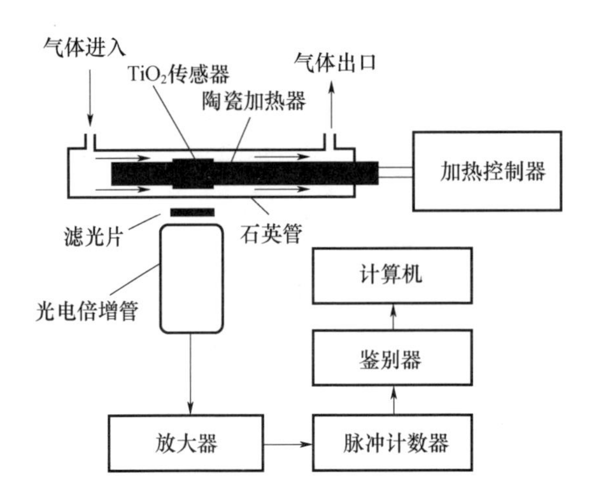

图 2.128　基于纳米材料催化化学发光的乙醇传感器

实验时，将样品注入检测系统，被测组分由空气载带经气体入口进入化学发光室，在设定温度下与敏感材料接触，产生的发光信号通过 BPCL 系统的滤光片、光电倍增管、前置放大器和脉冲计数器由计算机记录并处理。

他们比较了纳米 $SrCO_3$、Al_2O_3、TiO_2、MgO、Y_2O_3、$LaCoO_3$、ZnO 7 种合成的纳米材料，结果发现，对于相同浓度的乙醇，不同纳米材料的表面催化发光的强度也不一样。在 ZnO 上没有发现化学发光。

这种传感器最大的优点是不消耗化学发光试剂。他们用 X 射线衍射和拉曼光谱研究了纳米材料催化化学发光的使用寿命。这种全固态的化学发光传感器与传统的化学发光传感器不同，克服了传统的化学发光传感器不断消耗发光试剂和固定化试剂脱落的缺点，具有非常好的稳定性和寿命。由于纳米材料具有很强的催化活性和反应速度，因此这类传感器的响应速度很快。从进样到产生化学发光最大值的时间约为 30s，在气体流动的状态下每次测定的时间不超过 3min，因此，这类传感器可用于对样品进行快速实时响应。

张新荣等[318]又发展了一种基于纳米 $SrCO_3$ 催化乙醇产生化学发光的乙醇传感器。在这项工作中，他们详细地讨论了不同参数如温度、流速对催化化学发光传感器的影响。这种传感器对乙醇检测的线性范围为 6 ~ 3750ppm，检出限为 2.1ppm。更为重要的是，以纳米 $SrCO_3$ 为催化材料的催化发光传感器对乙醇有很高的选择性，汽油、氨、氢气都不干扰乙醇的检测。他们同时对催化化学发光的原理进行了讨论。这种传感器有望应用在呼吸检测和工业检测上。

虽然上述的纳米催化化学发光传感器具有许多优点,但是它仍然需要较高的温度完成催化化学发光。如在纳米 TiO_2 上进行催化化学发光检测乙醇需要的温度为470℃。在这么高的温度下会产生由于热辐射造成的较大本底信号。另外,较高的温度需要消耗较多的能源,这对便携式的化学发光传感器的电源使用寿命是一个限制。因此,需要发展一种低温催化化学发光传感器。张新荣课题组对此进行了研究,他们发现,当乙醇气体被引入到纳米 ZrO_2 表面,在较低温度(如195℃)时会产生化学发光。由此发展了一种检测痕量乙醇的催化化学发光传感器。这种设计的传感器在195℃对乙醇有较高的灵敏度,在连续通乙醇100h后仍然很稳定。在460nm ± 10nm 进行了定量分析,线性范围为1.6~160mg·L^{-1},检测限为0.6mg·L^{-1}。化学发光的机理为产生一种发光中间体乙醛,这是一种工作温度较低的传感器[319]。

这类催化化学发光是不是一种普遍的现象呢?饶志明等[320]发现当氨分子通过 Cr_2O_3 纳米粒子表面时可产生很强的化学发光,掺杂 $LaCoO_3$ 和 Pt 纳米粒子后,所形成的 Cr_2O_3 为基体的掺杂纳米材料使氨分子的发光强度增强了近25倍,并且化学发光强度与氨分子浓度在较宽范围内呈良好的线性关系,据此提出了一种基于纳米材料表面化学发光原理的新型氨分子传感器。这种基于 Cr_2O_3 纳米材料催化化学发光的传感器对氨分子具有较强的选择性。曹小安等[321]开发了一种基于纳米 $BaCO_3$ 催化化学发光的乙醛传感器。这种纳米 $BaCO_3$ 催化化学发光传感器对乙醛有良好的选择性,如图2.129所示。另外,从图2.129来看,正己烷、四氯化碳、氨、氯仿、环己烷等都有微弱的化学发光。这样看来,催化化学发光是一种普遍的现象。

张振宇等[322]发现当 H_2S 气体通过 Fe_2O_3 表面时会产生很强的化学发光。他们对比了 WO_3、Au/WO_3、Fe_2O_3、CaO、ZrO_2、Al_2O_3 6种催化剂,H_2S 在 Fe_2O_3 表面产生的化学发光几乎是其他5种的10倍以上。更为重要的是,这种传感器几乎只对 H_2S 有响应,而对其他气体(如碳氢化合物、醇、二氧化氮等)没有响应。这种 H_2S 传感器的响应时间为15s,恢复时间为120s,线性范围为8~2000ppm,检测限为3ppm。

张振宇等[323]也发现,当三乙胺气体通过 Y_2O_3 表面时会产生催化化学发光,基于此开发了检测三乙胺的催化化学发光传感器。他们对比了 WO_3、TiO_2、$SrCO_3$、Y_2O_3 4 种催化剂,三乙胺在 Y_2O_3 表面产生的化学发光无论是光强和还是背景效果都是最好的。这种传感器对三乙胺的响应时间只有 3s,线性范围为 60 ~42000ppm,检测限为 10ppm。张振宇等[324]又发现了一种能量转移催化化学发光的现象。在催化剂中引入 Ho^{3+}、Co^{2+} 和 Cu^{2+} 等离子时,原来的催化发光熄灭了。催化反应产生的活性中间体却把能量转移到了这些掺杂的离子上。基于这种能量转移的原理,他们开发了一种纳米 ZrO_2 掺 Eu^{3+} 的催化发光乙醇传感器,其线性范围为 45 ~550ppm。纳米 ZrO_2 掺 Eu^{3+} 的灵敏度是不掺 Eu^{3+} 的 72 倍。其原因是:当乙醇在不掺 Eu^{3+} 的纳米 ZrO_2 发生催化反应时,活性中间体的部分能量被催化剂吸收了,而纳米 ZrO_2 掺 Eu^{3+} 的表面,活性中间体的部分能量转移到 Eu^{3+},从而使催化发光的灵敏度增强了。

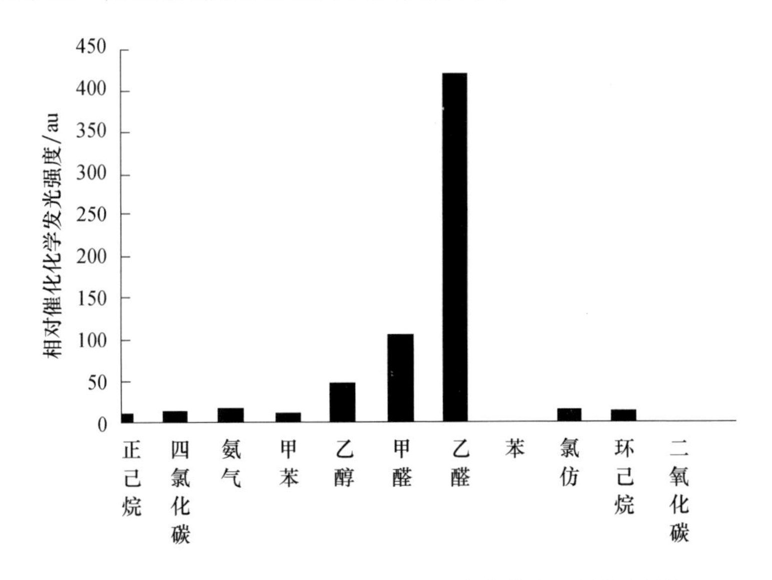

图 2.129 纳米 $BaCO_3$ 催化化学发光传感器对乙醛的选择性

刘国宏课题组建立了对毒剂梭曼和塔崩的主要前体片呐醇和二甲胺进行催化发光检测的方法[325-326]。在 340℃下当片呐醇分子通过纳米线 Al_2O_3 表面时,会有强烈的催化发光现象,基于这一现象建立了一种纳米催化发光检测空气中痕量片呐醇的方法,并对检测条件进行了优化。在温度为 340℃、载气流速为 80mL/min、波长为 460nm 的最佳工作条件,该方法对片呐醇线性响应范围为

0.09 ~ 2.56g/m^3，检测限为 0.0053g/m^3（S/N 为 3）。在最佳工作条件下（620nm，350mL/min，330℃），以纳米 ZrO_2 作为催化材料对二甲胺线性响应范围为 4.71×10^{-3} ~ 7.07×10^{-2}g/m^3。检测限为 6.47×10^{-4}g/m^3（3σ）。该检测器有较快的响应速度、较长的使用寿命和较好的选择性。对模拟样品进行分析，样品回收率均大于95%。

对于苯系物，由于这类物质稳定性高，所以很难发光及催化发光。那娜等[327]发现了一种低温等离子体，能够将不能产生催化发光的苯系物转化产生强的催化发光的中间物。样品气体被载气氩气或氦气带入到一个圆柱形同轴介质阻挡放电装置中，在这里在线发生低温低等离子体活化苯系物，然后又和空气混合一起进入到涂敷 ZrO_2 纳米粒子的催化发光反应池中，产生的催化发光用光电倍增管进行检测。这种低温等离体辅助催化发光有两个明显的优势：一是使用不能检测的苯系物活化能够用催化发光检测；二是降低了催化反应的工作温度。对空气的苯的检测限为 20ng · ml^{-1}（图 2.130）。

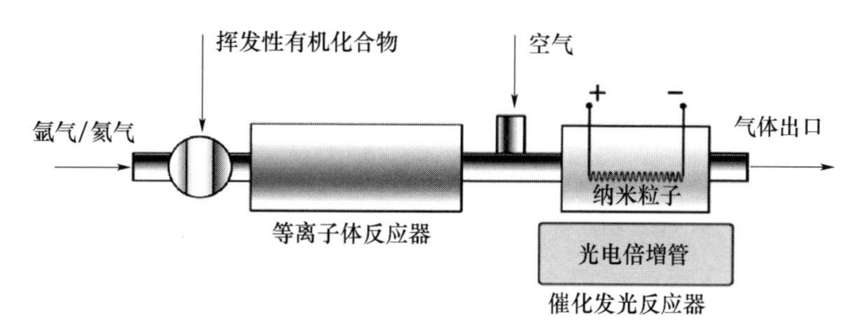

图 2.130　等离子体辅助催化发光结构示意图

除了低温等离子可以辅助催化发光，紫外光也可以辅助催化发光。吕弋课题组[328]发现了氟代六边形氮化硼在紫外光照射下发生紫外光辅助催化发光现象，如图 2.131 所示。紫外光能够有效活化 CO 分子，也能够诱导产生活性氧。氙灯作为辅助催化发光的紫外光源，氟代六边形氮化硼作为不含金属的催化剂。氟代六边形氮化硼化学吸附氧气生成 B—O 键，同时发生物理吸附 CO。氟原子显著地提升六边形氮化硼吸附氧的能力同时促进 B—O 键生成，这样就促进了 CO 的氧化。CO 分子与活性氧反应生成激发态的 CO2*，产生的激发态的 CO2* 回到基态时以光的形式释放能量，就产生紫外光辅助催化发光。对 CO 线性响应范围为 0.025 ~ 3.75μg · mL^{-1},检测限为 0.005μg · mL^{-1}。

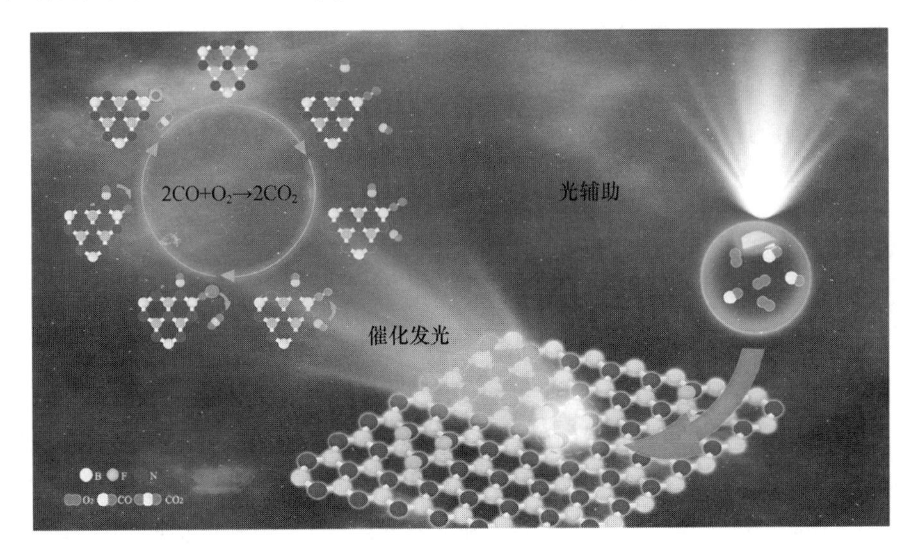

图 2.131　CO 光辅助催化发光机理示意图

以上催化发光研究对象大多数为易挥发的物质,那么,一些不易挥发的物质能不能在催化剂表面发生催化化学发光呢?吕弋等[329]发现了一种气溶胶的催化化学发光现象。基于这种现象,开发了一种在 Al_2O_3 表面催化发光的液相色谱气溶胶检测器。实验装置如图 2.132 所示,主要由 3 部分组成:从液相色谱中流出物的雾化装置、多孔 Al_2O_3 表面催化发光和化学发光检测装置。从液相色谱中流出物经过一个不锈钢毛细管(内径 0.35mm、外径 0.80mm)引入到气溶胶雾化室。不锈钢毛细管外侧安装一个更大的细管(内径 1.29mm、外径 3.60mm),通过它引入雾化室。多孔 Al_2O_3 涂在陶瓷加热棒上,厚度为 0.55mm。用加热控制器控制陶瓷加热棒。雾化装置和涂多孔 Al_2O_3 的陶瓷加热棒都安装在一个直径为 15mm 的 T 形石英管内,这样可以避免流出物未经雾化就直接喷到 Al_2O_3 的表面,同样避免了温度变化过大。样品引入 40μL 的进样环里,从液相色谱流出的液体被雾化器雾化,化学发光信号用 BPCL 超微弱化学发光仪记录。这种气溶胶化学发光传感器可以用来检测紫外吸收较弱的一些化合物,如糖类、聚乙二醇、氨基酸、类固醇。它与蒸发光散射检测器相比具有以下特点。

(1)大部分的化合物都会在多孔 Al_2O_3 上产生化学发光,这样就可以对无紫外吸收的挥发性或难挥发性化合物进行检测。

(2)由于是基于催化氧化的机理,而不是蒸发光散射,所以这种检测器克服了无机和难挥发流动相所带来的干扰。

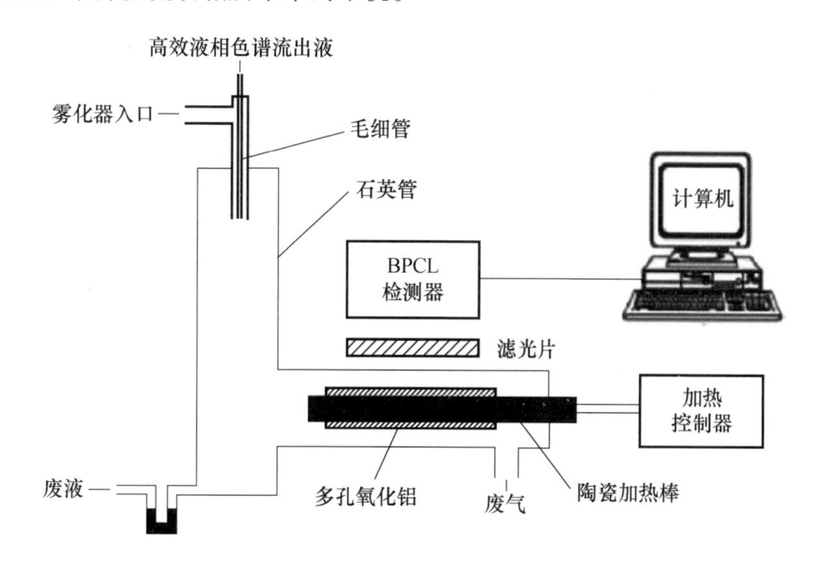

图 2.132　气溶胶的催化化学发光结构示意图

为了进一步扩大气溶胶化学发光的应用,黄光明等[330]开发了检测糖类和毛细管电泳耦合的气溶胶化学发光检测器,如图 2.133 所示。这种检测器主要由 3 部分组成:从毛细管电泳流出液体的雾化装置、在多孔 Al_2O_3 上的催化发光装置、化学发光检测装置。熔融的石英毛细管用来作为连续进样器,毛细管电泳外面是较大的管子,雾化气从这个管子进入。毛细管电泳流出来的液体通过连续进样器进入气溶胶化学发光检测器。化学发光系统是由烧结在直径为 6mm 的圆柱形陶瓷加热器上厚 0.5mm 的多孔 Al_2O_3 制成的。陶瓷加热器由数字温度控制器控制。雾化器和化学发光系统都设置在直的石英管中,为了获得更高的灵敏度,雾化器与 Al_2O_3 成 15°角。毛细管电泳的高压为 20kV,毛细管长 70cm,内径为 50μm。毛细管柱要用 0.2mol · L^{-1} 氢氧化钠溶液预处理 30min,水预处理 10min。每次用之前,毛细管柱要用 0.2mol · L^{-1} 氢氧化钠溶液冲洗 5min,缓冲溶液预处理 5min,然后装满水放置过夜。毛细管的出口总是接地,分离电压为 10kV，重力进样 10s。毛细管流动相和鞘液体在 T 形处进行混合，经过雾化器产生连续稳定的气溶胶。糖类化合物在多孔 Al_2O_3 表面产生了化学发光。这些糖类化合物的紫外吸收都很弱，如蔗糖、乳糖、麦芽糖、棉子糖、半乳糖、木糖、葡萄糖。这种方法是对没有紫外吸收的化合物毛细管电泳检测器的重要补充。

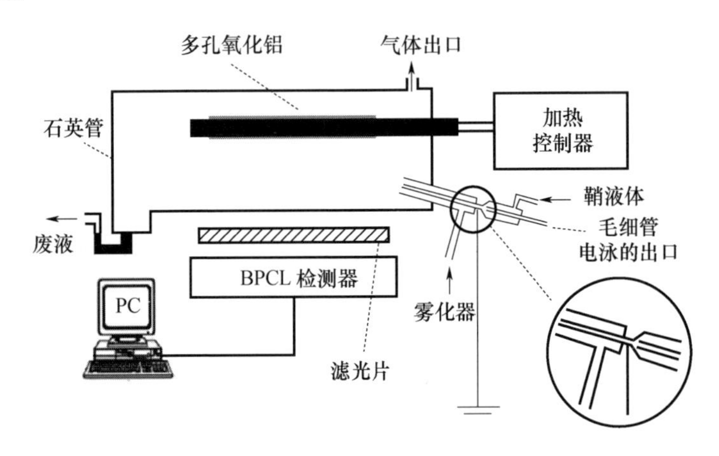

图 2.133　和毛细管电泳耦合的气溶胶化学发光检测器示意图

催化发光一个重要的发展方向是催化发光阵列传感器。阵列传感器可以获得更丰富的分子识别信息和检测能力。曹小安等[331]初步研究催化发光阵列传感器的可行性。传感器如图 2.134 所示，在研究中仍以 3 个催化发光传感器分别研究爆炸性气体（丙烷、正丁烷、异丁烷）在碳酸锶、碳酸钡和三氧化二铝上的催化发光特性。那娜、曹小安等[332]初步研究催化发光阵列传感器的可行性。

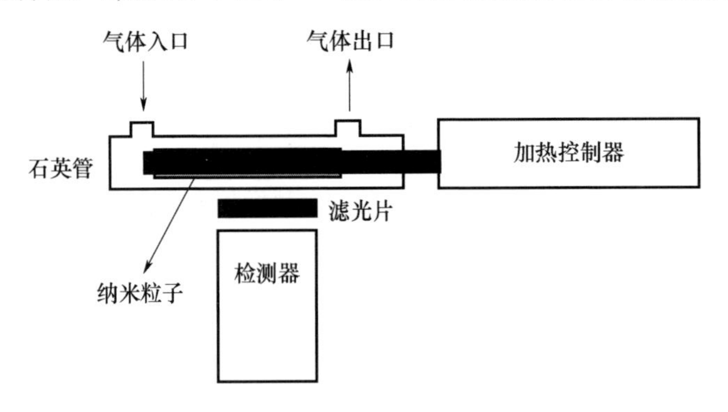

图 2.134　催化发光阵列传感器

那娜等[333]用碱土纳米材料作为催化发光敏感材料构建了用于检测碳氢化合物的 4×3 催化发光阵列传感器,如图 2.135 所示。这个催化发光阵列传感器前部分是低温等离子体辅助部件,活化的气体样品引入阵列传感器,在纳米材料上产生催化发光,用相机进行成像,获得了阵列传感器上每个敏感单元上催化发光信号。用这个催化发光阵列传感器对人呼出气体进行检测可以判断人是否患有肺癌,识别准确率可达 99.7%。

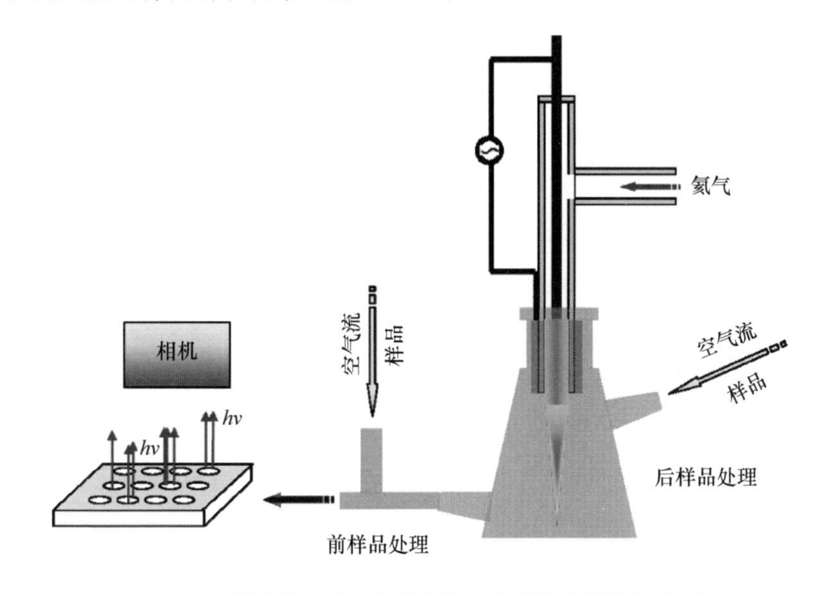

图 2.135 低温等离子辅助催化发光阵列传感器结构示意图

由于这类传感器不需要光源,因此易于微型化。寿命长是这类传感器的另一个特点。由于这种全固态的化学发光传感器与传统的化学发光传感器不同,没有发光试剂不断被消耗和脱落的缺点,因此具有非常好的稳定性,寿命长。可以预见,纳米材料作为催化剂的无损耗特点将为自动在线连续分析和化学发光传感器敏感系统的长寿命响应提供进一步发展的空间。同时,由于其强烈的发光特性和易微型化的特点,采用高灵敏度的检测技术,有可能设计出具有纳米级大小的探头,在芯片检测方面具有一定的前景。

5. 分子印迹化学发光传感器

分子印迹技术是近年来集高分子合成、分子设计、分子识别、仿生工程等众多学科优势发展起来的一门技术。由于印迹聚合物中空腔的空间结构以及空穴中功能基团的种类、数量和位点均与目标分子高度互补,因而,它能有效地识别目标分子。其识别目标分子的能力可以和抗体－抗原、酶－底物、受体－激素间的特异性识别相媲美,但却有抗体、酶、受体等生物活性物质所不具备的对环境高压、强酸、强碱、高盐的耐受性和长寿命。如果将分子印迹技术应用到化学发光分析中,利用分子印迹对目标分子的识别和捕获能力,使目标分子吸附在分子印迹聚合物上,从而与样品中的共存物质分离,然后进行化学发光检测,则可消除共存物质的干扰,提高化学发光分析的选择性。

Lin 等[334]初步尝试了将分子印迹技术和化学发光相结合应用于丹磺酰－对苯基丙氨酸的检测。他们用丹磺酰－对苯基丙氨酸作为模板分子、甲基丙烯酸和 2－乙烯基吡啶作为功能单体制备出对丹磺酰－对苯基丙氨酸分子具有良好亲和性的印迹分子。将这些分子印迹材料装填到长的玻璃管(内径 5.0mm、长 3.0cm)中,这个玻璃管放在光电倍增管前面,如图 2.136 所示。过硫酸氢钾和硫酸亚钴溶液的流动由自动阀控制。过硫酸氢钾、硫酸亚钴溶液和水的输送由微泵控制。当过硫酸氢钾、硫酸亚钴溶液流经分子印迹材料时,与模板分子丹磺酰－对苯基丙氨酸发生反应产生化学发光。丹磺酰－对苯基丙氨酸经过化学发光反应后被分解,这样分子印迹材料的空腔空间结构以及空穴中功能基团又被释放出来,可以重复使用。

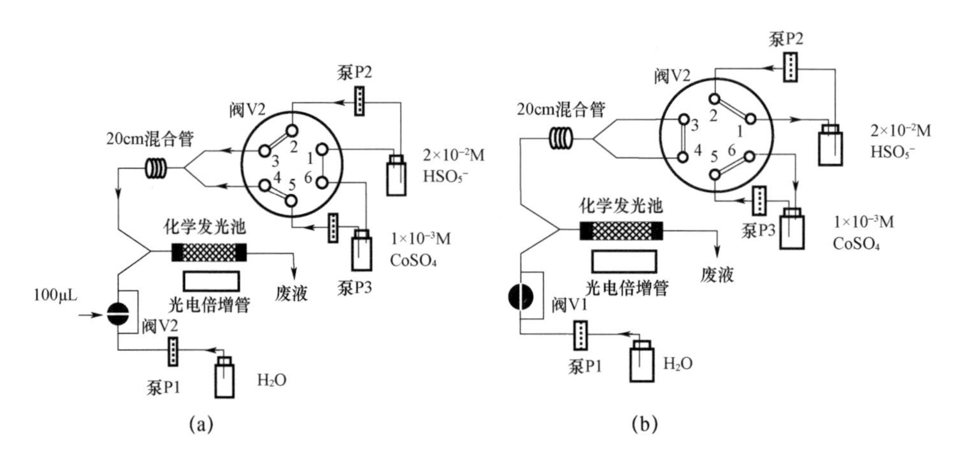

图 2.136　检测丹磺酰－对苯基丙氨酸的分子印迹技术化学发光传感器

(a)化学发光检测;(b)传感器冲洗。

Lin 等[335]又利用金属离子的结构和催化特性设计了一种分子印迹高分子，这种高分子既具有分子识别功能又具有化学发光催化功能。三元络合物4－乙烯基吡啶－Cu(Ⅱ)－1,10－邻二氮杂菲作为功能单体、二乙基苯作为交联剂，制备出来的分子印迹高分子可以作为检测1,10－邻二氮杂菲的化学发光传感器。这种传感器由蠕动泵、化学发光检测器、流通池组成，如图2.137所示。流通池由装填分子印迹高分子的玻璃管组成，将流通池放在光电倍增管前面。H_2O_2载液将样品环中的样品带入到流通池，在铜离子催化作用下与1,10－邻二氮杂菲反应产生化学发光。1,10－邻二氮杂菲发生化学发光反应后就从分子印迹高分子中脱出，因为1,10－邻二氮杂菲分子结构已发生了改变。

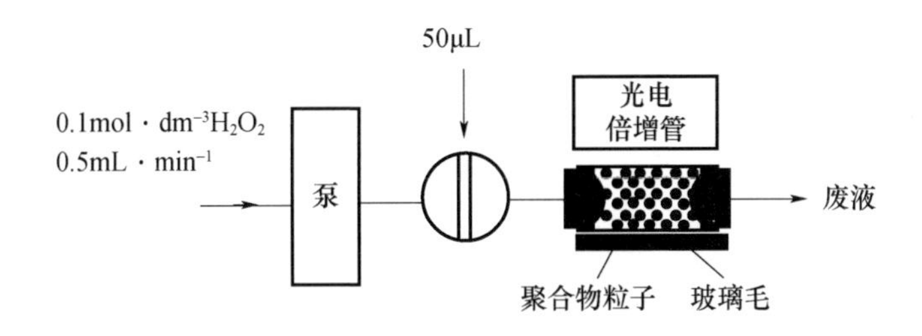

图2.137 流动注射分子印迹－化学发光传感器

Liu 等[336]发展了一种检测二甲马钱子碱分子印迹化学发光传感器，如图2.138所示。采用的分子印迹高分子是由二甲马钱子碱作为模板分子、甲基丙烯酸作为功能单体、二乙基苯和乙二醇二甲基丙烯酸酯作为交联剂合成得到的。将合成的分子印迹高分子装到微柱中，两端用玻璃纤维填充。装填好的微柱正对光电倍增管放置。当酸性高锰酸钾流经微柱时，高锰酸钾就和事先吸附在微柱中的二甲马钱子碱发生反应，产生化学发光信号。这种传感器对尿中的二甲基马钱子碱检测结果令人满意。

分子印迹化学发光传感器还可以对其他药物进行检测，如非那西丁、安乃近、扑热息痛等。总之，将分子印迹技术用于化学发光分析，不失为解决化学发光选择性的最佳选择。

2.4.4 化学发光传感器的发展前景

化学发光法今后主要向下面的4个方向发展[337]。

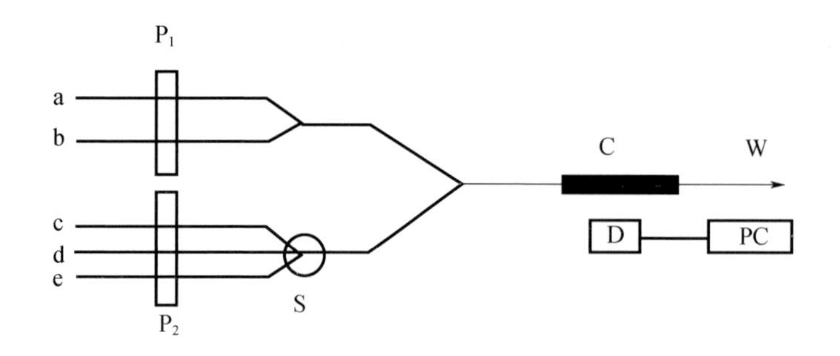

图 2.138　检测二甲马钱子碱分子印迹化学发光传感器

a—高锰酸钾溶液;b—多磷酸;c—亚硫酸钠溶液;d—样品溶液;e—水;P1、P2—蠕动泵;s—阀;C—分子印迹柱;D—检测器;PC—计算机;W—废液。

(1)集成化、微型化化学发光传感器的研究。实验装置的微型化是21世纪分析化学发展的主题之一,发光传感器与微流控芯片、生物芯片技术相结合是未来发展的必然趋势。

(2)纳米材料在化学发光传感器中的应用研究。在纳米尺度范围内,科学家已经发现了物质的许多新特性和新现象,这将为化学发光传感器的发展提供动力和源泉。

(3)改善和提高化学发光传感器的特性。研究和开发新的发光试剂固定化技术、化学发光体系、设计思路,提高现有化学发光传感器的特性,如稳定性、选择性、使用寿命,使化学发光传感器的研究走出实验室,应用于生产实践。

(4)耦合化学发光法有着很强的生命力,它可以提高灵敏度、选择性,增大适用范围。

2.5 表面等离子共振传感器

20世纪初,Wood等[338]首次发现连续光谱照射到金属光栅后频谱发生微量损失的“Wood异常”现象,即表面等离子波(Surface Plasmon Wave,SPW)。1941年,Fano等[339]用金属表面电磁波激发模型对其做出了解释。1957年,Ritchie[340]第一次提出用于描述金属内部电子密度纵向波动的“金属等离子体”的概念。随后,学者Stem和Farrell[341]给出了这种等离子体模式的共振条件,并将其称为表面等离子共振(Surface Plasmon Resonance,SPR)。经过研究人员几十年的努力,表面等离子共振技术逐渐开始应用于传感器领域。1982 年,Nylander 和 Liedery[342]将表面等离子共振原理应用于气体检测和生物传感领域。1990 年,Biacore AB 公司首次开发出商业化的表面等离子共振仪器,并逐步在全球范围内得到广泛应用。

SPR 传感器的主要优点是能实时、连续监测反应动态过程,待测物无须标记,损耗小,适用于混浊不透明或者有色溶液[343],检测方便快捷、分辨率高,应用范围广。SPR 传感技术因其独特的技术优势,在最近的 20 多年里得到了快速发展,已经成为生命科学、药物研发、食品安全、环境检测等众多领域的研究工具。

2.5.1　表面等离子共振传感器的基本原理

SPR 传感器是一种高分辨率的光学折射率传感器,对金属界面的折射率变化十分敏感,可以用来检测折射率的微小变化。如图 2.139 所示,入射光经偏振片起偏后以一定角度入射到金属(其中金属的另一表面附着被测体系)和玻璃界面上,并在金属膜中产生消逝波。消逝波能够引发表面等离子波,但消逝波的传播深度非常有限,入射光的全部能量均返回棱镜中。当入射光的波长及入射角满足一定条件时,消逝波引发的表面等离子波的频率和消逝波的频率相等,二者发生共振,这时,界面处的全反射条件将被破坏,呈现衰减全反射现象。从宏观上看,检测到的反射光光强会大幅度减小,这就是表面等离子共振现象,即能量从光子转移到表面等离子体。入射光大部分能量被吸收,造成反射光能量急剧减少,在反射光的光强反应曲线上看到一个最小峰,这个峰称为吸收峰。此时,对应的入射光波长为共振波长,对应的入射角为共振角。表面等离子共振的这些参数对附着在金属薄膜表面的被测系统的折射率、厚度、浓度等条件非常敏感。当这些条件改变时,共振角和共振波长也将随之改变。因此,SPR 谱(共振角的变化 V_s 时间,共振波长的变化 V_s 时间)就能够反映与金属膜表面接触的被测体系的变化或性质。

表面等离子共振传感器的检测参数主要包括灵敏度、分辨力和检测范围,此外,还有选择性、响应时间以及稳定性等。灵敏度是直接检测参数(如共振波长或共振角)的变化量与待定参数(如折射率、膜厚度、待测样液浓度等)的变化量之比。研究表明,角度指示型表面等离子共振传感器减小光波波长能提高其灵敏度;相反,波长指示型表面等离子共振传感器增加光波波长能提高其灵敏度[344]。此外,棱镜耦合结构的传感器比光栅耦合结构的传感器的灵敏度要高。J. Homola[345]等给出了典型的棱镜耦合和光栅耦合表面等离子传感器采用不同检测方式时的灵敏度,其中各种不同检测方式分辨率由已知参数检测精度算出,结果如表 2.5 所列。

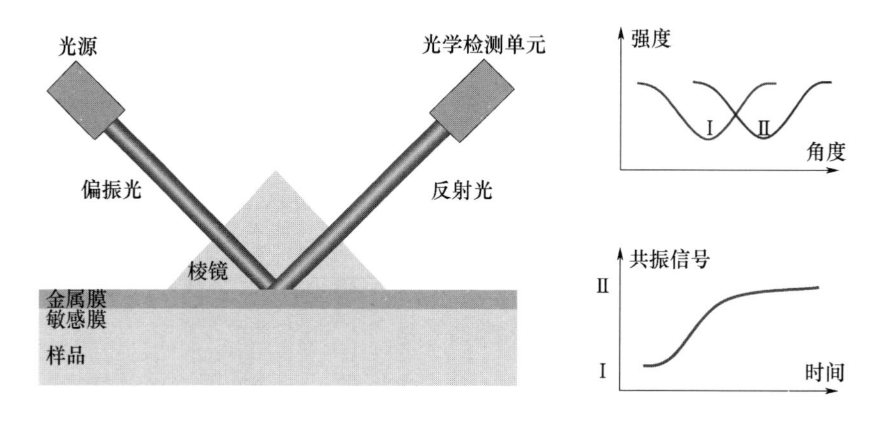

图 2.139　表面等离子共振传感器原理示意图

表 2.5　不同结构和测量方式对应的理论灵敏度

检测方法	角度指示型		波长指示型		光强指示型	
激发 SPW 的光学系统	灵敏度((°)RIU^{-1}) 分辨率(RIU)②		灵敏度(nmRIU^{-1}) 分辨率(RIU)③		灵敏度(%RIU^{-1}) 分辨率(RIU)④	
	λ =630nm	λ =850nm	λ =630nm	λ =850nm	λ =630nm	λ =850nm
棱镜耦合式	191 5×10^{-7}	97 1×10^{-6}	970 2×10^{-5}	13800 1×10^{-6}	3900 5×10^{-5}	15000 1×10^{-5}
光栅耦合式	43 2×10^{-6}	39 2×10^{-6}	309 6×10^{-5}	630 3×10^{-5}	1100 2×10^{-4}	4400 5×10^{-5}

注:棱镜耦合系统(BK7 玻璃,50nm 金膜,样品折射率为 1.32);
光栅耦合系统(间隔和深度分别为 800 和 790nm,金膜,样品折射率为 1.32)。
① 以上表面等离子仪器的精确度为已知。
② 角度分辨率为 1×10^{-4}°。
③ 波长分辨率为 0.02nm。
④ 强度分辨率为光源强度的 0.2%

另一个主要参数就是检测范围。一般来讲,光强指示型表面等离子共振传感器的检测范围较小,而波长和角度指示型的传感器较大。检测范围是由相应的角度探测仪和光谱分析仪所决定的。

2.5.2 表面等离子共振传感器的测量方式

根据检测光学信息的不同,表面等离子共振传感器的测量方式可分为5 种。

(1)角度指示型。固定入射光的波长,观测反射光归一化强度达到最小时的入射角,即在该特定的入射角,入射光的波矢和 SPP 的波矢满足波矢匹配的条件,从而激发 SPR 现象。上述特定入射角就是该波长光的共振入射角,如图2.140 所示。

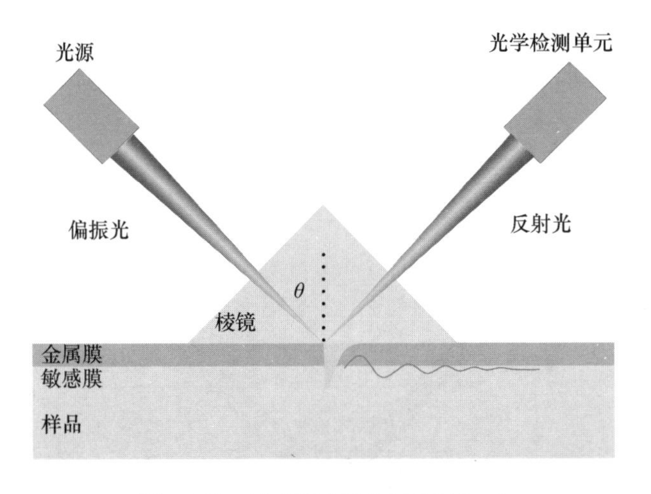

图 2.140 棱镜耦合结构示意图(一)

(2)波长指示型。固定入射光的入射角,观测反射光归一化强度达到的最小波长,即该特定波长的入射光,入射光的波矢和 SPP 的波矢满足波矢匹配的条件,从而激发 SPR 现象。上述特定波长即为该入射角的共振波长,如图 2.141所示。

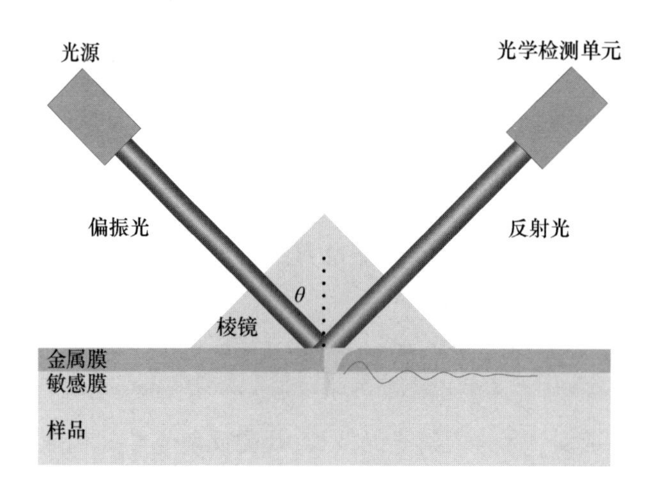

图 2.141　棱镜耦合结构示意图(二)

(3)光强指示型。固定入射光的入射角和波长,检测反射光的归一化光强。采用固定波长的光在共振入射角进行照射,当被测介质的折射率发生变化时,反射光的光强会随之变化,可以得到被测介质与反射光的光强之间的关系(图 2.142)。

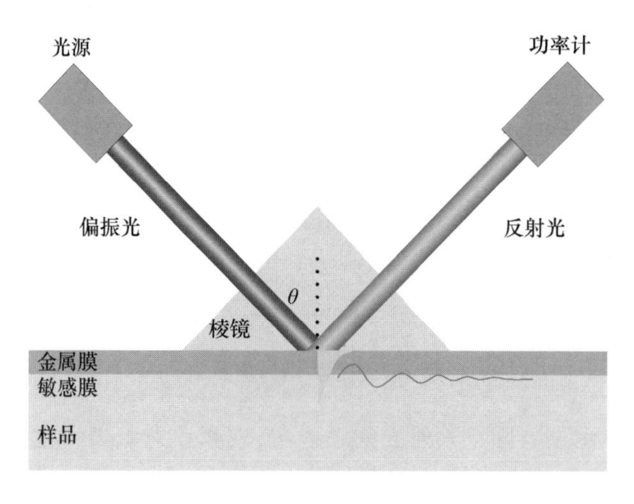

图 2.142　棱镜耦合结构示意图(三)

(4)相位指示型。固定入射光的入射角和波长,检测入射光和反射光的相位差。采用固定波长的光在共振入射角进行照射,当被测介质的折射率发生变化时,反射光的相位值会随之变换,可以得到被测介质折射率与反射光的相位之间的关系(图 2.143)。

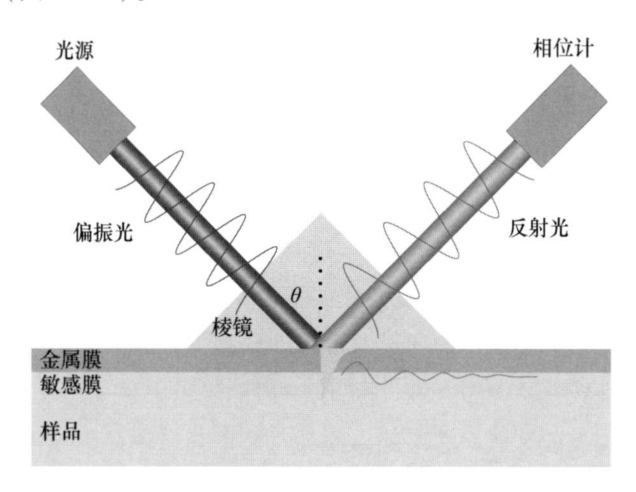

图 2.143　棱镜耦合结构示意图(四)

(5)古斯-汉森位移型。固定入射光的入射角和波长,检测光束入射点与出射点之间的位移值,即古斯-汉森位移值。采用固定波长的光在共振入射角进行照射,当被测介质的折射率发生变化时,反射光的古斯-汉森位移值会随之变换,可以得到被测介质折射率与反射光的古斯-汉森位移之间的关系(图 2.144)。

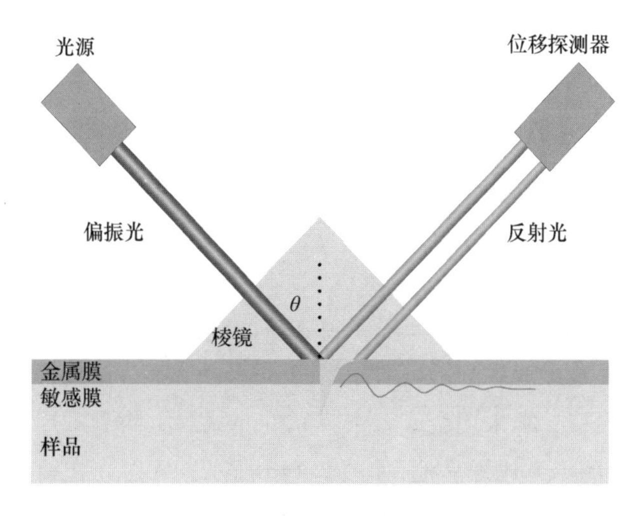

图 2.144　棱镜耦合结构示意图(五)

这5种方法中,前两种的应用最普遍;第三种方法受扰动产生的误差较大;第四种方法的灵敏度最高,但系统需要一系列的高频电路;第五种方法属于初步研究阶段,分辨率较高,如果能解决稳定性差的局限,发展潜力较大。

2.5.3 表面等离子共振传感器的结构

表面等离子波的传播距离非常短,检测行为就发生在光波激发表面等离子波的区域。光学系统不仅用来激发表面等离子波,还用作最后的检测,所以表面等离子传感器的灵敏度不能通过增多工作区域来提高。在电介质中,表面等离子波的传播常数总是大于光波。因此,一般的光波必须采用衰减全反射等方法加强后才能和表面等离子波匹配。这种光波增强方法分为光栅耦合、棱镜耦合、集成波导耦合、光纤耦合4种方式。因此,根据表面等离子传感器系统中光学耦合结构的不同分为棱镜耦合结构、集成波导耦合结构、光纤耦合结构以及光栅耦合结构4种。

1. 棱镜耦合结构

四种结构中人们最早发现的是棱镜耦合结构,由于这种结构非常适合用作传感机制,所以发展得最成熟。目前,多数表面等离子共振传感器都采用这种结构。其中,由于传感膜结构的差异,又可分为Otto结构和Kretschmann结构两种类型,如图2.145所示。在Otto结构中,棱镜的底部与金属膜之间有一段空隙,其厚度d与入射光波长相近,将待测物质放置在空隙中,通过调整空隙的厚度d激发SPW。但由于空隙厚度不易控制,制作、使用都不方便,所以很少采用。Kretschmann结构中棱镜与金属膜之间不存在空隙,待测物质放置在金属膜下方。在两种结构中,人们对后者的研究和应用较为广泛。

为了避免发生折射现象引起误差,光路需要垂直进入和通过棱镜,因此,要求棱镜是等腰三角形或半圆形。对于Kretschmann结构,在棱镜底部有一层约50nm厚的金属膜(一般采用金或者银膜),在金属膜上附着一层具有选择性的敏感膜,敏感膜的下方放样品池,如图2.146所示。入射光在棱镜底部发生衰减全反射,激发表面等离子波,通过对反射光的检测可以知道其共振角或共振波长,从而实现对待测样品的检测。

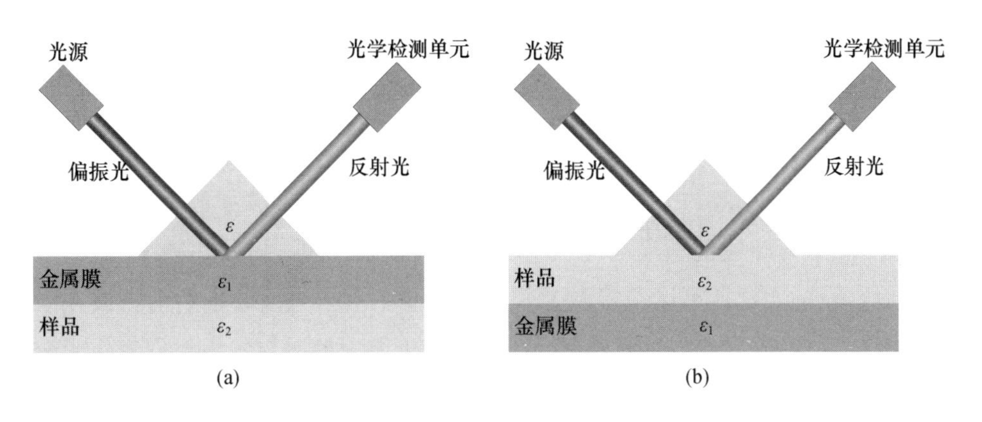

图 2.145　棱镜耦合结构示意图

(a) Kretschmann 结构;(b) Otto 结构。

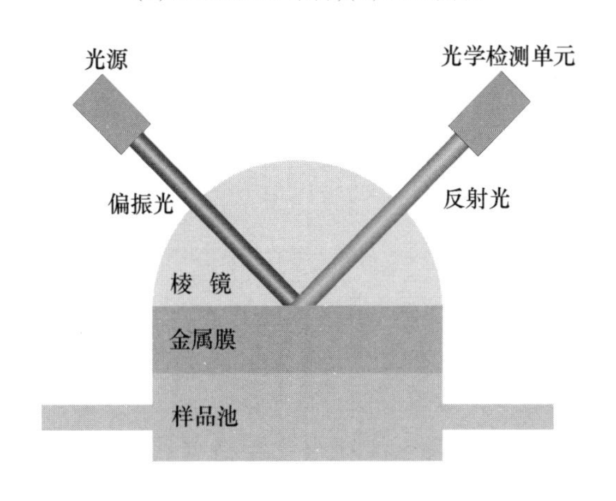

图 2.146　半圆形 Kretschmann 结构

图 2.147 是一种棱镜耦合式波长指示型表面等离子共振传感器[346],它以发光二极管(LED)作为光源,在光路上放置两个凸透镜对光束进行聚焦,利用偏振片将光转化为偏振光,再经光阑把光束的孔径调到合适大小。敏感元件是附着在直角棱镜斜边上的一层化学敏感膜,该膜与待测样品接触,将棱镜放在旋转台上,根据需要改变入射角,反射光经过凸镜聚焦后,经光电二极管将光信号转化为电信号,再由计算机分析处理。

2. 集成波导耦合结构

集成波导耦合结构具有光路可控、结构简单、易于小型化、易集成化及良好的稳定性等突出优点[347],其结构如图 2.148 所示。在光波导层上覆盖一层可以支持表面等离子共振的平面多功能结构层,这个平面多功能结构层由表面等离子活性金属膜层(通常是金)和一些能促进层面间结合或能调整检测范围的物质层构成。光从光波导物质射到金属层时,在层面上发生了全反射,同时产生消逝波。在金属膜的另一面覆盖上各种敏感膜,当消逝波穿过敏感膜时,产生光信号,或者导致消逝波与光波导内传输的光波强度、相位和频率的变化。检测这些量的变化就可以获得敏感膜上的信息。由于光波导中的消逝波在吸收物质中的浸入深度比自由空间波大,所以消逝波对覆盖层的折射率变化十分敏感[348]。

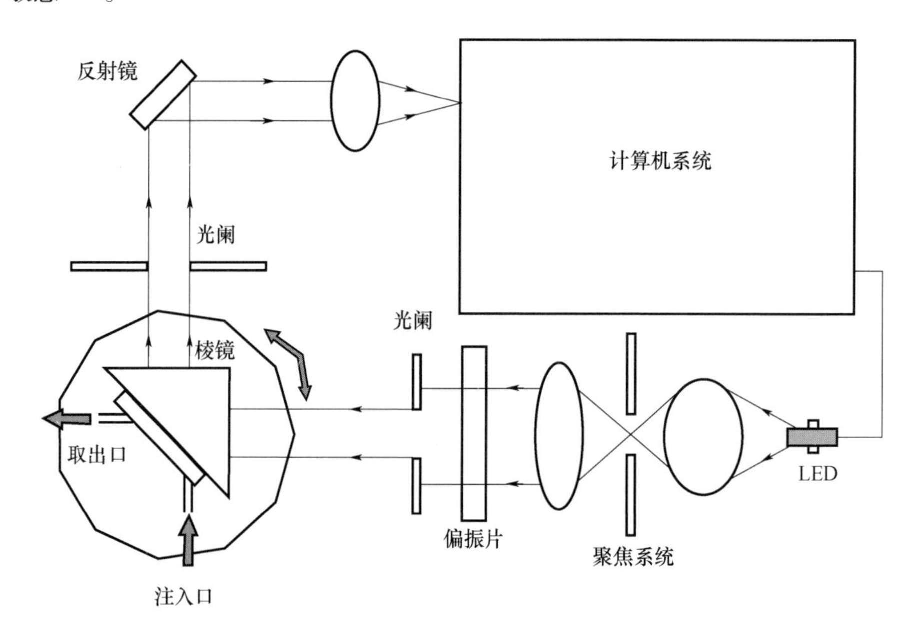

图 2.147　棱镜耦合式波长指示型表面等离子共振传感器

图 2.148　集成波导耦合结构图

3. 光纤耦合结构

相比于棱镜 SPR 传感器,光纤 SPR 传感器有很多独特的优点,如体积小、操作简单,可以实现在线实时远距离检测和监测等。但是光纤 SPR 传感器的理论分析由于引入了光纤结构而变得十分困难[349]。

如图 2.149 所示,光纤耦合类传感器就是将光纤部分保护层剥离,将纤芯裸露出来,再在纤芯外加上金属膜层及敏感层,检测时将该部分(带有敏感膜的部分)与待测样液接触。由于光在光纤内传播,能量衰减极小,所以这种传感器具有一些其他结构的传感器所没有的特点。它可以很方便地探测一些人类难以进入或者有害的地方,可以通过光纤对敏感信号的传输,实现远程检测和分布式检测,而且能够达到较高的灵敏度。

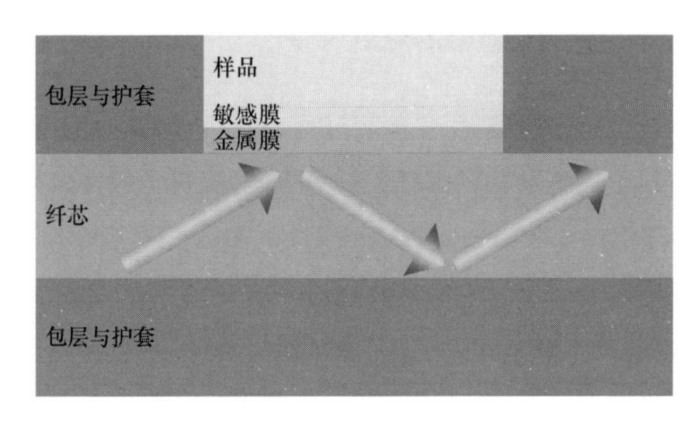

图 2.149　光纤耦合结构示意图

4. 光栅耦合结构

这种结构的优点在于可以利用现代先进的微机械加工工艺实现传感系统微型化和批量化生产,而且这种结构对金属膜的厚度没有严格限制,便于制作。其不足之处在于灵敏度较棱镜耦合方式要低,数学模型的建立与理论计算比棱镜耦合方式复杂得多,并且要求被测样品必须是透明的[350]。这些不足都严格限制了光栅耦合结构传感系统的应用。

光栅耦合结构的 SPR 传感系统如图 2.150 所示。在这种结构中,金属层与介质层构成周期性变化的光栅曲面,当入射光照射到光栅表面时,便会发生衍射,不同的衍射角对应不同的衍射阶。当某一阶衍射光的波矢在界面方向的分量与 SPW 的波矢相等时,二者产生共振,发生 SPR 现象。此时,对应的衍射阶发光强度就会大幅降低,甚至消失。所以光栅耦合结构的 SPR 传感系统可以通过检测衍射发光强度分布的方法获得与棱镜耦合方式类似的 SPR 峰值曲线。

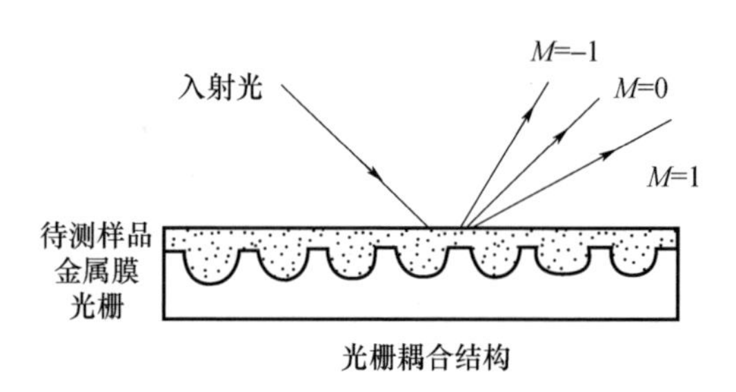

图 2.150　光栅耦合结构的 SPR 传感系统

2.5.4　表面等离子共振传感器的应用

SPR 传感器具有实时监测反应动态过程、样品不需要标记纯化、灵敏度分辨率较高、受背景干扰小等特点,在化学、生物学、材料学等多个领域得到了广泛应用。

1. 化学检测

待测分子被敏感膜有选择性地化学吸附或与敏感膜中的特定分子发生化学反应,引起敏感膜的光学属性(主要是折射率)发生变化,从而会导致表面等离子共振条件的变化,因此,可以通过检测共振角或共振波长的变化来检测待测分子的成分、浓度以及参与化学反应的特性。

Abdelghani 等[351]设计了一种表面等离子共振光纤型传感器,在光纤表面放置一层厚 50nm 的银膜,再在银膜上利用自组装的方法沉积一层化学敏感膜。这种传感器可以对卤代烃进行很好的检测,例如,它对三氯乙烯、四氯化碳、氯仿和二氯甲烷的检测限分别为 0.3%、0.7%、1% 和 2%。更为重要的是,其响应时间均小于 2min。

Chadwick 等[352]研制了一种检测氢的传感器,其中金属薄层采用钯镍合金。这种合金薄层比纯钯有更好的机械强度和耐腐蚀性,而且它不受一般的大气成分(如 CO 和 CH_4 等)影响,在没有 O_2 的环境下也能正常响应。

Chaha 等[353]研制了一种检测汞离子的表面等离子传感器,它在金膜上用自组装方法涂上一层1,6-己二硫醇(HDT)作为敏感膜检测水溶液中的汞离子。这种传感器能对0.1~1.0mmol·L^{-1}浓度的汞离子进行定量检测。水溶液中同时存在的Pb^{2+}、Ni^{2+}、Zn^{2+}和Cu^{2+}不干扰对Hg^{2+}的定性分析。

杨生春等[354]利用SPR光谱表征了银纳米粒子与CN^-离子反应的动力学特征,SPR光谱的λ_{MAX}消光与CN^-浓度的关系及其影响因素,测定下限0.05μg·mL^{-1},方法可用于对水中无色、有毒CN^-离子的检测。

王晨晨等[355]利用金纳米粒子制备的生物芯片,通过间接竞争抑制法结合SPR技术检测猪肉中的沙丁胺醇,检出限为1.2ng·mL^{-1}。样品进样时间短,可以实时在线监测,具有较高的灵敏度和准确性,在食品添加剂检测领域具有很好的应用前景。

Kumar等[356]利用AChE作为SPR传感器上的识别分子进行农药的检测,检测了马拉硫磷及敌百虫,研究引入了纳米银离子并且将其固定在玻璃板上,解决了胶体银影响纳米粒子在水相中聚集的问题,有效提高了传感器的检测灵敏度,达到0.455nmol·L^{-1}和5.46nmol·L^{-1}。

2. 生物检测

SPR传感器可以用于检测生物分子的结合作用或者通过生物分子结合作用的检测完成对特定生物分子的识别及其浓度的测定,也可用于测定食物中营养物和抗生素的水平、食品中的细菌和真菌污染量等[357-358]。

Morton等[356]根据10株McAb与人心肌球蛋白的反应动力学资料分析,筛选出4株能分别识别不同抗原决定簇的高亲和力抗体,将其分为2组,用作心肌球蛋白常规免疫夹心检测法的上、下层抗体。经过筛选后形成最佳组合,从而提高了夹心法的敏感性。采用SPR的动力学分析,观察各种洗脱液对抗原/抗体结合的解离作用,可快速筛选免疫亲和层析的最合适条件。将抗原固定在SPR上,可筛选和浓缩噬菌体。

Bischoff等[360]报道了4种药物(FA-2、HPD、Hoechst33258和替洛隆)互补DNA之间的相互作用。他们将生物素标记的DNA固定在链霉亲和素-右旋糖苷-金组成的3层膜上,通过流动注射将药物注入样品池中,形成DNA-药物的复合物,50mmol·L^{-1}的NaOH可解离此复合物。

申刚义等[361]从热力学角度研究了牛血清白蛋白、人血清白蛋白与色氨酸对映异构体相互作用的手性识别,考察了 pH 值、离子强度和温度对亲和力的影响。研究表明,牛血清白蛋白及人血清白蛋白与 L-色氨酸的结合有高度特异性,疏水作用在手性识别过程中起主要作用,但不排除静电作用有一定的贡献。

2.5.5 展望

SPR 传感器因其独特的技术优势,近些年来得到了快速发展。但是 SPR 传感器也存在一些缺点,如难以区别非特异性吸附、对温度和样品组成等干扰因素敏感等。目前,人们正在通过改进仪器的结构和检测手段、增加参考通道、改进传感膜层结构、降低噪声影响和优化数据处理的算法等措施进一步提高其灵敏度及分辨率。现在有人在研究实现多通道检测和把器件微型化及阵列化的方法[362],将来的 SPR 传感器可以实现高通量检测和一次性多个样品的同时检测,同时价格也将大大降低,从而更快地进入各个检测和分析领域;同时还积极开展与其他检测技术联用,以提高检测的灵敏度、准确度[363]。

2.6 非色散红外传感器

非色散红外(Non-dispersive Infrared,NDIR)传感器不对红外光源进行分光操作。当红外光照射待测气体后采用滤光片让特定波长的红外光通过[364],通常选择待测气体的特征红外吸收波长作为检测波长,并使用光电检测器进行检测。该方法具有实时检测、检测范围广、维护成本低和使用寿命长等优点[365-366],非色散红外传感器在煤矿安全、空气检测和环境控制等领域均起到了重要作用。

2.6.1 非色散红外传感器的基本原理

1. 气体 NDIR 传感器定性检测原理

分子中组成官能团或化学键的原子处于不断转动或振动的状态,红外光照射气体后,其振动或转动频率与红外光辐射频率相等时,引起气体分子中特定官能团或化学键的转动能级或振动能级跃迁。由于不同的化学键和官能团的吸收频率不同，其在红外谱图上有不同位置的特征吸收峰，从而根据分子中含有的特征官能团和化学键可鉴别物质分子[367-368]。图2.151所示为一些常见气体的红外特征吸收光谱图。CH_4中C—H键的单独对称振动并不总是同步的，存在的瞬时偶极矩即产生了红外吸收。Zellweger等[369]选择CH_4在3.30μm的红外吸收设计了CH_4的NDIR传感器。CO_2反对称伸缩振动时，瞬时偶极矩发生变化时则产生了红外吸收。Hodgkinsona等[370]选择CO_2在4.26μm的红外吸收作为检测波长用于测量CO_2浓度。CO作为极性分子，具有红外活性。Dinh等[371]选择CO在4.64μm的红外吸收研究CO的浓度变化。

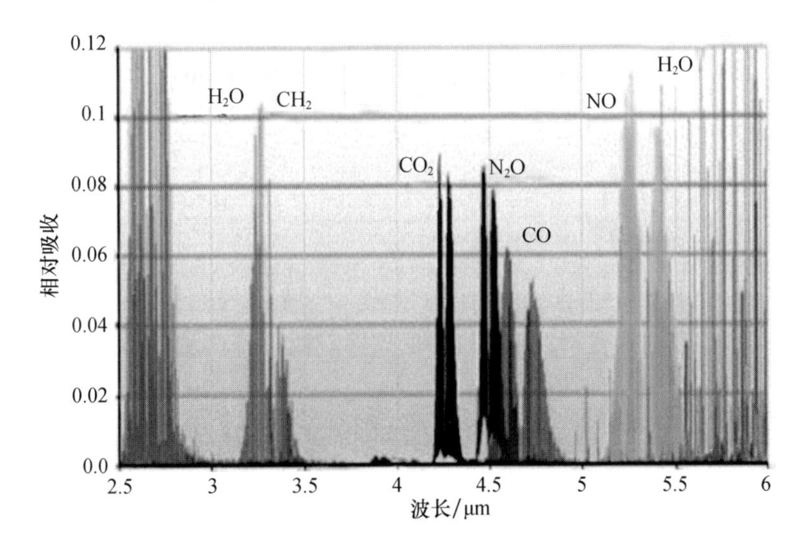

图2.151 常见气体的红外光谱图

2. 气体NDIR传感器定量检测的原理

当气体吸收特定波长的红外光后，透过的特定波长红外光的光强度会减弱。根据朗伯-比尔定律[372-374]，特定波长红外光的光强和气体浓度之间满足

$$I = I_0 e^{-kcl}$$

式中：I_0为特定波长入射时的红外光强度；I为特定波长吸收后的红外光强度；c为待测气体浓度；l为通过的光程，k为气体的吸收系数。在使用过程中需要对此式进行改进，建立合理的数学分析模型。常用模型为差分吸收检测法：将红外光分为两路，一路通过待测气体，另一路作为参比，通过气室后进入检测器形

成测量信号和参比信号,此方法可克服光源功率不稳定带来的影响[375-377]。

3. 气体 NDIR 传感器的补偿方法

在气体 NDIR 传感器中,由于光电检测器等元件与温度和压力之间为非线性关系,而且采用的测量电路也为非线性,因此,需要对信号和浓度的关系进行非线性补偿。气体 NDIR 传感器补偿方法可以分为硬件补偿和软件补偿。

硬件补偿通过电路装置实现,通常有温度补偿、压力补偿和湿度补偿等。2010 年,Wang 等[378]设计了由压力调制装置组成的气体 NDIR 传感器,使用了高压泵将 CO_2气体压缩至压力缓冲器中,压力为 900kPa,分辨率增加 8.6 倍,降低了零点漂移,24℃时测量 CO_2的相对准确度在标准值的 ±2% 以内。2011 年,Hwang 等[379]提出了一种新型多晶硅微加热器用于 NDIR 传感器中,从而提供了更强的红外光照射。

软件补偿有查表法、公式法、插值法和曲线拟合法。孙友文课题组[380-382]在研究 NDIR 非线性吸收对多组分气体交叉干扰影响时,用最小二乘法拟合出了三阶多项式的函数,可以有效扣除气体之间的交叉干扰;2015 年,赵建华等[383]利用偏最小二乘法对基于 NDIR 原理的飞机火警传感器建立了温度补偿模型,相关系数达到 0.99 以上;2018 年,薛宇等[384]采用神经网络法对 SF_6 的 NDIR 传感器进行温度补偿,消除了测量时温度变化造成的非线性影响。

2.6.2 非色散红外传感器的结构

气体 NDIR 传感器的整体结构如图 2.152 所示,主要结构包括红外光源、气室、滤光片和红外光检测器[385]。调制电路根据设定频率使光源发出周期性的红外光,通过气室时待测气体吸收红外光,选择合适的滤光片让特定波长的红外光通过,红外光检测器将光信号转化为电信号输出,经过放大滤波电路进行信号放大和去除部分噪声,再由模数转换器将模拟信号转化为数字信号后进入单片机,通过标定零点和测量时红外光吸收强度的刻度化,显示屏就能显示被测气体的浓度。

1. 光源

对于红外光源,不仅要求光源能发出足够强度的红外光,而且要求光源具有良好的稳定性。常用的红外光源有稳态光源、激光器、高频调制发光二极管光源和低频电调制光源。

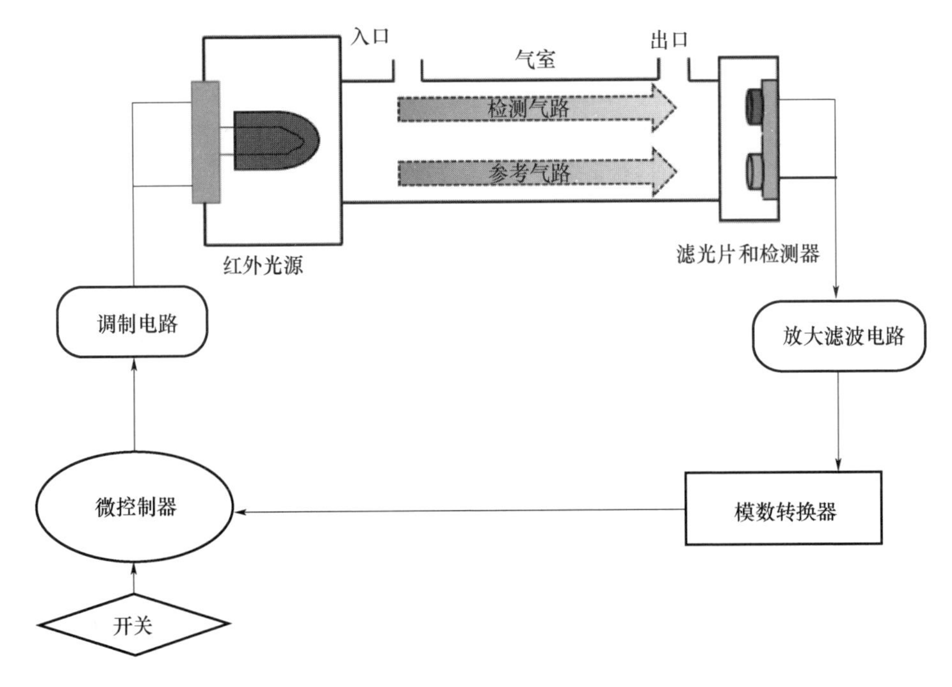

图 2.152 气体 NDIR 传感器的整体结构图

(1)稳态光源。主要用于大功率输出的仪器,通常带有蓝宝石和表面镀金的反射罩或 CaF_2 窗口。目前,美国 Helioworks 公司[386-388]生产的光源均为稳态红外光源。这类光源的稳定性好,但需调制盘进行调制,操作复杂,价格昂贵。

(2)激光器。最常见的是分布反馈激光器(Distributed Feedback,DFB),主要通过温度和电流调谐,电流调谐范围小于 1nm,调谐过程简单且容易控制;温度调谐范围小于 10nm,调谐速度慢。此类光源的缺点是价格非常高[389-390]。

(3)高频调制发光二极管光源。通过脉冲宽度进行电调制,调制频率较高,对装置的电路设计和开关材料有很高要求[391],现在常用于一些痕量气体的检测。Fanchenko 等[392]选用这种发光二极管作为甲烷 NDIR 传感器的光源。

(4)低频电调制光源。无须机械调制盘就可进行调制,并且稳定性高,价格相对低廉[393]。Chen 等[394]采用 IR715 作为低频电调制光源,具有体积小、耗电量少的优点。

2. 气室

气室通常分为参考气室和样品气室。在气体检测过程中，光路会被许多因素干扰，使用参考气室可消除光源辐射的减弱和气室环境波动带来的误差。气室的类型有透射型吸收气室和反射型吸收气室。透射型气室是红外光透射样品通过滤光片后被检测器接收，存在反射光与入射光相遇产生噪声的现象。反射型气室则是红外光通过反光镜反射后被检测器接收[395]。2019 年，Yuan 等[396]在利用气体 NDIR 传感器检测三氟溴甲烷时，设计了新型的类似于潜水艇里使用的"潜望镜"腔型吸收模块，通过反射后增长光路和减小体积，使整体结构更加紧凑。

3. 滤光片

红外光经过气室后，选择合适的滤光片让特定波长的红外光通过，避免了其他红外光的干扰。滤光片安装在红外检测器上，通过在真空机内对基底镀膜制备。镀膜材料有高折射率的 TiO_2、ZrO_2、Ta_2O_5、Si 等，以及低折射率的 SiO_2、MgF_2等。2013 年，Tang 等[397]选择 Ta_2O_5 作为高折射率的膜材料、SiO_2作为低折射率的膜材料，利用离子束溅射制备了一种滤光片，其在 905nm 波长处的峰值透过率为 96.3%。2016 年，张雷等[398]以 SiO_2和 Ta_2O_5为膜材料，采用离子辅助沉积技术，在膜材料热蒸发时通过离子轰击成膜，最终形成了有 5 个谐振腔的滤光膜。

4. 检测器

红外检测器是将红外光照射信号转变成电信号输出的器件，按照工作机理可以分为光子检测器和热检测器。

1)光子检测器

光子检测器的原理是基于光电效应。光子检测器包括光电导检测器、光伏特检测器、光磁电检测器及光电发射检测器。

(1)光电导检测器。当红外光照射到半导体材料表面后，材料中的束缚态电子变为自由态，导电率增加。常用于水分分析仪、红外光谱仪等[399]。

(2)光伏特检测器。当红外光照射到半导体材料的 P－N 结时，自由电子向 N 区进行移动，空穴向 P 区进行移动，在 P－N 结为开路的情况下，两端会产生附加电势。常用于光纤通信和光功率计等[400]。

(3)光磁电检测器。红外光照射至半导体材料表面后,材料表面产生的电子和空穴一起向内部扩散,并在强磁场作用下,空穴与电子各偏向一边产生了开路电压,常用于激光脉冲测试和红外光辐射强度测试等[401]。

(4)光电发射检测器。红外光照射至检测器后,从表面放射出光电子,进而产生光电流,常用于激光定位等[402]。

2)热检测器

热检测器主要利用红外光照射前后材料温度的改变进行探测,包括热敏电阻检测器、气体型检测器、热电偶和热电堆检测器、热释电检测器。

(1)热敏电阻检测器。当热敏电阻表面被红外光照射时,其温度升高,阻值发生变化,从而得出入射红外光的强弱,常用于工业中流程温度检测和电池温度测试等[403]。

(2)气体型检测器。气体吸收红外光后,自身温度升高,气体体积增大,从而得出红外光的强弱,常用于红外辐射检测器等[404]。

(3)热电偶和热电堆检测器。该检测器基于温差电效应产生了温差电动势后进行检测。由于单个热电偶形成的温差电动势较小,所以采用多个热电偶串联,形成热电堆,提供更大的电动势。两者常用于运动感应测试和温度监测[405]。

(4)热释电检测器。其原理是内部晶体经过红外光照射后,会在两端产生数量相等且符号相反的电荷,自由电荷从晶体表面释放即产生电信号。该检测器常用于气体检测和人流量监测[406]。

2.6.3 非色散红外传感器的应用

1. 无机气体

1)CO_2气体

CO_2是造成温室效应的气体之一,检测 CO_2 浓度还可以预警火灾的发生。2011 年,Barritault 等[407-408]开发了一种基于微型硅热板的中频红外光源,能够在温度大于 650℃下工作,功耗小于 50mW,寿命超过 10 年。这个红外光源由硅层(200nm)、氮化硅层(100nm)、氮化钛/铂/锡层(100/30/10nm)、二氧化硅层(100nm)和锡/金层(10/200nm)组成。该红外光源通过与一个微型热辐射计相结合组成 NDIR 传感器用于 CO_2浓度的检测，其灵敏度曲线如图 2.153 所示。在温度为 25℃时，该仪器的检测浓度范围为 0 ~ 3000ppm，准确度为 CO_2传感器满量程的 ±3%。其缺点是光源价格较贵。2013 年，Gibson 等[409]研制了一种新型中红外发光二极管光源和光电二极管检测器组合的二氧化碳 NDIR 传感器。该传感器具有稳定时间快、功耗小、成本低等特点。测得 CO_2浓度范围为 0 ~ 100%，准确度为满量程的 ±3%，响应时间为 4s，功耗为 3.5mW。

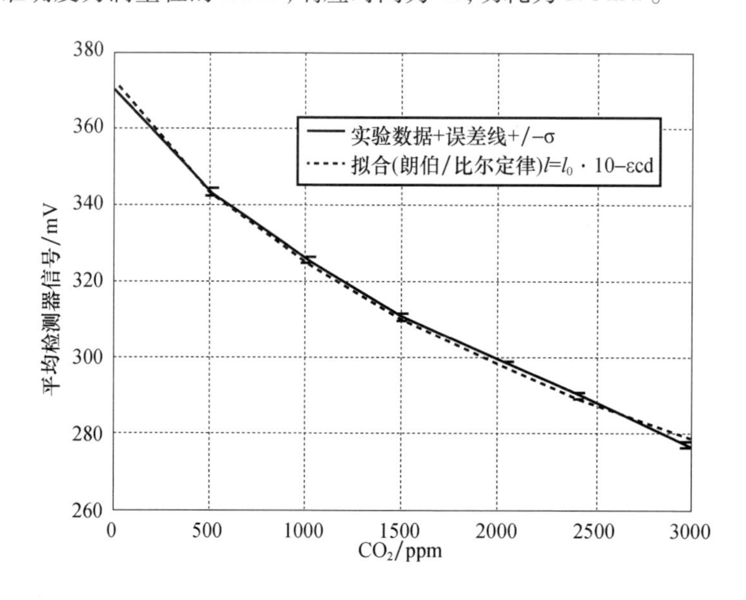

图 2.153　传感器的灵敏度曲线图

2）六氟化硫（SF_6）气体

SF_6的化学稳定性优异，具有良好的灭弧和绝缘性能，可运用在高压电力设备中，以减少设备故障率，但 SF_6在高温电弧和火花放电情况下会分解为有毒有害气体。2012 年，袁子茹等[410]研制了一种采用泵吸入 SF_6气体的 NDIR 传感器，反射结构的气室使红外光源经过 4 次反射后进入检测器。检测 SF_6的范围为 0 ~ 50ppm，精度为 0.1ppm。2018 年，裴昱等[411]采用单气室双波长光路结构研制了一种非色散红外 SF_6气体传感器，SF_6气体测量精度为 ±0.53% FS，能够准确地对 SF_6气体浓度进行实时检测。

3）其他无机气体

1977 年，Sebacher 等[412]利用 NDIR 法设计了一款 HCl 传感器，通过优化所选气体的红外吸收谱线宽度、温度和光路长度，获得了极高的光谱分辨率，其对HCl的检出限为5ppm。1998年，Bernard等[413]对HF的NDIR传感器进行改进，通过增加滤光片的数量，消除了零点漂移的影响，减少了水分的干扰。当光路长度为10m时，其检出限为0.1mg/m^3。2012年，Breitenbach等[414]利用气体NDIR传感器检测了NH_3，检测浓度为5%~6%。2014年，Zhao等[415]通过气体NDIR传感器检测了不同烟气位置对NO_2测量结果的影响，并进行了仿真实验，提高了气体NDIR传感器检测NO_2的准确度。2016年，Liu等[416]以四通道热电检测器TPS4339作为红外检测器，氙灯作为红外光源，设计并仿真了NDIR数字模拟数据采集电路，以准确地获得汽车尾气中CO浓度，提高了信噪比，降低了检出限。

2. 有机气体

1）甲烷（CH_4）气体

CH_4气体是煤矿坑道气、天然气、油田气或沼气的主要成分，通过对CH_4气体浓度的检测，可有效预防重大爆炸事故的发生。2015年，Tan等[417]设计了一种气室内壁为抛物面的非色散红外装置，其剖面结构如图2.154所示，在椭圆的焦点O'点放置光源，A点和A'点为检测器，光源O'点发出的红外光经过上平面BB'的反射和椭圆内表面的反射后进入检测器，从而延长了光路，减少了体积和耗能。进一步通过线性补偿，克服了环境温度、湿度和压力变化的影响，测得CH_4的线性范围为0~44500ppm。同年，Rouxel等[418]也开发了一种小型甲烷气体传感器，传感器的尺寸为2cm×3.5cm，CH_4的检出限为320ppb。

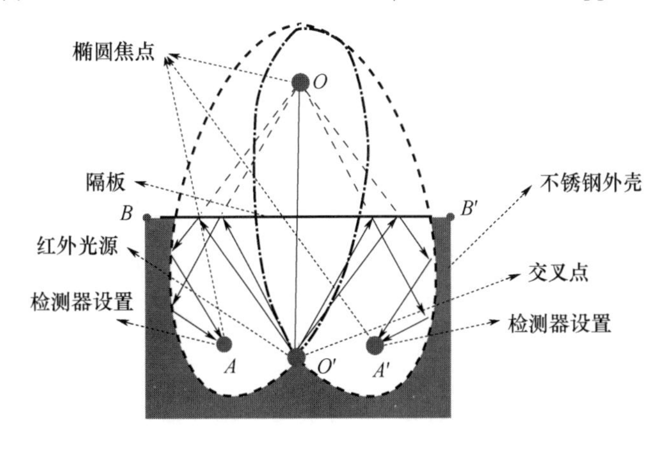

图2.154　CH_4传感器的气室结构图

2)乙醇气体

检测乙醇气体能筛查酒驾,对减少重大交通事故具有重要意义。呼吸直接检测比血液取样化验更容易和快捷。1981 年,Kitagawa 等[419]发明了一种检测呼气中酒精浓度的 NDIR 传感器。在 0 ~ 40℃ 范围内测量时,检测范围为 0.01 ~ 1.99mg · L^{-1},响应时间为 30s,测量准确度为 0.02mg · L^{-1}。2016 年,Kim 等[420]研制了一种独特椭圆结构的乙醇气体检测传感器,光源可经过气室内表面多次反射后进入检测器,检测相对误差小于 5%。

3)其他有机气体

袁伟课题组[421-422]采用硅碳红外光源和碲镉汞红外检测器等元件设计了一种检测五氟乙烷(CF_3CHF_2)浓度的 NDIR 传感器,通过拟合电压比和体积分数的关系,实现了对 CF_3CHF_2 的检测,相对误差为 ±5.1%。2013 年,黄继先[423]采用红外光源、红外吸收池和样品泵设计了二甲醚 NDIR 传感器,可对混合气体中的二甲醚浓度进行测量。2016 年,Biasio 等[424]在设计乙烯 NDIR 传感器中,使用 IR55 型号光源作为红外光源,通过抛物面形状的反射器使光平行射入气室,并采用带焦距的 CaF_2 透镜进行聚焦实现对乙烯浓度的检测,测得检出限为 20ppm。2019 年,殷亚光[425]选用红外光源 HSL-5-115 和热释电检测器 PYS3228TC,设计了具有反射型气室的油气 NDIR 传感器,建立了气体吸收温度模型,油气中小分子烷烃类挥发物质的检测范围为 0 ~ 100ppm,分辨率为 1ppm,准确度为满量程的 ±2%。

2.6.4 展望

综上所述,气体 NDIR 传感器具有选择性高、寿命长、体积小等特点,能实现气体的快速检测,可广泛应用于不同气体的检测。尤其对一些检测 SF_6 和 NO_2 等有毒、有害气体的 NDIR 传感器,通过采用玻璃保护光源和探测器,不仅不会使元件产生“中毒”和积碳的现象,性能长期稳定,而且红外吸收峰明显,便于定性检测。因而,气体 NDIR 传感器具有很大的发展潜力。目前,NDIR 传感器仍存在功耗大(与催化燃烧传感器相当)的不足。此外,由于电路硬件结构复杂,部分滤光片需定制,价格也相对较贵。

未来 NDIR 传感器的发展趋势如下。

(1)寻找低功耗、低成本元件,制作出体积更小的 NDIR 传感器。

(2)发展高分辨率、多波长气体 NDIR 传感器,以实现多种气体的同时检测。

(3)随着无线技术的进一步发展,可通过无线技术使传感器与手机等小型智能设备集成,更便捷地记录和显示气体数据。

2.7 RGB 传感器

传统的分析方法多采用经典的化学分析及仪器分析,这些方法均需要取样至实验室进行分析,费时费力,不易现场作业,尤其对于突发事件,传统的实验室方法无法快速应对,不能满足现场快速定量分析的要求。RGB 检测方法则是以生成有色化合物的显色反应为基础,通过比较或测量生成的有色物质溶液颜色 RGB 值确定待测物含量的方法,具有快速、准确、简便和稳定等特点,可以在现场快速定性定量中发挥重要作用。

2.7.1 RGB 传感器的基本原理

颜色空间主要包括 RGB、CMY、CMYK、Lab、HSV、HSI 和 YUV 等空间。在这些颜色空间中,RGB 空间是最基本的颜色空间,也是最常用的颜色空间[426]。RGB 空间是所有基于光学原理的设备所采用的色彩空间[427],与其他空间相比,RGB 空间表示的色域更广,能够显示更多颜色。其他的颜色空间,也都可以通过 RGB 空间转化而来。红、绿、蓝 3 种颜色是人眼对可见光谱中感光最敏感的颜色,而 RGB 空间的 3 种基本颜色就是红、绿、蓝。其中 R 代表红色,G 代表绿色,B 代表蓝色。RGB 空间的颜色是一种加成色,对于 3 种基色的光,当它们按不同比例混合时,会形成不同颜色。3 个成分的值的范围都是 0 ~ 255,当它们以不同的比例混合时,就可以组合出 256^3 种(即 16777216 种)颜色。

白光是一切颜色的基础,通过 RGB 三原色滤色镜可将其分解成 RGB 三原色。等量 RGB 三原色的混合又可复原为白色。在加法混色中,其基本规律是由格拉斯曼(H. Grassmann)在1854年提出的,称为格拉斯曼颜色混合定律,是目前颜色测量的理论基础。根据格拉斯曼定律[428],由3种颜色(三原色)混合能产生任意颜色,三原色可以选取,但必须相互独立,即其中任何一种原色不能与其余两种原色相加混合得到,目前最常用的是红(R)、绿(G)、蓝(B)三原色,色配中所需要的三原色数量称为三刺激值,可得颜色匹配方程:$C(\mathrm{C}) = R(\mathrm{R}) + G(\mathrm{G}) + B(\mathrm{B})$。

若待测光是某一种波长的单色光(亦称为光谱色),对应一种波长的单色光可以得到一组三刺激值,称为光谱三刺激值,用符号 $\bar{r}$、$\bar{g}$、$\bar{b}$ 表示。1931年,国际照明委员会(CIE)根据 W. D. Wright 和 J. Guild 的颜色匹配的实验结果的平均值定出了匹配等光谱色的三刺激值,从而制定了 CIE1931 - RGB 色度系统[429],它的数值只决定于人眼的视觉特性。由颜色匹配方程可得 $C_\lambda = \bar{r}(\mathrm{R}) + \bar{g}(\mathrm{G}) + \bar{b}(\mathrm{B})$。任何颜色都可视为不同的单色光混合而成,因此,光谱三刺激值作为颜色色度计算的基础。光谱的色品坐标为 $r = \bar{r}/(\bar{r}+\bar{g}+\bar{b})$,$g = \bar{g}/(\bar{r}+\bar{g}+\bar{b})$,$b = \bar{b}/(\bar{r}+\bar{g}+\bar{b})$,$r+g+b=1$。

2.7.2 RGB检测手段

光电积分法、分光光度法和目测法是常用的RGB颜色检测方法[430]。近年来,一种称为数码成像比色分析[431]的方法正在慢慢进入人们的视线。目前,RGB颜色的检测分为检测光源的颜色和检测物体的颜色[432]。物体颜色检测可分为荧光物体检测和非荧光物体检测,而在实际生产、生活和科研中,较多涉及的是非荧光物体的颜色检测。

RGB水质检测仪为采用全色分析技术的测试仪,RGB色度传感器芯片将可见光全波长颜色系统的色度空间的各项参数进行量化,内置标准工作曲线和相应的分析程序,通过微型计算机控制器的积分整合和数模转换,快速完成检测。为了获得显色反应后溶液的RGB值,设计了便携式RGB水质检测仪,如图2.155所示。该RGB水质检测仪选用一个白色发光二极管作为光源,可产生稳定连续的可见光。在光源和RGB色度传感器之间,放置一根2ml的真空检测管,检测管中装有待测溶液。LED光源直接照射在试管上,RGB颜色传感器获得产生的 RGB 三刺激值。传感器中得到的数据可以用来计算待测物浓度。

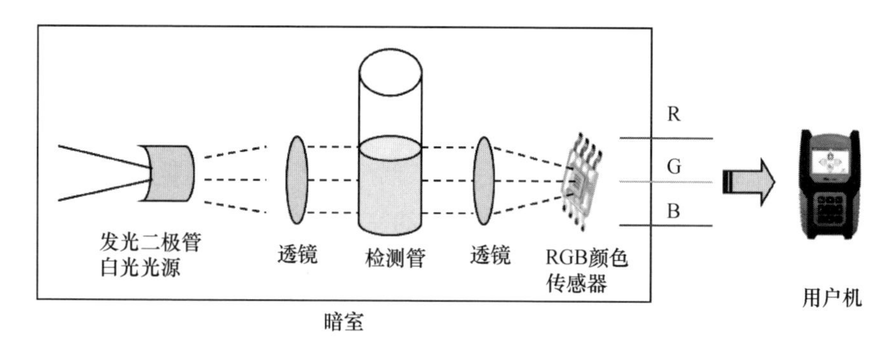

图 2.155 便携式 RGB 色度传感器示意图

1. 目测法

目测法主要是通过人的眼睛识别颜色,主要用于比较待测物的颜色与标准颜色之间的差异,实际操作时则需要在标准照明光源下进行。其主要缺点是:需要长时间保持稳定的照明;具有一维标尺的均色系统,并且用作检测对比的参照物需要具有单色彩变化均匀的特点;需要稳定的观察测量操作者。参与识别颜色的专业人员需要具有高度的辨别能力,并能够区分微小色差。同时,颜色检测识别时容易受到检测人员主观心理因素的影响[433]。由于这种方法的准确性和检测效率低,因此很少使用。

2. 光电积分法

光电积分法[434]是 20 世纪 60 年代仪器颜色测量中常见的方法。光电积分法不是测量某一波长的三刺激值,而是在整个测量波长区间内,通过积分测量测得样品的三刺激值 X、Y、Z,再由此计算出样品的色品坐标等参数。只是检测 RGB 三基色的比例时,忽略了(或者说不考虑)光强的影响。在实际检测的过程中,通过滤光片将待测物体反射光中的红、绿、蓝三原色过滤出来。当检测器接收到光刺激时,把待测物体反射的光谱响应与 CIE 标准色度的光谱三刺激值相匹配,就可以测量出待测物体颜色的三刺激值。

这种方法具有一定的精度,测色的速度比较快,测量范围宽。测量仪器的传感器模块精度与 CIE 曲线的吻合情况通常是有限的,并且也普遍存在一些小的误差偏离。基于这一原理的新型颜色传感器芯片以及产生连续光谱的新型LED的推出，使开发低成本、便携式、高性能的测色仪器成为可能。

3. 分光光度法

分光光度法又称三刺激值法，使用三原色的透射光强度来进行检测[435]。分光光度法的基础是朗伯－比尔定律。分光光度法测量颜色主要是测量物体透射的光谱功率分布或者物体本身的特性，然后用这些光谱测量数据通过计算得到物体在各种标准光源和标准照明体下的三刺激值。

这种方法精准度较高，可以制成自动化的测量设备。但是，在数据处理过程上较为复杂，并且需要精确地计算待测物的光谱。基于分光光度法的颜色测量仪器大多数需要恒定光源、高性能微处理器，需要测量的数据较多，也需要进行复杂的数学运算。

4. 数码成像比色法

该方法是基于数码设备上获得的颜色数值完成定量分析的一种方法。通过利用数码设备记录与待测成分浓度直接相关的颜色，并通过一定方式将颜色的深浅数值化。数码成像比色法的具体过程：首先用硬件设备进行拍照得到图像；然后用软件对图像进行处理。拍照过程中可应用不同的成像硬件设备得到分析物的图像，如网络摄像头、数码相机、扫描仪、手机等。可以通过Adobe Photoshop、Image J、Matlab、Image Processing Toolbox、Image Color Picker、Color Assist等软件对数字图像进行数据处理。

该方法灵活方便，同时也具有一定的测量精度。所用仪器具有一定的便携化、小型化、快速化，对于其他方法不能使用或者不便使用的场所，起到一个补充的作用。这一类的研究在一定程度上对便携式检测起到了积极的推动作用。

2.7.3 RGB传感器的应用

溶液的颜色与溶液的浓度有关。通常，溶液颜色与分析物浓度之间的对应关系通过适当的化学反应确定。通过RGB颜色检测装置，获得待测溶液中R、G和B 3个刺激值。用标准的已知浓度的溶液进行比色测试，通过利用R、G、B值，得到标准溶液的RGB值与浓度所成的相应的函数关系，然后可以定量检测未知浓度的样品[436-437]。

1. 无机物的检测

2017 年,A. Amirjani 等[438]提出了一种快速直观的智能手机比色法测定氨的方法。其机理是在含有银纳米颗粒的溶液中加入氨,形成银氨络合物,导致溶液外观的变化(黄色溶液转变为无色溶液),如图 2. 156 所示。紫外可见分光光度计可以跟踪溶液颜色强度的变化,同时使用智能手机借助免费软件 OSnap 获取图像,通过 Image J 软件提取 RGB 值。根据吸光度 $A = -\lg(I_{channel}/I_0)$,其中 $I_{channel}$ 为对应信道的强度(红、绿、蓝),I_0 为空白值的强度,对校正曲线的斜率进行分析,找到合适的通道,从而得到更好的线性拟合吸光度值。通过对合适的通道的校准曲线,得到确定氨浓度的校准方程。紫外可见分光光度计和 RGB 法成功测定了浓度范围为 10 ~ 1000mg · L^{-1}的氨,检出限分别为 180mg · L^{-1}和 200mg · L^{-1},回归率可以达到 92% ~ 112%。所研制的比色传感器的响应时间约为 20 s。

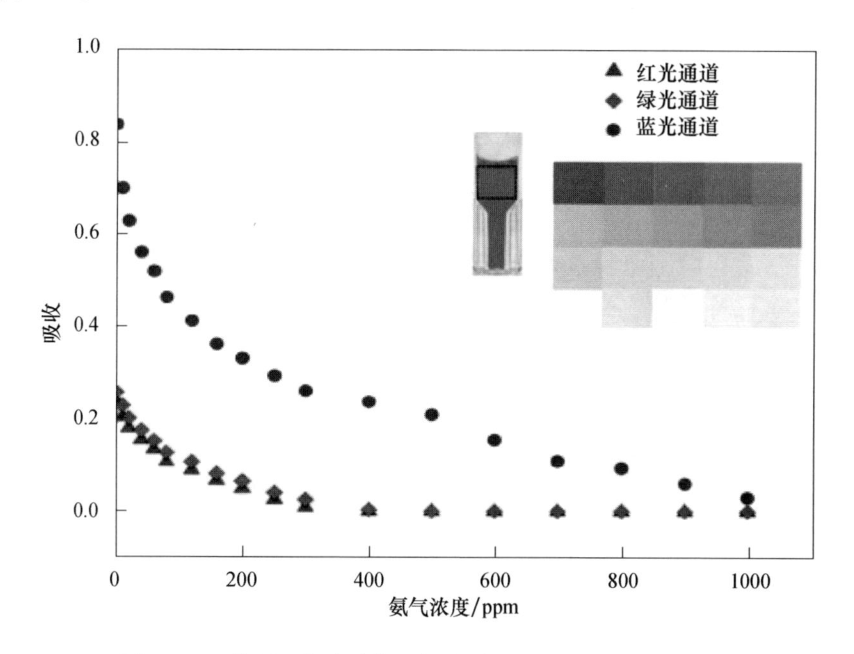

图 2. 156 使用比色法计算红色、绿色和蓝色通道的吸光度值

2011 年,De Sena R C 等人[439]建立了一种简单、快速、低成本且基于视频图像分析的检测低浓度硫酸钡沉淀方法。采用 $BaCl_2$ 和 Na_2SO_4 合成制备硫酸钡,分别制备了 2. 5mg · L^{-1}、5mg · L^{-1}、7. 5mg · L^{-1}、10mg · L^{-1}、15mg · L^{-1}、

25mg · L^{-1}、100mg · L^{-1}、150mg · L^{-1}、200mg · L^{-1}、250mg · L^{-1}的硫酸钡悬浮液。在图像的采集时采用 PC 网络摄像头(Philips SPC 900NC)实时采集图像。该方法具有很好的重复性和线性,比标准浊度法具有更高的灵敏度。同时,该方法为无机盐沉淀的研究和有机化合物的结晶检测提供了一种简单的方法。

近年来,基于 RGB 颜色设备的检测方法也被应用在氨气、二氧化碳[440]、肼[441]、硫化氢[442]、氧气[443-446]、过氧化氢[447]等检测中,为无机小分子的检测提供了更加简单、快捷、准确的方法。

1)阳离子

2014 年,M. L. Firdaus 等[448]用数字图像比色法测定铬和铁。铬的比色测定基于 Cr(VI)离子与 1,5 - 二苯并卡巴嗪反应,产生紫红色络合物,最大吸收峰为 540nm。铁的测定是基于 Fe(Ⅲ)与硫氰酸钾反应产生橙红色的络合物,最大吸收峰为 480nm。通过使用 Matlab 软件从数码相机采集的数字图像中提取 RGB 数据,分别构建定量测定 Cr(VI)和 Fe(Ⅲ)的校准曲线,如图 2.157 所示。在实验中,使用已知浓度的 Cr(VI)和 Fe(Ⅲ)(0.6mg · L^{-1}),以分光光度法为参照,对所提方法的准确度进行了评价,两种金属的相对误差均优于 2.5%。但是该方法的缺点是检测限不足。

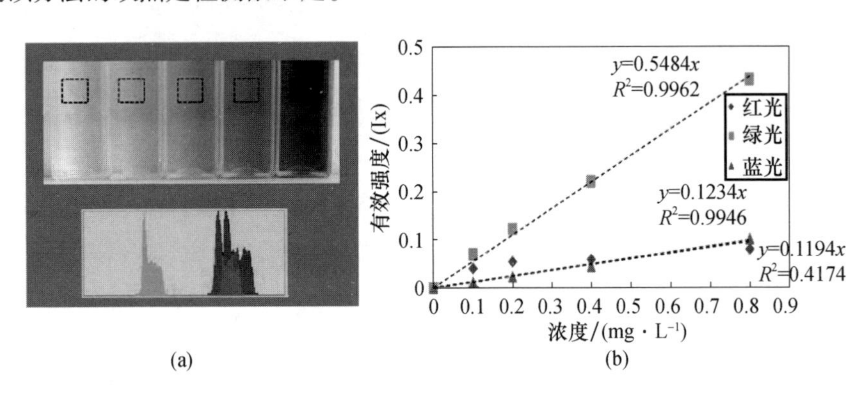

图 2.157 0 ~ 0.8mg · L^{-1}的 Cr(Ⅵ)的彩图及典型的直方图(a);RGB 有效强度对 Cr(Ⅵ)浓度的校准曲线(b)

2018 年,L. Li、L. Zhang 等[449]提出了基于三角形银纳米片快速、灵敏和选择性检测 Hg(Ⅱ)的方法。当不存在 Hg(Ⅱ)离子时,Cl—倾向于通过形成 Ag—Cl 键附着蚀刻在银纳米片边缘或表面,导致银纳米片表面发生 200nm 的等离子体共振而蓝移。相应地,可以观察到颜色由蓝色向黄色明显的变化。当 Hg(Ⅱ)存在时,银与汞络合形成银汞合金,吸附在银纳米片表面,从而保护银纳米片抗 Cl—蚀刻。相应地,发生红移,并观察到从黄色到棕色、紫色和蓝色的明显颜色变化,与特定浓度的 Hg(Ⅱ)相对应。该方法检测限为 0.35nm。同时,该方法具有较好的选择性和抗干扰性,在样品分析中与标准值吻合较好。Hg(Ⅱ)的比色检测是通过测量蚀刻三角形银纳米片前后 RGB 图像的颜色变化进行的,只需要数码相机进行数据采集,Photoshop 软件进行 RGB 变量提取和数据处理即可。

在镍(Ⅱ)、铅(Ⅱ)[450]、铵根离子[451]、钙(Ⅱ)[452]、钛(Ⅳ)[453]等阳离子的检测中,基于 RGB 的检测方法同样应用广泛,并且获得较好的效果。

2)阴离子

L. Feng 等[454]使用 3 × 6 RIDA 阵列的比色检测 10 个阴离子(F^-、Cl^-、Br^-、I^-、S^{2-}、SO_4^{2-}、PO_4^{3-}、CrO_4^{2-}、$C_2O_4^{2-}$和 NO_2^-)。对水中阴离子的分析是一项困难的挑战,因为它们的电荷半径比很低。传感器阵列由比色指示剂和金属阳离子的不同组合构成。比色指示剂与金属阳离子螯合,产生颜色变化。随着阴离子的加入,阴离子与指示剂配体竞争。当阴离子的竞争获胜时,指示剂 - 金属螯合化合物的颜色发生了比较明显的变化。将 RIDA 阵列的颜色变化作为阵列响应的数字表示,采用主成分分析和层次聚类分析等标准统计方法进行分析。在 44 个实验中,没有发现分析结果的混淆或错误。

V. V. Apyari 等[455]建立以聚合物偶氮染料为显色剂测定亚硝酸盐的方法。通过偶氮化聚氨酯泡沫与 3 - 羟基 - 7,8 - 苄基 - 1,2,3,4 - 四氢喹啉的偶氮联苯反应得到聚合偶氮染料。选择了亚硝酸盐测定灵敏度最高的比色坐标,结果表明,比色坐标与亚硝酸盐在水溶液中的浓度的标准曲线可用一阶指数表示,即 $y = y_0 + Ae^{-c/t}$,其中 y_0、A、t 为回归方程的参数,描述了曲线的位置和形状;y 是 R、G 或 B 坐标在 0 ~ 255 的变化;c 是亚硝酸盐的浓度,单位 $\mu g \cdot mL^{-1}$。对亚硝酸盐的检测限为 $1\mu g \cdot mL^{-1}$。

2. 有机物的检测

1)一般有机物

M. S. Steiner 等[456]报道了采用对胺特异性反应显色试剂作为探针和绿色

荧光染料(对胺不敏感)参照的 RGB 检测方法。这种方法能够快速测定伯胺,特别是生物胺。将测试点浸入含胺的 pH9.0 样品中,会出现从蓝色到红色的明显变化。在 15min 内可以快速、定性和半定量测得浓度范围从 0.01nm 到 10mm 的生物胺。在照相方法中,通常以参考染料在 515nm 时的恒定绿色荧光为参照,620nm 的探针荧光强度增加 4~7.5 倍。在暗室里,采用高功率 505nm 发光二极管(LED)作为光源激发,采用商用数码相机获得数字图像,提取 RGB 颜色信息。这种方法通过目测与传统色标比较,得到半定量检测结果;另一方面,可以通过商用数码相机拍摄的数字图像解读 RGB 值进行定量分析。该方法可以进行高通量分析和现场检测。

2007 年,A. Alimelli 等[457]利用数字扫描仪和数码相机对红酒中的多酚类物质进行测定,并且阐述了颜色的色调和强度在一定程度上与多酚的种类、含量及其在老化过程中的变化有关。2008 年,V. V. Apyari 等[458]利用数码相机和计算机软件估算聚氨酯泡沫与不同有机化合物偶氮偶联反应合成的聚合物偶氮化合物的色强。该方法的优点在于灵敏度高、操作简单、成本低廉和高效。2012 年,M. B. Lima 等[459]利用网络摄像头,采用酒石酸亚铁法测定绿茶中单宁酸类物质,该方法可以替代传统的分光光度法。

2)生化物质

2016 年,A. Kostelnik 等[460]研究了在明胶基质中固定化乙酰胆碱酯酶(AChE),并采用酚红作为乙酰胆碱酯酶活性的指示剂,建立了一种与摄像装置兼容检测他克林的方法。AChE 把乙酰胆碱分解成胆碱和乙酸,这会改变培养基的 pH 值,导致酚红颜色变化。在 AChE 抑制剂存在时,反应前后颜色不发生变化。用手机拍照,随后对图像的红-绿-蓝(RGB)值进行了分析。对他克林检测限为 1.1nm。该方法在标准埃尔曼试验中得到验证。

2011 年,A. Krissanaprasit 等[461]提出了一种基于 Y 形捕获探针、同时分析 3 种 DNA 的新方法。该方法通过 3 种 DNA 目标物与荧光标记相结合,得到彩色编码,再用 RGB 方法进行分析。采用这种方法在 20~167nm 范围对致病性菌株大肠杆菌、霍乱弧菌和沙门氏菌的基因序列进行半定量检测。同年,M. Ornatska 等[462]以纳米氧化铈为比色探针对葡萄糖进行测定,该方法对葡萄糖的检测具有较高的灵敏度,在人体血清样品中取得了良好的检测效果。2014

年,H. J. Chun 等[463]以葡萄糖氧化酶和辣根过氧化物酶作为葡萄糖生物传感原理测定葡萄糖。在实验中,为了确认检测区域信号强度的变化,通过智能手机拍照图像,在几分钟内精确地测定了人血清中的葡萄糖。

2013 年,X. X. Yang 等[464]使用便携式扫描仪对血样进行数字化分析,有效地测定了血液中血红蛋白的含量,对于诊断贫血具有积极的意义。2013 年 Bang - iam Nontawat 等[465]和 2014 年 Kucheryavskiy Sergey 等[466]应用数码相机分别完成对天然胶乳、医用乳胶手套蛋白含量和牛奶中蛋白质的测定。

3)色素

2011 年,Z. Iqbal 等[467]使用数码相机对饮料中的有色添加剂进行了检测。对柠檬汁饮料中的 3 种颜色(红、绿、蓝)浓度为 2 ~ 10mg · L^{-1}的有色添加剂进行了测定。研究结果表明,该技术在鉴别食物中掺假和真实性方面具有潜在的分析能力。

2013 年,Kehoe Eric 等[468]测定了蓝色食用色素、柠檬酸橙运动饮料和氯化铁的浓度。在该实验中,作者应用了 Casio 数码相机、Nikon Cool Pics L120 和 Samsung Galaxy SIII 手机等采集实验图像。在图像处理中,应用到了 Image J、Adobe Photoshop、Image Color Picker 软件。最后,依据朗伯 - 比尔定律,通过吸光度 $A = -\lg(I_n/I_{blank})$与物质浓度的关系对待测物质进行了测定。

2014 年,G. Botelho Bruno 等[469]应用 CanoScan LiDE 110 平板扫描仪作为图像的采集手段,运用多元图像分析法检测饮料中的色素日落黄,线性范围为 7.8 ~ 39.7mg · L^{-1},相对误差小于 10%。

4)易燃易爆物

2012 年,Choodum Aree 等[470]建立了 RGB 快速检测三硝基甲苯(TNT)的方法。以奈斯勒试剂作为显色剂,研究从每个标准溶液中获得红色、绿色和蓝色的平均强度,用标准方法计算三硝基甲苯检测限。除了 G 与 TNT 浓度关系的线性范围为 1 ~ 25mg · L^{-1},其他的线性关系都为 1 ~ 50mg · L^{-1},最终测定了土壤中的 TNT 含量。2013 年,E. I. Belyaevaa 等研究人员[471]应用普遍使用的通信工具 iPhone 4.0 作为检测设备检测汽油添加剂 N - 甲基苯胺含量,同样得到了良好的线性关系。

2.7.4 展望

目前有关数码摄像产品作为定量分析工具使用时,颜色的解析往往需要在计算机上完成。这种解析方式经过将拍摄的数据向计算机传输、解析区间的选定、数据的记录等环节,破坏了摄像结果的快速迅捷的优点。为此,寻找合适的显色试剂、高效快速解析方法以及便携式 RGB 仪器设备,并将其应用到化学、医学、农林、反恐和化学应急救援等领域中是一项非常有意义的工作。

第 3 章

电化学传感器

3.1 电位型化学传感器——离子选择电极

3.1.1 概述

电位型化学传感器(Potentiometric Sensor)是最早研究和应用的电化学传感器。它是根据电极平衡时,通过测定指示电极与参比电极的电位差值和响应离子活度的对数呈线性关系确定物质活度的一类电化学传感器。在已有的电位型化学传感器中,研究最多、最成熟的是离子传感器,也称为离子选择电极(Ion - selective Electrode,ISE)。它对特定的离子产生响应,将离子活度转化为电位,并遵从能斯特方程。离子选择电极的先驱者是 Cremer。1906 年,Cremer 首次发现玻璃膜两侧的电势与溶液中 H^+ 活度有关,这引起了人们的研究兴趣。随着研究的不断深入,20 世纪 30 年代确定了对 H^+ 离子有选择性响应的玻璃膜成分,并制成了第一个 pH 玻璃电极商品,之后又成功地确定了 Na^+ 离子电极的玻璃敏感膜成分。20 世纪 60 年代初期,Pungor 发现了卤化银薄膜的离子选择性,日本学者青山发现了氧化锌对可燃性气体的选择性应答现象,特别是 Frant 和 Ross[472] 成功研制了以 LaF_3 为膜材料的高选择性、高灵敏度的氟离子选择电极,为离子选择电极的研究工作开创了新的局面,推动了离子选择电极的迅速发展。之后,各类电极相继问世。近年来的迅速发展更是令人瞩目。与其他类型的传感器相比,离子选择电极具有方便、快速、灵敏、较准确及价格低廉等优点,特别适合于现场在线分析检测,因此,受到了国内外很多分析学者的重视,对这方面的研究也越来越多,很多离子选择电极已经进入了商业化使用,这是其他类型的传感器所无法比拟的。目前,离子选择电极在生物、医学、工业、农业、海洋、地质、气象、国防、宇航、环境监测、食品卫生及临床医学等领域发挥着越来越重要的应用,已成为分析化学中一个重要的监测方法和手段。随着计算机技术的广泛应用,离子选择电极的应用将更趋于自动化。

3.1.2 离子选择电极的作用原理及分类

1. 离子选择电极的基本构造及作用原理

离子选择性电极主要由离子选择性膜和内导系统构成。离子选择性膜是离子选择性电极最核心的组成部分,决定着电极的性质。不同的离子选择电极具有不同的离子选择性膜,其作用是将溶液中特定离子活度转变成电位信号,即膜电位。由于敏感膜的性质、材料的不同,离子选择性电极有各种类型,其响应机理也各有其特点。敏感膜一般要求满足以下条件。

(1)微溶性。

(2)导电性。

(3)可与待测离子或分子选择性响应(如离子交换、参与成晶、生成络合物等),这是电极选择性的来源。

如图3.1所示[473],电极腔体是用玻璃或高分子聚合物材料制成的;敏感膜用黏结剂或机械方法固定于电极腔体的顶端;内参比电极常采用银-氯化银丝;内参比溶液一般为响应离子的强电解质和氯化物溶液。

将离子选择电极浸入含有一定活度的待响应离子的溶液中时,选择性敏感膜仅允许响应离子(待测)由薄膜外表面接触的溶液进入电极内部溶液。内部溶液中含有一定活度的平衡离子,由于薄膜内外离子活度不同,响应离子由活度高的试样溶液向活度低的内充溶液扩散时会有一瞬间的通量,因离子带有电荷,此时,电极敏感膜两侧电荷分布不均匀,即形成了双电层结构,产生一定的电位差,亦称为相间电位。此电位即为离子选择电极的电极电位。其与溶液中响应离子的活度之间的定量关系符合能斯特方程,其电极电位为

$$E = k \pm \frac{RT}{nF}\ln\alpha_i \tag{3.1}$$

式中:E 为电极的电极电位;k 为常数项;R 为气体常数,$R = 8.31441 J \cdot mol^{-1} \cdot K^{-1}$;$T$ 为热力学温度;F 为法拉第常数,$F = 96486.7 C \cdot mol^{-1}$;$a_i$ 为响应离子的活度。

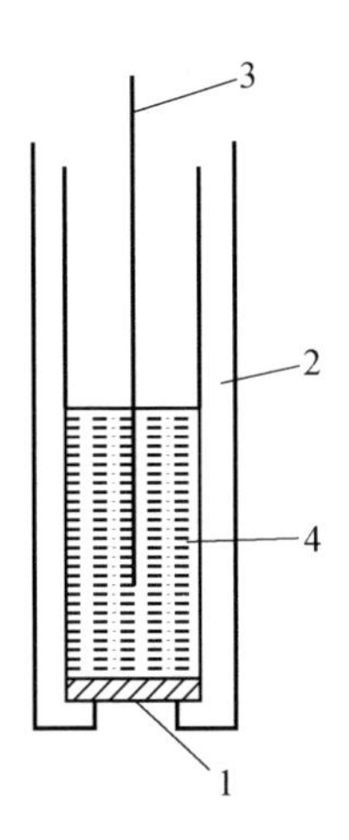

图3.1 离子选择电极的基本构造

1—敏感膜;2—电极腔体;3—内参比电极;4—内参比溶液。

如果以常用对数表示,并将有关常数代入,式(3.1)可写为

$$E = k \pm \frac{0.059}{n} \lg \alpha_i (25℃) \tag{3.2}$$

这是离子选择电极定量计算的最基本关系式。

单个电极的绝对电势目前是无法测量的,只有当两个半电池之间用导线连接才能组成一个完整的电测量回路。测定时,一般将离子选择电极与外参比电极(常用饱和甘汞电极)组成电池,在接近零电流条件下测量电池电动势(复合电极则无需另外的参比电极)。由于参比电极产生固定的参比电势,因此,通过测量电池的电动势就可以计算出试样溶液中待测离子的活度。由于在外参比电极与试液接触的膜(或盐桥)的内外两个界面上也有液接电位存在,所以测得的电位值中还包括这一液接电位。因此,在测量过程中,应设法减小或保持液接电位为稳定值,从而不影响测量结果。离子选择电极的典型测量装置如图3.2所示[474]。

需要强调的是,离子选择电极直接测定的是某一离子的活度而不是浓度。溶液中某物质的浓度是指一定体积或质量溶液(溶剂)中含有某物质(溶质)的实际数量。实际上,分散在溶液中的离子之间会发生相互作用,这种"作用"将

会使某种离子的物理或化学性质受到“约束力”,削弱了它们本身参与化学反应或离子交换的作用。这时,离子的真实浓度会变得小于理想浓度。这种“有效”的真实“浓度”称为活度。活度与浓度之间的偏差可用活度系数校正。两者之间的关系可表示为

$$a_i = r_i c_i \tag{3.3}$$

式中:a_i为某种离子i在溶液中的活度;c_i为i离子的浓度;r_i为i离子的活度系数(又称为校正系数)。

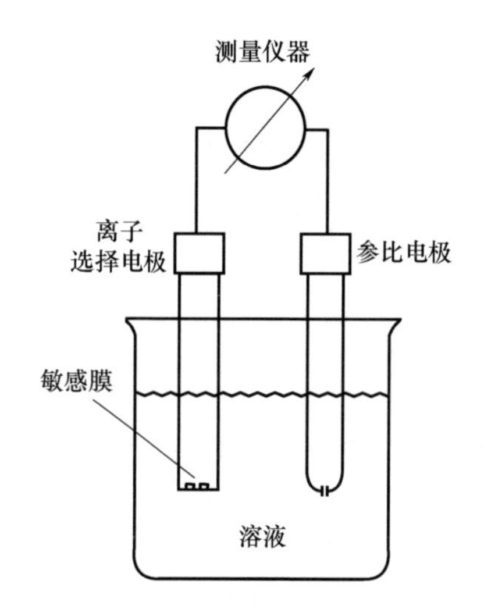

图 3.2　典型的离子选择电极测量装置图

例如,假定在$0.1mol \cdot L^{-1}$的盐酸溶液中,H^+的活度就等于$0.0799mol \cdot L^{-1}$,意思是说,H^+在化学反应中起作用的浓度不是$0.1mol \cdot L^{-1}$,而是$0.0799mol \cdot L^{-1}$。

活度系数随离子强度的改变而发生变化,当溶液的离子强度保持不变时,离子的活度系数也为一恒定值,这一关系在离子选择电极分析中非常重要。

2. 离子选择电极的分类

1975 年,国际纯化学与应用化学协会(IUPAC)推荐根据敏感膜材料的性质及其结构,将离子选择电极分为基本电极和敏化离子电极两大类[475]。基本电极是指敏感膜直接与试液接触的离子选择电极;敏化电极是以基本电极为基础装配成的离子选择电极。

其中,晶体膜电极亦称为固态膜电极,可细分为均相膜电极和非均相膜电

极,前者由一种或几种化合物的晶体均匀组合而成,而后者除了晶体敏感膜以外,还加入了其他材料以改善电极传感器性能。刚性基质电极亦称为玻璃膜电极。

迄今已生产出几十种离子选择性,这对微量物质的测定和化学样品的分析起了很大作用,这一分析技术也成为电化学分析法的一个独立分支科学。目前,离子选择性电极广泛应用于环境监测,其优点在于测量对象广、设备简单、灵敏度高、样品不需要复杂的前处理等。

1)晶体膜电极

晶体膜电极是最常用的离子选择电极,其敏感膜是由导电性难溶盐的晶体制成,厚为1~2mm,如氟化镧、硫化银、卤化银等。氟化镧单晶膜对氟离子具有选择性响应,硫化银晶体膜对银离子、硫离子有选择性响应,而卤化银晶体膜则对相关的卤离子及银离子均有选择性响应。

晶体膜电极因膜材料性质不同又分为均相膜电极和非均相膜电极两类。均相膜电极的敏感膜是由一种纯固体材料单晶或单种化合物或几种化合物均匀混合压片制成。非均相膜电极除上述电活性物质外,还有高混合惰性支持体,如硅橡胶、聚氯乙烯(PVC)、石蜡、火棉胶、环氧树脂等。

氟离子选择电极是最具代表性的均相晶体膜电极,目前已有性能很好的产品,它与pH玻璃膜电极是现阶段性能最理想的两种电极。其结构如图3.3所示[476]。电极的敏感膜是氟化镧(LaF_3)单晶。在晶体中,一般仅有一种晶格离子参与导电过程,通常是离子半径最小和电荷最少的晶格离子。LaF_3单晶敏感膜就是由F^-起传导作用,其导电过程是借助于晶格缺陷进行的。临近缺陷空穴的F^-能够迁移到空穴中,而F^-的移动又导致新的空穴产生,新的空穴附近的F^-便又移至空穴中,……。这样,随F^-的不断移动便可以传导电流。为了提高膜的导电率,降低膜内阻,通常在膜中掺杂Eu^{2+}和Ca^{2+}。

由于溶液中的F^-能扩散进入膜相的缺陷空穴,而膜相中的F^-也能进入溶液相,因而,在两相界面上建立双电层结构而产生膜电位。又因为缺陷空穴的大小、形状及电荷分布只能容纳可移动的F^-离子,其他离子不能进入空穴,因此敏感膜具有选择性。根据式(3.1),氟离子电极的电位为

$$E_{F^-}=k-\frac{RT}{F}\ln \alpha_{F^-}$$

氟离子选择电极对 F^- 具有较高的选择性，并且有很宽的浓度适应范围（达 6 个数量级），其他卤素离子和酸根离子不干扰，但 Al^{3+} 和 OH^- 对测定有影响。应用氟离子选择电极可测定水质、大气、土壤及植物中的微量氟化物。美国已将此法作为水质分析和污水中氟含量测定的标准方法。我国环境监测中氟化物分析的国家标准已推荐采用离子选择电极法。实践证明，电极使用时最适宜的 pH 值范围是 5～5.5。pH 值过低，F^- 会形成 HF 或 HF_{2-}；pH 值过高，则 OH^- 会产生干扰。实际测定时，可加入离子强度缓冲溶液控制酸度和离子强度。

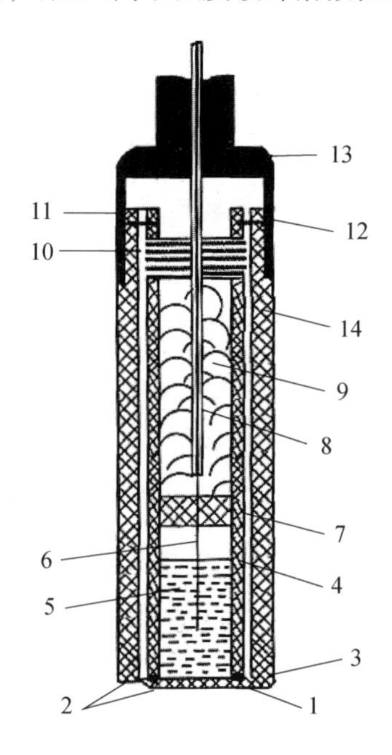

图 3.3　氟离子电极结构图

1—氟化镧单晶膜；2—橡胶垫圈；3—硅橡胶黏结剂密封处；4—电极内管；5—内参比溶液；6—银 - 氯化银电极；7—橡胶塞；8—屏蔽导线；9—高聚物填充剂；10—弹簧；11—弹簧固定管；12—固定栓；13—电极帽；14—电极外管。

在氟离子选择电极成功应用的同时，人们又采用 Ag_2S、AgCl 等难溶盐沉淀粉末在高温下烧结成晶体薄膜制成晶体膜电极，其中可移动的导电离子是银离子。如用 AgCl～Ag_2S 均匀混合膜制成对氯离子敏感的膜电极，用 AgI 或 AgI～Ag_2S 均匀混合膜制成碘离子敏感电极，以 Ag_2S 膜制成对 S^{2-} 或 Ag^+ 有选择性的电极等。这些晶体膜电极的研制，扩大了离子选择电极的应用范围。

由于硫化银的溶度积很小,所以该类电极具有很高的选择性和灵敏度。现已产品化的电极,如表3.1所列[477]。

表3.1 产品的性能参数

编号	电极	膜材料	线性范围/(mol·L^{-1})	pH适用范围	主要干扰离子
1	Cl^-	$AgCl+Ag_2S$	$5\times10^{-5}\sim1\times10^{-1}$	5~6.5	Br^-,$S_2O_3^{2-}$,I^-,CN^-,S^{2-}
2	Br^-	$AgBr+Ag_2S$	$5\times10^{-6}\sim1\times10^{-1}$	2~12	$S_2O_3^{2-}$,I^-,CN^-,S^{2-}
3	I^-	$AgI+Ag_2S$	$1\times10^{-7}\sim1\times10^{-1}$	2~12	S^{2-}
4	CN^-	AgI	$1\times10^{-6}\sim1\times10^{-2}$	2~11	I^-
5	Ag^+,S^{2-}	Ag_2S	$1\times10^{-7}\sim1\times10^{-1}$	>10	Hg^{2+}
6	Cu^{2+}	$CuS+Ag_2S$	$5\times10^{-7}\sim1\times10^{-1}$	2~12	Ag^+,Hg^{2+},Fe^{3+},Cl^-
7	Pb^{2+}	$PbS+Ag_2S$	$5\times10^{-7}\sim1\times10^{-1}$	2~10	Cd^{2+},Ag^+,Hg^{2+},Cu^{2+},Fe^{3+},Cl^-
8	Cd^{2+}	$CdS+Ag_2S$	$5\times10^{-7}\sim1\times10^{-1}$	3~12	Pb^{2+},Ag^+,Hg^{2+},Cu^{2+},Fe^{3+}

2)非晶体膜电极

这类电极包括刚性基质电极和流动载体电极。

刚性基质电极也称为玻璃膜电极,其敏感膜是由离子交换型的薄玻璃片或其他刚性基质材料组成,膜的选择性主要由玻璃或刚性材料的组分决定,如pH玻璃电极和一价阳离子(钠、钾等)的玻璃电极。

pH玻璃电极是最早出现的,也是最具代表性、研究最成熟、性能最突出、应用最广泛的玻璃电极。它的结构比较简单,在电极玻璃管下端装一个特殊质料的球形薄膜,玻璃管内装有一定pH值的缓冲溶液作内参比溶液,溶液中浸一根内参比电极Ag/AgCl,如图3.4(a)所示[474]。图3.4(b)[477]是一种复合式pH玻璃电极,玻璃球内盛有0.1mol·L^{-1}HCl溶液或含有NaCl的缓冲溶液作为内参比溶液,以Ag/AgCl丝为内参比电极。另有参比电极体系通过陶瓷塞与试液接触,使用时无须另外的参比电极。

在研究中,人们发现纯石英玻璃膜对溶液中的H^+变化无敏感性,改变膜材料组成,使其组成为Na_2O 22%、CaO 6%、SiO_2 72%(摩尔分数),玻璃膜中的Na^+与溶液中的H^+可以发生交换,因而玻璃膜对H^+有响应。因为纯石英是一种四面体的原子晶体结构,其结构为

$$-\overset{|}{\underset{|}{Si}}-O-\overset{|}{\underset{|}{Si}}-$$

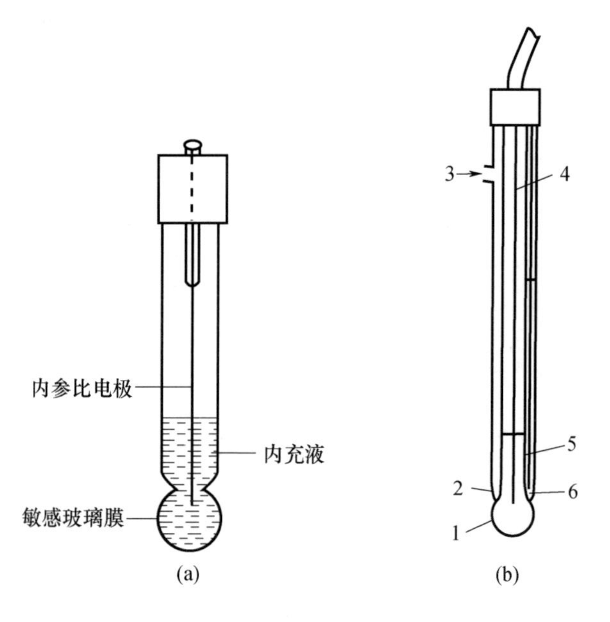

图 3.4　pH 玻璃电极基本结构

(a)普通 pH 玻璃电极;(b)复合式 pH 玻璃电极。

1—玻璃敏感膜;2—陶瓷塞;3—充填侧口;4—内参比电极;5—内参比溶液;6—参比电极体系。

它的晶格中没有可供离子交换的带电荷的点位,当加入碱金属氧化物(Na_2O)后,原来的晶格断裂,产生如下的硅氧定域体:

$$-\overset{|}{\underset{|}{Si}}(4)-O^-$$

这种定域体具有可供离子交换的点位,这种点位的位型可看成是弱酸型的,因此,该玻璃膜对 H^+ 表现出比其他阳离子强的选择性。

类似地,若在石英晶格中加入三价元素铝(Al)、镓(Ga)等氧化物,Al、Ga 等三价元素以配位数等于 4 取代其中的 Si,其结构变为

$$-\overset{|}{\underset{|}{R}}(3)-O-\overset{|}{\underset{|}{Si}}(4)-$$

这种定域体可看成是强酸型的,易于形成碱金属盐,因此,这类玻璃膜对一价阳离子(Li^+、Na^+、K^+、Ag^+ 等)具有选择性。

pH 玻璃电极只对溶液中的 H^+ 敏感,不受溶液中其他离子影响,测定时易

达到平衡,有色液与混浊液均可使用。20 世纪 30 年代以来,pH 玻璃电极已成为一般实验室的常用工具。

近年来,对 pH 玻璃电极的研究也取得了一些新的进展。一般的 pH 电极是玻璃电极,由于它是选用玻璃膜作为电极的敏感膜,致使电极极易破碎。此外,它还具有体积大、成本较高、膜阻抗高而难以实现微型化、使用处理繁琐等缺点,因此,开发金属或金属氧化物型的固体 pH 电极以取代传统的玻璃电极已引起了一定的关注。人们希望利用超微粒制成敏感度高的超小型、低能耗电极。目前,对金属氧化物 pH 电极开发多限于金属氧化物,如 IrO_2 和 RuO_2。清华大学罗国安等将纳米金属氧化物作为电活性物质研制成 pH 电极,制得的纳米金属氧化物 pH 电极的性能良好,而且克服了上述 pH 电极的缺点。

需要指出的是,尽管 pH 电极已得到成功的应用,但目前还是仅限于水溶液中 H^+ 浓度的测定,如何测定非水溶液中的 H^+ 浓度,还有待于进一步探索。

前面的敏感膜为固体离子交换材料,电荷只能在交换点附近作一定程度的微移或摆动。相应地,也可利用含电极响应活性物质的液体膜或高分子骨架支撑的液体膜实现离子选择性响应功能。在流动载体电极中,有机相试样水相和有机相内充液水相界面的离子交换平衡决定了膜界面的电荷分布与膜电位,虽然活性物质在有机相移动范围相对较大些。

流动载体电极是指其活性材料为一种带有电荷或电中性且能在膜相中流动的载体物质,亦称为液态膜电极。若活性载体带有电荷,称为带电荷的流动载体电极;若载体不带电荷,则称为中性载体电极。液态膜电极与晶体电极、玻璃电极明显不同,电极构造较为复杂,如图 3.5 所示[477]。

活性载体物质一般溶解在有机溶剂(如磷酸酯、硝基芳香族化合物等)中并浸在惰性微孔膜支持体上,惰性微孔膜用烧结玻璃、陶瓷或高分子聚合物制成,膜材料厚 0.1 ~ 2mm,膜上分布孔径小于 1μm 的微孔,孔与孔之间上下左右彼此相连。敏感膜经过化学处理是疏水性的。液态膜将试液和内充液隔开,活性载体物质选择性地与待测离子发生选择性离子交换反应或形成络合物,如图 3.6 所示[477]。I^+ 为待响应离子,可自由地迁移通过膜界面,活性载体离子 S^- 被陷于有机膜相中。待测溶液中的共存离子 X^- 被排除在膜相之外。由于只有响应离子能通过膜,从高浓度向低浓度扩散,因此破坏了两相界面附近电荷的均匀性,建立双电层,产生相间电位。其选择性主要取决于活性载体与响应离子形成的络合物的稳定性及响应离子在有机溶剂中的淌度。这类电极的主要特点是内阻小、响应快,但液态膜容易被玷污,因此寿命较短。

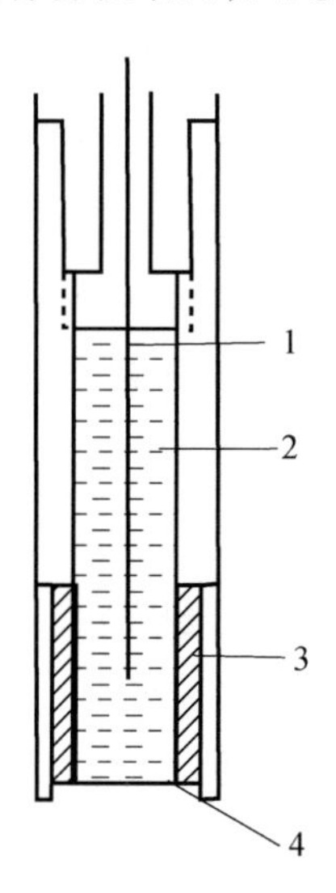

图 3.5 液态膜电极基本结构

1—内参比电极;2—内参比溶液;3—活性物质溶液;4—惰性微孔膜。

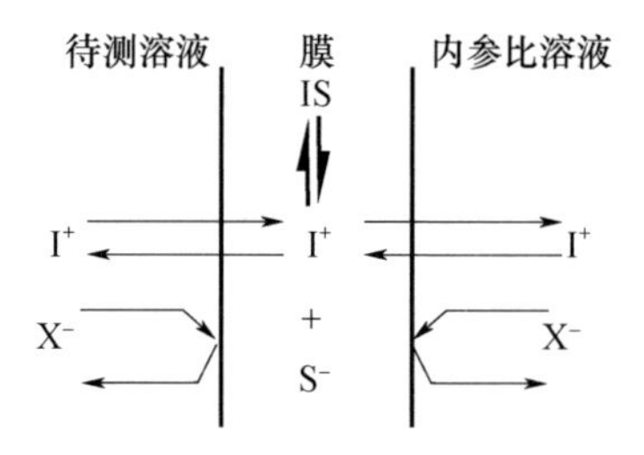

图 3.6 带电荷的流动载体膜作用示意图

I^+—被响应离子;S^-—载体;X^-—伴随离子;IS—离子缔合型物质。

1967 年,Ross 首次创制了液态膜钙离子选择电极,使得离子选择电极的研究有了重大突破,在离子选择电极发展史上有着重要的历史意义。钙的生理作用广泛而复杂,在此之前一直缺乏直接测定离子化钙的方法,钙离子选择电极的成功研制使许多与钙代谢有关的疾病的研究成为可能。因此,液态膜电极的研制成功对于生物、医学等学科的研究具有重大的意义。图 3.7 为两种常用的钙离子选择电极[478]。其中流通钙电极具有稳定性好、平衡时间短、所需样品体积小等优点。

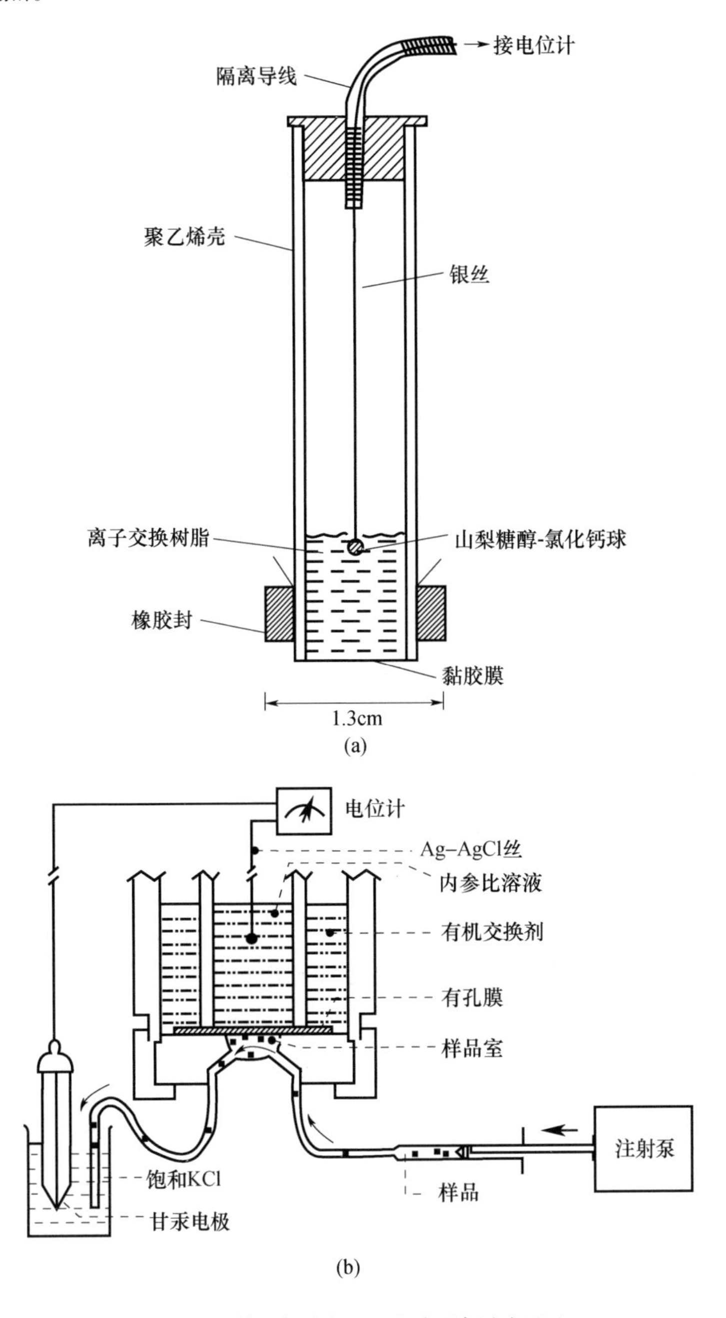

图 3.7 静止钙电极(a)和流通钙电极(b)

1969 年,瑞士科学家 Simon 等[479]根据中性载体(具有未成对电子)抗菌素分子对碱金属离子具有选择性络合作用的原理,制成了以缬氨霉素为活性材料的中性载体液态膜钾离子电极。中性载体是一种电中性的、具有空腔结构的大分子化合物。只对具有适当电荷和原子半径(大小与空腔适合)的离子进行配合,络合物能溶于有机相形成液膜,使其成为待测离子能够迁移的通道。只要选择合适的载体,制作工艺精湛,可使电极具有很高的选择性。这种电极的抗钠离子干扰性能要比钾离子玻璃电极好得多。抗生素、杯芳烃衍生物、冠醚等都可以作为中性载体。其共同特征是具有稳定构型,有吸引阳离子的极性键位(空腔),并被亲脂性的外壳环绕。之后,我国也相继研制了硝酸根离子和氟硼酸根离子选择电极,其性能超过了国外的商品电极。1971 年,Moody 及 Thomas 等[480]首先将液态膜电极的活性材料固着在聚氯乙烯(PVC)膜相中,制成 PVC 膜电极,从而将液态膜电极改进为使用方便的塑料膜电极,大大提高了电极的性能。具体地说,PVC 膜电极具有下列优点。

(1)使用寿命长,一般可达半年至一年。

(2)耗费活性材料少。

(3)电极膜电势不受压力及机械搅动的影响。

(4)电极膜容易洗干净。

早期的非 PVC 液膜电极存在着液膜中液体离子交换剂流失造成电极性能不稳定和电极使用寿命短、电极制作困难及价格昂贵的缺点,而 PVC 膜电极制作把离子交换剂与有机溶剂固定在惰性基体 PVC 膜片上,模糊了“液膜”与“固膜”的界限,弥补了非 PVC 液膜电极的不足。Freiser 等在 PVC 液膜电极的基础上,提出了结构简单的涂料电极,它是一种不需要内参比溶液的微量毛细管式电极,其结构和体积得到了简化与小型化,结构如图 3.8 所示[474]。该电极对特定离子的响应同样符合能斯特(Nernst)方程式,选择性能与 PVC 膜电极相似,有时表现出更高的选择性,它特别适用于生物、医学和环境科学等研究领域。

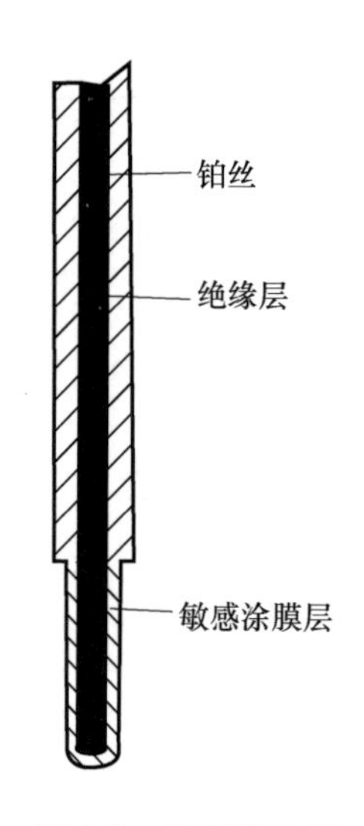

图 3.8　涂丝膜电极

液态膜电极的显著优点是:改变了敏感膜中的活性物质,可以制成对各种离子敏感的电极,拓展了可测定离子的范围,提高了离子选择电极的选择性。因此,液态膜电极已成为近年来离子选择电极发展的主要方向之一,其中活性物质离子载体及离子交换剂一直是研究的热点和重点。

与阳离子相比,阴离子选择电极一直是研究的难点。近年来,这方面的研究取得了较大的进展。Gorski 等[481]以萨罗汾锆(zirconium(Ⅳ)-salophens)为活性物质制成的电极对氟离子具有非常高的选择性。Ortuño 等[482]研究了以三(2-胺基乙基)胺(tris(2-aminoethyl)amine)为离子载体的 NO_3^- 离子选择电极,该电极的选择性比现有的 NO_3^- 电极提高了近十倍。Park 等[483]将三氟乙酰癸基苯(trifluoroacetyl-p-decylbenzene)与亲油性的阴离子交换剂混合固着到3-异氰基丙基-三乙氧基甲硅烷与十六烷基-三甲氧基甲硅烷和混合溶胶-凝胶膜上,制成的 CO_3^{2-} 电极的选择性远远高于以同样材料为活性物质的 PVC 膜电极。Shin 等[484]制成了基于环氧聚氨树脂的 Cl^- 电极,该电极的选择性高于传统的基于离子交换剂系统的 Cl^- 电极,可用于生理样品中 Cl^- 的分析。Broncova 等[485]将中性红电聚合到铂电极上,该电极对柠檬酸根具有很好的选择性,可用于饮料中柠檬酸根的检测。

随着超分子学科的发展,冠醚、环糊精、杯芳烃及分子印迹聚合物等具有高度选择性的功能大分子活性载体物质的开发为离子选择性电极的应用开辟了更广阔的前景。

Kimura[486]以杯[4]芳烃为载体制成的钠离子 PVC 膜电极的选择系数 $Na^+/K^+=3.8\times10^3$,该电极已用于人血清样中 Na^+ 的测定。Chandra[487]合成了一种新的硅取代冠醚,以此为载体制成的钠离子 PVC 膜电极的响应线性范围达到6个数量级,而且电极的使用寿命长,选择性也较高。Yamamoto[488]合成了一种杯[4]-冠-5化合物,其 Na^+/K^+ 达到 $10^{5.0\sim5.3}$,是目前选择性最高的测定体系。Ganjali[489]选择了4-甲基-2-肼基苯并噻唑等载体为活性材料,制成了性能较好的 La^{3+}、Gd^{3+}、Sm^{3+}、Hg^{2+}、Ni^{2+} 等稀土和重金属离子选择电极,其中 La^{3+} 电极的检出限达到 ppb 级。颜振宁等[490]报道了以4,5-二氮杂-9-对甲氧基亚氨基芴为 Cu^{2+} 载体的聚氯乙烯膜电极,该选择电极对 Cu^{2+} 具有良好的能斯特响应性能和较高的选择性,线性响应范围为 $10^{-6}\sim10^{-2}\,mol\cdot L^{-1}$,

电极具有优良的重复性和稳定性。

此外,除了最常用的聚氯乙烯膜基体外,一些具有优异性能的新的膜基体(如琉系玻璃、硅橡胶、环氧聚氨酯橡胶、聚砜等)也相继出现,大大扩展了液膜电极的应用范围。目前,在实际分析中应用较多的液态膜电极有 Ca^{2+}、Mg^{2+}、Cu^{2+}、Pb^{2+}、Hg^{2+}、Na^{+}、K^{+}、NH_4^{+}、NO_3^{-} 和 Cl^{-} 等离子电极。

3)气敏电极

气体传感器研究与开发对于改善人类的生活环境、保障人们身心健康有着重要的现实意义和良好的市场前景。气敏电极就是其中一种。气敏电极是一种气体传感器(Sensor),能用于测定溶液或其他介质中某种气体的含量,因而有人称为气敏探针(Gas - sensing Probe)。气敏电极属敏化的离子选择电极,由离子电极与透气膜相结合组成的对气体组分敏感的膜电极。由于在离子电极表面加上了辅助层,因此电极结构稍复杂,如图 3.9 所示[477]。其主要部件为微多孔性气体渗透膜,一般由醋酸纤维、聚四氟乙烯、聚偏氟乙烯等材料组成,具有憎水性,但能透过气体。

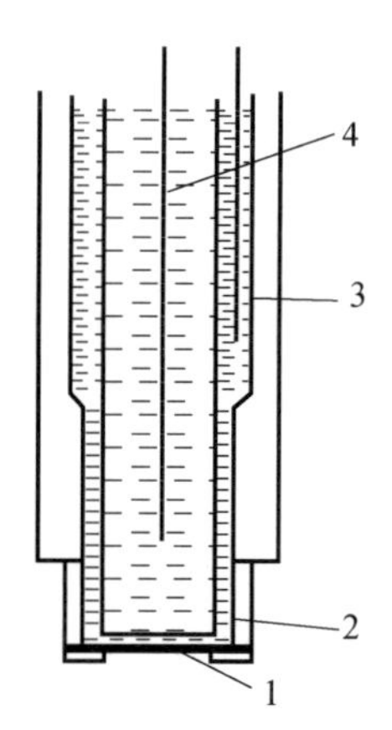

图 3.9　气敏电极

1—气体渗透膜;2—中介溶液;3—参比电极;4—离子指示电极。

气敏电极是 20 世纪 70 年代发展起来的一种新型离子选择性电极,用于测定溶液中气体的含量,气敏电极实际上并非一支电极,而是一个完整的电化学电池。其作用原理是利用被测气体对某一化学平衡的影响,使平衡中某特定离子的活度发生变化,再用离子选择电极(指示电极)响应特定离子的活度发生变化，从而测得试液中被测气体的分压。

气敏电极在环境监测中具有重要的应用，可对工业废水及大气中有毒有害气体（如 CO_2、NH_3、NO_2、SO_2、H_2S、HCN、HF、HAc 和 Cl_2 等）进行测定。此外，还可以测定有关离子，如 NH_4^+、CO_3^{2-} 等。其原理是通过改变试液的酸碱性使它们以 NH_3、CO_2 的形式逸出，然后进行测定。

4）酶电极

酶电极出现在20世纪60年代初，它是离子选择电极与酶催化技术的结合。酶是活体细胞产生的一种具有特殊三维空间构象的功能化蛋白质，是生物体进行新陈代谢所必需的物质基础，生物体内代谢过程中的化学反应几乎都是依靠酶的催化作用完成的。由于酶具有高催化活性、高特异性、高选择性以及可在温和条件下进行催化反应，因而得到了广泛应用。酶电极是另一类敏化的离子选择电极。它由离子敏感膜和覆盖在膜表面的酶涂层组成。其结构如图3.10所示[474]。其作用原理是试液中被测物质扩散到酶膜上，由于酶的催化作用，使被测物质产生能在该离子电极上具有响应的离子，从而间接测定该物质。以测定尿素浓度为例，可用尿素酶包埋在氨气敏电极膜上制成尿素电极，在尿素酶催化下发生了如下反应：

$$H_2NCONH_2 + H_2O \xrightarrow{\text{尿素酶}} 2NH_3 + CO_2$$

用氨气酶电极测定产物 NH_3 的浓度，可间接地测定尿素的浓度。

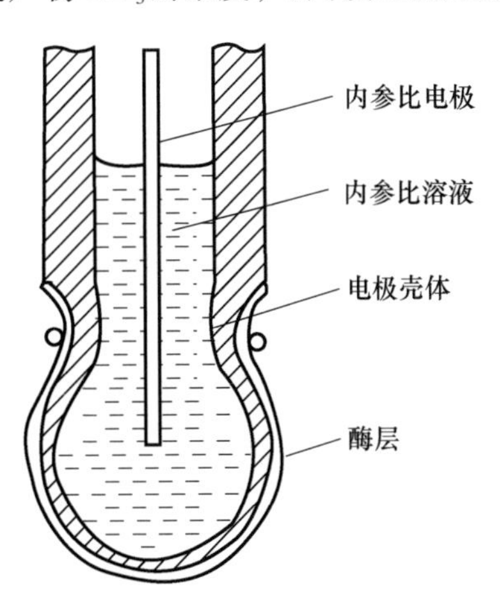

图3.10 酶电极

酶电极广泛应用于生物化学与临床医学等学科中,因为酶具有很高的选择性,所以酶电极的选择性相当高,如尿素酶电极可测定血清或其他体液中的尿素含量,对临床诊断肝、肾等疾病具有一定的参考价值;一些酶电极能分别对葡萄糖、胆固醇、L-谷氨酸及L-赖氨酸进行测定。但是由于酶是活性蛋白质,容易失活,致使酶电极使用寿命短,商品化的酶电极较少。目前,酶电极主要应用于有机及生物试样的实验室分析。

类似于酶电极的还有免疫电极、组织电极等。这类电极的特点是选择性高、工作条件温和,能够方便、快速地检测出较为复杂的有机物。例如,酶电极可分析葡萄糖、青霉素、氨基酸等化合物,为研究病理、药理及代谢过程等复杂问题提供定量分析方法。

3.1.3 离子选择电极的主要性能指标

1. 检测线性范围

在实际待测试液中,除了待测定的离子外,还会有其他共存离子,因此,当待测离子的活度逐渐减小而共存离子的活度逐渐增大时,电极的膜电位会开始缓慢地偏离能斯特方程,直至电极的膜电位无变化,即没有响应。

以离子选择电极的电位 E(或电池电动势)对响应离子活度的负对数(Pa)作图,所得曲线称为校准曲线,如图3.11所示。在一定的活度范围内,校准曲线呈直线(CD),这一段为电极的线性响应范围,其斜率与理论值 $2.303\times10^{3}RT/nF$(mV/Pa)基本一致(即具有能斯特响应)。当待测离子活度逐渐降低时,曲线就逐渐弯曲,如图中 FG 所示。

一般电极的线性响应范围在4~6个数量级。根据IUPAC推荐,离子选择电极的检测下限为校正曲线的直线延长部分和曲线的切线相交点,其对应的活度为离子选择电极的检测下限。电极的检测下限与膜的表面状况、测量前的预处理及清洗、测量时的搅拌及待测液的基体组成等条件都有关系。因此,在指出电极的检测下限时必须注明这些条件。

2. 选择性系数

在同一敏感膜上,除了对待测定的离子有响应外,其他共存的离子也同时有不同程度的响应,因此膜电极的响应并没有绝对的专一性,而只有相对的选择性。实际上,只有那些对待测离子具有高选择性的电极才具有实际应用意义。因此,选择性是离子选择电极最重要的性能指标之一。电极对各种离子的选择性,可用选择性系数表示。

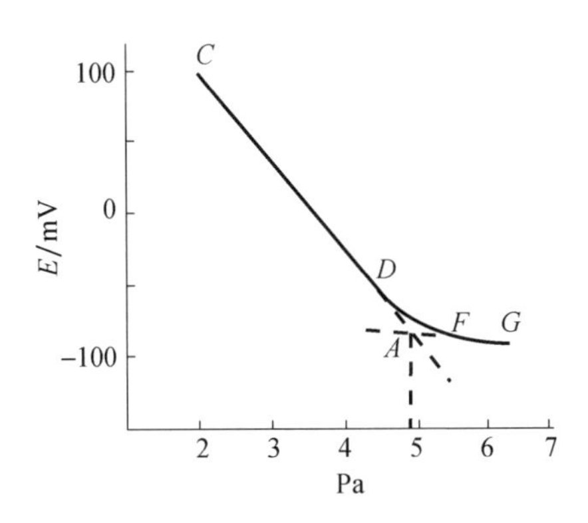

图3.11 离子选择电极校准曲线

当有共存离子时,膜电位与待测离子 I^{n+} 及共存离子 J^{m+} 的活度之间的关系,由尼柯尔斯基(Nicolsky)方程式表示为

$$E_M = k + \frac{0.059}{n}\lg(\alpha_i + K_{i,j}^{\mathrm{Pot}}\alpha_j^{n/m} + K_{j,k}^{\mathrm{Pot}}\alpha_k^{n/l} + \cdots) \tag{3.4}$$

式中:k 为常数项,包括指示电极的标准电位、参比电极电位、液接电位等;α_i、α_j 分别为离子 I^{n+}、J^{m+} 的活度;$K_{i,j}^{\mathrm{Pot}}$ 为选择性系数。

$K_{i,j}^{\mathrm{Pot}}$ 表示离子选择电极对待测离子的选择性能好坏,$K_{i,j}^{\mathrm{Pot}}$ 值越小,表示电极对待测定离子的专一性能越好。

必须指出,采用不同的测量方法测得的选择性系数往往不完全一致,即使采用同一方法而实验条件不同时测得的 $K_{i,j}^{\mathrm{Pot}}$ 值也会有所波动。因此,在进行比较时,应注明所用方法及条件。尽管如此,选择性系数仍然是一个表征干扰离子影响程度的参数,可以用它判断离子选择电极在已知干扰离子存在时能否使用及可能引入的误差,由此估计分析结果的可靠程度。

3. 响应时间

根据 IUPAC 推荐,离子选择电极的响应时间是指从电极和参比电极一起接触试液时算起,直至电池电动势达到稳定值(变化在 1mV 之内)时为止。膜电位的产生是由于响应离子在敏感膜表面扩散及建立双电层的结果,因此,响应时间主要取决于敏感膜的结构性质。一般来说,固态膜电极的膜相表面为快速的离子反应,其响应时间短。液态膜电极中,膜表面的电位建立取决于溶液中电解质被萃取平衡常数和被测离子在膜相中迁移数等因素,故该类电极的响应时间比固态膜电极较长。此外,响应时间还与响应离子的扩散速度、活度、共存离子的种类、试液温度等因素有关。显然,扩散速度快,则响应时间短;响应离子活度低,达到平衡就慢,则响应时间长;试液温度高,响应速度也加快。响应时间短的以 ms 为单位,响应时间长的甚至需数十分钟。性能良好的离子选择电极响应时间一般在 1min 以内,在接近检测下限附近时,响应时间延长至 5 ~ 10min。

在实际工作中,通常在测量前将电极浸泡在被测离子溶液中活化,或者采用搅拌试液的方法缩短响应时间。因此,在测量未知样品时,应该与标准样品在相同速度下进行搅拌。

温度升高会缩短离子选择电极的响应时间,原因是温度的升高加快了离子交换速度,膜相的电荷也加速扩散转移。但温度的升高,也使敏感膜中的活性材料加快溶解,反而会使响应时间延长,还会因膜活性材料溶解缩短了离子选择电极的使用寿命。所以,在实际工作中,温度的影响较为复杂,必须根据实际情况综合考虑。

待测试液中的共存离子对响应时间也有一定的影响,若共存离子不参与膜电位的响应,即不产生干扰,则这种共存离子往往会使电极的响应时间缩短。

4. 使用寿命

离子选择电极经过长期使用会逐渐老化,此时,电极响应时间延长、斜率偏低而逐渐失效。电极的使用寿命是指电极保持其能斯特响应功能的时间长短。影响电极使用寿命的主要因素包括:电极的类型和膜的组成结构;使用的次数及使用时的环境条件,如温度、待测溶液的酸碱性以及干扰离子的污染等。

一般玻璃膜电极和固态膜电极的使用寿命为 1 ~3 年,在流动系统的高温操作中使用寿命仅为 1 ~6 个月。液态膜电极由于离子交换剂或中性载体容易流动,一般使用寿命为 7 ~12 个月,有的甚至只有 1 ~2 个月。为了延长电极的使用寿命,在使用过程中应注意对电极的保护。正确的保存方法也是影响电极寿命的重要因素。下面列出不同类型离子选择电极的保存方法。

(1)玻璃膜电极。浸放于 pH 缓冲溶液(pH 玻璃电极)或待测离子溶液(其他阳离子玻璃电极)中。长期不使用可洗净后晾干存放。

(2)固态膜电极。洗净后干放。

(3)液态膜电极。短期保存可浸放在待测离子溶液中,长期保存应洗净后干放。

(4)气敏电极。不宜存放在空气中,应按照电极生产厂家要求的保存条件存放(浸置于合适的溶液中)。

(5)复合电极。浸置于含 KCl 的 pH 缓冲溶液(pH 复合电极)或含 KCl 的待测离子溶液(其他复合电极)中,也可以将内充液倒出,洗净后晾干存放。

3.1.4 离子选择电极的分析方法及测量仪器

离子选择电极能直接或间接测量溶液中某种阳离子或阴离子的活度。其定量分析方法主要有标准曲线法、直接读数法、标准加入法、格氏作图法、电位滴定法及流动注射分析法等。

离子选择电极是将样品溶液中待测离子的活度量转换成电位量的一种器件。离子计(电位仪)则是将该类器件的信号变换成可读信号的装置。也就是说,借助离子计测量离子选择电极与参比电极组成的电化学电池的电动势,然后直接读出或计算出样品溶液中待测离子的活度。

由于离子选择电极的内阻较高,应采用高阻抗的离子计。离子计的输入阻抗与离子选择系统的电阻(包括参比电极和溶液)之间的匹配十分重要。一般要求离子计的输入阻抗要比电极系统的电阻大千倍以上才能保证测量的精度。有的离子计由于绝缘性能较差,其输入阻抗受外界条件影响较大,如湿度大时,可使绝缘电阻降低,导致输入阻抗减小。此外,电极系统的电阻也会因某种原因(如玻璃膜电极长时间使用,溶液含有有机溶剂)增大。所以,在实际应用中应综合考虑上述因素,使仪器的输入阻抗与所用的电极系统的电阻相匹配,以确保测量结果的准确性。

3.1.5 离子选择电极的应用

离子选择电极自 20 世纪初,被发现以来一直受到分析工作者的广泛重视,对其的研究也不断深入。近几十年,离子选择电极的研制技术不断创新,性能不断完善和发展,目前已商品化的电极达几十种。离子选择电极的广泛应用是由其特点决定的,与其他现代定量仪器分析法相比,离子选择电极具有许多独特的优点[474]。

(1)离子选择电极的测定不受溶液的颜色、混浊度、悬浮物等因素的影响,这样可方便地进行原液、原位分析,很适合于需要快速得到分析数据的场合。

(2)分析速度快,典型的单次分析只需要 1 ~2min。所需设备简单、操作方便,仪器及电极均可携带,适合现场测定。

(3)电极输出为电信号,不需要经过转换就可以直接放大及测量记录,因此,容易实现自动、连续测量及控制。

(4)电极法测量的范围广,灵敏度高,一般可达 4 ~6 个浓度数量级差,而且电极的响应为对数特性,因此,在整个测量范围具有同样的准确程度。

(5)能制成微型电极,甚至做成管径小于 1μm 的超微型电极,可用于单细胞及活体检测。

(6)离子选择电极法还有一些独特之处。离子电极电位所响应的是溶液中给定离子的活度,而不是一般分析中离子的总浓度。这在某些场合下具有重要的应用。例如,航空铝制件表面所用溶液的效率,取决于其中游离氟离子的活度,根据一般化学分析法测出的总氟量,不能判断溶液是否失效。能响应氟离子活度变化的氟离子电极,是进行此项监测的较好工具。研究血清中钙对生理过程的影响,需要了解的往往不是总钙浓度,而是游离钙离子的活度。钙离子电极即是应此需要而设计的。

总体来说,离子选择电极的主要应用范围可归纳为科学研究、环境监测、临床医学及工农业生产四大方面。

1. 离子选择电极在科学研究中的应用

离子选择电极反映的是离子的活度,这为分析化学研究带来了某些不便,但正是由于这一特性,离子选择电极可用于研究生化机理、化学反应的平衡常数,如解离常数、络合物稳定常数、难溶性盐的溶度积常数以及活度系数等,并能作为研究热力学、动力学、电化学等基础理论的工具。目前,离子选择电极已成为许多化学实验室必备的设备。

基于不同的离子载体，离子选择电极已经能够检测多种物质，如牛磺酸[491]及银[492]、铜[493]、铅[494]、和汞[495]等重金属离子。离子选择电极具有比场效应晶体管更简易的制备工艺，无须封装即成电极，并且坚固耐用。综合考虑制作成本、操作难易、使用寿命等因素，加上其可携带性，ISE 将是大量常规样品分析的最佳选择之一。

如钙离子选择电极，随着生物技术的发展，生物体内如细胞内钙含量的原位测定[496-497]引起了研究者们的关注与重视，这推动了钙离子选择电极的微型化。同时，钙离子选择电极在临床血钙尿钙的常规测试中应用得也越来越频繁，长寿命、耐用性钙离子选择电极也是满足医疗诊断领域需求的目标钙电极。

吴志鸿[498]提出了一种利用金属阳离子选择性电极测定弱酸强碱盐水解平衡常数的方法，并用 Ca^{2+} 选择电极对 Na_2CO_3 和 $Na_2C_2O_4$ 的水解平衡常数进行测定，测定值和文献值相一致。

Awad 等[499]研究了基于自组装硫醇表面活性剂 - 纳米金颗粒的丝网印刷离子选择电极测定不同水样中的 Gu^{2+}，发现该电极对 $8.8\times10^{-8}\sim1.0\times10^{-2}mol\cdot L^{-1}$ 浓度范围内的 Gu^{2+} 有较好的响应，符合能斯特方程，并且具有显著的选择性，选择性系数范围为 $-6.81\sim-2.36$。用该电位法和原子吸收光谱法得到的结果一致。平均回收率、相对标准偏差和定量值的限制均在允许范围之内。

Josip 等[500]研究了一种以不同内触点（固态钢或电解质）的 LaF_3 单晶膜和 Fe_xO_y 纳米颗粒为负载的新型氟离子选择电极。对氟离子浓度从 $1.0\times10^{-1}mol\cdot L^{-1}$ 到 $3.98\times10^{-7}mol\cdot L^{-1}$ 有效好的响应特性，其检测限为 $7.41\times10^{-8}mol\cdot L^{-1}$，所制备的修饰电极寿命长，可应用于不同位置（固体接触），也可用于铁离子的测定。

徐灵[501]等建立离子选择电极法校准微量移液器的方法，并用传统称重法验证其性能，结果经离子选择电极法校准后的 3 支移液器测定钾离子的浓度，换算成体积分别为 $(10.00\pm0.057)\mu L$、$(50.06\pm0.409)\mu L$、$(100.17\pm0.890)\mu L$，用称量法进行比较，其测量结果分别为 $(10.20\pm0.326)\mu L$、$(50.06\pm0.494)\mu L$、$(100.36\pm0.351)\mu L$，2 种方法的比较差异无统计学意义（$P>0.05$）。这表明，采用离子选择电极法测定钾离子的浓度对微量移液器进行容量校准，与传统称重法结果一致,方法简便易行,可作为移液器容量校准的替代方法加以推广。

韦秋叶等[502]通过对离子选择电极法氯离子含量测定仪的原理和特点进行研究,采用有证标准物质和温度计等设备作为校准标准,制定了该仪器的校准项目和校准方法,并给出了参考的计量性能指标;通过实验验证了校准方法及指标参数的合理性、科学性、可操作性。

刘萍[503]总结出了以下几点影响离子选择电极法测定氟化物准确性的因素:相同浓度点的氟化物溶液中,缓冲液 pH 值升高和氟离子浓度 C_{F^-} 呈正相关,溶液浓度和达到稳定需要的时间呈负相关,当测定时间达到 2min 后,电极电位值能满足监测需要;温度影响离子的活度,离子活度影响电位测定,从而影响氟化物浓度测定,电极老化、污染、机械损伤均影响电极灵敏度、响应值及电极斜率。

丁永波等[504]基于国内外最新研究工作,系统总结了优化离子选择电极中内充液的办法,包括直接降低内充液中的主离子浓度、将内充液中的主离子转化为难溶盐、在内充液中加入离子缓冲剂和离子交换树脂,分析了它们各自的优势和所面临的问题;提出要想从根本上解决增塑 PVC 传感膜中的过膜离子流,最好的办法就是革除增塑剂,发展新型的、无须外增塑剂的柔性传感膜,如基于丙烯酸酯[505]、聚氨酯[506]、硅橡胶[507]、乙烯基树脂[508]、含氟液相传感膜[509]之类的弹性传感膜,并且基于上述基膜材料构建的离子选择电极已经表现出了优异的检测性能,为聚合物膜离子选择电极的高性能化明确了研究方向。

罗云凤等[510]构建了一种电势稳定性好的全固态钙离子选择电极(Ca^{2+} - ISE),采用碳纳米管(CNT)/Ag/MoS_2为转导层,自制的三脚架化合物作为钙离子载体,制备固体接触式 Ca^{2+} - ISE。系统分析了全固态 Ca^2 + - ISE 的稳定性、能斯特斜率、响应范围、选择性系数等主要性能,发现制备的固体接触式 Ca^{2+} - ISE 在钙离子浓度为 $1\times10^{-6}\sim1\times10^{-1}mol\cdot L^{-1}$范围内呈现线性能斯特响应,响应斜率为 28.1mV/decade。CNT/Ag/MoS_2的引入有利于提高固体接触式 Ca^{2+} - ISE 的离子浓度线性响应范围,缩短电势平衡时间,降低测试能斯特斜率与理论值差,对于 Ca^{2+} - ISE 的长期在线检测有重要的研究意义。

杨金凤等[511]以一种全固态离子选择电极为研究对象,探究影响全固态硝酸根离子选择电极性能的因素。针对离子选择电极的稳定性、斜率、响应范围、检测下限、选择性系数、响应时间等主要性能指标的影响因素分别进行分析,得到优化的全固态硝酸根离子选择电极的制作条件。对玻碳电极进行预处理,采用聚苯胺作为导电聚合物,在电极敏感膜中加入三(十二烷基)甲基氯化铵作为离子添加剂,用旋涂法做出表面光洁、厚度为0.4mm的均匀电极膜。该电极斜率高,检测下限低,响应时间短,电极的电阻较小,选择性好,对于硝酸根的长期在线检测有重要意义。

随着膜材料研究的发展,不同形式的敏感膜相继问世,无机难溶盐固体膜电极和液体离子交换膜电极不断研制成功,能检测的阳离子数目已达几十种。同时,由于离子选择电极具有适应性广、响应快、价格低、可与其他仪器联用等特点,使得离子选择电极在各类化学平衡体系的常数测定中有着广泛的应用前景。

2. 离子选择电极在环境监测中的应用

离子选择电极法快速、方便、灵敏、价廉且不受试样浊度及颜色干扰,已成为环境监测中最重要的分析手段之一。

氟离子选择电极的成功研制使其在环境监测领域得到了广泛的应用。氟离子电极能在6个数量级浓度范围内呈能斯特线性响应关系,并能在许多共存离子存在下对氟离子具有高度的选择性。应用氟电极可测定大气、水质、土壤及植物中的微量氟化物。美国已将此法作为水质分析和污水中氟含量测定的标准方法。我国环境监测中氟化物分析的国家标准已推荐采用离子选择电极法。由于工业废水中含有一定量的氟,因此对地下水和地表水造成了不同程度的污染。GB/T 7484—1987规定用氟离子选择电极测定地下水、地面水和工业废水中的氟化物[512]。该方法的最低检出限为0.05mg·L^{-1}(以F计),测定上限可达1900mg·L^{-1},并且该方法不受水的颜色及浑浊度的影响。此外,还有环境空气中氟化物的离子选择电极分析法,其国标号分别是GB/T 15433—1995和GB/T 15434—1995[513]。

此外,采用氟离子选择电极可以简便快速地对饮用水、矿泉水、地表水、雨水、雪水、海水、生活污水中的氟进行测定,也可将氟电极制成报警器,对工业排放废水进行自动监测。可以说,在所有离子选择电极中,氟离子电极在各领域中的应用最成熟。

段小燕等[514]分别采用离子选择电极法和离子色谱法测定土壤中水溶性氟化物。通过方法检出限、准确度、精密度及实际样品等方面进行了测定比较，实验结果显示，离子选择电极法和离子色谱法具有较好的可比性，但针对基质复杂的土壤样品，离子选择电极法的抗干扰能力优于离子色谱法。

氟离子选择电极法虽然灵敏度高、干扰较少，但测定过程中需要注意的因素很多，为了保证测定结果的准确性，张琨[515]从试剂、电极、温度、操作规范性等方面进行了分析和讨论。

魏文等[516]确定了铜冶炼中污水中氟含量的监测方法，着重对不同成分的污水的两种预处理方式进行了探讨，试液经处理后，加入柠檬酸三钠和三乙醇胺调节溶液的 pH 值，并消除铁、铝、铜等离子的干扰，用离子选择电极法 - 标准曲线法测定其中的氟量。因其操作简单，干扰少，广泛应用于环境监测领域。

任忠虎等[517]建立离子选择电极法测定氟石膏中氟含量的分析方法。样品以氢氧化钠为熔剂在 400℃ 熔融分解，冷却后用 40 ~ 50℃ 热水浸取熔融物，氟石膏中钙、铬、铁、镁等金属离子以氢氧化物沉淀的形式被除去，然后以溴甲酚绿为指示剂，用硝酸和氢氧化钠调节溶液 pH 值为 5.5 ~ 6.5，以饱和甘汞电极为参比电极，氟离子选择电极为指示电极，采用离子计进行测定。结果表明，氟的质量浓度在 0.00 ~ 6.00mg · L^{-1} 范围内其对数与电位值呈良好的线性关系，线性方程为 $E = 55.721\lg c + 175.50$，线性相关系数为 0.9996，检出限为 0.0019mg · L^{-1}，测定结果的相对标准偏差为 1.63% ~ 2.87%（$n = 11$），样品加标回收率为 96.33% ~ 103.18%。该方法精密度及准确度好、灵敏度高，适用于氟石膏中氟的测定。

向晓霞等[518]比较了离子选择电极法、离子色谱法和氟试剂分光光度法测定水中氟化物的异同。分别从适用范围、检测效率、取样量、线性范围、检出限、检测限、准确度、精密度、加标回收率进行比较离子选择电极法、离子色谱法和氟试剂分光光度法。发现离子选择电极法检出限低，操作简单，仪器稳定性好，在线性范围内准确度和精密度较好，是一种既经济又经典的氟化物检测方法。

张志军[519]分析了方法的检出限、精密度和准确度等质量控制参数。方法检出限 0.49μg/m^3（按采样流量为 50L/min，采样时间 1h 计），标准曲线为 $\lg Cy =$

$-59.958x+240.39$，相关系数 $r=-0.9996$。标准溶液加标回收率为101.2%和102.5%，标准溶液精密度RSD为1.33%。

刘晓芳[520]用标准加入法测定土壤样品溶液中氟离子浓度，计算出土壤中氟含量。分析了高温水解-氟离子选择电极法与熔样-离子选择电极法在氟测定上存在的差别。实验结果表明，高温燃烧水解-氟离子选择电极法测定土壤中氟方法简单，易操作，数据准确可靠，重复性好。

葛江洪等[521]建立了采用高温灰化-碱熔植物样品，直接在含有硫酸介质的总离子强度调节缓冲混合液中测定氟的离子选择性电极法，方法检出限、精密度和准确度满足《局部生态地球化学评价规范》的要求，操作简便快捷，是植物样品中微量氟可靠、高效的检测方法。

杨倩[522]建立了高温碱熔离子选择性电极法测定铜矿石中氟化物含量的方法，并对此方法进行了优化。选用瑞士梅特勒书利多S500-F型氟离子计，$NaOH/Na_2O_2$混合碱高温熔融，用沸水浸提熔块，调节pH值至中性，用总离子强度缓冲溶液屏蔽干扰离子，F离子计定量测定样品中氟离子含量。对炉温、混合碱比例以及总离子强度缓冲溶液用量等进行了优化。结果显示，在最优实验条件下，铜精矿中氟化物测定的灵敏度、精密度高，回收率为93.0%～108.0%。该方法操作省时，准确度高，适用于铜矿石中氟化物含量的测定。

陈玉兰[523]按照GB 5750—2006生活饮用水标准检验方法，采集曹县农村集中式供水20份水样，分别用离子色谱法和离子选择电极法测定，将测定结果进行比较分析。结果表明，离子色谱法与离子选择电极法测定结果一致，20份水样中15份超过国家标准GB 5749—2006生活饮用水卫生标准（$\geq 1.0mg \cdot L^{-1}$），8份合格。结论：两种方法测定水中氟化物，结果无显著性差异（$p>0.05$）。但离子色谱仪价格昂贵，操作复杂，需较长时间稳定，易损件较多，使用代价较高。离子计价格便宜，操作简便，更适合小型企业和基层实验室使用。

氰化物包括简单氰化物、络合氰化物和有机氰化物，是一类含有氰基的强毒性环境污染物（除少数稳定的复合盐外），需及时鉴别和准确测定。电镀、化工、制药等行业的厂区空气中及排放的废水中均含有氰化物，对周围的环境造成了严重威胁。因此，及时有效地监测氰化物的含量具有重要的意义。目前，氰离子电极测定氰化物的方法较为成熟，已有多种应用离子选择电极的CN^-自动测量装置。

图 3.12 是一种银电极及银氰络合物指示剂原理的 CN^- 自动测量装置[524]。

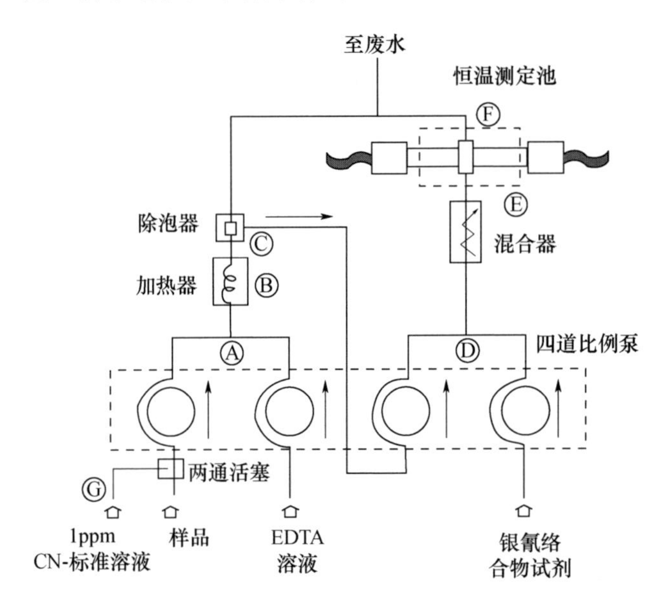

图 3.12　Orion 1206 型氰化物自动测定装置

整个系统包括化学反应液路、离子电极测量池及读出仪器 3 部分。样品溶液或标准溶液由入口处导入，在 A 点与酸性（pH 值 =4）EDTA 溶液混合，进入到加热器 B 升温至 50℃。此时，EDTA 将金属离子与 CN^- 络合物中的 CN^- 置换出来。样品经过除泡后流入混合器 E 与 $Ag(CN)_2^-$ 及 NaOH 溶液（pH 值 =11）充分混合。样品中的 CN^- 含量影响到 $Ag(CN)_2^-$ 的离解平衡，从而改变溶液中的 Ag^+ 离子浓度，其变量由银电极检测，用钠玻璃电极作为参比电极，根据测量的电势值求出样品中 CN^- 的浓度。

地表水和饮用水中微量氰化物的测定一般采用吡啶 - 巴比妥酸比色法。但该方法灵敏度不高、操作繁琐且检测范围较小。氰离子选择电极对水中浓度低于 0.01mg · L^{-1} 的 CN^- 也无法准确测定。在应用过程中，因电极膜表面反应机理所致，电极寿命较短。以硫离子选择电极代替氰离子电极可测定微量的 CN^-[525]。硫离子电极的硫化银膜溶解度极低，干扰较少，对氧化剂不敏感，故有较长的使用寿命。因此，采用硫离子选择电极可满足环境监测中微量 CN^- 的测定要求。

袁波等[526]采用离子选择电极测定电石炉净化系统排放废水中的氰根离子，在pH值=12的条件下，用$PbCO_3$除去S^{2-}等的干扰，用氰离子选择电极测定废水中氰根离子，得到一种稳定快速的测量方法，检出限为$0.01\mu g \cdot mL^{-1}$，变异系数小于5%，回收率为98%~103%。

周键等[527]采用离子选择电极法测定密闭电石炉尾气中HCN的质量浓度，并与硝酸银容量法、异烟酸－吡唑啉酮分光光度法做对比。结果表明，3种方法均能满足密闭电石炉尾气中HCN的测定要求，相对标准偏差分别为2.26%、1.41%、1.94%，加标回收率分别为96.2%~100.4%、97.9%~101.5%、96.6%~101.3%。离子选择电极法检测范围与精密度均能满足尾气中氰化氢的测定要求，能用于尾气中HCN的日常监测；硝酸银容量法精确度相对其他两种方法较低，适合于精密度要求不高的场合；异烟酸－吡唑啉酮分光光度法精密度高，检测限低，但测定范围较窄，样品需稀释才能增加测定范围。

随着人类对重金属的开采和加工制造，汞、铅、镉等很多金属进入大气、水、土壤中，引起很严重的环境污染，甚至危及人的生命健康。因此，重金属的检测是非常重要的。研究人员发现，基于离子载体的离子选择电极对重金属离子具有很高的选择性。近年来，已研制出许多相应的电极用于环境的在线检测。

众所周知，汞是一种危害人体健康的重金属，汞离子(Hg^{2+})会沉积在脑、肝和其他器官中，产生慢性中毒，损害肾、胃和肠道，甚至引起死亡。另外，汞元素及其化合物能够通过皮肤被吸收，引起口腔炎、齿龈炎和神经紊乱等疾病。汞离子对人体含有S原子的配合基显现出了很强的亲和力，能引起蛋白质、酶和膜的巯基(－SH)块结。汞能够在海洋生物体内累积，通过食物链转移到人体内，最典型的例子就是发生在日本的水俣病[528]。汞中毒会对整个社会产生极其恶劣的影响。现在汞被优先列在全球环境监控系统清单上，世界各国都花费大量的人力、物力、财力开发和研究新型的检测汞离子方法。

最广泛使用的定量检测汞技术是原子吸收光谱法和原子发射光谱法，还有其他一些方法，如双硫腙比色法、阳极溶出伏安法、射线荧光光谱法、等离子体光谱法等。这些方法都是成本比较高，需要复杂的仪器和技术熟练的操作人员，不能或不方便在户外使用，一般是在实验室进行，即现场采样后进行离线分析,存在耗时、分析步骤复杂、分析仪器昂贵、采样频率低以及样品不易保存等缺点。在有些情况下,需要及时知道环境污染情形,以便及时迅速制定相应的处理对策。

由于基于离子载体的PVC膜电极对金属离子具有很高的选择性,近年来,研究人员不断开发出各种类型的 Hg^{2+} 选择电极。研究的难点是选择合适的离子载体。Mahajan[529]选择水杨醛缩氨基硫脲(salicylaldehyde thiosemicarbazone)作为离子载体(其结构如图3.13所示),研制了一种汞离子选择性PVC膜电极,该电极具有良好的能斯特特性和很高的选择性,对碱、碱性金属和一些重金属作了选择性试验,都表现出了很强的抗干扰作用。

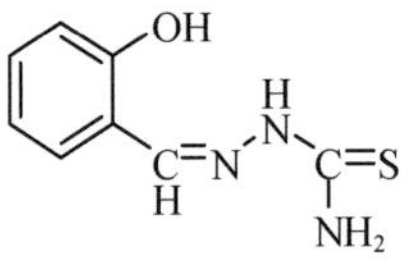

图3.13　水杨醛缩氨基硫脲结构图

Mohammad[530]以MBTH作为离子载体(其结构如图3.14所示)制成的汞离子电极稳定性好、选择性高,可用于测量污水和工业废水样品中汞的含量。

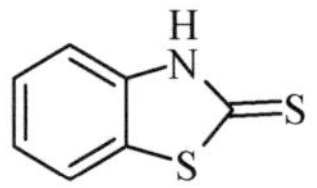

图3.14　MBTH结构图

另一类研究较多的汞离子电极是以硫系玻璃作为敏感材料。该类电极较稳定,特别是在腐蚀性溶液中依然保持很好的选择性。Guessous[531]以硫系玻璃($5HgTe-95Ge_{0.2}Te_{0.3}Se_{0.5}$)为薄膜制备成汞离子电极,该电极的检测下限为 $10^{-6}mol\cdot L^{-1}$,对重金属干扰离子 Pb^{2+}、Cd^{2+} 具有较好的选择性。

Miloshova[532]用真空热蒸发镀膜技术把 $AgBr-Ag_2S-As_2S_3$ 制成薄膜,制备出的电极对 Hg^{2+} 的检测下限为 $2\times10^{-6}mol\cdot L^{-1}$,选择性非常好。

俄罗斯生产的硫系玻璃汞离子电极是目前文献报道的使用寿命最长的电极[533]。许多国家都从俄罗斯购买了基于硫系玻璃的离子选择性电极,用来检测重金属元素。硫系玻璃提高了电极的化学承受性、耐磨性和在腐蚀性媒质中应用的可能性。这些良好的属性使得它在工业控制和环境检测方面得到成功的应用。

任秀丽[534]等制备了以纳米 TiO_2 为修饰剂的涂碳型 PVC 膜汞离子选择电极,并用于汞离子的测定,对比裸碳电极、普通涂碳型汞离子选择电极,发现纳米 TiO_2 修饰的涂碳电极的氧化还原峰电流明显增加,并且可逆性良好,Nernst 响应范围更广,为 $1.0\times10^{-2}\sim1.0\times10^{-6}mol\cdot L^{-1}$,级差为 30mV/pc,并且修饰电极的检测下限更低,为 $4.5\times10^{-7}mol\cdot L^{-1}$,在室温下电极的使用寿命约为 3 个月。电极用于电位分析法测定实际污水样品中汞离子,测定结果与原子吸收光谱法结果一致,相对标准偏差为 1.9%。

黄美荣等[535]指出,聚苯胺-磷酸锡、聚苯胺-磷酸砷锡、聚苯胺-钨酸砷锡复合物分别对 H 扩 Hg^{2+}、Pb^{2+} 和 Cd^{2+} 具有较好的交换与络合能力,在其他离子共存时,对上述 3 种离子的选择系数均远远大于 1。将该复合物作为活性载体制作的离子选择电极对重金属离子(如 H^{2+}、Cd^{2+})具有很高的灵敏度,能斯特斜率与理论值 29.6mV/decade 相近。响应时间均不超过 40s,探测下限可低至 $10^{-6}mol\cdot L^{-1}$,并且线性范围较宽,共存离子基本无干扰。

胡卫军等[536]通过对汞离子选择电极(Hg-ISE)在类似海水的缓冲溶液体系实验测试及分析,其结果显示,在自由汞离子浓度高于 $10^{-19}mol\cdot L^{-1}$ 时,总汞浓度和自由汞浓度仍然保持成一定的线性关系,表明可以通过检测自由汞离子浓度来检测海水中总汞浓度。

门洪等[537]通过 2 个阶段的固相反应合成了一种全固态离子选择电极,电极成分为 AgI、Ag_2S 和 HgI。该电极对二价汞离子具有选择性,线性范围为 $10^{-1}\sim10^{-5}mol\cdot L^{-1}$,斜率为 29.3mV/decade,pH 适用范围为 2,检测下限为 $3.31\times10^{-6}mol\cdot L^{-1}$,响应时间小于 3min。

Azam Bahrami 等[538]研制了含有 Hg^{2+} 离子印记聚合物的离子液体碳糊电极。汞离子印记纳米粒子采用热沉淀聚合技术得到。我们所需的聚(二甲基丙烯酸乙二醇酯-双硫腙/Hg^{2+})胶体纳米颗粒分两步制得:第一步,将双硫踪和 $Hg(CH_3COO)_2$ 加入二甲亚砜中,产生粉红色的物质;第二步,把二甲基丙烯酸乙二醇醋、偶氮二异丁睛和四氢呋喃分别作为交联剂、自由基引发剂和络合溶剂加入上述溶液中。室温下搅拌并通氢气以除去溶液中的氧气。密封油浴加热并搅拌完成热聚合。Hg^{2+}印记纳米颗粒在重复使用后，使用效果没有明显改变。离子印记聚合物含量在12%左右处的响应信号最强，最佳pH值约为4.5。Co^{2+}、Zn^{2+}、Pb^{2+}、Cu^{2+}等离子对Hg^{2+}的干扰很小。检出限低至$0.1nmol \cdot L^{-1}$。线性范围区间为$0.5 \sim 10nmol \cdot L^{-1}$和$0.08 \sim 2\mu mol \cdot L^{-1}$。

Tugba Sardohan – Koseogl等[539]制备的Hg(Ⅱ) – 选择性电极的膜溶液(总共300mg)组成为31% PVC聚氯乙烯，64%邻硝基苯基辛基醚(o – NPOE)为增塑剂、1%四苯硼钠(NaTBP)为添加剂和4%的载体。用制好的膜溶液在铜线上涂层，将制备的电极在室温下蒸发24h并干燥。电极的检出限为$10^{-6}mol \cdot L^{-1}$，适宜的pH值范围是4 ~ 9，响应时间为10 ~ 15s，电极寿命大于1个月，期间电极各参数稳定。

镉及其化合物均有毒，能蓄积在动物的软组织中，使肾脏等器官发生病变，并影响酶的正常活动。饮用水中镉的最高允许量为$0.01mg \cdot L^{-1}$。目前，测定溶液中镉含量的标准方法为原子吸收分光光度法。测定铅的方法有原子吸收法、双硫腙比色法等，但这些方法需要的昂贵仪器，操作繁琐。1997年，日本学者Satoshi等[540]报道了通过气固相反应，以CdS – (Ag_2S)混合物为膜材料，制备出高灵敏度的镉离子选择电极，该电极对浓度为$10^{-8} \sim 10^{-1}mol \cdot L^{-1}$的镉离子具有能斯特响应关系。高云霞等[541]将多元线性回归分析应用于离子选择电极分析法中，实现了混合物重金属铅、镉离子两组分含量的同时测定。该方法有望推广到其他两组分甚至两组分以上离子的同时测定中。

Chandra等[542]也用PVC膜离子选择电极测定了巧克力样品中的Cd(Ⅱ)，该电极对包括镉离子在内的各种阳离子(如碱金属、碱土金属、过渡金属和重金属离子)都具有很好的选择性和灵敏度。该电极检测的浓度范围为$1.0 \times 10^{-1} \sim 1.0 \times 10^{-8} mol \cdot L^{-1}$，检测限为$3.2 \times 10^{-8} mol \cdot L^{-1}$，该方法已经成功地用于不同的巧克力样品中Cd的测定。

袁敏等[543]将适配体互补链(CDNA)通过Au – S键自组装于金电极表面，并与适配体杂交结合形成双链DNA。由于适配体对Cd^{2+}的特异性结合能力，加入Cd^{2+}后，与互补链竞争结合适配体，使修饰二茂铁基团的适配体从金电极表面脱落，二茂铁的电化学信号显著减小。采用方波伏安法(SWV)进行检测，本传感器对Cd^{2+}的线性检测范围为$1.0nmol \cdot L^{-1} \sim 10.0\mu mol \cdot L^{-1}$，检出限为

65.1pmol·L^{-1},线性方程为 $\Delta I = 0.2872 + 0.2327\lg C (R^2 = 0.9972)$,可在10s内完成检测。实际江水样品中 Cd^{2+} 的检测结果与石墨炉原子吸收光谱法的测量结果一致,加标回收率为97.1%~99.5%。本方法灵敏度高、检测速度快、特异性强,在镉环境污染监测方面具有良好的应用前景。

魏光华等[544]设计了一种基于STM32控制芯片采用离子选择性电极检测重金属的仪器,对离子选择电极信号处理电路和PT1000测温电路的关键点进行详细分析比较。根据Ag离子电极电位数据,依据最小二乘法,采用5点校准模型进行线性拟合处理。连续采集记录Cd离子电极响应曲线,提出采用最值差值法进行稳定性判断。最后进行测试试验,结果证明,采用的相关模型和算法能够满足一般测量要求,为相关设计提供了参考。

N. Alireza等[545]用溴化十六烷基吡陡表面活性剂改性的沸石纳米颗粒作为 Cr^{4+} 选择性电极的活性成分。通过机械方法球磨得到纳米沸石颗粒,将其加热到70℃并保温8h,除去杂质后把纳米沸石与适量溴化十六烷基吡啶混合,用电磁搅拌器搅拌24 h,离心、干燥后得到表面活性剂改性沸石(SMZ)。电极工作体系适宜的pH值为3~6,工作温度范围应在20~40℃,过高会因为表面活性剂的解析或者损坏电极表面而使实验结果偏离理论值。电极的能斯特效应能保持60天以上,在 $1.0\times10^{-5}\sim5.0\times10^{-2}$mol·L^{-1},区间内电极线性响应良好,检出限为 5.0×10^{-6}mol·L^{-1}。

对于 Cu^{2+}、Ag^{+}、Cr^{3+}、Pb^{2+} 等金属离子检测,黄艳玲等[546]以二苯基乙二酮和邻氨基苯酚合成了二苯基乙二酮缩邻氨基苯酚双席夫碱,并将其作为中性载体与碳粉混合,以液体石蜡为黏合剂,成功制备了Cu(Ⅱ)离子选择性电极。该电极对 Cu^{2+} 呈现近能斯特响应,响应浓度范围为 $5.0\times10^{-6}\sim1.0\times10^{-2}$mol·L^{-1},检出限为 2.3×10^{-6}mol·L^{-1},适合实际样品的分析测定。

李光华等[547]也利用席夫碱合成了离子选择性电极,用对氨基苯甲酸缩2-轻涅-1-萘甲醛席夫碱作为敏感膜制作了一种高灵敏、易更新的碳糊修饰铜离子选择性电极,该电极在含有许多阳离子的情况下对铜离子表现出良好的选择性和灵敏度。它的主要特点是响应速度快,整个过程中响应时间小于1min,Cu^{2+} 在 $1.0\times10^{-5}\sim1.0\times10^{-2}$mol·L^{-1} 范围内浓度的对数与电极响应电位呈较好的线性关系,电极的检测限为 5.0×10^{-6}mol·L^{-1},该电极可成功应用于废水中铜离子的检测。中性载体 PVC 膜离子选择电极具有灵敏度高、制备简单、测定样品用量少等优点。

罗传军等[548]利用了这些优点,制备了以 1,2 - 双(3 - 氨基苯氧基)乙烷为载体的聚氯乙烯(PVC)膜银离子选择电极,该电极对 Ag^+ 具有很好的能斯特响应性能,在 $1\times10^{-6}\sim1\times10^{-3}mol\cdot L^{-1}$ 的浓度范围内呈良好的线性关系,检测下限为 $8.5\times10^{-7}mol\cdot L^{-1}$,电极对 Ag^+ 选择性很好,碱金属、碱土金属及常见过渡金属离子对 Ag^+ 的测定干扰很小。该电极可在体积分数不大于 30% 的乙醇水溶液中使用,并可用于实际样品中 Ag^+ 含量的直接测定。

Singh 等[549]用席夫碱配合体为中性载体的 Cr 离子选择电极克服了这些缺点,该电极成功测定了食品及水样中的 Cr(Ⅲ),灵敏度高、选择性好,检出限可达 $5.6\times10^{-8}mol\cdot L^{-1}$。

陆艳琦等[550]制备了以 N -(苯并[1 -3]二噁茂 -5 - 亚甲基) -1H - 苯并咪唑 -2 - 甲酰肼为载体的 PVC 膜电极。结果表明,该电极对铬(Ⅲ)离子在 $10^{-1}\sim10^{-6}mol\cdot L^{-1}$ 的浓度范围内有良好的响应性能,响应斜率为 22.9mV/decade,检测下限为 $4.6\times10^{-7}mol\cdot L^{-1}$。电极具有较好的抗干扰性、重现性和稳定性,能在 pH 值为 1.13 ~6.15 的范围内和体积分数小于 20% 的乙醇溶液中使用。可用于水样品中铬含量的直接测定和电位滴定 Cr^{3+} 的指示电极。

Asif Ali Khan 等[551]制作的 Pb^{2+} 离子选择电极采用的是聚苯胺 - 钛(Ⅳ)磷酸盐导电膜阳离子交换纳米复合材料。电极线性响应区间为 $10^{-8}\sim10^{-1}mol\cdot L^{-1}$,适宜 pH 值为 2.5 ~6.5,响应时间快,存放时间达到 5 个月时,不存在明显的电位漂移。对大多数点杂质离子选择性系数低,Ni^{2+}、Zn^{2+}、Cd^{2+} 等离子的选择性系数小于 0.01。

此外,土壤中全氮含量的测定、土壤原位 pH 值的测定等许多环境监测目标物都可用离子选择电极法进行测定。采用气敏电极可对环境中的许多有毒有害气体进行分析检测,如 NH_3、CO_2、NO_x、O_3、SO_2、H_2S、HCN 和 HF 等,也可以检测一些有机物质,如甲醛、酮及有机膦农药等。

离子选择电极法的仪器结构简单,价格低廉,适用范围广,技术容易掌握,既可作为常规分析的工具,又可用于微量和痕量分析,特别是能与计算机等分析仪器相结合,可实现自动化及在线检测,因此在环境监测中具有无可比拟的优势,其应用也越来越广泛。

3. 离子选择电极在临床医学和药物研究中的应用

人体血液及体液中含有一定数量的以离子状态存在的电解质,如钾、钠、钙、镁、氯、锂等离子的盐类。这些离子的含量对于人体的一些生理过程(如神经的应激性、酶的催化功能、保持体液的酸碱平衡、维持渗透压等)起着极其重要的作用。如果电解质的含量发生变化,便会产生病变,因此,这些电解质的分析检测在临床诊断上具有重要的意义。

早在20世纪初,临床上就开始应用玻璃电极测定血液的pH值,随后又相继利用钾离子、钠离子选择电极测量血清中的K^+、Na^+活度。近几十年,国内外部分大医院的临床化验也采用了离子选择电极法,取代了较繁琐的原子吸收分光光度法、紫外可见分光光度法及比色法等测量方法。离子选择电极法已成为当代临床检验中必不可少的测量方法之一。

人或动物体液内的离子化的钙(而不是总钙)的生理作用是极为广泛而复杂的。许多极重要的生理过程与离子化的钙有着密切的关系,如骨的形成和吸收、神经传导、心脏的输导和收缩及肾小管功能、大脑功能、肠的分泌和吸收、血液凝结、酶功能以及各种内分泌腺的激素分泌等。由于难以找到准确测定离子化钙的方法,这方面的研究曾一度进展缓慢。1967年,Ross在*Science*上报道了对Ca^{2+}具有高选择性的一种钙离子选择电极,从而使许多与钙代谢有关的疾病的研究成为可能。1969年,Moore首先将钙离子选择电极应用于甲状腺机能亢进和先天性神经纤维瘤的血清样品中离子化钙的监测。临床实验证明,这种疾病与离子化钙有着明显的关系。

邹翠英[552]对血中Ca^{2+}的临床应用和检测技术进展情况进行了调查。研究表明,甲状腺机能亢进、高钙血症、高血压以及多种钙代谢疾病与血中Ca^{2+}有相关性。与血中总钙相比,Ca^{2+}可以更灵敏地反映人体钙代谢情况。钙离子选择性电极法是Ca^{2+}最优先选择的分析方法。

随着膜材料及研制技术的不断发展,Ca^{2+}离子选择电极的性能也越来越完善。

刘海玲等[553]研制出一种新的Ca^{2+}选择电极。以聚合β-环糊精包结2-(5-溴-2-吡啶偶氮)-5-二乙氨基苯酚为修饰剂,对碳糊电极进行修饰。

该电极响应时间为 30～60s，响应线性范围为 $1.0\times10^{-1}\sim4.0\times10^{-4}mol\cdot L^{-1}$，检出限为 $4.0\times10^{-4}mol\cdot L^{-1}$，常见离子不干扰。

Wang 等[554]将硅橡胶掺杂到离子载体中，然后涂敷在电极表面制成固态钙离子选择电极。该电极响应快、灵敏度高且选择性好。

Michalska[555]研究小组研制了基于聚吡咯的全固态 Ca^{2+} 离子选择电极。令人兴奋的是，与传统的以 $CaCl_2$ 溶液为内参比液的 Ca^{2+} 电极及性能较好的液态膜 Ca^{2+} 电极相比，这种固态 Ca^{2+} 电极具有很低的检出限，其检出限为 $10^{-9.6}mol\cdot L^{-1}$。

Pandey 等[556]在酸性饱和钙色素溶液中，利用电化学循环伏安法在铂电极上可以沉积出平整光亮的掺杂钙色素的聚毗咯膜，作为钙离子选择电极基膜。其中，钙色素用作钙离子配体以保证钙离子选择电极的响应性能。通过电化学循环伏安法合成的等摩尔掺杂有樟脑磺酸的聚吲哚膜沉积在直径为 2mm 的铂盘电极上，用于钙离子选择电极表现出了较好的电极性能。仅仅依靠樟脑磺酸上的磺酸基团作为钙离子配体（图 3.15），就可以使其检测下限达到 $10^{-5}mol\cdot L^{-1}$。

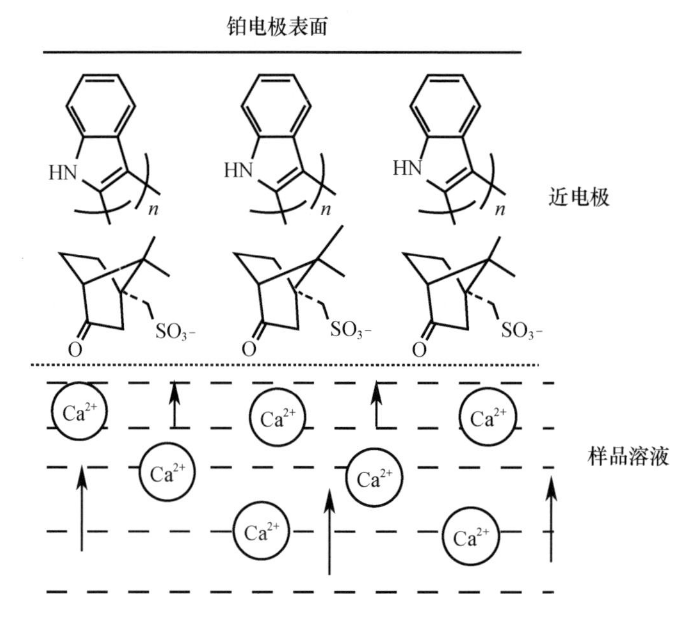

图 3.15　铂盘电极上等摩尔掺杂有樟脑磺酸的聚吲哚膜与钙离子的相互作用

罗云凤等[557]构建了一种电势稳定性好的全固态钙离子选择电极（Ca^{2+}-ISE），采用碳纳米管（CNT）/Ag/MoS_2为转导层，自制的三脚架化合物作为钙离子载体，制备固体接触式Ca^{2+}-ISE。系统分析了全固态Ca^{2+}-ISE的稳定性、Nernst斜率、响应范围、选择性系数等主要性能，发现制备的固体接触式Ca^{2+}-ISE在钙离子浓度为$1\times10^{-6}\sim1\times10^{-1}mol\cdot L^{-1}$范围内呈现线性能斯特响应，响应斜率为28.1mV/decade。CNT/Ag/MoS_2的引入有利于提高固体接触式Cap^{2+}-ISE的离子浓度线性响应范围，缩短电势平衡时间，降低测试能斯特斜率与理论值差，对于Ca^{2+}-ISE的长期在线检测有重要的研究意义。

对于低浓度离子的检测，由于内电解质对通过膜相的离子流量有一定的抑制作用，因此内电解质的组成对检测结果影响很大。最近，Tamás等[558]将液相色谱中的整体塑制毛细管柱应用到离子选择电极中。以基于苯乙烯-2-乙烯苯共聚物的整体塑制毛细管柱作为膜基质固定活性物质。该电极可用于检测Ca^{2+}浓度极低的样品（$10^{-9}mol\cdot L^{-1}$），而且其检测结果不受内电解质组成的影响，有望得到广泛的应用。其结构如图3.16所示。

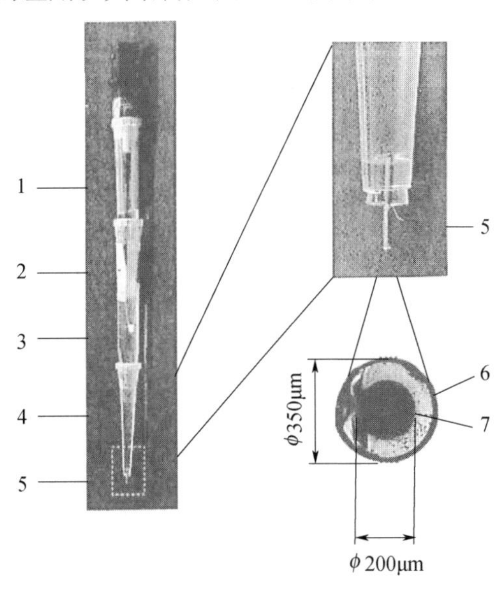

图3.16　基于整体塑制毛细管柱的离子选择电极结构图

1—Ag/AgCl参比电极；2—第二内参比溶液；3—隔膜；4—内参比溶液；

5—整体毛细管柱；6—聚酰亚胺薄膜层；7—敏感膜。

近年来,研究人员致力于多离子的同时测定。Jarbas 等[559]设计了一种可同时测定 Ca^{2+}、K^+、Cl^- 的传感器阵列,并将其用于流动注射分析,每小时可分析 270 个样品,对 Ca^{2+} 的检出限达 $3.0\times10^{-6}mol\cdot L^{-1}$。Legin 等[560]采用模式识别方法建立了可同时检测生物样品中 Ca^{2+}、Mg^{2+}、Na^+、HCO_3^-、Cl^-、H^+ 和 HPO_4^{2-} 的传感器阵列系统。该传感器系统对 Ca^{2+} 的选择性较高。我国学者程洪波[476]研制了一种可测定 Ca^{2+}、Na^+、Cl^-、K^+ 及 pH 值的自动分析仪,已用于临床检验。其结构如图 3.17 所示。

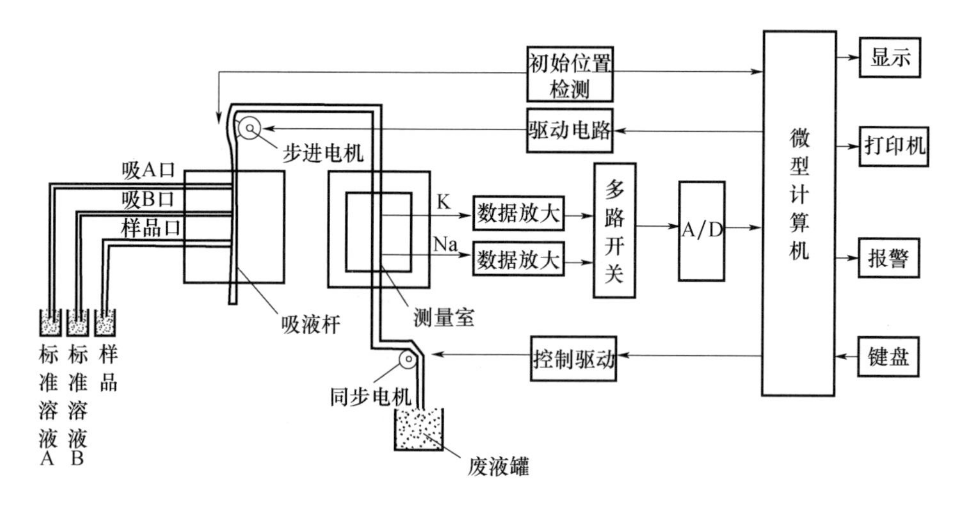

图 3.17　流动注射分析仪总体结构框图

传感器采用先进的管状流通式,其中包含 K^+、Na^+、Cl^-、Ca^{2+}、pH 值 5 支指示电极和 1 支参比电极,其结构简单、易清洗。传感器采取旋转回道阀来吸取不同的标准溶液和被测试液。钠电极、pH 电极为玻璃膜电极,钾、氯、钙为 PVC 膜电极。

微机测量和控制系统包括微机处理器、键盘、显示器、打印机及相应的接口电路、信号放大及数据采集电路、步进电机驱动及控制等电路。整个系统是在 CPU 控制下进行自动分析的。

在临床检验中,血液中 H^+ 浓度的高低也与许多疾病有着密切的关系。因此,H^+ 浓度也是血液化验检测中的一项重要指标。普通的 pH 电极系统只能现场测定给出结果。如何将现场检测结果准时、准确、远距离在线传输到不同的地方是目前国际医疗界重点发展的前沿领域之一。Wei - Yin 等[561]通过互联网通用分组无线业务服务系统(the General Packet Radio Service,GPRS),以 $SiO_2 - LiO_2 - BaO - TiO_2 - La_2O_3$玻璃膜电极为传感元件,通过遥测计无线传输,建立了一种可远距离测定 H^+ 的监测系统。其结构如图 3.18 所示。

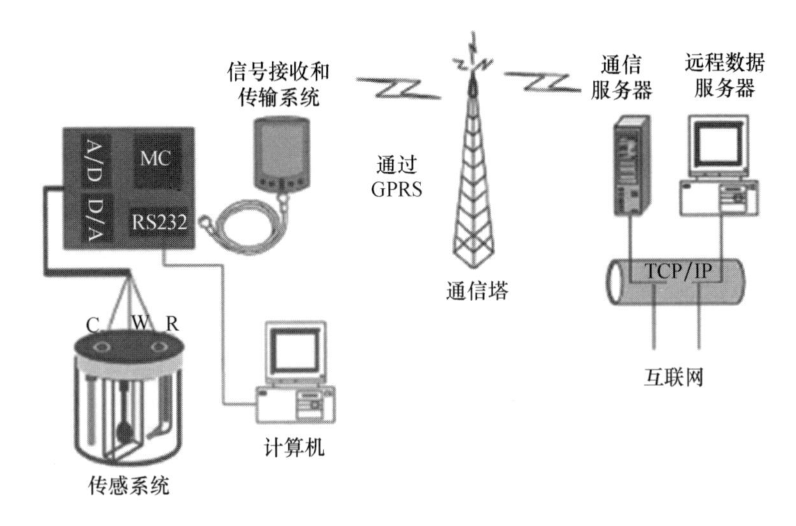

图 3.18 远距离在线监测系统结构图

该系统包括传感器部分(离子选择电极)、电信号测量和转换系统(准电位计部分)、信号接收和传输系统(PDA 部分)、互联网通用分组无线业务服务系统(GPRS 部分)。准电位计将离子选择电极测得的离子浓度信号(电信号)通过 A/D 转换板把模拟信号转换成数字信号并通过计算机记录下来,然后通过互联网通用分组无线业务服务系统将信号传输出去,由手提式计算机接收信号。实际应用表明,该传感系统不仅使用寿命长,而且准确度高,其标准偏差小于 ±2%。将遥测计远距离检测系统检测到的结果与在现场测定结果相比较,发现两者几乎一致,如图 3.19 所示。

在药物学领域中,离子选择电极也得到了广泛的应用。近年来,有机药物的离子电极分析文献大量出现,如维生素、黄连素、氯霉素、青霉素、头孢氨苄、磺胺类、普鲁卡因、麻黄碱、阿托品等都可应用其相应的药物电极进行分析。

Tamer 等[562]以四硼酸钾离子载体(电极 V)和西酞普兰磷钨酸离子对混合物(电极 X)作为丝网印刷电极的电活性物质、磷酸三甲苯醋(TCP)作为溶剂中介，制备并表征了一种新型丝网印刷离子选择电极。利用此电极测定药剂中的西酞普兰，在 $4.90\times10^{-7}\sim1.0\times10^{-2}mol\cdot L^{-1}$（电极 V）和 $1.0\times106\sim1.0\times10^{-2}mol\cdot L^{-1}$（电极 X）浓度范围内呈一近似能斯特响应，斜率分别为 60.47mV/decade ± 0.80mV/decade 和 59.93mV/decade ± 1.45mV/decade，检出限分别为 $0.49\mu mol\cdot L^{-1}$ 和 $1.0\mu mol\cdot L^{-1}$。电极具有响应快、重复性好、稳定性高、宽 pH 值适应范围以及良好的选择性等特点，可应用于测定尿液和血清中的西酞普兰。

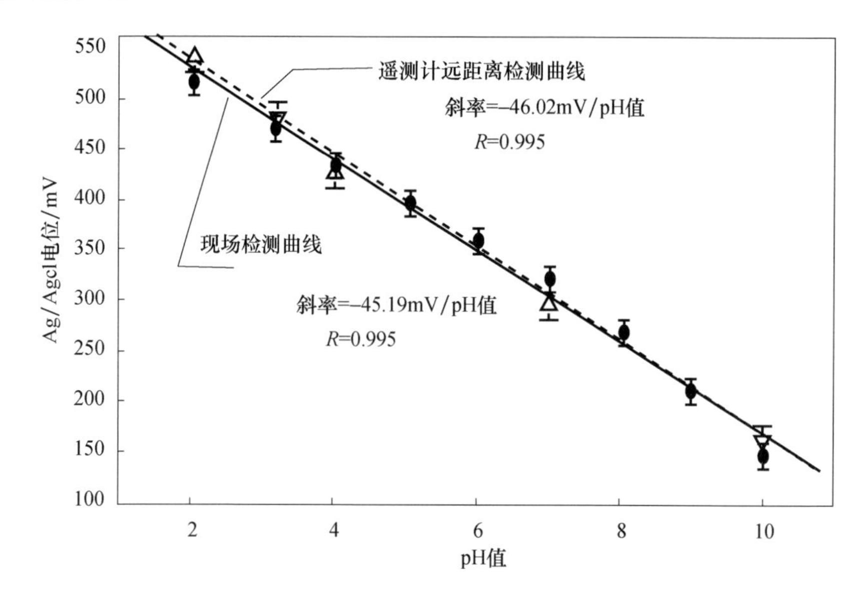

图 3.19 遥测计远距离检测结果曲线（△）与现场检测结果曲线（●）

高闻等[563]以格列齐特碘化物与碘化铋形成的分子缔合物为电活性物的新型聚氯乙烯（PVC）膜格列齐特涂丝选择电极，电极的线性响应范围为 $2.1\times10^{-6}\sim2.5\times10^{-2}mol\cdot L^{-1}$，级差电位为 59mV/pC，检测限为 $1.6\times10^{-7}mol\cdot L^{-1}$。该电极响应迅速，重现性好，用此电极测定了格列齐特缓释片的含量，方法简便，结果与《药典法》相符。

刘宇婷等[564]制备了以纳米 CdS 为修饰剂的涂丝型恩诺沙星离子选择电极，并利用透射电镜和 X 射线衍射技术对纳米粒子进行表征。通过对该修饰电极的各项性能进行测定，纳米 CdS 修饰电极的响应范围为 $1.0\times10^{-2}\sim1.0\times10^{-6}mol\cdot L^{-1}$，级差电位为 45mV/pC，检出为 $7.4\times10^{-7}mol\cdot L^{-1}$；结果与标准方法对比无显著性差异。

4. 离子选择电极在工农业生产中的应用

工业分析仪器需连续不断地从过程或环境中接收分析试样,并且不断发送有关试样分析数据的信号。很多分析仪器不能直接用于工业分析,而离子选择电极可以满足这一要求。离子选择电极可以放入分析流程中并能发送表征待测组分的电信号。这种信号能迅速获得,并可用来操作控制器,或作为程序计算机的输入信号。因此,离子选择电极在这一领域很快得到了广泛的应用。

图3.20是一种离子选择电极工业流程控制系统[474]。M为离子选择电极,R为参比电极,采用直接电位法检测流通池中的液流组分。工业流程的液流或试样溶液连续不断地流过电极。电极和温度补偿器的输出输进转换器,因此,它允许分析记录仪(AR)把分析数据连续地记录下来并使工艺过程液流的控制器(AC)起控制作用。这种系统已应用于水中氟离子含量的连续检测、废水调节系统中pH值的检测等多种工艺过程。

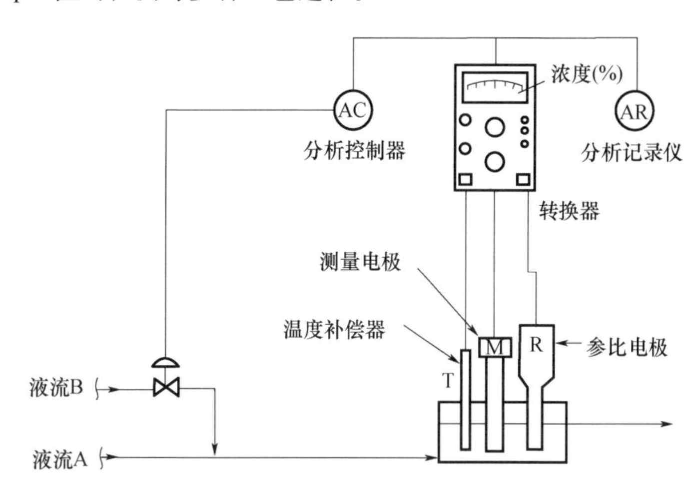

图3.20 离子选择电极的工业流程控制系统

任忠虎等[565]建立离子选择电极法测定氟石膏中氟含量的分析方法。样品以氢氧化钠为熔剂在400℃熔融分解,冷却后用40~50℃热水浸取熔融物,氟石膏中钙、铝、铁、镁等金属离子以氢氧化物沉淀的形式被除去,然后以溴甲酚绿为指示剂,用硝酸和氢氧化钠调节溶液pH值为5.5~6.5,以饱和甘汞电极为参比电极,氟离子选择电极为指示电极,采用离子计进行测定。结果表明,氟的质量浓度在

0.00~6.00mg·L^{-1}范围内其对数与电位值呈良好的线性关系,线性方程为 $E = -55.72\lg c + 175.50$,线性相关系数为0.9996,检出限为0.0019mg·L^{-1},测定结果的相对标准偏差为1.63%~2.87%($n = 11$),样品加标回收率为96.33%~103.18%。该方法精密度及准确度好,灵敏度高,适用于氟石膏中氟的测定。

赖心等[566]采用离子选择电极法测定镨钕合金中氟含量。通过碱熔分解试样,用水浸出熔融物后过滤分离干扰元素,以柠檬酸-硝酸钾溶液作为离子强度剂,以饱和甘汞电极为参比电极,氟离子选择电极为指示电极,在三乙醇胺缓冲溶液中用电极电位仪测定试液中氟离子浓度,从而得出试样中的氟含量。该法相对标准偏差(RSD)为8.17%~24.5%($n = 7$),氟的回收率为98.5%~103.8%。

曾艳[567]用离子选择性电极直接电位法对重铀酸盐样品中氟和氯的测定方法进行了研究。结果表明,氟电极活化所需时间为40min,选择测定时溶液pH值为6~7,在测定过程中应保持样品温度与标准溶液的温度一致。本法用于重铀酸盐中氟、氯的测定取得了较满意的结果,样品加标回收率均在92%~104%。可用于重铀酸盐样品中氟、氯的测定。

图3.21是在一个流通池中有多个离子选择电极(M_A、M_B、M_C)的工业流程控制系统[474],这样的装置系统可用来同时测定几个组分。例如,应用该系统可借助硫化物、氰化物和氟化物等离子选择电极检测工业废气中的气态污染物。

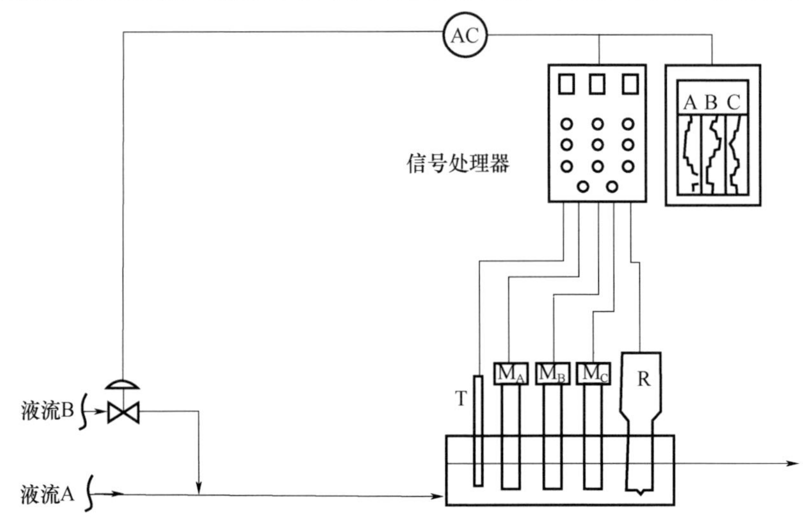

图3.21　应用多个离子选择电极的工业流程控制系统

无土栽培是可控环境农业中的一种重要栽培方法,营养液供给是无土栽培中的关键技术,营养液中最主要的组分为各种离子。近年来,无土栽培在我国普及很快,已成为增加农民收入的重要途径,然而,营养液使用中存在专用化肥消耗大及环境污染问题,温室生产中迫切需要一种专用离子浓度检测仪器,帮助生产者合理使用营养液。Morimoto[568]经实验证明:在番茄营养液栽培中,通过监控 K^+ 和 Ca^{2+} 浓度可以较好地实现营养液循环过程控制。

孙德敏等[569]提出了一种离子选择电极测量模型,结合现代电子技术研制出一种无土栽培营养液检测仪,它可以在线检测离子浓度,并显示离子浓度的变化曲线。实际应用表明,该检测仪测量精度满足温室现场测量要求,具有很大的应用价值。检测仪的硬件结构如图 3.22 所示。

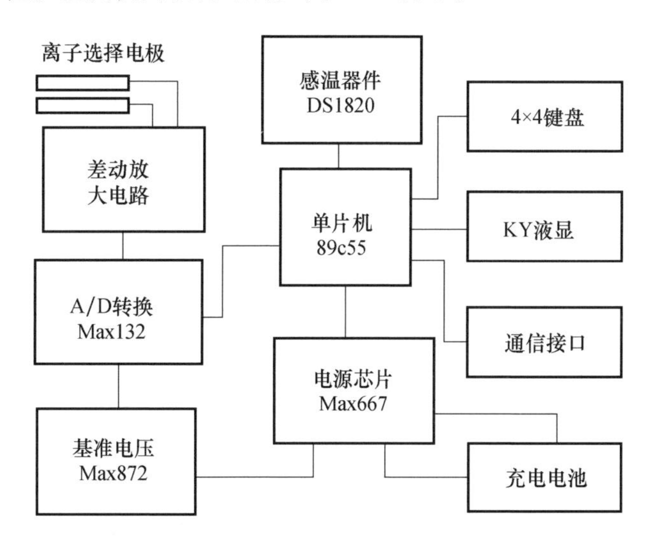

图 3.22　检测仪硬件结构图

李彧文等[570]以 MSP430 单片机为控制核心,离子选择电极为传感器,触摸屏为人机交互界面,设计了信号处理电路,研制了无土栽培营养液多离子浓度检测装置。该装置能够实时检测营养液温度、钾、钠、硝酸根离子浓度,并且自动进行温度补偿,以达到营养液离子浓度检测实时化、自动化、智能化和小型化的目的。测试结果表明,各离子浓度检测的平均相对误差为 5.54%,基本实现了营养液离子多浓度实时检测,有利于促进设施农业栽培生产自动化调控和管理。

3.1.6 离子选择电极的发展前景

从离子选择电极的应用情况来看,其未来的发展方向如下。

(1)继续提高 ISE 的选择性。这是保证试样不经特殊分离直接进行测定的基本条件。

(2)研制具有长期稳定性、长寿命的坚固耐用的 ISE。这对于工农业生产自动控制、环境在线监测等方面有着重要意义。

(3)开发对身体无毒的微型电极,这是临床分析及药理研究中非常需要发展的电极。

如将药物 ISE 用于体内药物有效浓度的在线检测,就可以改变离体测量费时且不能反映基体实际状态的情况,有利于指导合理治疗及用药。体内在线检测要求 ISE 的体积很小,并且对身体无毒害作用。

电化学传感器通过与生物技术的融合,使得电化学生物传感器具有良好的准确性、灵敏性,而且具有易操作、价格低廉、对样品的损伤程度低、抗干扰能力强等优点[571],尤其是基于丝网印刷技术的电化学生物传感器能实现大批量的工业生产、制备简单、易于便携化,降低成本、测量快速准确,还可以避免常规固体电极的记忆效应和繁杂冗长的预处理过程[572]。它的出现促进了电化学生物传感器向商业化应用迈进,目前,在生物医药检测[573]、食品安全[574]、临床诊断[575]、环境分析[576]等领域有着广泛的应用,具有广阔的发展前景。

丝网印刷电极(Screen Printed Electrodes,SPES),即采用丝网印刷技术通过层层沉积将油墨印刷在惰性固体平面基质(如 PVC、玻璃纤维、陶瓷、聚醋薄膜、氧化铝、纸等)上,利用丝网或刻空模版形成电极图形,然后再将电极烘烤将油墨中溶剂去除,制备得到的定型固化电极[577]。

采用丝网印刷技术制作 SPES 是制备一次性使用电化学传感器电极的主要方法,该方法具有诸多优点。

(1)设计灵活,可以根据需要在固体基质表面印刷各种图案。

(2)丝网印刷机可以实现半自动/自动化,实现批量印刷生产。

(3)生产机械化程度高,电极稳定性强,重现性好。

(4)印刷材质范围广,多种材质如碳浆、金浆、银浆、氯化银浆等均可用于印刷。

(5)易微型化、集成化。

(6)生产成本低廉。

电化学传感器的灵敏度往往依赖于电极修饰材料,在众多的电极修饰材料中,纳米材料因其大比表面积、较快的电子传递速率而受到人们的广泛关注。如纳米石墨烯较大的比表面积、超高载流子迁移率、优良的化学稳定性使其成为电化学、电催化及生物传感器等领域的研究热点[578]。另外,在石墨烯表面加入更多的亲水基团,如硫、羰基等,能够促进重金属的捕获,进一步提高传感器的性能。这些新技术与新材料的结合,使得离子电极选择性及灵敏度不断得到提高,可进行微量甚至痕量分析。

Istamboulie 课题组[579]采用丝网印刷方法将聚二氧乙基噻吩/聚对苯乙烯磺酸印刷于碳电极界面,然后通过滴涂法将胆碱酯酶固载于上述界面(非特异性吸附作用),制备了胆碱酯酶修饰的传感界面,通过测定毒死蜱浓度与对应电化学信号关系,建立了毒死蜱电化学传感检测方法,实现了对毒死蜱的检测,检测限为 4nmol · L^{-1}。

Cinti 课题组[580]制备了黑炭-酞菁钴纳米材料并将其固载于 SPC 表面,然后将丁酰胆碱酯酶包覆于上述纳米材料表面,构建了丁酰胆碱酯酶传感器,实现了对对氧磷的高灵敏检测,线性检测范围为 0~6mmol · L^{-1},检测限达到 18nmol · L^{-1}。

单益江等[581]均在金纳米粒子修饰的玻碳电极表面,通过分子自组装电聚合的方法成功制备出铜离子印迹电化学传感器,在实际自来水检测中对 Cu^{2+} 具有良好的回收率,回收率为 96.75%~107.8%,标准偏差为 1.17%~3.95%。其制备过程如图 3.23 所示。

李玥琪等[582]采用电化学方法还原氧化石墨烯,构建石墨烯纳米材料修饰电极,设计出新型便携式水质重金属 Cr(Ⅵ)检测系统,系统硬件电路设计包括电源电路、时钟和复位电路、恒电位仪电路、串行通信、蓝牙模块等设计(图 3.24 为实物图),软件设计包括下位机软件设计(图 3.25)、人机交互 App 设计。图 3.26 为 App 运行流程图,采用计时电流法对系统进行测试,结果表明,电流响应值与Cr(VI)浓度呈现线性相关,线性范围为5~2000$\mu g \cdot L^{-1}$。

Mariana等[583]提出一种环保型纸上重金属电化学检测实验室,如图3.27所示。以滤纸为载体材料,用石墨墨水打印工作电极和对电极,用银/氯化银墨水打印参比电极。将蜡打印在纸上并加热,融化后形成疏水屏障。将集成的三电极与恒电仪电气连接,采用方波伏安法测定重金属含量。在线性范围为5~100ppb,重金属铅和镉检出限分别为7ppb、11ppb。

但是离子选择电极也存在着一些不足,如有些电极在测定中易被其他因素干扰、准确度不够高等,影响到它在某些领域的应用。这些不足有待于在今后的研究中加以改进。

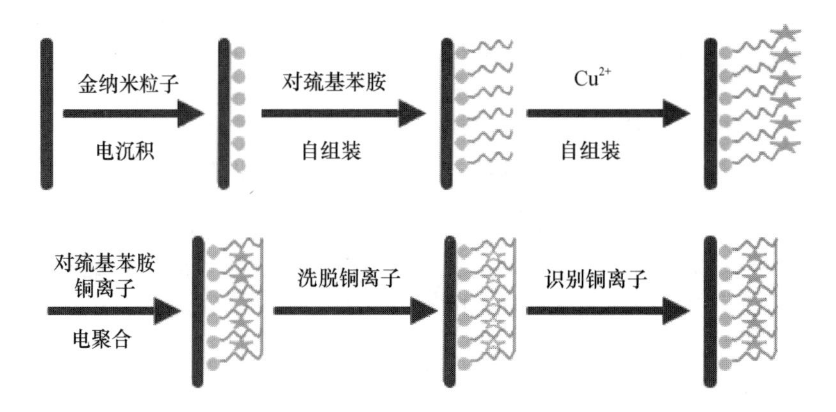

图3.23　铜离子印迹电化学传感器的制备过程

图3.24　电路板实物图

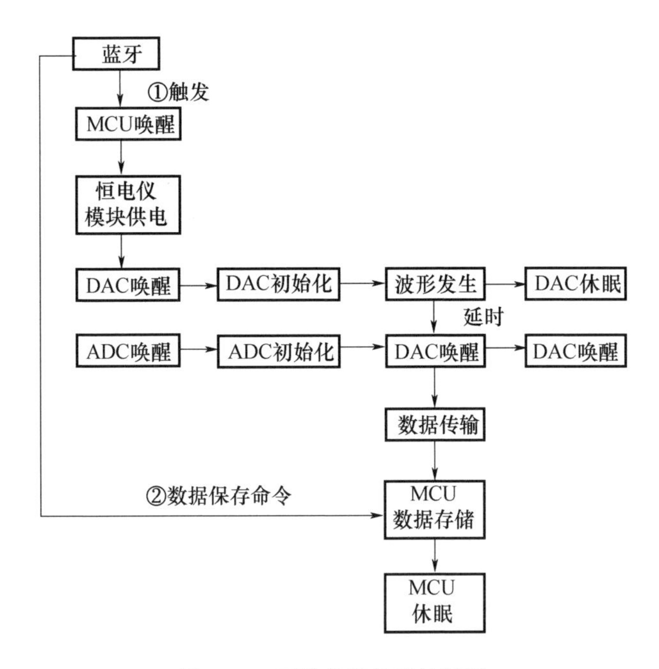

图3.25 下位机软件设计框图

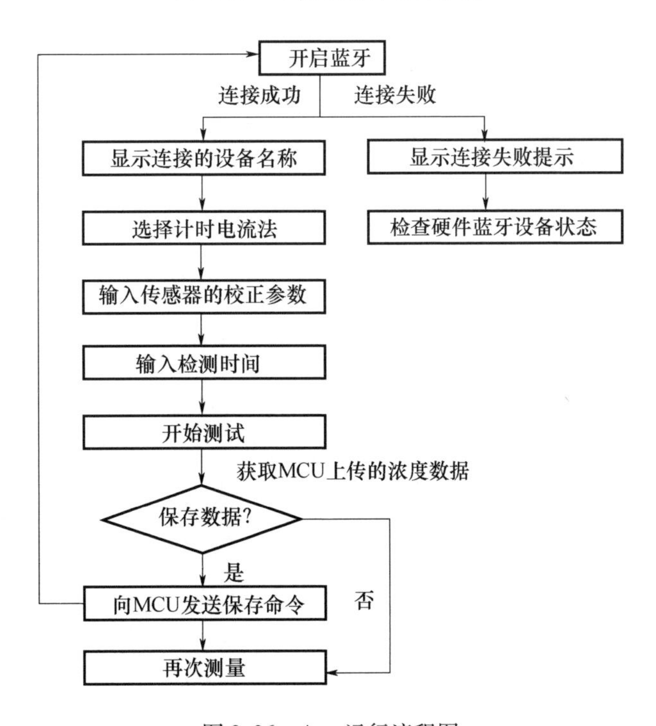

图3.26 App运行流程图

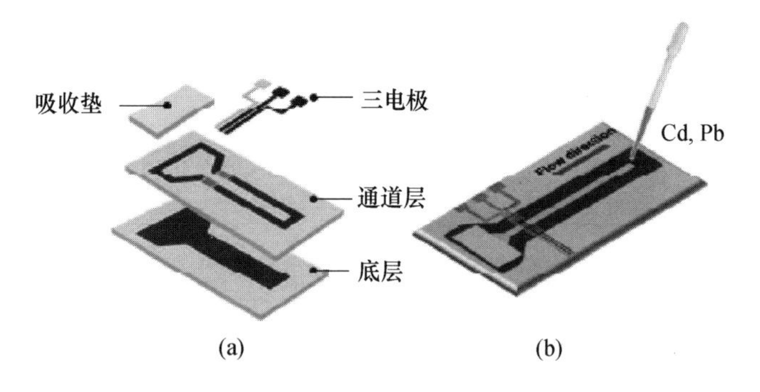

图 3.27　纸上重金属电化学检测实验室原理图

(a)芯片的不同组件;(b)制作好的设备。

3.2 电流型传感器

3.2.1　电流型传感器的工作原理和电流测量

1. 电流型传感器的工作原理

电流型传感器是通过激励电压测量响应电流,从而获取待测物质浓度的电化学传感器。这种传感器采用一种特殊形式的电解分析法,它以小面积的工作电极与参比电极组成电解池,电解被分析物质的稀溶液,根据所得到的电流-电位曲线进行分析。电流分析法的电流一般取有限值,电压波可以是线性、脉冲、正弦或方波等复合形式,激励电压的扫描方向可正可负。与电位型传感器相比,电流型传感器由于其工作电极表面积小,虽有电流通过,但电流很小,溶液的组成基本不变,它的实际应用相当广泛,凡能在电极上发生氧化或还原反应的有机、无机物质甚至生物分子,都可以用电流型传感器进行测定。其优点主要是检出下限低,并能同时测定多种成分。在基础理论研究方面,电流型传感器常用来研究电化学反应动力学机理,测定络合物的组成及化学平衡常数等。电流分析法按分析技术又可分为循环伏安法、安培分析法和差分脉冲法等。

1922年,Heyrovsk发明了滴汞电极以后,人们开始将其用于电化学分析领域。滴汞电极是理想的极化电极,随着电化学传感器技术的发展,滴汞电极的表面积已经可以控制(如静汞滴电极),但汞有毒,并且不能在正电位区使用,于是,电分析工作者又开始寻求新的电流型传感器。从20世纪50年代开始,人们相继发展了贵金属电极、半导体电极和各种碳电极。其中Clark电极的诞生使得电流型气体传感器在结构、性能和用途等方面都得到了很大的发展[584],化学修饰电极的产生也大大提高了离子选择电极的选择性和使用寿命[585]。70年代早期,电流型传感器的发展较快,但电流型传感器易受外界因素干扰,大部分还只能在实验室里使用。随着工作电极朝着微型化的方向发展,最典型的代表就是微电极。微电极是相对于常规电极而言,一维尺寸为微米级的一类电极(有些微电极的尺寸不足2μm),因其性能独特而获得了迅速发展。微电极也称为微电极伏安法,是近年来发展起来的一种新的电流型电化学传感测试技术。微电极、微电极阵列和化学修饰电极的出现使电流型传感器的检测灵敏度与选择性不断提高,具有一些常规电极所没有的电极特性,如双电层电容小、极化电流小、传质速度高、信噪比高,可运用于生物活体检测等,已在电化学、生物电化学及光谱电化学等领域得到了广泛的应用,目前正朝着更加适用、灵敏、高效和微型的方向发展。

早期的极谱采用两电极系统,即以滴汞电极为工作电极,饱和甘汞电极(Saturated Calomel Electrode,SCE)为参比电极组成电解池。目前,电流型传感器使用的电化学分析仪多为三电极系统,即工作电极、参比电极和对电极。在电化学研究中一般使用汞、贵金属和碳电极等。参比电极一般选用饱和甘汞电极或Ag/AgCl电极,对电极一般为铂电极,工作电极通常选用碳电极为基础电极。根据材料性质碳电极又可分为石墨电极、热解石墨电极、碳糊电极[586]和玻碳电极[587]等。最常用的是碳糊电极和玻碳电极。碳电极具有较好的热稳定性和电化学稳定性,而且其机械加工性能良好,表面易于清洁和抛光,因此应用得比较广泛。碳晶体末端的表面结构为棱形,除了能利用电子传导外,通常还有含氧基团,因此,在其表面进行化学修饰比较容易。电流型传感器的工作电极也常采用金属电极,特别是铂电极[588]和金电极,其金属表面可以进行电聚合形式的化学修饰。

2. 电流型传感器的电流测量

电流型传感器主要探测化学反应过程中的电活性物质，在一定的电极电压下，通过电极表面或其修饰层内氧化还原反应生成的电流随时间的变化测量分析物。该电流直接测量的电子转移速度正比于待测物浓度。需要注意的是，电化学反应常受到一些非电流因素的影响，校正常常是一件很困难的事情。

电极过程基本类型如图 3.28 所示。图 3.28(a)为法拉第过程，还原物质向金属电极表面移动，在电极上失去一个电子，然后以 OX^+ 的形式离开电极表面。由于正、负电荷同时离开界面向相反的方向移动而得到一个净电流。图 3.28(b)代表不发生氧化还原反应的充电过程。电流是由于正、负电荷同时向界面移动但不穿过界面引起的。充电电流只能在很短的时间内发生，是一个暂态现象。图 3.28(c)也是一个暂态[589]过程，是由 $RED \rightarrow OX^+ + e^-$ 的局部解离引起的。因为正、负电荷没有完全分离，仅形成带有 OX^+ 和 e^- 的偶极子在界面对峙，所以没有电流产生。这种现象当存在支持电解质时会减小。

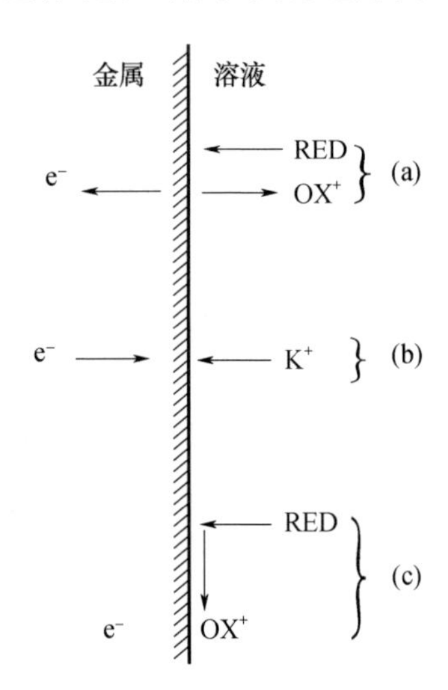

图 3.28　电极过程的基本类型

(a)法拉第过程；(b)充电过程；(c)电荷分离过程。

法拉第电流是由以下 3 个连续的过程引起的。

(1)向电极表面的传质。

(2)发生氧化或还原反应。

(3)产物离开电极表面的传质。

若忽略其他影响并不断搅拌溶液,其总的过程可描述为

$$(\mathrm{OX})^{*} \xrightarrow{r_{\mathrm{OX}}} (\mathrm{OX})^{\mathrm{S}} \xrightarrow{r_{\mathrm{t}}} (\mathrm{RED})^{\mathrm{S}} \xrightarrow{r_{\mathrm{red}}} (\mathrm{RED})^{*}$$

式中:符号 * 和 S 分别代表本体溶液和电极表面上的溶液;速度r_{OX}和r_{red}为相应的物质扩散速度;r_{t}为电荷转移速度,单位为 $\mathrm{mol \cdot cm^{-2} \cdot s^{-1}}$。

如果体系处于平衡状态且没有电流通过,则 $r_{\mathrm{t}}=0$。此时,动力学过程由电荷转移控制,过程保持稳态。假如平衡电位 E^{S} 引入一个小偏差,则速度不再等于零,但仍然很小,过程受电荷转移控制,其反应式如下:

$$\mathrm{OX} + ne^{-} \underset{r_{\mathrm{b}}}{\overset{r_{\mathrm{f}}}{\Leftrightarrow}} \mathrm{RED}$$

速度方程为

$$r_{\mathrm{t}} = r_{\mathrm{f}} - r_{\mathrm{b}} = K_{\mathrm{f}} C_{\mathrm{OX}}^{\mathrm{S}} - K_{\mathrm{b}} C_{\mathrm{RED}}^{\mathrm{S}} \tag{3.5}$$

式中:正向反应和逆向反应同时存在;$C_{\mathrm{RED}}^{\mathrm{S}}$和 $C_{\mathrm{OX}}^{\mathrm{S}}$分别代表电极表面溶液中还原态和氧化态离子的浓度;$K_{\mathrm{f}}$ 和 K_{b} 分别表示还原过程和氧化过程的速度常数。这两个速度常数可用一个速度常数 K^{0} 表示,传递系数用 a 表示,约为 0.5。所以式(3.5)又可写成

$$r_{\mathrm{t}} = K^{0} C_{\mathrm{OX}}^{\mathrm{S}} \exp\left[-\frac{anF}{RT}(E - E^{0'})\right] - K^{0} C_{\mathrm{RED}}^{\mathrm{S}} \exp\left[\frac{(1-a)nF}{RT}(E - E^{0'})\right] \tag{3.6}$$

式中:E 为外加电压;$E^{0'}$为克式量电位;n 为反应中传递的电子数目。

这个式子是电化学动力学的基本方程式,是由 Erdey - Gruz 和 Volmer 及 Butler 推导出来的。若要求的是电流而不是速度,则只需在两边乘以 nFA(A 为电极面积,$\mathrm{cm^2}$)。

如果电位等于在表面浓度下的平衡电位 E^{S},可得到方程的另一种形式。这时,指数函数的自变量含有电荷转移超电位 η_{t},η_{t}等于 $E - E^{\mathrm{S}}$,式(3.6)变为

$$I = nFAK^{0} \left(C_{\mathrm{OX}}^{\mathrm{S}}\right)^{1-\alpha} \left(C_{\mathrm{RED}}^{\mathrm{S}}\right)^{\alpha} \left\{\exp\left(-\frac{anF}{RT}\eta_{\mathrm{t}}\right) - \exp\left[\frac{(1-\alpha)nF}{RT}\eta_{\mathrm{t}}\right]\right\} \tag{3.7}$$

或者

$$I = I_{0} \left\{\exp\left(-\frac{anF}{RT}\eta_{\mathrm{t}}\right) - \exp\left[\frac{(1-\alpha)nF}{RT}\eta_{\mathrm{t}}\right]\right\} \tag{3.8}$$

式中:I_{0}为交换电流,由下式表示:

$$I_0 = nFAK^0\ (C_{\mathrm{OX}}^{\mathrm{S}})^{1-\alpha}(C_{\mathrm{RED}}^{\mathrm{S}})^{\alpha} \tag{3.9}$$

在式(3.8)中,当 $\eta_t=0$ 时指数部分消失,使得总电流等于零。因而,I_0表示平衡电位时相等的阴极电流和阳极电流。图 3.29 分别画出了式(3.8)中的阴极电流和阳极电流以及它们的总和。可以看出,在 $E=E^{\mathrm{S}}$处,净电流等于零,但电极上仍有反应进行,以I_0表示。

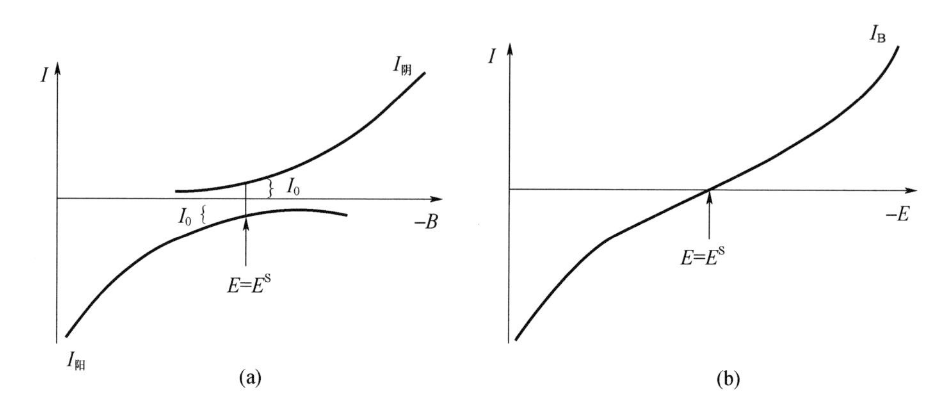

图 3.29　式(3.8)的曲线

(a)阳极电流和阴极电流;(b)η 函数的总电流。

上面的推导忽略了其他影响,并且不断搅拌溶液。若在静止溶液中,电极上氧化还原过程的物质转移必须依靠扩散作用,扩散的动力是本底溶液与电极表面的浓度差,如图 3.30 所示。

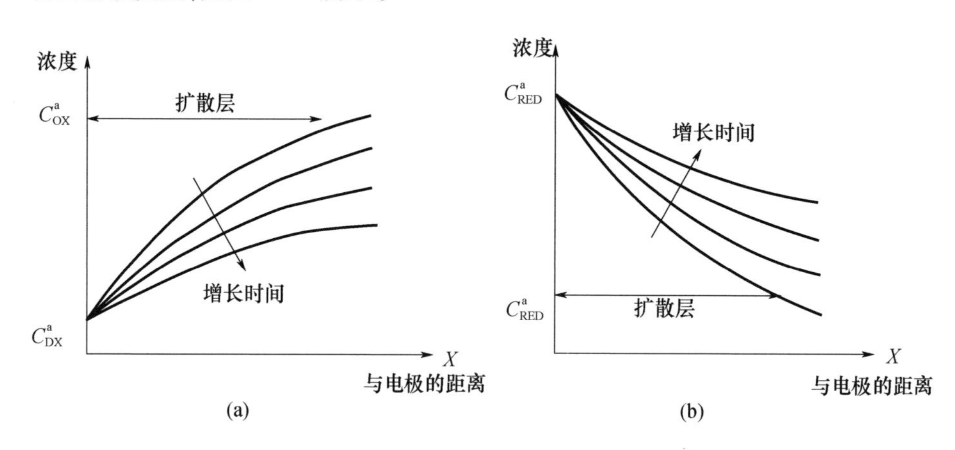

图 3.30　电极上的浓度分布

随着时间的增长,浓度的分布轮廓趋缓,其扩散速度受到影响。因为由 Fick 定律可知,物质的通量 Φ 与浓度梯度成正比例:

$$\boldsymbol{\Phi} = -AD_{\mathrm{OX}}\left(\frac{\partial C_{\mathrm{OX}}}{\partial x}\right) \tag{3.10}$$

式中:D_{OX}为扩散系数。

如果考虑通量与浓度梯度之间的关系,则可得通量随着时间的增长而降低。向电极扩散的通量与实际时间的关系为

$$\boldsymbol{\Phi}^{\mathrm{S}} = A(C_{\mathrm{OX}}^{*} - C_{\mathrm{OX}}^{\mathrm{S}})\left(\frac{D_{\mathrm{OX}}}{\pi t}\right)^{1/2} \tag{3.11}$$

对上述方程需做以下两点修正。

(1)考虑电荷转移反应速度极快,因而$C_{\mathrm{OX}}^{\mathrm{S}}$可忽略。

(2)方程两边乘以 nF 就得到电流:

$$I = nF\boldsymbol{\Phi}^{\mathrm{S}} = nFA\left(\frac{D_{\mathrm{OX}}}{\pi t}\right)^{1/2} C_{\mathrm{OX}}^{*} \tag{3.12}$$

这个方程称为 Cottrell 方程,是许多电化学技术的基本方程。它表示在 $t = 0$ 时突然由相对 E^{*} 校正的电位变到较负的电位的电位阶跃所引起的电流效应。

3.2.2 电流型传感器的电极

工作电极的性质对电流型传感器性能的影响很大,因此,很多人将研究重点放在提高电极的构造和稳定性上。下面简要介绍一下汞电极、碳电极、金属电极、化学修饰电极和微电极。

1. 汞电极

汞电极有悬汞电极和汞膜电极两种。悬汞电极是让一滴汞悬挂在电极的表面,测定过程中表面积基本恒定。传统上,使用的是机械挤压式悬汞电极,或者是用铂丝沾汞滴的办法。现在的悬汞电极完全废弃了传统的或手工制备的电极,取而代之的是一类自动控制汞滴大小的汞电极系统,如美国 Perkimer 公司的 M303 静汞电极装置。汞膜电极是以玻璃状碳电极作为基质,在其表面镀上一层汞。由于汞膜很薄,被富集生成汞齐的金属原子不会向内部扩散,因此能经较长的电解富集且不会影响结果。

2. 碳电极

碳电极分为玻璃状碳电极（简称玻碳电极）、石墨电极、碳糊电极等。玻碳电极是使用最广泛的电极，它具有导电性高、稳定性好、氢过电位和溶解氧的还原过电位小、可反复更新及使用等特点。石墨电极可分为两类：一类为多孔性石墨电极；另一类为用热分解的致密性石墨电极。多孔性石墨电极使用时会因浸入电解液或杂质而影响测定，应进行浸石蜡预处理后方可使用。热分解石墨电极使用的是高温减压（使碳水化合物热分解）形成的结晶石墨材料，结构致密，液体和气体难以进入，残余电流较小。碳糊电极是石墨粉中掺入石蜡油调成糊状压制而成的电极，具有制作简单、使用方便、阳极极化的残余电流等优点。与铂电极比较，其在阳极区具有较宽的电位窗口。还有一种是碳纤维，它是制作微电极的首选材料。

3. 金属电极

金属电极中金和铂是经常使用的电极材料。金电极在 pH 值为 4 ~ 10 范围内氢过电位为 0.4 ~ 0.5V。也就是说，在阴极区域电位窗口比较宽是其特征之一。铂电极具有化学性质稳定、氢过电位小、容易加工等特点。Pd、Os、Ir 等贵金属也可作为电极材料，特别是 Pd 的过电位和 Pt 一样小，并且具有多孔性。此外，Ni、Fe、Zn、Cu 等也可以作为电极材料。

4. 化学修饰电极

近年来，化学修饰电极的研究受到越来越多人的重视[590-591]。化学修饰电极（Chemically Modified Electrodes，CME）一般是通过化学反应、化学吸收作用或聚合物被覆等方式将化学修饰成分固定在电极表面，通过电子传递反应而使其呈现出某些电化学性质，使反应在较低的电位进行。与传统电极相比，化学修饰电极通过固定修饰成分将其物理化学性质转移到电极表面，提高了电流型传感器的选择性、灵敏度和稳定性[592]，并能更好地控制电极反应和电极特性[593]。化学修饰电极是现代化学与生物传感器的基础，是电分析化学的一个新方向。按照修饰或制备方法的不同，化学修饰电极可以分为吸附型、共价键合型、聚合物型和复合型等几个主要类型。

吸附型电极是指用吸附方法制备单分子层或多分子层化学修饰电极，其吸附的主要途径有静电吸附，基于修饰剂分子上的 π 电子与电极表面发生交叠、共享吸附,分子自组装等。

电极预处理(如研磨、氧化还原等)后其表面具有许多可供键合的基团,如羟基、羧基、氨基和卤基等基团,利用这些基团与化学修饰剂之间的共价键合反应,在电极表面修饰上一层化合物,这样获得的电极称为共价键合型修饰电极,如卤化硅烷化学修饰电极的制备过程。

聚合物型电极是利用聚合物或聚合反应在电极表面形成修饰膜的电极。制备的方法主要有滴涂、旋转涂覆及溶剂挥发法,电化学沉积或氧化还原沉积法,电化学聚合法等。

复合型电极是指将两种或两种以上材料(如粉末状电极基体材料与修饰剂)按一定比例混合后压制成的电极。常用的是将碳粉、石蜡油和化学修饰剂调和,制备化学修饰碳糊电极。修饰剂有多种选择,通常有黏土、离子交换剂、络合剂等。

电极经过修饰后,其表面具有某些新的功能,这对于提高电极的灵敏度和选择性、改善电极的稳定性和重现性以及开展表面电化学研究都是有利的。化学修饰电极的主要功能有富集作用、化学转化、电催化和渗透性等。

预富集化学修饰电极通过在电极表面固定一层离子交换聚合物薄膜,能同时测定分析物的电流和预富集浓度。其反应取决于离子交换聚合物薄膜中电活性物质的浓度[594]。化学修饰电极还能测量浓度在微摩尔级以下的物质(如金属、药品和生物体中的化学物质等)。修饰膜的成分可以是有机化合物,也可以是无机物,其中有机物薄膜的选择性较高[595],而无机膜的热、化学稳定性较好,而且造价低[596]。

5. 微电极

微电极是电化学传感器的一门新技术。微电极也称超微电极,通常是指其一维尺寸小于 100μm 或者小于扩散层厚度的电极,该尺寸也称为临界尺寸[597]。实验表明,当电极尺寸从毫米级降至微米级时,它呈现出许多不同于常规电极的特点,如电极表面的液相传质速率变快,使得建立稳态所需时间缩短,极大地提高了测量响应速度;微电极上通过的电流很小,为纳安(nA)或皮安(pA)级,在高阻抗体系的伏安测量中,可以不考虑欧姆电位降的补偿;微电极上的稳态电流密度与电极尺寸成反比,而与充电电流密度无关,这有利于降低充电电流干扰,提高测量灵敏度;微电极几乎是无损伤测试,可以应用于生物活体及单细胞分析。与传统电极相比,微电极传质速率高、电阻降低、法拉第电流与电容电流比高,非常适合伏安法。使用微型电化学传感器无须加支持电解质,不用去氧和搅拌,操作方便,易于实现自动化,这为伏安法检测痕量重金属元素开辟了新的前景。

微型传感器体积小,工作电极、参比电极和对电极通常在同一基底上,电极的形状各异,不仅有盘、柱、针型,还有带形、交指状、阵列微电极及粉末微电极等,传感器的基底材料大都采用玻璃、硅、陶瓷、金属或者塑料。例如,Hilaki Suzuki 等[598]就把工作电极、参比电极和对电极分别安装在玻璃基底的两面。

3.2.3 电流型气体传感器的应用

1. 电流型气体传感器的应用

1)恒电位电解式气体传感器

恒电位电解式气体传感器是最重要的一类电化学气体传感器。由于其常温工作、测量精度高等优点而受到广泛重视。恒电位电解式气体传感器的原理是:使电极和电解质溶液的界面在一定电位下进行电解,通过调节电位选择性地氧化或还原气体,从而定量测定各种气体。对特定气体来说,设定的电位由固有的氧化还原电位决定,但又随电解时作用气体的性质、电解质的种类不同而变化。

自 20 世纪 50 年代出现 Clark 电极以来,恒电位电解式气体传感器在结构、性能和用途等方面得到了很大的发展。70 年代初就有 SO_2 检测仪器上市,后来市场上又出现了 CO、CH_3COOH、N_xO_y(氮氧化物)、H_2S 检测仪器等[599]。

图 3.31 是检测 CO 气体的恒电位电解式传感器的基本构造[600]。在容器内的相对两壁安装工作电极和对比电极,其内为一充满电解质溶液的密封结构,然后在工作电极和对比电极之间加一恒定电位构成恒压电路。工作电极上透过隔膜的 CO 气体被氧化,而对比电极上 O_2 被还原,于是 CO 被氧化生成 CO_2。根据工作电极和对比电极之间的电流值就可测出 CO 气体的浓度。这种传感器可用于检测各种可燃性气体和毒性气体(如 H_2S、NO、NO_2、SO_2、Cl_2、PH_3 等)。

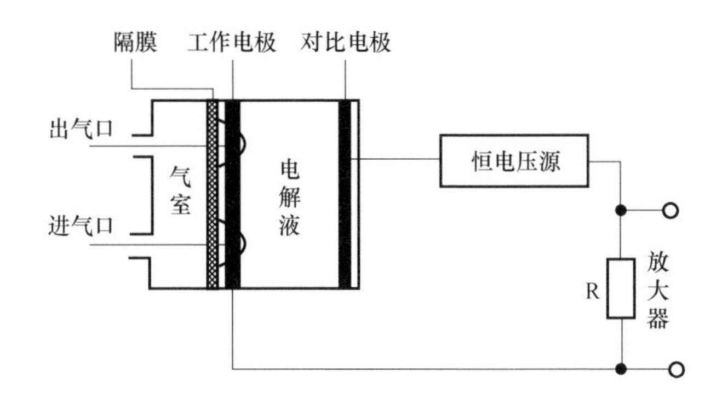

图 3.31 恒电位电解式气体传感器的基本构造

张小水[601]等通过 CO 气体实验,着重分析了影响恒电位传感器长期稳定的因素,并得出影响传感器长期稳定性的因素主要有催化剂、电解液、体系密封性、洁净度等。具体结论如下。

(1)催化剂粒度越小且分布范围越窄,稳定性越好。

(2)电解液硫酸的浓度为 $6mol \cdot L^{-1}$时,传感器稳定性最好。

(3)体系的密封性越好,洁净度越高,传感器的稳定性越好。

高雅娟[602]选择的恒电位电化学型甲醛传感器 $ME_3M - CH_2O$,其分辨率可达0.02ppm,当传感器暴露在甲醛气体中时,甲醛气体传感器使用丝网印刷碳电极作为基底,工作电极响应甲醛气体,其表面使用改进的聚丙烯酸离子传感层,生成和甲醛气体浓度成比例的极小电流,聚丙烯酸离子用来收集甲醛,同时,也是聚合电极。根据甲醛传感器的结构可知,工作电极与对电极同时浸入到电解液中时,通过测试电流的大小就可判定 CH_2O 浓度的高低。每 ppm 甲醛气体输出 1.1 ~0.5μA 电流,在经过电流电压转换后得到 A/D 转换器可以接收的模拟电压值。外加电压会使得两电极间产生极化。

刘文龙等[603]利用溅镀法制备铂金/氧化铝电极(Pt/Al_2O_3,),然后组装气体传感器。在氢气感测方面,定电位法测量不同氢气浓度下的感测电流,探讨了灵敏度、干扰特性与传感材料的老化、响应时间和恢复时间等特性。

管海翔等[604]针对低浓度有害气体实时监测的问题,采用高精度电化学气体传感器,设计了用于检测低浓度 CO、NO_2的环境有害气体检测系统,将卡尔曼滤波与小波滤波相结合对存在噪声的微小信号进行提取,并将嵌入式技术与

Web 技术相结合构建了实时低浓度 CO、NO_2的有害气体检测系统。通过研究电化学气体传感器特性,设计了恒电位操作电路和 nA 级电流检测电路。针对标定过程中存在有害气体污染等问题,设计了更加安全的标定实验。所设计系统实现了 10^{-6}级电化学传感器的驱动、检测、信号处理远传和网络查看监控数据等功能,检测系统具有良好的精度和友好的用户界面。

2)伽伐尼电池式气体传感器

伽伐尼电池式气体传感器和恒电位电解式气体传感器的工作原理类似,是通过测量电解电流检测气体浓度。典型的伽伐尼电池如图 3.32 所示[605]。隔膜通常采用聚四氟乙烯膜,氧透过隔膜溶于 NaOH 或 KOH 溶液并向阴极移动,在白金阴电极上被还原成 OH^-离子,而铅在阳电极上被氧化生成氢氧化铅。溶液中产生电流的反应如下:

阴极:$O_2 + 2H_2 + 4e \rightarrow 4OH^-$

阳极:$2Pb \rightarrow 2Pb^{2+} + 4e$

$2Pb^{2+} + 4OH^- \rightarrow 2Pb(OH)_2$

$2Pb(OH)_2 + 2KOH \rightarrow 2KHPbO_2 + 2H_2O$

这时产生的电流与氧透过隔膜的速度成比例,氧透过隔膜的速度与氧分压成比例,而阴极上氧分压几乎为零。Clark 型氧传感器除测量气体中的氧分压外也广泛用于测定溶液中的氧浓度。另外,Clark 电极和酶组合还可以作为生物传感器的转换元件。

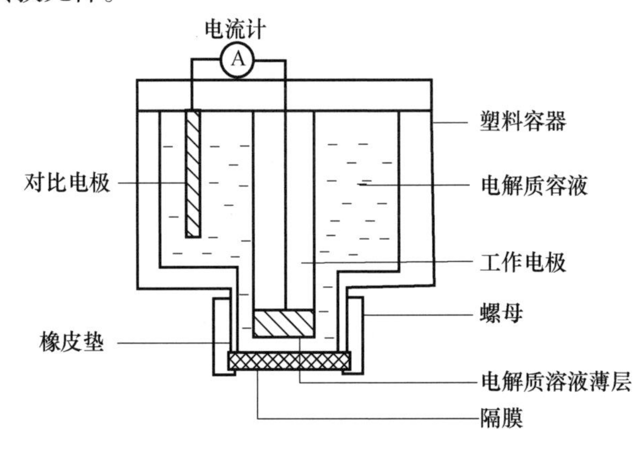

图 3.32　伽伐尼电池式气体传感器的构造

日本的藤田雄耕和丁藤寿士在提高伽伐尼电池氧传感器使用寿命方面做了大量的工作[606]。关贞道和小林长生也对传感器的性能进行了详细研究，检测其他气体的伽伐尼电池式气体传感器也正在逐步实用化。

虽然伽伐尼电池式气体传感器也可作为有害气体的检测，但该种有害气体电化学传感器主要用于 O_2 的检测，检测氧气浓度的仪器几乎都使用该种传感器。Cardenas - Valencia 在 2007 年设计了一种新型原电池。两种固体材料可通过与水发生水解反应，产生电解液，并提出新材料以铝为阳极，对伽伐尼电池式传感器的发展具有积极的促进作用[607]。

在货船运输煤炭等货物途中，很有可能会有舱内氧气浓度较低的情况，此时，便可使用伽伐尼电池式气体传感器测量舱内 O_2 浓度。将传感器系在绳子上，然后向货舱内下放，之后检测出舱内 O_2 浓度与空气中浓度作对比（空气中氧气含量约为 21%），若氧气含量过低，需要船舱工作人员打开通风扇，增强舱内空气流通，从而提高舱内氧气浓度，保障相关舱内作业人员安全[608]。

3）电量式气体传感器

电量式气体传感器的原理：被测气体与电解质溶液反应生成电解电流，将此电流作为传感器输出来检测气体的浓度，其工作电极、对比电极都是铂电极。

例如，检测 Cl_2，将溴化物 MBr（M 是一价金属）水溶液置于两铂电极之间，并解离成 Br^-，同时有水解出的少量 H^+。施加一定电压时，电流开始流动。因 H^+ 反应生成 H_2 使得 H^+ 浓度减小以及电极间的极化现象，电流逐渐减弱甚至消失。此时，若将传感器与 Cl_2 接触，Br^- 被氧化生成 Br_2 并与极化产生的 H_2 反应，从而电极部分 H_2 被极化解除而产生电流。该电流与 Cl_2 浓度成正比，所以测量电流就能检测 Cl_2 浓度。除 Cl_2 外，这种传感器还可以检测 NH_3、H_2S 等气体[609,610]。

日本早在 2000 年就开发了电量式 Cl_2 传感器。报道其通过实验证明，该法测定范围为 0 ~ 30mg/m^3，并具有应答速度快、稳定性高和再现性好等优点。

2. 电流型生物传感器的应用

1）电流型免疫传感器的应用

免疫传感器是生物传感器的一大分支。20 世纪 80 年代以来，生物学技术的进步极大地促进了免疫传感器的发展。由于抗原和抗体的特异性反应,因此免疫传感器较其他生物和化学传感器有更高的专一性与选择性[611]。从目前的研究和应用情况来看,电流型免疫传感器是生物传感器中最为成熟、应用最广泛的一种。

电流型免疫传感是将免疫技术和电化学检测相结合的一种标记性免疫分析,其标记物有酶和电活性物质两类。常用作标记的酶有碱性磷酸酶、辣根过氧化物酶、乳酸脱氧酶、葡萄糖氧化酶和尿素水解酶等。电化学酶联免疫分析首先将标记酶交联在抗体(或抗原)上,然后采用夹心法或者竞争法进行电流分析测定[612]。电活性标记物一般有二茂铁、硝基雌三醇以及金属离子等,其原理类似于酶标记,首先将电活性物质标记于抗原或抗体上,再通过竞争法或夹心法将标记物键合在传感器上,通过点分析技术检测电活性标记物。

电流型免疫传感器的测量过程一般包括两个步骤:首先通过一个竞争式或者夹心式的免疫反应,将酶标记物键合在传感器表面;然后通过一个酶催化反应引起测试体系的电流变化。

Growley 等[613]利用分子印迹电极制成了电流型免疫传感器,并将其用于粒细胞 - 巨噬细胞 - 群体激活因子(GM - CSE)的分析。Lee 等[614]用免疫色谱膜和厚膜电极制备了一种新型的脂质膜免疫传感器测定茶碱的含量。Xu 等[615]将 POD 和抗 - 肾上腺素一起固定在氧电极的亲和膜上,待测抗原和膜上的抗体结合后,抑制了 POD 对底物的电催化作用。免疫分析后用 pH 值为 1.5 的稀盐酸洗涤,使传感器表面再生。Aboul - Enein 等[616]将鼠单克隆的抗 - T_3 固定在碳糊中,制备了一种分析检测 L - T_3 的电流型免疫传感器。Benkert 等[617]制备了一种检测限达到 $4.5ng \cdot ml^{-1}$ 的电流分析型肌氨酸酐免疫传感器。一些研究者用可废弃的电流型免疫传感器分别测定了兔子的 IgG[618]、孕酮[619]和 HAS[620]等。钟桐生等[621]制备了一种可更新的电流型免疫传感器,用来测定日本血吸虫抗体和人血清中转铁蛋白。

Zhu 等[622]以抗坏血酸(AA)为还原剂,通过同步还原法制得石墨烯/纳米金复合材料。他们通过伏安法考查了不同修饰电极在葡萄糖溶液中的电化学行为,在优化实验条件下,检出限为 $1.6 \times 10^{-5} mol \cdot L^{-1}$(信噪比为 3),RSD 为 2.7%。

Srivastava 等[623]制备了一种非标记免疫传感器,用于检测另一种生物毒素——黄曲霉毒素。基于 Ab 与 Au - NPs 在还原氧化石墨烯(RGO)上的生物偶联,Au - NPs 在 RGO 上的单分散性促进了异质电子转移,产生了生物传感效能。

Elshafey 等[624]基于 Au - NPs/RGO 报道了用于检测 p53 抗体的无标记免疫传感器。Au - NPs/RGO 复合材料不仅提供了一个大的有效固定 p53 抗原的表面,同时也保持了它们的生物活性和稳定性。该免疫传感器对 p53 抗体检测表现出优异的分析性能,具有较高的选择性和重现性。

人绒毛膜促性腺激素(HCG)是糖蛋白激素,常作为妊娠和某些肿瘤诊断重要的标记物。Roushani 等[625]共价连接 Ab 到 Au - NPs/石墨烯/IL - CHIT 纳米复合物上,研制了以核黄素为氧化还原探针的免疫传感器。HCG 通过监测 Ab - Ag 结合引起 DPV 峰值电流的变化来检测。由于抗 - HCG 固定量大,电化学免疫传感器显示出线性范围宽、检测限低的特点。

Chen 等[626]报道了一种新型超灵敏检测 Vangll 的免疫传感夹层结构。Vangll 是一种稳定性非常高的平面细胞极性蛋白,在胚胎发育过程中发挥着关键作用。研究者以 RGO,3,4,9,10 - 聚四甲基二酐($PTC-NH_2$)和四乙烯五胺(TEPA)组成的纳米复合材料固定捕获的抗体,用 C_{60}模板的 Au - Pt 双金属纳米团簇固定第二抗体进行了信号放大。

Jiang 等[627]应用 GO/Ag - Ab 纳米复合材料作为探针,制备了一种基于固体伏安法的大肠杆菌电化学免疫传感器。Au - NPs 在电极表面自组装,作为抗体附着的有效基质,以夹心免疫分析法将分析物和探针同时捕获到传感器上。结合石墨烯的高负载能力与 Au - NPs 高电子转移速率,该免疫传感器对大肠杆菌的浓度测量范围为 $50 \sim 1.0 \times 10^{-6}$ CFU · ml^{-1},显示了较宽的线性检测范围。

近年来,由于电流型免疫传感器的高选择性、高灵敏度等特点,免疫传感器在环境监测和食品分析中的应用也越来越广泛。

2)电流型酶生物传感器的应用

1962 年,Clark[628]提出了把酶和电极组合起来,利用酶的特异性测定酶底物的原理。1967 年,Updike 等[629]利用 Clark 提出的原理研制出测定葡萄糖的生物传感器以来,酶生物传感器的发展变得非常迅速。20 世纪 80 年代开始[630],生物传感器法作为一种新的农药残留分析技术在国际上的研究非常活跃。它的简单、快速、灵敏、低成本和便于携带等优点弥补了传统分析技术的缺点,尤其以胆碱酯酶(ChE)的催化活性为基础的抑制型酶电极和以有机膦水解酶(OPH)为基础的直接测定型酶电极已广泛应用于有机膦的检测,电流型胆碱酯酶生物传感器就是一个重要的分支。

电流型胆碱酯酶传感器测定农药残留的工作原理是:在乙酰胆碱酯酶(AchE)存在的情况下,乙酰硫代胆碱可以水解成乙酸和硫代胆碱,硫代胆碱有电活性,并能在一定电位下发生氧化反应,根据伏安扫描过程中硫代胆碱氧化峰的大小可以测定农药残留的浓度[631]。

LaRosa 等[632]将戊二醛、牛血清蛋白和乙酰胆碱酯酶交联在尼龙膜上,然后把载酶膜固定在玻碳电极表面制成生物传感器,以乙酸-4-氨基苯酯作底物,在电压为 250mV 的饱和甘汞电极下测定对氧磷和西维因,最低检测浓度可达 $4.0 \sim 13.0 nmol \cdot L^{-1}$。

Gogol 等[633]先将一层 Nafion 膜(全氟磺酸离子交换膜)覆盖在印刷电极上,然后在戊二醛饱和蒸气下将马血清丁酰胆碱酯酶交联到膜上。这种传感器对敌百虫、蝇毒磷的检出限分别为 $3.5 \times 10^{-7} mol \cdot L^{-1}$ 和 $1.5 \times 10^{-7} mol \cdot L^{-1}$。与没有 Nafion 膜修饰的电极相比,这种电极有稳定性高、工作电势低、灵敏度不受影响等优点。Christine Bonnet 等[634]利用沉积吸附法在 TCNQ 修饰过的石墨丝网印刷电极上固定 AchE,证明了该法除了具备酶回收率高的优点外,还有良好的使用性能。

魏福祥等[635]利用橡胶环将载酶硝酸纤维素膜固定在银基汞膜电极上,与饱和甘汞电极、铂对电极组成三电极测试系统。在抑制率为 5% 时,测定敌敌畏的检出限是 $2.8 \times 10^{-10} mol \cdot L^{-1}$,并且其分析周期短(只需 40min),非常适宜现场快速监测。

Ciucu 等[636]在碳糊电极上固定少量的乙酰胆碱酯酶和胆碱氧化酶,在 350mV Ag/AgCl 参比电极条件下通过测定被酶氧化生成的 H_2O_2 的变化求得农药的含量。用此方法可以测定 $1 \times 10^{-10} mol \cdot L^{-1}$ 的对氧磷和呋喃丹。

Palanivelu 等[637]将乙酰胆碱酯酶(AChE)通过共价键的方式固载到介孔硅 SBA15 中,通过 Ellman 的分光光度法检测酶活性,发现固载后的酶依然保持了生物活性。固载后的 AChE 保持其催化活性长达 60 天,即使在 37℃ 也保持 80% 的水解活性。通过循环伏安法表征,证明 SBA15@ AChE 复合物可用敏感且高度稳定地用于检测有害农药化合物浓度的传感器。

随着电化学传感技术的进一步发展,电流型酶生物传感器除了检测农药,其应用领域也不断拓展,如环境监测、医疗卫生和食品安全等行业。

Zheng[638]等则利用 Mxene - Ti_3C_2 纳米薄片提高以三磷酸腺苷(ATP)为模板合成的磷酸锰纳米材料的响应强度。二维导电衬底(Mxene - Ti_3C_2)与纳米磷酸锰的复合材料的响应强度高于无导电衬底的材料,这说明,高导电的 Mxene - Ti_3C_2 能够提升复合材料对超氧负离子的响应强度。该复合材料构建的电流型电化学传感器检出限低至 0.5nmol · L^{-1},检测范围为 2.5nmol · L^{-1} ~ 14μmol · L^{-1},在超氧负离子检测方面展现了很大的潜力。

Liu 等[639]制备了一种磷酰基/石墨烯生物活性复合物,并证明了其在酶固定化中的应用。固定基质具有良好的导电性能,过氧化物酶 - 11(MP - 11)在磷脂中具有良好的生物相容性,可实现 H_2O_2 的直接电化学检测。基于聚 N - 异丙基丙烯酰胺 - 2 - 丙烯酰胺基苯甲酸酯(PNIPAM - b - PAAE)、氧化石墨烯(GO)和血红蛋白(Hb)组成的生物传感膜,研究者制作了 H_2O_2 安培传感器,薄膜为 Hb 提供了良好的微环境,有利于电子转移。PNIPAM - b - PAAE 对温度变化敏感,在 26 ~ 36℃ 对 H_2O_2 呈现出两种不同的电催化活性。

安培型葡萄糖电化学传感器是一类很有应用前景的技术,能满足临床上对血糖含量快速测定的需要。Cosnier 等[640]采用介孔二氧化钛薄膜作为电极材料,利用戊二醛交联法将葡萄糖氧化酶固定在电极上,成功制备了安培法检测葡萄糖的生物传感器。Seo[641]等在硅基体上沉积不同形态的铂用于制备葡萄糖电流型传感器。实验表明,介孔铂电极比未经处理的铂电极、铂黑电极对于探测葡萄糖氧化等慢反应过程更灵敏,可以预测其在制备非酶传感器领域将有广泛的应用前景。

张玉雪等[642]利用循环伏安法将新蒸单体吡咯和羧基化多壁碳纳米管(WMCNTs)聚合到电极表面,通过生物素 - 亲体系固定探针,制备了一种电化学 DNA 生物传感器,成功实现了对沙门氏菌毒力基因 invA 的特异性基因片断的快速检测。

肾上腺素(EP)和尿酸(UA)经常共存于人体的生物体液中,如尿液和血液,所以同时监测混合物中的 EP 和 UA 可有效监控人体健康情况或进行疾病监测。Luo 等[643]使用介孔碳修饰的玻碳生物酶电极,能过差分脉冲伏安法实现了肾上腺素和尿酸的同时测定。

3. 其他电流型传感器的应用

D. Kriz 等[644]报道了检测吗啡(morphine)的电流型分子印迹聚合物传感器,其工作原理如图 3. 33 所示,在时间为 t_m 时向溶液中加入吗啡,电流逐渐增大,在 2h 后达到恒定值 i_m。当在 t_c 时向溶液中加入甲基吗啡(可待因,吗啡的非电活性结构类似物)并与吗啡竞争结合位点,被替换下来的吗啡扩散到金属电极表面发生电化学氧化反应,产生一个小的峰电流 i_c。实验表明,当吗啡浓度在 0 ~ 10μg · ml^{-1}范围内增加时,峰电流 i_c 也明显增加。

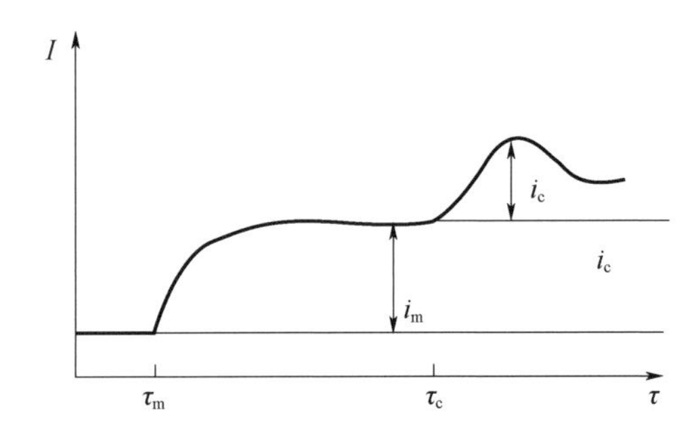

图 3. 33　工作电极电流随时间的变化情况

Koji Sode 等[645]利用分子印迹合成技术合成了一种聚合物,用其制作的电流型传感器展示了巨大的潜力。两年后,他们改进技术,以 m - val 为模板合成了分子印迹聚合物,利用 m - val 与 Fru - val 分子结构的相似性,将其作为识别 Fru - val 的敏感材料。他们还用同样的方法以 m - ξ - lys 为模板分子合成了分子印迹聚合物,将其作为识别 Fru - o - lys 的敏感材料,识别 Fru - o - lys 的机理如图 3. 34 所示。分别将两聚合物与含碳糊状物、石蜡混合于电极表面制成电流型传感器[646]。

单个微电极的溶出电流通常很低,当大量微电极集成传感器阵列时会使电流信号翻倍且不失微电极的特性,因此,微电极阵列的研究得到了广泛的关注。

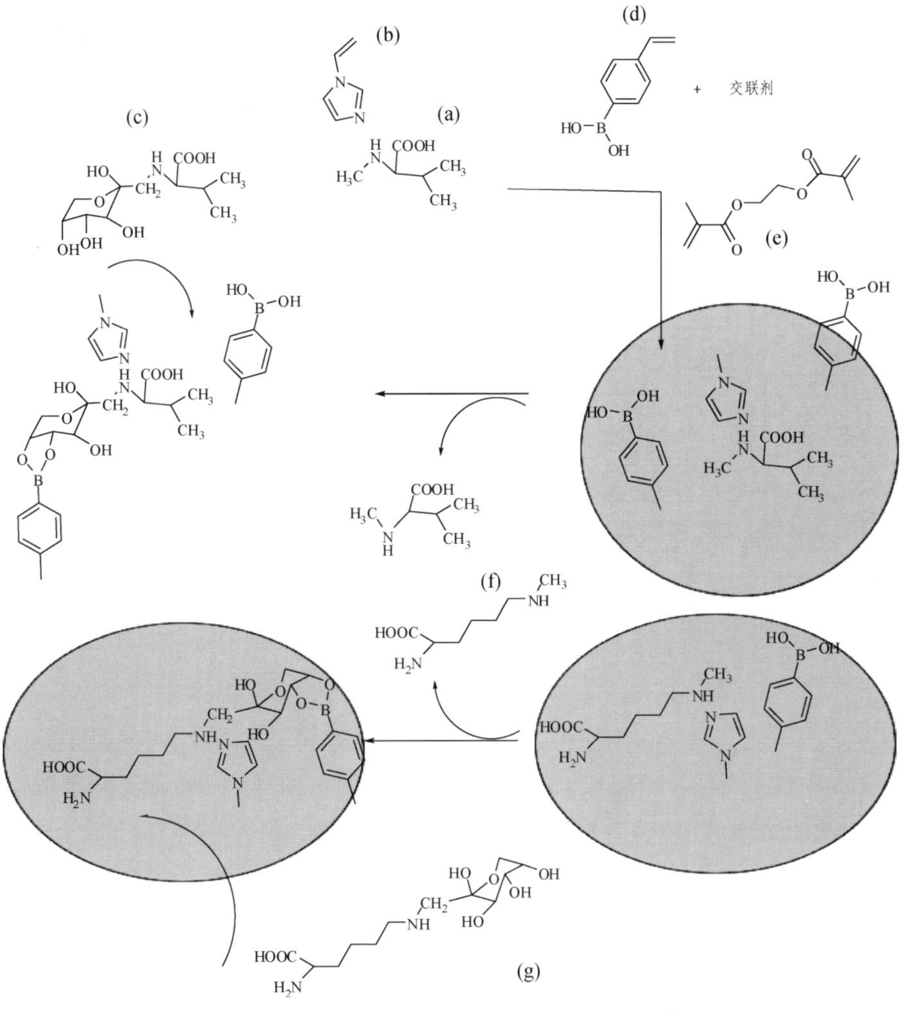

图 3.34　识别 Fru - o - lys 的机理

(a) m - val; (b)、(d) 两种功能单体; (c) 交联剂; (e) Fru - val; (f) m - ξ - lys; (g) Fru - ξ - lys。

1995 年,德国的 Albrecht Uhlig 等[647]利用硅加工技术制作了包含 3 个镀汞铂微电极的阵列。并联的 3 个恒电位器控制铂微电极的电位,恒电位器还能在不同时间施加不同的电位。多种痕量金属预富集在电极上后,给每个电极一个小电位窗,每个电位窗只对一种富集金属有选择性,然后对其进行差分脉冲扫描,能检测出纳米级的 Cd^{2+}、Pb^{2+}、Cu^{2+} 等。由于一个电极只检测一种金属,因此这种阵列大大降低了金属互化物的影响,同时简化了对结果的处理。

美国的 Rosemary Feeney 等[648]于 1997 年利用光刻技术设计了分别由 25 个和 20 个铱微电极组成的方形和圆形阵列，每个微电极直径为 10μm，如图 3.35 所示。他们把工作电极、参比电极和对电极集成在一个硅片上，成功地检测出 0～100ppb 的 Cd^{2+}。实验结果表明，圆形阵列中每个微盘电极的应力极小化，微电极数目更少性能却更好。

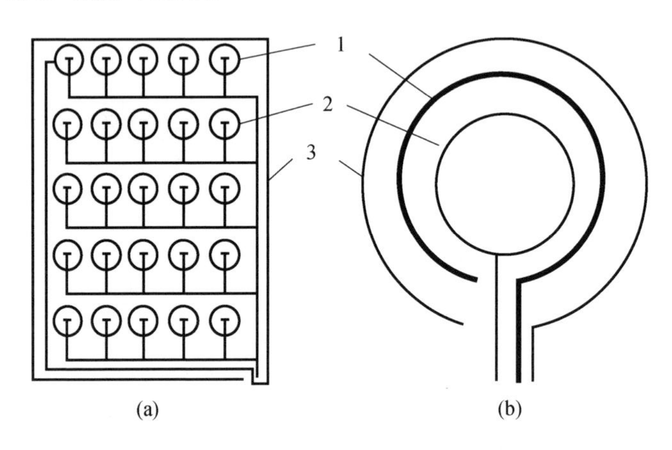

图 3.35　铱微电极组成的方形阵列和圆形阵列

(a)25 个铱微盘电极组成的方形阵列，每个微工作电极(1)被一个环参比电极(2)包围，25 个微盘电极和参比电极包围在方框形对电极(3)中；(b)3 个同心环组成的圆形阵列，中间的环包含 20 个铱微盘工作电极(1)，另外两个环分别为参比电极(2)和对电极(3)。

王营章[649]用极谱催化波法代替双硫腙分光光度法测定生活饮用水中 Pb，方法简便、快速(测定一个试样仅需 5min)、灵敏度较高(最低检测浓度达 $1.9 \times 10^{-8}mol \cdot L^{-1}$)，仪器价格低廉，与国标方法测定结果无显著差异，能满足环境监测中生活饮用水中铅的测定要求。

黄灿灿等[650]依据阳极溶出伏安法原理研制出了一种测定实际水样中 Cu^{2+} 含量的便携式重金属检测仪。该检测仪采用自制的三电极系统，以金圆盘电极为工作电极，Ag/AgCI 为参比电极，铂柱电极为对电极，便于携带，灵敏度较高，检测限可达 $1 \times 1^{-9}mol \cdot L^{-1}$，具有较高的准确性和重复性。

Teixeira 等[651]用多壁碳纳米管电极电位溶出法同时测定了湖水和工业废水中的 Zn(Ⅱ)、Cd(Ⅱ)和 Pb(Ⅱ)，检出限分别为 $4.3 \times 10^{-7}mol \cdot L^{-1}$、$7.5 \times 10^{-8}mol \cdot L^{-1}$、$3.2 \times 10^{-8}mol \cdot L^{-1}$。

Abbasia 等[652]报道了一种微分脉冲吸附阴极溶出伏安法同时测定食品样品中超痕量 Pb 和 Cd 的方法，该方法基于 Pb^{2+}、Cd^{2+} 与 2-巯基苯并噻唑形成的配合物吸附积累到悬汞电极上，然后用阴极脉冲溶出伏安法还原被吸附的物质，Pb^{2+} 检出限为 $8.2\times10^{-11}mol\cdot L^{-1}$，$Cd^{2+}$ 为 $8.9\times10^{-11}mol\cdot L^{-1}$。该方法成功地应用于食品样品中 Pb^{2+} 和 Cd^{2+} 的同时测定。结果表明，该方法具有灵敏度高、选择性好、简单、测试速度快的优点。

胡黎明等[653]采用滴涂法制备多壁碳纳米管修饰玻碳电极，用循环伏安法测定水中微量偏二甲肼。多壁碳纳米管修饰玻碳电极对偏二甲肼有良好的富集特性和电催化活性。优化的实验条件如下：支持电解质为 pH 值 7.0 的磷酸盐缓冲溶液；富集电位为 0.8V；富集时间为 120s。偏二甲肼的浓度在 $6.6\times10^{-6}\sim1.45\times10^{-4}mol\cdot L^{-1}$ 内与其对应的氧化峰电流呈线性关系，方法的检出限（$S/N=3$）为 $7.3\times10^{-7}mol\cdot L^{-1}$。对 $5.0\times10^{-5}mol\cdot L^{-1}$ 偏二甲肼标准溶液连续测定 5 次，测定值的相对标准偏差为 1.5%。方法用于模拟水样的分析，加标回收率为 99.3% ~112%。

杜平等[654]采用 CdTe 量子点和石墨烯制备了 CdTe/石墨烯/玻碳（CdTe/GR/GCE）修饰电极，并通过差分脉冲伏安法测定矿石中痕量铅含量。通过循环伏安曲线考察了修饰电极在 CdTe 溶液中的自组装时间，浸泡时间和富集时间分别为 4h、120s；测定时 HAr-NaAc 缓冲溶液的 pH 值为 5.0；最佳条件下 Pb^{2+} 浓度在 $10\times10^{-8}\sim1.0\times10^{-4}mol\cdot L^{-1}$ 范围内与其峰电流呈良好的线性关系，相关系数为 0.9922；检出限为 $4.0\times10^{-9}mol\cdot L^{-1}$。利用 5 个修饰电极按照实验方法对 $1.0\times10^{-6}mol\cdot L^{-1}$ Pb^{2+} 溶液检测，结果的相对标准偏差（RSD，$n=6$）为 4.3% 和 5.5%（3 天后）；采用实验方法测定矿石中铅，结果的相对标准偏差（RSD，$n=10$）为 2.9% ~4.0%，与原子吸收光谱法（AAS）测定结果相吻合。

刘蕊等[655]建立了利用 DVD-Ag 电极阳极溶出伏安法同时快速测定铅和镉的方法，并考察了 I^- 对电极上的铅和镉溶出分析的影响。利用该方法测定了枸杞中铅和镉的残留含量。结果表明，优化实验条件下，在 $5\sim50\mu g\cdot L^{-1}$ 浓度范围内，Pb^{2+} 和 Cd^{2+} 的溶出峰电流与 Pb^{2+} 和 Cd^{2+} 的浓度呈线性相关，相关系数分别为 0.9923 和 0.9953，Pb^{2+} 和 Cd^{2+} 的检出限分别为 $0.2\mu g\cdot L^{-1}$ 和 $2.6\mu g\cdot L^{-1}$（$S/N=3$）。对该方法进行了方法学考察，包括精密度、稳定性和回收率,结果均符合相关要求。枸杞中 Pb^{2+} 和 Cd^{2+} 的残留含量测定结果与经典的电感耦合等离子体质谱法(ICP - MS)一致性较好。

杨敏芬等[656]利用石墨烯修饰电极,构建了一种测定6 - 苄氨基嘌呤的新型的电化学方法。循环伏安实验表明,石墨烯修饰电极能显著降低6 - 苄氨基嘌呤的测定电位,提高其响应电流。6 - 苄氨基嘌呤在石墨烯修饰电极表面的电化学过程为扩散控制。在优化的实验条件下,6 - 苄氨基嘌呤与峰电流在浓度为 $1.0\times10^{-8}\sim1.0\times10^{-6}\mathrm{mol\cdot L^{-1}}$ 范围内呈现良好的线性关系,检测限为 $5.0\times10^{-9}\mathrm{mol\cdot L^{-1}}$。考察了一些无机离子和有机化合物对6 - 苄氨基嘌呤测定的干扰,结果表明,该传感器有较好的抗干扰能力。加标回收实验表明,该修饰电极的回收率为91.0% ~104.5%。

冯春梁等[657]制备出壳聚糖 - 石墨烯 - 纳米金复合膜修饰金电极(CHIT - RGO - GNPs/GE),然后在 CHIT - RGO - GNPs/GE 上电沉积普鲁士蓝 - 金纳米复合材料(PB - Au),制备了一种 H_2O_2 传感器(PB - Au/CHIT - RGO - GNPs/GE)。利用电化学交流阻抗技术和循环伏安法对 PB - Au/CHIT - RGO - GNPs/GE 的制备过程进行了表征,对测试条件进行了优化,对不同浓度的 H_2O_2 进行了检测。其检测灵敏度为9.03mA/mm,线性响应范围为 $5.0\times10^{-7}\sim1.0\times10^{-2}\mathrm{m}$,相关系数为0.9947,检测下限为 $2.7\times10^{-7}\mathrm{m}$。所制备的传感器响应迅速、灵敏度高、检测范围较宽,可用于微量 H_2O_2 的快速检测,在食品加工、环境监测、临床检验等领域具有较好应用前景。

3.3 电导型传感器

3.3.1 液体电导型传感器的基本原理和单位

液体电导型传感器是将被测物氧化或还原后电解质溶液的电导变化作为信号输出,从而实现离子检测的电化学传感器。电导是电阻的倒数。电化学电导传感器测量的是电化学电解池中电解质电导率的变化。某盐溶于溶液中时,会离解出带电荷的阳离子和阴离子,当将两片平行的电极插入此溶液中并施加一定电压时,阴阳离子在电场的作用下向极性相反的方向移动并传递电子,其过程就像金属导体一样。离子的移动速度与所加电压有线性关系,所以电解质溶液也遵循欧姆定律。电解质的电导除了与电解质种类、浓度有关外,还和电解质的解离程度、离子电荷、离子迁移率、离子半径以及溶剂的介电常数、黏度等有关。可能会涉及电极极化和感应电流或电荷转移过程中产生的容抗。

欧姆定律可表述为

$$U = IR \tag{3.13}$$

电导(单位为西门子(S),$1S = 1\Omega^{-1}$)为

$$L = 1/R \tag{3.14}$$

则有

$$U = I/L \tag{3.15}$$

电导与电极的尺寸有关,根据欧姆定律,温度一定时,两平行电极之间的电导 L 与电极的截面积 A 成正比、与距离 l 成反比,即

$$L = \kappa A/l \tag{3.16}$$

式中:κ 为比电导($S \cdot cm^{-1}$)[658]。

电导电极(又称电导池)是测量电导的传感元件,它将两块大小相同的铂电极平行地嵌在玻璃上,并分别从铂电极上引出两根导线。对于一个确定的电极,其截面积和两极间距离是固定的。如图 3.36 所示。电极支架材料有很高的绝缘性能,耐化学腐蚀,并在高温下不易变形。

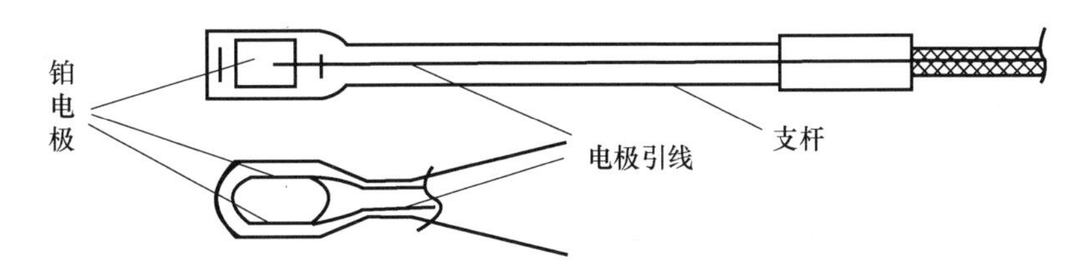

图 3.36　电导电极结构示意图

对每一电极而言,两电极的截面积 A 和距离 l 是固定不变的,l/A 可看成是一个常数,用 K 表示,即

$$K = l/A \tag{3.17}$$

$$K = \kappa/L \tag{3.18}$$

式中:K 为电极常数[659]。

准确测量电极的截面积 A 和距离 l 比较困难,而且不能直接测量。所以电极常数通过一已知浓度的标准氯化钾溶液间接测量。某温度下,一定浓度的氯化钾溶液的电导率是确定的,只要将待测电极浸入已知浓度的氯化钾溶液中,测出电导 L 并代入式(3.18)中,即可求得电极常数 K。

由于电导电极由两片平行金属板构成,所以电解质溶液中,溶液与电极界面有双电层存在,故有电容。大多数情况下,测量电导率所用的电源是交流电源,因此测量溶液的电导率时,实际上测量的是溶液的阻抗而不是纯电阻。

液体电导率传感器是以电解质的电导率与离子浓度的依赖关系为根据的。如25℃时纯净水(离解产物为 H^+ 和 OH^-)的理论电导率 $\sigma = 0.038\mu s \cdot cm^{-1}$,但微量的电解质材料就能使 σ 急剧增加:添加浓度为 $1\times10^{-6}mol \cdot L^{-1}$ 的食用盐会使 σ 翻倍;相同浓度的强酸使 σ 增加5倍。电解质电导率测量的发展应归功于科尔劳施(F. Kohlrausch(1840—1910))。

电极测得的溶液电压应该与电流成正比,并且服从欧姆定律。但是,阳极和阴极上的极化现象使电极与电解质界面产生压降,所以通过装置的电流与外加电压并不成正比。

总电流是正离子与负离子的电荷之和,即

$$I = \frac{(nzqv)_+ + (nzqv)_-}{l} \tag{3.19}$$

式中:n 为极性离子数;zq 为离子电荷;v 为离子速度;l 为阳极与阴极之间的距离。v 取决于外加电场($V \cdot l^{-1}$)与离子迁移率 μ,定义为单位外加电场中的速度。μ 是离子的特性,与溶液中其他离子的迁移率基本无关;当频率较低时,μ 与外加电场和电场频率无关。

根据式(3.19),若导电容器的有效横截面积为 A,则电导率为

$$\sigma = \frac{I}{V} \times \frac{l}{A} = \frac{(nzqv)_+ + (nzqv)_-}{l} \times \frac{l}{VA} = (Nzq\mu)_+ + (Nzq\mu)_- \tag{3.20}$$

式中:$N = n/(lA)$ 为所考察离子的浓度(单位体积的离子数)。离子浓度与溶质浓度不同,它取决于离解度和每个离解分子所释放的离子数。因此,σ 是关于离子迁移率和离子浓度的信息。对于稀释溶液,σ 与溶质浓度还是成正比的,

当溶质浓度较大时,它们的关系可以从经验数据中查到[660]。

多年来,电解质的电导都是通过电化学电导传感器测量的。通常,一个惠斯通电桥是使用电解池(传感器)形成其中一个电桥的阻抗臂。不过,不同于固体电导率的测量,电解质电导率的测量往往由于操作电压引起电极极化而变得复杂。在电极表面会产生感应电流或有电荷转移发生。因此,电导型传感器应维持在没有感应电流发生的电压下。另外一个需要考虑的重要因素是:当在电解池上施加电势时,会形成与每个电极相邻的双层,即瓦尔堡阻抗。因此,即使在没有感应电流时,仍然有必要考虑电导测量期间双层的影响。可以通过使传感器的电解池常量 l/A 保持较高的值,以将感应电流过程的影响降到最小,因而,电解池的电阻应在 $1\Omega \sim 50k\Omega$,即使用表面积小的电极和大的极间距离。不过,这样会使惠斯通电桥的灵敏度降低。一般的解决办法是使用多电极配置。通过使用高频低幅值交变电流可使双层和感应电流的影响降到最低。另一个解决办法是通过连接一下与电解池相邻的桥区电阻并联的可变电容平衡电解池的电容和电阻。

3.3.2 液体电导率传感器的应用

电导率测定是一种比较特定的方法(溶液中所有的离子都对电流有贡献),并且与温度相关(约 $0.02K^{-1}$)。由于被测电阻与电解质的电导率和容器几何尺寸有关,故应先测量某一已知电导率的溶液,以确定容器常数。同时进行温度测量,对电导率进行自动修正。电极采用电镀电极,以便增加有效表面、减小阻抗、提高耐腐蚀能力。非接触型导电容器可以在高温下测量溶液的电导率。它是以绕在圆柱形容器周围的线圈或极板作电极,避免了电极的腐蚀问题。

适用于分析二元水-电解质混合物(如电解水的监测,电导率增大表明水被酸、碱等高电离物污染)。在制药、饮料、热力锅炉等使用纯水的场合中,电导率测定法用来评估排放物,该法还用于监控处理水、监视海水含盐量或评估淡水源中受海水渗透的程度。

例如,自然水(一般包括雨水、自来水、地下水、河水、湖水和海水等)中含有不同浓度的电解质,即带正、负电荷的各种离子,如 H^+、OH^-、Na^+、Cl^-、K^+、I^-

等。实验表明,水的电导率会随温度的降低而逐渐下降。当温度降到0℃以下时,水的电阻率将大大增加,原先呈现导电特性的水溶液的电阻值将达几兆欧到几百兆欧。所以在冰冻条件下,水只具有弱导电性[661-662]。利用空气、冰及水具有不同的电导特性这一现象,采用单片机编码控制刻度译码开关依次接通检测电源、不同刻度位置被测介质与电导识别电路构成传感器,可以快速、准确地判断出空气、冰层界面与冰下水位的刻度位置,从而获得冰层厚度的准确数值[663]。

电导型传感器的一个应用实例就是血糖测量[664]。血液样本的电导率不能通过测量葡萄糖分子浓度的方式直接检测,通过使用电化学反应,葡萄糖可以产生电流。有多种化学方式可能实现这一目的。一种方法是将一滴血液滴在测试条上,通过其上一种称为葡萄糖脱氢酶的专用试剂酶进行化学预处理。但是,葡萄糖和酶与电导型传感器的电极不容易直接交换电子,必须有一个化学中介物促进或调节电子的转移。图3.37(a)显示的是发生在葡萄糖测试条上的步骤:在葡萄糖脱氢酶存在的条件下,葡萄糖被氧气氧化成葡萄糖酸。两个电子从葡萄糖分子转移到酶中而使酶暂时被还原;接着还原的酶与中介物(M_{ox})反应,将电子分别转移给两个中介离子。酶回到原来的状态,两个M_{ox}离子被还原成M_{red};在传感器的电极表面,M_{red}被氧化成M_{ox},完成循环,在一段用于完成反应并稳定过程的培养期后,流经改变后样品的电流被用来确定血液中的葡萄糖浓度。

葡萄糖脱氢酶是高特异性的,可加速葡萄糖氧化为葡萄酸,高特异性使它能够在血液样本中存在复杂的干扰化合物的情况下,选择性地与葡萄糖反应。这种特异性是非常重要的,因为随着时间的推移,受许多如红细胞积压、红细胞的氧含量、新陈代谢的副产物和药物治疗等因素的影响,血糖水平会产生很大的变化。试纸中的介质是铁氰化钾,铁氰化物和亚铁氰化物组成的氧化还原对能迅速与工作电极交换电子。因此,电子通过酶和介质在葡萄糖与电极之间移动,并促使葡萄糖浓度降低时电导率的变化。

图3.37(b)所示为电导型血糖传感器的原理图。测试条有3个电极与血液样本接触。工作电极与试剂中的介质交换电子。参比电极闭合电流回路,提供有利于化学反应的偏置电压并允许测量样品电导率,而触发电极用于探测血液

样本施加到测试条上的时刻。启动电路探测由血液电导率引起的电压降。流过工作电极的电流与释放的电子数量成线性函数。因此,它与血液样本中的血糖分子浓度也近似呈正比关系。

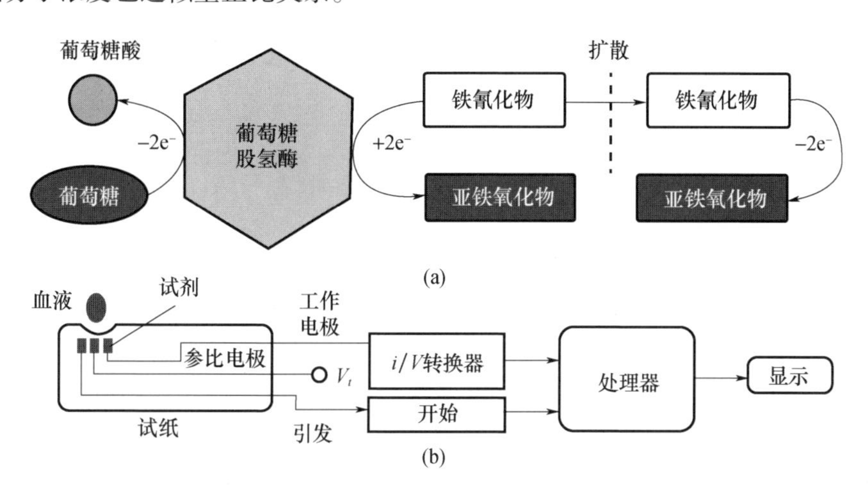

图3.37 电导型血糖传感器的原理图

(a)测试条上的化学反应;(b)简化框图。

另一种典型的电导型传感器就是酒精测试仪。在检测血液酒精的几种方法中,尽管血液测试是最准确的,但该方法不太方便且较慢。实际上,通常使用呼吸酒精测试仪设定呼气酒精含量(BrAC)。由呼气酒精含量值转换成血液酒精含量值的转换因子已经建立。最常用的转换因子是2100[665]。为了检测呼吸酒精,样本气体(呼吸)被注入呼气式酒精测试仪的感应模块。在酒精检测方法中,有3种比较实用:第一种是根据电化学反应制成的燃料电池传感器,气态酒精在催化电极表面被氧化,发生定量的电响应;第二种是基于红外光会被酒精分子吸收的工作原理而设计的红外吸收装置,流过样本盒被气体样本吸收的光量可以作为测量酒精含量的方法;第三种是半导体敏感元件,利用小的、热的(300℃)过渡金属氧化物磁珠,在磁珠上施加电压时会产生一个小的恒定电流。电流的大小受磁珠表面的导电能力限制。由于电导率受吸附的酒精分子数量的影响,它可以用来测量气体样品的酒精浓度。

电导型分子印迹电化学传感器(MIECS)是利用分子印迹敏感膜和目标分子作用前后底物浓度变化,从而引起分子印迹膜导电性能变化进行检测的。优点是检测时间短、响应快、方法简单,但其稳定性较差,在印迹膜的制备过程和印迹分子的洗脱过程中会不可避免地存在一些细小杂质,必然会对电导产生影响[666]。KRIZ 等[667]以苄基三苯基氯化膦离子为模板制备了分子印迹膜,并利用电导法实现了对苄基三苯基氯化膦的检测。王胜碧等[668]以水杨酸分子印迹聚合物为敏感膜,制备了水杨酸电导型 MIECS。该传感器的选择性好,对结构类似物几乎没有电导响应,稳定性好,使用寿命长,在 0.01 ~ 0.1mmol · L^{-1}范围内有明显的电导响应,可以用于检测水杨酸。李锋等[669]通过 UV 引发在丝网印刷电极表面聚合琥珀酸氯霉素,制备出了琥珀酸氯霉素电导型 MIECS,并检测了牛奶样品。该传感器成本低、检测灵敏、响应时间短,在 0.2 ~ 1mg · L^{-1}范围内线性关系良好,检测限可达 0.05mg · L^{-1},可实现样品的现场检测。LI 等[670]采用光聚合法在丝网印刷电极表面原位聚合制备出含有琥珀酸氯霉素(ns - CAP)分子印迹位点的分子印迹膜。将修饰有分子印迹膜的丝网印刷电板与电导分析仪相连接,组装可检测牛奶蛋白样品中氯霉素的电导型传感器,结果表明,传感器对该分子具有良好的特异性识别能力,检出限高达 0.05mg · L^{-1}。

此外,刘顺珍等[671]采用沉淀电导滴定法,用硝酸银标准溶液滴定水样中氯离子的含量,利用单因素法设计实验,研究了 pH 值、水样体积、滴定剂浓度、搅拌强度、滴定剂滴加速度、干扰离子等因素的影响。结果表明,在充分搅拌和用硝酸作为掩蔽剂、保持 pH 值 = 2 ~ 7 的酸度条件下,用 0.1mol · L^{-1}的 $AgNO_3$标准溶液作为滴定剂,可以快速准确地测定水中氯离子含量。采用该方法分析了自来水、雨水、河水、山泉水、井水和锅炉水等不同水样中的氯离子含量,结果令人满意。

贺东琴等[672]采用电导滴定法通过测定乳胶粒表面氯离子含量,研究了乳胶粒的导电能力,并探讨了乳胶粒在棉纤维表面的吸附模型。结果表明,阳离子乳胶粒的浓度(Cp)在 0.05 ~ 3 × 10^{-8}mol · L^{-1}范围内与电导率(Λ)呈良好的线性关系($\Lambda = 8.0913Cp + 1.8093, R^2 = 0.9986$);根据电解质理论计算得出阳离子乳胶粒中胶核的极限摩尔电导率在恒定温度(25℃)下随着乳胶粒浓度的增加呈降低趋势;此外,阳离子乳胶粒在棉纤维表面的吸附符合 Langmuir 型吸附模型。

3.4 场效应传感器

场效应晶体管(Field - Effect Transistors,FET)是现代微电子学的主要组成部分,它是基于自由载流子向半导体中可控注入的有源器件。传统的场效应晶体管可以等效为压控电阻,并且有源极、漏极和栅极3个端口。当将FET看作可变电阻时,极电阻来自源极和漏极之间的狭窄硅通道,而栅极作为控制端。这些端的名称和它们的功能有关。一些场效应晶体管也有第4端,称为体、基、块体或衬底。该端用于偏置晶体管使其工作,但一般不用于电路设计中,通常是在内部将其连接到源极。当物理设计一个集成电路时,它的存在就显得尤为重要。栅极通过薄的绝缘体及一层 SiO_2 与沟道绝缘。场效应晶体管“电阻器”中的电子从源极流向漏极,而电流的大小则受施加在源极和栅极之间的控制电压影响。

场效应晶体管的发展经历了较为漫长的过程,对它的研究可以追溯到20世纪20年代。1926年,美国的Lilienfeld[673]首次提出了“控制电流的方法和装置”,这大概是最早的有正式记录的场效应晶体管。到了40年代,美国的贝尔实验室开始研究表面场效应晶体管,他们主要解决关于金属控制极的电压对半导体中电流控制作用太弱的问题。1948年,Shockley等[674]的研究结果证明了表面态的存在及其影响,这给研究表面场效应晶体管指明了方向。

1952年,Shockley[675]提出了一种体内有导电沟道的用pn结作栅的结型场效应晶体管。1959年,Atalla等[676]发现高温下硅单晶表面氧化生成的二氧化硅与本底硅的界面附近密度很低,而且二氧化硅的绝缘性能好、致密、稳定。这一发现解决了表面场效应晶体管研究中长期存在的问题。这种晶体管被命名为金属 - 氧化物 - 半导体场效应晶体管(Metal - Oxide - Semiconductor Filed Effect Transistor,MOSFET或MOST)。这种晶体管的性能优良,制造工艺简单并易于集成化。从此,基于无机半导体场效应晶体管的研究逐渐趋于成熟。

1964年,Teszner等[677]发表的研究结果证明,垂直沟道结型场效应晶体管在一定条件下可得到非饱和的类三极管特性。20 世纪 60 年代末，Bergveld[678] 将 MOSFET 的金属栅极去掉，使绝缘体直接与溶液接触，得到离子敏场效应晶体管(Ion - Sensitive Field - Effect Transistors，ISFET)。1972 年，他又详细叙述了 H^+、Na^+ - ISFET 的工作原理和应用[679]。1978 年，Esashi 和 Matsuo 等[680] 报道了 H^+、Na^+ - ISFET 的制造和测量。我国从 20 世纪 70 年代末开始研制 ISFET，1980 年以来陆续有报道 H^+、K^+、Ca^+、Na^+ 等 ISFET 的文章[681-682]。目前一些院校和科研单位正在积极进行这方面的研究开发工作，但由于制造工艺不太成熟，还没有实现商品化。

1976 年，Moss 和 Janata 等[683] 提出了将 ISFET 与生物酶结合的构想，并于 1980 年发表了第一篇关于场效应生物传感器的论文[684]。他们把青霉酶固定在 ISFET 上，成功地检测了青霉素。Schoning 等[685] 近来介绍了生物敏感场效应晶体管的响应机理及其大体的研究情况。

近年来，有半导体性质的有机材料逐渐得到研究者的关注，对有机场效应晶体管(Organic Field - Effect Transistors，OFET)的研究也日益普及，有机半导体可以在一个有机分子的区域内控制电子，使分子聚合体构成有特殊功能的器件——分子晶体管，使电路的集成度与计算机运行速度得到很大的提高。2003 年，Butko 等[686] 成功地在单个的并四苯单晶表面制作了第一个场效应晶体管。

场效应晶体管已成为晶体管研究领域中一个最活跃的部分。以上简要介绍了几类场效应晶体管，实际每类中还发展了很多品种。本节主要介绍与电分析化学相关的金属 - 氧化物 - 半导体场效应晶体管(MOSFET)传感器、离子敏场效应晶体管(ISFET)传感器和生物敏感场效应晶体管传感器。

3.4.1 金属 - 氧化物 - 半导体场效应晶体管

1. MOSFET 的工作原理和开启电压

1) MOSFET 的工作原理

n 型沟道 MOSFET 的结构示意图如图 3.38 所示。p 型硅衬底上有两个相距较近的 n 型区，分别称为源扩散区和漏扩散区。扩散区之间的硅表面上有一层薄氧化膜，膜上有一个由蒸发光刻的金属电极，这个电极覆盖在两个扩散区之间，称为栅极(用字母 G 表示)。在扩散区制作了欧姆接触，并引出电极引线，接正电极的 n 型区称为漏极（用字母 D 表示），则另一个 n 型区称为源极（用字母 S 表示）[687]。

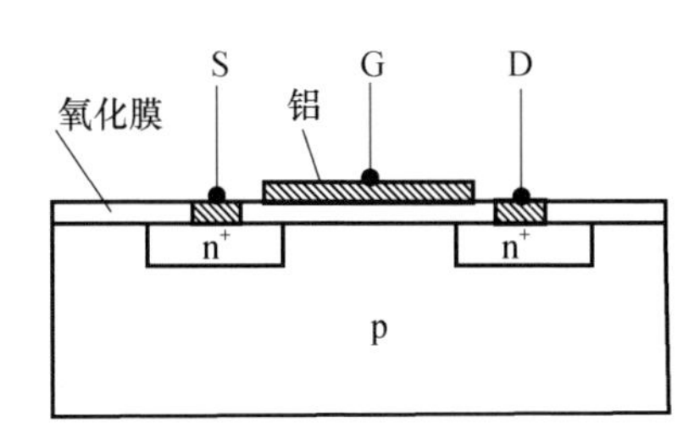

图 3.38　n 型沟道 MOS 晶体管的结构示意图

从结构示意图可以看出，n 型源极和漏极之间隔着 p 型衬底，就像两个“背靠背”连在一起的二极管。当在源极、漏极之间施加一定电压时，由于 p 型衬底阻隔，电流不能通过（只有极微小的 pn 结反向电流）。这是栅极上没有加电压的情况。

但在栅极上加正电压并达到一定值时，栅极下面会产生一个电场，将 p 型硅体内的电子吸引到表面附近。这使得栅极下的硅表面形成了一个含有大量电子的薄层，这是一个能导电的 n 型层，称为反型层。反型层形成的导电沟道将源扩散区和漏扩散区连起来，当在漏极、源极之间施加一定电压时，会有电流通过。

增大栅极上的正电压时，反型层中的电子增加，导电沟道的电阻也会减小，从而使产生的电流增加。反之，减小栅极上的正电压时，反型层中的电子减少，导电沟道的电阻增大，则流过沟道的电流就减小。当漏源电压 V_{DS} 一定时，漏电流 I_D 随栅源电压 V_{GS} 的变化而变化，其关系如图 3.39 所示[688]。由关系图看出，当栅源电压 $V_{GS} < V_T$ 时，漏电流 $I_D = 0$；当 $V_{GS} > V_T$ 时，产生了一定的漏电流 I_D，并且 I_D 随 V_{GS} 的增加而变大。栅源电压 V_T 表示晶体管由不导电到导电的临界值，通常称为开启电压或者阈电压。

当 $V_{GS} = 0$ 时，晶体管的漏、源扩散区之间不导电；当 $V_{GS} > V_T$ 时，硅表面形成了 n 型导电沟道，晶体管才导电，这就是 n 型沟道 MOSFET。

2）掺杂衬底 MOSFET 的开启电压

计算掺杂且杂质均匀分布的 MOSFET 的开启电压比较简单。以 p 型硅为例，假设氧化物、Si－SiO_2界面上没有电荷，栅金属与半导体间的功函数差 $V_{FB}=0$。这时，外加栅电压V_G^0等于氧化层两侧的电位差 V_{OX} 与半导体表面势 ϕ_s 之和，即

$$V_G^0 = V_{OX} + \phi_S \tag{3.21}$$

式中：V_G^0的上角码“0”表示在 $V_{FB}=0$ 时的 V_G 值（下面V_T^0的上角码含义相同）。当 V_G 等于开启电压 V_T 时，$\phi_S=2\phi_F$。于是，由式（3.21）得到

$$V_T^0 = V_{OX} \mid \phi_S = 2\phi_F + 2\phi_F \tag{3.22}$$

式中：ϕ_F为 p 型硅的费密势。

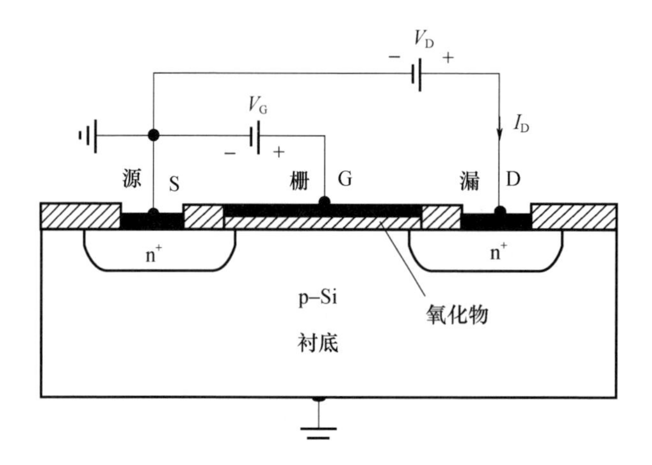

图 3.39 n 沟增强型 MOST 的结构与工作时外电路接法示意图

强反型开始时氧化层两侧的电位差 V_{OX} 为

$$V_T^0 = 2\phi_F - \frac{Q_B}{C_{OX}} \tag{3.23}$$

式中：Q_G为栅电极上单位面积的正电荷；C_{OX}为单位面积的电容量；Q_B为硅表面附近单位面积的负电荷。

由式（3.22）和式（3.23）可得

$$V_T^0 = 2\phi_F - \frac{Q_B}{C_{OX}} \tag{3.24}$$

式（3.24）是假设 $V_{FB}=0$ 并且氧化物和 Si－SiO_2界面上没有电荷时推出的。在实际 MOSFET 栅区的 MOS 系统中这个假设并不成立。做如下考虑可以

得到开启电压的表达式：首先加一个与 V_{FB} 等值的栅压使 MOS 系统处于平带状态，再加一个数值等于 V_T^0 的栅压使半导体表面出现强反型。MOSFET 的实际开启电压 V_T 为 V_{FB} 与 V_T^0 的和，即

$$V_T = V_{FB} + V_T^0 = \Phi_{MS} + 2\phi_F - \frac{Q_{SS}}{C_{OX}} - \frac{Q_B}{C_{OX}} \tag{3.25}$$

$$V_T = \Phi_{MS} + 2\phi_F - \frac{Q_{SS}}{C_{OX}} + \frac{1}{C_{OX}}(2qN_A\varepsilon_S\varepsilon_0|2\phi_F|)^{1/2} \tag{3.26}$$

式中：Φ_{MS} 参比电极与半导体的功函数差；Q_{SS} 为 Si - SiO_2 界面处的电荷密度；q 为电子电量；N_A 为 p 型硅里受主杂质的浓度；ε_0 为真空的介电常数；ε_S 为氧化膜的相对介电常数；C_{OX} 为单位面积的电容量。式(3.25)和式(3.26)为常用的 MOSFET 开启电压表达式[689]。

上述开启电压的计算只适用于衬底掺杂均匀的情况，若衬底掺杂不均匀(如用离子注入技术对沟道区进行掺杂来控制开启电压)，精确计算其开启电压比较困难。通常先把离子注入杂质的密度分布等效为有相等总激活剂量的阶梯函数分布，再计算其开启电压。从实用角度看，当衬底杂质密度和离子注入总剂量不高时，这种近似处理能够达到一定的精确度。

2. MOSFET 传感器的应用

MOSFET 气敏传感器是利用其开启电压 V_T 随敏感气体的浓度变化特征工作的。例如，Pd - MOSFET 传感器是将 n 型沟道增强型的铝栅换成钯栅的(简称为 Pd - MOSFET)。人们发现自然界中有多种金属可以吸收和溶解氢气，金属原子间的空隙能让氢原子自由通过，因此对氢气的吸收和溶解能力很大，一体积钯能溶解 20 体积氢气。当用 Pd - MOSFET 检测氢气时，氢分子被吸附在钯表面上并解离成氢原子，有些氢原子能通过金属钯内部并穿过钯膜到达 Pd - SiO_2 界面处，在界面处被陷阱俘获形成氢原子层，产生一定的偶极矩，因而，改变了钯内表面的电子功函数。

Pd - MOSFET 吸附氢气后，其开启电压的改变量 ΔV 为

$$\Delta V = \frac{\Delta V_{Pd-S} - \Delta Q_{SS}}{C_0} \tag{3.27}$$

式中：ΔV_{Pd-S} 为吸附氢气后钯功函数的变化量；ΔQ_{SS} 为 Si - SiO_2 界面处表面态电

荷密度的变化量。

这时，Pd – MOSFET 的开启电压 V_T随氢气浓度的增加而下降，根据这个原理就能检测氢气浓度。

Pd – MOSFET 是最早研制成功的催化金属栅场效应气敏传感器，对于氢气具有很高的灵敏度（检测限达到 1ppm）、选择性和稳定性。使用时，采用加热器和控温电路保持 Pd – MOSFET 氢敏元件在 150℃下恒温工作，有利于提高元件对氢气的响应速度和恢复速度。Pd – MOSFET 不仅可以检测氢气，还能检测氨等容易分解出氢气的气体，在此基础上发展了多种含氢化合物气敏传感器。

另外，硫化氢（H_2S）气敏 Pd – MOSFET，其对 H_2S 的测量原理和电路与氢敏 Pd – MOSFET 类似。H_2S 对人体有很大危害，低浓度下就可以给人体造成多种疾病。对 H_2S 进行迅速准确的测量具有重要意义。H_2S 气敏 Pd – MOSFET 对 H_2S 具有良好的敏感特性，尤其在低浓度下，H_2S 浓度变化与 MOS 管阈值电压变化有较好的线性关系。

以钼（Mo）作 MOSFET 的金属栅极材料已经引起了很多人的兴趣，覆盖在 SiO_2上的钼层能在较大的电压范围内工作，它的电阻低、密度大、稳定性好。这些特点使金属钼适合于制作离子注入膜层[690]。

Tsui 等[691]的研究表明，当 p 型 MOSFET 的 SiO_2 或 HfO_2 膜上以氮化钼（MoN）做金属栅极并在 800℃下工作时，氮化钼的稳定性很好，其膨胀率也微乎其微。

Sarkar 等[692]采用 MoS_2MOSFET 传感器检测了电解溶液 pH 值的变化，当溶液 pH 值较低（即 H^+浓度较高）时，电介质表面 OH 基团会质子化，形成 OH_2^+，导致电介质表面形成正电荷；而当溶液 pH 值较高时，会使电介质表面 OH 基团去质子化，形成 O^-，导致电介质表面形成负电荷。随着溶液 pH 值的降低，MoS_2 MOSFET 生物传感器电流增加，与 n 型 MOSFET 生物传感器在较低 pH 值有更高的正电荷相一致。在此实验中，漏极电流作为电解质栅电压的函数对不同电解液的 pH 值有响应，该传感器可在 pH 值为 3 ~9 的宽范围内高效运作。

Li 等[693]分别采用单层和多层 MoS_2MOSFET 生物传感器对 NO 进行实时检测，结果显示，单层 MoS_2MOSFET 生物传感器在一接触到 NO 时即出现迅速而显著的响应，但得到的电流不稳定；多层 MoS_2MOSFET 生物传感器对 NO 表现出稳定而灵敏的响应，检测限可低至 1mg/m^3。该研究结果证实，MoS_2 MOSFET 生物传感器可用于 NO 气体分子的检测。

氧化镓（Ga_2O_3）作为新兴的第三代宽禁带半导体，具有超宽禁带、高击穿场强等优点。它是一种透明的氧化物半导体材料，由于其优异的物理化学特性、良好的导电性以及发光性能，在气体传感器以及光电子器件领域具有广阔的应用前景。

Tadjerd 等[694]采用（001）$\beta-Ga_2O_3$ 单晶作为衬底，HfO_2 作为顶栅介质层制备了第一个阈值电压为 2.9V 的剥离型 $\beta-Ga_2O_3$ 基正常关断增强型 MOSFET，这是第一次为 $\beta-Ga_2O_3$MOS 接口测量正阈值电压的报告。在 $V_{DS}=80$ V 时发生击穿，计算得 $E_{br}=0.16$MV/cm。

KE 等[695]首次报道了击穿电压超过 1.8 kV 的场板（FP）结构横向耗尽型 MOSFET。采用分子束外延（MBE）设备在 Fe 掺杂的 Ga_2O_3，半绝缘衬底上外延得到 $\beta-Ga_2O_3$ 薄膜。外延材料从衬底往上依次是非故意掺杂缓冲层和 n 掺杂的 $\beta-Ga_2O_3$ 沟道层。沟道层沉积了 ALD/PECVD 生长的氧化物层，PECVD 生长的 SiO_2 层与栅介质层之间采用 ALD 沉积的 $A1_2O_3$ 刻蚀层，有效提高了击穿电压，展示了 Ga_2O_3 基功率器件的巨大优势。

Hwang 等[696]利用重掺杂 Si 衬底作为背栅、SiO_2 作为介电层制备了一种剥离型 β - GazO，薄膜基 MOSFET，用常规光刻技术在沟道层上制作了漏极和源欧姆接触。器件可以很好地进行栅极调制。剥离型 $\beta-Ga_2O_3$，薄膜晶体管比采用分子束外延或金属有机气相外延生长（MOPVE）方法沉积的 $\beta-Ga_2O_3$ 薄膜制备的晶体管具有更好的性能。在器件制备过程中，剥离式 Ga_2O_3 膜的厚度和掺杂浓度是不可控的，这可能会制约其工业化和规模化生产。

Shieh 等[697]研究了 MOSFET 应用中 SiGe 底层拉伸平面的化学机械抛光（Chemical Mechanical Polish，CMP）过程和清洁方法。为优化抛光条件，可以将光滑的过滤 Si 层覆盖在 6nm 厚的 $Si_{0.8}Ge_{0.2}$ 缓冲层表面。化学机械抛光 SiGe 后，为得到最佳清洁溶液，他们比较使用了各种表面活性剂和螯合剂溶液。在最理想的清洁条件下，漏电流 I_D 提高了 10%，使得 MOSFET 的性能在数据漂移、金属清洁和电学性质上很稳定。

张林等[698]对 SiC 肖特基势垒二极管（SBD）和金属氧化物半导体场效应晶

体管(MOSFET)温度传感器进行了理论分析与测试。基于器件的工作原理,分析了影响传感器灵敏度的因素,SiCSBD 温度传感器的灵敏度主要受理想因子的影响,而 SiC MOSFET 温度传感器的灵敏度主要受栅氧化层厚度等因素的影响。仿真结果表明,SiC MOSFET 温度传感器的灵敏度随偏置电流下降或者栅氧化层厚度增加而上升。实测结果表明,两种传感器的最高工作温度均超过400℃,其中,SiC SBD 温度传感器在较宽的温度范围实现了更好的线性度,而SiC MOSFET 温度传感器的灵敏度更高。研究结果表明,SiC MOSFET 作为高温温度传感器具有灵敏度高和设计灵活度高等方面的显著优势。

Lu 等[699]利用 20% 聚乙烯吡咯烷酮(PVP)改善聚二甲基硅氧烷的湿润性,同时减少非特异性吸附位点,并利用氧等离子体方法将双通道微流道模型与 p 型互补金属氧化物半导体硅纳米线传感器集成,实现了对细胞角蛋白和前列腺特异性抗原两种肿瘤蛋白标志物的同时检测,其在缓冲液中检测水平低至 $1pg \cdot L^{-1}$,同时实现了对未稀释临床血清样品的检测,检测极限低至 $10pg \cdot L^{-1}$。

Temple - Boyer 等[700]采用 n 沟道金属氧化物半导体场效应管/化学 FET 并行检测和微流控技术开发精密探测产物,形成拓扑定义和稳定的神经网络,个别神经视网膜感觉细胞和椎实螺属蜗牛被固定在 MOSFET。

袁寿财等[701]设计了一种简化的铝栅 MOS 半导体器件制作工艺流程,用 6 张掩模版成功制作出了基于表面电场效应原理的生物检测硅芯片传感器,采用 SiO2 - Si_3N_4 复合栅介质层及耗尽型器件结构,以增强器件的识别与检测灵敏度。该传感器与常规铝栅 MOS 晶体管相比,去除了介质层表面的栅极导电层,代之以自组装技术制作生物薄膜并辅以栅参考电极作为控制栅极。用所制作的硅芯片传感器检测了相关生物蛋白质的电流响应,给出了该电流响应与器件沟道长度和沟道电阻及生物蛋白浓度等参数的关系,得到了较为满意的检测数据,达到了预期的基于表面电场效应的硅传感器制作和生物检测的目的。

3.4.2 ISFET 传感器

1. ISFET 传感器的工作原理和开启电压

1) ISFET 传感器的工作原理

ISFET 传感器是将溶液中电解质的离子活度转换成电信号输出的 FET 传

感器。ISFET 是由离子选择电极(ISE)与 MOSFET 组合成的,对粒子具有选择性的一种场效应晶体管。具体是去掉 MOSFET 的金属铝栅,在上面涂敷一层离子敏感膜或选择性酶,离子敏感膜用于制作化学传感器,而选择性酶膜用于制作生化传感器。酶膜由聚苯胺制成,它是利用伏安电化学方法生成的一种有机半导体,因此这些器件本身体积小、功耗低。敏感膜与待测溶液中的离子发生特定响应时,膜电位或膜电压会改变。若 V_{DS}、V_{GS}保持不变,则 I_D随被测离子的活度变化而变化,通过测量 I_D即可测得被测离子的活度,这种方法称为电流法。在 ISFET 的饱和区和非饱和区中,当 I_D和 V_{DS}保持恒定时,V_{GS}的变化与被测离子的活度相关,则可通过检测 V_{GS}的变化测量离子活度,这种方法称为电位法。

ISFET 的敏感膜可以根据需要进行制备,已经制成了 H^+、K^+、Ca^{2+}、Na^+、F^-、Cl^-、Br^-、I^-、Ag^+、CN^-、NH_4^+ 等离子敏感的器件,在此基础上还发展了 NH_3、H_2S、CO_2等气敏器件,并且已有集成化的 ISFET 器件出现。近年来,ISFET 相关研究发展非常迅速,已应用到生物医疗、食品以及环境监测等领域。生物医学工程与半导体技术相结合,使人类进入了生物电子学传感器时代。

ISFET 是一种离子选择性敏感元件,兼有电化学和晶体管的双重特性,与传统离子选择性电极相比,具有以下优点:灵敏度高、响应快、检测仪表简单方便、输入阻抗高、输出阻抗低,兼有阻抗变换和信号放大的功能,可避免外界感应与次级电路的干扰作用;体积小、质量小,适用于生物体内的动态监测;具有微型化、集成化的发展潜力;易于与外电路匹配,可实现在线控制和实时监测;ISFET 的敏感材料具有广泛性。

ISFET 的结构有在 MOSFET 栅极上涂敷敏感膜的 ISFET、无机绝缘栅 ISFET、有机高分子聚氯乙烯(PVC)膜 ISFET 和固态敏感膜 ISFET 等[702]。

在 MOSFET 栅极上涂敷敏感膜的 ISFET 是从 MOSFET 的栅极上引出一根铂丝线,在铂线上涂敷敏感膜,并密封在玻璃管内,如图 3.40 所示。这种结构的 ISFET 寿命长、电位漂移小,但是不易集成化,体积仍比较大。

无机绝缘栅 ISFET 是把普通 MOSFET 的金属铝栅去除,让绝缘体氧化层(SiO_2,Al_2O_3/SiO_2)与溶液直接接触,和外参比电极组成测量电池。绝缘体氧化层可以起到栅介质和离子敏感膜双重作用,能对溶液中的 H^+产生能斯特响应。绝缘敏感栅一般应具备以下 3 个性质:一是钝化硅表面,减少界面态和固定电荷;二是具有抗水化和阻止离子通过栅材料向半导体表面迁移的特性；三是对所检测的离子具有选择性和一定灵敏度。采用一种材料很难满足 ISFET 对栅介质的要求，需要采用双层或三层材料作栅极，而复合介质膜（如 Al_2O_3/SiO_2、Si_3N_4/SiO_2 等）能提高器件的离子选择性和长期稳定性。图 3.41 表示绝缘层为 Si_3N_4/SiO_2 的 H^+-ISFET 的结构图。当在 SiO_2 膜表面上再沉积一层 Al_2O_3[703] 或 Ta_2O_5 膜做绝缘栅时，ISFET 的性能显著提高。其测量装置如图 3.42 所示。SiO_2 的性能一般比较差，不能直接做敏感膜，仅做敏感层和硅表面的栅绝缘解质的一部分。

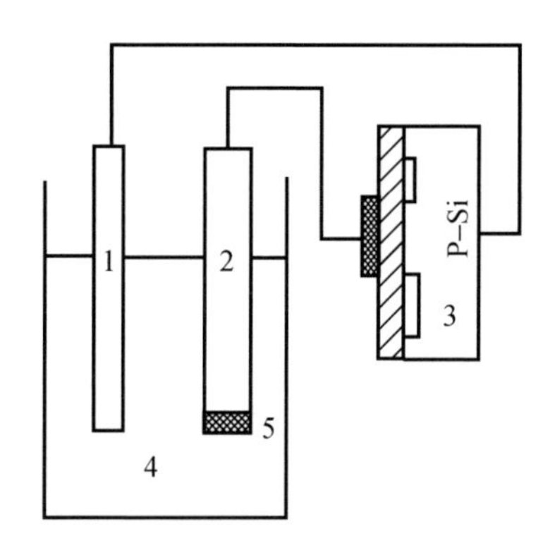

图 3.40　敏感膜涂覆在 MOSFET 栅极上的 ISFET 测量示意图

1—参比电极；2—铂丝；3—MOSFET；4—溶液；5—敏感膜。

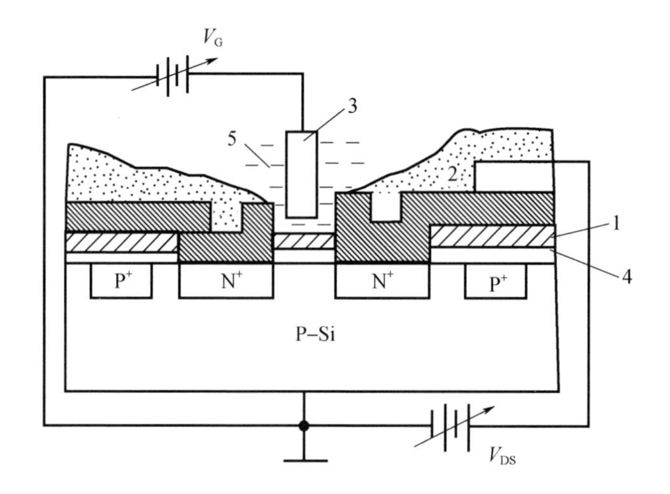

图 3.41　以 Si_3N_4/SiO_2 为绝缘层结构的 ISFET 示意图

1—Si_3N_4；2—保护膜；3—参比电极；4—SiO_2；5—溶液。

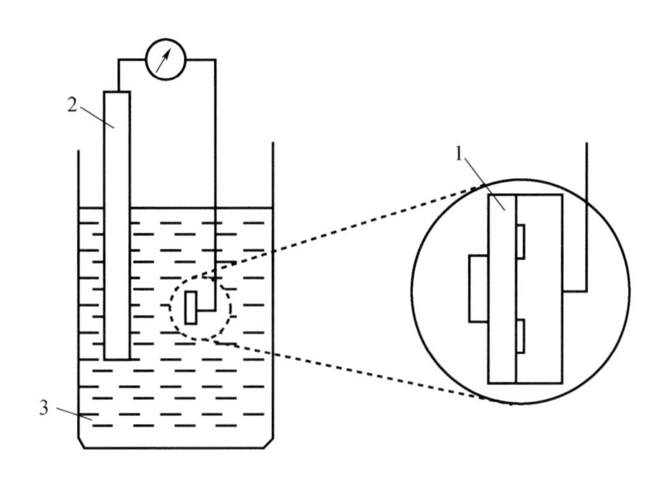

图 3.42 无机绝缘栅结构的 ISFET 测量装置

1—ISFET;2—参比电极;3—溶液。

有机高分子 PVC 膜因易于制作且可开发出不同种类的 ISFET 而受到越来越多的重视。制作时,先将离子活性物质、增塑剂分散到 PVC 基质中,与一定量的四氢呋喃或环己酮混合均匀制成透明溶液,然后滴加到栅极上,室温防尘放置 24h 以上。待溶剂挥发后,就形成了一层有弹性的 PVC 膜。其中 PVC 起基体作用,能延长敏感膜的寿命,改善其机械性能。离子活性物质为液体离子交换剂或有机多齿螯合剂。液体离子交换剂中含有带电荷的有机离子或络离子,它们与相应的金属离子形成离子交换剂盐分散在薄膜中。涂敷在 ISFET 栅区后离子交换剂与待测离子形成中性络合物。1981 年,我国将 PVC 膜[704]沉积在 ISFET 的绝缘层上制成了 K^+ - ISFET,其结构如图 3.43(a)所示。图 3.43(b)表示一种导管式 K^+ - ISFET 的结构图[705]。在测量中,中性载体交换剂与溶液中的待测离子形成带电荷的络合物。目前,研究者对液体离子交换剂膜的兴趣日趋浓厚。

ISFET 的固态敏感膜是将某种难溶电解质盐(如 AgBr、硅酸铝、硅酸硼和 LaF_3 等)分散在适当稀释的橡胶基体中,利用半导体集成电路工艺(如直流溅射、射频溅射、真空蒸发和化学气相沉积等)将敏感膜沉积在 ISFET 的绝缘栅上制成的。利用不同的固态膜可以检测不同的离子,如检测 Ag 离子的 AgBr - ISFET。图 3.44 所示为 Ag^+ - ISFET 的管芯结构。它是通过集成电路工艺制作 n

型沟道 ISFET,再在 SiO_2 绝缘栅上蒸发一层 10nm 厚的 AgBr,经划片、封装制成的。目前,还使用以 Ag_2S 为基体的固体难溶盐混合物敏感膜。由于高温下 Ag_2S 真空沉积容易分解,所以用 Ag_2S 为基体真空沉积时要特别小心。固态膜 ISFET 界面电位的产生与无机绝缘栅的不同,采用在 ISFET 栅绝缘层上覆盖一层难溶无机盐 AgBr,作为离子交换剂,它们与溶液中的待测离子建立可逆的化学平衡,如:

$$AgX \longleftrightarrow Ag^+ + X^-$$

由于固液两相界面中存在着相应离子的交换,以及膜内离子具有不同的迁移率,这些因素会引起膜界面的电荷分离,形成双电层,产生界面电位。这种界面离子的交换属于可逆反应,满足能斯特方程。

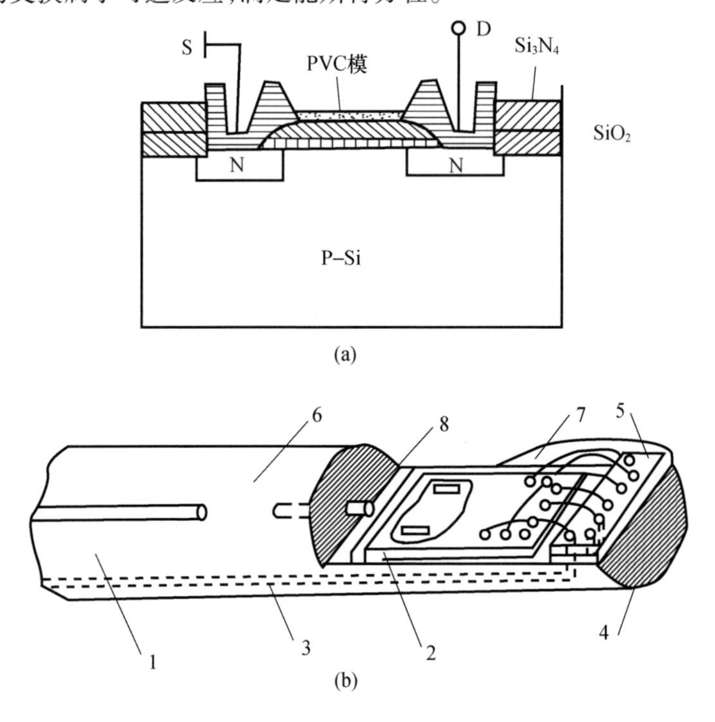

图 3.43 K^+ – ISFET

(a) K^+ – ISFET 管芯截面图;(b)导管式封装结构图。

1— PVC 导管;2—芯片;3—铜引线;4—PVC 导管下部(下面腔);5—环氧树脂;6—参比电极(Ag/AgCl);7—接线;8—玻璃毛细管。

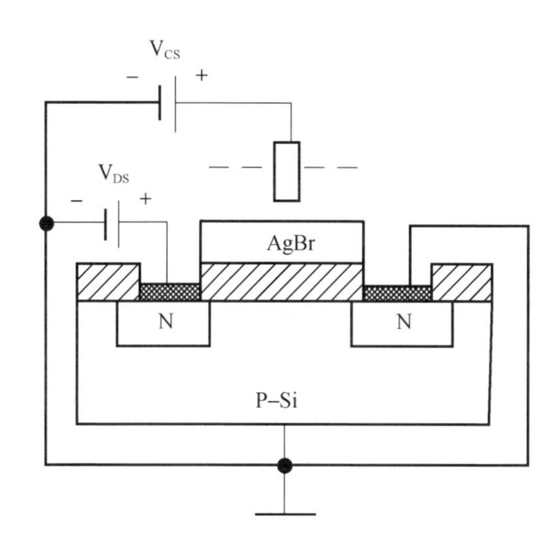

图 3.44 Ag^{+} - ISFET 管芯截面图

2) ISFET 的开启电压

由于 ISFET 的金属栅极被参比电极和待测溶液所取代,则金属与半导体接触的电势差可以看成是由参比电极与半导体接触势差 $\Delta\phi_{ms}$、参比电极电位 E_{REF} 和溶液与膜界面的能斯特电位 E_M 组成的。若栅极电压等于 2 倍费密势,则半导体表面反型,形成导电沟道。这时,栅极所加的电压为阈值电压,用符号 V_T^* 表示:

$$V_T^* = E_M + E_{REF} + \Delta\phi_{ms} + 2V_F - \frac{Q_{SS} + Q_D}{C_{OX}} \tag{3.28}$$

式中:V_F 为费密能级与禁带宽度中央能级的电势差;Q_{SS} 为 Si - SiO_2 界面处的电荷密度;C_{OX} 为单位面积的栅电容,Q_D 为耗尽层中单位面积的电荷。

当 ISFET 插入溶液中时,待测溶液与敏感膜的界面势被叠加到栅敏感膜上,其值取决于待测离子的活度。若考虑干扰离子的存在,则能斯特公式为

$$E_M = E_0 \pm \frac{2.303RT}{z_i F}\lg\left(a_i + \sum k_{i,j} a_j^{z_i/z_j}\right) \tag{3.29}$$

式中:T 为热力学温度;R 为气体常数($8.314 J \cdot K^{-1} \cdot mol^{-1}$);$F$ 为法拉第常数($9.649 \times 10^4 C \cdot mol^{-1}$);$z_i$ 为参加反应的离子电荷数;a_i、a_j 分别表示响应离子和干扰离子的活度;$k_{i,j}$ 为选择系数,表示实际体系溶液中干扰离子所引起的干扰;E_0 为常数。

对于选定的 ISFET，各项参数和参比电极恒定，则将式(3.29)代入式(3.28)并修正得

$$V_T^* = c + s\lg a_{H^+} \tag{3.30}$$

式中：c 为常数，是各项参数之和；$s=\frac{2.303RT}{z_iF}$为 ISFET 的灵敏度。从式(3.30)可看出，ISFET 的阈值电压与被测溶液中 H^+ 活度的对数呈线性关系。

2. ISFET 传感器的应用

ISFET 在很多领域都有应用价值，如医学、环境保护、化工、食品检测、土壤检验等，尤其在生物领域中(下节中介绍)，不仅应用范围广，而且具有很强的生命力。

临床医学检测的对象主要是人或动物的体液(包括血液、汗液和尿液等)和活性组织。体液中某种无机离子的微量变化都与某个器官的病变有关。将微型 ISFET 插入人或动物的活体组织中可以快速、准确地检测出某种离子的变化，为准确诊断病情提供可靠依据。例如，ISFET 结合内窥镜可测量胃内 pH 值；把微型 ISFET 装进血管，可连续监测血液的 pH 值变化，由于其体积微小，只需极少式样；ISFET 还可用于测定分娩时胎儿末梢血管的 pH 值、代谢性疾病患者(糖尿病)和重度心脏病患者的监护等(ICU、CCU)。

1970 年，Bergveld[706]首次在 p 型硅衬底上利用热生长法沉淀了一层 SiO_2 制成 H^+、Na^+、K^+ 的 ISFET，用于生物医学研究中离子活度的测量。1977 年，Buck[707]利用真空蒸镀法把 AgBr－Ag_2S 和 AgBr 等难溶盐沉积在 FET 的绝缘栅极上制成了对 Cl^-、S^{2-}、I^-、Br^- 等阴离子有响应的 ISFET，并用来测定汗液中的 Cl^- 含量，但血清会使 AgCl、AgBr 污染中毒而干扰测量。同年，Anon 在绝缘栅 FET 表面涂覆了一层醋酸纤维素膜，较大地改善了器件性能，避免了干扰。ISFET 为研究生物体内阴离子的变化展现了广阔的前景。

临床医学往往还需要测量人或动物体液中各种氨基酸、糖类、酯类、醇、维生素等分子的含量和 O_2、CO_2、NH_3 等气体的分压。可以在 H^+－ISFET 的基础上发展检测这些分子的酶 FET、免疫 FET 和微生物 FET 等生物传感器和检测体液中的 O_2、CO_2、H_2 等气敏 FET 传感器。日本的松尾正之和江刺正喜[708]将 H^+－FET 和 Na^+－FET 组合在一起制成了集成 ISFET。

测量病人呼吸系统中CO_2的含量是医生临床诊断的重要手段之一。下面简要介绍一下把H^+–ISFET制作成CO_2–ISFET的过程：把含NaCl和$NaHCO_3$的聚氯烯醇涂覆在H^+–ISFET的栅区与Ag/AgCl电极上形成凝胶体，包裹在外面的一层只允许气体通过的硅酮树脂膜。当待测血液中的CO_2透过硅酮树脂膜进入凝胶体系中时，由于凝胶体中含有水分，CO_2便离解成H^+和HCO_3^-，从而使凝胶体的pH值发生变化，通过H^+–ISFET检测这个变化的pH值就测量出了CO_2分压。选择适当的透气膜可以缩短器件的响应时间。

Zhang等[709]制作了一种石墨烯为通道和栅极的全石墨烯ISFET多巴胺传感器。这种传感器的感应机制是由于在石墨烯电极上多巴胺电氧化引起晶体管有效栅电压的变化所致。这种传感器性能稳定、灵敏度高，检测限达到$1nmol \cdot L^{-1}$。

Huang等[710]通过后处理氧化石墨烯，获得了一种实用的液体门控制ISFET传感器，适应于实时灵敏地检测IL–6蛋白。在预包覆的氧化石墨烯表面进行常压乙醇化学气相沉积处理，可以提高氧化石墨烯的尺寸、石墨化和还原性，克服了未处理氧化石墨烯高电阻和不同覆盖度的缺陷。该ISFET传感器在4.7～$300pg \cdot ml^{-1}$浓度的生理范围检测窗内，可检测白细胞介素–6。

杨佳等[711]发展了一种简便的ISFET电化学传感器，即将聚二硫二丙烷磺酸（SPS）阴离子膜组装在金电极表面，作为场效应晶体管延伸出来的栅极，利用场效应晶体管原位信号放大作用实现对L–胱氨酸的灵敏检测。该传感器具有良好的能斯特响应关系，可用于猪血清样品中L–胱氨酸的快速灵敏检测。

ISFET可以检测多种大气污染物，如通过检测雨水中各种离子的浓度可以了解大气的污染情况并查明污染原因。例如，1981年，日本检测到前桥市一场雨水的pH值为2.86，通过检测雨水中NH_4^+、Ca^{2+}、Na^+、SO_4^{2-}、NO_3^-、Cl^-等离子的浓度和综合分析，查明由于NO_3^-的浓度增加造成了这场强酸性雨，并根据降雨时风向找到了污染源。一般采用灵敏度较高的ISFET和检测系统集成化的离子敏感探头就可以迅速检测到大气污染的原因。

Zhang等[712]以离子选择透过性膜修饰石墨烯场效应晶体管（GFET）形成多离子（Na^+、K^+、Ca^{2+}、H^+）GFET传感器阵列，实现对多离子高效并行检测。

2012年，Huang等[9,713]开始对以有机场效应晶体管（OFET）技术检测NH_3

进行研究，以三(五氟苯基)硼烷(TPFB)为检测膜材料，实际检测 NH_3浓度可以达到450μg·L^{-1}，是当时所报道中灵敏度最高的有机传感薄膜。

2016 年，由 Chi 率领的团队[714]再次以 DTBDT－C6 为检测膜材料，采用快速的模板化制备方法得到了厚度仅为 2nm 的检测膜，并对 50μg·$ml^{-1}$$NH_3$进行了检测，取得了较好的结果，这也是目前最薄且几乎接近单分子层的检测膜。

Zeng 等[715]对以机械摩擦的并五苯为活性膜材料研制的 FET 检测 NO_2进行了系统研究，将 OFET 制作在掺锡氧化铟(ITO)覆盖的玻璃表面，聚苯乙烯(PS)的二甲苯溶液经旋涂、烘干得到 500nm 的绝缘层后，将 3nm 的并五苯薄膜沉积在上面，用尼龙纤维刷在其表面，沿着与源漏电极(SD)平行、垂直、斜向 3 个方向机械调整，最后将 50nm 厚的源漏电极真空制备在其表面。研制的 OFET 能对 2μg·ml^{-1}的 NO_2进行快速检测。

2016 年，Lv 等[716]对膜厚度影响 H_2S 检测进行了系统研究。以螺双芴为敏感膜材料，分别制备了 25nm、20nm、15nm、5nm 厚度膜，在其上蒸镀金源漏电极制成 OFET 传感器，并对 H_2S 进行了检测，比较发现 4 种传感器的中 5nm、25nm 对 1μg·L^{-1}的 H_2S 检测时其响应时间仅需要 5s。这是目前较为系统的以 OFET 技术检测 H_2S 的研究，为今后 OFET 技术检测其他有毒有害气体提供了新的思路。

另外，用 ISFET 检测水中鱼类和其他动物体内的离子浓度，可以了解水域污染的情况及其对生物体的影响。用 ISFET 检测植物体内不同生长期的离子浓度，可以研究植物在不同时期对营养成分的需求情况以及土壤污染对植物生长的影响等。

由于 ISFET 具有小型化、全固态化的优点，因此对被检测的样品没有污染。这样在食品发酵工业中可以直接用 ISFET 检测发酵面粉的酸碱度，随时检测发酵情况和质量。应用 ISFET 还可以检测药品纯度及洗涤剂的浓度等。

3.4.3 场效应生物传感器

1. 场效应生物传感器的原理

生物传感器是一种特殊的化学传感器，它以特征活性单元(如酶、抗体、核

酸、接收器等)作为敏感基元,被测物与敏感基元间发生相互作用,然后将作用的程度用离散或连续的信号表达出来,得出被测物的种类和含量。场效应生物传感器主要由场效应管和感受器构成,感受器是具有分子识别功能的敏感膜,而场效应管则起着信号转换的作用。研究使用的生物敏感场效应管绝大部分为 ISFET,采用该法测量时,为降低 ISFET 对恒压源的要求,应使其在饱和区工作。响应机理同上,具体可参见文献[717]。

20 世纪 70 年代初开始,将酶或抗体物质加以固定制成功能膜,并把它紧贴于 FET 的栅极绝缘膜上,构成场效应生物传感器(BioFET)。现已发展了葡萄糖氧化酶 FET、青霉素酶 FET、尿素酶 FET 以及抗体 FET。与电化学生物传感器相比,BioFET 具有以下优点:可以实现微型化,既可检测微量样品又可埋入体内进行监测;用酶量少,使传感器价格低廉;可在一块硅片实现传感器集成化,实现多种物质的同时测定;本身阻抗低,减少了噪声及放大器所造成的不稳定性;灵敏度高,响应快。

在 ISFET 的栅极固定生物敏感膜,连接参比电极并组成相应的测量电路,便构成了完整的场效应生物传感器,其基本结构如图 3.45 所示。当敏感膜与待测物接触时,会发生特定反应,引起敏感膜局部 pH 值或其他离子浓度发生变化,导致 ISFET 膜电位的改变,从而检测出待测物质的量[718]。

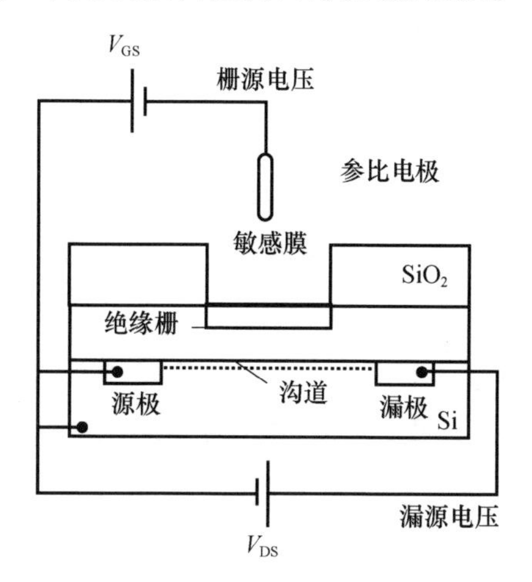

图 3.45 场效应管生物传感器基本结构

V_{GS}—栅源电压; V_{DS}—漏源电压。

2. 场效应生物传感器的分类

1)酶场效应管

酶是生物体内产生的、具有催化活性的一类蛋白质,酶的催化具有高度的专一性,即一种酶只能作用于一种或一类物质,产生一定的产物,如淀粉酶只能催化淀粉水解,而非酶催化剂对作用物没有如此严格的选择性。

酶场效应管是由 ISFET 的栅极表面上固定一层含酶物质构成的。它通过酶与底物之间高效、专一的反应能选择性测定分析物,是研究得最多的一种场效应管生物传感器。当分析底物与酶接触时,会发生反应生成新物质,并使敏感膜附近的离子浓度局部变化,导致电荷变化,产生依赖于分析底物浓度的电信号。在酶场效应管的研究中,绝大多数都是由 H^+ 离子敏场效应管构成。酶场效应管最早由 Janata 于 1977 年推出,1980 年制成了青霉素场效应传感器。酶 FET 由酶膜和 FET 两部分构成,FET 多数都是由 H^+ 离子敏场效应管。

用于场效应管生物传感器研究的酶很多,如葡萄糖氧化酶、青霉素酶和乙酰胆碱酯酶等。检测对象主要是酶的相应底物或相关作用物,其中对葡萄糖、尿素和青霉素等的测定研究较多,检测甲醛、乙酰胆碱酯以及乳酸盐等方法也有研究。此外,利用一些毒物、重金属离子(如 Cu^{2+}、Ag^+ 等)和其他如氰化物等对酶活性的抑制作用,可间接进行测定。利用一些物质对酶的激活或复活作用,也可测定酶的激活剂和其他物质的含量。

场效应管上还可同时固定几种酶,构成多酶体系以检测某些特定物质。在实际样品测定中,葡萄糖氧化酶场效应管可以测定血清[719]和尿液[720]中的葡萄糖;脲酶场效应管可以测定血清[721]和血液透析液[722]中的尿素;青霉素 G 酰基转移酶场效应管则可用于青霉素发酵液中青霉素 G 的测定[723]。

2)免疫场效应管

免疫场效应管由 ISFET 和具有免疫分子识别功能的敏感膜组成,一般可分为两类:一类是在膜基质上固定抗体,如把抗体固定在醋酸纤维素膜上,固定的抗体与抗原结合形成抗体 - 抗原复合物,使膜的电荷密度和离子迁移发生变化,进而导致膜电位变化,这种称为非标记免疫场效应管[724];另一类是在抗原中加入一定量酶标记抗原,让未标记抗原和酶标记抗原竞争结合膜表面的抗体,形成抗体 - 抗原复合物,通过测定标记酶的量获取待测抗原的信息,这种类型称为标记免疫场效应管[275]。除了固定抗体外,还可以固定抗原[276],利用同样的原理进行检测。

3)组织场效应管

将一些有特殊功能或含有功能物质的动植物组织或器官固定在 ISFET 的栅极上,便制成了所谓的组织场效应管。组织场效应管的作用原理类似于酶场效应管。一些动植物的组织或器官具有某些特殊功能,如辨别味道、识别气体等。将这些组织与 ISFET 结合,就可制备出电子舌、电子鼻[727]等高灵敏度检测器。德国科学家在这方面进行了一系列的研究工作[728],他们将昆虫的触角固定在 ISFET 的敏感栅极上制成场效应管生物传感器并用来检测植物释放的气味物质,检出限低于 $1\mu L \cdot m^{-3}$。为使触角的活性更长,可以将活的整只昆虫固定在栅极上并只利用其触角[729]。这类组织场效应管生物传感器有望应用在虫害监控、森林火灾预警等方面。

4)细胞场效应管

细胞场效应管是在 ISFET 的敏感栅极上固定单个细胞或细胞体系构成的,而敏感栅极最好是具有生物相容性的基体[730]。细胞场效应管对单个细胞或细胞体系的监控大体可分为以下两类。

(1)测定细胞呼吸和能量代谢等引起的变化[731]。

(2)测定一些细胞(如神经细胞)和细胞网络受到某些物质或信号刺激时产生的电位变化[732]。

细胞场效应管在考察某些药物对细胞的作用和监测细胞新陈代谢等方面有潜在的应用价值。

5)微生物场效应管和基因(DNA)场效应管

微生物场效应管是将具有特定功能的微生物固定在 ISFET 的敏感栅极上[733],利用微生物对一些特定物质的转化作用,产生能被 ISFET 检测到的信号。基因场效应管由 ISFET 和固定有核酸的酶组成。一般是将单链 DNA 固定在 ISFET 的敏感栅极表面,当其与互补 DNA 链选择性结合后,使栅表面电荷发生变化,从而产生可测信号[734]。其检测原理与非标记免疫场效应管相似。目前,基因场效应管的研究还刚刚起步,随着基因技术的发展,这类传感器必将得到逐步发展。

3. 场效应生物传感器的应用

场效应管生物传感器是生物传感器的一个重要分支，它集生物传感器的高灵敏度、高选择性和场效应管器件易于集成化、微型化等优点于一体，在在线、实时、智能化等方面具有较大优势。因此，在化工、食品、医药、环境监测和科学研究中具有广阔的应用前景。虽然近年来国内生物传感器的研究发展较快，但多数报道是用于临床检测的葡萄糖传感器，用于环境监测的传感器报道并不多见。

电化学酶生物传感器(EBS)结构简单，灵敏度高，检测范围宽，在传感器领域中占有重要地位。下面主要介绍离子敏场效应管(ISFET)EBS的研究及应用情况。

在胆碱酯酶(ChE)和有机膦水解酶(OPs)的反应中，pH值都会发生变化，因此对H^+敏感的ISFET常被作为EBS的信号转换器。ISFET既具有离子选择电极的特性，又有场效应晶体管的特性，与采用pH敏感电极的EBS相比，使用ISFET的EBS对OPs具有更高的检测能力。

Ristori[735]将乙酰胆碱酯酶(AChE)固定在尼龙膜上，所制成的敏感场效应晶体管能检测到水样中低至0.1mg·L^{-1}马拉硫磷。Arkhypova[736]将尿素酶、AChE和丁酰胆碱酯酶(BChE)与牛血清白蛋白、甘油混合均匀涂在含有氮化硅的ISFET表面，然后将此传感芯片置于饱和戊二醛蒸气中交联制成多酶传感器并用于检测OPs。由于选用的酶的种类多，如尿素酶的活性不会被农药抑制，故可通过分析BChE和AChE的抑制剂水平来确定OPs的类型。

Flounders等[737]把用溶胶-凝胶修饰过的Si_3N_4涂在的FET栅极上，然后利用戊二醛将OPH和氨丙基三乙氧基硅烷(aminopropyltriethoxysilane,APTS)共价交联在敏感膜上制成OPH的ISFET传感器。这类传感器采用差分电路实现检测，在不到10s的响应时间内，检测对氧磷的最低限达到1×10^{-6}mol·L^{-1}。他们制备的EBS的特点是响应时间快、重复性好，采用的差分法减小了外界环境的不利影响，提高了检测的准确度。

汪正孝[738]将BChE和牛血清白蛋白通过戊二醛交联固定在氢离子敏感场效应管的栅极上，制成了双管差分式FET传感器。余孝颖等[739]用同样的方法将AChE固定在氢离子敏感场效应管的栅极上制成了FET传感器，其检测敌敌畏的线性范围为$5\times10^{-7}\sim8\times10^{-4}$mol·$L^{-1}$，最低检测限为$1\times10^{-7}$mol·$L^{-1}$。

魏福祥等[740]制备了电流型EBS,对敌敌畏的最低检测限为2.8×10^{-10}mol·L^{-1}。另外,近期也有文献报道了[741]用戊二醛交联法固定AChE在H^+敏感Si_3N_4膜上的光寻址电位式EBS。

Star等[742]报道了基于碳纳米管场效应传感器选择性检测DNA的固定和杂交方法。将合成的寡核苷酸修饰在碳纳米管场效应晶体管上,其对靶向DNA序列有特异性识别,可在皮摩尔级的浓度范围内无标记检测DNA。这种传感机制归属于DNA离子对的强烈电子效应,证实了DNA检测是基于碳纳米管场效应晶体管的电荷转移机制。

Maehashi等[743]报道了缬草霉素作为选择性离子载体检测K^+的溶液门控石墨烯场效应晶体管。K^+可以与石墨烯通道中的缬草霉素结合,影响通道的电位,使迁移曲线发生负偏移。缬草霉素修饰的石墨烯FET对K^+在10nmol·L^{-1}~1.0mmol·L^{-1}的浓度范围内可以进行线性的高灵敏度、选择性电化学检测。

Chen等[744]报道了一种新的酶促石墨烯场效应晶体管漏极电流实时监测磷脂酶存在下的A_2(PLA_2)。研究显示,脂质体的断裂是由于PLA_2触发导致检测分子的释放,并随后吸附于还原氧化石墨烯表面。通过调制还原氧化石墨烯的电导,借助于信号增强检测脂质体中PLA_2的活性和浓度,检测限低至80pmol·L^{-1}。

8-羟基脱氧鸟苷(8-OHdG)是一种肿瘤风险标志物,可以用高敏感、高选择性的检测手段进行检测。Mohd Azmi团队[745]把8-OHdG作为目标分子,将其特异性抗体功能化硅纳米线场效应晶体管与电子读出系统集成,开发了一种手持式护理点系统。该系统成本低廉、检测快速、灵敏、易用,说明了场效应管传感器在系统集成上的优势。

Presnova等[746]在传统硅纳米线场效应管的基础上,将纳米金颗粒和含硫醇基的3-缩水甘油丙基三乙氧基硅烷(GOPS-SH)共价结合到纳米线表面,实现后者功能化,改善了传感器的电性能,而且提高了传感器对pH的灵敏度。在pH=8时,在血清中测得PSA(一类前列腺癌特异性抗原)的质量浓度极限为23fg·ml^{-1},检测范围为23fg·mL^{-1}~500ng·mL^{-1},足以说明该传感器具有高敏感性和宽检测范围的优势。

Patolsky等[747]研究了多通路的硅纳米线生物场效应传感器。该传感器包括多个被不同的单克隆抗体蛋白修饰的硅纳米线微阵列,使用这种芯片对

PSA、癌胚抗原(Carcino - Embryonic Antigen,CEA)和黏蛋白 - 1 等肿瘤标记物进行检测,检测限低至 fmol · L^{-1}级,相比于酶联免疫吸附测定法(enzyme - linked immunosorbent assay,ELISA)提高了多个数量级。

Sarkar 等[748]使用生物素和链霉亲和素分别作为受体和目标分子进行检测,根据溶液的 pH 值高于链霉亲和素的等电点会使蛋白质带负电荷,从而导致电流减少的原理进行实验。结果显示,与未添加链霉亲和素的纯缓冲溶液比较,生物素功能化的二硫化钼(MoS_2)FET 生物传感器在添加链霉亲和素溶液后电流大幅降低,当再加入纯缓冲溶液时,电流的变化几乎可以忽略;与此同时,在该传感器再次测量纯缓冲液时,电流无明显变化。检测限可低至 100fmol · L^{-1}。

林书平等[749]在硅纳米场效应管(SiNW FET)上培养肾上腺嗜铬细胞瘤((PC12),研究记录了在 5 ~ 7 天细胞的生长和分化时的形态以及电阻抗的变化,以证明这种传感器是可以研究神经细胞生长和分化的时间进程的。此外,还发现了细胞溶解时对电阻抗变化影响很大。

曹英秋和 Phelps 等[750]用浮栅场效应管检测肥大嗜铬细胞外分泌。在实验中用 IgE 激活肥大细胞,并用 BSA - DNP 抗原去刺激细胞,以使其产生分泌反应,在浮栅场效应管下检测细胞膜准静态表面电势的变化,同时用荧光标记的方法对比检测相同刺激下细胞钙离子浓度的变化情况,发现两者在时相上具有高度的一致性,说明浮栅场效应管所测得的结果是正确可靠的。

大阪哲等[751]发明了一种可用于肺癌诊断的 FET 传感器,具有实时、灵敏、无特定标签、多组分分析等特点。其检测的是两种肿瘤标志物(CYFRA21 - 1 和 NSE),在 FET 传感器芯片两端上分别耦合这两种标志物的抗体(也可以只用一种抗体进行单一成分分析),然后通过一系列的操作使需检测蛋白与传感器接触反应一段时间,在监测器上的 Vg 电位信号变化,表征了酶联免疫吸附实验(ELISA)的进行程度以及量级,即可以说明是否存在肿瘤标志物。

3.5 半导体气敏传感器

气敏传感器亦称气体传感器,用于测量气体的类型、浓度和组成,并将其转换成电信号的器件。早期人类对气体的检测主要采用电化学或光学的方法,发展出多种基于光谱、色谱或质谱的分析仪器,但其检测速度较慢,价格高昂、仪器复杂等也限制了它们的普及。金属氧化物半导体材料制成的气敏传感器在实际应用中得到了迅猛的发展。

20世纪中叶,人们就发现半导体膜具有气敏效应,但没有得到足够的重视和研究。直到1962年,日本的清山哲郎等[752]发现半导体表面普遍存在气敏效应,并于当年研制出第一个ZnO半导体薄膜气敏传感器。随后不久,美国人研制成功了烧结型的SnO_2陶瓷气敏传感器,氧化物薄膜(SnO_2、CdO、Fe_2O_3、NiO)的气敏传感器相继问世。

20世纪80年代,气敏氧化物表面的电子结构与电导的关系、掺杂和未掺杂气敏氧化物表面的结构特征以及气敏氧化物电导与温度的关系等成了人们关注的焦点。这为后来人们研究气、固界面的化学反应铺平了道路。80年代中期,人们又开始注重各种添加剂、催化剂对不同气敏材料体系的灵敏度、选择性及初始阻值的影响。然而,迄今为止,人们还只对SnO_2基氧化物半导体材料进行了较为系统的研究。

20世纪90年代早期,工作者开始注重研究微观结构和气敏特性的关系,研究催化剂对气敏材料特性的影响,这些研究导致了催化机理的提出。20世纪90年代中后期,主要工作就是优化设计气敏材料的化学成分与微观结构、传感器工作模式、元件和电极结构等几个方面。

气敏材料的优化设计导致了新材料和原有材料新功能的诞生。特别是20世纪末期发展起来的纳米材料具有许多不同于传统材料的特性[753],它所具有的高比表面积、高活性、特殊物理性质和极微小性使它对外界环境十分敏感,这种特殊性能使纳米材料成为化学传感器最有前途的应用材料。利用它可研制出响应速度快、灵敏度高、选择性好的各种化学传感器[754]。

经过几十年的发展,半导体气敏传感器因其灵敏度高、响应快速、结构简单、价格低廉,易于微型化集成化自动化和网络化已被广泛用于碳氢化合物及其他有毒有害的气体检测中,成为目前广泛应用于工业、农业、家庭等场合的气体传感器之一。但是,半导体气敏传感器还有许多问题有待解决,尤其在选择性和稳定性等方面。半导体气敏传感器的工作原理也比较复杂,许多理论问题有待深入研究。

3.5.1 半导体传感器的原理

半导体气敏传感器是利用氧化物半导体材料为气体敏感元件所制成的一种传感器。当气体吸附于半导体表面时,引起半导体材料的总电导率发生变化,使得传感器的电阻随气体浓度的改变而变化。半导体气敏传感器按工作原理可以分为电阻型和非电阻型两种,如表3.2所列。

表3.2 半导体气体传感器的分类

类型	所利用的特性	气敏器件	工作温度	代表性气体
电阻型气体传感器	表面电荷层控制型	SnO_2,ZnO WO_3	室温至450℃	可燃性气体
	体原子价态控制型	$\gamma-Fe_2O_3$ TiO_2 CoO-MgO	300~450℃ 700℃以上 700℃以上	乙醇,可燃性气体 O_2 O_2
非电阻型气体传感器	表面电位	Ag_2O	室温	硫醇
	二极管整流特性	Pd/TiO_2	室温至200℃	H_2,CO,乙醇
	晶体管特性	Pd-MOSFET	150℃	H_2,H_2S

非电阻型半导体气敏传感器是通过气体吸附反应时产生的功函数变化达到检测气体的目的。虽然这类传感器的灵敏度高,但其制作工艺较为复杂,制作成本较高[755]。电阻型半导体气敏传感器采用SnO_2、ZnO、Fe_2O_3和TiO_2等金属氧化物材料作为气敏材料,由于半导体材料的特殊性质,气体在半导体材料颗粒表面的吸附可导致材料载流子浓度发生相应变化,从而改变半导体元件的电导率,引起半导体气敏传感器电阻值的变化。检测气体的浓度按照敏感材料表面或是其内部与待测气体作用的位置不同,可分为表面吸附控制型和体原子价态控制型两类。

(1)表面吸附控制型是利用半导体表面吸附气体引起电导率变化的气敏元件。这种传感器最先获得应用,因为其具有结构简单、造价低、检测灵敏度高、响应速度快等优点,主要用于可燃气体的探测和报警。市售半导体传感器大都属于这种类型。

(2)体原子价态控制型是气体反应时,半导体组成产生变化而使电导率变化的气敏元件。这种类型的传感器主要包括复合氧化物系气体传感器、氧化铁系气体传感器和半导体型 O_2 传感器等。

由于金属氧化物半导体气体传感器气敏材料结构和性质的多样性，被测气体的种类、与敏感材料作用方式的多样性，以及为了改善气体传感器的某些性能，常常掺杂一些贵金属元素或金属氧化物等诸多因素影响[756]，因此，很难给此类传感器一个统一的微观敏感机理。下面提出以下几种模型。

1. 表面吸附氧模型

在空气中，氧气的含量是一定的。金属氧化物半导体气体传感器通常状态下表面会发生氧吸附，包括物理吸附氧（$O_2(ads)$）和化学吸附氧（$O_2^-(ads)$、$O^-(ads)$、$O^{2-}(ads)$）[757-758]。物理吸附主要是靠范德华力将气体分子与材料表面相结合，并不交换电子，可以形成多分子层。化学吸附则是一种化学反应，它是指气体在材料表面上通过交换电子或共有电子而形成的吸附状态，通常只限于与材料表面直接接触的单分子层。一般情况下，这两种吸附会同时存在，具体发生哪种吸附形式主要取决于工作温度。在常温下，物理吸附形式是主要的，温度升高后，化学吸附会慢慢增加，在某一温度下达到最大百分比，温度继续增加时，气体的解吸附将会增加，这时物理吸附和化学吸附都会减少[759]。

根据 Dong 等[760]学者的研究成果，温度升高会使物理吸附氧转化为化学吸附氧，以 $O^-(ads)$ 甚至 $O_2^-(ads)$ 的形式存在，气敏材料表面的自由电子会因此而受到束缚，电阻就会因此而增大。其过程为

$$O_{2(gas)} \rightarrow O_{2(ads)}$$

$$O_{2(ads)} + e^- \rightarrow O^-_{2(ads)}$$

$$O^-_{2(ads)} + e^- \rightarrow 2O^-_{(ads)}$$

$$2O^-_{(ads)} + e^- \rightarrow O^{2-}_{(ads)}$$

吸附氧模型是目前应用最为广泛的气敏机理模型，主要利用气体在气敏材料表面的吸、脱附进行检测。根据该模型理论，气敏材料表面吸附的大量氧具有很大的电负性，因而，可以使材料表面电子转移，在一定温度下，半导体导带中的电子会转移到氧原子上，使其变成氧负离子，这时，材料表面就形成了一个空间电荷层，使得材料表面的势垒升高，阻碍电子流动。如果将传感器元件放

置在还原性气体(如 CO)中,氧负离子将与其发生氧化还原反应,将电子释放回导带,表面势垒降低,电阻值减小。相反,当传感器元件置于氧化性气体(如在 O_3 中)中,材料表面吸附该气体,捕获导带中更多的电子,引起半导体的电导率降低,电阻变大。图 3.46 所示为 n 型半导体敏感元件检测气体时阻值变化示意图。

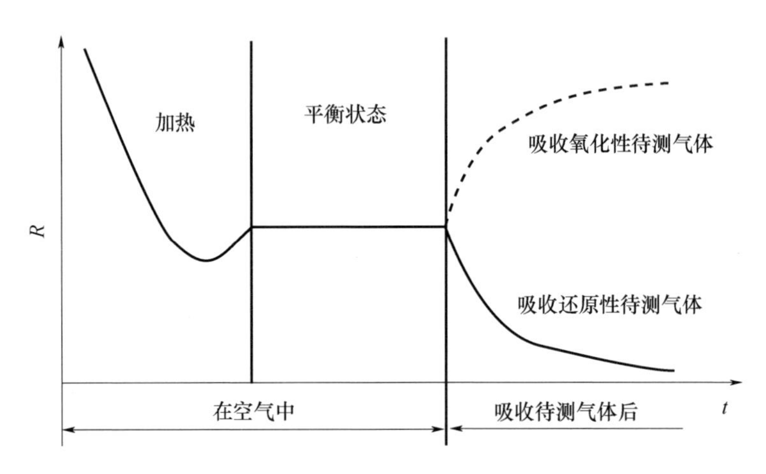

图 3.46　n 型半导体敏感元件检测气体时阻值变化示意图

2. 表面空间电荷层模型

金属氧化物半导体表面存在一些活性表面位置,如表面杂质、有未成键轨道的表面原子、未被阴离子完全补偿的表面阳离子、酸中心和碱中心等。当表面位置被占据时,形成具有局部电子能级的表面态,如吸附离子形成的受主或施主表面态,同时随着表面和体内的电子转移,半导体表面能带也发生相应的弯曲。此时,半导体表面形成了空间电荷区,载流子要发生显著的变化,表面电导率也要发生相应的变化。

现以 n 型金属氧化物为例对吸附原理进行说明。图 3.47 为 n 型半导体吸附气体能带图。图 3.47(a)表示半导体的负离子吸附。由于气体分子的电子亲和能 A 比半导体的功函数 W 大,故原子接受电子的能级要比半导体的费密能级 E_F 低,吸附后电子从半导体移到原子,形成负离子吸附。由于电子的转移,积累了空间电荷,使表面静电势增加,能带向上弯曲,形成表面空间电荷层,阻碍电子继续向表面移动。随着电子迁移量的增加,表面静电势也增大,电子迁移越来越困难，最后达到图3.47(b)所示的平衡态。如 A 为原子的电子亲和能，W 为半导体的功函数，β 为静电力和其他作用力引起的原子及半导体间的相互作用能，则开始时吸附亲合能为 $A-W+\beta$，吸附后由于能带弯曲形成空间势垒 V_S，至平衡态时 $A-W-V_s+\beta=0$。n型半导体的负离子吸附使功函数增大，使作为多数载流子的导电电子减少，从而使表面电导率降低。

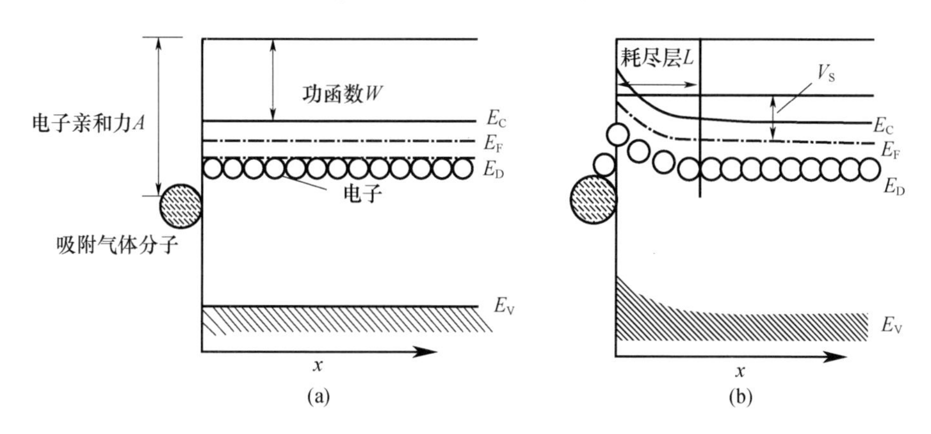

图3.47 n型半导体吸附气体能带图

(a)吸附前；(b)吸附后。

假设在工作温度下，杂质全部电离，电条件为中性，电子满足玻耳兹曼分布，则表面层内自由电子浓度 $n(x)$ 为

$$n(x)=N_C\exp\left[-\frac{(E_C+eV(x)-E_F)}{kT}\right] \tag{3.31}$$

$$=n_b\exp\left[-\frac{eV(x)}{kT}\right] \tag{3.32}$$

式中：n_b 为半导体材料体内自由电子浓度；N_C 为导带的有效态密度；E_C 为导带能级；E_F 为费密能级；$V(x)$ 为表面层势垒高度；k 为玻耳兹曼常数；T 为温度。

在耗尽的情况下，得到表面势垒高度 V_S 为

$$V_S=\frac{eN_S^2}{2\varepsilon(N_D-N_A)} \tag{3.33}$$

式中：N_A 为半导体材料内受主浓度；N_D 为施主浓度；N_S 为单位表面的电荷数密度；ε 为介电常数。式(3.33)表明，表面层势垒高度与表面电荷密度平方成正比。

3. 晶界势垒模型

金属氧化物气敏材料大多是晶粒组成的多晶结合体,在半导体内部,自由电子必须穿过晶粒的结合部位即晶界才能形成电流。如图 3.48 所示,晶粒接触界面势垒会在接触氧化性气体时增大,在接触还原性气体时减小。所以,晶粒间势垒高度的变化与材料阻值变化一致。由于空气中氧的电子亲和力较大,接触到 n 型半导体敏感材料时,会俘获半导体材料表面大量的电子,成为 O^-,半导体材料表面形成空穴,逐步产生空间电荷层,从而在表面及晶粒接触的界面形成了一定的势垒。导带中的电子从一个晶粒迁移至另一个晶粒必须克服这一势垒。吸附氧(O^-ads)浓度的增加会引起势垒升高,因此周围环境中氧浓度越高,电子迁移越困难,电导率也越小[761]。当还原性气体接触材料表面时,就会与吸附氧结合,电子就会重新回到导带,使势垒下降,引起传感器电导率上升,电阻值下降[762]。

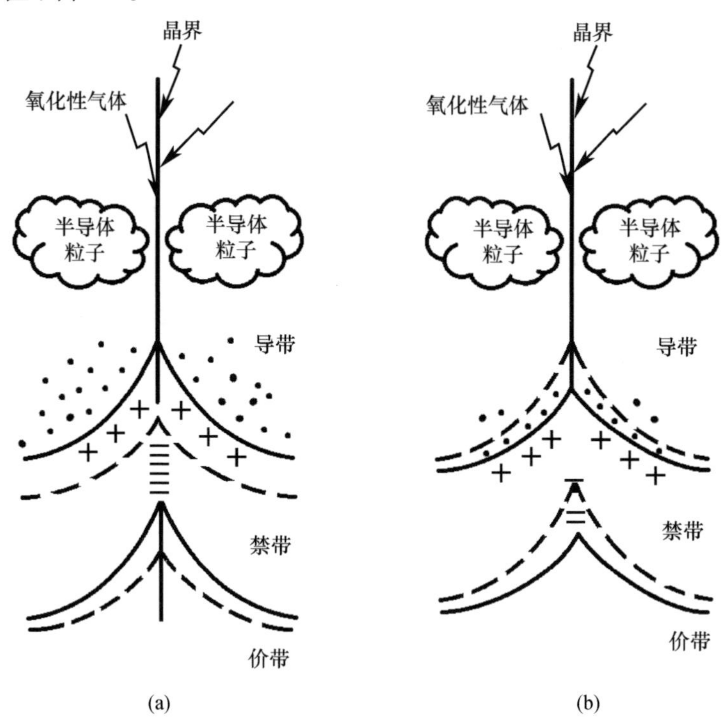

图 3.48　半导体材料的晶界势垒模型

(a)吸附氧化性气体;(b)吸附还原性气体。

4. 晶粒尺寸效应模型

半导体敏感材料大都具有多晶多相结构，导电时，电子从一个晶粒迁移到另一个晶粒需要穿过电子耗尽层。因此，晶粒的大小、晶粒间表面势垒高度或晶粒颈部沟道等会影响半导体材料的导电性能。按照晶粒大小与耗尽层－厚度的关系可以分为 3 种效应模型，如图 3.49 所示。

（1）晶界控制。当晶粒的平均粒径（D）远大于耗尽层厚度（L）2 倍时，即 $D \gg 2L$，耗尽层仅存在于晶粒表面处，晶粒的大部分都不受影响，半导体材料的电阻主要由晶界决定，材料的气敏特性不受晶粒尺寸影响。

（2）颈部控制。当 $D \approx 2L$ 时，耗尽层延伸至晶粒内部，晶粒颈部将会形成势垒，使电子的迁移变得困难。晶粒颈部尺寸随着晶粒平均粒径的减小而减小，电子就越难迁移，从而控制半导体材料电导率的变化。

（3）晶粒控制。当 $D \leqslant 2L$ 时，耗尽层将贯穿整个晶粒，引起半导体材料电阻急剧上升。

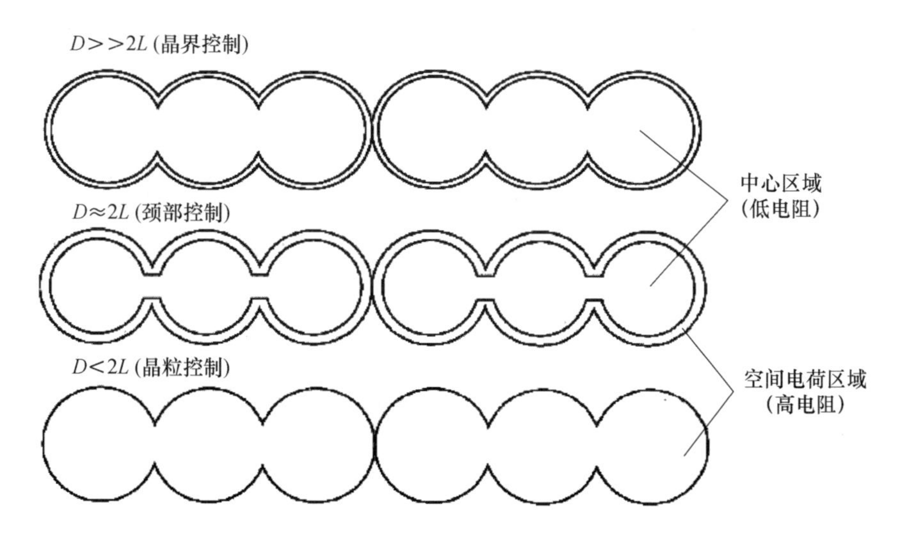

图 3.49 晶粒尺寸效应模型

5. 表面微氧化还原

当半导体敏感材料响应目标气体时，既可以催化目标气体进行氧化还原反应，又可以与目标气体相互作用，发生氧化还原反应，还可以两者共同进行，从而引起材料的电学特性产生变化[763－764]。

6. 修饰改性的敏感机理

修饰改性通常是指材料的表面添加某些贵金属或者金属氧化物改善气敏材料的性能,提升材料表面对气体的催化性、稳定性及吸附性等最终达到提高材料气敏性能的目的。这些添加的贵金属或金属氧化物可以称为催化剂、掺杂剂,它能在材料表面提供丰富的活化中心择优吸附,以此提高反应物的浓度。另外,催化剂还能提供低活性能的反应途径。通过加入催化剂对气敏材料进行修饰改性,一方面能够优化传感器的工作温度,另一方面也能够提高气敏材料的灵敏度、响应速度和选择性。选择适当的催化剂也是气体传感器研究的一项重要内容。一般来说,贵金属掺杂作为催化剂对半导体气敏材料表面的气敏性能产生的影响用溢出效应和费密能级控制两个机制来解释。

以气敏传感器 SnO_2 吸附 O_2 为例,当有铂等催化剂存在时,空气中的氧在催化剂表面的分解反应为

$$\text{催化剂} + O_2 \rightarrow \text{催化剂} + 2O$$

这种吸附可接近一个单分子层,分解后的氧同时溢流到 SnO_2 表面,如图 3.50 所示。即催化剂表面的氧流向载体表面,使催化剂表面的氧浓度呈梯度分布,这些氧在金属氧化物表面俘获电子形成离子吸附氧。

$$O + e \rightarrow O^-$$

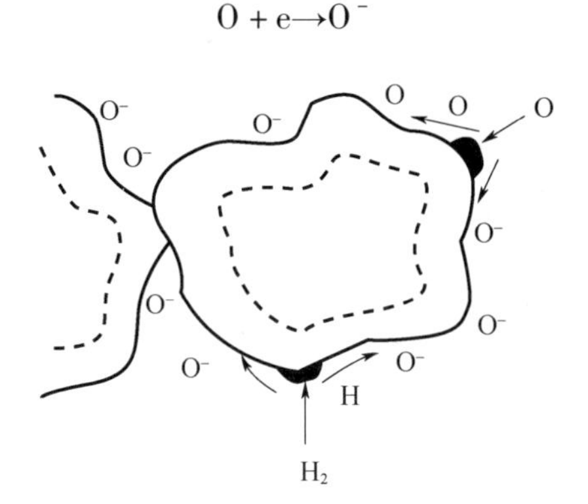

图 3.50 颗粒表面的溢流现象

这个过程最终将达到平衡,平衡时,金属氧化物表层的自由电子减少,甚至被耗尽形成势垒。可见,催化剂加速了氧的分解,流到 SnO_2 表面的分解氧导致其稳态反应,从而提高了传感器的灵敏度。催化剂的粒径越小,越容易分散到

SnO_2晶粒表面和晶粒间,使得半导体表面的耗尽区相互交迭,影响传感器的电阻。同时,由于催化剂表面浓度较高,使得催化剂和支撑 SnO_2的费密能级降低,其作用等效于产生了高的表面势垒,加强了对传感器的电阻控制,提高了灵敏度。在气-固反应中,固体表面活性中心位置的多少特别重要。但 n 型金属氧化物半导体的活性中心很少,使用催化剂后,可以提供丰富的活性中心,有利于半导体表面的气-固反应,而且不同类型的活性中心有利于不同气体,使得传感器拥有良好的选择性。

3.5.2 半导体传感器的结构

半导体气敏传感器主要有 3 种基本构造形式:烧结型、厚膜型和薄膜型。对于同一种氧化物材料,其检测灵敏度和工作机理一般不随构造形式而改变,但传感器的工作稳定性、响应速度,以及制造成本很大程度上与传感器构造相关。

1. 烧结型

烧结型半导体气敏传感器具有较好的疏松表面,因此响应速度较快。但其机械强度差,各传感器之间的性能差异大。根据传感器加热元件的位置,烧结型传感器又可分为直热式和旁热式两种,如图 3.51 所示。

直热式元件的主要特点是气敏材料与加热器直接接触。如图 3.51(a)所示,它将 Ir-Pd 合金加热线圈和电极一起放入气敏氧化物材料中,然后经烧结而成。加热丝通电加热时,测量电极作为电阻值器件随气体浓度变化。直热式的优点是工艺简单、成本低、功耗小,可以在较高回路电压下使用;缺点是易受环境气流影响。

旁热式大多采用管状结构的绝缘陶瓷,将加热线圈插入管内,在元件表面分别涂上测量电极、气敏材料及催化添加剂,这样敏感体与加热器得以分离[765],加热元件经陶瓷管壁均匀地对氧化物敏感元件加热,如图 3.51(b)(c)所示。这种结构的器件热容量大,降低了环境因素对器件加热温度的影响,所以旁热式与直热式相比,有更好的稳定性和可靠性。

烧结型是氧化物气敏传感器最早使用的一种构造形式,它适合于实验室和小批量工业生产。

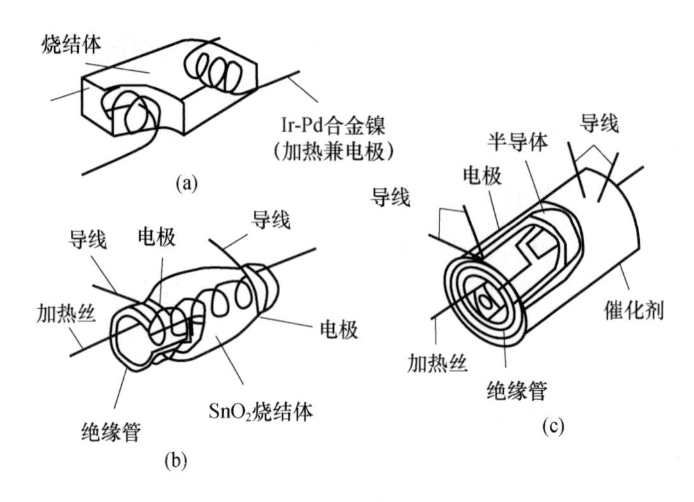

图 3.51 烧结型传感器元件的结构图

(a)直热式;(b)(c)旁热式。

2. 薄膜型

薄膜型传感器的制作通常是以石英或陶瓷为绝缘基片,基片的一面印上加热元件,在基片的另一面镀上测量电极及氧化物半导体薄膜。在绝缘基片上制作薄膜的方法很多,包括真空溅射、先蒸镀后氧化、化学气相沉积、喷雾热解等。常见的薄膜气敏传感器的截面结构如图 3.52 所示[766]。制作时,在基片正面预溅射一对用来测量薄膜电导率的 Pt 叉指电极,在基片背面再镀一层加热用的 Pt,然后用特定的沉积方法在电极上制备薄膜,经烧结、退火等处理后即可将该器件安装到标准设计的机座中。目前,利用硅集成电路工艺制备硅基微结构的薄膜型气敏传感器已成为薄膜气敏传感器发展的主流。与传统的传感器相比,它具有耗损功率小、生产率高、易于智能化、成本低等优点。人们已经设计制备出了多种新颖、性能优良的结构,使半导体薄膜型硅基微传感器取得了长足的进展。

图 3.53 为硅基微结构薄膜型气敏传感器的截面结构图[767]。其制作工艺如下[768]。

(1)用低压气相沉积法在硅晶片的正反两面沉积一层 Si_3N_4,要求该介电层没有应力,在其正表面制作电极图形,反面则作为刻蚀时的钝化层。

(2)在硅晶片正面分别沉积一层 Ti 和 Pt,再将 Pt/Ti 双层膜在 550℃下退火 30min。

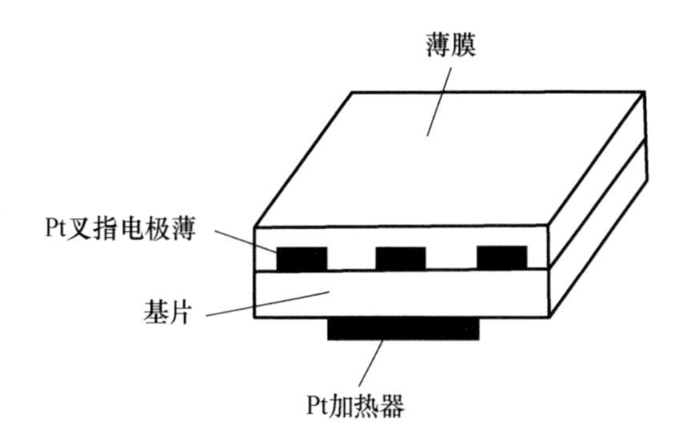

图3.52 薄膜气敏器件的截面结构图

(3)把硅晶片背面的 Si_3N_4层刻蚀掉,为以后的刻蚀打开一个窗口,这是第一个掩膜。

(4)制作图形电极和加热器 Pt/Ti 双层膜,形成一对电极和电阻加热器,这是第二个掩膜。

(5)将金属氧化物气薄膜层沉积到电极上,进行适当的热处理。

(6)对该膜层进行选择性刻蚀,使气敏薄膜层和电极、加热元件的垫片接触,这是第三个掩膜。

(7)将硅晶片背面刻蚀掉一部分,形成一个厚度一定的正方形横隔膜,实现低功耗下在位加热。

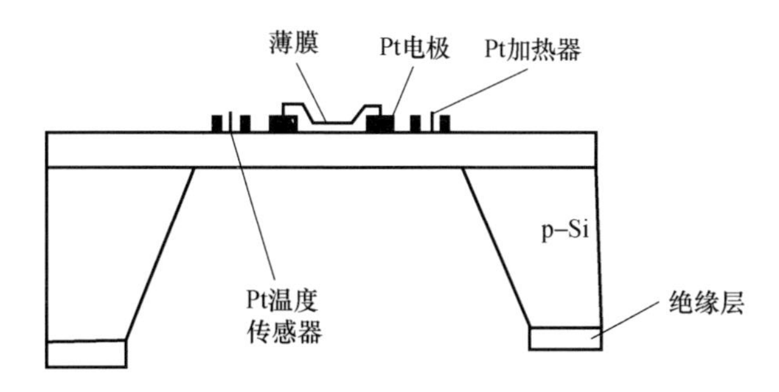

图3.53 硅基微结构薄膜型气敏传感器的截面结构图

3. 厚膜型

厚膜型气敏传感器同时具有烧结型和薄膜型传感器的优点,不仅机械强度高,各传感器间的重复性好,适于大批量生产,而且生产工艺简单,成本低。厚膜型气敏传感器的截面如图3.54 所示。其基本结构形式与薄膜型气敏传感器相似,但制作工艺大不相同。厚膜型传感器的制作是先将氧化物材料与一定比例的硅凝胶混合,并加入适量的催化剂制成糊状物,然后将该糊状混合物印刷到已安装好加热元件和电极对的陶瓷基片上,待自然干燥后置于高温中煅烧而成。

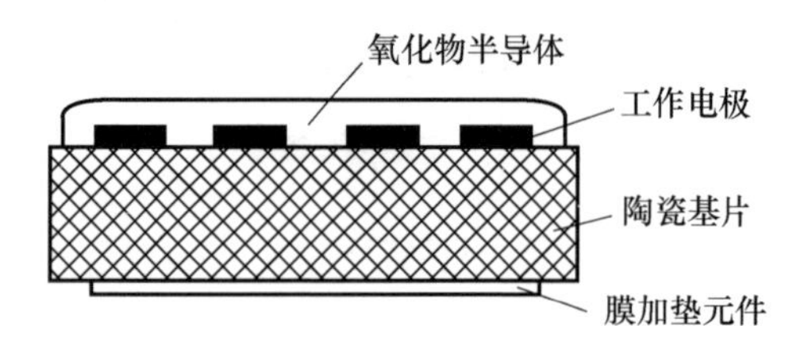

图 3.54　厚膜型气敏传感器截面图

一种对 CO 敏感的 SnO_2 厚膜元件的结构如图 3.55 所示。SnO_2 为基础材料,将配置好的粉料加入黏结剂充分搅拌,制成浆料。在清洗干净的 Al_2O_3 基片上,印刷厚膜电极(pt－Au)电极。将制好的厚膜浆料,用不锈钢丝网印刷在烧好的电极基片上,干燥后烧结。在 Al_2O_3 基片的背面,印上厚膜 RuO_2 电阻为加热器。这种厚膜 SnO_2 气敏元件对 CO 敏感,具有较好的气体识别能力。

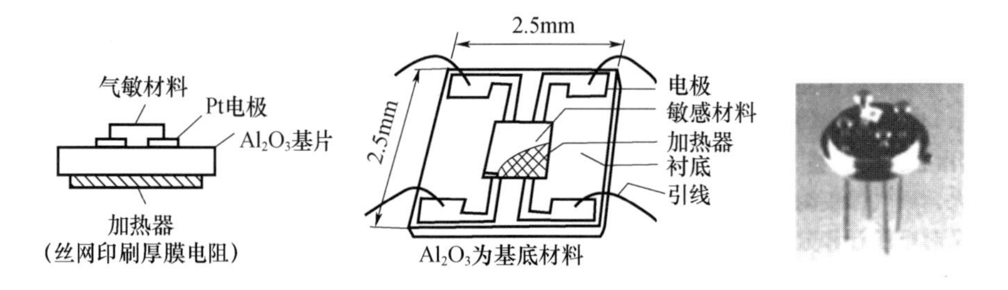

图 3.55　SnO_2 厚膜气敏元件的结构

3.5.3　半导体传感器的应用

半导体气敏传感器主要用于检测有毒气体、大气污染气体(CO、CH_4、NO_x)或可燃性气体,以提高生活质量,保护生态环境,保障机器正常生产。气敏材料是半导体气敏传感器最为关键的部分,它直接决定着半导体气敏传感器的性能。因此,半导体气敏材料研究在半导体气敏传感器的应用中占有重要角色。本节主要论述半导体气敏传感器气敏材料的应用和发展。

目前,最常用的气敏材料包括单金属氧化物、复合金属氧化物和有机高分子材料。其中,金属氧化物半导体气敏材料是人们发现最早的无机气敏材料。SnO_2、ZnO、Fe_2O_3是传统的一元金属氧化物半导体气敏材料,在这些气敏材料中添加不同的杂质可以制备出检测不同气体的半导体气体传感器。

检测 CO 的半导体传感器是通过溶胶-凝胶法获得 SnO_2基材料,并在材料中掺杂金属催化剂测定气体的敏感器件[769]。目前,国外有关于在 SnO_2基材料中掺杂 Pt、Pd、Au 等的报道。当在 220℃下,SnO_2基材料中掺杂 2% 的 Pt 时,CO 传感器具有最大的敏感度。由于交叉感应,CO 传感器对很多气体(如 H_2、CO_2、H_2O 等)都有感应,但是采用上述方法能使 CO 传感器对干扰气体的敏感度下降很多[770]。

检测 CH_4的半导体传感器主要是 SnO_2半导体传感器,加入少量 Pd、Sb、Nb 和 In(现有报道三价铁离子 P 型掺杂[771])等元素并进行外层催化处理可以提高检测 CH_4的灵敏度。SnO_2半导体传感器的催化层由 Al_2O_3和 Pt 组成,探测限达到 50~10000ppm[772],此外,还可加入适量 $SnCl_2$溶剂和硅胶以增强机械强度和表面孔隙率。传感元件的加热器为 Pt-Ir 丝,若加隔膜还能在恶劣的环境下工作,如图 3.56 所示[773]。

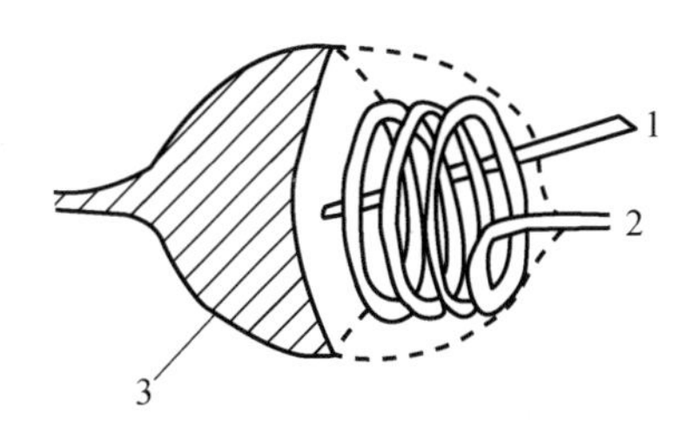

图 3.56 元件结构示意图

1—Pt 丝;2—Pt-Ir 丝;3—气敏材料。

Soon-Don 等[774]利用湿化学方法向 SnO_2薄膜中注入 K^-、Mg^{2+}、Ca^{2+}等碱土金属元素,发现在热处理时钙能抑制晶粒长大,从而提高了薄膜的比表面积,使薄膜对甲烷的灵敏度增加,而钾起的作用与钙相反。

Varghese 等[775]用溶胶-凝胶法将 SnO_2薄膜沉积在 3 种不同的基片上:浮法玻璃、康宁 7059 玻璃和氧化铝。其实验结果是:浮法玻璃基片上的 SnO_2薄膜的平均晶粒大小4.5nm，薄膜光滑；另外两种基片上薄膜的晶粒为9nm，并且薄膜上有裂纹。这说明，基片的选择会影响纳米薄膜的晶粒大小，进而影响薄膜的气敏特性。

采用催化剂边界生长的ZnO膜技术，可以根据ZnO膜电阻的大小响应和检测气体[776]。根据气体的特殊选择性，工作者研制出聚合体膜，通过检测气体渗透压力获得气体浓度。实验表明，用射频磁控溅射制备的ZnO薄膜对臭氧有很高的检测灵敏度[777]；掺杂Pt、Pd的ZnO薄膜对可燃性气体有较高的敏感性；掺杂La_2O_3、Pd、V_2O_5的ZnO薄膜对酒精、丙酮等较敏感[778]。

Min等[779]用溅射法制备的ZnO薄膜传感器对H_2、NO_2、CO有很好的敏感特性，并且在低温下对NO_2有很高的灵敏度；掺杂La_2O_3、Pd、V_2O_5的ZnO薄膜传感器可用于健康检测，监测人的血液和大气中的酒精浓度等[780]；Al掺杂的ZnO薄膜气体传感器[781]则能在400℃的温度下工作，对CO的灵敏度达到61.6%。

Gruber等[782]对c轴择优取向的ZnO薄膜进行$CH_4/H_2/H_2O$等离子蚀刻（一般实验室刻速为2nm/min），制得的ZnO薄膜气敏元件选择性好、响应速度快、灵敏度高，能探测到体积百分比仅为0.01%的H_2。

除了传统的SnO_2、ZnO、Fe_2O_3金属氧化物半导体气敏材料之外，又相继开发了In_2O_3、WO_3、TiO_2等新型金属氧化物材料。从灵敏度、选择性、响应时间等方面来看，这些新型气敏材料是检测CO、H_2S、NH_3等气体的理想材料[783-784]。单一的金属氧化物选择性和稳定性较差、灵敏度低、工作温度高[785]，通过沉积贵金属、掺杂金属氧化物或者某种金属复合的方法改善半导体敏感材料的气敏性能。表3.3列举了一些半导体传感器气敏材料的气敏性能。

表3.3　一些气敏材料的气敏性能

	敏感材料	掺杂剂	响应浓度	检测气体
贵金属沉积	SnO_2	Ag	100ppm	CO
			100ppm	CH_4
	SnO_2	Ni	0~150ppm	SO_2
	SnO_2	In、Pd	1~50ppm	CO
	TiO_2	Pd	0.8~2.8ppm	NO_2
	WO_3	Pt	1ppm	SO_2

（续）

	敏感材料	掺杂剂	响应浓度	检测气体
金属氧化物掺杂	SnO_2	Ca_2O_3	10～100ppm	C_2H_5OH
	SnO_2	V_2O_5	20ppm	SO_2
	ZnO_2	In_2O_3	7.8～19.5ppm	NO
	TiO_2	WO_3	0～300ppm	NO_2
	In_2O_3	Fe_2O_3/CeO	0.05～5ppm	O_2

复合金属氧化物气敏材料因其具有良好的气敏特性[786]和稳定的结构而日益受到重视，成为半导体气敏材料研究的一个重要领域。

Yang 等[787]采用化学共沉淀的反滴定法，成功合成了 $NiFe_2O_4$ 纳米粉体材料，并制成气敏传感器，通过实验表明，在350℃下，该材料对1000ppm 甲苯的选择性较好，灵敏度超过了15。

徐甲强等[788]采用固－固相反应，在600℃下烧结得到30nm 左右的 $CdSnO_3$，该材料在300℃下，对0.005%的乙醇灵敏度达63.6，其响应和恢复时间分别为7s、22s。

吴印林等[789]采用溶胶－凝胶法制备了 $La_{0.75}Sr_{0.25}Cr_{0.5}Mn_{0.5}O_3$ 钙钛矿复合氧化物粉体，该材料对 NO_2 气体呈线性响应，具有较好的气敏性能。

刘锦淮等[790]报道了 Ag 掺杂的半导体氧化物 Cu－$BaTiO_3$ 对 CO_2 的敏感特性，Ag 掺杂量不仅影响 Cu－$BaTiO_3$ 检测 CO_2 的灵敏度和工作温度，还影响材料在空气中的电阻值。通过适当量的 Ag 掺杂能提高 Cu－$BaTiO_3$ 的化学活性，增强对 CO_2 的吸附和反应，并提高传感器对 CO_2 的灵敏度。

虽然无机气敏材料具有检测限低、灵敏度高、价格低廉、便于推广的优点，但其选择性差，工作温度高，不能在常温下应用。有机半导体敏感材料以来源丰富、制作简单、可变性强、可以在常温下使用的优势引起了研究者的广泛关注。

耿丽娜等[791]通过苯胺原位聚合法和水热法制备出 PAn/SnO_2 杂化材料，分别在室温60℃和90℃下，对氢气、一氧化碳、氨气和乙醇进行测试其气敏性能。结果表明，PAn/SnO_2 杂化材料对乙醇气体表现出较好的选择性，并且响应、恢复时间短，可逆性好，适于在较宽浓度范围对乙醇气体进行检测。

Patil 等[792]根据铜纳米颗粒间质纳米复合薄膜制备了室温氨传感器，传感器中含有 Cu 0.13%（原子数百分含量），对 NH_3的响应为 1.86 ~ 50ppm。

Bandgar 等[793]设计了一种聚苯胺/氧化铁（$\alpha-Fe_2O_3$/PANI）纳米复合氨传感器，暴露于 100ppm NH_3气体时传感器的响应为 1.39。

在过去的研究中，已经制备了各种有机/无机杂化材料，包括 PANI/SnO_2[794]、PANI/ZnO[795]，研究了它们对几种有毒或有害气体（如 NH_3、H_2S、NO_2、甲醇、乙醇和丙酮）的气敏性能。实验结果表明，在室温或低温下，金属氧化物/有机高聚物的复合物比单一组分具有更好的气体传感性能，这一类复合物在气体传感领域具有广阔的应用前景。

近年来，随着微机电系统（MEMS）和集成电路技术的发展，新型纳米气敏材料受到青睐。一是纳米材料的界面非常大，为气体提供了大量的通道，从而使灵敏度大大提高；二是降低了工作温度；三是将传感器的尺寸极大地缩小了。气敏材料作为气体传感器的核心组成部分，对传感器的性能起着决定性的作用。纳米气敏材料的研究将会对提升气敏材料稳定性、提高选择性和灵敏度，以及降低工作温度、减小尺寸等方面起到巨大的推动作用。

尤其是具有纳米结构的金属氧化物表现出了非常优异的气敏性能。例如，零维的金属氧化物半导体纳米颗粒，一维纳米管、纳米线、纳米棒，二维纳米薄膜等都是优良的气体敏感材料。表 3.4 列举了一些纳米金属氧化物材料的气敏性能。

表 3.4　一些纳米金属氧化物材料的气敏性能

纳米材料	检测浓度	检测温度	检测气体
单根氧化锡纳米线	25 ~ 100ppm	260℃	NH_3
	5ppm	260℃	CO
氧化锡纳米线	300ppb	100℃	NO_2
	10ppm	150℃	CO
二氧化钛纳米管	1000ppm	250℃	H_2
氧化锌二氧化锡纳米线	100ppm	360℃	甲苯

薄膜技术的快速发展大大促进了半导体气体传感器朝着薄膜化方向的迈进。尽管烧结体和厚膜型半导体气体传感器已投入商品化生产，但还存在选择

性和稳定性差、能耗高的问题。研究表明,敏感膜厚度越薄,灵敏度就越高,响应速度就越快,工作温度也越低。因此,薄膜型半导体气体传感器凭借其具有低能耗、易于微型化、集成化、产业化、易于制备微型传感器及小型电子器件(如电子鼻)的优势,引起研究者们的广泛关注。一些薄膜化的沉积方法和技术得到广泛应用,其中包括物理气相沉积(PVD)、化学气相沉积(CVD)、热氧化法、电镀法、溶胶-凝胶法(Sol-Gel)、射频磁控溅射法[796]等。目前研究的薄膜气敏材料主要有SnO_2基[797]、ZnO基[798]、WO_3基[799]、TiO_2基[800]、In_2O_3[801]基以及纳米陶瓷型气敏薄膜[802]等。例如,WO_3的薄膜材料在150℃时对Cl_2的检测下限可以达到0.05ppm[803]。随着薄膜沉积工艺技术的不断进步,人们也已成功制备了各种体系的薄膜半导体气体传感器。

一些半导体气敏传感器已经被应用到电子鼻和机器人中。Beata Bąk等[804]通过应用半导体气体传感器检测蜂窝样品即密封的幼虫样本寻求电子鼻是否能成为有效检测食蜂症的答案。Palacín Jordi等[805]提出了一种低成本气体传感器阵列在辅助个人机器人中的应用,以扩展移动机器人作为早期气体泄漏检测器的安全性能。气体传感器阵列由16个连续工作的低成本金属氧化物半导体气体传感器组成。在不同的操作条件下对乙醇、丙酮进行探测。证实了该移动系统的早期侦测能力。例如,它能够探测到由于建筑物的强制通风系统引起的门下漏气,从外部走廊的一个封闭房间内产生的气体泄漏等。

近几年,半导体气体传感器用于对有毒有害气体的低浓度实时监测的需求越来越大,因而,其在化学毒剂检测方面的应用也成为研究领域的一大热点和亮点。目前,锡类氧化物半导体气体传感器已用于检测有毒气体和化学毒剂的模拟剂[806-811]。例如,采用气-液-固相沉积技术制作的锡氧化物的纳米线,对乙腈(氢氰酸的模拟剂)和甲基膦酸二甲酯(即DMMP,沙林模拟剂)非常敏感。同时发现,经过改性掺杂的气敏材料可以检测到比立即危害生命及健康限值浓度(IDLH)低的浓度。

3.5.4 展望

虽然半导体气敏传感器的研究已有多项成熟的技术,但由于氧化物半导体材料本身缺陷带来的问题依然存在，使得半导体气敏传感器的发展受到了一定限制。今后的工作还将围绕提高传感器的灵敏度、选择性、稳定性和可靠性、缩短相应恢复时间等方面进行，可采用的方法[812-813]包括掺杂改性、优化此类传感器工作温度、利用表面活化技术促进目标气体的吸附、分子过滤技术等。另外，金属氧化物半导体气体传感器阵列化与模式识别技术的有效结合，是提高此类传感器选择性又一重要途径[814]，还可采用半导体气体传感器与离子迁移谱(IMS)技术[815]或 P－SAW 传感器的联用的方法，用于多种有毒有害气体的检测中，使有毒有害化学物质的检测技术的灵敏度和可靠性更高[816-817]。

伴随着单掺杂、共掺杂和控制基体材料微观结构等方法的不断优化，以及纳米技术、敏感薄膜形成技术的成熟发展，将不断地完善半导体气敏材料的性能，从而提升半导体气体传感器的综合性能。

第4章

质量传感器

国际纯粹化学与应用化学联合会(IUPAC)分析化学委员会在1991年对化学传感器进行了定义和分类[818],将压电石英晶体传感器归类于质量敏感型传感器,根据其声波的传播类型将压电石英晶体传感器分为体声波(Bulk Acoustic Wave,BAW)、表面声波(Surface Acoustic Wave,SAW)、弯曲平板波(Flexural Plate Wave,FPW)、水平剪切声平板模式(Shear Horizontal Acoustic Plate Mode,SH-APM)等类型[819]。以体声波和表面声波传感器为代表的压电晶体传感器对多种物理及化学变量具有响应能力,已成为在化学分析领域中得到广泛应用的广谱传感器[820-821]。

4.1 体声波传感器

体声波传感器是厚度剪切模式(Thickness-Shear Mode,TSM)的质量敏感型传感器[822],如果其谐振器是由石英制成的,就称作石英晶体微天平(Quartz Crystal Microbalance,QCM)或压电石英晶体微天平(Piezoelectric Quartz Crystal Microbalance,PQCM)。石英晶体微天平在压电晶体传感器中占有重要地位,由于其具有结构简单、操作简便、造价低廉、检测迅速、灵敏度高等优点,广大科学工作者展开了大量研究,其应用范围已扩展到分析化学、膜化学、电化学、免疫分析等多个领域,在临床医学、发酵、食品、化工和环保等方面显示了广泛的应用前景[823-824]。

4.1.1 基础理论

1. 压电石英晶体谐振器的基础理论

1)压电效应

“Piezo”源于希腊词“piezin”,意思是“挤、压”。人们通常把压电现象定义为“特定晶体中由机械压力引起的变形所导致的电极化作用的现象,而且极化作用的大小与形变成比例并随之改变”。

压电效应(Piezoelectric Effect)是可逆的,它是正压电效应和逆压电效应的总称,习惯上把正压电效应称为压电效应。

(1)正压电效应。早在1880年,法国的两位物理学家Pierre Curie和Jacques Curie在研究石英晶体的物理性质时,发现了一种特殊的现象,即按某种方位从石英晶体上切割下一块薄晶片,在其表面敷上电极,当沿着晶片的某一特定方向施加作用力使晶片产生形变后,会在两个电极表面出现等量的正、负电荷。电荷的面密度与施加的作用力的大小成正比;当作用力撤除后,电荷也就消失了。这种由于机械力的作用而使石英晶体表面出现电荷的现象,称为正压电效应。后来,人们又在其他一些晶体上进行了类似的实验,发现有许多晶体与石英晶体一样也具有这种现象。这些具有压电效应的晶体统称为压电晶体。

(2)逆压电效应。发现正压电效应后的第二年,即1881年,Lippmann依据热力学方法,应用能量守恒定律和电量守恒定律,在理论上预言了逆压电效应(同年由Hankel命名)的存在。令人惊奇的是,也是在同一年,Curie兄弟用实验验证了逆压电效应:压电晶体在电场的作用下,晶体表面会产生变形,而形变的大小与外电场强度的大小成正比;当电场作用力撤除后,变形也消失。这种由于电场的作用而使石英晶体产生变形的现象,称为逆压电效应(也称反压电效应)。实验证明,凡具有正压电效应的晶体,也一定具有逆压电效应,二者一一对应,而且正、逆压电效应的压电系数相等。

(3)电致伸缩效应。电介质在电场的作用下由于诱导极化而引起形变,若形变与外电场的方向无关,这种现象就称为电致伸缩效应。电致伸缩效应与逆压电效应都是电能转化成机械能的效应。但前者与电场方向无关,其应变大小与电场强度的平方成正比,而后者(逆压电效应)则与电场方向有关,其应变大小与电场强度成正比，当外电场反向时，所产生的应变也同时反向[825]。所有的电介质都具有电致伸缩效应，而只有压电晶体才具有逆压电效应。

2）压电材料

自 1880 年 Curie 兄弟在天然石英（$\alpha-SiO_2$）晶体上发现压电效应后，研究并进行测量的压电晶体的种类已有近千种，但具有广泛应用价值的只有几种，主要包括 $\alpha-SiO_2$（石英）、$LiNbO_3$（铌酸锂）、$LiTaO_3$（钽酸锂）、$Bi_{12}GeO_{20}$（锗酸铋）、$La_3Ga_5SiO_{14}$（硅酸镓镧）等。在传感器技术中，目前应用最普遍的是压电单晶中的石英晶体和各类压电陶瓷。

目前，压电材料可分为三大类：一是压电单晶，它包括压电石英晶体和其他压电单晶；二是压电多晶（压电陶瓷）；三是新型压电材料，又可分为压电半导体和有机高分子压电材料两种。有机压电材料是最近几年发现的很有发展前景的新型压电材料。

（1）石英晶体。石英晶体是单晶体中具有代表性且应用最广泛的一种压电晶体。它是 SiO_2 单晶，熔点 1750℃，密度为 $2.65\times10^3 kg\cdot m^{-3}$，莫氏硬度为 7。由于透明度极好，石英晶体俗称为水晶。石英有天然和人工之分，人工培育的石英晶体的物理、化学性质几乎与天然晶体没有多大区别。目前，在科研和生产中大量使用的是成本较低的人造石英。石英晶体随温度的不同有几种形态，α－石英是石英晶体的低温相，当温度升高到 573℃时即转变为 β－石英，此时，压电效应基本消失，一般称压电效应消失的温度转变点为居里点。

在传感器中使用的石英晶体是居里点为 573℃、六方晶系、点群 622 的 α－石英。石英晶体的外形呈规则的六角棱柱体，如图 4.1 所示（此图为右旋石英晶体，它与左旋石英晶体的结构成镜像对称，压电效应极性相反）。在晶体学中把它 3 条相互垂直的轴用 Z、X、Y 表示，并规定：Z 轴为光

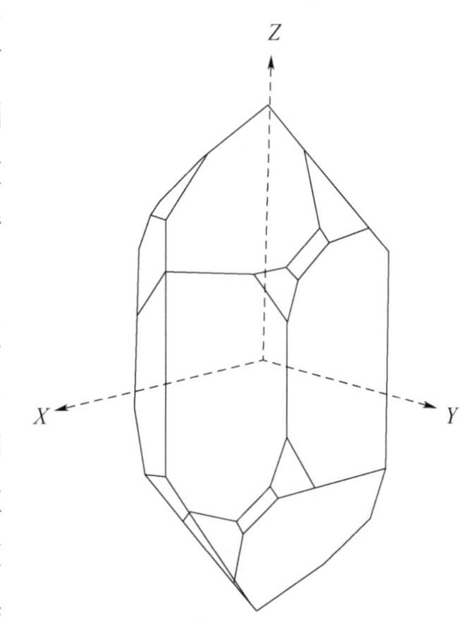

图 4.1　石英晶体的外形及其坐标轴

轴,光线沿该轴通过石英晶体时不会折射,作用力沿 Z 轴方向时不会产生压电效应;X 轴为电轴,它穿过六棱柱的棱线,在垂直于此轴的面上压电效应最强;Y 轴为机械轴,在电场的作用下,沿该轴方向的机械变形最明显。

压电材料是各向异性的,沿不同的晶轴,电或机械激励产生的电、机械和机电性质不同。对于压电晶体,晶体的物理性质,如尺寸大小、切割方向、密度、剪切模式等决定了压电晶体的振荡方式。石英晶体的物理性质随切割方位不同可以有较大的差异,石英晶体的几种典型切型如图 4.2 所示。

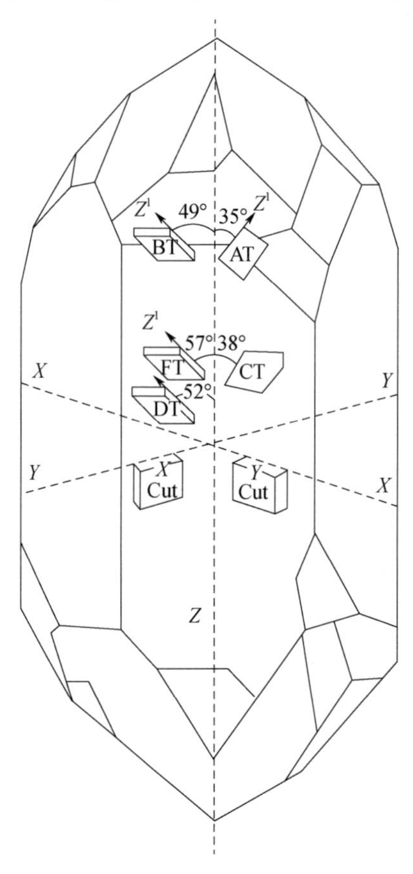

图 4.2　石英晶体的几种典型切型

石英晶体的切型符号有以下两种表示法。

①IRE 标准规定的切型符号表示法。此法规定用 x、y、z 中任意两个字母的先后排列表示石英晶片的厚度和长度的原始方向;用字母 δ(厚度)、l(长度)和

b(宽度)表示旋转轴的位置。当角度为正时,表示逆时针旋转;当角度为负时,表示顺时针旋转。例如,石英晶体(yxl)35°17′切型,其中第一个字母y表示石英晶片在原始位置(即旋转前的位置)时的厚度沿y轴方向,第二个字母x表示石英晶片在原始位置时的长度沿x轴方向,第三个字母l和角度35°17′表示石英晶片绕长度顺时针旋转35°17′。IRE切型符号对任何晶体都适用。

②习惯切型符号表示法。习惯切型符号是用两个大写的英文字母表示石英晶片的切型,如AT、BT、CT、DT、AC、BC等。石英晶体的习惯切型符号是石英晶体独自使用的,其他晶体不采用。化学或生物传感器中常用AT切型,IRE切型符号为(yxl)35°17′。表4.1为石英晶体的几种习惯切型符号与IRE切型符号对照关系。

表4.1 石英晶体的几种习惯切型符号与IRE切型符号对照关系

习惯切型符号	IRE切型符号	习惯切型符号	IRE切型符号
AT	(yxl)35°17′	AC	(yxl)30°~31°
BT	(yxl)-49°~-49°30′	BC	(yxl)-60°
CT	(yxl)37°~38°	SC	(yxbl)24°24′/34°18′
DT	(yxl)-52°~-53°	GT	(yxlδ)51°/45°

理论上,任何压电晶体材料(如石英、砷化镓(GaAs)、钽酸锂($LiTaO_3$)、铌酸锂($LiNbO_3$)等单晶)都可用作压电晶体传感器的基片。但由于在实际应用中,频率响应受很多因素(如温度、质量、压力、湿度等)影响,故应根据实际制作传感器类型的需要,选用只对所需参数敏感的压电材料。

石英晶体的性能相当稳定,它的主要特点是:①压电常数小,时间和温度稳定性极好;②机械强度和品质因素高,且刚度大,固有频率高,动态特性好;③居里点573℃,无热释电性,且绝缘性、重复性均好。对于厚度剪切模式仅有AT-切型、BT-切型两种晶体可用。例如,QCM传感器,一般选用AT-切型石英晶体,由于其温度系数在室温时接近于零,而且可在很宽的温度范围内稳定振荡。

(2)其他压电单晶。除天然石英和人工石英晶体外,近年来,$LiNbO_3$、$LiTaO_3$、锗酸锂($LiGeO_3$)、镓酸锂($LiGaO_3$)、锗酸铋($Bi_{12}GeO_{20}$)等压电单晶在传感器技术中的应用日益广泛,其中以铌酸锂最为典型。中国铌酸锂单晶的研制水平已居国际领先地位。

(3)压电陶瓷。压电陶瓷制造工艺成熟,可通过改变配方和掺杂改性等工手段达到所要求的性能;成形工艺性良好,成本低廉;通常压电常数比压电单晶要高得多,一般比石英晶体高几百倍。因此,目前国内外压电元件绝大多数都采用压电陶瓷。

(4)新型压电材料。近年来,不断有新型压电材料问世,为研制新型传感器创造了条件,展现了良好的发展前景[826]。

①压电半导体。20 世纪 60 年代以来,人们发现某些具有半导体性质的晶体同时具有压电性,如 ZnS、ZnO、CdSe、GaAs 等。由于压电半导体兼有压电和半导体两种物理性能,所以有可能研制出集转换元件和电子线路于一体的新型压电传感器测试系统,这将大大简化目前的传感器测试系统,具有很好的发展前景。

②有机高分子压电材料。某些合成高分子聚合物经延展、拉伸和电场极化后,也可以有压电性。这类薄膜称为高分子压电薄膜,目前发现的压电薄膜有聚二氟乙烯(PVF_2)、聚氟乙烯(PVF)、聚氯乙烯(PVC)等,其中 PVF2 的压电系数最高。

另外,还有向高分子化合物中掺杂压电陶瓷 PZT 或 $BaTiO_3$ 粉末的高分子压电薄膜,这种复合材料既保持了高分子压电薄膜的柔软性,又具有较高的压电系数和机电耦合系数。国内外已研制了基于该种新型复合材料的传感器。

3)压电石英晶体谐振器

(1)石英晶体谐振器。

①石英晶体的压电谐振。两面镀有金属电极的晶片上加高频交变电压时,晶片就会做周期性的机械振动,同时两表面产生周期性的正负电荷。从外电路来看,相当于有一交流电通过晶片,与外电路进行能量交换。一定尺寸的晶片,对于一定的振动方式,有一个机械谐振频率。当外加高频电压的频率等于晶片的固有机械谐振频率时,机械振动最强,压电效应最显著,流过晶片的高频电流也最大,这种现象称为压电谐振。在众多压电材料中,由于 α - 石英可以通过从母体晶体上进行不同的切割而获得所期望的性质,因而被用作压电振荡器的材料并得到广泛的研究。利用石英晶片压电谐振现象制成的电路元件,称为石英晶体谐振器。

②基频与泛音。基频是指在振动模式最低阶次的振动频率。泛音是指晶体振动的机械谐波。泛音频率与基频频率之比接近整数倍但不是整数倍,这是它与电气谐波的主要区别。泛音振动有 3 次泛音、5 次泛音、7 次泛音和 9 次泛音等。泛音频率与电气谐波的主要区别是:电气谐波与基波之间是整数倍关系,并且谐波与基波同时存在;泛音频率与基频频率只存在奇数倍关系。

③泛音晶体。一块一定尺寸和形状的晶片,既可以在基频上谐振,也可以在更高的基频奇次谐频上产生谐频谐振。通常把利用石英晶片的基频谐振的谐振器,称为基频谐振器;利用石英晶片的谐频谐振的谐振器,称为泛音谐振器。用于高频的石英晶体,一般采用厚度剪切的振动模式,其谐振频率与厚度成反比,频率越高,厚度越薄,机械强度越差。利用石英晶体的泛音型工作,就是用基频的奇次谐频电压激励,产生压电谐振现象。采用泛音晶体,可不减小晶片厚度而得到频率很高且稳定的谐振频率。目前已有数十次泛音晶体,振荡频率高达数百兆赫。理论上,同一晶体在基频和奇次谐频上都可激励,但在实际制作中,一般专门根据用途制作基频或泛音石英晶体。它们的等效电路相同,而某些参数不同,在串联、并联型电路上都可工作。但当振荡频率较高时,常用串联振荡型电路。

(2)振动模式与切型。石英晶体谐振器的振动模式主要有弯曲振动(XY、NT－切)、长度伸缩振动(X－切)、面剪切振动模式(DT、CT、SL－切)以及厚度剪切振动模式(AT－切)等。化学与生物传感器常用厚度剪切模式,简称 TSM。该种剪切振动与晶体的厚度有关,晶体在振动时,侧面的两条对角线一条伸长,另外一条缩短,波的截面经过晶片中央,并且与主平面平行,如图 4.3 所示。

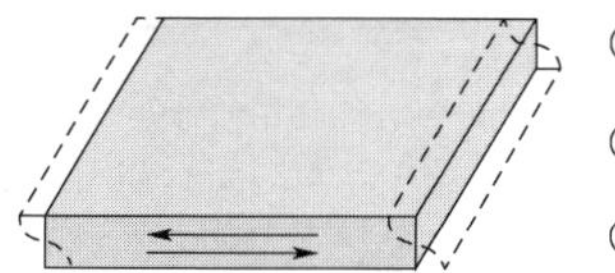

⊙ AT-切割 石英

⊙ 厚度剪切模式

⊙ 几兆赫的工作频度

图 4.3 厚度剪切振动的示意图

(3)频率温度特性。决定石英晶体谐振器频率温度特性的主要因素是石英片的切割方位,即切型。图 4.4 所示为 AT－切厚度剪切振动谐振器频率温度特性与参考切角的关系。AT－切厚度剪切振动频率温度特性曲线(图中的虚线)为拐点温度在 +25 ~ +35℃的 3 次曲线。通过选择适当的切角,调整 3 次曲线的 2 个翻转点,在特定的温度范围内可以得到最小的温度频差。

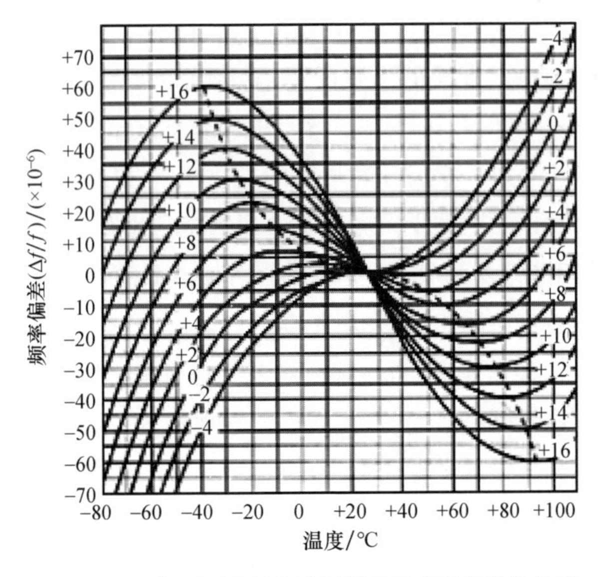

图 4.4　AT - 切型石英晶体谐振器的频率温度特性曲线

(4)石英晶体谐振器的等效电路。石英晶体振荡器就是把石英晶体作为一个选频元件或电感元件连接到电路中,组成串联型或并联型振荡电路。石英晶体谐振器的等效电路模型如图 4.5 所示,又称为 BVD(Butterworth van Dyke)电路,该模型通常用于研究石英晶体谐振器在串联谐振时的电学行为,也可用于 AT - 切型石英晶体在 QCM 应用中的频率变化及损耗的预测。

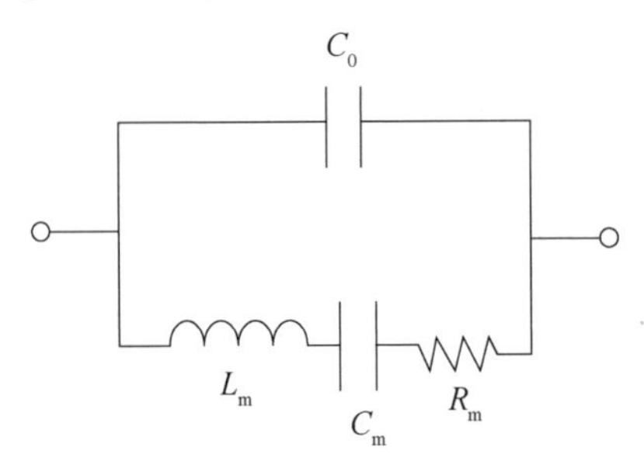

图 4.5　石英晶体谐振器的等效电路模型

在 BVD 等效电路图中:

①电阻 R_m 等效于由于振荡器的装配结构、所接触的介质等因素所造成的

能耗；

②电容 C_m 等效于由于石英的弹性及周围的介质等因素所导致振荡器储藏的能量；

③电感 L_m 等效于振荡器的惯性要素，与振动过程中的质量变化有关；

④静态电容 C_0 也称为寄生电容，与晶体几何尺寸、电极面积及支架电容有关，常为 10 ~ 20pF。

直径为 1′的 5MHz QCM 典型晶振的相关参数分别为 $C_m = 33\text{fF}$、$L_m = 30\text{mH}$、$R_m = 10\Omega$（干燥的晶片）、$R_m = 400\Omega$（单面与水接触的晶片）、$R_m = 3500\Omega$（单面与 88% 的甘油接触的晶片）。

2. 石英晶体微天平相关理论

1）石英晶体微天平

石英晶体微天平（QCM）为单端传感器，通常采用圆柱形的、厚约 100μm AT - 切型的石英晶体盘片，其两面镀有金属电极（一般由金、银、铂或铝制成），电极表面积约占石英表面区域的 10%，如图 4.6 所示。晶体的工作频率一般为 3 ~ 15MHz。QCM 通常有以下 3 种类型。

（1）振荡器双面与气体接触的传感器。

（2）振荡器一面与溶液接触、另一面与气体接触的传感器。

（3）振荡器双面与溶液接触的传感器。

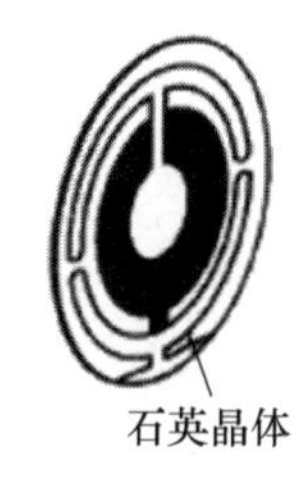

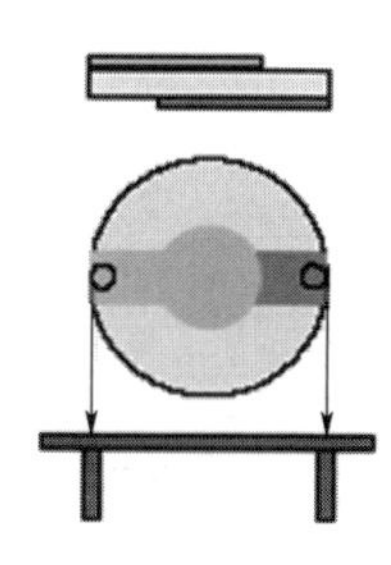

图 4.6　QCM 的示意图

2）QCM 的气相传感理论

（1）Sauerbrey 方程。1959 年，德国物理学家 Gunter Sauerbrey 把石英晶体表面涂层的密度、弹性看作和石英一样，从石英晶体剪切波驻波波长与晶片厚度的关系出发，导出了关于厚度剪切压电石英晶体频率改变值（Δf）与在晶体表面均匀吸附的极薄层刚性物的质量变化量（表面负载质量变化值，ΔM）之间存在正比关系[827]，其定量关系式可推导如下。

AT－切割的石英在基频时，晶片的厚度等于波长的½，频率 f_0 可表示为

$$f_0 = \frac{v_q}{2t_q} \tag{4.1}$$

式中：t_q 为晶片的厚度；v_q 为剪切横波在石英中的传播速度（$3336\mathrm{m \cdot s^{-1}}$），与晶体的弹性模量 μ_q 及密度 ρ_q 有关，即

$$v_q = \left(\frac{\mu_q}{\rho_q}\right)^{1/2} \tag{4.2}$$

石英厚度 t_q 和质量 M、密度 ρ_q、面积 A 的关系为

$$t_q = \frac{M}{A\rho_q} \tag{4.3}$$

由式(4.1)可得

$$\frac{\Delta f}{f_0} = \frac{f_c - f_0}{f_0} = -\frac{\Delta t_f}{t_q} = -\frac{\Delta M}{A\rho_q t_q} \tag{4.4}$$

$$\Delta f = -\frac{2f_0^2 \Delta M}{A(\rho_q \mu_q)^{1/2}} = -C_f \Delta m \tag{4.5}$$

式中：Δf 为检测到的频率漂移（Hz）；f_0 为石英的基频（MHz）；f_c 为覆膜石英晶片的频率（MHz）；Δt_f 为所覆膜的厚度（cm）；ρ_q 为石英的密度（$2.648\mathrm{g/cm^3}$）；μ_q 为石英的剪切模量（$\mu_q = 2.947 \times 10^{11}\mathrm{g/(cm \cdot s^2)}$）；$A$ 为石英晶片的面积（$\mathrm{cm^2}$）；Δm 为单位面积上的质量变化（$\mathrm{g/cm^2}$）。1977 年，Guilbault 在 Sauerbrey 工作的基础上，导出了常用的 AT－切型 QCM 的响应公式：

$$\Delta f = -2.26 \times 10^{-6} f_0^2 \Delta m \tag{4.6}$$

对于刚性沉积物，当 $\Delta f < 2\% f_0$，沉积物的厚度均匀且溶剂的黏弹性不变时，有式(4.6)成立。

在真空镀膜厚度检测中，膜层材料的厚度 T_f（cm）可以由式(4.7)计算得出：

$$T_f = \Delta m / \rho_f \tag{4.7}$$

式中：ρ_f 为膜层材料的密度（$\mathrm{g/cm^3}$）；Δm 为单位面积上质量的变化量（由 Sauerbrey 方程计算而得)。

由于对频率测定能够达到很高的精度,理论上压电石英晶体传感器的最低检测限可达 10^{-12}g,是非常灵敏的质量检测器,通常称为石英晶体微天平(QCM)。从振荡电路频率测量信噪比考虑,其检测下限也容易达到 10^{-9}g,因此石英晶体质量传感器也称为纳克微天平。

(2)Lu - Lewis 公式。Sauerbrey 方程的成立是假定均匀沉积的涂层薄膜等效于增加同样质量的一层石英,即忽略了涂层相对于石英的弹性和密度的差异,因此,Sauerbrey 方程一般仅适用于固态膜和刚性材料。当涂层对晶体的相对质量比大于 2% 即刚性沉积膜较厚时,必须采用 Lu - Lewis 公式[828]。

$$\tan\left(\frac{\pi f_c}{f_0}\right) = -\frac{Z_f}{Z_0}\tan\left(\frac{\pi f_c}{f_f}\right) \tag{4.8}$$

式中:f_c 为有负载时晶体的频率;f_f 为膜的振荡频率;Z_f 和 Z_0 分别为膜和晶体的声阻抗。对于刚性沉积膜,当频移达到 40% 基频时,式(4.8)仍然成立。其后,众多的研究工作者又分别从不同的角度导出相应的质量响应模式。

3)QCM 的液相传感理论

在液相中振荡的石英晶体的能量损耗较在气相时要大得多,但运动方式是相同的,因此压电传感器对质量变化仍然有高灵敏响应。更为重要的是,在一定的条件下,还可以根据传感器的频率变化用 Sauerbrey 方程计算质量变化。在 QCM 的液相传感理论探索方面,众多研究人员已经做了大量的研究工作。研究表明,压电石英晶体传感器不仅对质量有灵敏的响应,而且对溶液中许多非质量因素,如黏度、密度、电导率、介电常数等也有灵敏的响应。

(1)单面与黏性的溶液接触。1985 年,Kanazawa 研究组[829]和 Bruckenstein 研究小组[830]分别提出了能预测浸入液体介质中压电石英晶体频率变化的简单物理模型。Kanazawa 和 Gordon 根据压电晶体剪切波与流体阻抗剪切波耦合物理模型,认为压电晶体并不带动整个溶液振荡,实际上,只有很薄的液层参与了晶体的振荡。他们将液体视作纯黏滞牛顿液体,并且把压电石英晶体看成无能耗的弹性固体,在不考虑石英晶体与液相间界面效应影响的情况下,假设与 QCM 接触的液体在 QCM 表面形成了一个黏性边界层,此层质量被看作 QCM 上的附加质量负荷,导出了单面触液时压电晶体谐振频率变化(Δf_L)与溶液黏度

(η_L)和密度(ρ_L)的频移方程:

$$\Delta f_L = -f_0^{3/2}\left(\frac{\rho_L\eta_L}{\pi\rho_q\mu_q}\right)^{1/2} \tag{4.9}$$

式中:ρ_q 和 μ_q 分别为压电晶体的密度和剪切模量。

考虑到压电晶体泛频级次(B)与触液面数($n=1$ 为单面触液,$n=2$ 为双面触液),Bruchenstein 和 Shay 假设与 QCM 接触的液体在晶振表面形成了一个黏性边界层,并把该层质量看作只决定于溶液的密度和粘度的附加荷载,并且通过因次分析,得到了相似的关系式:

$$\Delta f_0 = -2.26\times10^{-6}nf_0^{3/2}(\eta_1\rho_1)^{1/2} \tag{4.10}$$

上述两个公式符合实验结果,但该模型未考虑晶体表面微观条件的影响。

(2)涂覆与石英的机械性能相同的选择性表面涂层。当涂覆与石英的机械性能相同的选择性表面涂层时,石英谐振器的振荡频率会有额外的变化。当置于黏性介质中的石英谐振器质量增加时,相对于真空条件而言,整个频移为

$$\Delta f = (f_c - f_0) = -\left[\frac{2f_0^2}{(\rho_q\mu_q)^{1/2}}\right]\left[\left(\frac{\Delta M}{A}\right)+\left(\frac{\rho_L\mu_L}{4\pi f_0}\right)^{1/2}\right] \tag{4.11}$$

(3)涂敷黏性表面涂层。当石英谐振器表面所涂敷的选择性涂层为黏性物质时,其响应行为会变成“非理想的”。在这种情形下,由 Sauerbrey 方程计算得出的表观质量变化一般都是不正确的,但是对于体系厚度变化的阻抗测量和 QCM 研究而言,有助于对所测得频率变化的解释。

4)传感器响应信号的测定方法

(1)主动振荡器模式。主动振荡器模式又称为主动法,是一种非常灵敏的记录晶体表面变化(如质量沉积或者表面附近的粘弹性的变化)的方法。石英晶体谐振器连接在振荡放大器输入端和输出端之间,作为补偿能耗的反馈回路中的频率控制元件,通过引入正反馈电路产生自激振荡,采用频率计数器测定此时的振荡频率。对于生物分子和细胞的分析,需要进行在液相中尤其是水中的测定,人们开发出能使 AT - 切型石英晶片在液体负载下进行谐振的振荡电路。由于无须精确测定出振荡电路激励所产生的谐振频率,不同振荡电路的实验结果不具备可比性。特别是当负载黏弹性物质导致能量耗散时,响应频率可能会完全不同。

主动法的优点是仪器简单，可自行按需设计制作，操作方便，测定简单快速。迄今为止，绝大多数 QCM 的应用仍使用主动振荡器模式。主动法的缺陷主要是只能提供压电晶体的部分特性，即串联谐振频率；其振荡行为受振荡电路类型和元件参数的影响，操作条件难于控制；晶体难以在高黏度、高密度的液体中稳定振荡。除振荡电路以外，下列几种石英晶体微天平结构设置成功实现了石英单面触液振荡。

①典型的流动测试系统，它包含有被两个 O 形环夹住的石英晶片，参见图 4.7(a)。由于质量灵敏度沿石英盘片半径的增加而衰减，所以应尽量减小 O 形环的接触面积，并放置在远离盘片中心的位置以确保最小限度的阻尼(衰减)。同时，还必须密封测试腔体，以避免空气/水的界面上产生诱导纵向波的反射，还能避免产生气泡并且改变液体的弯月面；此外，还可以在任意时间内从石英固定器的出口和入口添加被分析物而不会影响检测频率。应用该装置可以获取热力学平衡数值及其他的动力学数据，使用流动系统可以确保溶液混合充分。

②另外一种石英晶片单面触液的方法是先将石英晶片的一面用橡胶套密封，当石英晶片完全浸没入溶液中时，只有一面与溶液接触，而另一面仍然处于空气中，在不断搅拌溶液的同时可以用注射器添加被分析物。

③更进一步的方法是将石英晶片水平放置在水/空气的界面上，使石英晶体只有一面浸入水溶液，当向面下相添加被分析物时，可以监测到石英晶片与受体单层之间的相互作用。

④最简便的方法是监测吸附有生物分子的晶片在空气中干燥前后的频率变化。不过，由于液体在空气中的挥发是连续变化的过程，该法仅能够测量频率终值而且误差较大。由于生物分子中的水分会显著影响石英晶振的信号，所测得的频率值与其他液相测量法相比有很大的差异，但该法的优点是 Sauerbrey 方程式在该条件下仍有效。

(2)参比晶体法。石英晶体的振动受液体的影响较大，受此启发，人们开发了一种称为“参比晶体法”的方法。在这种测量方法中，两个石英晶片同时受到并行的激励，对其中的一片石英晶体的表面进行功能化处理，然后将它们同时浸入同样的介质中，用于对生物分子进行最终检测。但是，由于两个石英晶片

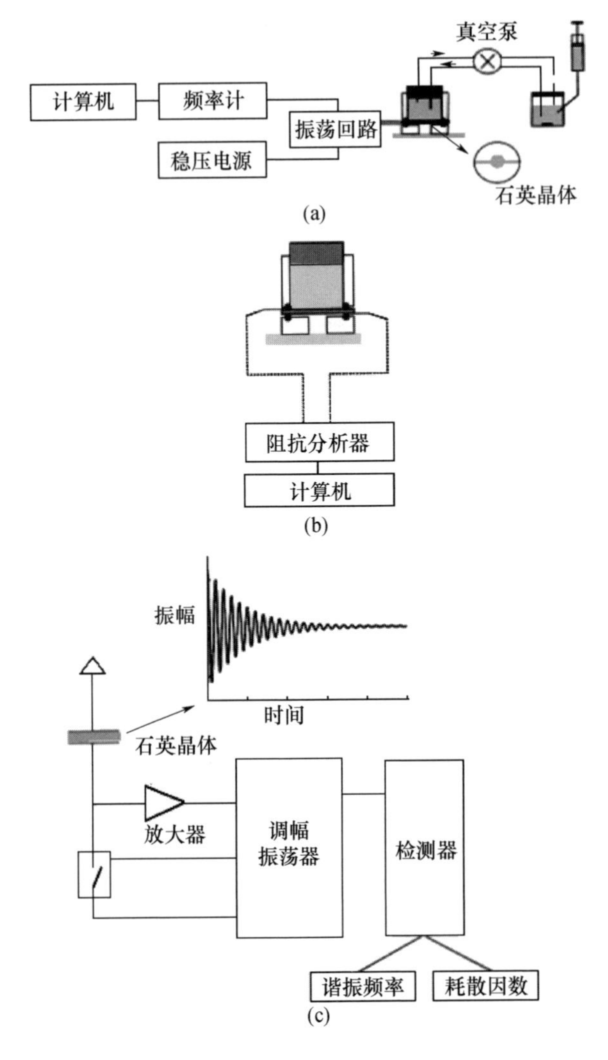

图 4.7 几种 QCM 组成结构

(a)流动体系中的主动法;(b)阻抗分析法的结构;(c)QCM - D™ 方法。

的表面存在差异会产生其他缺陷,该方法并不常用。

(3)阻抗分析法。剪切振动的阻抗分析方法又称为被动振荡器模式,由于机械振动的频率由加在晶体上的交流电压决定(图 4.7(b)),当相位最大值 $\varphi_{max}>0$ 时,剪切谐振器的自由振荡通常受限于负载状况,高阻尼下($\varphi_{max}<0$)主动振荡有可能会停顿,但是对受迫振荡的阻抗分析仍然能够获取与涂覆层相关的有用信息。在阻抗分析法中,压电晶体作为外部元件接在阻抗分析仪的测量

端,阻抗分析仪测得的晶体上的电压与电流的比值即为阻抗。进行阻抗分析时,使用频谱分析仪/频率发生器激励晶体振荡,同时根据所用的频率分别监测复数电阻抗和导纳,通过调整 BVD 等效电路的适当参数,能够有效地区分质量负载和能量损耗。采用阻抗分析方法可以获得液相中 QCM 传感器的多维化学信息。

(4)QCM-D™。另一个用于描述机械和电谐振器的非常重要的量是品质因子 Q,它提供了能量损耗与每个振荡周期中所储存的能量的比值,其定义为

$$Q = 2\pi\,\frac{\text{储藏的能量}}{\text{耗散的能量}} = \bar{\omega}\,\frac{L}{R} = \frac{1}{\bar{\omega} RC} \tag{4.12}$$

品质因子的倒数是能量损耗的量度,因此又称为耗散因数 D,$D = 1/Q$。Rodahl 等[831]开发了一种能够同时测量谐振频率和耗散因数的新途径,其基本原理如图 4.7(c)所示。使用该技术,石英晶片受频率发生器的激励而振荡,随即断开并记录石英振荡的自由衰减过程。不断地重复该过程,将呈现指数衰减的谐振器对耗散因数的影响曲线与每一次循环过程中所获得谐振频率曲线进行拟合,使用调幅振荡器电路可以监测除了谐振频率以外振幅的衰减情况。

5)影响传感器响应的其他因素

除了涂层质量对石英晶体的频率变化有影响外,温度、液体性质、界面性质等也会对频率变化产生影响。

(1)温度的影响。温度的影响可用频温系数表征。在气相条件下,温度对谐振频率的影响较小。特别对于 AT-切石英晶体,在室温附近的频温系数很小。但在液相条件下使用时,温度变化还可通过影响液体的黏度、密度而影响谐振频率。通过恒温和设置温度补偿电路可消除温度的影响。

(2)液体性质的影响。在液相中振荡的石英晶体,液体性质对频率的影响较大。液体性质包括液体的密度、黏度、电导率和介电常数等。Nomura 等[832]最先给出频率与本体液密度、电导率的关系,后来又发现晶体浸入有机溶剂中的频率变化主要是由溶剂的黏度、密度引起的。姚守拙等[833]运用机电耦合模型深入研究了压电石英晶体的谐振频率与溶液黏度、密度、介电常数及电导率的关系,得到了如下经验公式:

$$\Delta f_0 = C_1 d^{1/2} + C_2 \eta^{1/2} - C_3 \varepsilon - C_4 \chi + C_5 \tag{4.13}$$

式中:d 为密度;η 为黏度;ε 为介电常数;χ 为电导率;$C_1 \sim C_5$ 为晶体及实验电路的有关常数。该公式较全面地表征了液体物理参数对振荡频率的影响,为目前比较成功的振荡频移公式。我们归纳了各种条件下起主要作用的因素:对于有机溶剂,介电常数和电导率的影响可忽略;对于水和有机溶剂的混合液,电导率的影响可忽略;对于电解质水溶液,起主要作用的是溶液的电导率。

(3)界面性质的影响。研究表明,传感器的界面性质对频率也有很大的影响。Schumatcher 等[834]发现,表面粗糙度对频率影响很大,由于粗糙的表面上有很多凹陷,其中会吸附液体,晶体振动时,这些液体随着一起振动,成为比光滑表面多的质量负载,引起频率下降,实验结果证实了这种设想。同时,界面的亲疏水特性通过影响本体液与晶片的耦合也会对晶体的共振频率产生影响。另外,传感器的响应还与表面张力、界面自由能及界面黏度等因素有关。

Duncan - Hewitt 和 Thompson[835]提出了液相中 QCM 传感器的四层理论。第一层由石英/电极系统构成,假设沉积在石英表面上的电极是类似于石英材料的薄层,可润湿性(Wettability)的所有变化都归因于电极表面的化学变化。第二层是有序的液体表面附着层(Surface - adjacent Layer of Liquid),该层有比本体液大的密度和黏度,其厚度是固/液界面处相互作用的函数。第三层是液体表面附着层与本体液之间的过渡区,其组成和行为受系统润湿特性的影响,可由接触角数据预测。最后一层是大约 3μm 厚的本体液。该理论把本体液性质与界面特性综合起来考虑,给出了一个完整而又明确的物理图像。用该理论可解释频率随着表面润湿性的减弱而增大的实验现象。

4.1.2 QCM 传感器的制作

1. 敏感材料的种类

QCM 传感器是以分析物在压电石英晶体表面的吸附为基础而发展起来的一种传感器。由于涂层和分析物的性质,其相互作用力各不相同,反映到响应信号,即频率变化也各不相同。因此,其表面敏感涂层的物理和化学性质决定了化学传感器的灵敏度、选择性和稳定性,而且为了保证重复使用,敏感膜对分析物的可逆性也非常重要[836]。

在 QCM 传感器发展初期,气相色谱的固定相材料首先用于传感器的敏感涂层。QCM 传感器的敏感涂层材料主要分为如下几类[837]。

(1)无定形材料是敏感材料中研究较为广泛的一类,它们通过溶剂溶解后滴涂在传感器上,这类物质包括气相色谱固定相和一些聚合物。这也是最初基于 TSM 器件的压电吸收型传感器所用到的敏感材料。这类敏感材料的挥发性很小,因此可以稳定地以薄膜形态存在于传感器表面,同时还适宜于气体的快速扩散。这类敏感材料的化学结构也决定了它具有较为理想的物理、化学性质,作为敏感涂层时具有响应快速、可逆、易成膜以及高选择性等特点,决定了传感器的灵敏度与选择性。

(2)酯或酯与聚合物的混合物也是一类应用广泛的敏感材料,成膜方法分为滴涂法和 LB 沉积法。利用这种物质作为敏感材料的构想源于脂类物质在生物嗅觉系统中的重要作用。典型的酯类敏感材料具有憎水的活性位点和碱性的、偶极的、可发生极化作用的离子头,但没有氢键酸性的活性部位,因此,在不少阵列传感器的研究工作中,同时使用酯类、聚合物和其他无定形吸附剂作为敏感涂层,以得到更高的选择性。

(3)规聚物是具有放射状分支的大分子化合物的统称,它也代表了一类敏感材料,这类材料可通过溶解作用可逆地吸附气体分子。它的应用主要集中在自组装单分子膜 SAM 和多层分子膜上。作为自组装单分子膜,这类材料具有更好的吸附能力。针对气敏质量型传感器的需求,对规聚物的改性主要是通过在其分支的末端接上不同的有机功能片断实现的,但是这种改性对规聚物核的性质并没有太大影响。

(4)富勒烯分子及其衍生物通过共价键或网状多层交联的方式引入敏感涂层中。这样的成膜方法能得到性质稳定的敏感涂层,它不会因为挥发作用而损失富勒烯分子。同时,后续的研究表明,这样的敏感涂层与富勒烯粉末的吸附特性相似。此外,它的化学选择性与非极性无定形聚合物相近,不足之处是灵敏度较低。

(5)超分子化合物是具有空穴结构的笼型物,可将待测分子包容在其中,如冠醚、环糊精、杯芳烃和环肽等。这种化合物具有良好的选择性和灵敏度,但可逆性一般。可以通过化学修饰、裁剪实现预期的选择性、可逆性和灵敏度。

(6)生物分子如蛋白质、酶、抗体和抗原等也是敏感材料的一个重要发展方向。生物分子具有独特的选择性和灵敏度,但其稳定性与可逆性仍有待提高。1999 年,有论文报道以牛蛙嗅觉感受蛋白作为敏感材料的传感器,它对油酸响应的灵敏度很高。

(7)金属络合物因具有选择性吸附烯烃的特性而用作传感器的敏感涂层,不过这种吸附的可逆性差,传感器在使用后要进行再生。

以上几种可作为 QCM 传感器敏感涂层的材料各有优点。总体来说,聚合物和超分子化合物最适宜于在气相中测定挥发性有机物质。广泛应用于化学传感器领域的高分子材料的成本相对较低,制造工艺简单,分子结构具有较宽选择性;超分子化合物能够在分子水平通过化学修饰、裁剪控制传感器的识别中心,为 QCM 传感器的发展提供了广阔的前景[838]。

2. 敏感膜选择的要求

敏感膜是整个 QCM 传感器的核心。传感器的选择性、灵敏度、可逆性、稳定性及使用寿命主要取决于敏感膜的性能。从敏感膜的发展趋势来看,传感器的敏感膜正朝着厚膜—薄膜—超微粒薄膜—分子薄膜的方向发展。成膜材料也相应地由金属(Pd、Pt 等)、金属氧化物(WO_3、ZnO、TiO_2 等)延伸到有机聚合物。敏感薄膜的成膜技术由传统的旋转喷涂、化学气相沉积、真空镀膜、等离子体溅射发展到分子水平的 Langmuir – Blodgett 膜(LB 膜)和分子自组装技术。

在设计 QCM 传感器时,应从以下几个方面考查敏感膜的性能,尽可能选择专一性好、重复性好、响应快速、稳定性好且与石英晶体振荡器亲和性好的材料。

(1)敏感膜的化学稳定性及结构。敏感膜必须具备稳定的化学性质和空间结构,这是传感器具有较长寿命的先决条件[839]。另外,敏感膜表面的晶态和形貌也会影响敏感膜与被测物的相互作用,从而影响传感器的灵敏度、响应时间和恢复时间,而表面结构受敏感膜的制备工艺的影响[840]。

(2)不同官能团所形成的聚合物,其物理性质和化学性质是不同的,这些性质决定着传感器的灵敏度及选择性[841-842];其中聚合物的化学性质对于膜材料的性质起着关键的作用;物理常数往往也非常重要,例如,在玻璃转化温度之上的聚合物是有弹性的,这种弹性聚合物对于气体的吸附非常有利,反之在玻璃转化温度下的聚合物呈现出玻璃态,在涂膜时会出现裂纹和微孔,影响了气体的吸附。因此,在选择合适膜材料时应同时考虑其物理性质。

(3)敏感膜与压电基片的亲和力。这也是影响传感器使用寿命的因素之一。敏感膜只有与压电基片有较强的亲和力,才有可能使传感器具有较好的稳定性[843]。质量效应型的 QCM 传感器要求石英晶振表面的敏感薄膜为均匀的刚性薄膜,而且根据石英晶振的性质,当表面附着物不能和石英晶振紧密结合时,附着物将对石英晶振产生极大的质量效应,甚至引起停振。

(4)敏感膜与其他干扰物质的相互作用。设计传感器时,传感器应具有好的选择性,这取决于膜的专一选择性[844],所以在选择敏感膜材料时,要考虑使膜材料与干扰分子之间没有较强的物理或化学亲和性。

3. 敏感高分子膜的制备技术

1)蘸涂、滴涂和旋涂法

这是一种最简单的制备聚合物覆膜电极的方法。将聚合物溶于适当的低沸点溶剂中,将得到的聚合物溶液用以下方法涂敷在电极上。

(1)蘸涂法。将基底电极浸入聚合物的稀溶液中足够时间,靠吸附作用自然地形成薄膜[845]。采用此种方法,当电极从溶液中移出时,其覆膜量会增加,通常要甩掉表面上多余的溶液,并使之干燥。

(2)滴涂法。取数微升的聚合物稀溶液,滴加到电极表面上[846],并使其挥发成膜。此法的主要优点是:聚合物薄膜在电极上的覆盖量可从原始聚合物的浓度和滴加体积得知。用此法得到的聚合物膜表面较粗糙,若在含有该溶剂的饱和蒸气中缓慢地干燥,会有显著的改善。

(3)旋涂法。旋涂法也称旋转浇铸法,用微量注射器取少许聚合物的稀溶液,滴加到正在旋转的圆盘电极中心处,此时,过多的溶液会被抛出电极表面,余留部分在电极表面干燥成膜,这样得到的薄膜较均匀[847]。重复同样的操作,可得到较厚的聚合物膜,而且无针孔。

2)其他方法

其他方法包括 LB(Langmuir - Blodgett)膜法和分子自组装 SA(Self Assembling)膜法等[848]。LB 膜法可在分子水平上制造出按设计次序排列的分子组合体,成为单分子层或几个单分子层的修饰薄膜;与 LB 膜的制备不同,基于分子的自组作用,在固体表面上自然形成高度有序的单分子层方法称为 SA 膜法。

由于双亲分子在固体表面上自组装形成的单分子层结构可作为生物表面的模型膜进行分子识别,SA 膜法受到广泛的重视。LB 膜和 SA 膜在化学传感器、生物传感器中的应用方兴未艾。

4. QCM 传感器的制作工艺

1)石英晶振的清洗

QCM 传感器所使用的石英晶振是一种常用的电子元件,除去外部的金属封装即得到裸露的石英晶片。往石英晶片表面覆膜之前,必须进行清洗,其目的是为了确保敏感膜与石英晶片结合得更加紧密。清洗石英晶片的试剂主要有去离子水、无水乙醇、丙酮和氯仿等。一般的清洗步骤是:先将石英晶振在饱和 KOH 的异丙醇溶液中超声振荡 2h,然后用大量去离子水冲洗石英晶片表面,再依次使用丙酮、乙醇、氯仿、丙酮清洗,最后用乙醇清洗后置于氩气中干燥待用。注意:清洗过程中不能用强酸或强氧化性物质等能和电极发生化学反应的物质。

通过对经过清洗和未经清洗的石英晶片涂膜后进行测量,发现其频率稳定性有较大差异。因此,清洗工艺是 QCM 传感器制作工艺的一个重要环节,清洗质量的好坏对传感器的制作有很大影响。

2)敏感薄膜的制备

对于在石英晶片表面制备有机高分子敏感薄膜,常用的涂膜方法有棉球擦涂法、注射器滴涂法、喷涂法、蘸涂法等。注射器滴涂法和蘸涂法是在研究高分子敏感薄膜时经常使用的两种方法。大量实验表明,蘸涂法的频率稳定性更好,但不容易控制涂膜量;注射器滴涂法可以更好地控制涂膜量,但频率稳定性比蘸涂法差,容易引起停振。

3)敏感薄膜的干燥处理

Sauerbrey 方程要求石英晶片表面的敏感薄膜是均匀稳定的刚性薄膜。涂膜后,对敏感薄膜的干燥处理就是为了得到均匀稳定的刚性薄膜。

聚合物膜的干燥是一个比较复杂的过程,其干燥机理因材料的不同而有所差异,热塑性涂膜仅靠溶剂的挥发干燥,而热固性涂膜的干燥除了溶剂挥发外,还有官能团的交联反应。涂膜的干燥过程中,总是有少量溶剂保留在涂膜的表面上。干燥过程由溶剂的蒸发所控制,而溶剂的挥发速率仅由外部因素如涂膜的表面积和涂膜体积的比例、膜层上方空气的流速及温度、空气中的溶剂含量及热源等因素所控制。

4.1.3 QCM 传感器的应用

1. QCM 传感器的发展历程

Sauerbrey[827]最先意识到压电石英晶体传感器技术的潜在使用价值，证实了该器件对于 QCM 电极表面上的质量变化有着极其灵敏的响应，并提出了著名的 Sauerbrey 方程。QCM 最早应用于真空镀膜中的厚度检测，随即用于气体成分的测定。1964 年，King[849]最早发表了将 QCM 应用到分析化学领域中的论文，他将一些色谱固定相材料涂覆在晶体表面作为气 - 液色谱仪的检测器，检测了一系列气体组分，建立了用频率变化量衡量吸附物质量的工作方法，该方法一直沿用至今。人们相继开发出测定 NH_3、SO_2、CO_2、芳香烃和农药等气相物质的传感器。接着以 Guilbault 为首的研究组极大地推动了 QCM 气相传感器的研究，并于 1984 年出版了《压电石英晶体微天平的应用》专著，对该领域的研究工作作了较为详尽的综述。应用 QCM 测定气体成分的关键在于选择合适的敏感涂层及相应的覆膜技术，而对涂层的选择需要综合考虑灵敏度、选择性、响应时间、可逆性以及使用寿命等因素。

早期压电石英传感器应用仅局限于检测气体，当时的学术界认为压电晶体在液体中能耗大，难以稳定振荡。1980 年，Konash 等[850]和 Nomura 等[851]分别报道了 QCM 在液相中单面触液振荡获得成功，开辟了压电传感器应用的全新领域。姚守拙等设计的振荡电路实现了双面晶体在水溶液及高黏度溶液中的振荡，进一步促进了 QCM 传感器在液相检测中的应用。

QCM 传感器进入液相分析领域后，在对电化学机理的应用研究方面表现尤为突出，QCM 与电化学方法结合所形成了电化学石英晶体微天平（Electrochemical Quartz Crystal Microbalance，EQCM）。自 Kanazawa 等[852]和 Bruckenstein 等[853]开创了将 QCM 引入电化学的研究后，以 EQCM 为手段的相关研究迅速开展起来，公开发表的研究论文已达数百篇，1991 年，Thompson 等[854]对其进行了较为详尽的综述。在 20 世纪 90 年代初出现商品化的 EQCM 仪器，使得 QCM 在电化学中的应用研究更加方便，目前主要集中在以下几个方面：金属欠电位沉积(UPD)现象的研究;金属的腐蚀、氧化和溶解过程的研究;表面活性剂的吸附/解吸过程的研究以及氧化还原过程中导电聚合物膜的变化过程的研究等。这一研究方向也成为了电化学分析领域中热门的课题。压电传感器在液相中的另一个具有代表性的研究方向是 QCM 应用于物质性能变化过程的监测。QCM 对材料的刚性、黏性和弹性变化的在线响应非常灵敏,QCM 在气相和液相中的响应规律基本一致,这有利于将材料的气相性能和液相性能进行比较。

自从 QCM 传感器可作为微质量检测器以来,其应用范围逐步扩展到气体检测、液相分析、生物免疫研究以及蛋白质分析等众多领域。

2. 压电石英晶体传感器在气相检测中的应用

Obery 和 Ligensio[855] 最早将 QCM 传感器应用于真空膜厚度检测,可达 1Hz/Å 的灵敏度,可测定 2μm 的膜厚。使用时,将石英晶片置于工件附近,喷镀物质在工件和石英晶体上同时沉积。由于频率变化与质量负载之间有简单的线性关系,经校正后,可直接显示镀膜的厚度。目前,QCM 传感器仍然是真空镀膜厚度的标准检测装置。

1)QCM 传感器在气体检测中的研究概况

QCM 传感器最初主要用于气相检测。Warner 和 Stockbridge 最早应用 QCM 测定真空中痕量物质,基频为 2.5MHz 的石英晶片实际灵敏度可达 $10pg \cdot cm^{-2}$。把 QCM 用于化学,特别是分析化学领域主要归功于 King 所做的一系列开创性工作。King[849] 在 1964 年首先将 QCM 传感器用于气体分析,随后在 Guilbault 等[856~858] 的研究下,QCM 传感器在分析化学领域中的应用有了长足的发展,主要应用于气相分析,监测大气与环境污染,他们在晶体电极表面涂覆不同的高分子吸附剂,测定了 SO_2、氨、芳香烃、CO、硝基甲苯、H_2S、汞、氯化氢、有机膦化合物、甲醛、光气等,测定浓度范围为 ppm ~ ppb 级;此外,McCallum 等[859] 连续发表了两篇综述,重点介绍了涂覆高分子膜的 QCM 传感器在气体成分检测中的应用,如对吸附、脱附及分解的研究,对气溶胶及悬浮颗粒的研究,电重量分析,气相色谱检测器,气体检测及其他多种物质的检测和热分析等。QCM 传感器对某些大气污染物测定(如 SO_2[860,861] 等)已取得实质性进展,个别装置已进入工业化生产阶段,用于材料科学、样品测试等。

相对于液相检测,QCM 作为气敏传感器对大气污染物[862~864] 的检测研究得更为深入，QCM 传感器所采用的一些敏感材料如表 4.2 所列。

表 4.2 QCM 气敏传感器的敏感材料

被测物	敏感材料	线性范围	敏感性	方法特点
乙醇	B_2O_3 聚乙二醇 400	1～168ppm（饱和蒸气）	0.2ppm	用氧化物敏感膜，灵敏度高，响应时间快，性能稳定
NH_3	盐酸吡哆素、组氨酸等		1ppb	流动注射分析系统，寿命较长
	吡哆素，Antaros－880（聚乙氧基化合物）			用一支涂有氧化钨的溶蚀管浓缩 NH_3
硫脲	镀金			以硫脲与碘作用为基础，通过测定碘的剩余量而知硫脲的量
H_2	涂钯	250～5000ppm 50ppm～10%		CH_4、CO_2、SO_2 不干扰测定，在 25～100℃效果较好
TNT	聚乙二醇	5～430ppb		选择性和重复性好
HCN	戊烷－2,4－二酮合二镍			用质量较大的配位体置换到涂层上，使灵敏度增加
苯蒸气	2,6－过氧甲基－β环糊精、过苯甲酸盐			可在甲烷、丁烷、乙炔、NH_3、硝基存在下选择性地测定苯
汞蒸气	金喷镀于晶体上			灵敏度：5Hz/10μg
SO_2	聚氨酯	1～100ppm	100ppb	①采用气体流动注射分析装置②所用膜不受空气水分的干扰
甲酸	吡啶	$0.17 \sim 33.1mg \cdot L^{-1}$	$0.17mg \cdot L^{-1}$	可用于大气检测
3－羟基－2－丁酮	四丁磷酰氯		ppb	可用于对违禁药品和食品的监测
NO_2	MnO_2 混在 $Mn(NO_3)_2 \cdot 4H_2O$ 中			可在浓度为 $1550\mu g \cdot L^{-1}$ 条件下测定
H_2S	水尿素甘油混合溶液混合比为 6∶2∶1	$4 \sim 20\mu g \cdot L^{-1}$（非线性误差＜±1%）	$15Hz \cdot L/\mu L$	微变式，可制成廉价手提式快速 H_2S 监测仪

2）可吸入颗粒物测定仪[865－866]

可吸入颗粒物测定仪的工作原理如图 4.8 所示。气样经粒子切割器剔除粒径大于 10μm 的颗粒物，小于 10μm 的可吸入颗粒物进入测量气室，测量气室内有高压放电针、石英谐振器及电极构成的静电采样器，气样中的可吸入颗粒物因高压电晕放电作用而带上负电荷，继之在带正电的石英谐振器电极表面放电并沉积，除尘后的气样流经参比室内的石英谐振器排出，则测量石英谐振器因集尘而质量增加，其振荡频率发生变化，根据采样后工作谐振器与参比谐振器的频率差可测定可吸入颗粒物的浓度并在数显屏幕上显示。石英谐振器实际上相当于一个超微量天平。

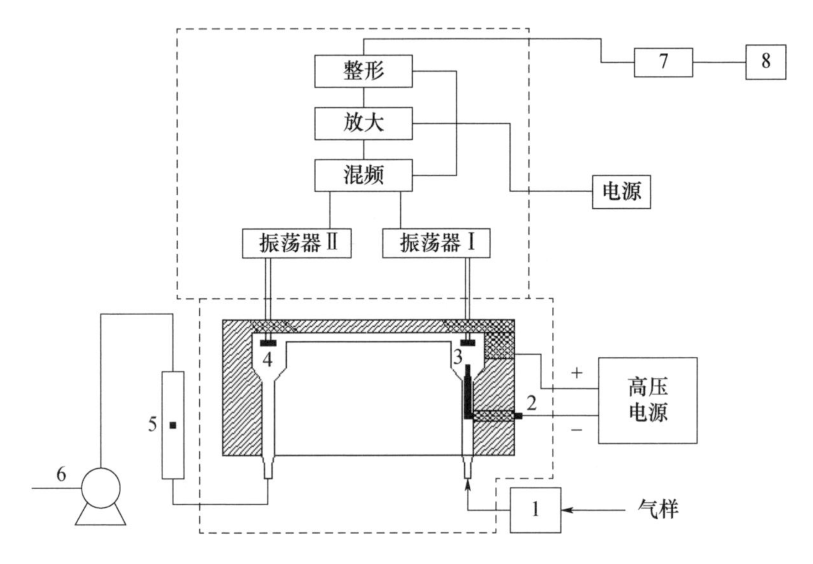

图 4.8　可吸入颗粒物测定仪工作原理示意图

1—大粒子切割器;2—放电针;3—测量石英振荡器;4—参比石英谐振器;

5—流量计;6—抽气泵;7—浓度计算器;8—显示器。

若采样流量为 $Q(\mathrm{m^3/min})$，采样时间为 $t(\mathrm{min})$，则大气中可吸入颗粒物的浓度 $c(\mathrm{mg\cdot m^{-3}})$ 可用下式计算：

$$c = A \cdot \frac{\Delta f}{Q \cdot t} \tag{4.14}$$

式中：A 为由石英晶体特性和温度等因素决定的常数；Δf 为采样后石英谐振器的频率变化。

因实际测量时 Q、t 值均已固定，可吸入颗粒物的浓度 c 与石英谐振器的频率变化 Δf 成正比。

石英谐振器电极的石英晶片需要定期清洗，因为当石英晶片上积尘过多时,可能会超出测定的线性范围,影响测定的精度。目前已有采用程序控制自动清洗的连续自动石英晶体测尘仪。

3)在色谱分析中的应用

由于 QCM 传感器具有质量敏感性强、操作简便等优点,便于气体检测,因而,将其作为色谱检测器具有广泛的应用前景[867]。King[849]于 1964 年首次采用色谱固定相角鲨烯涂膜的 9MHz AT - 切石英晶体作为气相色谱检测器,开展了 QCM 在色谱分析中的应用研究。其后 Karasek 和 Gibbins 使用该种检测器研制了一种携带方便的室温气相色谱[868],该仪器检测速度快,检测限可达 ppm 级,同时还从理论上对该检测器进行了研究分析。Janghorbani 和 Freund 等也对 QCM 传感器在色谱中的应用及理论分析开展了大量的研究。这些研究的特点是柱固定相与涂覆膜为同一类化合物,以 N_2 或 He 为载气,可对醇、酯、芳香类化合物等进行测定,检测一般在常温下即可进行。QCM 在色谱分析中的主要应用情况如表 4.3 所列。

表 4.3 气相色谱中 QCM 检测器的应用

膜材料	柱填料	温度/℃	时间/min	载气/(mL·min^{-1})	被测物
聚乙二醇 400(7μg)	5%聚乙二醇 400 附着在红色硅藻土色谱载体上	40~100	…	N_2(10)	苯,正癸烷,正丁醇
同上	同上	74	…	空气(5)	正己烷,正癸烷,正辛烷,正十二烷
聚乙二醇 400(4μg)	同上	25	14	空气(50)	乙基 -,丙基 -,丁基 -,戊基 - 醇
Ucon LB 550X(4μg)	5% Ucon LB550X 附着在红色硅藻土色谱载体上	25	8	空气(60)	乙酸乙酯,乙酸丙酯,乙酸丁酯,乙酸戊酯,乙酸己酯
OV - 17(4μg)	5% OV - 17 附着在红色硅藻土色谱载体上	25	14	Air(30)	正己烷,苯,正壬烷,正癸烷,正辛烷,甲苯
橡胶黏合剂	5%聚乙二醇 400 附着在红色硅藻土色谱载体上	25	…	…	正壬烷,正癸烷,十一烷,十二烷

（续）

膜材料	柱填料	温度/℃	时间/min	载气/(mL·min^{-1})	被测物
聚乙二醇(4μg)	同上	25	1	空气(60)	N_2中的SO_2
聚乙二醇400	同上	22	7	干燥空气(60)	53.4%甲醇,40.0%乙醇,6.6%丙醇
OV-17	5% OV-17附着在红色硅藻土色谱载体上	22	4	He(50)	苯,氯苯,*m*-二氯苯
聚乙二醇20M	10%聚乙二醇400附着在红色硅藻土色谱载体上	22	5.5	He(40)	丙酮,二乙基甲酮,2-甲基戊-2-烯醇,正丁醇,环己酮
同上	同上	22	5.5	He(40)	丙酮,乙醇,正丙醇,水,环己酮
同上	同上	22	2	He(55)	正常呼吸中的乙醇
OV-17	5% OV-17附着在红色硅藻土色谱载体上	22	2.5	He(62)	正己烷:35.5wt%;正庚烷:17.9wt%;正辛烷:18.4wt%;正壬烷:18.7wt%;正癸烷:9.5wt%
角鲨烷	角鲨烷	27	4	He(60)	正戊烷,正己烷,正辛烷,正庚烷,苯,甲苯,乙苯,二甲苯
1,2,3-三氰基乙氧基丙烷(TRIS)	TRIS	23	28	He(45)	苯,甲苯,乙苯,丙苯,丁苯,戊苯,己苯,庚苯
角鲨烷	聚乙二醇1540邻苯二甲酸二壬酯(DNP)	62	…	He(10~15)	正戊烷,正己烷,正辛烷,苯

此外,Schulz 和 Konash 等[869]还研究了 QCM 传感器在液相色谱中的应用。

4)QCM 传感器在有机膦化合物检测中的应用

由于环境污染监测的需要,QCM 在有机膦化合物检测中的应用研究一直没有间断,其研究重点是敏感膜材料的开发。从国内外研究的情况来看,用于检测有机膦化合物的膜材料大致有以下几类。

(1)无机盐类。Guilbault 等[870-872]对一系列无机盐在有机膦化合物中的应用进行了大量的研究，指出大多数过渡态金属盐都可作为石英压电晶体的膜材料，以无机物薄膜（如 $FeCl_3$、$CaCl_2$、$NiCl_2$、$MgBr_2$ 等）对二异丙基甲基磷酸酯（DIMP）、对氧磷进行检测的结果表明，用 $MgBr_2$ 膜测定对氧磷的检测限可达 ppb 级，使用铜的配合物检测 DIMP 时检测限可达 ppm 级且响应时间较快。

（2）肟类。使用2－吡啶醛肟甲基碘化物（2PAM）及异硝基苯酰丙酮（IBA）这两种对有机膦化合物具有活性的物质做成覆膜材料，对对硫磷检测的灵敏度提高到 18Hz/5ppb。

（3）环糊精等具有孔穴结构的大环化合物。有报道用 β－环糊精的衍生物测定爆炸后的含硝基化合物及甲基膦酸甲酯（DMMP）、沙林及芥子气。

（4）在基于大多数金属能与有机膦化合物络合的基础上，人们对有机金属化合物测定含磷化合物进行了研究。据报道，L－盐酸组氨酸对马拉硫磷有较好的作用；使用3－PAD、Triton X－100 和 NaOH 的三元混合物作为覆膜材料研制的 QCM 传感器对 DIMP 具有较快的作用，较高的灵敏度，传感器的使用寿命长。表 4.4 列出了在测定有机膦化合物时所使用的一些有机金属化合物膜材料[873－877]。

表 4.4　膜材料对有机膦化合物的响应

膜材料	ΔF/Hz		
	DIMP（15ppm）	马拉硫磷（1ppm）	对硫磷（1.5ppm）
L－组氨酸盐酸盐	30	1414	126
DL－组氨酸盐酸盐	—	474	23
丁二酰胆碱氯酸盐	55	519	76
丁二酰胆碱碘酸盐	41	490	44
2 PAD	290	—	—
3 PAD	403	64	24

（5）据报道，美国海军研究实验室的 Guilbault、Grate 等[878－879]对 QCM 在 GB、GD、VX、HD 等化学战剂检测中的应用进行了研究，用于检测的膜材料主要有氟多元醇、氮杂烷丙烷、乙基纤维素、聚表氯醇等。同时，美国海军研究实验室还合成了一种新的氢键酸性聚合物（代号 CS3P2），该聚合物与有机膦化合物的作用快、灵敏度高、检测限可达 ppt 级。

左伯莉和陈传治等[880－881]制作了以乙基纤维素为敏感膜的 QCM 传感器，

设计了可配制不同气体浓度的流动检测系统，并用气相色谱/火焰光度检测器（GC/FPD）作为气体浓度的分析手段，建立了 QCM 流动检测方法。用该方法对 DMMP 的检测分析结果表明，在 $1.65\times10^{1}\sim1.47\times10^{3}\mu g\cdot L^{-1}$ 浓度范围内呈现良好的线性关系（$R=0.9988$），最低检测限可达 $1.64\mu g\cdot L^{-1}$，RSD 为 4.21%。该方法稳定性和重现性较好，灵敏度较高。

3. 压电石英晶体传感器在液相检测中的应用

由于液相中阻尼较大，石英晶体不易产生压电谐振。所以，尽管 King 等早在 1972 年就提出了把低频振动晶体应用于液相检测的构想，并得到了 Richardson 的理论支持，但直到 20 世纪 80 年代日本的 Nomura 与美国的 Konash、Bastiann 才分别独立地采用晶体一面接触液体，并使其振荡获得成功。稍后，Nomura 等又使得双面触液晶体振荡成功。1991 年，Nomura 又通过电解质溶液施加交变电场，使无电极晶片在液相振荡成功。

压电晶体在液相中的振荡成功开辟了压电质量传感应用的一个全新领域。现在，QCM 已经可用于溶液中微量组分的测定、液相色谱检测器、溶液性质的研究及电化学研究等。Bruckenstein 等用 QCM 研究了金电极上单分子层氧的吸附机理，将在线测定电解过程质量变化的石英晶体称为电化学石英晶体微天平（EQCM）。目前，EQCM 已应用于金属电极表面单分子层的测定、氧化还原过程离子和溶剂在聚合物膜中的传输、高分子膜及金属电沉积和膜的生长/溶解动力学研究等许多领域。另外，在 QCM 的基础上，引入耗散因子检测功能的石英微天平技术后被称为耗散型石英晶体微天平（QCM－D）。QCM－D 能同时测量石英晶体的频率（Δf）和耗散值（ΔD）的改变，可对物质黏弹性以及物理化学结构变化进行精确表征。目前，QCM－D 技术已广泛应用于生物材料、药物研发、环境科学、涂料等领域，用以检测表面所发生的吸附、解吸、交联、溶胀、降解等化学及物理反应。

1）QCM 在溶液中痕量金属离子检测中的应用

（1）分析方法。用 QCM 传感器对溶液中痕量金属离子进行检测，是基于晶体电极上发生电沉积、吸附或者与适当的涂敷物相互作用的原理。图 4.9 所示为该过程的示意图。

（2）振荡电路的设计。由于对大多数振荡器来说，如果晶体双面触液就难

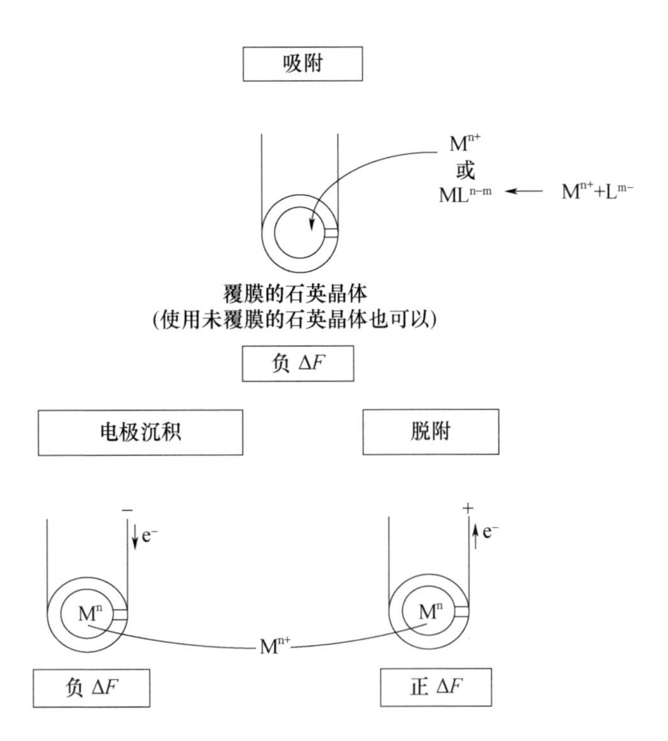

图 4.9　溶液中金属离子测定的示意图（M = 金属，L = 配体）

以起振，因此通常使晶体单面与溶液接触。图 4.10 所示为典型电解槽的设计，两个 O 形圈将晶体的两面密封，选择适当的一面进行分批操作或者流动检测。

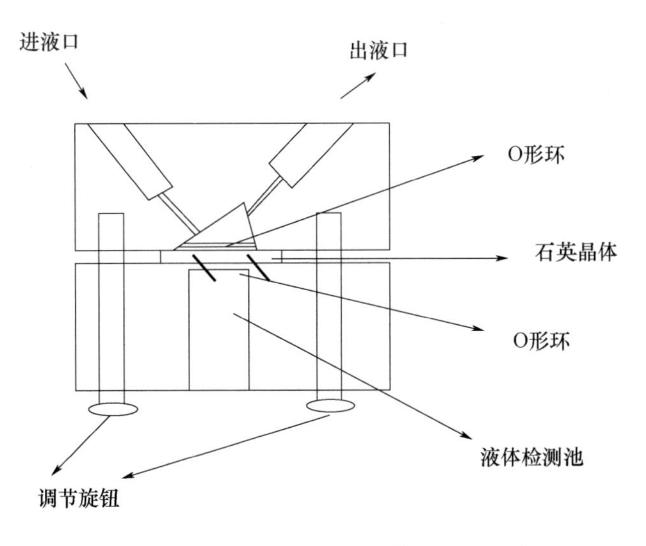

图 4.10　用于液相测试的晶体电解槽设计

(3) QCM 在溶液中痕量金属离子检测中的应用研究。自 20 世纪 80 年代 QCM 成功地应用于溶液中以来,QCM 传感器已被广泛用于检测溶液中痕量金属离子[882],如表 4.5 与表 4.6 所列。

表 4.5 QCM 传感器对溶液中痕量碱金属离子检测中的应用

金属离子	传感器和振荡电路	方法	校准曲线图	清洁处理液	干扰物	pH
Na^+	无电极 PQC 晶体管	吸附 Na_2SO_4 与 $Ba(NO_3)_2$ 形成的沉淀	$50 \sim 100\mu mol \cdot L^{-1}$	EDTA		
	无电极 PQC IC	吸附 Na_2SO_4 与 $Ba(NO_3)_2$ 形成的沉淀	$50 \sim 100\mu mol \cdot L^{-1}$	EDTA		4.6
	QCM IC	吸附 Na_2SO_4 与 $Ba(NO_3)_2$ 形成的沉淀	$50 \sim 500\mu mol \cdot L^{-1}$	EDTA	磷酸盐	
K^+	无电极 PQC IC	吸附与四苯基硼酸盐形成的沉淀	$50 \sim 500\mu mol \cdot L^{-1}$	HNO_3		4.6
	QCM IC	主体-客体配位作用	检测限 $1.93mg \cdot L^{-1}$ $\Delta F_{膜} = 2.9kHz$ $1.75mg \cdot L^{-1}$ $\Delta F_{膜} = 3.9kHz$	H_2O	对其他金属的选择系数取决于涂层中亲脂性盐的含量	≥4

表 4.6 QCM 传感器对溶液中痕量过渡金属离子检测中的应用

金属离子	传感器和振荡电路	方法	校准曲线图	清洁处理液	干扰物	pH
Cu^{2+}	QCM IC	用两个电极进行电沉积	$1 \times 10^{-6} \sim 1 \times 10^{-4} mol \cdot L^{-1}$ $s = 4.97Hz(1.74\%)$, $20\mu mol \cdot L^{-1}$	阳极解吸		4.7
	QCM 晶体管	电沉积	$16\mu g \cdot L^{-1} \sim 0.7mg \cdot L^{-1}$	阳极解吸	主要是除了所形成的 Cu-Au 合金以外大量的 Cu	
	QCM IC	吸附于乙烯基吡啶	$5 \sim 35\mu mol \cdot L^{-1}$ $s = 1.72Hz(2.9\%)$, $30\mu mol \cdot L^{-1}$	EDTA $1mmol \cdot L^{-1}$	Cd^{2+}, Fe^{3+} 的硫化物(引入正误差) 氰化物、硫代硫酸盐和硫氰酸盐-(引入负误差)	6.6 ~ 7.3

（续）

金属离子	传感器和振荡电路	方法	校准曲线图	清洁处理液	干扰物	pH
Cu^{2+}	电极分离的 PQC IC	吸附附着在石英上的 Cu^{2+} 与 N,N－氨基甲酸二乙酯形成的沉淀	0.3～5.0μmol·L^{-1} rsd＝6.9%，2.0μmol·L^{-1}	50% 2－丙醇溶液	加入 EDTA 可消除 Al、Zn、Cd、Co^{2+}、Pb、Ni、Fe^{3+} 中 Ag、Hg^{2+} 干扰物	5.0
	电极分离的 PQC 晶体管	吸附与阳离子 Cu^{+} 复合物相关的离子对	2.0～15μmol·L^{-1} rsd＝6.9%，5.0μmol·L^{-1}	50% 2－丙醇溶液	水合酸中的 Ag^{+}、Hg^{+}，会对其他离子引入低于10%的干扰	4.9
Fe^{2+}	QCM IC	滴定过程中电导率的变化	检测限：用重铬酸盐时为 1×10^{-4}mol·L^{-1} 用高锰酸盐时为 1×10^{-5}mol·L^{-1}		氰化物和 EDTA	
Fe^{3+}	QCM 晶体管（单面覆膜）	吸附 Fe^{3+} 的磷酸盐	1×10^{-5}～1×10^{-4}mol·L^{-1} s＝7.81Hz(9.6%)，5×10^{-5}mol·L^{-1}	0.01M NaOH 0.1mol·L^{-1} HNO_3	Pb^{2+}、Fe^{3+}、Al^{3+}、Bi 的硫化物和硫代硫酸盐	2.8
	QCM IC	硅油表面的吸附	5～100μmol·L^{-1} s＝2.80Hz(2.98%)，50μmol·L^{-1}	0.01mol·L^{-1}柠檬酸	硫酸盐，磷酸盐，铬酸盐	4.7
Ni^{2+}	QCM	用极谱法进行电沉积	1×10^{-6}～1×10^{-3}mol·L^{-1}	1mol·L^{-1} HNO_3	其他金属也会在一定程度上发生沉积	6.4
Zn^{2+}	QCM	用极谱法进行电沉积	1×10^{-6}～2×10^{-4}mol·L^{-1}	1mol·L^{-1} HNO_3	其他金属也会在一定程度上发生沉积	6.4
Cu^{2+}	QCM	用极谱法进行电沉积	（测试结果无重现性）	铜的去处会伴随电极的溶解	其他金属也会在一定程度上发生沉积	6.4
Ag^{+}	QCM	用极谱法进行电沉积	0.5～10μmol·L^{-1} (5min) s＝2.66Hz(2.8%)，5μmol·L^{-1} 1～10nmol·L^{-1}(1h)	电解	氯化物，溴化物，氰化物，硫化物，Co^{2+} 和 Mn^{2+}	9.5
	QCM IC	内部电沉积	1～10μmol·L^{-1} (10min) s＝11.9Hz(5%)，10μmol·L^{-1}	6mol·L^{-1} HNO_3	Hg^{2+}、Cu^{2+} 以及使得 Ag^{+} 沉淀的阴离子	3.4～5.4

（续）

金属离子	传感器和振荡电路	方法	校准曲线图	清洁处理液	干扰物	pH
Ag^+	QCM 晶体管	电沉积	1 ~ 30μmol · L^{-1} (10min) s = 1.42Hz(1.7%)，10μmol · L^{-1} 0.2 ~ 1μmol · L^{-1}(1h)	HNO_3	Cu^{2+}、Fe^{3+}、Mn^{2+}、Pb^{2+}（用 EDTA 去处的）和 Hg^{2+}，溴化物，硫化物，硫代硫酸盐，氰化物，碘化物和硫氰酸盐	4.6
	QCM 晶体管	吸附其与酒石酸盐，柠檬酸盐或 EDTA 形成的复合物	0.2 ~ 10μmol · L^{-1} s = 14Hz(4.8%)，2.0μmol · L^{-1}	4mol · L^{-1} HCl 0.1% $FeCl_3$	能够形成可溶性银盐的阴离子	3.8
	QCM	吸附于聚噻吩表面	0.1 ~ 100mg · L^{-1}	EDTA	主要是 Hg^{2+}，其他干扰较小，分别为 Cu^{2+} > Ni^{2+} > Co^{2+} > Zn^{2+} > Fe^{2+}	
Cd^{2+}	QCM	用极谱法进行电沉积	2 ~ 200μmol · L^{-1} (2min) s = 163Hz(2.8%)，40μmol · L^{-1} 0.3 ~ 10μmol · L^{-1} (20min)	1M HNO_3		
	QCM	用极谱法进行电沉积	5×10^{-8} ~ 5×10^{-4}mol · L^{-1}	1M HNO_3	其他金属也会在一定程度上发生沉积	6.4
	EQCM	解吸	低至 2μg · L^{-1}，精密度差			
Au^{2+}	QCM IC	电沉积	0.15 ~ 2.5μg · ml^{-1} s = 2.2%，2.0μg · ml^{-1} s = 5.0%，0.3μg · ml^{-1}	不需要	Ag^+，Hg^{2+}，Pt^{4+}，Pd^{2+}	
Hg^{2+}	QCM	与 $SnCl_2$ 发生还原反应，并与金电极汞齐化	5 ~ 100ng rsd = 7%	170℃加热	高选择性．贵金属的溴化物，碘化物，巯基丙氨酸，硫化物，硫代硫酸硒(IV)	
	QCM IC		检测限 47μg · L^{-1} rsd = 4%			

（续）

金属离子	传感器和振荡电路	方法	校准曲线图	清洁处理液	干扰物	pH
Au^{2+}	QCM IC	电沉积	2～30μmol·L^{-1} s=1.41Hz(2.6%)， 10μmol·L^{-1}	在过二硫酸铵和硝酸中的5mM溶液	Ag^{+}，硫代硫酸盐	4.6
Hg^{2+}	EQCM	电化学解吸	低达5×10^{-9}mol·L^{-1}，但75mg·L^{-1}后非线性			
	SHAPM	电化学还原反应	检测限2.4ng·mL^{-1}	电化学解吸		
	QCM	吸附于聚噻吩表面	0.1～100mg·L^{-1} s=7.04Hz(3.2%)， 20mg·L^{-1} P3HHT/硬脂醇 s=3.02Hz(2.4%)， 20mg·L^{-1} P3OTBT/硬脂醇	EDTA	Ag^{+}，溴化物，碘化物，铬酸盐，硫氰酸盐，其他干扰较小，分别为Cu^{2+} > Ni^{2+} > Co^{2+} > Zn^{2+} > Fe^{2+}	
注：表4.5和表4.6根据文献[882]改写						

（4）QCM与其他检测技术联用。纵观近几年压电石英晶体微天平技术的发展，一个突出的特点是QCM可以和一种或多种其他技术结合运用，共同对某个现象或过程进行表征或研究，其优势可以互补。表4.7表示近年出现的一些新的联用技术，体现出QCM传感器进一步朝着信息多样化、智能化、仿生化的方向发展。

表4.7 QCM技术联用

联用技术或方法	研究对象与体系
法拉第阻抗谱技术、计时电位法、QCM和表面等离子体技术(SPR)	丙烯醛氨基苯硼酸－丙烯醛胺水凝胶与葡萄糖相互作用的膨胀过程
QCM、光谱分析技术	2,5－二巯基－1,3,4－噻二吡咯的电聚合及降解
原子力显微镜(AFM)，电化学石英晶体微天平(EQCM)，傅里叶红外光谱法(FTIR)和电化学阻抗技术(EIS)	现场同时研究烷基碳酸酯/锂盐溶液中贵金属电极上表面膜的形成
光谱电化学和QCM	现场监测铜的电沉积与溶出过程

（续）

联用技术或方法	研究对象与体系
四极质谱，QCM	监测 $TiCl_4$ 水解生成的 TiO_2 微粒的沉积；监测三甲基铝水解为 Al_2O_3 微粒的沉积
SPR，QCM 和椭圆术	监测 Metp－1 蛋白膜在吸附与交联过程中交联水、膜黏弹性及厚度变化
分子识别技术，QCM	监测超临界流体中溶剂对固定在电极上的有机物诱导－装配分子的影响
QCM，扫描隧道显微镜（STM），电化学	金表面聚合氧金属酯自组装单分子层，聚合物涂层法测定年萜烯
分子印迹技术（MIP），QCM 仿生传感器	人尿、人血清中咖啡因的选择性测定植物激素、吲哚乙酸、咖啡因的识别

2）EQCM 的仪器系统

压电传感器在液相最成功的应用主要在电化学机理的研究方面，现在把用于电化学研究的压电石英晶体称为电化学石英晶体微天平（简称 EQCM），其装置如图 4.11 所示。在 EQCM 中，压电石英晶体单面与溶液接触，触液的电极既是石英晶体的激励电极，也是电化学系统的工作电极，晶体表面是电化学场所。

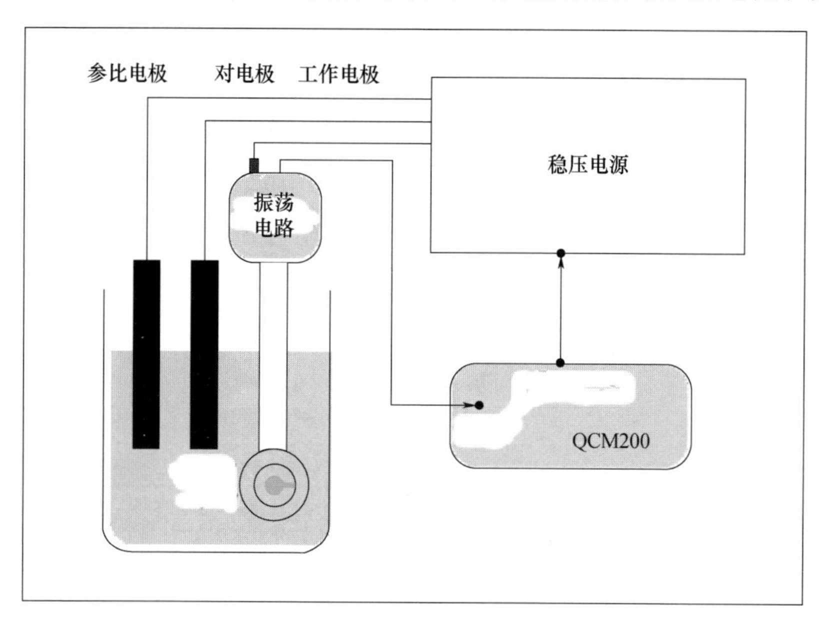

图 4.11　电化学石英晶体微天平示意图[883]

压电石英晶体的另一面处于空气中，这样一方面是为了降低振荡能量的介质损耗，减小溶液电导率变化的影响，另一方面是保证 EQCM 能在高浓度支持电解质中工作。石英晶体能够额外提供电极过程的质量得失信息，有助于阐明电极过程的机理。

3) EQCM 的应用

现在已有 EQCM 的商品化仪器，其频率稳定性在 0.1Hz，质量检测下限据称可以达到 0.1ng，所以商品名称为纳克微天平。现在第二代纳克微天平所标称的频率稳定性已达 0.02Hz，质量检测下限为 0.02ng。EQCM 商品仪器的出现，极大地便利了 QCM 在电化学研究中的应用，这一研究方向也成为了电化学和电分析的热门课题。EQCM 已广泛应用于电化学、电分析及生物分析等领域，主要包括以下几方面。

(1) 研究金属的沉积与溶解过程。溶液中金属离子在电极表面的沉积以及电极表面金属的溶解过程均涉及质量的变化，采用 EQCM 可以检测到单原子层或亚单原子层的质量变化。Zugmann 等[884]研究了铝电极在 LiDFOB 电解液中的溶解情况，通过 EQCM 实时监测铝电极在 LiDFOB 电解液中的工作情况，发现铝电极表面可以形成腐蚀保护层，具有较好的防腐蚀效果。Bruckenstein 等[885]研究了 Ag^+ 的电化学沉积，其测定结果与由电化学库仑方法测定的结果一致。Ward 等通过在晶体表面不同区域沉积 Cu，结果发现不同区域的频率下降值差异较大，QCM 对质量变化的灵敏度呈高斯分布，以电极中心的响应灵敏度最高，比电极边缘高 6 倍，由此可见沉积膜均匀分布的重要性。另外，应用 EQCM 研究金属的欠电位沉积(UPD)一直是活跃的课题。根据电极给出的质量信息可计算出金属欠电位沉积的价态。EQCM 还可以监测与金属腐蚀相关的金属膜溶解。Okido 用 EQCM 研究了水在 Al 金属薄膜上的吸附情况，并且讨论了水的吸附膜对 Al 的腐蚀速率的影响。Seo 用 EQCM 研究铁片在磷酸盐溶液中的腐蚀情况时发现，铁的腐蚀速度随溶液 pH 值和含磷量的变化而不同，腐蚀电位也与上述因素有关。

(2) EQCM 研究化学修饰膜的电化学特性。

①EQCM 研究电极表面的吸附。EQCM 对吸附的研究是基于吸附量不同会引起电极的质量变化进而引起 QCM 频率的改变，由质量变化量可算出吸

附分子的数量，并推测吸附物种类、吸附物结构及吸附机理。Levi 等[886]研究了纳米碳电极表面吸附离子的数量，并与离子排斥色谱法测得的离子水合动力学常数相匹配。Gordon 等[887]用 EQCM 方法研究了金电极在酸性介质中的电化学行为，结果表明，双层区质量变化是由于形成了某种氧化物。Shimazu 等[888]研究了铂电极上水分子的吸附，指出铂电极的阳极过程实质上是水分子逐步放电的过程，直至形成单层 Pt－OH。Cheng 等[889]基于吸附物质的黏弹性变化成功测定了血浆中肝素含量，QCM 传感器传感器的优点之一是操作更为简便。

②EQCM 研究化学修饰电极。EQCM 可现场监测化学修饰膜生长过程及电化学过程中的质量变化，提供有关膜生长动力学及电极反应时膜内质量传输方面的信息[890－892]。Kushwaha 等[893]研究了分子印迹聚合物在电极表面的组装过程，并用于麻风杆菌的检测。Yang 等[894]研究了葡萄糖氧化酶在不同形貌 PEDOT 电极表面的包埋情况，并发现具有纳米纤维形貌的 PEDOT 电极可以包埋更多的葡萄糖氧化酶。Caruso 等[895]比较了单层和多层 DNA 在金电极上固定时的异同。Takada 等[896]研究了几种过渡金属络合物在电聚合成膜中的氧化还原反应。Buttry 等[897]在对具有长烷基链的二茂铁表面活性剂在金电极表面的成膜过程进行研究时发现，由还原态在电极表面强吸附形成的自组装膜在氧化态将出现脱附。Caruso 等[898]比较了单层和多层 DNA 在金电极上固定时的异同。EQCM 同样可以用于研究膜中离子迁移情况，EQCM 还可以对膜的形成、膜上的化学反应及膜上的电沉积形式进行测定。

③EQCM 研究电极材料的掺杂/去掺杂。EQCM 可原位表征材料掺杂/去掺杂导致后质量变化，导电高分子在液相中的掺杂/去掺杂对材料的物化性能有很大影响。利用 EQCM 技术，可以探究不同离子和不同掺杂程度对聚吡咯[899]或者聚乙烯二氧噻吩[900]等导电高分子电化学性能的影响。

（3）EQCM 与其他检测技术联用。压电光谱电化学将压电传感器与光谱电化学技术相结合，利用 QCM 检测质量变化，利用光谱技术现场检测光谱信号，得到质量、光谱、电化学三方面的信息，有利于电极的深入表征，具有良好的发展前景。

近年出现的其他新联用技术参见表 4.7。Carstens 等[901]结合 EQCM、原子力显微镜(AFM)与电化学扫描隧道显微技术,研究了钽在离子液体中的电化学性能。汪等[902]结合EQCM与电化学扫描隧道显微技术,研究了有机分子的电吸附。Bruckenstein[903]将EQCM、旋转圆盘电极(RRDE)及光电子能谱(XPS)飞行时间二级离子质谱(TOF-SIMS)同时用于电极研究。Aurbach等[904]的工作中,与EQCM联用的技术有FTIR、原子力显微镜(AFM)和电化学阻抗谱(EIS)。Ju等[905]的工作中,与EQCM联用的技术有光电子能谱(XPS)和原子力显微镜(AFM)。

4. QCM在生物传感领域中的应用

将各种生物膜固定在压电晶体上,以压电晶体作为换能器,对生物活性敏感物质感应的信号进行放大处理,从而实现测定[906-907]。自1972年Shone等首次将QCM传感器用于免疫测定以来[908],对酶、微生物、细胞、代谢物、抗原/抗体、核酸等先后用作生物敏感材料进行了研究。其在微生物免疫分析[909-912]、蛋白质分析[913-914]以及生物小分子分析[915-917]等方面的应用分别如表4.8、表4.9和表4.10所列。

表4.8　微生物免疫分析

分析对象	固定抗体方法	检测范围/(个·mL^{-1})	说明
大肠杆菌	有机硅烷化、戊二醛交联	$10^5 \sim 10^8$	在抗原表面再吸附一层包被抗体的聚乙烯微球,可提高检测灵敏度
沙门氏菌	聚乙烯亚胺(PEI)吸附、戊二醛交联	$10^5 \sim 10^9$	比较了4种固定方法的优劣,用尿素解吸抗原,晶体可重新使用6~8次
肠道细菌	蛋白A	$10^6 \sim 10^9$	考察了5种干燥已固定抗体晶体的条件,晶片上物质经洗脱,能重新使用50次
儿童急性腹泻相关的细菌和病毒	蛋白A	细菌:$10^6 \sim 10^{10}$ 病毒:$10^6 \sim 10^8$	比较了3种固定抗体的方法,合成多肽竞争解吸抗原,电极可重新使用18次
疱疹病毒	蛋白A	$5 \times 10^4 \sim 1 \times 10^9$	比较了3种固定方法,合成多肽竞争解吸抗原,电极可重新使用18次
甲肝乙肝病毒	蛋白A	$1 \times 10^5 \sim 1 \times 10^{10}$	比较了4种解吸剂对抗原的解吸,用合成多肽解吸抗原,电极可重新使用10次

表 4.9 蛋白质分析

分析对象	固定抗体方法	检测范围/(个·mL^{-1})	说明
IgG	蛋白 A + IgG 抗体	0.01	连续监测免疫反应频率变化
人体转铁蛋白	蛋白 A + 抗人转铁蛋白抗体	10^{-4} ~ 10^{-1}	
人血清白蛋白	蛋白 A + 抗人白蛋白抗体	10^{-4} ~ 10^{-1}	已使用过的晶体用白蛋白饱和后再键合一层新的抗体层,可重复使用 5 次
人血清白蛋白	抗人白蛋白抗体	10^{-4} ~ 10^{-1}	采用流动池检测,频移比 Sauerbrey 方程的预测值要大
全尿蛋白		0.05 ~ 1	用蛋白酶处理已使用过的晶片,可重复使用 300 次
牛血红蛋白	PEI、戊二醛 + 牛血红蛋白抗体	10^{-3} ~ 10^{-1}	研究了液体深度对频率的影响
牛血清白蛋白	聚乙烯亚胺 + BSA 抗体	10^{-4} ~ 10^{-2}	比较了 3 种固定方法的优劣

表 4.10 生物小分子分析

分析对象	敏感材料	线性范围或检测限	说明
皮质醇	蛋白 A + 皮质醇抗体	36 ~ 3628μg·L^{-1}	比较了聚乙烯亚胺和蛋白 A 固定抗体的优劣
l - 谷氨酸		3.8×10^{-5} ~ 8×10^{-4}mol·L^{-1} 检测限:3.8×10^{-5}mol·L^{-1}	使用串联电极压电晶体传感器,讨论了甲醛溶剂对频移的影响
人绒毛促性腺激素	聚乙烯二茂铁膜 + 尼龙膜		采用质量放大方法,显著提高了检测的灵敏度,电极可重新使用
莠去津衍生物	聚苯乙烯 + 莠去津抗体	0.01 ~ 1μg·L^{-1} 检测限:0.001μg·L^{-1}	采用蛋白标记抗原竞争反应
生物素	BSA、脱硫生物素反应物 + 亲和素	停流法 0.05 ~ 100mg·L^{-1}, 连续流动法 0.2 ~ 10000mg·L^{-1}	利用溶液中生物素的竞争亲和反应引起亲和素的脱附来测定生物素
血液中盐的总浓度		4×10^{-5}mol·L^{-1}	使用表面声波传感器,基于电导率的差别来测定

左伯莉和郭钊等[918-919]为优化压电免疫传感器对大分子气溶胶的检测效果,采用循环伏安法在石英晶体金电极上先聚合一层聚苯胺膜,然后聚合一层聚间苯三酚膜,用于固定羊抗小鼠 IgG 抗体;同时,配合超声雾化法产生大分子

气溶胶,研制了一种直接气相检测小鼠 IgG 抗体的谐振式免疫传感器。该传感器对小鼠 IgG 的响应快,在 0.42 ~4.8g · L^{-1}的范围内具有较好的线性关系。

SARS 是 21 世纪出现的极具传染性的疾病,研究 SARS 病毒的快速检测报警方法,对 SARS 的早期诊断治疗及对生物武器的防护具有重要的意义,更是一项具有挑战性的国际难题。左伯莉等[920]用经 SARS 病毒诱导产生的马血清抗体制成压电免疫传感器,检测被超声雾化成气溶胶状态的水和唾液中的 SARS 病毒,并详细研究了 SARS 压电免疫传感器的基线漂移、稳定性、重现性、检测灵敏度和精密度,以及雾化系统的雾化电流、振荡时间、次数、进样量等。实验结果表明,该传感器检测 SARS 病毒快速、灵敏,可以在 2min 内检测到病毒,在 0.6 ~4μg · L^{-1}浓度范围内呈现良好的线性关系。传感器的稳定性、重现性较好,可以保持 30 天,重复使用数十次。根据 50 个年龄、性别不同的人的唾液检测值还研制了用于唾液中 SARS 病毒检测、报警的原理性样机,该样机由生物传感探头、雾化器、单片机处理系统组成,可在 2min 内快速检出唾液中的 SARS 病毒。

5. QCM - D 在生物领域的应用

QCM - D 与传统石英晶体微天平工作原理不同,其通过周期的打开/断开电路,同时记录芯片频率变化和基频从振荡到完全停止所需要的时间。当表面吸附刚性物质时,能量耗散较慢,频率降低至零需要较长的时间;表面吸附柔软/黏弹性物质时,能量耗散较快,频率降低需要的时间会大幅减少,通过对耗散值的监测,可以实时监测物质内部的黏弹性以及结构变化(图 4.12)。目前,QCM - D 作为研究材料与生物分子相互作用的工具,在研究生物传感器的界面耦合能力[921]、蛋白在不同基质上的构象变化[922]以及不同的纳米结构与蛋白吸收动力学的关系[923]等领域有着重要作用。

6. QCM 传感器阵列与模式识别

随着科学技术的发展和进步,化学传感器广泛地应用于环境、食品、临床分析,具有高灵敏度、高选择性、微型化、智能化、信息化、快速方便等特点。但由于化学传感器的工作特性具有非线性和非单一选择性,仅仅依赖于传感器本身的选择性检测物质的存在与否或存在状态是有一定难度的。如一些涂覆聚合物的 QCM 传感器本身的选择性不高,单独使用一个传感器无法满足各种复杂环境的分析需要。为了最大限度地获取有关分析的各种化学信息,可将各种选

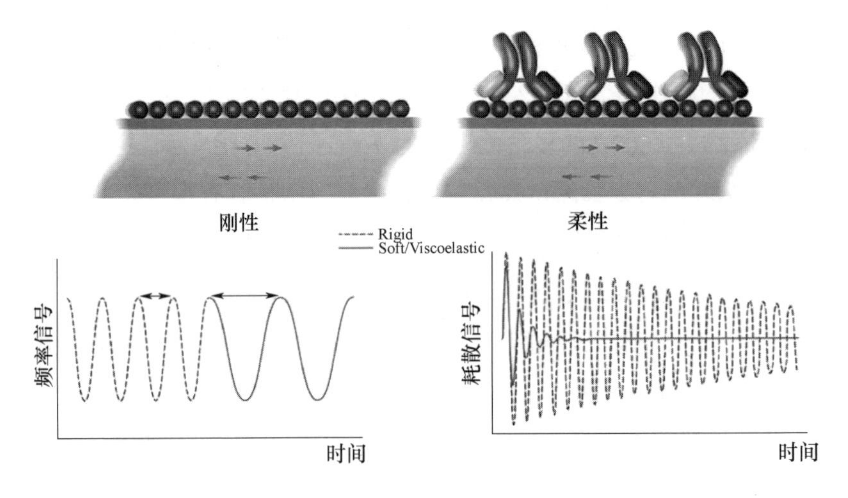

图 4.12 QCM - D 电化学石英晶体微天平示意图[924]

择性较好的传感器组成传感器阵列。利用模式识别方法可以进行定性、定量分析。这种新的化学传感器技术克服了传感器选择性不高的缺陷，正日益广泛地受到人们的关注，成为化学传感器和电子鼻研究及应用的方向[925]。

化学传感器阵列模式识别系统包括特征的提取、选择、分类和识别。对于定性分析，模式识别过程是特征提取、选择、分类。需要定量分析时，必须进行回归计算得到准确的定量结果[926-928]。

7. 展望

回顾近年来 QCM 传感器工作的进展，其分析范围逐渐扩大，从大气污染物的分析到各种有机气体的分析，再到生命物质的分析；研究方法也更加广泛，从单个传感器研究向阵列传感器发展，从单纯传感器分析到与电化学、色谱技术等方法的联机分析等；这些工作进一步表明了该类传感器在分析领域中具有广泛的应用前景。

随着材料科学、膜技术、微电子技术、计算机技术的不断发展及各学科领域的相互渗透，QCM 传感器的发展方向主要有以下几个方面。

(1) 新型膜材料的开发和研究。膜材料是直接影响传感器工作性能的重要构件，在一定程度上还起到了选择性识别的功能。近年来，已开发出许多膜材料，从文献报道的应用情况来看，这些膜材料在分析灵敏度、稳定性、选择性、再生性、检出限等方面都有了较大提高[929]。

(2)新的成膜技术的发展提高了传感器的性能。随着单分子自组装膜、电化学聚合成膜以及等离子体聚合成膜和 LB 成膜等成膜技术在传感器中的应用[930]，传感器的稳定性和检出限都有了很大的提高。

(3)应用领域的不断扩大。QCM 传感器不仅在气相检测中有广泛的应用，还在液相物质的测定中有了较大的发展，这不但为检测难挥发性物质提供了方法，更为开发出具有实用价值，并且既能提高分析自动化又便于推广普及的新分析系统提供了可能。

(4)应用领域的不断扩大。石英压电晶体传感器不仅在气相检测中有广泛的应用，还在液相物质的测定中有了较大的发展，这不但为检测难挥发性物质提供了方法，更为开发出具有实用价值的，既能提高分析自动化又便于推广普及的新分析系统提供了可能。

(5)开发频率更高的传感器也是压电晶体传感器发展的一个方向。近年来，一些分析工作者已采用各种高频压电晶体传感器，如 SAW 等[931]，大大提高了检测的灵敏度。

(6)将传感器阵列、神经网络芯片、模式芯片制作在一起，用神经网络理论和模式识别技术对传感器阵列响应谱进行分析处理是今后压电晶体传感器技术研究的重点。由于材料科学、生物化学和信息加工处理与测试等学科的应用大大提高了传感器的性能和功能，出现了复合式、阵列化、神经网络图形识别传感器，使传感器可用于复杂组分的测定，使得传感器对某些气体的辨别能力更接近人类的感觉。这些研究促进了传感器向智能化、自动化、小型化的发展，推动了传感器向实用化的发展。

总之，随着 QCM 传感技术的不断成熟和完善，QCM 传感器有望成为医学诊断、环境监测、食品卫生检验、军事监控、工业生产等领域广泛使用的新型检测手段。

4.2 声表面波传感器

声表面波(Surface Acoustic Wave，SAW)是一种沿弹性基体表面传播的弹性机械波。早在 1885 年英国物理学家瑞利根据对地震波的研究，从理论上阐明了在各向同性固体表面上传播的弹性波的特性，首次提出了声表面波的概念[932]，这就是广为人知的瑞利波。由于受当时科技水平的限制，这种弹性声表面波并未得到实际应用。直到 1965 年，美国的 White 和 Voltmer[933]利用半导体平面工艺作基础，发明了能在压电材料表面激励和接收 SAW 的金属叉指换能器(IDT)之后，声表面波装置及技术才得以飞速发展，相继出现了许多各具特色的 SAW 器件，并进入实用阶段，逐渐发展成为由声学、电子学、光学、压电材料和半导体平面工艺相结合的新兴边缘学科。现在 SAW 技术的应用已涉及地震学、天文学、雷达通信、广播电视、航空航天、石油勘探、无损检测、化学传感器等多个领域。

由于声表面波是沿固体表面传播，并且传播速度较慢，易于实现对信号的取样和变换，故 SAW 器件能以非常简单灵活的方式完成很复杂的功能。人们在研制 SAW 器件的过程中，发现外界因素(如温度、压力、磁场、电场、气体)对 SAW 的传播特性会造成影响，进而研究了这些影响与外界因素的关系，并根据研究的结果，对 SAW 器件配以必要的电路和结构设计，可做成测量机械应变、应力、压力、微小位移、作用力、流量、高压电及温度等物理传感器；利用同样的机理，通过合适的结构设计，在两叉指换能器电极之间涂覆一层对某种化学物质敏感(吸附和脱附)的薄膜，也可制成各种 SAW 化学传感器[934]。这些 SAW 传感器由于具有以下独特的优点[935]，广泛用于测量各种物理量和化学量，成为新一代传感器：

(1)无须模数转换，直接以数字信号输出。一般陶瓷或半导体材料制成的传感器大多采用电阻式或电容式，以模拟信号输出，与计算机接口不但需要 A/D 变换装置，而且经 A/D 变换后降低了数值精度。SAW 传感器可以直接将被测量变化转换成频率变化，便于传输、处理，其采集、感受、传递信息的功能与数字化的动作匹配，极易与微处理器直接结合组成自适应实时处理系统。

(2)精度高、灵敏度高、分辨率高。SAW 传感器是继陶瓷、半导体、光纤等传感器之后的一支后起之秀，它的核心部件是 SAW 振荡器，能将敏感到的各种物理量、化学量转换成振荡器的频率变化进行处理，而且测量频率的精度很高，抗干扰能力强。其质量分辨率可达 pg 以上，对气体的检测范围为 ppb 级。

(3)便于大批量生产。SAW 传感器采用半导体平面制作工艺，极易集成化、一体化,使传感器和各种功能电路容易组合,实现单片多功能化,而且结构牢固,质量稳定,一致性、重复性和可靠性好,当使用某些单晶材料或复合材料时,还具有很高的温度稳定性,易于产业化。

(4)体积小、质量小、功耗低。SAW 传感器结构简单,90% 以上的能量集中在距表面一个波长左右的深度内,并且 SAW 具有极低的传播速度和极短的波长,分别比相应的电磁波传播速度和波长小 10 万倍。同时,SAW 传感器电路简单,能实现电子器件的超小型化和低功耗,特别适合防爆防毒等特殊要求场合的需要。

(5)结构工艺性好。SAW 传感器采用平面结构,设计灵活;片状外形,易于组合;能比较方便地实现单片多功能化、智能化;安装容易,并能获得良好的热性能和机械性能。另外,SAW 器件利用的是晶体表面的弹性波而不涉及电子的迁移过程,故其抗辐射能力强,动态范围大。

这一技术唯一的缺点是其制作工艺要求在一定的净化条件下完成,工作频率越高,对制作工艺的要求就越高。

由于 SAW 传感器的独特性能,得到了广大科研人员的高度重视。从 20 世纪 80 年代到 90 年代,SAW 传感器在欧美、日本等发达国家发展十分迅速,已出现了几十种类型的 SAW 传感器,并得到了广泛的应用。我国声表面波技术起步晚,但经过二三十年的发展,研究日益活跃,已有几十家研究单位,如航空航天部第二研究院声表面波公司、中国科学院声学所、中电集团重庆 26 所、南京大学、复旦大学、同济大学、四川大学等,从事 SAW 器件的研制工作。但整体来讲,我国的声表面波技术水平还比较低,在研究力量、器件工艺、应用等方面和国外相比还有一定差距。

声表面波传感器可用于多种化学量的检测,已成为现代化学传感器技术发展的一个重要方向,欧美等国家在 SAW 化学传感器方面取得了突出进展,部分装置已实现产品化、实用化,用于环境监测、医疗卫生、化学侦检等方面。

4.2.1 SAW 传感器的基本原理

表面声波传感器是以 SAW 振荡器为相位敏感元件制成的器件,其原理是在压电材料表面形成叉指换能器,构成 SAW 振荡器,利用 SAW 振荡器来感应外界作用力。一般是使待测量作用 SAW 的传播路径,引起 SAW 的传播速度发生变化,这种变化可表现为频率的变化,通过测量频率变化实现对目标物的检测。SAW 化学传感器一般可分为气体传感器和液相传感器两大类,其原理也各不相同。

1. SAW 气体传感器敏感机理及推导方程

SAW 器件本身对待测成分无选择性,要使 SAW 器件对一种气体或气相组分敏感,气体分子必须被吸收或吸附,并且有一种与探测的声表面波相互作用的机制[936],这就需要在声表面波的传播路径上或换能器区域上涂覆一层具有特殊选择性的吸附膜,该吸附膜只对所测气体敏感。吸附膜吸附了环境中的某种特定气体,引起敏感膜物理性质的变化,导致 SAW 振荡器振荡频率发生变化,通过测量频率的变化就可以检测特定气体成分的含量。SAW 气体传感器的敏感机理随吸附膜的不同而不同。当薄膜是绝缘材料时,它吸附气体引起密度变化,进而引起 SAW 振荡器频率偏移;当薄膜是导电体或金属氧化物半导体膜时,主要是由于导电率的变化引起 SAW 振荡器频率偏移。

1)敏感机理

SAW 传感器的核心是 SAW 振荡器,而敏感元件是 SAW 振荡器基片。声表面波的相速度会受若干因素的影响,其中每个因素都表示一种可能的传感器响应。在 SAW 的传播途径上涂覆不同的吸附薄膜,便构成了不同的 SAW 气体传感器,薄膜材料很多,可根据所测参量选择合适的吸附薄膜。这些敏感性吸附薄膜吸附了敏感气体后,会引起质量(m)、弹性参数(c)、导电率(δ)、介电常数(ε)等发生变化,进而改变 SAW 的传播相速度 v_R,设环境温度为 t,压强为 p,则它们对相速度的影响可表示为

$$v = v(m, c, \delta, \varepsilon, t, p) \tag{4.15}$$

对式(4.15)两边偏微分再除以相速度 v_R,可得

$$\frac{\Delta v}{v_R} = \frac{1}{v_R}\left(\frac{\partial v}{\partial m}\Delta m + \frac{\partial v}{\partial c}\Delta c + \frac{\partial v}{\partial \delta}\Delta\delta + \frac{\partial v}{\partial \varepsilon}\Delta\varepsilon + \frac{\partial v}{\partial t}\Delta t + \frac{\partial v}{\partial p}\Delta p\right) \tag{4.16}$$

大多数声表面波传感器是利用质量负载的变化,其次是化学变化诱发的电导变化,也可以利用其他参数的变化来增强灵敏度和选择性。对于 SAW 气体传感器,被测气体在化学界面薄膜上的吸附过程一般同时涉及这两种变化,如

金属酞花菁薄膜暴露于 NO_2 气体时就是这种情况，往往难于把这两种转换机制分离开来。这样就可以根据扰动理论和边界条件得到不同条件下 $\Delta v/v_R$ 的变化。从文献报道情况来看，SAW 化学传感器大都以研究表面质量的影响为主，并可以将物理参数（如温度和压强）的影响作为多余的电子噪声而消除掉。例如，不同的压电材料、传播方向、切割方式都有不同的温度依赖性，因而其衰减也不同，一般采用双通道结构，用一个参比器件来消除温度等因素的影响，即式（4.16）中后面两项可以略去。

对于 SAW 振荡器，根据振荡相位条件可以推导出

$$\Delta f/f = -\Delta v/v_R \tag{4.17}$$

式中：f 为 SAW 振荡器频率。

由式（4.16）、式（4.17）可知，通过对振荡器频率变化的测量，可以实现对所测气体浓度的测定。这就是说，SAW 器件本身对气体或化学蒸气并不敏感，SAW 气体传感器是通过沉积在 SAW 传播路径上的 IDT 区域的化学界面膜与被测气体相互作用产生的界面膜物理性质的变化来改变 SAW 的速度，而 SAW 速度的变化又引起相应的频率变化，从而把界面膜对某些参数敏感的 SAW 器件转变成了对气体浓度敏感的器件，通过检测化学界面表面吸附被测气体后所引起的频率变化，便可测定气体的浓度。

2）测量推导方程

图 4.13 所示为 SAW 气体传感器结构示意图，压电基片材料的介电常数为 ε_{PE}，机电耦合系数为 k，导电率为 $\delta_{PE}\to 0$。选择性吸附薄膜的厚度为 h，质量密度为 ρ，导电率为 δ，拉姆常数为 λ 和 μ。选择性吸附薄膜上面空间的介电常数 $\varepsilon_A \approx \varepsilon_0$。SAW 以波矢量为 $\boldsymbol{R}_R$ 沿 x_1 方向进行传播。IDT_1 用于发射 SAW，IDT_2 用于接收，并与放大器构成了 SAW 振荡器。对于不同的膜材料其敏感参数不一样，故其推导方程也不一样[937]。

（1）各向同性的绝缘薄膜。对不导电的各向同性的薄膜涂层，Auld[938] 根据微扰理论推导了在离基片表面 $0.01\lambda_R$ 以内 SAW 的相速度相对变化的近似表达式，它描述了当该膜非常薄时（膜厚小于 SAW 波长的 1%）SAW 振荡器谐振频率的变化。SAW 气体传感器的结构和坐标设定如图 4.13 所示。该表达式为

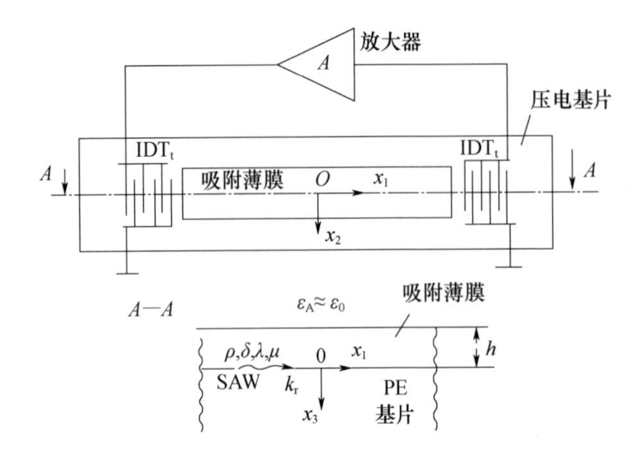

图 4.13　SAW 气体传感器的结构示意图

$$\frac{\Delta v}{v_R}=-\frac{v_R h}{4P_R}\left\{\left[\rho-\frac{4\mu}{v_R^2}\cdot\frac{(\lambda+\mu)}{(\lambda+2\mu)}\right]|v_{R_1}|^2+\left(\rho-\frac{\mu}{v_R^2}\right)|v_{R_2}|^2+\rho\ |v_{R_3}|^3\right\}$$

(4.18)

式中：P_R 为瑞利波能量密度；v_R 为瑞利波相速度分量。

设

$$C_\alpha=-\frac{v_R}{4P_R}|v_{R_\alpha}|^2_{x_3=0}\quad(a=1,2,3) \tag{4.19}$$

$$\rho_{sh}=\rho\cdot h \tag{4.20}$$

则式(4.18)可以简化为

$$\frac{\Delta v}{v_R}=(C_1+C_2+C_3)\rho_{sh}-\frac{\mu h}{v_R^2}\left[4C_1\frac{(\lambda+\mu)}{(\lambda+2\mu)}+C_2\right] \tag{4.21}$$

由 SAW 传播理论知道瑞利波相速度的归一化分量为

$$\frac{|v_{R_\alpha}|_{x_3=0}}{P_R^{1/2}}\quad(\alpha=1,2,3)$$

则式(4.19)可写成

$$C_\alpha=-\frac{\pi}{2\omega}v_R\left(\frac{|v_{R_\alpha}|_{x_3=0}}{P_R}\right)\cdot f=k_\alpha f \tag{4.22}$$

式中：k_α 为瑞利波归一化的波矢量分量。

式(4.21)可进一步简化为

$$\frac{\Delta v}{v_R} = f\left\{\rho_{sh}\sum_{\alpha=1}^{3}k_\alpha - \frac{\mu h}{v_R^2}\left[4k_1\frac{(\lambda+\mu)}{(\lambda+2\mu)}+k_2\right]\right\} \tag{4.23}$$

将式(4.17)代入式(4.23)可得测量方程为

$$\Delta f = f^2 h\left\{\rho_{sh}(k_1+k_2+k_3) - \frac{\mu}{v_R^2}\left[4k_1\frac{(\lambda+\mu)}{(\lambda+2\mu)}+k_2\right]\right\} \tag{4.24}$$

式中：Δf 为覆盖层由于吸附气体而引起的 SAW 振荡器频移的大小；k_1、k_2、k_3 为压电基片材料常数；f_0 为 SAW 振荡器未受扰动时的震荡频率；h 为薄膜厚度；ρ 为薄膜材料的密度；μ_0 为薄膜材料剪切模量；λ 为薄膜拉莫常数；v_R 为未受扰动时 SAW 相速度。

由方程可以看出，随晶体表面沉积质量的增加频率将下降，增大剪切模量频率将降低。

应当指出，式(4.24)只适用于非常薄的膜(膜厚小于波长的0.2%)。对于较厚的膜，该式只能给出信号幅度的估值。若采用有机膜时，由于其剪切膜量 μ_0 非常小，所以式(4.24)的第二项可以忽略，此时可表示为

$$\Delta f = f_0^2 h\rho(k_1+k_2+k_3) \tag{4.25}$$

由式(4.25)可知，传感器响应主要取决于薄膜密度的变化。表 4.11 列出了一些常用压电基片材料的常数 k_1、k_2、k_3。

表 4.11 一些常用压电基片的材料常数

基片	切型	传播方向	$v_R/(\mathrm{m\cdot s^{-1}})$	k_1	k_2	k_3
				$\times 10^{-9}((\mathrm{m^2\cdot s})/\mathrm{kg})$		
石英	Y	X	3159.3	−41.65	−10.23	−93.34
$LiNbO_3$	Y	Z	3487.7	−17.30	0	−37.75
$LiTaO_3$	Y	Z	3229.9	−21.22	0	−42.87
ZnO	Z	$X+45°$	2639.4	−20.65	−55.40	−54.69
Si	Z	X	4921.2	−63.32	0	−95.35

(2)金属导电薄膜。Ricco 等[939]对 SAW 传播的表面电势 $\boldsymbol{\Phi}$ 进行了研究，得到了如下表达式：

$$\boldsymbol{\Phi}(x_1,t) = \boldsymbol{\Phi}_0(x_1)\exp \mathrm{j}(2\pi f - k_R x_1) \tag{4.26}$$

$$\boldsymbol{\Phi}_0(x_1) = \boldsymbol{\Phi}_0(0)\exp(-\boldsymbol{\gamma}x_1) \tag{4.27}$$

式中：$\boldsymbol{\gamma}=\alpha+\mathrm{j}\beta$ 为 SAW 在金属层中的传播矢量，且有 $|\boldsymbol{\gamma}|\ll k_R$。

根据微扰理论还可以导出在金属薄层的单位面积上产生的电荷为

$$\rho_{sh} = \mathrm{j}\frac{k_R\delta_{sh}C_s\Phi}{v_RC_s - \mathrm{j}\delta_{sh}} \tag{4.28}$$

式中:ρ_{sh}为电势ϕ在金属薄层单位面积中产生的电荷;C_s为空气和基片之间单位面积的电容;δ_{sh}为金属薄层的导电率。

那么,进入到金属薄层每单位面积的平均能量流P_3为

$$P_3 = -\frac{\partial\rho_{sh}}{\partial t}\cdot\frac{\Phi_0}{2} = \frac{k_R\omega C_s\delta_{sh}\Phi_0^2}{2(v_RC_s - \mathrm{j}\delta_{sh})} \tag{4.29}$$

根据声表面波从基片材料向金属薄膜的耦合理论,则耦合进金属薄膜每单位面积的平均能量流为

$$P_3 = \gamma\frac{k_RC_sv_R\Phi_0^2}{K^2} \tag{4.30}$$

式中:K为压电基片材料的耦合系数。

通过比较式(4.29)和式(4.30)得

$$\frac{\beta}{k_R} = \frac{K^2}{2}\left(\frac{\delta_{sh}^2}{\delta_{sh}^2 + U_R^2C_s^2}\right) \tag{4.31}$$

又因为

$$\frac{\beta}{k_R} = -\frac{\Delta v}{v_R} = \frac{\Delta f}{f}$$

则所求的测量方程可写成

$$\Delta f = f\frac{K^2}{2}\left(\frac{\delta_{sh}^2}{\delta_{sh}^2 + v_R^2C_s^2}\right) \tag{4.32}$$

(3)金属氧化物半导体薄膜。众所周知,当SAW在覆盖了半导体薄膜的压电基片表面上传播时,准静电场和半导体载流子将会相互感应,因此,SAW的传播相速度及衰减皆与半导体膜的导电性的变化有关,Ingebrigtsen等[940]对此给予了最好的近似推导为

$$\frac{\Delta v}{v_R} = \frac{K^3}{2}\left(\frac{1}{1 + (\omega\tau)^2}\right) \tag{4.33}$$

$$\tau = \frac{\varepsilon_A + \varepsilon_{PE}}{\delta_{sh}k_R} \tag{4.34}$$

式中:τ_τ为SAW的传播衰减常数。

将式(4.34)代入式(4.33)并考虑到式(4.17)可得测量方程为

$$\Delta f = f^2 \frac{K^2}{2}\left[\frac{\delta_{sh}^2 k_R^2}{\delta_{sh} + \omega^2 (\varepsilon_A + \varepsilon_{PE})^2}\right] \tag{4.35}$$

2. SAW 液相传感原理

1)液相工作原理

SAW 的波速和粒子在表面运动的方向决定了该器件是否可以应用于液体检测[941],如果粒子运动垂直于器件表面,而且波速比液体中的压缩波速大,SAW 能量就会以压缩波(compressional 或 longitudinal)的形式散射到液体中,导致极大的衰减,如图 4.14(a)所示。

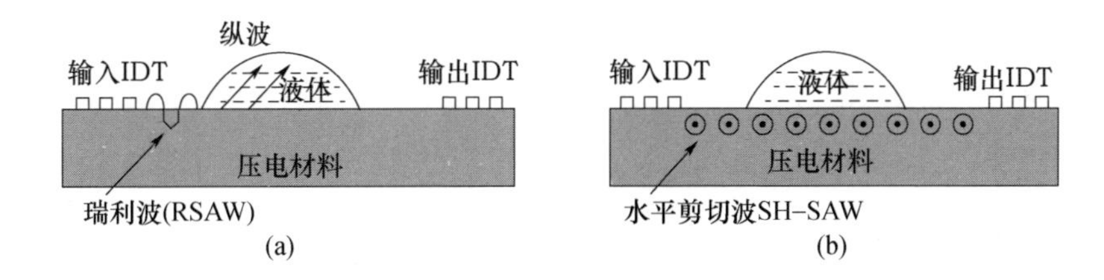

图 4.14 液体中的声表面波

(a) Reyleigh 波在液体中的散射;(b)水平剪切(SH)波在液体中的传播。

一方面,Rayleigh 波 SAW 传感器由于满足上述两个条件,所以不能应用在液相检测中;另一方面,尽管曲线声板波 FPW 传感器也具有表面垂直的运动分量,但由于不满足波速条件,所以 FPW 器件并不和液体中的压缩波耦合,因此可以应用在液体中。反过来,如果表面粒子运动和器件表面平行,其能量散射主要是由粘度耦合产生的,故衰减比较小(图 4.14(b))。因此,具有 SH 波性质的传感器都可以应用在液相检测当中。

事实上,当液体作用于传感器表面时,引起传感器的响应主要包括三方面的因素:①质量效应;②液体的黏度、密度;③液体的电特性。传感器对质量和黏度、密度的响应如下。

质量响应:

$$\frac{\Delta V}{V} = -\frac{Vhv_2^2}{4P}\left(\rho - \frac{\mu}{V^2}\right) \tag{4.36}$$

式中:V 为相速度;P 为单位宽度的压差;v_2 为质点横向剪切运动速度;ρ 为薄膜

的密度；μ 为薄膜的 lame 常数；h 为薄膜的厚度。

黏度、密度响应：

$$\frac{\Delta V}{V} = -\frac{Vv_2^2}{4\omega P}\left(\sqrt{\frac{\omega\eta'\rho'}{2}} - \sqrt{\frac{\omega\eta\rho}{2}}\right) \tag{4.37}$$

式中：V 为相速度；ω 为频率；P 为单位宽度的压差；v_2 为质点横向剪切运动速度；η 为参考溶液黏度；ρ 为参考溶液密度；η' 为待测溶液黏度；ρ' 为待测溶液密度。

由于采用双通道的结构，溶液的质量同时加载在两个传感器通道上，故质量的影响是可以抵消的，同样的方法也可以抵消溶液的黏度和密度的变化造成的影响。

2）液相检测原理

当声波在压电基片上传播时，存在媒质粒子的振动以及由压电效应产生的压电电压。图 4.15 显示了标准化后的媒质振动振幅 u_2 和表面电压 ϕ 在 36°YX – $LiTaO_3$ 基底与水之间的界面剖面图。u_2 和液体的相互作用称为机械扰动（Mechanical Perturbation），或机械交互作用（Mechanical Interaction）；ϕ 和液体的相互作用称为电扰动（Electrical Perturbation）或声电交互作用（Acousto – electric Interaction）。通过在压电基底表面镀上金属（Electrically Shorted）可以使表面电压 ϕ 为零。SAW 传感器的检测机理最终是由于在声波传播过程中因为声波动能密度、声阻抗和能量 3 个因素中的某个改变而导致的波速、相位或者幅度的变化。由 Auld[938] 的扰动理论可以得到频移、衰减和固体声阻抗之间的关系为

$$\frac{\Delta V}{V} = -\frac{V}{4\omega P}(v^* \cdot Z'_{A/i} \cdot \boldsymbol{v} - v^* \cdot Z^*_{A/i} \cdot \boldsymbol{v}) \tag{4.38}$$

式中：V 为相速度；ω 为频率；P 为单位宽度的压差；$\boldsymbol{v}$ 为质点速度矢量；Z 为声表面波的阻抗；A 为实部；i 为虚部；“′”表示参考液体；“ * ”表示待测液体。将声阻抗用液体的介电常数和电导率进行替代，可以推导得到检测系统的理论公式：

$$\frac{\Delta f}{f} = -\frac{K_s^2}{2}\frac{(\delta'/\omega)^2 + \varepsilon_0(\varepsilon'_r - \varepsilon_r)(\varepsilon'_r\varepsilon_0 + \boldsymbol{\varepsilon}_P^{\mathrm{T}})}{(\delta'/\omega)^2 + (\varepsilon'_r\varepsilon_0 + \boldsymbol{\varepsilon}_P^{\mathrm{T}})^2} \tag{4.39}$$

式中：K_s、$\varepsilon_P^{\mathrm{T}}$、$\delta'$、$\varepsilon'_r$、$\varepsilon_0$ 分别为压电材料的机电耦合系数和介电常数、溶液的电导

率、溶液的介电常数和空气的介电常数。式(4.39)称为声电方程,当溶液浓度比较低时,可以认为溶液的介电常数为一个恒定值,因此传感器响应和溶液的电导率成二次函数关系。

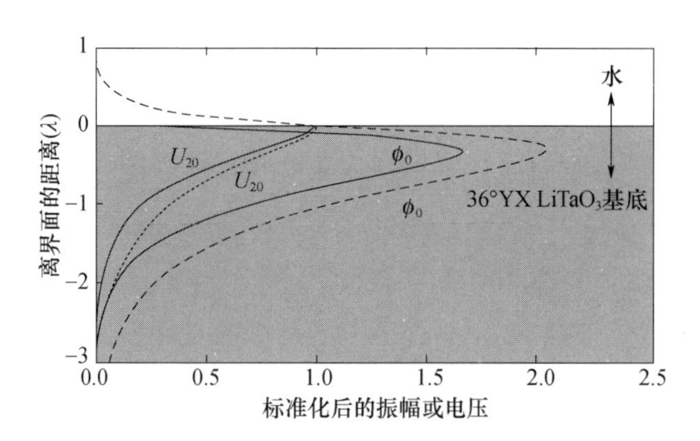

图 4.15 粒子振幅 u_2 和表面电压 ϕ 在 36°YX $LiTaO_3$ 基底和水界面剖面图

m – Metalized—金属短路状态;o – Opened—开路状态。

4.2.2 SAW 传感器基本组成

SAW 化学传感器一般由压电基底、激励声波的金属换能器、在固体中传播的声表面波以及与特定目标物响应的敏感膜材料等部分组成。根据 SAW 化学传感器的基本组成,下面分别从声表面波类型、SAW 的基本结构形式、基底材料、叉指换能器(IDT)、敏感膜材料 5 个方面进行介绍。

1. 声表面波类型

大部分 SAW 器件是利用叉指换能器在材料上激发声表面波,通过对晶体的晶向、压电材料的厚度以及金属换能器形状的设计,可以得到各种类型的器件。

区别不同 SAW 类型包含以下三要素:①粒子运动和波传播的相对方向;②粒子运动和传感器表面的相对方向;③导波层的机制。①和②可以用图 4.16 表示。根据质点的偏振方向,声波按粒子运动方式可分为横波(剪切波)和纵波(压缩波)两种。横波的粒子运动方向和波传播方向垂直(图 4.16(a)),纵波的粒子和波传播方向平行(图 4.16(b))。有些波同时包括横波和纵波,使粒子成椭圆运动，则形成椭圆波（图 4.16（c））。在横波中，平行于晶体表面的横波称为水平剪切波（图 4.16（d）），垂直于检测表面的横波称为垂直剪切波 SV（图 4.16（e））。按照导波机制，声波可以分为体波、表面波和板波 3 种。体波可以在器件内部传播而不需要导波层；表面波需要一个表面做导波层；板波则需要在两个表面之间做反射导波。

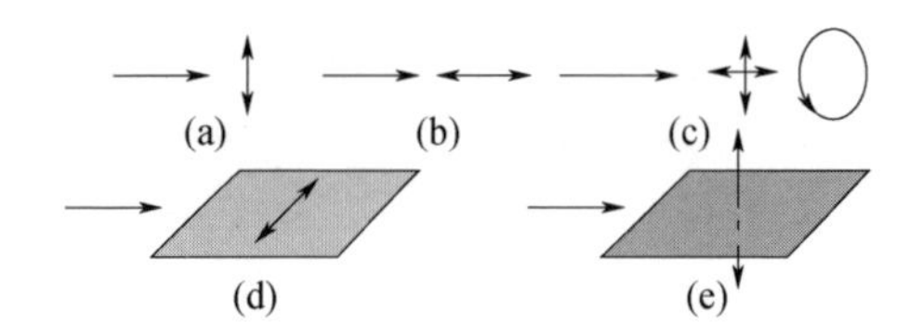

图 4.16　不同声表面波类型按粒子运动方式的基本分类

（粗箭头表示波传播的方向，细箭头表示粒子运动方向）

（a）横波（剪切波）；（b）纵波（压缩波）；（c）椭圆波；（d）水平剪切波；（e）垂直剪切波。

纵波和横波两者的传播速度取决于材料的弹性模量和密度，即纵波速度为

$$v_l = \sqrt{\frac{E}{\rho} \frac{(1-\mu)}{(1+\mu)(1-2\mu)}} \tag{4.40}$$

横波速度为

$$v_s = \sqrt{\frac{E}{\rho} \frac{1}{2(1+\mu)}} \tag{4.41}$$

式中：E 为材料弹性模量；μ 为材料泊松比；ρ 为材料密度。

由于固体材料的泊松比 μ 一般为 0 ~ 0.5，所以从式（4.40）和式（4.41）可看出，横波一般比纵波传播速度慢。当固体有界时，由于边界变化的限制，可出现各种类型的声表面波，如瑞利波、乐甫波、电声波、拉姆波、广义瑞利波等[935]。

1）瑞利波

瑞利波是 Lord Rayleigh 于 1885 年首次提出的在各向异性材料中存在的一种声表面波[932]，是人们认识最早、研究最充分和应用最广泛的一种声表面波，目前，绝大部分 SAW 器件都采用这种类型。这种波沿着半平面传播，波速度通常与频率无关，即瑞利波速度比横波要慢。在各向同性固体中，瑞利波是平行于传播方向的纵向运动（压缩波）和垂直于表面剪切运动（SV 波）及传播方向的横振动的合成，这两种振动相位差 90°，因此，表面质点做反时针方向的椭圆振

动(图 4.16(e)),其振幅随离开表面的深度而衰减(图 4.17 和图 4.18),但纵振动与横振动的衰减不一致,其衰减规律如图 4.19 所示。

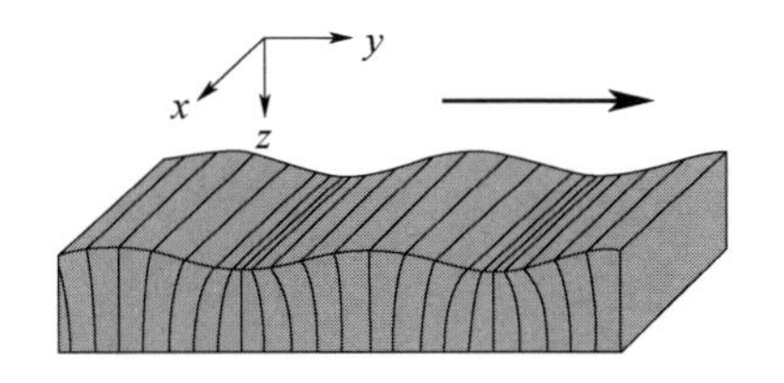

图 4.17 瑞利波的质点运动

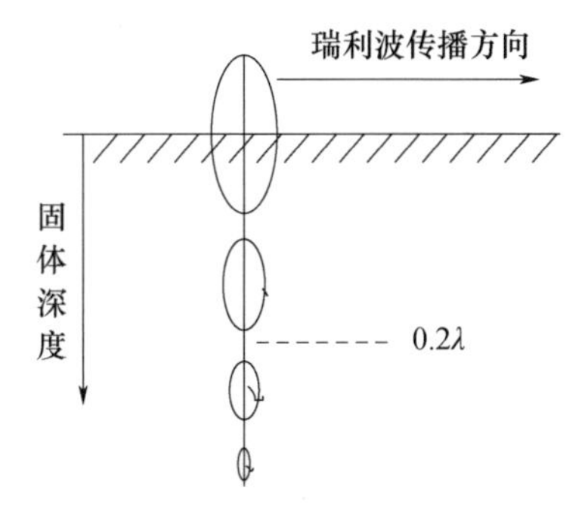

图 4.18 在各向同性体中,瑞利波质点运动随深度的变化

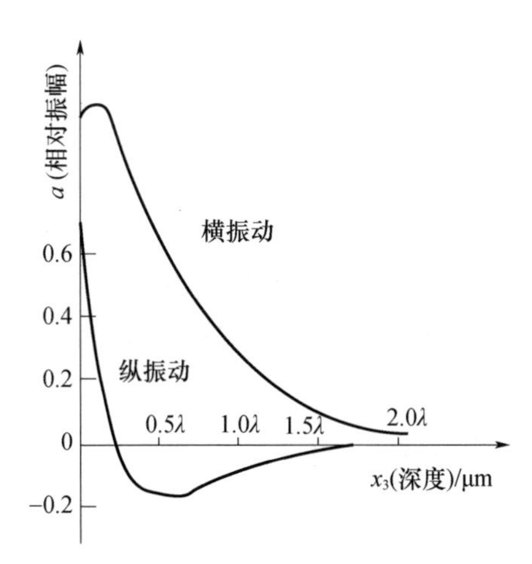

图 4.19 在各向同性体中,瑞利波的纵振动与横振动分量随深度的变化

从图 4.18 和图 4.19 可以看出,在约 0.2λ 深度处,纵振动振幅衰减到 0,在这个深度只剩下横振动。过此深度,纵振动反向,这时,质点做顺时针方向的椭

圆振动。纵、横振动的振幅均随深度很快衰减,其能量流与深度的关系如图4.20所示。波能量和深度 z 之间的关系可表示为 $e^{-\xi z}$,其中

$$\xi = \beta\sqrt{1-\left(\frac{v_S}{v_B}\right)^2} \tag{4.42}$$

式中:ξ 为 SAW 向体内的衰减系数;β 为 SAW 的波数;V_S 为 SAW 的波速;V_B 为体波(SV)的波速。一般来说,SAW 的波速约比 SV 波的波速低 10%,因此,有

$$\xi = \beta\sqrt{1-\left(\frac{v_S}{v_B}\right)^2} \approx \frac{2\pi}{\lambda}\sqrt{1-\left(\frac{9}{10}\right)^2} \approx \frac{2.7}{\lambda} \tag{4.43}$$

式中:λ 为 SAW 的波长。

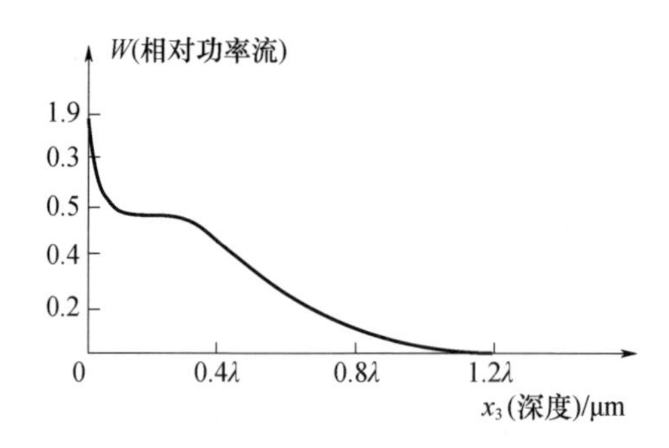

图4.20　各相同性固体中瑞利波功率随深度的变化

可见,不论纵振动还是横振动,随着深度的增加,SAW 的振动幅度按指数规律迅速减小,其90%的能量集中在约一个波长深度表面层内,因此,一般认为 SAW 进入基底的深度只有一个波长的数量级。频率越高,集中能量的层越薄,使得 SAW 易获得高声强,同时晶片背面对 SAW 传播的影响很小,这样 SAW 器件对基片的厚度及背面质量无严格要求,但传感器应根据设计计算来严格控制基片厚度。

综上所述,无论是在各向同性还是各向异性固体自由表面上,瑞利波具有下列共同特点。

(1)质点运动轨迹是椭圆形的。

(2)质点位移振幅的包络沿深度成指数衰减,能量集中在离表面约一个波长的深度内。

(3)瑞利波速度与频率无关,是非色散波。

(4)任一表面的任一方向上,声表面波的速度总是小于无限大介质中沿相同方向传播的体波速度。

(5)各向同性材料中瑞利波的振幅成指数衰减,各向异性材料中则随深度的衰减呈阻尼振荡形式衰减(图4.21),振荡幅度包络线呈指数关系。

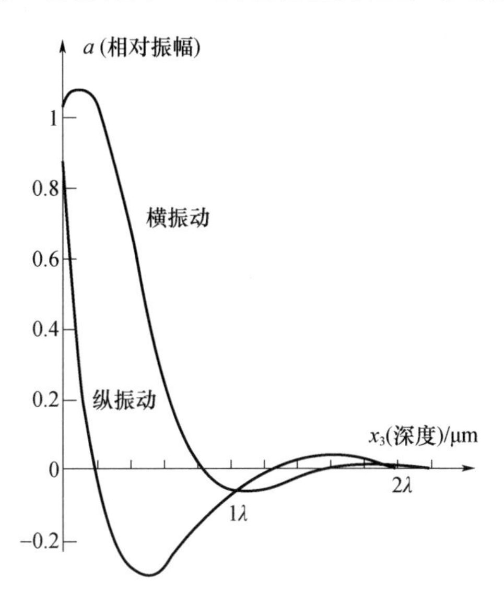

图4.21 在单晶硅的基平面上,沿立方轴传播的瑞利波其位移分量随深度的衰减

在压电晶体中,瑞利波和体波一样,还有一个电势随同SAW传播。这时,波的传播速度与表面的声条件有关。例如,在Y切$LiNbO_3$表面沿Z轴传播的瑞利波,当表面为自由状态时,其速度为3485m/s;当表面为电短路(蒸镀一层导体)时,波速度为3405m/s。

2)乐甫波

Love于1911年发现当半平面上有一层体剪切波速相对较小的材料时,在薄片或薄膜紧贴固体表面处可传播两种波:一种是媒质点做椭圆偏振的瑞利型波(或称为广义瑞利波);另一种是纯横波,粒子运动是垂直于表面传播的剪切表面波,称为Love波[942]。在不考虑材料压电性,并认为是各向同性的前提下,可得到Love波的波速方程为

$$\tan\left(2\pi \cdot \frac{t}{\lambda} \cdot \sqrt{\frac{v^2}{v_f^2} - 1}\right) = \frac{G_s}{G_f} \cdot \sqrt{\frac{1 - v^2/v_s^2}{v^2/v_f^2 - 1}} \tag{4.44}$$

式中：G 为剪切模量；v 为相速度；t/λ 为膜相对于波长的归一化的厚度。下标 s 和 f 分别表示基底和膜。解该波动方程要满足两个边界条件：①膜的自由表面；②膜与基片的分界面。该方程有实数解的前提是 $v_f < v_s$，即薄膜材料的体横波速度小于基片材料的体横波速度，粒子在 z 方向的运动深度取决于膜和基底的弹性以及 t/λ，因此，乐甫波的波速在 v_f 和 v_s 之间，并且 t/λ 越大，波的能量就越集中在膜上，v 和 v_f 就越接近，这层薄膜材料层称为声波导层（图 4.22）。

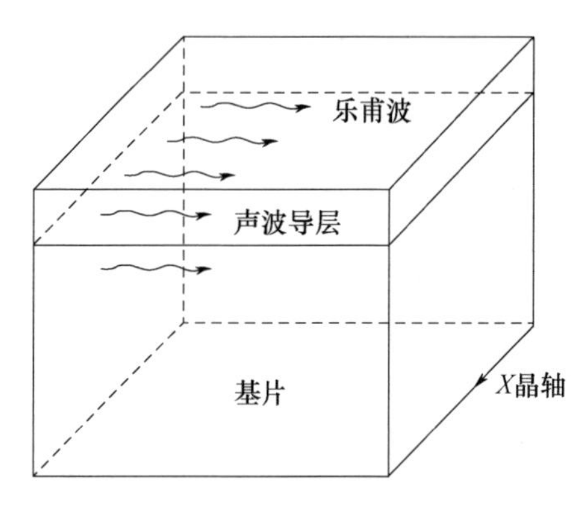

图 4.22　乐甫波器件的几何示意图

乐甫波是色散波，波速与频率有关。在截止频率附近，波透入基片很深，其传播速度接近基体中横波的速度，亦即在低频率时，膜仅是对基体的一种微扰。随着频率的增高，波速逐渐减小，透入基体的深度也逐渐减小，即波的能量逐渐集中到薄膜层。当波长比薄膜层厚度小很多时，波基本上集中在薄膜层中。这时，波在由薄膜材料组成的薄片中传播，薄片的一面为自由表面，另一面受到基体的微扰。这时，波的传播速度接近薄膜材料中的横波速度。可见，低频率的乐甫波为其在液相中的应用提供了可能。

对于各向异性材料或压电材料，情况比较复杂，除某些特定方向外，乐甫波与瑞利型波耦合在一起出现。乐甫波传感器由于具有质量灵敏度较高、噪声较低、制作工艺不是很复杂、适合于液相检测等优点，现已成为声表面波传感器研究的热点之一。

3）电声波

电声波是一种质点振动垂直于传播方向和表面法线的横表面波。由于它是 Bleustein 及 Gulyaev 首先于 1968 年发现的，因此又称 B－G 波。若材料表面

是电自由的,则沿波的传播方向的速度为

$$v = v_s \left[1 - \frac{K^4}{(1+\varepsilon_N)^2}\right]^{1/2} \tag{4.45}$$

式中:V_s 为同方向传播的体横波速度;ε_N 为相应的介电场数;K 为这种几何结构中体横波的机电耦合系数。

电声波在这种表面为电自由的材料中传播时,沿深度方向的衰减系数 ξ_L 可表示为

$$\xi_L = [\frac{K^1}{1+\varepsilon_1}]\xi_1 \tag{4.46}$$

式中:$\xi_1 = 2\pi/\lambda$,λ 为电声波波长。

当晶体材料表面短路时,沿波的传播方向的电声波波速为

$$v = v_s[1 - K^4]^{1/2} \tag{4.47}$$

衰减系数为

$$\xi_2 = K^2\xi_1 \tag{4.48}$$

由于一般压电晶体的介电常数 $\varepsilon_N \geqslant 1$,故在表面为电自由的晶体中传播的电声波速度更接近于体横波的速度,当 $v \to v_s$,$\xi_2 \to 0$ 时,即电声波退化为体横波,而电声波在电自由晶体中渗透的深度比在表面电短路的晶体中深得多,这种特性适合于液相检测。

4)拉姆波

拉姆波是一种在厚度为几个波长的薄板中传播的弹性波(板波)。固体薄板存在着上下两个自由表面,当波动满足这两个自由表面的边界条件时,可得到两类在板中传播的波:一类是质点振动平行于表面且垂直于传播方向的横板波(或称 SH 波);另一类是质点在弧矢平面内作椭圆偏振(类似于瑞利波)的波,称为拉姆波。这两类波又各有对称型和反对称型两种基本类型。对称型的拉姆波又称纵板波(或膨胀板波),反对称型的拉姆波则称为弯曲板波。

拉姆波与乐甫波一样,也存在许多高次波。这些高次波的质点振幅在板内的分布是振荡的,并且每种高次波均有一定的临界频率,即当板厚一定时,只有频率达到一定值,板内才能传播这种高次波。

由于薄板有一定厚度,波速与角频率有关,所以拉姆波也是一种色散波。

实际应用中,拉姆波的频率都很高,一般在超高频或微波段(λ 在 $10^{-8} \sim 10^{-6}$m 范围),因此几个波长厚的薄板,实则是一层薄膜,要制成器件则很困难,通常以膜的形式附着于某一基体上。

5)广义瑞利波

广义瑞利型波的某些传播特点与前面所述的瑞利波不一样,这里对其不同点作简要介绍。这种瑞利型波没有乐甫波中 $v_s' < v_s$ 的限制,即不论薄膜材料的体横波速度 v_s' 大于还是小于基体中的体横波速度 v_s,都可能出现瑞利型波。当 $v_s' > v_s$ 时,称膜劲化基体;当 $v_s' < v_s$ 时,称膜加载基体。不论哪种情况,瑞利型波均为色散波。对于 $v_s' > v_s$ 的情况,只有一种模式,即基本模式,不存在高次模式。在这种情况下,当基体上不存在膜时,基体中传播的即为瑞利波;当膜层增厚或频率增高,瑞利型波速也逐渐增加,直至与基体的体横波速度相同。这时,波的透入深度很深,类似于体横波。对于 $v_s' < v_s$ 的情况,则类似于乐甫波(但质点作椭圆振动),除色散外,还存在高次模式。

2. SAW 的基本结构形式

声表面波传感器的核心器件是声表面波振荡器,它由 SAW 延迟线或 SAW 谐振器与放大器及匹配网络组成,并形成一个闭合回路,从而给放大器的输入端提供正反馈。振荡仅在 SAW 器件的通常范围内产生,此时环路增益达到 1。稳定振荡的频率相当于总环路相角为零的那个频率。典型 SAW 振荡器装置如图 4.23 所示。SAW 振荡器仅是许多反馈振荡器的一种,它是由具有增益“A”的放大器和具有增益“β”的反馈网络所构成。从放大器的输出端提供一个正反馈到输入端,产生稳定振荡时须同时满足下述两个条件,即振幅条件和相位条件:

$$\boldsymbol{A\beta} = 1 \tag{4.49}$$

$$\boldsymbol{\Phi}_A + \boldsymbol{\Phi}_S = 2n\pi \quad (n \text{ 为整数}) \tag{4.50}$$

式中:$\boldsymbol{A}$、$\boldsymbol{\beta}$ 均为矢量;$\boldsymbol{\Phi}_A$ 为放大器、匹配网络的相移;$\boldsymbol{\Phi}_S$ 为 SAW 器件的相移。式(4.49)表示发生振荡的总回路增益必须是 1;式(4.50)表示绕回路一周的总相移应等于零或 2π 的整数倍。SAW 化学传感器是基于探测由被测目标物与化学界面膜相互作用所引起的声表面波相速度的变化,如果该器件被用作谐振回路的选频元件时,则相速度的变化就是相应的谐振频率的变化。有两种方式可将相速度的变化转换成容易测量的频率变化:一种方式是采用反馈振荡器的方法;另一种方式是跟踪 SAW 共振器的共振频率。相应地,SAW 气体传感器也有 SAW 延迟线和 SAW 谐振器两种结构。

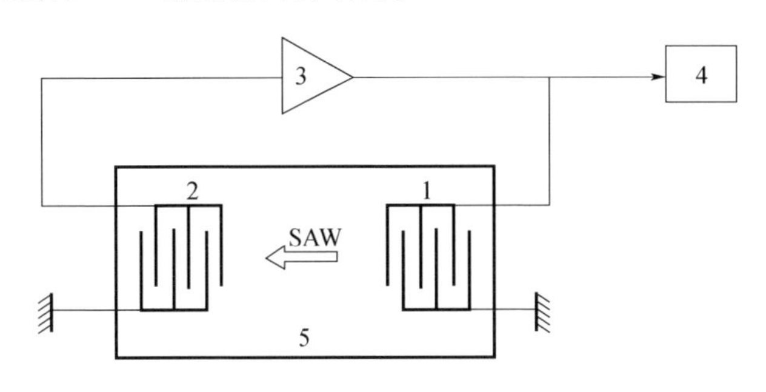

图 4.23　SAW 振荡器装置示意图

1—输出 IDT;2—输入 IDT;3—射频放大;4—频率计;5—压电基底。

1)SAW 延迟线

SAW 延迟线的基本结构如图 4.24 所示,它是由压电材料基片与一个发射 IDT 和一个接收 IDT 所构成的。其工作原理是:向压电基片一端的换能器(发射 IDT)输入电信号后,通过逆压电效应将其输入的电信号转换成声信号(因 IDT 中的叉指电极是周期排列,只要其排列周期与外加电信号频率所对应的声波长相等,则各电极激发的声波互相加强,因而可获得很高的声电转换效率)。此声信号沿基片表面传播,最终由基片另一端的换能器(接收 IDT)将声信号通过正压电效应转换成电信号输出。SAW 延迟线的功能是通过对压电基片上传播的声信号进行各种处理并利用声 - 电转换器的特性完成的。

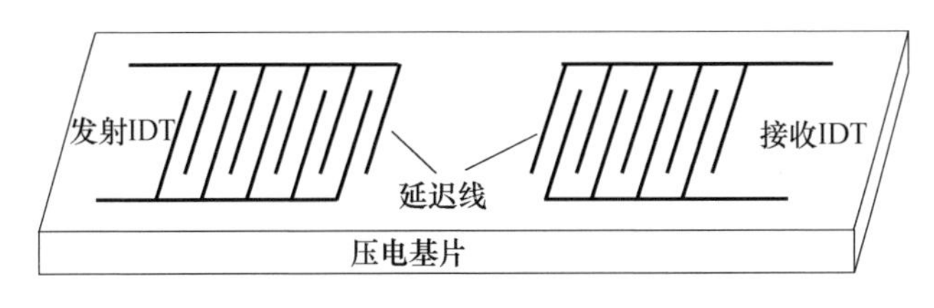

图 4.24　SAW 延迟线的基本结构

2)SAW 谐振器

SAW 谐振器由叉指换能器 IDT、压电材料基片以及金属栅条式反射器所构成,IDT 及反射器是用半导体集成电路工艺将金属铝(或金)沉积在压电基底材料上，再用光刻技术将金属薄膜刻成一定尺寸及形状的特殊结构，反射栅条成对设计并放置在 IDT 的两侧，组成了反射腔体。根据 IDT 的个数不同，SAW 谐振器可分为单端对型和双端对型两种，如图 4. 25 所示。SAW 谐振器的工作特性主要取决于每个反射栅的反射系数以及反射栅之间的间隔，是能在甚高频和超高频段实现高 Q 值（即高品质因数）的唯一器件。

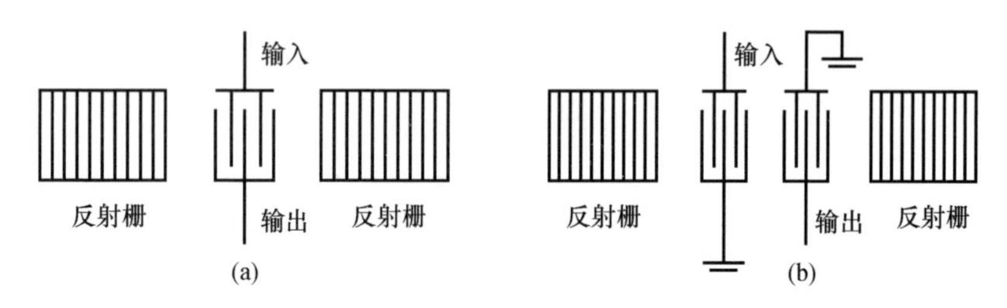

图 4. 25　SAW 谐振器

(a) 单端对型；(b) 双端对型。

SAW 谐振型振荡器结构原理如图 4. 26 所示，当在 IDT 上输入某一电信号后，通过逆压电效应，便在电极下方产生声表面波，并向两端辐射。声波在谐振器的两个反射栅（阵列）之间多次反射，反射的声波相干而建立驻波，并形成声表面波形式的法布里－珀罗谐振腔。通过从谐振腔拾取信号并经放大后，正反馈到它的输入端，只要放大器的增益能补偿谐振器及其连接导线的损耗，同时又能满足一定的相位条件，振荡器就可以起振。起振后的 SAW 振荡器的振荡频率会随着温度、压电基体材料变形等因素的影响而发生变化。因此，SAW 谐振器式振荡器可用来测量各种物理量。宽度、间隔都必须根据中心频率、Q 值的大小、对噪声抑制的程度以及插入损耗大小进行设计。

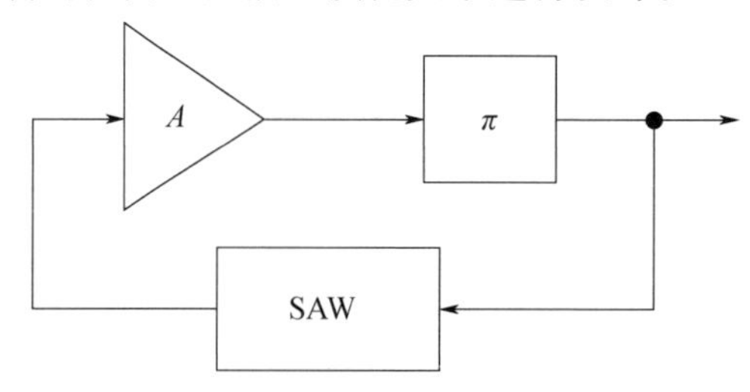

图 4. 26　SAW 谐振型振荡器结构原理图

A—放大器；π—移相器。

3. 基底材料

1)SAW 压电基片的选择条件

声表面波是制作在某些特殊固体材料表面的一种器件,其频率稳定性及老化特性主要取决于声表面波频控元件的性能,包括压电基片自身的性能和工艺因素的影响。常用的压电基片有压电晶体、压电薄膜和压电陶瓷,选择基片材料时要遵循以下条件。

(1)为了能形成叉指电极,必须有尽可能良好的表面,平面粗糙度一般应在μm 级以下。

(2)机电耦合系数 K^2 要尽可能高。机电耦合系数 K^2 是衡量材料压电特性的重要指标,K^2 越大则材料的压电性能越强,换能效率也就越高。一般机电耦合系数 K^2 值必须在 0.5% 以上,最好是 2% 以上。

(3)压电材料的温度系数要小,频率的温度漂移小,环境温度引起的测量误差小。

(4)波束偏离小,体波抑制效果好,以减小器件在高频端发生畸变和能量损耗,降低器件插入损耗,传播损耗要小,其值在 0.2dB 以下为佳。

(5)成本要低,适于批量生产。

(6)重复性好,可靠性要高。

2)压电晶体

常用的压电晶体[943]有石英单晶(Quartz)、铌酸锂($LiNbO_3$)、钽酸锂($LiTaO_3$)、锗酸铋($Bi_{12}GeO_{20}$)、闪烁锗酸铋($Bi_4Ge_3O_{12}$)、四硼酸锂($Li_2B_4O_7$)、磷酸铝($AlPO_4$)等,不同的材料有不同的温度性能(表 4.11),其基本特征列于表 4.12。单晶材料的特点是重复性好、可靠性高、声表面波传播损耗小,但价格昂贵,而且难以同时满足机电耦合系数 K^2 大、温度系数小的条件。另外,由于单晶一般是各向异性材料,故需要有高精度的定向切割技术。

(1)石英晶体。人类最早认识和应用的一种压电晶体。用石英制作的声表面波器件,虽然有机电耦合系数小(比 $LiNbO_3$ 的 1/40 还要小)、带宽窄(石英 SAW 器件有大约小于 3% 的带宽,而 $LiNbO_3$SAW 器件带宽可以高达 50%)的缺点,但其物化稳定性好,有零温度系数的切型和加工工艺成熟、SAW 应用不受高插入损耗的限制,这正是它用于振荡器和谐振器的理想性能,因此,石英仍是目前制作声表面波器件和声表面波技术研究使用最多的单晶材料之一。同时,对石英晶体的研究表明,不同切角有不同的拐点温度,常用于声表面波器件的石英晶体切型包括Y切型、HC切型和ST切型。其中,HC切型有较大的机电耦合系数;ST切型石英有最好的温度性能,其一阶温度系数为零,二阶温度系数为$(1-3)\times10^{-8}$℃,ST切型石英基片的延迟时间温度特性如图4.27所示。

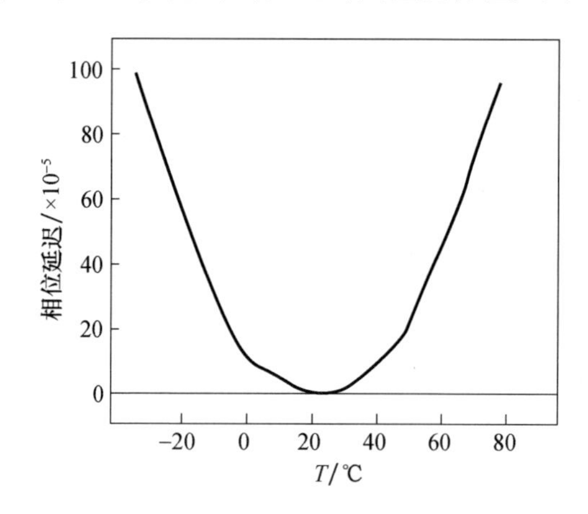

图4.27　ST切石英基片的延迟时间温度特性

(2)铌酸锂($LiNbO_3$)。具有很大的压电耦合系数和很低的损耗。

(3)钽酸锂($LiTaO_3$)。较大的压电耦合系数,具有许多谐振频率的零温度系数切型。没有$LiNbO_3$应用广泛,但其YZ取向和最小衍射切型(MDC)延迟温度系数远小于$LiNbO_3$ YZ取向的延迟温度系数。另一种普通的切型是112°X切,也具有低延迟温度系数。$LiTaO_3$将热和机电特性极好地结合起来,是适用于高频、高稳定性温度控制的SAW谐振器和振荡器。

(4)锗酸铋($Bi_{12}GeO_{20}$)。具有较小的声表面波速度,一定取向的晶体在环形通道传输时不会产生假表面波,其立方晶体结构使得表面波传播几乎是各向同性的,不但使SAW能在与晶体轴成角度的方向上传播,而且还能沿着板的弯曲面周围传播,实现了可以沿板的螺旋形轨迹前进的声表面波。其声速仅为其他材料的½,故可使器件更加小型化。

(5)闪烁锗酸铋($Bi_4Ge_3O_{12}$)。具有闪烁特性,可以作为γ探测系统中的微型部件,同时也是解决Ge探测器中反康普顿屏蔽的一种方法。

(6)四硼酸锂($Li_2B_4O_7$)。非铁电极性压电晶体,具有零温度系数频率取向、较大的耦合系数、小密度、低价格以及在水和酸中的高溶解性。

表4.12 常用压电材料的特性

材料	切割方向	传播方向	传播速度 v/(m/s)	机电耦合系数 K^2/%	温度系数(10^{-6}℃)	介电常数 ε_r	传播损耗/(dB/cm)(MHz)
石英单晶	Y	X	3159	0.22	-24	4.5	0.82(1000)
石英单晶	$-20°Y$	X	3205	0.25	-32	4.5	—
石英单晶	ST42.75°Y	X	3157	0.16	0	4.5	0.95(1000)
$LiNbO_3$	Y	Z	3485	4.3	-85	38.5	0.31(1000)
$LiNbO_3$	131°Y	X	4000	5.5	-74	38.5	0.26(1000)
$LiNbO_3$	41.5°Y	X	4000	5.5	-72	38.5	1.05(1000)
$LiNbO_3$	128°Y	X	3960	5.5	-74	38.5	—
$LiTaO_3$	Y	Z	3230	0.66	-35	44	0.35(1000)
$LiTaO_3$	X	112°Y	3295	0.6	-18	44	—
$Bi_{12}GeO_{20}$	(100)	(011)	1681	1.2	-122	38	0.89(1000)
$Bi_{12}SiO_{20}$	(110)	(001)	1622	0.69			0.17(1000)
$Li_2B_4O_7$	28°Y	Z	3470	0.8	0	8.2	—
ZnO(ZnO膜/熔融石英)	$h\approx0.35\lambda$ $h\approx0.9\lambda$						55(214) 3.0(630)
(ZnO膜/玻璃)	$h\approx0.4\lambda$ $h\approx0.45\lambda$			64 1.0	-15 -30	~8.5	4.5(58)
CdS	X	Z	1720	0.62		9.53	
Li_2GeO_3	Y	Z	3350	0.94		9.5	

3)压电薄膜材料

在非压电衬底上沉积压电薄膜而制成的声表面波器件,其特点是:可根据膜厚与声表面波波长的关系以及叉指电极的构成形式来调节机电耦合系数的大小和声表面波传播特性,并且成本较低。但是批量生产优质薄膜是有困难的,特别是难以保证薄膜材料的可靠性和稳定性。日本在这方面研究得比较深入,目前已经有器件实用化。用射频溅射等方法得到的ZnO多晶薄膜,在c轴上与衬底垂直排列的表面内,其压电性并不显示出各向异性,因而,在结晶学分类上,与压电陶瓷同属于6mm点群,其机电耦合系数K^2也随着制造条件而异,通常为1%左右,比CdS薄膜大。除了ZnO、CdS压电薄膜外,还有AlN、$LiNbO_3$、$Bi_{12}PbO_3$等;就薄膜质量的重复性和制造方法而言,ZnO是现今最成熟的压电薄膜材料。

压电薄膜技术今后将朝着应用新的溅射方法和化学气相沉积(CVD)法等新技术制造ZnO薄膜、确立更优质更低成本的材料制造技术、探索ZnO以外的薄膜材料、进一步发展单晶薄膜的生长技术和降低成本的方向发展。

4)压电陶瓷材料

压电陶瓷是现有压电材料中机电耦合系数较大的一种,并且容易制成任意形状;与单晶相比,其价格低廉;在垂直于极化轴平面内的任意方向上,传播速度为常量,故无须考虑加工和形成电极的方向。此外,还可以通过组成成分的选择来调整包含温度系数在内的各种特性。但是压电陶瓷自身也存在一些缺点:其内部的气孔导致器件制备难以满足所需的表面均匀度,为了减少陶瓷的气孔,可采用热压烧结方法解决,但是这样就增加了成本;因其为多晶材料,所以在高频下有较大的损耗;另外,压电陶瓷的性能重复性较差,约为1%,难以实现批量生产。因此,为了得到低成本、高重复性的压电陶瓷材料,就必须从组成、制造工艺等方面进行研究。

如上所述,作为压电材料,基片材料有单晶、薄膜和陶瓷,这些材料各有优缺点。随着声表面波器件的实用化,这些材料将会根据其特性、成本等在不同的领域得到发展和应用。

4. 叉指换能器

叉指换能器的功能是激励和接收声表面波。在IDT发明之前,也有一些激励表面波的方法,如楔形换能器、梳状换能器等,但因为变换效率低无法得到高频率的SAW而被淘汰。此外,也有用模式转换的方法将体波转换成瑞利波,但这些方法因效率低且波式不纯而难以实用。到目前为止,只有IDT是唯一实用的换能器,其基本结构形式如图4.28所示,a、b分别表示叉指宽和指间距,w为相邻两指互相重叠部分的长度,称为指长,又称为换能器孔径。

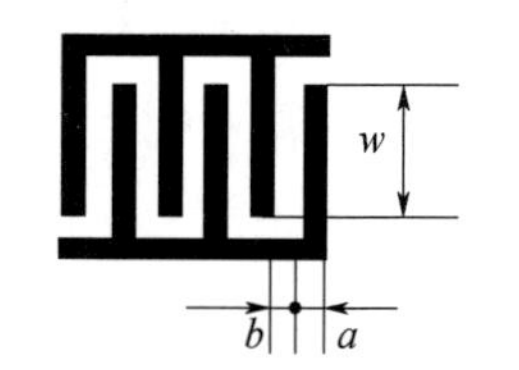

图4.28　叉指换能器的基本结构

IDT 由若干沉积在压电衬底材料上的金属膜电极条组成。这些电极条互相交叉配置,两端由汇流条连在一起。它的形状如同交叉平放的两排手指,故称为叉指电极。电极宽度 a 和间距 b 相等的 IDT 称均匀(或非色散)IDT。叉指周期 $T=2a+2b$。两相邻电极构成电极对,其相互重叠的长度为有效指长,即称换能器的孔径,记为 w。若换能器的各电极对重叠长度相等,则称为等孔径(等指长)换能器。

IDT 是利用压电材料的逆压电与正压电效应激励 SAW 的。IDT 既可用作发射换能器激励 SAW,又可作为接收换能器接收 SAW,因而这类换能器是可逆的。在发射 IDT 上施加适当频率的交流电信号后,压电基片内所出现的电场分布如图 4.29 所示。由于基片的逆压电效应,这个电场使指条电极间的材料发生形变(使质点发生位移)。电场水平分量使质点产生平行于表面的压缩(膨胀)位移,垂直分量则产生垂直于表面的切变位移。这种周期性的应变就产生沿 IDT 两侧表面传播出去的 SAW,其频率等于所施加电信号的频率,一侧无用的波可用一种高损耗介质吸收,另一侧的 SAW 传播至接收 IDT,借助于正压电效应将 SAW 转换为电信号输出。

IDT 具有以下基本特征。

(1)工作频率(f_0)高。由图 4.29 可见,基片在外加电场作用下产生局部形变。当声波波长与电极周期一致时,得到最大激励(同步),这时电极的周期 T 等于表面波在工作频率 f_0 时的波长 λ,即 $\lambda=T=v/f_0$,其中 v 为材料的表面波速度。当指宽 a 与间隔 b 相等时,$T=4a$,则工作频率 $f_0=v/4a$。可见,对同一声速 v,IDT 的最高工作频率只受工艺上所能获得的最小电极宽度 a 的限制。叉指电极由平面工艺制造,随着集成电路工艺技术的发展,IDT 线宽越来越窄,声表面波器件的工作频率越来越高。

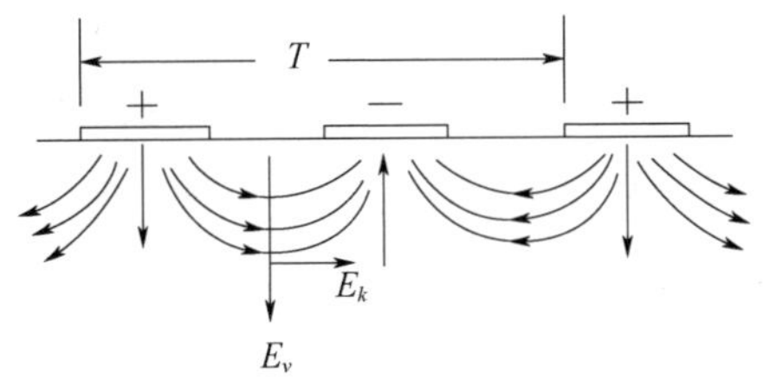

图 4.29 叉指电极某一瞬间的电场分布

(2)时域(脉冲)响应与空间几何图形具有对称性。IDT 每对叉指电极的空间位置直接对应于时间波形的取样,其几何形状直接反映激发出的声表面波的脉冲,两者与频率响应存在傅里叶变换关系,为设计换能器提供了极简便的方法。

(3)叉指换能器激发的声表面波强度取决于叉指换能器孔径 w 及叉指对数 N,重叠长度越长,叉指对数越多,激发的声表面波越强,同时有助于实现信号幅度和相位的内加权,为某些特殊的信号处理提供简单而又方便的方法与器件。

(4)频带宽度 Δf 直接取决于叉指对数 N,两者互为倒数关系。对于均匀(等指宽,等间隔)IDT,可简单表示为

$$\Delta f = f_0 / N$$

式中:f_0 为中心频率(工作频率);N 为叉指对数。

由上式可知,中心频率一定时,带宽只决定于叉指对数,叉指对数越多,换能器带宽越窄。表面波器件的相对带宽为 0.1% ~100% 频程,因而具有很大的灵活性。

(5)具有互易性。作为激励 SAW 用的 IDT,同样(且同时)也可作接收用。这在分析和设计时都很方便,但因此也带来麻烦,如声电再生等次级效应将使器件性能变差。

(6)制造简单,重复性、一致性好。SAW 器件制造过程类似半导体集成电路工艺,易于实现批量生产。

5. 敏感膜材料

覆盖的薄膜作为 SAW 气体传感器的最直接的敏感部分,其特性与传感器的各项性能指标有着紧密的关系。

(1)薄膜与传感器的选择性。薄膜的选择性是 SAW 气体传感器的一项重要性能指标。不同种类的化学气体需要使用不同材料的薄膜,对气体的选择性是对敏感薄膜的最基本要求,决定了 SAW 气体传感器的选择性,因而,研制选择性好的吸附膜是一项艰巨而关键的任务。目前,用于 SAW 气体传感器的敏感膜有三乙醇胺薄膜(敏感 SO_2)、Pd 膜(敏感 H_2)、WO_3 膜(敏感 H_2S)、酞菁膜(敏感 NO_2)、各种功能性有机聚合物等。

(2)薄膜与传感器的可靠性。作为传感器,其输出响应必须是可重复和可

靠的。SAW 气体传感器输出的可靠性在很大程度上取决于敏感膜的稳定性，具有可逆性和高稳定性也是对敏感膜的基本要求。

可逆性就是敏感膜对气体既有吸附作用，又有解吸作用。当待测气体浓度升高时，敏感膜能及时吸附待测气体；当气体浓度降低时，又能及时解吸待测气体。吸附过程与解吸过程应是严格互逆的，这是气体传感器正常工作的前提。

薄膜的稳定性取决于它的机械性质。薄膜中的内应力以及它与基片之间的附着力不合适，都会使薄膜蠕变、裂缝或者脱落。薄膜的机械性质又取决于它的结构，即与薄膜的沉积方法有关。一般用溅射法制备的薄膜，其内应力较小。同时，由于在其制备过程中，注入粒子具有较高的能量，在基片上产生缺陷而增大结合能，所以溅射法制备的薄膜的附着力优于其他方法制备的薄膜附着力。

(3)薄膜与传感器的响应时间。SAW 气体传感器与其他传感器一样，响应时间越小越好，SAW 气体传感器的响应时间与敏感膜的厚度及延迟线振荡器的工作频率相关。工作频率较高时，由于气体扩散和平衡的速度更快、响应速度相应提高，但较高的工作频率也产生了较大的基底噪声，妨碍了对气体最低浓度的检测。另外，当敏感膜层的厚度减小时，由于气体扩散的时间与膜层厚度的平方成正比，也可以大大减小传感器的响应时间。实际上，除了气体进入膜层时的简单扩散外，还有许多因素(如界面层传送率)对传感器响应时间的确定都起着重要作用。但随着工作频率的提高，更薄膜层的使用，SAW 气体传感器的响应时间有望大大降低。

(4)薄膜与传感器的分辨率。SAW 气体传感器的分辨率主要是由敏感薄膜的稳定性决定的，与所使用膜层的稳定度处于同一数量级。

(5)薄膜与传感器其余特性的关系。SAW 气体传感器的线性度和薄膜吸附气体的物理或化学过程有关。增加薄膜所覆盖的 SAW 传播路径长度，可提高 SAW 气体传感器的灵敏度。在膜层长度一定的情况下，传感器的灵敏度将随工作频率的提高而增大。

当薄膜涂覆在 SAW 延迟路径上时，它不但使被覆盖的延迟线振荡器的振荡频率发生偏移，而且还使 SAW 信号产生衰减。当待测气体浓度足够大时，膜层吸附了足够的气体，以致当 SAW 沿着被膜层覆盖的路径传播时，信号很快衰减而使振荡器无法工作,这样就产生了传感器的检测上限问题。提高检测上限的一个方法是减小气敏膜覆盖的延迟路径长度,以减小 SAW 衰减,但这样做又可能使传感器的灵敏度降低。所以各项性能指标在设计时要进行综合考虑。

4.2.3 声表面波传感器的应用

1. 声表面波气体传感器的应用

1979 年,Wohltjen 和 Dessy 采用 ST 切石英或 $LiNbO_3$ 做的 SAW 器件检测气相色谱获得成功,随后在美国 Anal Chem 杂志上连续发表文章,分别介绍了 SAW 化学传感器装置和用作气相色谱检测器及聚合物相变点的测定,从而开始了 SAW 传感器在气相分析中的应用。自此以后,研究人员通过对 SAW 器件原理、加工工艺、涂膜技术、敏感膜材料以及检测方法的研究,实现了对多种无机气体、有机气体和化学战剂等气体微量组分的分析测定。

1)SAW 在无机气体检测中的应用

SAW 在大气环境监测中得到了广泛的应用研究,为了实现对环境温度变化的补偿,SAW 气体传感器大多采用双通道延迟线结构,如图 4.30 所示。在双通道 SAW 延迟线振荡器结构中,一个通道的 SAW 传播路径被气敏薄膜覆盖用于测量,另一个通道未覆盖薄膜而用于参考,两个振荡器的频率经混频取差频输出,以实现对外界环境干扰的补偿。目前,可检测的气体主要有二氧化硫、水蒸气、氢气、硫化氢、一氧化碳、二氧化碳、二氧化氮等。

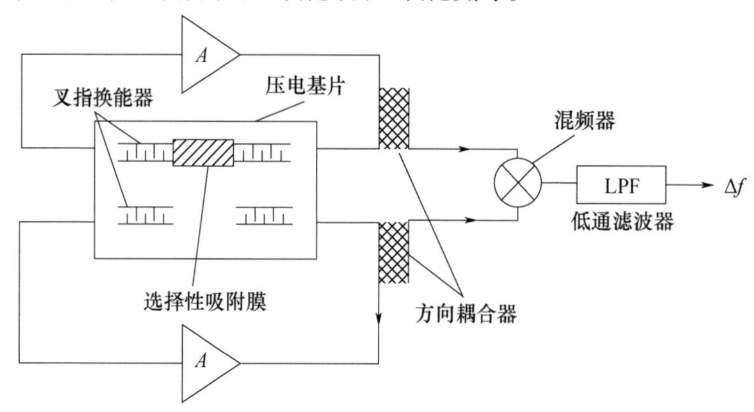

图 4.30 双通道 SAW 气体传感器结构示意图

Venema[944]研究了以酞化菁为化学敏感膜的 SAW 气体传感器对 NO_2的气敏特性，比较了 30℃ 和 150℃ 时对 NO_2 的灵敏度以及对 CO、CO_2、CH_4、NH_3、SO_3、H_2O 和甲苯的灵敏度，结果表明，在 150℃时，对 NO_2的选择性明显增加，对其他气体的灵敏度已降到可以忽略不计的程度。

在双通道 SAW 传感器的一个延迟线上旋涂上一层聚苯胺气敏薄膜[945]，当通入 SO_2气体后，频率改变很快，约 6min 后变化变缓，在 8min 时达到稳定不再变化，稳定一段时间后，停止通气，这时，频率会逐渐回到原来的状态，5min 左右达到稳定。若重复检测，传感器频率响应 3min 就达到了稳定，但改变的幅度没有第一次大，这可能是由于气敏薄膜未能完全解吸附造成的。若检测完后用氮气吹扫，可以改善这种情况。对不同的 SO_2浓度的检测曲线中有一个拐点和一个饱和点，如图 4. 31 所示。拐点是由于分子和气敏薄膜作用时分为两个过程，即复合双能谷模型[946]，当分子离固体表面较远时，随着距离的缩短，势能开始下降，直到降到一个最低值，形成了一个较为稳定的吸附状态；随着距离的进一步缩短，又出现了一个更深的势能阱，表现为更为稳定的吸附状态，如图 4. 32 所示。饱和点是聚苯胺能够检测 SO_2气体浓度的临界点。

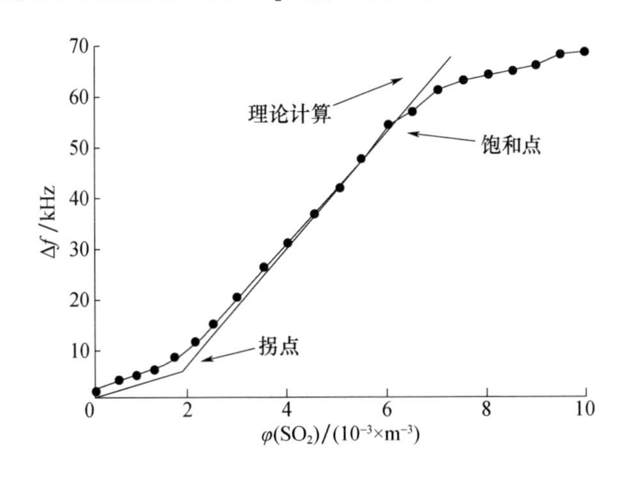

图 4. 31　Pan 气敏膜 SAW 传感器的频移和 SO_2浓度的关系

Lee 等[947]以 $LiTaO_3$单晶研制成双通道 SAW 延迟线传感器，其中一个传感器涂以 CdS 薄膜，该 SO_2气体传感器的测量分辨率为 0. 15ppm/Hz，测量绝对误差可以达到 0. 2ppm，比三乙醇胺 TEA 差一些，但这种膜材料具有更长的使用寿命,同时发现对气体浓度的检测结果中也有一个拐点,如图 4.33 所示。

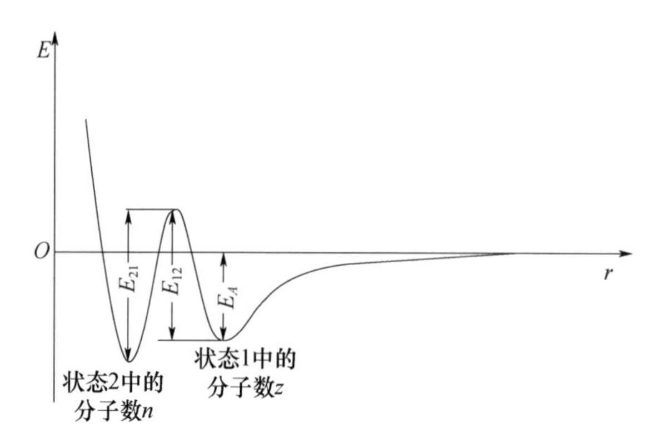

图 4.32　薄膜表面的势能 E 随距离 r 变化的示意图

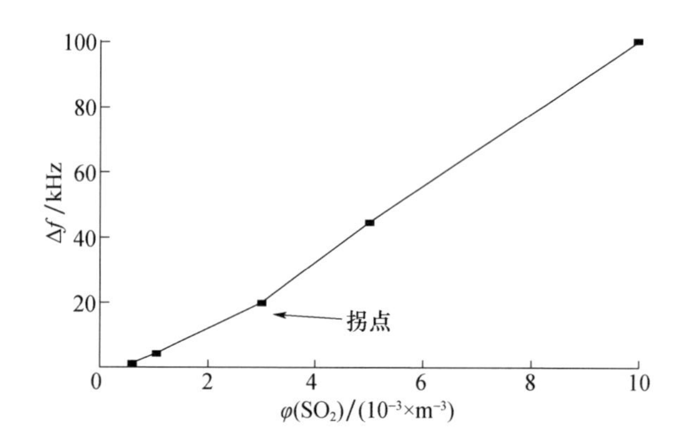

图 4.33　CdS 气敏膜 SAW 传感器频移和 SO_2 浓度的关系

Qin 等[948]以三乙醇胺(TEA)为敏感膜研制的 SAW 传感器对 SO_2 的响应高达 1400Hz/ppm,响应和恢复很快,但是该膜的蒸发率太大,不仅使基线上漂,而且随膜的质量减少其灵敏度也降低;当以硼酸改性后,虽然使得膜的蒸发率下降了很多,但是同时使灵敏度也下降了很多,只有 200Hz/ppm。吴忠浩等[949]采用 YX 切向的石英晶体,X 方向为声表面波延迟线振荡器作为气体传感器,器件的主频为 131MHz,以四乙醇乙二胺为 SAW 敏感膜对 SO_2 进行了检测。结果表明,这种膜具有良好的热稳定性,在连续测量的一段时间内,其膜质量变化不大,特别是在低浓度时,传感器响应值与浓度基本上呈线性关系,灵敏度比较高,可达 1500Hz/ppm,与三乙醇胺相近,但响应和恢复速率则比三乙醇胺差。

栾桂冬等[950]介绍了一种双通道结构，两个相同的延迟线并列设置在同一基片上，并与放大器连接成 SAW 延迟线振荡器，其中一个延迟线的声传播路径上涂有三乙醇胺，它对 SO_2 有吸附作用。整个基片放在一个体积为 144ml 的密封盒中，盒内保持室温，当充入 SO_2 气体后，三乙醇胺涂层吸附 SO_2，使声传播路径的表面性质改变，从而导致振荡器频率发生改变。另一个没有涂层的振荡器的频率不受 SO_2 的影响，并对温度影响进行了补偿，故两个振荡器经混频输出后，得到的差频随 SO_2 含量的多少而变化。该传感器能够分辨 SO_2 的最低浓度为 0.07ppm，当浓度再降低时，差频输出没有重复性。能检测的浓度上限为 22ppm，当浓度高于该值时，声表面波由于涂层吸收 SO_2 过多而衰减太大，以致振荡器不能起振。把涂层暴露在不含 SO_2 的大气中，几分钟后涂层中的 SO_2 即被排除。

一种 SAW 氢气传感器也采用了该种双通道结构，敏感膜采用钯(Pd)膜，厚度为 0.2 ~ 1μm，相当于 SAW 波长的 0.4% ~ 2%。该器件暴露在含有 0.1% ~ 10% 的 H_2 和 N_2 气体中，其振荡频率随气体浓度发生变化。若将它放在 O_2 气体中，振荡频率复原。钯膜吸附氢的反应原理可能是通过氢的结合，钯表面由于催化反应产生质子转移，使之导电。Massood 等[951]以 XY 切 $LiNbO_3$ 作为基底，钯为敏感膜，研制了双通道声表面波延迟线氢气传感器的三维仿真模式，实现了对低于 3% 的氢气的分析，这种三维仿真模拟方式对研究声表面波的传播特性具有重要意义。

Penza 等[952]以 LB 成膜技术将聚吡咯沉积于 SAW 器件表面作为氨气吸附膜层，该传感器具有良好的灵敏度和选择性，CO、CH_4、H_2、O_2 等气体对检测没有明显影响，但湿度变化较大时对检测结果有一定的影响。Shen 等[953]以 L-谷氨酸氢氯化物为膜材料固定在 128°YX 切 $LiNbO_3$SAW 延迟线表面对氨进行检测研究，该传感器具有良好的敏感性、选择性、可逆性和重现性，检测限为 0.56ppm，并且湿度的影响可以忽略。

Nieuwenhuizen 等[954]以四苯铬卟啉为 SAW 的敏感层测定 NO_2 时检出限可达 ppb 级，响应时间为 30 ~ 40s，此类传感器灵敏度高但选择性和稳定性较差。另外，还可以将半导体酞菁(Phthalaryanine)作为涂层用于测量 NO_2 气体，气体与这种涂层表面作用，会引起 SAW 速度或延迟时间的变化，然后以频率差作为气体浓度的一种量度，涂层为三氧化钨（WO_3）膜时，可以测量硫化氢气体，这种传感器对于浓度低于 1ppb 的 H_2S 仍有响应。Vikholm 采用了 L－B 成膜技术，利用一种阳离子表面活性剂作为吸附膜，测定了传感器对臭氧的灵敏度[955]。

Hui Li 等[956]将 SnS 胶体量子点作为声表面波 NO_2 传感器的敏感层，SAW 延迟线由一种谐振频率为 200MHz 的 ST 切割石英基底组成的。SnS 胶体量子点平均大小为 5.0nm，由人工合成，用旋涂法制备到 SAW 传感器上。胶体量子点的粒径非常小，并且易于进行溶液处理，所以在气体传感应用中展现了自身的优势。制作的 SAW 传感器有很高的灵敏度，能够在室温下检测到较低浓度的 NO_2 气体，当在室温下被暴露在 10ppm NO_2 的浓度下时，SAW 延迟线的中心频率降低 1.8kHz，相对于 NH_3、SO_2、CO 和 H_2，对于 NO_2 有良好的选择性。

Wei Luo 等[957]运用一种水溶胶－凝胶技术将平均粒径 25nm 的 SnO_2 薄膜作为敏感膜沉积在 SAW 设备的表面，制作了一种灵敏度高、恢复良好的声表面波 H_2S 气体传感器。通过优化膜层厚度和工作温度等参数，提高了针对 H_2S 气体检测的灵敏度。当 SnO_2 膜层厚度为 275nm，传感器在 120℃ 工作时，对于 68.5ppm 的 H_2S 气体，其最大响应（中心频率改变）为 112.232kHz。对于不同浓度的 H_2S 气体，SAW 传感器的频率响应表现出良好的灵敏度和线性关系。其主要传感机制是 SnO_2 薄膜电导率变化引起的声电效应。

B. Serban 等[958]合成了两种新型纳米复合材料基体：第一种是基于聚烯丙基胺（PAA）和氨基碳纳米管；第二种是基于聚乙烯亚胺（PEI）和氨基碳纳米管。当在 500～5000ppm 范围内改变 CO_2 浓度时，涂有两个选定纳米复合材料的 SAW 传感器展现出了良好的灵敏度。

Shih－Han Wang 等[959]将不同 Cu^{2+} 浓度的 Cu^{2+} PANI/WO_3 薄膜被涂覆在声表面波谐振器上，用作室温下的 NO 传感器。0.2wt% 的 Cu^{2+}/PANI/WO_3 薄膜为最佳薄膜。在干燥的室温环境下，传感器针对 1ppb NO 的检测的传感响应为 165Hz，显示的信噪比大约为 37。当检测的 NO 浓度为 80ppb 时，传感响应和恢复时间大约分别为 59Hz 和 17s。NO 浓度在 1～116ppb 范围内时，频率响应与其呈正相关。相对于 NO_2、NH_3、CO_2 气体，涂有 0.2 wt% 的 Cu^{2+}/PANI/WO_3 敏感层的声表面波传感器具有选择性。

SAW 在无机气体中的部分应用情况列于表 4.13。

表4.13 SAW在无机气体中的部分应用情况

气体成分	涂层
SO_2	三乙醇胺[960]、酞化菁[944]、聚苯胺[945]、CdS[947]、四乙醇乙二胺[949]
H_2	钯(pd)[951,961]、氧化铟[962]
NH_3	铂(Pt)[963]、聚吡咯[952]、L－谷氨酸氢氯化物[964]、多孔氧化铝[965]、纳米多孔氧化铝[966]、聚4－乙烯基苯酚[967]、聚N－乙烯基吡咯烷酮[967]
NO_2	四苯铬卟啉[954]、金属酞菁化合物[954-973]、氧化铟[962]、SnS胶体量子点[956]
H_2S	三氧化钨(WO_3)[974]、SnO_2薄膜[957]
H_2O	聚酰亚胺[975-976]
O_2	卟啉类[977]
CO_2	聚乙烯亚胺[978]、聚烯丙基胺[958]
NO	Cu^{2+} PANI/WO_3 薄膜[959]

2)SAW在有机气体检测中的应用

SAW传感器不仅在大气监测中具有广泛的应用前景,在有机气体的检测中也取得了大量的研究成果。Urbanczyk等[979]讨论了以大约1.3μm的酞菁酮(CuPc)作吸附涂层时,SAW传感器对有机化合物气体如丙酮、苯、氯仿、三氯乙烷、醚的响应,对三氯乙烷的测定灵敏度可达0.1Hz/ppm。Ballantine[980]研究了聚异丁烯(PIB)高分子作涂层膜吸附有机气体(异辛烷)时,其形态变化对传感器的频率与衰减的影响。

刘国锋等[981]在同一Y－Z切铌酸锂基片上制作两条相同的SAW延迟线,中心频率为60MHz,并用阴极溅射技术,在一条延迟线的SAW传播路径上沉积一层可选择吸附H_2S的活性WO_3薄膜,WO_3薄膜具有非常好的稳定性,该薄膜使延迟线振荡器产生一个456kHz的频率漂移,并且使SAW衰减增加了0.3dB。在130℃的条件下,将SAW器件置于具有不同H_2S浓度的环境中,得到一系列的传感器响应稳态值并绘制灵敏度曲线,得到H_2S线性范围为0.01～30ppm,灵敏度可达317Hz/ppm,并对该传感器的选择性进行了研究。

SAW传感器可用作气相色谱的检测器[982],Whiting等[983]对此进行了深入研究。该检测器由4个ST切石英SAW延迟线传感器阵列组成,并用Pyrex耐热玻璃盖密封,出入口用钝化硅融毛细管连接,传感器置于气相色谱柱箱外,在室温条件下操作,内部体积小至2μL,减小了检测器的死时间,容许更大的出口压力。使用该传感器不需要多种气源,可采用体积更小、功耗更低的采样泵,可实现对多种有机物的分析检测,典型色谱曲线图如图 4.34 所示,线性关系良好,对多种有机物的检测情况如表 4.14 所列,可见,SAW 传感器具有灵敏度高和线性范围宽等特点,可方便用作色谱检测器。

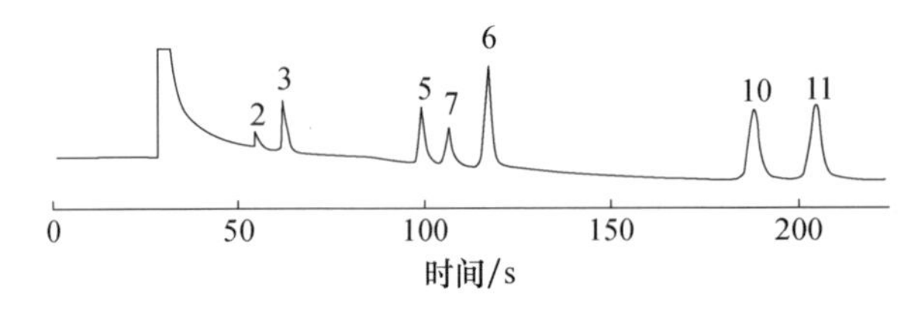

图 4.34 SAW 检测器的色谱曲线图

表 4.14 SAW 色谱检测器对多种有机物的检测结果

图 4.34 中对应序号	化合物名称	斜率	R^2	检测限(LOD)/ng
2	苯	1.0993	0.9883	46
3	辛烷	1.0950	0.9965	47
5	四氯乙烯	1.0706	0.9988	35
6	乙苯	1.0497	0.9962	23
7	三氯乙烯	1.0449	0.9969	24
10	甲苯	1.0338	0.9971	30
11	对二甲苯	1.0577	0.9973	33

传感器如果覆盖了化学选择性的聚合物,就可以增强对芳香硝基爆炸性化合物气体的吸附,并可通过聚合物材料的选择性和高吸附性降低检测限。Kannan 等[984-985]对以聚二甲基硅氧烷和 carbowax-1000 作为敏感膜的 SAW 传感器检测 2,4-DNT、TNT 蒸气进行了深入的研究,所采用的 SAW 传感器为 STX 切石英晶体,基频为 150MHz 的延迟线传感器,装置外观如图 4.35 所示。研究表明,carbowax-1000 对 2,4-DNT 检测具有很好的选择性和可逆性,线性关系良好,相关系数为 0.9964,检测灵敏度为 0.56~1.1Hz/ppb,传感器的恢复时间为 100s±4s。

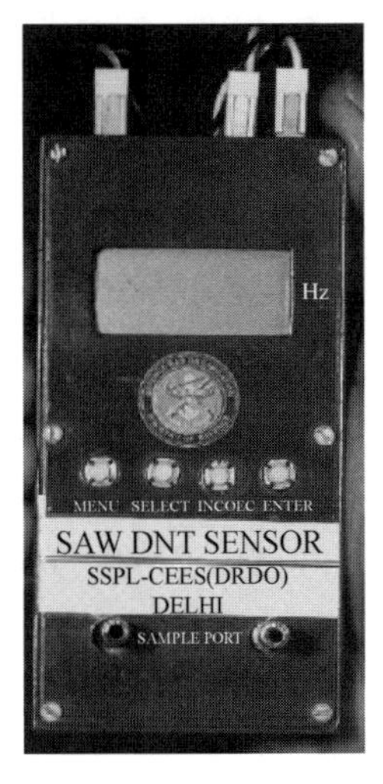

图 4.35 SAW DNT 传感器装置

美国的 EST 公司对 SAW 化学传感器在环境检

测方面的应用进行了较为深入的研究，尤其是在毒品、炸药、化学战剂、农药及等各种危险化学品检测领域。该公司所研制的 zNose4200 型便携式爆炸物检测仪采用快速色谱（FGC）和 SAW 联用技术，内置进样泵和预浓缩器，目前已获得了美国环保署（USEPA）和美国药品控制署（ONDCP）认证，成为美国国土安全局选定使用的反恐和安全检测仪器。另外，由美国山地亚国家实验室（Sandia National Lab）研发的痕量爆炸物检测装置应用了 SAW 和离子迁移检测器，SAW 对 TNT 的响应是 9600Hz/ng，对 RDX（旋风炸药，三次甲基三硝基胺）是 14460Hz/ng，检测限可达 10^{-12}g。

除了上述通常使用的延迟线 SAW 传感器外，谐振器型 SAW 气体传感器也得到了广泛的应用。这类传感器相对发展较晚，从目前报道的情况来看，最早由 Martin 等[986]于 1984 年提出了其用于气体检测的理论，随后，他们使用 ZnO 作为压电材料和多孔吸附材料对有机气体进行了检测。Bowers 等对 200MHz 的石英 SAW 谐振器的应用进行了分析，并对覆膜的谐振器用作气体传感器进行了详细报道。1990 年，Waston 等首次报道采用高 Q 值 SAW 谐振器结构的 SAW 传感器用于气体浓度的检测，将分辨率从 10^{-9}g 提高到 10^{-12}g，甚至可达 10^{-15}g。目前，这种 SAW 气体传感器已用于毒品检测系统中的气相层析装置[987]，该装置内包括氦载气、标定气体、带有振荡电路的 SAW 传感器（频率为 500MHz）以及 10m 毛细管柱等，由计算机控制测量、信号处理及数据存储。在毒品检测系统中，通过等温毛细管柱气体色层分离和含有 SAW 传感器的敏感头取样，综合色层分离的选择性和传感器的敏感性，能在 10～15s 内检测出低浓度的毒品，并可用于监测大气中 CO_2 的浓度，分辨率可达 10^{-12}g。Grate 和 Klusty[988]报道了谐振器型 SAW 气体传感器，实验测定了 200MHz、300MHz、400MHz 中心频率的传感器对有机气体的响应频率，并与 158MHz 延迟线型传感器的响应进行了对照，结果表明，前者具有更低的噪声水平和检测限。Grate 等[989]还报道了弯曲平板波模式的传感器，其中心频率低（仅为 5MHz），传感器对有机气体的响应，性能与相同频率的 BAM 传感器大致相当。

McGill 等[990]采用覆有 SXPHFA 膜的 250MHz 双端 SAW 谐振器，对 2,4－DNT 检测进行了研究，结果表明，对浓度为 400ppb 的 2,4－DNT 传感器有 8500Hz 的可逆响应信号，检测限约为 235ppt。Houser 等报道了采用 CS6P2、

CS3P2 作敏感材料的 SAW 谐振器对 2,4 - DNT 的检测,25℃时响应信号最强,检测限约为 92ppt。

戴恩光等[991]建立了一种新型的声表面波有机气体检测方法。采用 ST 切割的石英晶体制作了中心频率为 150MHz 的双端双路 SAW 谐振器,一路为参比,另一路以 LB 成膜技术覆盖了 5 层 LB 膜,当乙醇气体体积分数为 4.0×10^{-5} ~ 2.53×10^{-4}时,这种双端 SAW 谐振器综合性能优于延迟线型的传感器,具有低噪声、高质量敏感性、高灵敏度等特点。Shen 等[992]以 36°Y - X $LiTaO_3$作为基底材料,研制了一种新型水平剪切声表面波传感器检测系统,实现了对气态和液相中的乙醇的检测,检测的重现性和稳定性均很好。

将模式识别、主成分分析等化学计量学方法引入 SAW 气体传感器的研究,进一步拓宽了传感器的分析应用范围,并可同时进行多组分的分析测试,获取大量的分析信息。Wohltjen 等[993]选用 12 种涂层材料,研究了 SAW 传感器对 11 种化学气体的响应,阐述了传感器响应与涂层材料的结构及溶解度性质之间的联系。利用模式识别和主成分分析手段,对上述涂层的传感器阵列进行了分析,结果表明,1/4 的传感器可将分析物与那些化学性质类似的干扰物分离开来。文献[994]也报道了模式识别应用于 SAW 传感器阵列的数据处理,成功地进行了有害气体及其混合物的分析。此后,以四 SAW 传感器阵列结合模式识别法成为了对多组分有害有机气体检测的常用模式[995]。Hivert 等[996]采用神经网络方法,提出了对 SAW 传感器阵列的信号实行处理的可行性。采用该信息处理技术,可显著改善 SAW 传感器的选择性。Ricco 等[997]还报道了一种用化学传感器和膜材料特性表征的多频率 SAW 装置。他们设计测试了两种类型的多频率 SAW 装置,使用的中心频率分别为 16MHz、40MHz、100MHz 和 250MHz。Frye 和 Martin 提出了一种双信息(波速和波幅)输出的 SAW 传感器,可进行混合物的识别和浓度测定。戴恩光等[998]发展了一种高 Q 值声表面波谐振器阵列传感器,中心频率为 150MHz,覆膜后 Q 值高达 15000 以上,并采用神经网络对甲醇、乙醇、正丁醇和乙烯基乙二醇等进行了识别,识别率在 90% 以上。Groves 等[999]以四 SAW 阵列传感器和人工神经网络为基础研制了小型样机,实现了对呼出气体和环境空气中 16 种有机溶剂及其二组分混合气体的检测识别,并以预富集和热脱附装置提高检测灵敏度和消除水蒸气的干扰。该装置能对气体正确识别,定量分析的偏差在25%以内,检测体积为0.25L,响应时间2.5min。

SAW气体传感器还可应用于其他领域。Grate等[1000-1001]利用气-液色谱使用的固定相作为传感器的吸附膜,测定了气体成分的分配系数,并与气-液色谱测得的结果进行了对照。同时测定了温度和气相中分析物浓度对其吸附性能的影响。此外,他们根据分配系数值,预测了SAW气体传感器的响应性能。

文献[1002]专门讨论了SAW传感器测定有机气体成分的响应灵敏度及其选择性。Amati等[1003]选用20余种不同性质的有机高分子涂层材料,分别测定了它们对气相有机溶剂(如甲苯、丙酮、乙醇、甲醇、二氯甲烷)的响应灵敏度、选择性以及响应时间。为了弥补选择性的缺陷,他们又采用模式识别技术(偏最小二乘法)研究了传感器对四组分混合物的响应。

Stahl等[1004]以433MHz声表面波谐振器为检测元件对用胶黏剂作敏感膜检测有机物的方法进行了研究,对比了喷涂、滴涂和旋涂3种涂膜方法,其中以旋涂最佳,并采用人工神经网络对二甲苯和一些醇类物质进行了分析,研究表明,胶黏剂涂层稳定性好,其强极性提高了传感器对分析物的选择性和灵敏度。Penza等[1005]在433MHz双通道谐振器SAW四阵列传感器分别涂覆二十烷酸、聚乙二醇、三乙醇胺、丙烯酸聚硅氧烷敏感膜,并结合人工神经网络识别方法可对20~140ppm的甲醇和5~70ppm的异丙醇准确识别。Horrillo等[1006]将聚二甲基硅氧烷、聚丁二烯、聚乙醚聚氨酯涂覆于声表面波器件上,实现了对低浓度的辛烷、甲苯、丙醛等易挥发性有机物的快速检测,并得到了良好的线性关系。

Garcia-Gonzalez等[1007]以433MHz的SAW阵列传感器为基础,通过对37种样品分类建立的数学模型并结合固相微萃取可以实现对天然橄榄油挥发物的分析测定,从而判断橄榄油的品质。Gan等[1008]采用SAW传感器结合主成分分析法研制了电子鼻检测系统,并对16种普通植物油的特性进行了分析,识别率可达97%以上,表明了SAW在香味物质分析领域具有足够的选择性和灵敏度。Biswas等[1009]也利用SAW阵列传感器对不同商标的橄榄油和葵花籽油进行了辨别,并通过对其氧化物的测定判断植物油的品质,该方法与固相微萃取气相色谱质谱法的测量结果高度一致,是食品工业质量控制测量的一种有效工具。

Sayagoa[1010]等研究了以碳纳米管－聚合物复合材料为敏感层的声表面波气体传感器，用来检测低浓度的挥发性有机化合物，如辛烷和甲苯。不同比例多壁碳纳米管聚环氧氯丙烷/聚醚氨酯的纳米复合材料传感器响应中有不同影响。传感器检测了浓度范围为25～200ppm的辛烷和甲苯，以及其他污染气体（NO_2、NH_3、CH_4、H_2、二甲胺、三甲胺和CO），其对辛烷和甲苯敏感，对其他污染气体没有响应，在室温下对甲苯的响应高于对辛烷的响应。碳纳米管（5%）含量较高的传感器对这两种气体的响应都有所增强。

Marija F. Hribšek等[1011]比较分析了各种新型气敏材料在声表面波化学传感器中的应用。考虑了不同的气敏材料如聚苯胺（PANI）、聚四氟乙烯AF2400、聚异丁烯（PIB）、聚环氧氯丙烷（PECH）等。聚四氟乙烯AF2400用来检测CO_2，属于导电聚合物的聚苯胺纳米复合薄膜用于检测CO、NO_2和$COCl_2$，PECH和PIB用于检测二氯甲烷（CH_2Cl_2，DCM）。

Jagannath Devkota等[1012]提出了以纳米多孔金属有机框架为传感层的声表面波器件的有限元模型，以开发一种新的传感器阵列，用于在环境条件下同时检测CO_2和CH_4。在Y－Z $LiNbO_3$表面覆涂苯－1,3,5－三羧酸铜（CuBTC）、邻苯二甲酸锆（UiO－66）和金属有机构架5（MOF－5），采用大正则蒙特卡洛计算的分配系数，用有限元法对传感器在环境条件下对CO_2和CH_4的响应进行了预测，传感器响应频率与CO_2和CH_4的浓度具有良好的线性关系。由于MOF具有良好的孔径和与气体的相互作用机制，所以MOF能吸附大量的CO_2和CH_4，灵敏度好于CuBTC和UiO－66。

电子科技大学[1013]研究了基于细菌纤维素（BC）敏感膜的湿敏性能及其特定结构用以改善聚乙烯亚胺（PEI）对甲醛气体的气敏性能。细菌纤维素（BC）由超细的丝状纤维相互交织形成发达的超精细网状结构，并且表面含有大量的孔隙及羟基基团，非常适用于作为传感器的敏感膜材料。BC纳米膜由超细的丝状纤维相互交织形成发达的超精细网状结构，可为PEI颗粒提供大量的附着位点，并且BC的羟基与PEI的胺基可形成氢键，使PEI颗粒在BC膜表面均匀分布。因此，用BC纳米膜改善PEI纳米膜对甲醛气体的灵敏度。PEI/BC双层膜对甲醛气体的灵敏度远高于纯PEI膜，特别是在低浓度时。室温（25℃）和

30% RH 湿度下，该传感器对 10ppm 的甲醛气体有 35.6kHz 的频率偏移，并且具有良好的选择性和稳定性。与其他类型的气体（如 CO、NO_2、苯、甲苯和乙醇）相比，它对甲醛气体具有良好的选择性。

与气相色谱联用的声表面波气体检测仪由 SAW 检测器和气相色谱系统两部分组成。声表面波气相色谱仪具有灵敏度高、色谱柱升温速度快（-20℃/s）、体积小等特点，可实现痕量气体的广谱（挥发和半挥发性有机物）、快速（<5min）、高灵敏度（ppb-ppt 级）现场分析。

陈星等[1014]通过气相色谱-声表面波传感器联用的方法建立了中医闻诊系统，脾胃异常者的口气为挥发性有机化合物（Volatile Organic Compounds，VOC）。通过气相色谱技术与声表面波传感器联用的方法，构建一种针对呼出气检测的中医闻诊系统（图 4.36），并使用该系统对脾胃异常与脾胃无异常的被试呼出气进行检测，以测定呼出气的气相色谱特征峰，并通过人工神经网络的方法建立呼出气与脾胃异常之间的关系模型。

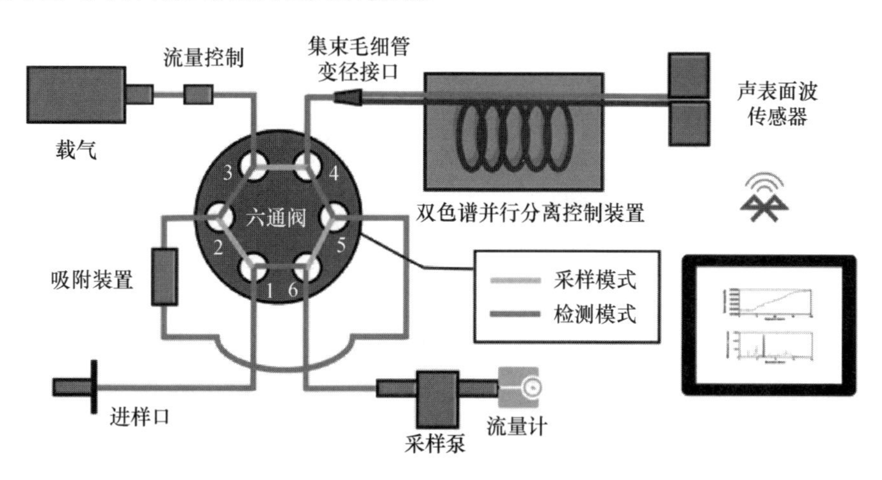

图 4.36　气相色谱与声表面波传感器联用的系统结构图

3）SAW 在军事化学中的应用

SAW 气体传感器在环境有毒有害气体的检测中得到了广泛的研究，同时，美国、荷兰等发达国家对 SAW 在化学战剂中的应用也进行了大量研究。特别是美国海军实验室从 20 世纪 80 年代初就开始进行了该方面的系统研究，用于检测及辨别化学毒剂和其他有毒有害气体。

Dennis 等[1015]曾以含氟聚多羟基化合物(Fluoropolyol,FPOL)、聚乙烯马来酸酯(Poly(ethylene maleate),PEM)、乙基纤维素(Ethyl Cellulose,ECEL)、聚乙烯基吡咯烷酮(Polyvinyl Pyrrolidone,PVP)为 SAW 检测器的膜材料,对沙林、梭曼、VX、芥子气进行了检测,结果表明,对于检测有机膦类的化学战剂和其相关产物,FPOL 是比较理想的 SAW 传感器膜材料,ECEL 则可作为有机硫化学战剂的敏感膜材料。但该研究中传感器重现性、稳定性、选择性均不理想,而且检测灵敏度也不高。Dominguez 等[1016]用涂有 FPOL 的 SAW 化学传感器对 DMMP 穿透炭过滤层的情况进行了监测。Grate[1017]和 Claire[1018]分别合成了含有六氟异丙醇或六氟双苯酚基团的氢键酸性聚硅氧烷化合物,该类聚合物是一种更为理想的 SAW 传感器膜材料,其灵敏度和响应速度均优于 FPOL。

以 SAW 技术检测 DMMP 已有了相当的研究[988,1019-1020]。Katritzky 等[1021]研究了以吡啶衍生物作为 SAW 传感器的敏感膜材料,对甲基膦酸二甲酯(DMMP)和氯乙基乙基硫醚(CEES)进行了检测,发现吡啶嗡甜菜碱(Pyridinium Betaines)类化合物表现出了非常明显的可逆的阻抗变化。随后,他们又研究[1022-1023]发现带有长烷烃链的丫啶甜菜碱对 CEES 比较灵敏,含有磺酸盐官能团的丫啶甜菜碱表现出了更明显的阻抗变化,4-甲基苯磷酸对 DMMP 表现出好的响应性。潘勇等[1024]研究了以分子印迹电聚合的成膜方法,在声表面波双通道延迟线上制备了对 DMMP 有选择性的分子印迹薄膜(纳米级),并证实了分子印迹的明显效果,检出限可达 $5mg \cdot m^{-3}$。

Dejous 等[1025]对双通道 ST 切石英晶体延迟线 SAW 传感器检测含膦有机化合物进行了研究,分别测试了 25℃、30℃和 50℃时对不同浓度的响应情况,结果表明,温度越高,解吸速度越快,浓度越低响应时间越短。在 30℃和 50℃时线性关系良好,灵敏度分别为 27Hz/ppm 和 4.5Hz/ppm,而在 25℃时,线性关系不如前两者,但其灵敏度可达 45Hz/ppm。他指出,通过进一步优化传感器参数和采用预富集技术,可以实现对 ppb 级气体的检测。

Zimmermann 等[1026]研究了乐甫波气体传感器检测 DMMP,该传感器采用 AT 切石英晶体作为基片,尺寸为 20mm×20mm×0.5mm,激励和接收 IDT 均由金属铝构成,各有 50 对指,指宽和指间距均为 10μm,即波长 $\lambda=40\mu m$,激励和接收 IDT 中心距为 $125K=5mm$,声孔径为 $50\lambda=2mm$,声波导层为 SiO_2,采用

PECVD 法分别制作了厚度为4.6μm 和6μm 的器件,与此对应的乐甫波器件中心频率分别为115MHz 和111MHz。敏感膜由特殊的聚硅氧烷,带有六氟二甲基甲醇(Hexafluorodimethyl2carbinol)官能团的聚甲基含氢硅氧烷(Polymethyldrosiloxane)构成,用喷射涂覆(Spraycoationg)的方法制作,厚度15nm,这种特殊的聚氧硅烷能吸附 DMMP。用此乐甫波器件作为放大电路的反馈环节,当满足谐振条件时,电路将产生简谐振荡,并输出与声波速度相关的频率。当 DMMP 吸附到敏感膜上时,乐甫波传播速度发生改变,谐振频率也随之改变,因此,测量频率偏移即可检测对 DMMP 的吸附量。实验结果表明,不同声波导层厚度的乐甫波传感器的灵敏度不同,厚度为6μm 的传感器灵敏度更高,实际上,当厚度与乐甫波波长的比为0.14~0.16 时,灵敏度最大。对比实验也说明了乐甫波气体传感器比瑞利波传感器的灵敏度要高出近一个数量级。

美国海军实验室的 Wohltjen 和 Grate 等对 SAW 检测化学战剂进行了长期、大量的研究,并取得了一定的研究成果。Wohltjen 等[1027]曾以4种膜材料 FPOL、ECEL、PEI 和 PIPFAL(聚异戊二烯氟化乙醇,Poly(isoprene)fluoriated Alcohol)对 DMMP、DMA(二甲基己二酸酯,Dimethyadipate)、甲苯和水蒸气这4种化合物进行了检测,并发现温湿度对传感器的稳定性、灵敏度、选择性均有一定的影响。Grate 等[1020,1028]设计了一种小型、灵敏的 SAW 系统检定低浓度的有机膦、有机硫类化学战剂,这一装置由4个 SAW 气体传感器阵列、电子控温装置、模式识别技术和自动采样与热解吸装置组成,分别以 FPOL、PEI、ECEL、PECH 作为4个 SAW 传感器的敏感膜材料,研究了 DMMP、GD、VX、HD 及其混合物在不同浓度、温度和干扰气体等多种背景下的检测情况,能在2min 内检测到 $0.01mg\cdot m^{-3}$的有机膦化合物和 $0.5mg\cdot m^{-3}$的有机硫化合物。

Hartmann - Thompson 等[1029]于 2004 年在聚硅氧烷超支化聚合物(HB2PCSOX)和聚硅碳烷超支化聚合物(HB2PCX)的末端引入了苯酚、氟化醇、六氟双酚 A 和 HFIP 作为官能团,利用500MHz 的 SAW 传感器检测了这些超支化聚合物对 $0.5mg\cdot m^{-3}$ DMMP 的响应及稳定性。

2007 年,Hartmann - Thompson 等[1030]在正方体聚硅氧烷 POSS 的8个顶点位置利用硅氢加成反应引入了1个或8个敏感官能团,合成了新型的 POSS 敏感材料,并且把这些 POSS 敏感材料以10%的含量掺入到聚甲基苯基碳硅烷

(PCS)中,采用喷涂法将敏感薄膜涂覆在500MHz的SAW传感器上,气敏特性测试表明,频偏大多仅有数百赫,比对应的线形聚合物响应要小很多。

张萍等[1031]通过端基改性的方法,将六氟异丙醇官能团引入到超支化聚碳硅烷的外围,得到具有碳硅烷主链、超支化拓扑结构和传感功能的氢键酸性聚合物(HCFSA2),并以其作为敏感材料研制了新型SAW气体传感器,对神经性毒剂GB进行检测研究。

朱霁等[1032]提出了在SAW双端口谐振器上采用涂敷超支化聚合物的方法提高传感器的检测下限和灵敏度。以氢化硅烷化反应为基础,采用“A2 + B4”法一步合成超支化聚合物载体,通过控制催化剂和反应条件获得分子量为3000~5000的硅氢化超支化聚合物载体,将含氟酚羟基活性端基嫁接在超支化聚合物载体上,形成活性结合位点。对设计的化学毒剂传感器进行了沙林毒剂检测实验,采用315MHz的SAW谐振器结合超支化聚合物膜,检测沙林气体浓度为5.0mg · m^{-3}。这种传感器的灵敏度可达到600Hz/(mg · m^{-3}),响应时间为50s,恢复时间约为60s。

欧美发达国家在长期研究的基础上,不仅发展了多种SAW传感器,而且已经研制出了能够装备个人的SAW化学战剂传感器。如以美国海军实验室、空军实验室及BAE(British Aerospace and Marconi Electronic Systems)公司所共同研制的联合化学战剂检测器(JCAD)[1033-1034]综合性能最为先进而成熟,并已开始成规模生产,能够对神经类、糜烂类等多种毒剂气体进行报警,并且抗干扰能力强,环境适应能力强,能满足多种作战平台的需要[1035]。随后,BEA公司又推出了ChemSondeSAW化学战剂传感器,能够进行远距离、大范围的监测以确定化学战剂的存在。美国MSI公司也研制出了一种声表面波毒剂报警器(SAW MINICAD MKⅡ),可检测痕量GA、GB、GD及HD等,检测浓度范围在0.2~1mg · m^{-3},响应时间为60s。此后又推出了HAZMATCAD,这是一种多功能、手持式、新型的第二代SAW传感器,可检测多种有毒、有害气体,其响应时间更快、灵敏度更高、成本更低。

上述SAW气体传感器大部分采用的是SAW单延迟线或双延迟线及其阵列结构,美国海军实验室也对该类SAW化学传感器检测及辨别化学毒剂进行了研究,但报道相对较少。最近研制成功的NRL - SAWRHINO电子鼻系统[1036-1037](图 4.37)是一种适合安装在车辆上的野外自动操作系统,它是一个自动化学毒剂检测和报警的装置,在检测由低浓度到高浓度的 G 类和 H 类化学毒剂时具有快速的响应。该装置包含一个可控温的由 3 个 SAW 双通道谐振型传感器组成的阵列和一个自动双通道气体采样系统,其中一个气体通道可即时检测,另一个气体通道在低浓度时可以循环检测。3 个 SAW 传感器分别涂有不同的聚合物,检测对应的 G 类、H 类化学战剂和有机干扰物。该系统还包括了电子微操作系统、SAW 传感器温度控制、神经网络识别能力和适于野外部署的可视及自动报警功能。它可以检测并鉴别一定范围内的神经性和糜烂性毒剂及其相关的模拟剂,并能用模式识别软件区分开大范围的干扰气体。

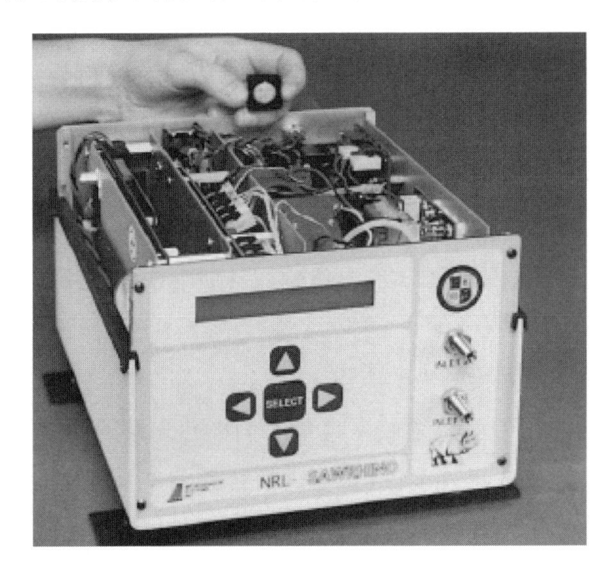

图 4.37 NRL - SAWRHINO 结构示意图

Kazushi Yamanaka 等[1038]在球上发现了声表面波的自然准直光束,研制了球状声表面波传感器。在微电子机械系统掌上型气相色谱仪检测有机挥发性化合物,实现了短时间内对有害气体的检测,将应用于对汽车、家庭和智能电网使用的天然气和燃料电池进行现场检测。检测了 4 种混合的高级碳氢化合物(己烷、庚烷、辛烷和壬烷)神经性毒剂模拟剂(甲级磷酸二甲酯;DMMP),检测限(灵敏度)为 0.8ppm。

Xiao - lin Qi 等[1039]制作了一种新型的在室温下检测 DMMP 的声表面波传

感器。目前,许多氧化锌涂层的声表面波气体传感器具有工作温度高、对甲基磷酸二甲酯(DMMP)检测灵敏度差的特点。QD 以其优异的溶液可加工性、低成本和易于集成特点正逐渐成为气体传感器的候选材料。ZnO 量子点采用简洁的胶体法合成。为了制造气体传感器,在 128°YX $LiNbO_3$ 压电基片上滴涂 ZnO 量子点。设计了一种具有良好频率稳定性的差分声表面波振荡器,以及低插入损耗的延迟线声表面波谐振器作为振荡器的反馈元件。25℃时,传感器响应较大,重复性好。检测限和灵敏度分别为 0.13ppm 和 46.4Hz/ppm。

刘雪莉等[1040]将六氟异丙醇基聚硅氧烷(SXFA)作气敏薄膜材料沉积于一种延迟线型声表面波传感器件的声波传播路径,并结合具有高稳定性的鉴相差分电路,以实现对神经性毒剂(用模拟剂甲基膦酸二甲酯 DMMP 替代)高灵敏快速检测。用于制备 DMMP 气体的 DMMP 溶液的溶剂为甲醇,SXFA 对甲醇气体无响应。传感器件对浓度为 11.6mg · m^{-3}的 DMMP 气体的响应约 10.04mV,灵敏度约为 0.865mV/(mg · m^{-3}),传感器的检测下限可达 0.156mg · m^{-3},分别对浓度为 10ppm(15.2mg · m^{-3})的硫化氢和浓度为 10ppm(28.6mg · m^{-3})的二氧化硫进行检测,SXFA 针对不同气体响应呈现明显差异,对 DMMP 具体良好的选择性。

2. 声表面波在液相检测中的应用

SAW 传感器应用于液相领域一直是人们极感兴趣的研究课题。Roederer 和 Bastiaans[1041]于 1983 年首次报道了 SAW 传感器在液相中的应用。他们将 SAW 传感器(仅使用 20.6MHz 的 SAW 器件)用于抗体 IgG 的微量免疫分析,该方法基于表面质量变化而导致谐振频率变化的原理,可测定低至 13μg 的 IgG,但不能用于测小分子量的分析物。自此以后,SAW 传感器因其灵敏、方便、小巧、价廉等优点而成为液相传感器家族中的一员。

然而,对于广泛使用的瑞利声表面波,Calabrese[1042]指出,当瑞利波应用于黏性液相介质时,由于瑞利波具有垂直于表面的振动位移分量,传播面上负载液体时会向液体中传播纵波,导致能量的严重衰减,从而限制了它在液相中的应用。因此,目前声表面波液体传感器主要基于 LSAW、Love 波、表面横波(STW)、水平剪切波(SH - SAW)、兰姆波(Lamb)或剪切平面波(SH - APM)等模式。这些模式的波具有很小的垂直于表面的振动位移分量,或者波传播相速度低于在液体中的声波传播速度。基于SAW的液体传感器除了敏感质量负载外,还有敏感液体的电负载和黏性传输效应,因此,不使用敏感膜也能对液体的一些物化性质进行检测。水平剪切波或兰姆波传感器还可用于测量液体的黏度、密度乘积。其中,密度的变化主要影响声波的传播速度,而黏度传感器可用于化工、医疗、环境监测等场合。SH-APM传感器已被广泛应用于生物传感器、味觉传感器、水质测量等。

传统的离子传感器是把接触离子选择性感应膜置于样品溶液中,以测定感应膜上的膜电位变化,为此,必须采用基准电极,但由于样品溶液中的离子强度和温度等的变化,容易造成电极与样品的界面特性发生变化,从而产生较大的测量误差。SAW离子传感器是一种不用基准电极就能精确测定样品溶液中离子浓度的敏感器件[1043]。SAW离子传感器是利用离子选择性感应膜中离子浓度引起的膜导电率变化与SAW相互作用的原理设计而成的。众所周知,SAW在压电基片上传播时,在基片表面深度一个波长附近往往伴随着电磁波的传播。若在基片表面上涂敷一层离子选择性感应膜置于被测样品溶液中,当溶液中离子浓度变化时,感应膜的导电率随着也发生变化,使得SAW与电磁波的相互作用程度也随之变化,从而造成SAW传播速度和传输损耗的变化,根据它们的变化量便可求出样品溶液中的离子浓度。图4.38为SAW离子传感器的截面图。它是在Y-$LiNbO_3$基片上用光刻工艺制成叉指对数为10、周期为60μm、指宽为1mm、中心频率为60MHz的SAW延迟线,两个换能器之间的间距为7mm。把缬氨霉素(Valinomyein)和二辛基已二酯(Diocty Ladipate)放入聚氯乙烯中,保持一定时间待充分分散后,用浸渍法涂覆在两个换能器之间的SAW传播路径上,形成一层离子选择性有机感应膜,膜厚必须控制在1个SAW波长以内。另外,在发射和接收换能器部分涂覆一层硅树脂作为防水膜,这便制成了SAW离子传感器。

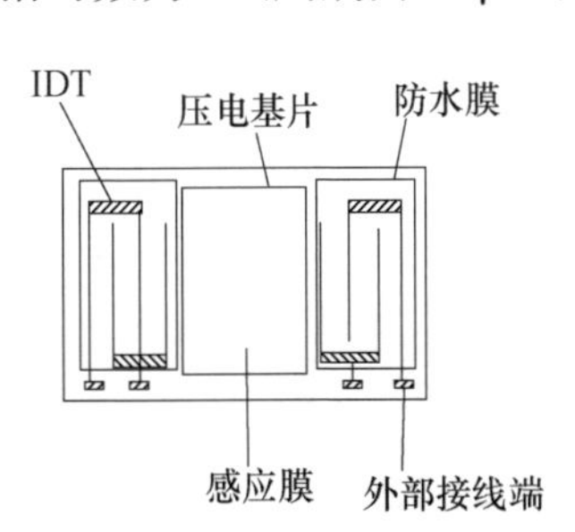

图4.38 SAW离子传感器结构示意图

Welsch等[1044]首次对基于$LiTaO_3$的水平剪切偏振声表面波免疫传感器进行了研究,传感器中心频率为345MHz,实现了兔抗羊IgG等抗体对抗原的检测,灵敏度为 110kHz/(ng · mm^{-2}),检测限可达 33pg。

Josse[1045]报道了一种可进行微量检测的准表面平板模式声波(PSAW - APM)的液相传感器,根据其对质量荷载,黏弹性效应的响应,可制成质量及黏度检测器和液相电导以及介电常数检测器。Furukawa 介绍了一种基于表面声波(液相/高分膜/LiNbO3 三层结构)的液相黏度检测装置,可用于任何液相中黏度的测定,但由于液体黏度将导致机械损耗而限制了传感器的灵敏度。Barnas[1046]则报道了一种基于对溶液电导率(而不是常规的黏度)的机电响应原理的扭曲波晶体装置,用于脲的体外酶法测定。

姚守拙研究小组[1047]针对 Rayleigh 表面声波在液相中能量损耗太大,难于应用于液相的问题,从两方面着手,解决了这一问题。一方面,对振荡电路、传感测试元件进行合理设计,使 SAW 传感器对液相的某些参数(如电导、介电常数等)有较灵敏的响应;另一方面,优化电路参数及 SAW 器件,进一步提高传感器频率响应的稳定性、灵敏度以及适用性,并从理论上阐述其传感机理,建立相应的传感理论。他们首次报道了该液相表面声波传感器应用于液相体系的检测,为 SAW 传感器在液相中的应用另辟了新径。该传感体系对溶液的电导、介电常数有灵敏的响应,已成功应用于测定相变过程、血清中总盐浓度。他们利用网络分析原理,阐述了传感器对溶液电导及介电常数变化的响应机理,基于各种酶反应的研究,直接以各种动、植物组织为酶源及生物敏感材料,成功地研制了一类新型液相 SAW 脲酶、脂酶、精氨酸酶、谷氨酰胺酶等生物传感器,成功地应用于体液中脲、脂酶的临床分析以及药物中精氨酸分析,并根据酶抑制作用原理,对汞进行了测定。

Liu 等[1048]将从南瓜种子中萃取的脲酶固定于 SAW 谐振器表面,对迈克尔常数、反应速率以及 pH 值、温度等影响因素进行了详细研究。结果表明,传感器恢复率为 96% ~105%,检测限为 0.50μg · mL^{-1},该传感器重现性和选择性良好,对人血液样品的分析结果与临床化验结果一致。

陈昕等[1049]利用声表面波延迟线振荡器作为传感器,分别采用氨基硅烷膜、蛋白 A 两种方法将抗体固定到反应区域表面,检测溶液中人体免疫蛋白 IgG 的含量。通过频率的测定定量地检测 IgG 抗原的含量,得到了频率变化和质量附着的定量关系,与理论分析吻合,IgG 检测灵敏度达 51.5kHz/(μg · mm^{-2})。

叶为全等[1050]设计了一种声表面波压电免疫检测系统，它是利用压电元件的质量敏感性质，结合生物免疫识别特性而形成的一种自动化分析传感器检测系统，可对多种抗原或抗体进行实时、快速的定量测定，并可用于反应动力学研究。采用3－氨基丙基三乙氧基硅烷固定羊抗人IgG抗体，硅烷化的膜表面光滑、传导性好、稳定，硅烷的氧半族直接键合在传感器电极表面。表面被覆抗体的饱和质量为5μg(162ng·mm^{-2})，膜的使用寿命、重复性和膜的"附着"效率等参数是衡量敏感膜质量的重要指标。实验时，先用硫酸和水的混合液清洗晶体金电极表面，再经3－氨基丙基三乙氧基硅烷等浸泡和PBS(缓冲液)冲洗，然后将浓度为8.5mg·mL^{-1}的羊抗人IgG抗体5μL固定于检测晶体表面作为敏感层，将浓度为12.7mg·mL^{-1}的羊抗鼠IgG抗体5μL覆盖于参考晶体表面作阻断层，最后在检测和参考晶体表面分别加入不同浓度的正常人IgG抗原液，观测频率的变化，研究频率与质量之间的变化关系。理论计算和实验所得到的结果均表明，频率的改变量随着检测晶体表面附着质量的增加而增加，两者之间呈线性变化关系。其中当Δm为0~4μg时，实验值与理论值之间基本吻合；当Δm超过4μg时，由于抗原与固定抗体之间的结合趋向于饱和，频率的变化趋向于恒定。在实际应用中，可以根据已知浓度的标准抗原溶液绘制标准曲线，测定频率的改变来推算被测液中IgG的含量，金电极表面经用浓度为10mmol·L^{-1}的NaOH溶液洗去抗原后可反复多次使用，具有小型简便、特异性强、灵敏度高、精度高、响应快和实时检测等优点。

20世纪90年代初，Caliendo等[1051]采用乐甫波传感器直接利用缬氨霉素化学敏感膜作为声波导层来测量水溶液中的K^+离子浓度。随后，Harding[1052]用ST切石英晶体作为基片，中心频率为110MHz，制作了双通道延迟线乐甫波传感器，一组作为测量通道，另一组作为参比通道，分别构成谐振电路并差频输出，以抵消温度等环境变量的影响；用5%的二氯二苯基硅烷将乐甫波器件的SiO_2表面硅烷化，再分别在测量通道和参比通道上滴加15μL高质量浓度的绵羊IgG抗原和家兔IgG抗原，在100%RH的湿度环境中保持1h，然后用去离子水冲洗并吹干。检测不同质量浓度的绵羊IgG抗体，在绵羊IgG抗体溶液质量浓度(600ng·mL^{-1})比较小时，频率偏移与质量浓度基本呈线性；当质量浓度增大(>2400ng·mL^{-1})时，频率偏移变化趋缓，意味着免疫反应渐趋饱和。由于直接在液相检测时质量负载和阻尼负载同时引起同方向频率偏移，因此实验中最低检测质量浓度可以达到 $1ng \cdot ml^{-1}$。随后，Harding 等[1053]采用同样结构的乐甫波传感器测量了液体阻尼（由液体黏度 η 和密度 ρ 共同决定，用 $\sqrt{\eta\rho}$ 表示）引起的传感器响应。测量时，以某一特定液体阻尼的液体作为基准，测得乐甫波传感器的基准频率和基准插损，然后测量变化时频率和插损相对于基准值的变化量，分别得到频率偏移和相对插损。

Kalantar - Zadeh 等[1054]以 ZnO 作为 ST 切石英晶体的导波层发展了一种新型乐甫波免疫传感器，对 IgG 的检测浓度低至 $500pg \cdot ml^{-1}$，ZnO 导波层厚度为波长的 0.12 倍时，质量灵敏度高达 $0.95(cm^2/ng) \times (Hz/MHz)$。

Freudenberg[1055]采用 36°旋转 YX 切钽酸锂晶体作为基片，激励和接收 IDT 由铬和金两种金属构成，中心频率为 420MHz 的无源无线的乐甫波传感器，再在传感器表面制备一层家兔 IgG 抗原，并用牛血清白蛋白（BSA）封闭非特异性结合位点。以 PBS 作为测量背景，分别对不同质量浓度的家兔 IgG 抗体进行检测并得到了与质量浓度变化一致的相位变化。Koening 和 Graetzel[1056]用这一技术检测了人体 T - 淋巴细胞，Prusak - Sochaczewski 和 Luong[1057]则用这一技术测定了人体血清蛋白。

Lange 等[1058]以钽酸锂为基底材料，金为叉指电极材料，采用耦合电容技术避免了使用电路接线，方便了传感器的放置，使传感器流动池的体积减小到 4.8μL 和 60nL，前者可作为常规应用，后者可满足极低样品消耗的要求，并且样品响应时间在几分钟到半小时。金电极表面选用聚对二甲苯作为均一性聚合物，这种聚合物具有很好的一致性、无孔性、黏和性和重现性，再在这层聚合物上涂以具有光敏和功能化的右旋糖苷，它能很好地连接聚对二甲苯和抗体分子，这种固定化方法简便、快速、重现性好，并以脲酶作为抗体分子用于免疫分析效果良好，该传感器在黏度为 0.94 ~ 3.75mPa · s 的乙烯乙二醇水溶液中可以再生，能满足一般蛋白质样品的分析要求。

Li 等[1059]指出，液相声表面波传感器主要涉及 3 个方面：器件的设计，在液相条件下稳定敏感的化学膜，液相检测池。器件的稳定性和灵敏性需满足低损耗和低信号不失真的要求。他们以 36°Y 切 $LiTaO_3$ 为基底材料设计了水平剪切声表面波双延迟线传感器，通过用金属对 IDT 延迟路径进行处理和涂覆绝缘膜材料来消除声电作用的影响,聚合膜材料采用十字交联法使传播损耗最低和水吸收量最小,以提高器件稳定性和减小膜退化。所采用的膜材料为聚甲基异丁烯酸酯(PMMA)、聚异丁烯(PIB)、聚表氯醇(PECH)、聚乙烯丙烯酸酯(PEA)。他们详细分析了传感器几何结构(图4.39)和敏感层特性的影响,包括膜材料的类型、厚度、覆膜方法对黏弹性能的改变;从理论和实验测量两方面研究了膜层厚度,在三层模式中,单层膜既要作为波导层又作为化学敏感层,直接响应外界扰动,因而灵敏度更高。四层模式则具有更好的稳定性和更低的噪声水平,需要对波导层和化学敏感层进行严格的筛选,要考虑质量沉积和黏弹性能的影响,黏性在液相检测中十分重要,玻璃化聚合膜材料具有更好的稳定性,而弹性聚合膜材料则有更好的灵敏性,并且后者具有更好的包容能力。通过综合考虑灵敏性、稳定性、响应时间和选择性,优化了膜材料厚度,对甲苯、乙苯、二甲苯的检测限可达到10ppb,并与液固分配系数具有很好的一致性。

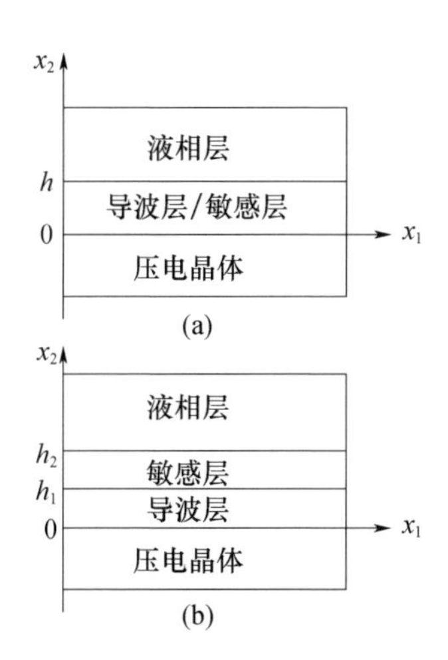

图4.39 SAW化学传感器的几何结构示意图

(a)三层模式;(b)四层模式。

Sajauskas等[1060]研究了超声波表面(2MHz)内的横向表面声波(TSAW,瑞利波),纵向表面声波(LSAW)和液体之间相互作用,实验研究方案如图4.40所示。发现横向表面声波振幅对固体和液体(液滴,薄层,厚层)的接触特别敏感,并且随着液体层厚度的增加而迅速减小,横向表面声波信号的衰减对振荡表面的状态特别敏感,即使在表面上滴一滴液滴,信号幅度也会降低-3.5dB,实验表明，当横向表面声波沿液层覆盖的表面传播时，强烈的纵向纵波在其中被激发，因此横向表面声波被衰减，与此同时，液体对纵向表面声波的影响却非常小。通过在实验室条件下在超声波范围内使用声表面波实验，可以对地表地震过程进行建模，可以研究地壳波动对深部和地表水质量运动的影响，还可以对海啸形成过程进行建模和研究。

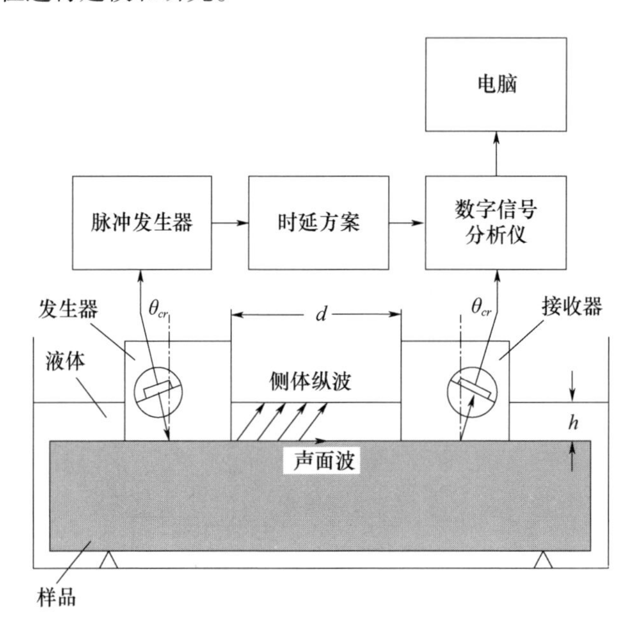

图 4.40　实验研究方案

雷声等[1061]以 ST 切石英为基底，谐振频率约为 433MHz 的高单端声表面波谐振器作为基本换能元件，以 Nafion/MWCNTs 复合材料的纳米纤维作为湿敏材料，制得了表面波湿敏传感器。该传感器在可以对 0.2% RH 以内的湿度进行检测，可以达到常电容或电阻规传感器难以达到的测量精度，在低湿度及露点检测中具有良好的应用前景。Lu 等[1062]基于声表面波谐振器、聚乙烯醇薄膜为敏感膜材料，制作成高灵敏度的双模相对湿度传感器，并与液相色谱传感器对比，当相对湿度在 14.2% RH ~ 72.4% RH 时，声表面波谐振器的灵敏度（FoM）明显高于液相色谱谐振器。

Baracu 等[1063]报道了在 360°旋转 Y 形 X 传播 $LiTaO_3$ 上微制造的 121MHz 延迟线 SAW 器件选择性化学传感器的制造和表征，结构如图 4.41 所示。定制设计的测试夹具用于射频测量,证明了该传感器可以用于对液体样品中高分子量目标的检测。因此,通过监测声表面波传感器的角度相位随目标生物分析物浓度的变化,研究了无抗原抗体标记的相互作用。实验使用 *N* – 羟基琥珀酰亚胺(NHS)/1 – 乙基 – 3 – (3 – 二甲基氨基丙基碳二亚胺)盐酸盐(EDC)化学方法将抗体共价固定在 SAM 官能化表面上。传感器的其余活性部位使用乙醇胺封闭。所有实验均在液相中于 23℃恒温下进行。SAW 传感器界面处的抗原 – 抗体相互作用随时间逐渐发展,因此进行了初步测试,以观察直至达到稳定状态的持续时间。SAW 传感器对生物样品及其特异性抗体之间的免疫相互作用的反应显示出对所注入生物样品浓度的双曲线依赖性,表明它可以通过无标记免疫相互作用直接监测和检测液体样品中的高分子量目标分析物。

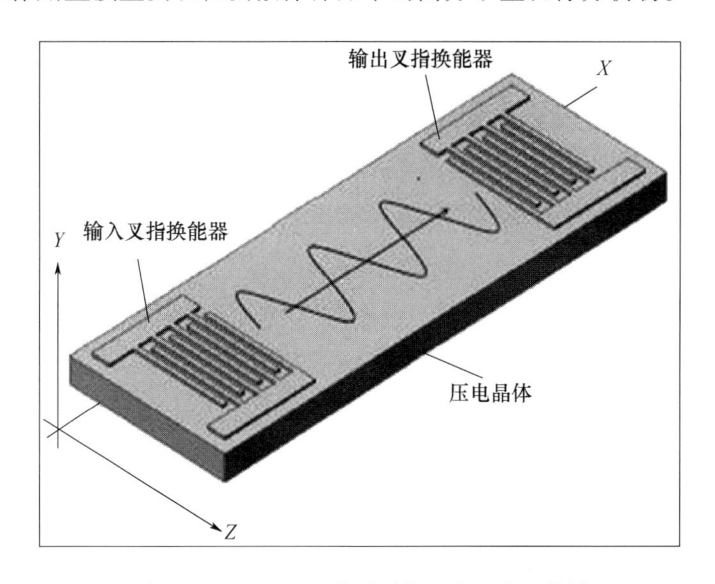

图 4.41　SH – SAW 声波平行于表面装置传播

Bui 等[1064]研究了一种新型的混合表面波(M – SAW)装置,装置结构如图 4.42所示。该装置使用多个铝(Al)叉指换能器(IDT)层进行液体传感应用,通过 1μm 氮化铝(AlN)薄膜上的多个输入 IDT 激发出较强的机械波束,由能在液体介质中传播的不同相位的声波组成,在混合表面波(M – SAW)装置接收器中检测到,仅有瑞利波分量下降,其他波束可以与放置在表面上的液体介质相互作用,在液体蒸发的过程中,相位变化与时间有较好的线性关系,如图 4.43 所示。

在蒸发 10s、2min、4min 和 5min 后，对于不同体积的软水分别获得 -16.35°、-11.23°、-4.84°和 -0.86°的相移，通过相变可以获得液体体积的相关信息。

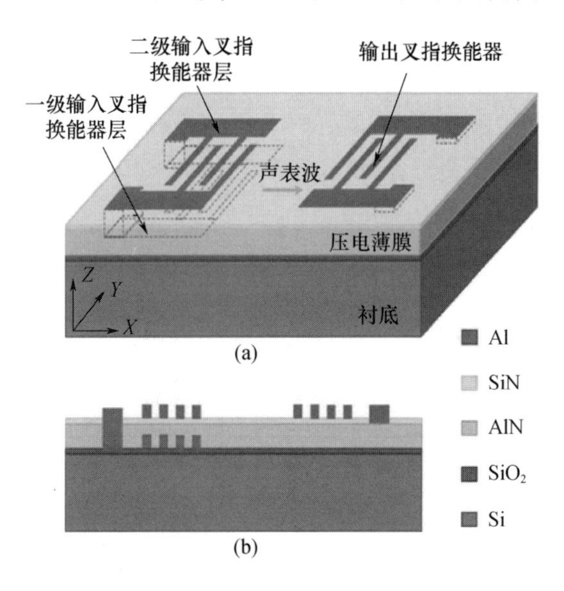

图 4.42　3D 图(a)和包含两个输入 IDT 层的新型 M-SAW 装置的剖视图(b)

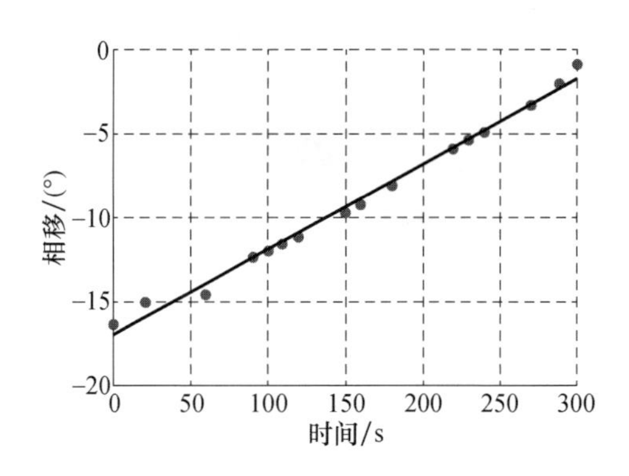

图 4.43　液体蒸发过程中 SAW 器件的相移

唱凯[1065]结合漏声表面波(LSAW)生物传感器灵敏度高、响应迅速的特点，设计了用于循环肿瘤细胞(CTC)检测和蛋白质免疫分析的高灵敏、快速、非标机 LSAW 生物传感技术，以 Y 方向切割 36°旋转、X 方向传播的 $LiTaO_3$ 晶体作为压电基底，设计并制作了双端对谐振型 LSAW 生物传感器及其 2×3 型阵列，建立了 LSAW 生物传感器的信号检测电路及信号采集分析系统。实验结果表明，

LSAW 免疫传感器环孢霉素 A(CsA)检测技术的最佳抗体浓度为 5mg/L,最佳反应 pH 值为 7.4,线性范围为 1 ~ 1000ng · mL^{-1},为临床药物浓度监测、疾病早期诊断和预后评估提供了一种全新的分析方法。

Kondoh 等[1066]在固体/液体界面处从表面声波(SAW)辐射出纵波观察到非线性现象,并使用声表面波装置观察了在设备表面无水滴或有水滴的情况下信号接收到的情况。当液滴装载在表面上时,来自设备边缘的反射波消失了,并出现了新的反射信号。如果 SAW 在空气/水界面处反射,则反射波的估计到达时间应该为 3.71μs,但是实际上反射波到达时间为 6.98μs,而且时间取决于液滴体积,这意味着波不会在空气/液滴界面反射,同时根据上述现象,假设了液滴中的纵波传播模型,如图 4.44 所示,得到推导方程,并根据方程对不同体积的液体及不同的距离的反射波达到时间进行测量。结果表明,通过测量反射波的到达时间可以估算出液滴位置 L。当距离 L 和液滴直径 d 已知时,将估计纵向波速 V_L。因此,该方法可以应用于使用 SAW 装置的液体纵波的新型测量方法。不过,Kondoh 等提出的模型仅是基于 2D 模型,并未经过 3D 模型考虑。

推导方程为

$$t = \frac{2L}{V_{\mathrm{SAW}}} + \frac{\left(1 + \frac{\pi}{2}\right)d}{V_L}$$

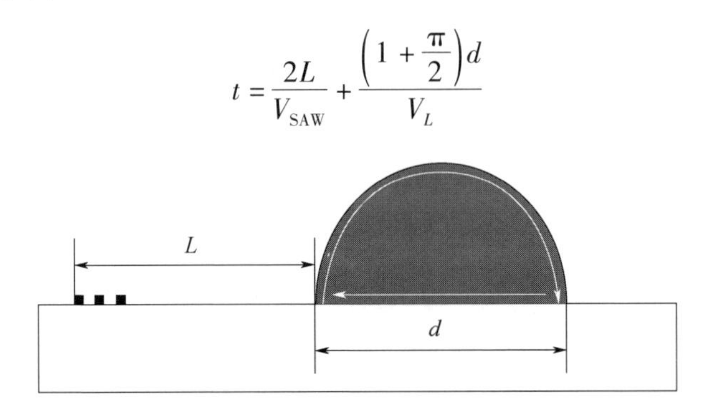

图 4.44 液滴中纵波的传播路径模型

张希[1067]对叉指换能器(IDT)进行更新,采用分裂指结构的 IDT 作为换能器结构,如图 4.45 所示,可以获得较低的插入损耗,并通过色散方程和扰动理论计算出传感器最佳的 SiO_2 波导层厚度为 5.6μm,并通过固定抗体、竞争性免疫以及纳米金放大的方法实现了对小分子的贝类毒素大田软海绵酸(Okadaic Acid,OA)的特异性检测,线性检测范围在 10 ~ 150ng · mL^{-1},检出极限为 5.45ng · mL^{-1},虽然传感器检测时间较短，操作便捷，但是前期传感器的表面修饰过程较为繁琐，还需进一步对修饰技术进行改进。

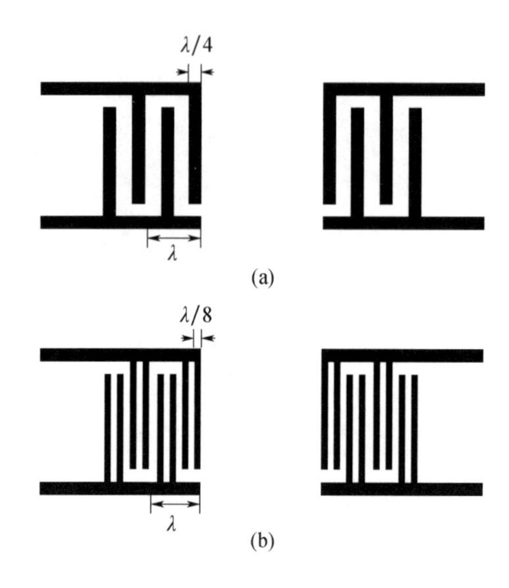

图 4.45　IDT 结构示意图

(a)传统的 IDT；(b)分裂指结构的 IDT。

Yildirim 等[1068]介绍了以基于瑞利波的表面声波(SAW)黏度和密度传感器的扩展，该传感器可与微流体和基于印制电路板(PCB)的电子产品集成，使用微通道对 SAW 设备建模，然后使用有限元方法(FEM)软件进行分析。在 Y-Z 铌酸锂基板上实现了聚二甲基硅氧烷微通道的精确制造，对准和键合。同时，内置高频 PCB 可以为 SAW 器件测试获得更好的性能，用于分析去离子(DI)水中甘油的低浓度

李双明[1069]针对肿瘤标志物 CEA 提出来纳米金放大的生物检测策略，对声表面波器件表面的生物修饰和抗体组合进行了研究，合成并测试了纳米金颗粒，并对纳米金与抗体的组装方式进行了研究，得到了最佳的组装比，对于 1mL 的纳米溶液，anti-CEA 检测抗体的最佳组装量为 25μL，浓度为 $1mg \cdot mL^{-1}$。通过实验进行传感器对 CEA 检测效果的测试和分析，使用了直接免疫检测法和纳米金放大的双抗夹心法这两种方法，两种方法示意图如图 4.46 和图 4.47 所示。结果表明，直接检测法的检测下限为 9.4ng/mL，纳米金放大方法检测下

限为 37pg · mL^{-1}，相比之下，纳米金放大方法可以进一步提高传感器灵敏度，可以达到 CEA 的检测水平。

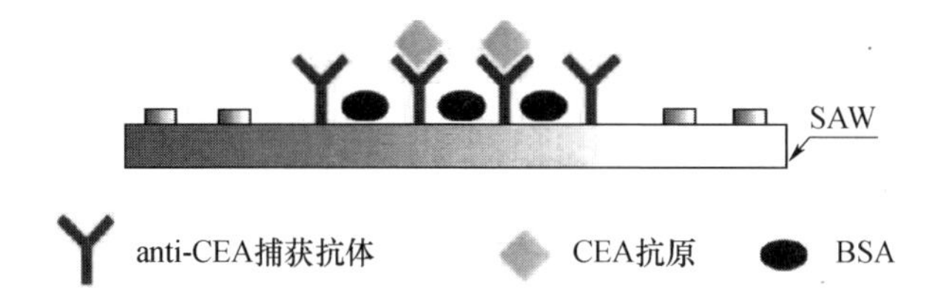

图 4.46 直接免疫法检测 CEA 抗原的示意图

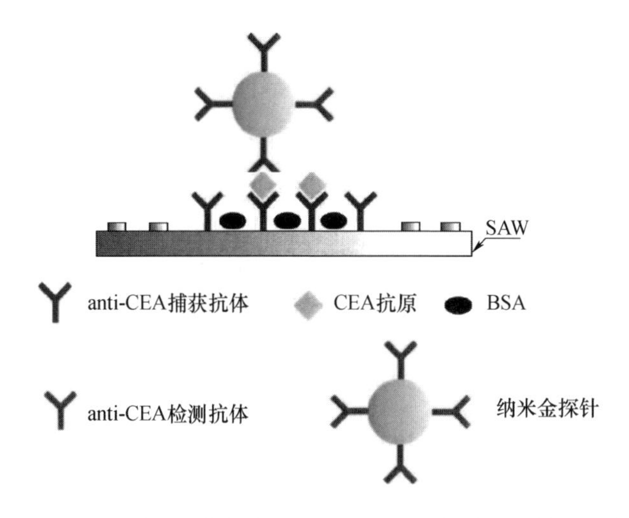

图 4.47 采用纳米金放大的双抗夹心免疫法检测 CEA 抗体示意图

Wang 等[1070]在理论和实验上对用于 pH 生物传感的多层引导表面声波传感器进行了详细研究，利用扰动分析模式和有限元方法对水平横切面声表面波装置的灵敏度和能力进行了建模。通过实验验证了该模型，在基于 13.91MHz 中心频率声表面波器件的新型 pH 传感器上涂覆了 ZnO(500nm)和 IrO_2(30nm)引导层与敏化层，可以有效提高灵敏度，同时 pH 溶液引起的 ZnO 和 IrO_2电导率的变化会影响 SAW 相速度与衰减，通过测量工作组和对照组之间 SAW 相速度变化引起的频移，可以确定目标细胞培养基中的 pH 值。实验通过测量对比工作组和对照组之间的 SAW 相速度变化引起的频移，可以容易地确定从第 0 天到第 5 天来自 H460 癌细胞培养板的细胞培养基的 pH 值。

陶翔[1071]设计并制造了两种类型的 SAW 呼吸传感器用于阻塞性睡眠呼吸暂停综合征(OSAS)的实时检测,如图 4.48 所示。一种基于 128°Y - X $LiNbO_3$ 压电衬底,另一种基于 ZnO/聚酰亚胺(PI)柔性衬底,并使用两种 SAW 器件进行了有线测量,$LiNbO_3$SAW 呼吸传感器使用谐振频率表征呼吸,响应时间和恢复时间分别为 1.86s 和 0.75s,灵敏度为 2.7MHz/50% RH(由表面冷凝引起);柔性 SAW 呼吸传感器使用回波损耗表征呼吸,响应时间和恢复时间分别为 1.125s 和 0.75s,灵敏度为 0.36MHz/50% RH(由湿度变化引起)。两种传感器对于呼吸和 OSAS 监测都有良好的灵敏度和很好的重复性,相比之下,$LiNbO_3$ SAW 呼吸传感器更好,品质因素 Q 值相对较高,进一步还能用于无线无源呼吸的测量。

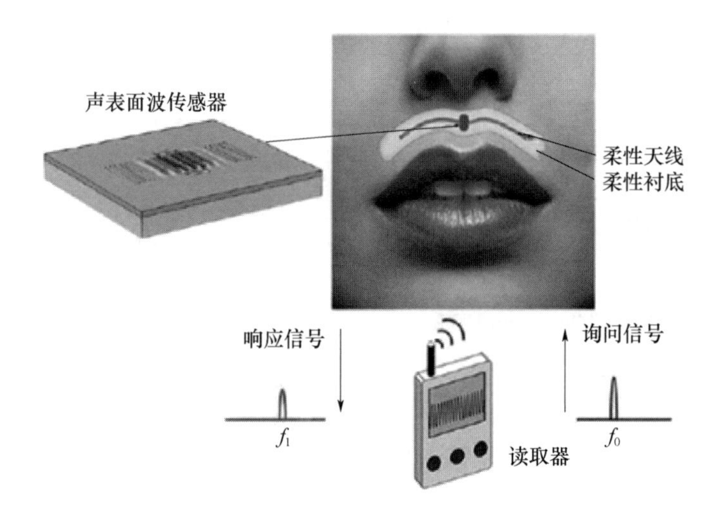

图 4.48　无线无源 SAW 呼吸传感器原理图

王文博[1072]基于声表面波声致微流原理的细胞裂解器,利用高速液流带动液内的细胞发生碰撞,实现高效率的细胞裂解。其工作原理如图 4.49 所示。在 SAW 器件的正面区域制作液体的约束腔体和柱状 MEMS 结构。SAW 可以在液滴内部产生声致微流,将细胞溶液或组织培养液作为工作液体,在高速运动的液流带动下,液流内部的细胞将会与柱状结构相撞。由于液流速度相当高(>10cm/s),碰撞作用力将会非常大,足以使细胞发生破裂,达到细胞裂解的效果,通过实验获得了超过 95% 的细胞裂解效率。

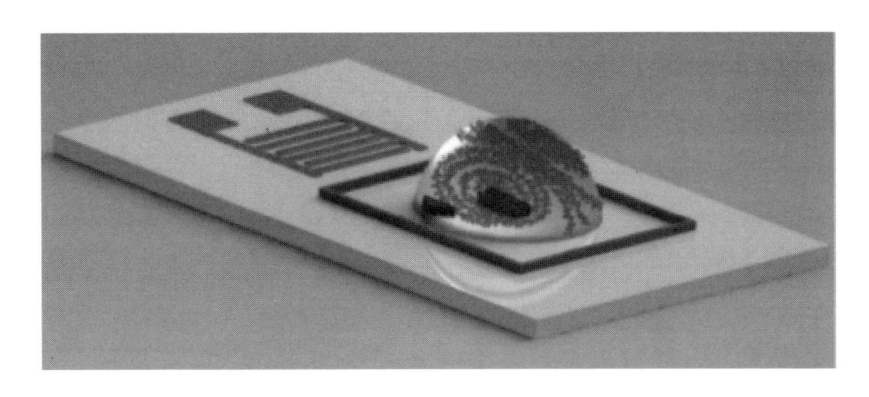

图4.49 细胞粉碎器工作原理图

Wang 等[1073]利用表面声波力和热膨胀力现象对微流体通道内的液体泵送进行了深入研究,介绍了一种新型的基于集成声表面波的泵,用于在微通道内进行液体输送和精确操纵。该设备在设备设计中采用了疏水性表面涂层(Cytop),以减小摩擦力并增加黏合力。与以前的基于表面声波的泵(主要基于填充和抽吸过程)相反,Wang 展示了长距离介质输送(最大 8mm)和高泵送速度,增加了设备的应用空间和批量生产潜力,通过实验进行了广泛的参数研究,以量化泵送液体量,微通道尺寸,输入施加功率以及疏水性表面涂层的存在对泵送速度和泵送性能的影响。结果表明,通过在较薄的微通道中使用疏水表面涂层(Cytop)(250μm 和 500μm),在相同的输入功率下,恒定液体体积的泵送速度可以提高130%以上(2.31mm/min 和 0.99mm/min),可以实现小规模的精确液体控制和输送,可以应用于循环、计量和药物输送中。

Nam 等[1074]研究了一种导电液体基子聚焦声表面波(CL-FSAW)装置,装置示意图如图4.50所示,该装置有助于微流体通道中的主动混合,使用包含 F-IDT 电极通道和流体通道的单个主模具的低成本与简单制造方法,可以在集中声力位置精确控制流体通道的位置。利用 CL-FSAW 的集中声力,在微流体通道中发现去离子水和荧光颗粒悬浮液可以快速、有效地混合。通过实验研究了施加电压和流量对混合效率的影响,随着流量的减少或施加电压的增加,混合效率增加。在 21V 的施加电压下,在 $Q \leqslant 80\text{L/min}$($P_e = 1.01 \times 10^6$)的流量下,混合效率大于97%,同时合成时间相对较短,大约为 20ms。此外,CL-FSAW 装置的适用性还可以扩展到单分散银纳米颗粒(直径约 100nm)的有效合成。

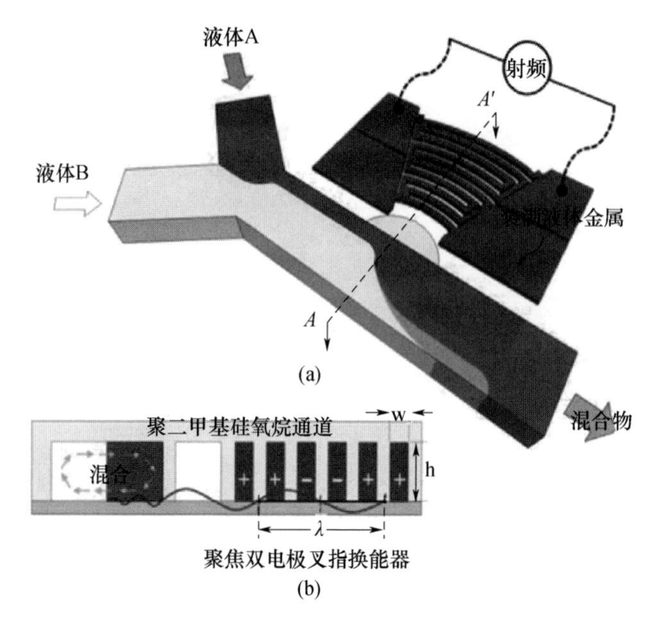

图 4.50　基于 CL－FSAW 的混合设备的示意图(a)和 A－A'剖视图(b)

陶翔[1071]制作了基于 ZnO/Si 衬底 SAW 微流体器件,利用 SAW 器件产生声表面波驻波(SSAW),使溶液中的微粒形成线阵排布,通过调整器件频率实现线间距的调整;通过改变输入电信号的相位实现了 SAW 传播方向上微粒位置的精确控制,完成微流体的操控。同时,根据不同尺寸微粒受到声辐射力大小的不同,实现不同尺寸微粒的分离,通过实验实现了酵母细胞的 3D 操控,操控精度高达 1mm。

Hou 等[1075]研究发现高频声表面波的应用可以使聚合物薄液膜致密化,并且更加动态均匀。当将高频声表面波(39.5MHz)应用于系统时,通过椭圆偏振法测量,沉积在固体基板上的聚异丁烯薄膜的膜厚减小并且折射率增加,通过偏振分辨单分子荧光显微镜的进一步研究表明,掺杂在液膜内部的荧光探针的旋转运动受到阻碍,并且动力学异质性降低。相比于其他传统方法,通过将高频表面声波施加到薄的聚合物液体薄膜上,薄膜致密化更好,同时,较低频率下的动力学较慢,并且动力学均匀性更高。

4.2.4　展望

近年来,随着微电子、计算机、膜材料、化学传感器等学科的快速发展和融合,各种新技术、新方法、新理论逐渐完善,声表面波传感器的应用范围越来越广,在分析化学中发挥着越来越重要的作用。其未来发展方向主要包括研制小型化、集成化、自动化的阵列传感器装置,筛选选择性更强、灵敏度更高、稳定性更好、环境适应性更广的新型膜材料,应用一致性好、重现性强、稳定性好的固定化技术,探索传感器应用新领域,研究并探讨声表面波传感器的检测机理。另外,实现多种分析技术联用和采用计算机技术进行信号处理也是该传感器发展的重要方向。

4.3 微悬臂梁化学传感器

微悬臂梁传感器(Cantilever Sensor)是最柔韧的微机械系统之一,是高科技电子机械器件微机电系统(MEMS)的一种。其特性是把微悬臂梁的机械行为转换为可检测的信号。具有高精度、高灵敏度、便携式、现场识别、低成本且响应迅速等众多优点。微悬臂梁传感器是由硅类化合物,如硅、二氧化硅(SiO_2)、氮化硅(SiN_x)或金刚石等制成,作为气体、温度、压力、生物和力学传感器[1076-1078]在多个领域具有广泛的应用。

1986年,Binning等发明的原子力显微镜(AFM)是最早的微悬臂梁传感器[1079]。在AFM中,作用在微悬臂梁上的作用力通过静态或动态模式转换为可检测信号。这种显微镜可以检测低于10^{-10}N的作用力[1080]。随着AFM的发展和MEMS制造工艺的日趋成熟,越来越多的微微悬臂梁传感器被制造出来,同时,其结构和检测应用的相关文献报道也越来越多。

4.3.1 基本原理

将待测物与微悬臂梁通过某种方式固定在一起,会引起微悬臂梁弯曲或谐振频率的变化,利用该特点可制作基于微悬臂梁的化学传感器,结合不同的读出方法,可以测量精度很高的响应信号。微悬臂梁传感器有静态和动态两种检测模式。

静态模式是通过微悬臂梁的弯曲把所需要检测的物理量转换为可检测信

号,为了提高微悬臂梁的灵敏度,必须把微悬臂梁的一个表面修饰为对目标物不敏感,而另外一个表面修饰为对目标物具有高亲和力,以产生大的上下表面应力差,如图 4.51 所示[1081]。

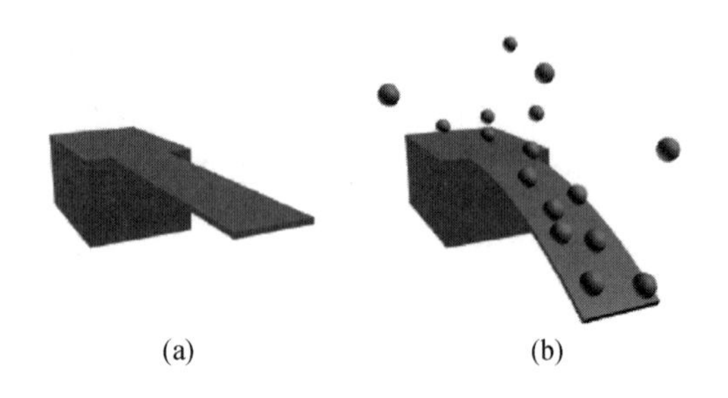

图 4.51　未吸附分子前的微悬臂梁传感器(a)和传感器吸附分子引起微悬臂梁发生弯曲(b)

静态工作模式一般结合光学读出方法读出微悬臂梁的弯曲量。图 4.52 即为微悬臂梁传感器静态检测示意图[1082]。一束激光照在微悬臂梁传感器单表面,反射光由一个相位灵敏调解器接收后输出进行分析。当微悬臂梁传感器由于单表面吸附物质发生弯曲后,光的照射位置和反射角度都会发生变化。通过测量这一变化,就可以实现对目标化合物的检测。

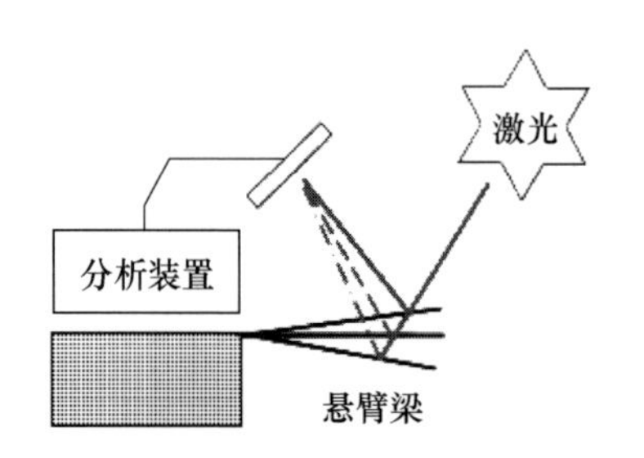

图 4.52　微悬臂梁传感器静态检测示意图

动态模式是使用交变电场或磁场激励使微悬臂梁产生机械振荡,通常是当微悬臂梁吸附待测物引起质量变化,从而导致微悬臂梁的共振频率变化和微悬臂梁的衰减,将该变化转换为可检测的信号后即可实现对待测物的检测。

微悬臂梁传感器的动态模式有多种,不仅可以检测压力变化,也可以检测微悬臂梁上的质量变化。原理如图 4.53 所示[1081]。图 4.53(a)中微悬臂梁以某一共振频率振动,图 4.53(b)中由于吸附分子,质量和压力都增加了,使共振频率发生了变化。

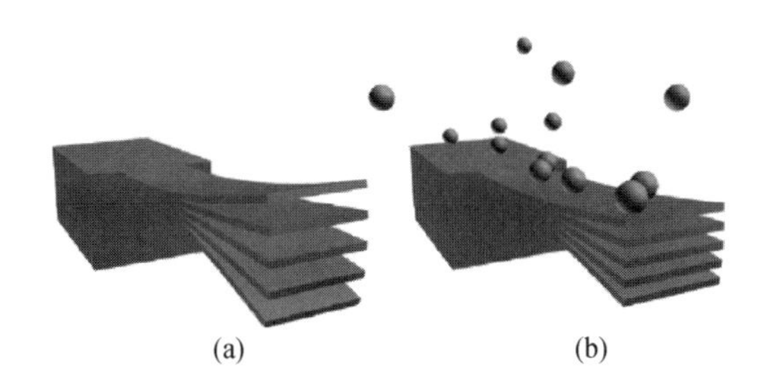

图 4.53 微悬臂梁的基频振动(a)和吸附分子后引起振动频率发生变化(b)

静态模式对目标化合物的检测依赖于微悬臂梁表面产生的力的变化,因而,传感器对目标化合物的吸附或固定必须仅在微悬臂梁的一面发生,从而使可测量压力信号最大。通常采用将微悬臂梁的一面功能化(如涂膜)使微悬臂梁仅有单面能够吸附目标化合物。但是,目标化合物或其他物质在非功能化一面的非特异性吸附问题一直存在。

动态模式检测由于可以同时检测微悬臂梁表面压力和质量的变化,可以得到更多的传感器信息。这就意味着不需要将目标化合物的吸附限制在微悬臂梁的单面,从而解决了静态模式的上述难题。研究表明[1083-1084],通过测量微悬臂梁的共振和衰减效应,就可以确定微悬臂梁周围气体或液体的黏性和密度。

静态模式使用的微悬臂梁要尽量长并且柔软,以增大其偏转;动态模式使用的微悬臂梁要尽量短并且坚硬,使其具有较高的操作频率。

根据检测模式的不同,微悬臂梁传感器的检测输出方法可分为电容输出、压阻输出、压电输出、光检测等几种[1085]。

1. 静态检测模式[1086]

微悬臂梁的静态检测模式是针对传感器的弯曲进行检测的。质量增加和温度变化都会引起微悬臂梁传感器的弯曲,我们只讨论质量增加所引起的情况。

正常情况下,作用在微悬臂梁两表面的作用力相等。当其中一面吸附了物质而质量增加时,就会使两表面的作用力不相等,引起微悬臂梁发生弯曲。弯曲的曲率半径 R 可以表示为

$$\frac{1}{R}=\frac{6(1-v)}{Et^2}\Delta s \tag{4.51}$$

式中：t 为微悬臂梁的厚度；v 为 Poisson 比率；E 为 Young 系数，是与微悬臂梁材料弹性相关的材料系数；Δs 表面压力差。Δs 可以近似地等于微悬臂梁表面的质量变化，即

$$\Delta s = C\Delta m_a \tag{4.52}$$

式中：C 为依赖于被吸附分子的粘性系数的比例常数。那么，对于一个长度为 l 的微悬臂梁弯曲的最大距离 $y_{\max}$ 就可以表示为

$$y_{\max}=\frac{l^2}{2R}$$

将式(4.51)和式(4.52)代入此公式，即得

$$y_{\max}=C\frac{3l^2(1-v)}{Et^2}\Delta m_a \tag{4.53}$$

2. 动态检测模式[1080,1087]

微悬臂梁是由它的几何形状、弹性常数和共振频率共同表征的。微悬臂梁的弹性常数、共振频率以及基于微悬臂梁的质量检测器的质量分辨率是动态检测的基础。

根据 Hook 定律，弹性常数 k 可以表示为

$$k=3\frac{EI}{l^3} \tag{4.54}$$

式中：E 为 Young 系数；I 为矩形微悬臂梁交叉断面的惯性动量，这是考虑到微悬臂梁的几何结构而引入的。对于一个矩形的微悬臂梁，$I=\frac{hw^3}{12}$，这时，弹性常数就可以表示为

$$k=\frac{Ehw^3}{4l^3} \tag{4.55}$$

式中：l、h 和 w 分别为微悬臂梁的长、高和宽。对于由硅制作的微悬臂梁，$E=1.7\times10^{11}\mathrm{N/m^2}$。

微悬臂梁的共振频率可以表示为

$$f_n=\frac{C_n^2}{2\pi}\sqrt{\frac{k}{3m_0}}=\frac{C_n^2}{4\sqrt{3}\pi}\sqrt{\frac{E}{\rho}}\frac{w}{l^2} \tag{4.56}$$

式中:m_0 为微悬臂梁的真实质量,$m_0 = \rho lwh$;C_n 为与微悬臂梁的共振模式相关的一个常数;ρ 为微悬臂梁材料的密度。对于硅材料制作的微悬臂梁,$\rho = 2.33 \times 10^3 \mathrm{kg \cdot m^{-3}}$。

假设增加的质量平均分布在微悬臂梁传感器上,而且弹性常数不受质量增加的影响,那么,微悬臂梁的最低可检测质量变化就可以推导为

$$\left|\frac{\partial f}{\partial m}\right| = \frac{C_n^2 k^{\frac{1}{2}}}{4\pi\sqrt{2}m^{\frac{3}{2}}} = \frac{1}{2}\frac{f}{m}$$
$$\Rightarrow \left|\frac{\Delta m}{m}\right| = 2\frac{\Delta f}{f} \tag{4.57}$$

从式(4.57)可以看出,如果要降低 Δm,那么,微悬臂梁的共振频率就一定要高于当微悬臂梁质量为 m 时的共振频率。也就是说,可以通过减小微悬臂梁的尺寸降低最低可检测质量的变化。

表 4.15 是具有不同尺寸的微悬臂梁的最低可检测质量变化。从表中可以看出,质量变化的灵敏度与传感器的体积成反比。商用微悬臂梁的质量灵敏度为 pg 级,而只有 100nm 宽的 NANOMASS 微悬臂梁的质量灵敏度可以达到 10^{-19}g/Hz。

表 4.15　3 种不同尺寸的微悬臂梁传感器的理论振荡频率和质量分辨力(其中长度是计算值以使弹性常数为 1N/m)

宽/nm	高/μm	长/μm	基频(f_0)	$\frac{\Delta m}{\Delta f}$
2000	50	262	41kHz	3.0×10^{-12}g/Hz
500	2	22	1.4MHz	7.4×10^{-17}g/Hz
100	1	3.6	11.2MHz	1.5×10^{-19}g/Hz

4.3.2　应用

微悬臂梁传感器作为高灵敏度传感器,在多种领域有着广泛的应用,如表 4.16 所列。

表4.16 微悬臂梁化学传感器的应用

待测物		膜材料	方法特点	参考文献
pH 值		聚甲基丙烯酸和聚(乙烯基乙二醇)二甲基丙烯酸酯	静态模式检测,灵敏度为 $1nm/5\times10^{-5}\Delta pH$	1088,1121
温度		镀有铝的氮化硅	静态模式检测,灵敏度为4.86mV/℃以及0.04℃的温度分辨力	1089
炸药、毒剂	炸药(DNT、TNT和RDX)	SFXA,PIB,FPOL,PECH	两种模式,利用气相色谱柱分离后检测,可检测0.1ppb的DNT	1090,1109
	毒剂及模拟剂DMMP	聚合物膜	动态、静态检测,对DMMP的灵敏度可达20ppb	1111-1115
		SiO_2膜	通过测定毒剂分解产生的HF对毒剂进行检测,灵敏度为$10^{-16}mol\cdot L^{-1}$	1110
氢		铂	静态模式检测	1091
		钯	MEMS技术,检测灵敏度为1ppm	1082
		碳纳米管	动态模式检测	1092
HF		SiO_x,Si_3N_4	最低可检测浓度15nmol	1093,1110
CO		聚乙撑氧	压阻输出,CO浓度大时不可逆	1094
CO		铝掺杂ZnO纳米棒	动态模式检测,可逆,响应快	1095
H_2S		末端负载碱式碳酸铜	静态模式检测,检测下限可到1ppb	1096
VOC	乙醇	聚甲基丙烯酸甲酯	两种模式,液相检测,检测限为1ppm	1097-1099,1106
	水、初级醇、烷烃以及数种香料油	羧甲基纤维素、聚乙烯醇、聚乙烯吡啶、聚氯乙烯、聚亚安酯、聚苯乙烯和聚甲基丙烯酸甲酯	PCA和ANN辅助检测	1100,1104
	乙醇、苯胺、甲苯、戊烷	Sol-Gel膜	静态检测	1101
	乙醇、异丙醇和丙酮	聚苯乙烯	动态模式检测	1105
	甲醇、乙醇、1-丙醇和1-丁醇	聚甲基丙烯酸甲酯	动态模式检测	1091

（续）

待测物		膜材料	方法特点	参考文献
金属离子	Be^{2+}	苯并－9－冠－3 基团的壳聚糖/明胶水凝胶	静态检测，检测极限为 $10^{-11}mol \cdot L^{-1}$	1102
	Cu(Ⅱ)离子	L－半胱氨酸自组装膜	静态检测，检测极限为 $10^{-10}mol \cdot L^{-1}$	1103

1. 对挥发性有机化合物(VOC)的检测

对挥发性有机化合物的研究一直是传感器领域的重点。近年来，利用微悬臂梁传感器对 VOC 的研究包括对初级醇、烷烃及香料油等。

图 4.54 是 Battiston 等[1100]所使用的装置示意图。利用这一装置，可以对水及醇、烷烃等 VOC 进行检测。

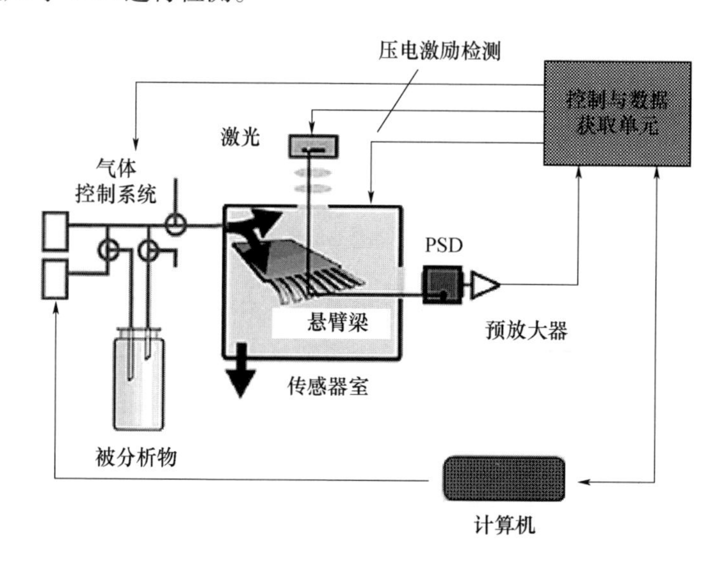

图 4.54 典型的微悬臂梁传感器检测示意图

Baller 等[1104]设计了由 8 个微悬臂梁传感器组成阵列的人工鼻。在硅基微悬臂梁传感器(500μm 长、100μm 宽、1μm 厚)表面覆一层 30nm 厚的金膜，聚乙烯基嘧啶、聚亚安酯、聚苯乙烯、聚甲基丙烯酸甲酯等聚合物通过溅射技术涂在微悬臂梁传感器的一面，形成约 5μm 的均匀厚度膜。通过测定微悬臂梁的偏转实现检测。测定的物质包括常用化学溶剂、初级醇，以及自然气味等。8 个微悬臂梁的响应信号通过主成分分析(PCA)和人工神经网络(ANN)两种技术进行分析。这一装置可以实现对不同物质的识别，对浓度为500～1000ppm 的1－丙醇进行了定量分析，灵敏度约为30ppm/μm。

微悬臂梁的尺寸越小，相应地，它的灵敏度就越高。但是，由于传统涂膜方法要求传感器必须具有较大的表面积，所以微悬臂梁传感器的尺寸一直难以减小。Bedair 等[1105]设计了一个带有微型凹槽的微悬臂梁传感器。在靠近微悬臂梁底部的一端设计有一个储液池，池子内的聚合物溶液通过毛细作用被定量地引入到微悬臂梁上（图4.55），实现涂膜。由于这一方法不受涂膜面积大小的限制，所以在很大程度上减小微悬臂梁的尺寸，提高了传感器的检测灵敏度。

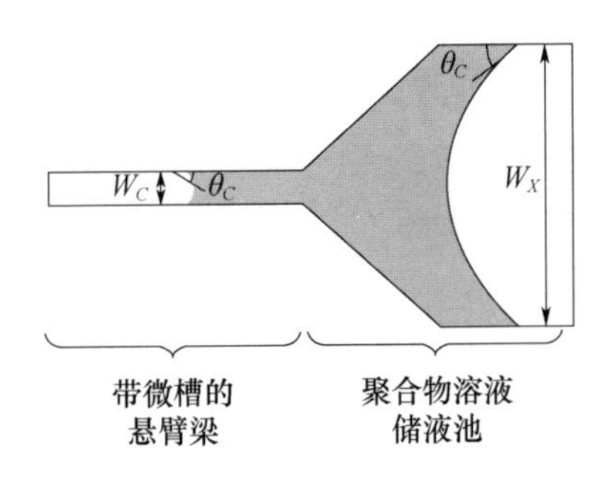

图4.55　带聚合物储液池的微悬臂梁传感器

利用这一方法，Bedair 等制作了4μm 宽的聚苯乙烯膜微悬臂梁化学传感器，并对乙醇、异丙醇和丙酮进行了检测。微悬臂梁的基频为204.499kHz。当涂膜下降值为5400Hz，信噪比为65dB 时，对3 种物质的检测下限分别为1.5pg、2.6pg 和9.9pg。

Tamayo 等[1106]设计了一个专门用于液相检测的微悬臂梁生物化学传感器。由于动态模式检测要求有较高的品质因子（Q 值），但微悬臂梁传感器的 Q 值在液相中非常小。研究人员设计了一个 Q 值控制技术（Q Control），将有效 Q 值提高了3 个数量级。然后，在微悬臂梁传感器表面涂聚甲基丙烯酸甲酯涂层，用静态和动态模式同时检测水相中的乙醇，最低可检测浓度为1ppm。研究发现，由于动态模式对微悬臂梁和感光系统位置的热飘移所引起的偏转信号的漂移不敏感，所以检测效果优于静态模式检测。

Yang 等[1107]提出了一种使用自组装单分子膜（Self－assembled Monolayer，SAM）功能化的压阻微悬臂梁传感器，由两个二氧化硅层和一个单晶硅压阻器组成，通过二氧化硅的低刚度和单晶硅的高压阻系数实现微悬臂梁的高灵敏度，通过在微悬臂梁上沉积的金膜上的 Au－SH 共价键与 11－巯基十一酸（11－MUA）自组装单层化学功能化，实现选择性，从而实现对气相和液相中的三甲胺（Trimethylamine，TAM）实现检测，液相的最低检测限为 $10mg \cdot L^{-1}$，气相的最低检测限为 $1.65g \cdot L^{-1}$，尽管检测极限不如常规分析化学方法，但比半导体金属氧化物气体传感器要好得多。下一步还需努力进行微悬臂梁的优化、降噪和响应特性的改善。

Steffens 等[1108]介绍了一种涂有导电聚合物层的硅微悬臂梁传感器，并研究了甲醇、乙醇、丙酮、丙醇、二氯乙烷、甲苯、苯等挥发性化合物对双材料（涂层微悬臂梁）的力学响应（偏转）的影响。结果表明，在微悬臂梁传感器上沉积活性聚苯胺层可用于 VOC 的检测，检测限为 17～42ppm。除丙酮外，涂层微悬臂梁传感器对 VOC 的灵敏度随极性的增加而增加，对甲醇的灵敏度更高。对于所研究的所有挥发性化合物，响应时间小于 2.1s。未涂覆的微悬臂梁对挥发性有机物不敏感。随着挥发性有机物浓度的增加，微悬臂梁传感器的挠度增大。传感器响应是可逆的、敏感的、快速的，并且与挥发性物质的浓度成正比。

2. 对炸药及有毒气体的检测

炸药和化学毒剂是传感器研究与应用的一个重要领域。微悬臂梁传感器在这方面的应用主要是对炸药和神经性毒剂及其模拟剂的检测。

Pinnaduwage 等[1109]利用微悬臂梁传感器对炸药气体进行了检测。微悬臂梁传感器（180μm 长、38μm 宽、1μm 厚）的一面镀有金膜，以反射激光束供检测，另一面分别涂有 SFXA、PIB、FPOL、PECH 等聚合物膜，这些聚合物膜传感器对 DNT 的响应信号依次递减。检测物质包括 DNT、TNT 和 RDX。为了标定并控制炸药气体的量，研究人员装配了一台气相色谱，炸药气体在经过色谱柱后分成两部分：一部分用于火焰光度检测器（FID）标定浓度；另一部分则用微悬臂梁传感器进行检测。这一装置可以检测到 ng 级的炸药气体。研究人员对涂膜厚度也进行了研究，当涂膜厚度为 1.5μm 时，SFXA 膜微悬臂梁传感器可以检测到低于 0.1ppb 的 DNT。图 4.56 为使用动态和静态两种不同模式同时检测 DNT 的响应信号。

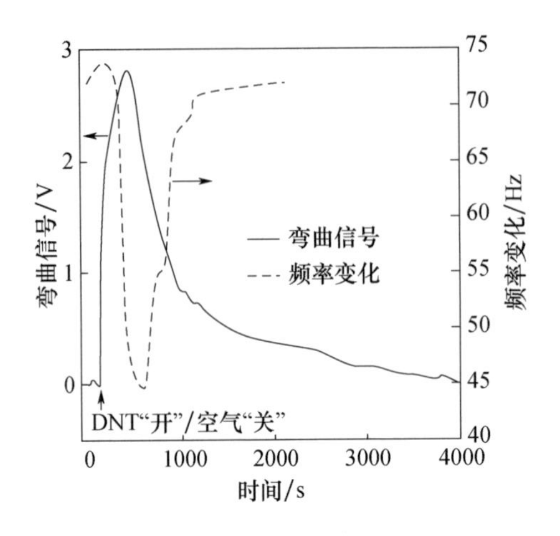

图 4.56　SFXA 膜(0.2μm 厚)微悬臂梁传感器对 DNT 的检测图

对化学毒剂特别是神经性毒剂的检测,也是微悬臂梁传感器研究的一个重点[1110-1112],同时对沙林的模拟剂 DMMP 也进行了检测[1113-1115]。

沙林和梭曼在碱性条件下分解会生成 HF,通过测定 HF 和有机膦化合物就可以间接测定沙林与梭曼。Tang 等[1110]设计了一个 SiO_2 微悬臂梁传感器测定 HF。HF 能够与 SiO_2 定量反应:

$$—O—Si—O— + 4HF \longrightarrow SiF_4 + 2H_2O$$

HCl 和 H_2SO_4 不与 SiO_2 反应,所以不干扰测定。用静态方法对微悬臂梁的偏转进行检测,检测的灵敏度可达 $10^{-16}mol \cdot L^{-1}$。

Poter 等[1116]使用一种能够保留嵌入其中的分子生物功能水凝胶 Hypol 作为传感器基质,与乙酰胆碱酯酶结合形成复合传感材料,制成微型压阻微悬臂梁,用于检测蒸汽和液体环境中 VX 模拟物马拉硫磷(Malashion)。经过实验发现,在气相条件下,传感器对 100ppm 马拉硫磷暴露的响应。传感器对模拟物的初始响应发生在初始暴露的几秒内。在第一次暴露后,传感器继续对模拟物反应超过 300s。大约 350s 的曝光后,传感器开始饱和,无法使用,同时测出马拉硫磷的最低检测线为 10ppm;在液相环境中,100ppm 马拉硫磷的响应时间比气相的反应时间更快,响应更大。

Zhu 等[1117]使用涂有各种平面和颗粒受体涂层的铌酸铅镁 - 钛酸铅(PMN - PT)压电微悬臂梁传感器(PEMS)实现对二甲基甲基膦酸酯(DMMP)的检测,同时发现在具有平面受体涂层的质子交换膜中，探测共振频移的增强是由DMMP与连续受体涂层结合产生的表面应力引起的PMN－PT层杨氏模量变化的结果，这是目前质子交换膜中使用的PMN－PT膜所具有的“软压电”特性。杨氏模量变化增强的Δf与平均杨氏模量和质子交换膜厚度的乘积成反比，并且与质子交换膜的横向尺寸无关。根据实验表明，使用Cu^{2+}吸附的11－巯基十一烷酸（MUA/Cu^{2+}）或平面3－巯基丙基三甲氧基硅烷（MPS）涂层的压电微悬臂梁传感器，在DMMP检测中，弯曲模式共振频率偏移Δf的幅度可以提高两个数量级。

Liu等[1118]提出一种新的基于压阻微悬臂适体传感器，通过生物素－亲和素结合将VX与沙林适体固定在微悬臂表面上，对于不同浓度的毒剂有不同的响应电压（ΔU_e），实现对VX和沙林的检测，并建立了压阻式微悬臂式适体传感器的反应动力学模型，对其进行了动力学分析。通过实验，当VX浓度在2～60μg・L^{-1}时，得到线性回归方程$\Delta U_e = 0.886C - 1.039$（$n=5, R=0.984, p<0.001$）检出限为2μg・$L^{-1}$（$S/N \geqslant 3$），当沙林浓度在10～60μg・$L^{-1}$时，得到线性回归方程$\Delta U_e = 0.716C - 2.304$（$n=5, R=0.996, p<0.001$）检出限为10μg・$L^{-1}$（$S/N \geqslant 3$）。该传感器对VX和沙林的结构类似物O－丁基甲基膦酰氯没有反应，表明具有高特异性和良好的选择性。在此基础上，建立了基于受体－配体结合的反应动力学模型及其与响应电压的关系。从VX和沙林不同浓度的拟合方程式获得的响应电压（ΔU_e）和响应时间（t_0）与测量值吻合程度很高。

丙溴磷是一种剧毒的有机磷农药，广泛应用于农业生产中。这些农药残留已严重影响食品安全，威胁人类健康，迫切需要新的高灵敏度检测方法。Li等[1119]开发了一种基于适体的微悬臂梁阵列传感器，在压力模式下检测丙溴磷，通过Au－S化学共轭将适体固定在微悬臂梁的一侧，使用丙溴磷特异性适体（SS2－55）使微悬臂梁功能化，然后丙溴磷与适体的特异性结合引起微悬臂梁的偏转，并用光学方法实时监测。通过实验得到，微悬臂梁阵列的平均偏转显示与丙溴磷浓度在5～1000ng・mL^{-1}呈正相关，定量检测丙溴磷的检测限低至1.3ng・mL^{-1}（3.5nmol・L^{-1}）。优于其他报道的基于适体的检测方法，具有无标记、高灵敏度、一步固定化、定量和实时检测的优点。

Shen 等[1120]通过阳极氧化方法一步将有序、开放和垂直定向的非晶二氧化钛纳米管(TiO_2 - NT)纳米结构化到微悬臂梁的两侧,制成了一种对甲基膦酸二甲酯(DMMP)检测的传感器,结构示意如图 4.57 所示,该结构可以显著增加气相分子的表面积,较好地改善了传感器的响应。制备了阳极氧化电位为 20V、合成时间为 1800s 的双面纳米结构微悬臂梁,通过实验对 DMMP 进行检测,在 50 ~ 600ppm 的范围内,DMMP 浓度和频率响应有很好的线性关系。

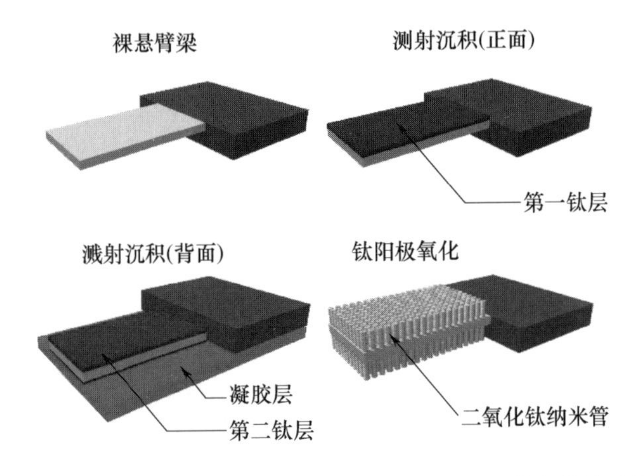

图 4.57　利用 TiO_2 纳米管光学读出的微悬臂梁双面纳米结构的图解

3. 其他检测

Arecco 等[1082]设计并研究了一种微悬臂梁氢化学传感器,在硅微悬臂梁表面通过溅射方法先涂一薄层钛(厚度约 10Å),然后再在上面涂钯涂层(厚度为 1000 ~ 2000Å)。这种传感器对氢的检测灵敏度为 1ppm。

Bashir 等[1121]设计了一个具有超高灵敏度的微微悬臂梁 pH 传感器。石英的微悬臂梁传感器表面涂有聚甲基丙烯酸(PMAA)和聚(乙烯基乙二醇)二甲基丙烯酸酯。当环境中的 pH 值高于 PMAA 的 pK_a 时,聚合物发生膨胀,产生可逆的表面作用力变化,从而引起微悬臂梁弯曲。该 pH 传感器的最小可检测偏转灵敏度为 $1nm/5 \times 10^{-5} \Delta pH$。

Zhang 等[1122]使用绝缘体上硅(SOI)晶片制造出弯曲压阻微悬臂梁流量传感器,由两层二氧化硅和一个中间的硅压阻器组成,硅层和二氧化硅层之间的残余应力之差使微悬臂梁向上弯曲,而自由端则弯曲到平面外,弯曲的微悬臂梁传递作用在其上的流体动量以拖动力,从而使弯曲的微悬臂梁弯曲并改变压阻器的电阻。通过实验可以实现对 0 ~ 23cm/s 范围内的小流量进行检测,灵敏度为 1.5 ~ 3.5cm/s,重复性为 6% 满量程变,具有较好的灵敏性和重复性。

Kang 等[1123]通过使用可卡因特异性的适体作为受体分子,制成微悬臂梁表面应力传感器,依靠两个微悬臂梁(感应/参考对)之间的差异位移的干涉技术,通过测量可卡因/适体结合引起的表面应力变化,从而实现对低浓度可卡因分子(溶剂乙腈浓度 2% 以下)的检测。通过实验得到,用该检测器可以实现 25 ~ 500μmol · L^{-1} 浓度范围的可卡因检测,最低可检测浓度低至 5μmol · L^{-1} ± 8.9μmol · L^{-1}(1.5μg · mL^{-1} ± 2.7μg · mL^{-1}),主要是可卡因适体限制了检测阈值,适体功能化的悬臂可以在每次感测实验后再生。

Grogan 等[1124]利用硅微悬臂梁传感器检测分子开关螺吡喃(Spiropyan,SP)的可逆构象变化,在紫外光源和白光 LED 光源的诱导下,观察了在 5 个连续的周期内,从螺吡喃(SP)(闭合)状态过渡到半胱氨酸(Merocyanine,MC)(开放)状态,反之亦然的微悬臂梁偏转响应,如图 4.58 所示,证明了这种传感器的可逆能力。微悬臂梁在 MC 状态下的偏转方向为一个方向,而在 SP 状态下的偏转方向相反。微悬臂梁在 SP 向 MC 转变时产生拉应力,而在反向转变时产生压应力。这些不同类型的应力被认为与光致变色分子在光异构化时引起的空间构象变化有关。该传感器可以使用紫外光和白光 LED 进行远程和选择性配置。基于 MC 异构体众所周知的结合特性,一旦处于“开放”MC 状态,微悬臂梁可以通过监测微悬臂梁的偏转捕获和检测阳离子,如二价金属离子。在这一领域的未来工作将进一步发展这种微悬臂系统,并将测试其在 SP 涂层被远程“打开”时检测金属离子存在的能力。

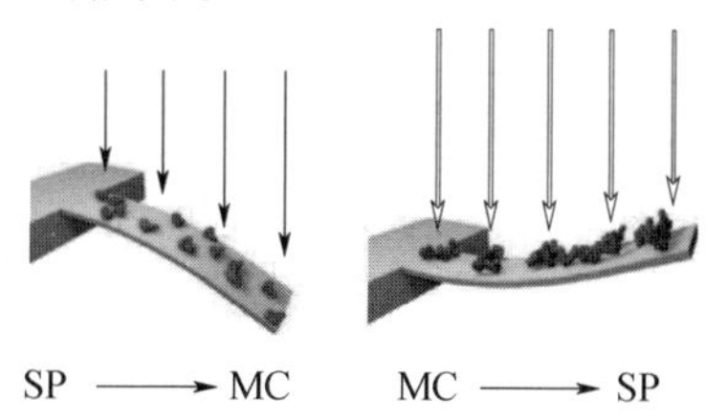

图 4.58　功能化微悬臂梁从 SP 状态变为 MC 状态时的挠度示意图

Okan 等开发了一种特异性高、响应速度快、易于用户使用的基于分子印迹聚合物(Molecularly Imprinted Polymer, MIP)的微机械微悬臂梁传感器系统,采用特异性的印迹纳米粒子,并通过 N-羟基琥珀酰亚胺/1-(3-二甲氨基丙基)-3-乙基碳二亚胺盐酸盐(EDC/NHS)活化实现了 MIP 纳米粒子在微悬臂梁上的共价和单层结合,实现对水资源中环丙沙星[1125](Ciprofloxacin, CPX)分子和红霉素[1126](Erythromycin, ERY)的检测,传感器对于环丙沙星检测的灵敏度和检测限分别为 2.6pg/Hz 和 0.8μmol · L^{-1},对于红霉素的灵敏度和检测线分别为 1.58pg/Hz 和 1μmol · L^{-1},可以通过 MIP 纳米粒子的固定方法和减小聚合物纳米颗粒的尺寸并相应地增加其表面积来提高灵敏度。

Alves 等[1127]使用微悬臂梁传感器测量了聚乳酸-乙醇酸共聚物(poly(lactic-co-glycolic acid), PLGA)的玻璃化转变温度(T_g)与水分含量的关系,使用薄膜比使用纳米材料具有更大的优势,可以更快地进行分析,因为水分平衡时间比块体薄膜低几个数量级。水溶性的 T_g 抑制函数在研究范围内呈线性关系($R^2=0.99$)。吸附理论(Flory Huggins)和混合理论(Gordon Taylor)与实验数据一致。将吸附测量结果与具有可比厚度的薄膜的 QCM 研究结果进行比较,观察到相似数量的吸收水。

4.3.3 展望

微悬臂梁传感器作为一种具有低功耗、高精度、易操作等优点的传感器,已受到了广大研究人员的关注,许多性能优良的检测方法和手段正不断地被开发出来,已成为化学物质检测的一个重要研究方向,但是微悬臂梁传感器尚待进一步成熟、完善。一是敏感膜的筛选、制备及修饰方法。不论是静态模式还是动态模式检测,都需要在微悬臂梁传感器表面涂覆选择性高的敏感膜材料,以提高其选择性和灵敏度,实现微悬臂梁的功能化。二是微悬臂梁传感器的制造工艺。微悬臂梁传感器的体积越小,灵敏度就越高,这就要求传感器的体积尽可能小。同时,涂膜方法又限制了传感器体积的缩小。如何使传感器的选择性和灵敏度同时得到提高,而又不影响稳定性,是一个尚待解决的问题。三是微悬臂梁传感器定性检测方法。微悬臂梁传感器灵敏度高,但是选择性较差,难以解决定性问题。将微悬臂梁传感器阵列所得信息通过计算机技术进行模式识别,将是一条有效途径。四是实现微悬臂梁传感器的集成化,通过引入纳米技术、微流动进样技术,研制出能对多种样品同时快速检测、带有集成读数的悬臂阵列系统和用于便携式分析设备的集成微制造芯片。

第 5 章

热化学传感器

热化学传感器的工作原理是根据特定的化学反应或对被分析物的吸附作用所产生的热效应进行测量,从而对待测物进行定性分析[1128]。在这一类传感器中,对热效应的测量有多种方法。例如,在接触反应传感器中,可以使用热敏电阻测量燃烧反应或者酶反应产生的热量。通过反应的热效应进行样品分析的历史几乎和分析化学的历史一样长。

量热学主要应用了能量守恒定律和热传递定律,热化学传感器需要对热效应以及热交换速率进行精确测量。

热效应的测量一般有三种途径:①测量温度变化,然后乘以由校准实验测得的热当量(表观热容量)即可;②测量保持等温条件所需的能量;③通过固定导热系数来测量温差,导热系数由校准实验测定。这些方法都是基于对相对温度的测量,故对于所有热效应的测量至少需要进行两个独立的实验:一个用于测量;另一个用于校准。在有些情况下,还要进行基线测定。

5.1 温度检测元件

温度检测元件是一种利用换能器的电磁参数(电阻、磁导、电势)具有随温度变化而变化的特性进行温度测量的器件,主要有热电阻、热敏电阻(Thermistor)、热电偶(Thermocouple)、热电堆(Thermopile)和 PN 结等,它们通常与电流放大器结合起来实现能量形式的转换。目前,该类元件在工业或科研中已经得到广泛的应用,而且有一系列配套的显示、记录和控制仪表可供选用。

5.1.1 热电阻

热电阻是指电阻值随温度变化而变化的金属导体材料，利用热电阻和热敏电阻制成的量热传感器，均可称为热电阻式量热传感器。热电阻主要用于测量 -200 ~ +500℃范围内的温度，其制作材料主要是纯金属，目前，工业中应用最广的是铂和铜，并已制成标准测温热电阻。

1. 铂电阻

铂电阻与温度之间的关系接近于线性，在 0 ~ +630.74℃范围内可用下式表示：

$$R_t = R_0(1 + \alpha t + \beta t^2) \tag{5.1}$$

在 -190 ~ 0℃范围内可用下式表示：

$$R_t = R_0[1 + \alpha t + \beta t^2 + \gamma(t - 100)t^3] \tag{5.2}$$

式中：R_0、R_t 分别为 0℃和 t℃时铂电阻的电阻值；α、β、γ 分别为由实验得到的温度系数，其中 $\alpha = 3.96847 \times 10^{-3}$℃$^{-1}$、$\beta = -5.847 \times 10^{-7}$℃$^{-2}$、$\gamma = -4.22 \times 10^{-12}$℃$^{-4}$。

2. 铜电阻

在测量精度要求不高且测温范围较小的情况下，可用铜代替铂做热电阻材料。在 -50 ~ +150℃范围内，铜电阻与温度之间呈线性关系，其电阻与温度的关系满足

$$R_t = R_0(1 + \alpha t) \tag{5.3}$$

式中：R_0、R_t 意义同上；铜电阻的温度系数 $\alpha = (4.25 \sim 4.28) \times 10^{-3}$℃$^{-1}$。

热电阻的结构比较简单，一般将电阻丝绕在云母、石英、陶瓷、塑料等绝缘体的骨架上加以固定，并在外面加上保护套管，但骨架性能的好坏将影响其精度、体积大小和使用寿命。

5.1.2 热敏电阻

热敏电阻是一种用半导体材料制成的、电阻随温度变化而显著变化的敏感元件。按物理特性一般可分为三类，即负温度系数热敏电阻（NTC）、正温度系数热敏电阻（PTC）和临界温度系数热敏电阻（CTR）。当温度升高时，负温度系

数热敏电阻的电阻减小,正温度系数热敏电阻的电阻增大,而对于具有临界温度系数的热敏电阻来说,其电阻值在某个温度值上会发生急剧的变化。典型的热敏电阻是一种稳定、致密而粗糙的陶瓷样半导体小珠,或者是棒状和盘状,它们由铁、铜、镍、锰、锌、钛、镁等金属的氧化物按一定比例混合烧结而成。目前,热敏电阻的测量精度已经能够达到 10^{-4}K。

NTC 热敏电阻与温度之间的关系不是线性的,可由下式表示:

$$R_t = R_0 \exp B\left(\frac{1}{t} - \frac{1}{t_0}\right) \tag{5.4}$$

式中:材料常数 B 通常取 2000 ~ 6000K,若定义$\frac{1}{R_t} \cdot \frac{\mathrm{d}R_t}{\mathrm{d}t}$为热敏电阻的电阻温度系数 α_t,则由式(5.4)得

$$\alpha_t = \frac{1}{R_t} \cdot \frac{\mathrm{d}R_t}{\mathrm{d}t} = -\frac{B}{t^2} \tag{5.5}$$

由此可见,α_t 与温度的平方成反比,随温度的降低而迅速增大,它决定了热敏电阻在工作温度范围以内的温度灵敏度。

通常所说的热敏电阻是指 NTC 热敏电阻,为氧化物的复合烧结体,一般用它测量 -100 ~ +350℃范围内的温度。与热电阻相比,其优点如下。

(1)电阻温度系数大、灵敏度高,约为热电阻的 10 倍。

(2)结构简单、体积小,可以测量点温度。

(3)电阻率高、热惯性小,适宜动态测量。

(4)使用方便、易于维护和进行远距离控制。

其缺点是:电阻温度特性的分散性大,非线性严重,在电路上要进行线性补偿,互换性比较差。

5.1.3 热电偶和热电堆

热电偶是利用导体或半导体的热电效应将温度的变化转换为电势变化的一种元件。如图 5.1 所示,当两个不同的导体或半导体 a 和 b 的热端连接在一起,并和冷端之间存在温度差 ΔT 时,则在两个冷端之间便会产生开路电压 ΔV,该电压称为温差电动势,其数值一般只与冷端的温度差有关。这种由于温差而

产生电动势的现象称为热电效应,或称为塞贝克(Seeback)效应。

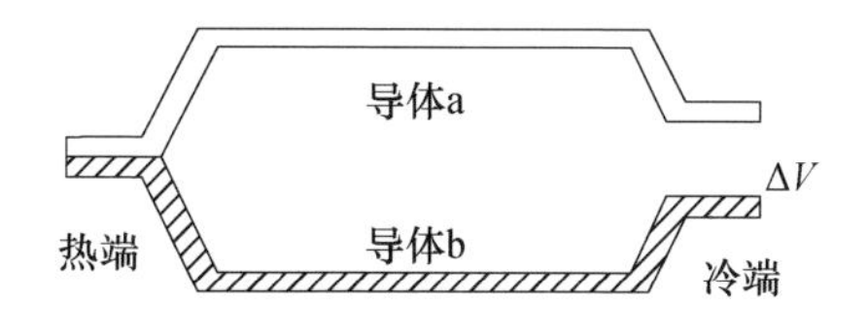

图 5.1 塞贝克效应原理示意图

温差电动势与温度差的关系可用下式表示:

$$\Delta V = \alpha_{ab} \Delta T \tag{5.6}$$

式中:α_{ab}为所用材料 a 和 b 的相对塞贝克系数,单位为 V/K(或 μV/K)。

热电偶具有测温范围宽、性能稳定、准确可靠等优点,在生物医学领域应用广泛。

所谓热电堆,也就是将热电偶串联集合在一起的热电器件,它可以显著提高所输出的电势值。目前,由于微加工技术的发展,可以将其精密制作在硅或者多聚硅片上,在这种条件下,塞贝克效应主要依赖于所滴加的物质的种类和浓度[1129]。

由于聚合物膜对被分析物分子的吸附(凝结热)或者解吸附(蒸发热)时会引起焓变[1130-1131],可以利用基于 Seebeck 效应的量热计进行检测,其原理如图 5.2所示,该焓变会导致微加工的隔热膜的温度发生变化,热端与冷端所形成的热电压[1132-1133]和温差成正比。采用电容性或重量分析原理的化学传感器所测定的是平衡状态的信号,与之相比,量热传感器所检测的是瞬变的信号,即被分析物浓度的变化。

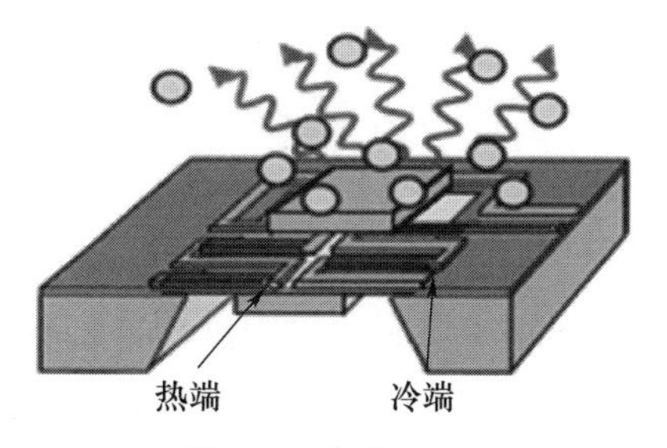

图 5.2 微型量热计测量有机挥发物的示意图
(热电压 U_{therm}与被分析物的浓度梯度 $\Delta C_{gas}/\Delta t$ 成正比)

5.2 量热生物传感器

在各种生物、化学反应中,都会伴随放热或吸热的热量变化(焓的变化),这是量热化学传感器测定生化反应的基础,因此量热分析方法在生物测量中具有广泛的适用性。虽然有些反应几乎不产生热,如用胆碱酯酶水解乙酰胆碱时其焓变接近于零,但是这个反应仍可以用量热的方法进行检测,可以通过其水解步骤产生质子,将质子化焓变较大的缓冲液进行质子化,从而使得总的过程成为放热的反应。

在热化学传感器中应用最多的是酶伴随的生物催化反应。酶热敏电阻传感器是由固定化酶和热量测定器件(热敏电阻)组合而成的传感器,属于一种流动型的焓测定装置,1974 年,由瑞典 Lund 大学的 Mosbach 等[1134]命名。

热敏电阻传感器的信号转换如图 5.3 所示,在酶的催化作用下使待测样品发生反应,或者放出热量使体系温度升高,或者吸收热量使温度降低,这一热量信号的变化可通过热敏电阻检测出来。

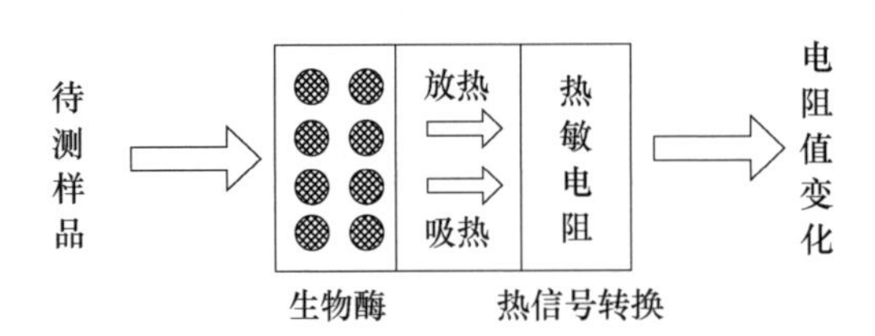

图 5.3　热敏电阻传感器的信号转换示意图

常规的量热装置受操作成本的限制,实验程序繁琐而冗长。基于流动注射分析(FIA)与固定化生物催化剂,以及热敏元件的酶热敏电阻的出现避免了这些缺点。流动注射分析是酶热敏电阻分析中常用的技术,热测量记录的峰高与对应于特定底物浓度的焓变成正比,大多数情况下,记录的最高峰底下的区域以及峰的上升斜坡与底物浓度有同样线性的变化关系。近年来,相继出现了与反应热测量、酶催化、酶的固定化、流动注射分析等技术相结合的仪器。

量热生物传感器(Calorimetric Biosensor)的研究历史相当久远,近年来,研制出的量热生物传感器多数采用固定化酶技术和微加工技术。这种方法将量热的广泛适用性、酶法反应的专一性以及微器件的特殊优点结合了起来，因而成为这类传感器的主流。

与其他分析方法相比较，量热分析方法具有独特的优点：适用于大多数生物样品的分析；不受光、电化学物质等干扰因素的影响；引入参比部件，外界对测量结果的影响很小；固定化酶部分可以进行更换，器件可以重复使用；便于采用流动注射技术，操作简单。随着各种性能优越的新型量热器件的问世，近年来，量热生物传感器正越来越广泛地应用于临床医学、环境监测、食品卫生、工业过程监测等方面[1135-1136]。

5.2.1 热量测定的原理

本文中的量热是指测量生化反应过程中吸收或放出的热量。如果把热量测定系统看成绝热的，生化反应过程中消耗或产生的总热量与摩尔焓变量和总产物的物质的量成正比，即

$$Q = -n_p(\Delta H) \tag{5.7}$$

$$Q = C_p(\Delta T) \tag{5.8}$$

式中：Q 为总热量；n_p 为产物的物质的量；ΔH 为摩尔焓变量，与体系（包括溶剂）的热容 C_p 有关。

酶热敏电阻所记录的温度变化量 ΔT 与焓变量成正比，与体系的热容成反比：

$$\Delta T = -\Delta H n_p / C_p \tag{5.9}$$

一般来说，大多数有机溶剂的热容要比水低 2～3 倍[1137]，如果 ΔH 保持不变，则可以使用有机溶剂提高检测的灵敏度和检测限。

量热生物传感器中通常使用负温度系数很高的热敏电阻，电阻与温度变化的影响关系可参见式（5.4），式中的材料常数 B 通常取 4000～5000K。

酶反应中的焓变范围为 −5～−100kJ/mol。一些酶促反应的摩尔焓变如表5.1所列，使用共固定化酶或者质子化焓变较大的缓冲液（如 Tris）能够显著提高检测的灵敏度[1138]。

表5.1　一些酶促反应的摩尔焓变及酶热敏电阻分析底物的线性范围

底物	固定化酶	检测浓度范围/（$mmol \cdot L^{-1}$）	$-\Delta H$（$kJ \cdot mol^{-1}$）
纤维二糖	β-葡(萄)糖苷酶+葡糖氧化酶/过氧化氢酶	0.05～5	—
抗坏血酸,维生素C	抗坏血酸酯氧化酶	0.05～0.6	—
胆固醇	胆固醇氧化酶+过氧化氢酶	1～8	53+100
胆固醇酯	胆固醇氧化酶+胆固醇酯酶	0.25～4	—
蔗糖	转化酶	0.05～100	—
肌氨酸	肌酸(脱水)酶+肌氨酸氧化酶+过氧化氢酶	0.1～5	—
肌氨酸酐	肌氨酸酐亚氨水解酶	0.01～10	—
NADH(还原型烟酰胺腺嘌呤二核苷酸)	NADH脱氢酶	0.01～1	225
乙醇	乙醇氧化酶+过氧化氢酶	0.001～2	～180
葡萄糖	葡糖氧化酶+过氧化氢酶	0.0002～0.8	80+100
葡萄糖	己糖激酶	0.5～25	28(75)①
青霉素G	β-内酰胺酶	0.001～200	67(115)①
丙酮酸盐	乳酸脱氢酶	0.01～1	47(15)①
乳酸盐	乳酸氧化酶+过氧化氢酶	0.001～2	80+100②
草酸	草酸酯氧化酶	0.005～2	—
草酸	草酸酯脱羧酶	0.1～3	—
焦磷酸酯	磷酸酯酶	0.1～20	—
N-乙酰基-L-苯基丙氨酸乙酯	胰岛素	0.1～10	29
甘油三酸酯	脂蛋白脂肪酶	0.1～5	—
尿素	尿素酶	0.01～500	61
尿酸	尿酸酶	0.05～4	49

①圆括号中的ΔH值为在Tris缓冲溶液中测得(质子化作用焓 -47.5kJ/mol)；
②使用LOD+CDH+CAT循环共固定酶柱所得线性范围为0.01～1$\mu mol \cdot L^{-1}$，$-\Delta H$=(80+47+100)kJ/mol。
注：根据参考文献[1139-1140]改写

5.2.2 量热生物传感器系统结构形式

与其他生物传感器类似,量热生物传感器的核心部分也由两个部分组成:一个是对反应过程中产生的热量进行转换的温度转换元件;另一个是进行选择性检测的分子识别元件。下面以酶热敏电阻为例,介绍其基本结构及测定方式。

1. 酶热敏电阻的基本结构

酶热敏电阻是由固定化酶和热敏电阻构成的,由于这两部分的几何配置不同,可分为密接型和反应器型两大类。

2. 分子识别元件(酶柱)

生物体内的酶、细胞、组织、抗体、抗原以及相应的微生物常被用作量热传感器的分子识别元件。在把这些生物功能材料做成传感器的构成元件之前,必须把它们固定化,制成生物膜[1141],以满足稳定性和重复使用的要求。

酶的固定化技术与采用的载体、酶的种类以及酶热敏传感器的构型有关。应用最为广泛的一种技术是将酶共价键合到微孔玻璃珠(Controlled - Pore Glass,CPG)等载体上,然后填充在热绝缘性好的有机材料或金属做成的柱子内,形成酶柱(Enzyme Column)。酶热敏电阻常用的载体除微孔玻璃珠以外,还有琼脂糖凝胶和尼龙毛细管等。CPG 的性能和生物热敏电阻特性的关系如表5.2所列。

酶柱是此类生物传感器的核心部分,产生的热通过热的良导体(如金属管)导出反应柱,并通过固定在金属管外的热传感器测量其温度变化。

表 5.2 CPG 的性能和生物热敏电阻特性的关系

CPG 的一般特性	作为固定化载体的优点	生物热敏电阻特点
比表面积大,如平均孔径 7.5nm 的比表面积为 $182m^2 \cdot g^{-1}$	能够有效固定酶等生物活性材料	灵敏度高,寿命长
物理、化学和生物学稳定性好	固定化生物功能元件填充层的稳定性优良	响应信号稳定
比热小(约 1J/(g·K)),可以获得微小孔径和粒径均匀的制品	吸热量少,可以根据被测物来选择不同的孔径	响应快,可以有效地检测不同的物质

3. 酶热敏电阻的测定方式

为了热信号捕捉的准确性，热敏电阻传感器检测反应温度变化时有 3 种不同的检测方式，如图 5.4 所示。

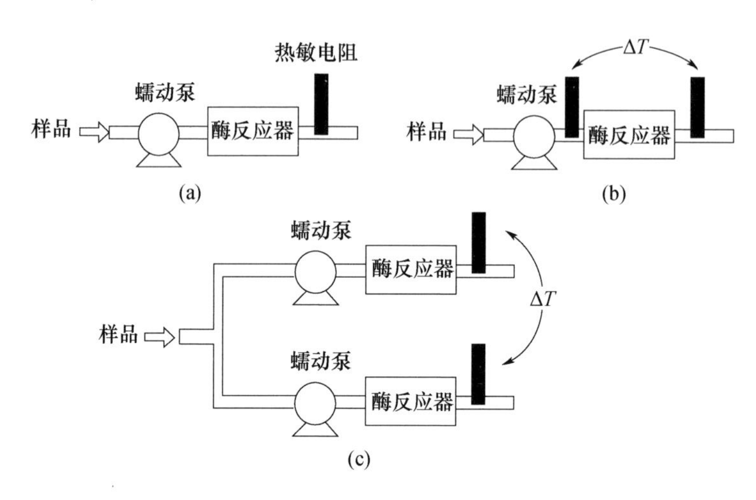

图 5.4　热敏电阻传感器检测反应温度变化的几种方式

(a)简单型；(b)差动型；(c)分离流动型。

所谓简单型是指系统的构成和制作均较简单，但该方式受恒温槽温度控制的精度影响，信号基线漂移较大。差动型和分离流动型则是通过设置参比信号来保证温度信号测量的准确性。

差动型的检测方式就是把参比用的热敏电阻放置于反应器的入口处，同时检测入口和出口处的温差，可在短时间内补偿恒温槽温度变化。分离流动型用一个与简单型反应器平行的参比反应器，该反应器中充填去活的酶，通过两个反应器的对比可以检测单纯由目标物的生化反应所引起的焓变。

4. 量热生物传感器的仪器系统

1)量热生物传感器发展概况

量热生物传感器发展至今经历了简单系统、差动及分流(经典)系统、小型/微型系统等阶段，目前已经出现了热－电化学杂合系统的生物传感器。

在早期简单系统装置中，泵入的底物溶液及缓冲液先在充满水的有机玻璃容器内进行充分的热交换，然后才参与反应。整个装置热绝缘性很差，难以维持一个稳定的测量环境。在酶柱的入口处没有参比热敏电阻(Reference Thermistor),使用的恒温槽精度很低,缺少一个能与测量用热敏电阻温度联动的相对标准,基线漂移较大,所以难以精确定量底物。相比较而言,差动及分流型系统在设计中引入了参比部件,这就在某种程度上解决了简单型系统基线漂移较大的缺点。在差动系统中,酶柱的入口处和出口处各设置了一个热敏电阻,这两个热敏电阻能对酶柱外界的温度产生联动变化,以便补偿来自外界的温度变化对反应系统的影响,所测得的仅仅是酶柱本身产生的热量;分流型则是平行使用了两个酶柱,一个作为检测用反应器,另一个作为参比反应器,通过对比两个反应器可以检测单纯由底物的生化反应所引起的焓变。

2)经典酶热敏电阻传感器的工作系统

为了增加基线的稳定性和消除由于稀释以及酶载体的影响而产生的非特异性焓变(Enthalpy Change)信号的干扰,Mosbach 和 Danielsson[1142] 于 1981 年报道的设计较好地解决了这些问题,成为沿用至今最为经典的工作系统。图 5.5为流动注射分析模式下的经典酶热敏电阻工作系统的示意图。

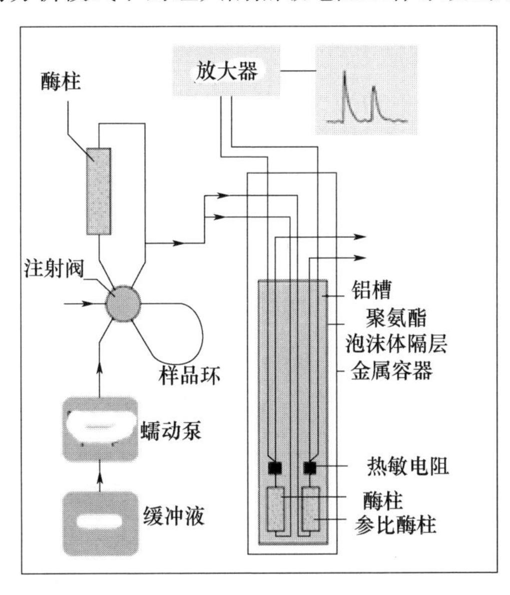

图 5.5 经典酶热敏电阻工作系统的示意图

酶热敏电阻传感器的工作系统一般由进样装置、反应器和检测器 3 个部分组成。进样装置由注射阀、样品环和蠕动泵构成。反应器的结构比较复杂,由铝质双层套桶和酶柱等部分组成,两个铝桶之间保持一定的空隙,内侧的铝桶可控温，而外侧的铝桶又用聚氨酯泡沫体隔层包裹，将酶柱固定在树脂玻璃支架上，这样酶柱被一个温度非常稳定的环境包围着。检测器由热敏电阻和放大器组成。

样品与缓冲液由蠕动泵引入(流量通常为 1mL/min)，酶反应所生成的大部分热量借助液流导出，柱出口处的温度用固定在金质毛细管上的热敏电阻检测。放大器与记录装置相连，以记录温度峰。一般来说，所有流体应经脱气处理，以避免酶柱附着气泡后导致的噪声增加。

初始的设计为装有固定酶柱的树脂玻璃结构，用水浴恒温，柱出口处的温度用与惠斯通电桥相连的热敏电阻记录；后来为了使用和维护的方便，用控温金属块替代了水浴。半绝热装置中放出的热量有 80% 可以作为温度变化而被记录，对于给定底物浓度 $1mmol \cdot L^{-1}$、摩尔焓变为 80kJ/mol 的酶反应，可以得到相当于 0.01℃或更高的温度峰。

3)微型酶热敏电阻传感器系统

(1)微型流动注射酶热敏电阻传感器。微型流动注射酶热敏电阻传感器系统主要由微型不锈钢管酶柱和微珠状热敏电阻构成，如图 5.6 所示，箭头指示流动的方向。整个装置长度为 54mm，直径为 24mm。酶柱为装有固定酶的微孔玻璃珠薄壁耐酸钢管，内径/外径为 1.5mm/1.7mm，长 15mm。缓冲溶液经平衡卷管流入传感器，圆筒状的散热装置内衬有耐酸钢管。为了减少柱中热量的损失，流出物通过缠绕有铜管(绝热层)的钢管流出。微珠状热敏电阻用导热性能

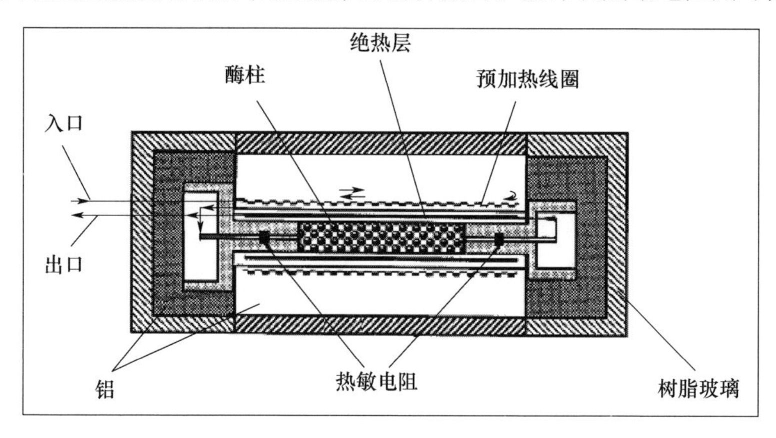

图 5.6　微型流动注射酶热敏电阻传感器系统示意图

好的环氧树脂直接固定在一根出口、入口内径均为0.2mm的金管上，以测定酶促反应过程中所释放出的热量。

(2)热电堆微量热传感器。热电堆生物传感器是基于塞贝克效应的传感器，如图5.7所示。在石英片上面集成有微型的热电堆，入口处对应热电堆的冷端，出口处对应热电堆的热端，酶放热反应的热端与冷端的温度差异导致输出电压与底物的浓度成正比。微型流动检测池(尺寸为17.5mm×3.6mm×0.32mm)由0.32mm厚的硅橡胶垫制作形成，将入口、出口钢管以及电路接线座装配在树脂玻璃盖上，整个器件固定在聚甲醛树脂支架上，从入口末端将微孔玻璃珠吸进微槽池中，微槽靠近热端的⅔部分固定有酶的微珠填充，其余⅓部分用没有固定酶的微珠填充，以减少热向冷端的传递。

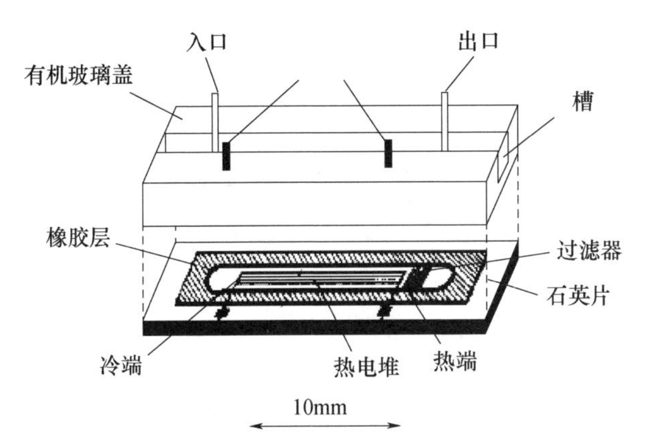

图5.7 热电堆微量热传感器示意图

集成热电堆(尺寸为1.6×10mm)的制作方法如下[1143]。

①在石英芯片(尺寸为25.2mm×14.8mm×0.6mm)表面用LPCVD技术涂覆一层0.5μm厚的多晶硅。

②使用离子注入掺杂技术在硼层进行硼掺杂，然后在N_2中进行退火处理使其韧化(950℃下30min)。

③使用负性光刻胶在其表面进行湿法化学蚀刻以形成所需的图形，并通过铝蒸气沉积使其金属化。

④将芯片在200℃下进行退火处理30min，并以30μm厚的聚酰亚胺覆盖表面。其灵敏度约为2mV/K(22℃下)。

(3)阵列式微型热传感器。这类传感器主要由换能器芯片(21mm ×9mm ×0.57mm)、隔离片以及电路和液体流路的接口等部分组成(图 5.8)。通常采用半导体掺杂多晶和蚀刻技术,沿微流动槽将 5 组阵列式热敏电阻(其温度系数为 -1.7%/25℃)制作在石英基片上,每一组间隔 3.5mm,反应池(17.5mm ×0.8mm ×0.32mm)由厚 0.32mm 的硅橡胶隔膜制成。热敏电阻表面沉积有氧化硅(低温氧化物)以使其绝缘。将热敏电阻 T_0 和 T_1、T_2 和 T_3 配对分成两个酶区域 E_1 和 E_2,分别填充不同的酶。为了减少在 E_1 区域产生的热对 E_2 区域的干扰,在 E_0 区填充与 E_1 和 E_2 区相似但没有固定任何酶类的琼脂糖微珠,T_0/T_2 和 T_1/T_3 分别为工作电阻和参比电阻。

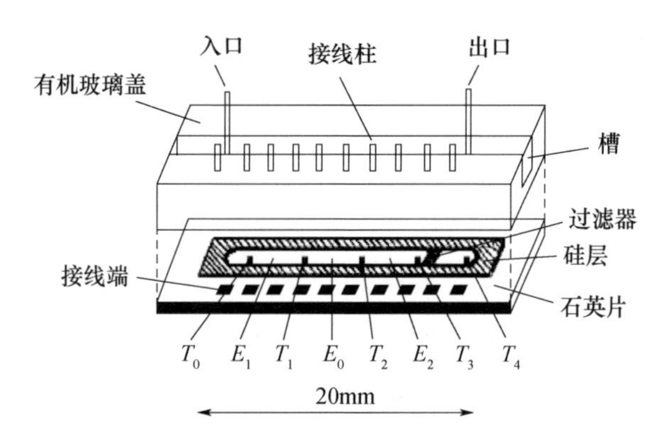

图 5.8 阵列式微型热传感器示意图

4)杂合型系统

所谓杂合型生物传感器是指集成使用了两种或两种以上检测原理的生物传感器。一般来说,每一种生物传感器都有自身的优缺点,例如,对于电化学生物传感器而言,它有很高的选择性,并且可以通过电子介体或者辅助因子实现酶活性的再生,然而,对于没有经过预处理的生物样品,电化学测量常常受到底物中电化学活性物质的干扰。光测量方法虽然有很高的灵敏度和选择性,但它常常受到试剂中本来就存在或者是在反应过程中形成的光学干扰物质的影响。对于量热传感器来说,非特异性是此类传感器的最大弱点;但从另一方面说,由于热转换元件、检测试剂和缓冲液是相互分离的,量热传感器适合于检测未经处理的实际样品,如全血等。针对上述各种检测方法的特性,Xie 等[1144]提出了杂合型生物传感器(Hybrid Biosensor)的概念。在这类传感器中,各种检测结果相互参照、相互平衡，既保留了各自的优势，又消除了各自的弊端。

5.2.3 应用研究现状

目前，量热生物传感器已经成为生物分析领域的主要手段之一。特别是近年来，随着技术的不断进步、工艺的逐步改进，这类传感器的性能越来越优越，在临床生化分析、生产过程控制和发酵分析、食品工业、环境监测等方面的应用也越来越广泛。

1. 临床生化分析

1）酶活检测

量热传感器在酶活测定方面的优势已经引起分析生物学和分子生物学界的广泛重视。利用多种形式的量热装置，人们使用固定化的乙醇氧化酶、葡萄糖氧化酶、乳酸盐氧化酶、脂肪酶[1145]、草酸盐氧化酶、尿素酶、抗坏血酸酯氧化酶、β－葡萄糖苷酶（与葡萄糖氧化酶/过氧化氢酶联用）、肌氨酸酐亚氨水解酶、过氧化物酶和β－内酰胺酶等，分别测定了乙醇[1146]、葡萄糖[1147]、乳酸盐[1148]、甘油三酸酯/过氧化物[1137]、草酸盐[1149]、尿素[1150]、抗坏血酸盐[1151]、纤维二糖和蔗糖[1152]、青霉素[1153]等一些代谢物。Rank 等[1154]对甘油、乙醛和谷氨酸盐等其他代谢物也进行了测定。除了黄嘌呤、次黄嘌呤[1155－1156]和儿茶酚[1157]以外，Xie 等[1158]还对 NaF 防腐剂进行了检测。另外，通过辅酶再生，Torabi 等[1159]使用乳酸脱氢酶和葡萄糖－6－磷酸脂脱氢酶对 NAD^+/NADH 进行了测定。

量热传感器还可以用于对色谱柱中洗提蛋白质的过程进行在线监测。例如，Danielsson 等[1160－1161]用 N_6－(6－氨基己基)－磷酸腺苷琼脂糖（AMP）作为亲和间质，使乳酸脱氢酶（LDH）从溶液中再生，然后利用量热传感器的响应信号，对 AMP 琼脂糖悬浮液往 LDH 溶液中的加入过程进行了优化。

用量热法测定酶的活性灵敏度较低，但是，在检测过程中可以使用廉价的底物，并且样品不必进行预处理，这对临床诊断、酶纯化过程的监测都是很有用的。

2）临床应用

人类血液中的代谢物与人的健康状态密切相关，所以在医学上，检测病人的血液情况是非常必要的。这类生物传感器开发初期的目的就是针对临床生化分析，常用于检测血清或尿中乳酸、尿素、葡萄糖等代谢物的浓度。

用固定化尿素酶测定血清中的尿素的方法已有几例报道。Danielsson 等[1153]报道了一种可以提高酶热敏电阻对尿素线性测定范围的方法，将测定范围提高到 0.01 ~ 200mmol · L^{-1}，即在操作时，先将血清样品稀释 10 倍，将样品中尿素的浓度降低到 0.3 ~ 10mmol · L^{-1}范围，然后进行测定，这样对酶的失活可起到显著的抑制作用，从而提高了工作酶柱的稳定性（每个酶柱可用数月或进行几百次测定）。这种酶柱已用于临床，每个样品分析周期为 2 ~ 3min，相对误差为 1%。

Amine 等[1162]报道了一种与微透析探针相结合的微型热生物传感器，该传感器使用共固定有葡萄糖氧化酶和过氧化氢酶的酶柱，能够连续地测定皮下葡萄糖。Carlsson 等[1163]开发了一种能够对病人血糖进行半连续监测的仪器，由于采用了量热技术与流动注射分析技术，该仪器仅需要一个校准点。Harborn 等[1164]成功地应用酶热敏电阻测定了未经预处理的全血中的葡萄糖，并且将检测结果与商品化的葡萄糖生物传感器 Reflolux 和 Ektachem 进行了比较，分析结果的相关性良好。

Raghavan 等[1165]报道了一种利用酶热敏电阻法来测定血清中的胆固醇、胆固醇酯和总胆固醇的方法。该方法采用了一个前端胆固醇酯酶柱，用于将胆固醇酯转化为游离胆固醇，然后使用共固定化胆固醇氧化酶和过氧化氢酶柱测定游离胆固醇。同时，使用胆固醇酯酶、胆固醇氧化酶以及过氧化氢酶的共固定柱对临床样本（血清、胆石和胆汁的提取物）中的总胆固醇进行检测。每次测定时所需样品量为 100μL，反应时间为 4min。对于游离胆固醇测定所得的标准曲线范围为 1.0 ~ 8.0mmol · L^{-1}，而对总胆固醇则为 0.25 ~ 4mmol · L^{-1}。

Ramanathan 等[1166]基于视黄醇与视黄酸结构上的相似之处合成了一对视黄酸和山葵过氧化物酶，使用与视黄醇（维生素 A）结合的蛋白质作为视黄醇的特异性受体，成功地开发了一种测定视黄醇用的生物传感器。后来，他们使用凝胶做黏结剂，将葡萄糖氧化酶和过氧化氢酶固定在玻璃碳网状物上，进行葡萄糖的量热测定，结果显示，该体系在流动注射分析模式下也运行良好。

3）多种底物同时测定

多种底物的同时测定对于临床诊断十分重要。Xie 等[1167]研制了一种能够对青霉素V、葡萄糖、尿素以及乳酸盐4种底物同时进行测定的流动注射分析热生物传感器阵列，如图5.9所示。该传感器采用微电子加工技术在石英晶片上制作单个微通道，采用了5只薄膜型热敏电阻，酶1和酶2分别为尿素酶/青霉素酶和尿素酶/GOD，用琼脂糖固定在酶柱中。使用该仪器对含有尿素/青霉素V混合物和尿素/葡萄糖混合物的样品进行同时测定，检测上限分别是：尿素$20mmol \cdot L^{-1}$，青霉素V$40mmol \cdot L^{-1}$，葡萄糖（O_2饱和）$8mmol \cdot L^{-1}$；流速为$30\mu L \cdot min^{-1}$，进样体积为$20\mu L$。将200份样品分为两组，每组100份样品，对尿素和青霉素V进行连续测定的相对标准偏差分别为1.13%和2.42%（第一组）、1.17%和2.78%（第二组），该系统每小时能够测定25份样品。

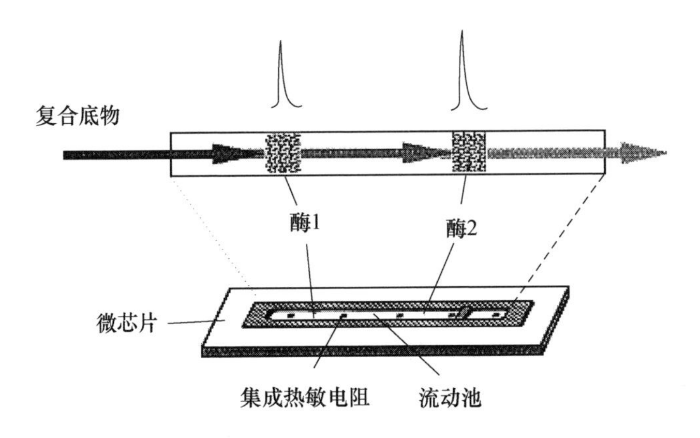

图5.9　多组分同时测定流动注射分析热生物传感器阵列示意图

2. 生产过程控制和发酵分析

对生物工业生产过程的分析与控制是热生物传感器最有应用前景的领域之一。在发酵过程中经常需要对原料、中间产物以及生成物质等的浓度进行连续测定，以控制反应过程。酶热敏电阻在过程控制和发酵分析中已经表现出了良好的潜力。

热敏电阻已经成功应用于对发酵过程中青霉素G、乳酸盐、蔗糖和葡萄糖的离线监测[1168-1169]。Mandenius等[1170]报道了一种用于控制酵母啤酒发酵过程中加料的酶热敏电阻，对蔗糖进行连续的在线监测。Rank和Danielsson[1171]使用固定化β-内酰胺酶的热敏电阻对青霉素V的发酵过程进行在线监测，测定结果显示，在线测得的值仅比离线HPLC的测定值高10%。

目前,酶热敏电阻在工业规模的发酵过程中的监测应用研究已经展开。

3. 食品工业

在一些国家的牛奶生产过程中,会往牛奶中加入 0.1% 的 H_2O_2 用于杀菌,经这种灭菌法处理过的牛奶可以避免通常巴氏灭菌奶在烹饪中的香味损失。最近有研究表明[1172],H_2O_2 灭菌法不会对牛奶中的氨基酸、蛋白质、维生素、糖和脂肪等营养成分产生副作用。附着固定化过氧化氢酶的酶热敏电阻已被用于对鲜奶灭菌过程进行在线监测,添加 H_2O_2 的鲜奶可以在 FIA 模式下进行连续的分析。

酶热敏传感器还可用于对食品或饮料中的阿斯巴甜糖(天冬氨酰苯丙氨酸甲酯,一种约比蔗糖甜 200 倍的甜味剂)的监测,固定化的胰凝乳蛋白酶在水解阿斯巴甜糖的过程中释放出质子,能够被 Tris - HCl 等高质子化作用焓缓冲溶液所检测,该方法同样适用于对阿斯巴甜糖的工业生产过程进行监测。

4. 环境监测

量热型生物传感器还可以用于对大气、土壤和水中的一些环境污染物进行监测。测定手段主要有以下 3 种。

第一种测定方法是以对生物活性物质的活性抑制为基础,生物活性物质的活性受到抑制后,焓变量与其受毒害前相比减小,即利用焓变量与有毒物质浓度成反比的关系。采用该原理,Mattiasson 等[1173]从对尿素酶的抑制作用入手,对重金属离子(如 Hg^{2+}、Cu^{2+} 和 Ag^{+})进行了微量测定,发现 $0.2\times10^{-8}mol\cdot L^{-1}$ 浓度的 Hg^{2+} 能够抑制固定化尿素酶的活性,而且,可以用强的螯合剂去除重金属离子,使得酶柱再生。

第二种方法是根据某些酶对重金属离子有依赖作用,这些酶在失去金属离子后酶活性也随之消失。Satoh[1174-1175]根据脱辅基酶蛋白活性的恢复,检出了 $0.01\sim1.0mmol\cdot L^{-1}$浓度的 Zn^{2+}。

第三种方法是以污染物作为酶的底物进行测定,用硫氰酸酶热敏电阻测定氰酸盐就是利用这种方法的测定实例,测定的灵敏度达到 $0.01mmol\cdot L^{-1}$[1176]。

毒物的检测也可采用完整细胞、细胞器或多酶体系。Thavarungkul 等[1177]将完整的假单胞菌细胞固定在藻酸钙珠子上,使用酶热敏电阻研究其对于芳香族化合物(如水杨酸盐)的响应信号。

对杀虫剂的分析有两种不同的方法：一种方法是选用能够使得杀虫剂水解的酶，Borrebaeck 和 Mattiasson[1178]根据固定酶水解杀虫剂时所产生的热量测定杀虫剂的浓度；另一种方法是根据杀虫剂对酶的抑制能力确定杀虫剂的浓度，Mattiasson 等[1179]使用酶热敏电阻研究了杀虫剂对乙酰胆碱酯酶的影响作用。

5. 其他的应用

量热生物传感器还成功应用于监测被分析物在非水介质中的反应。研究表明，在有机相中量热的灵敏度要比在水相中的高得多。Ramanathan 等[1181]分别对丙酮、苯、二硫化碳、四氯化碳、三氯甲烷、1,4－二氯苯、乙醚、乙醇、乙酸乙酯、正己烷、甲醇和甲苯等有机溶剂中被分析物的反应进行了研究，其中包括对胆固醇[1180]、氧化物[1181]、甘油三酸酯[1155]等的测定。

由于抗原抗体反应所产生的热量变化较弱，因此难以直接跟踪反应过程中的热量变化。Mattiasson 等提出了固相反应法与酶热敏电阻检测原理相结合的方法，能简单、快速地测定微量蛋白质、激素或抗生素等。Birnbaum 等[1182]将量热生物传感器与酶联免疫吸附法结合而成的 TELISA 方法成功应用于免疫学测定。

此外，生物量热法已经能够对 ADP 和 ATP 进行测定。Kirstein 等[1183]使用两根酶柱的复合酶循环系统，其中一根酶柱固定有丙酮酸激酶和己糖激酶，另外一根上固定有 L－乳酸脱氢酶、乳酸氧化酶和过氧化氢酶，将测定灵敏度从 $6\times10^{-5}mol\cdot L^{-1}$提高至 $2\times10^{-6}mol\cdot L^{-1}$，最终能够达到 $1\times10^{-8}mol\cdot L^{-1}$，使用该循环体系能够将信号放大 1700 倍。

6. 展望

由于生物化学反应一定伴随有焓变，在理论上，量热生物传感器可以用于任何生物物质的检测。除此之外，热生物传感器还有许多优点，如测定方便、基线稳定、适合于离线和在线分析等，面对其具有的种种优点，越来越多的分析生物学家表现出极大的兴趣，可以说，在过去的几十年里，量热生物传感器已经取得了一定的成就，但是人们对它的认识还待提高。

热生物传感器现存的主要问题是：非特异性产热可能干扰测定；测量的灵敏度还不够高等。目前，生物热敏电阻正在进一步向下列领域发展：①色谱中多元检测的应用;②在监控新型生物药品的生产过程中的应用;③作为高灵敏度传感器在酶循环法中的应用;④在重金属离子传感器(用于研究酶蛋白的激活现象)中的应用等。

随着科学技术的发展,量热传感器在理论及设计方面将越来越合理;随着人类生活水平的提高,小型及微型量热生物传感器将是量热分析领域最为活跃的元素。

5.3 催化燃烧式气体传感器

催化燃烧式气体传感器(Catalytic combustion type,pellistor)特别适用于监测可燃气体。其基本工作原理是:可燃性气体在通电状态下的气敏材料表面上进行氧化燃烧或催化氧化燃烧,所产生的热量使传感器电热丝升温,从而使电阻值发生变化,通过测量电阻变化测出气体体积分数(浓度)。例如,在 Pt 丝上涂覆活性催化剂 Rh 和 Pd 等制成的传感器具有广谱特性,可以检测绝大多数可燃性气体。催化燃烧式气体传感器在常温下非常稳定,其发展已有 50 年以上,普遍应用于石油化工厂、造船厂、矿井隧道、浴室、厨房等处的可燃性气体的监测和报警,但这种传感器的缺点是对不燃性气体不敏感。

5.3.1 基本原理

1. 燃烧的条件

燃烧必须符合 4 个条件:气体中必须含有适量的氧气、适量的可燃性气体、火源以及维持反应所需的分子能量。任何一个条件没有被满足,燃烧都不可能发生。当上述条件满足后,任何一种气体或蒸气都存在一个特定的最小浓度,在此浓度之下,气体或蒸气同空气或氧混合不会发生燃烧。我们将混合物发生燃烧的最低浓度称为燃烧下限(Lower Flammable Limit,LFL);对混合物能被点燃而发生爆炸的最低浓度称为爆炸下限(Lower Explosive Limit LEL)。可以看出,燃烧下限和爆炸下限在定义上并不完全相同,但在实际中,二者却可以互相替代使用。不同的可燃物有不同的 LFL/LEL,低于 LFL/LEL 的气体或蒸气同氧气混合的比例太低时,不会发生燃烧或爆炸。同时,大多数(但不是全部)的可燃气体或蒸气还具有一个上限浓度,在此浓度之上,可燃气体也不会发生燃烧或爆炸。蒸气和气体在空气中燃烧的最大浓度称为燃烧上限(Upper Flammable Limit,UFL)。在表述上,它通常也不与爆炸上限(Upper Explosive Limit,UEL)加以区分。当蒸气或气体浓度高于 UFL/UEL 时,蒸气或气体同氧气的混合比例太大,以致无法反应使燃烧扩散。在 LFL/LEL 和 UFL/UEL 之间的差值就是可以燃烧的浓度区间。如果符合燃烧的 4 个条件,在此浓度之间的可燃气体或蒸气就可能发生燃烧。图 5.10 说明可燃气体或蒸气的"%LFL/LEL"值与该物质可燃范围的关系。

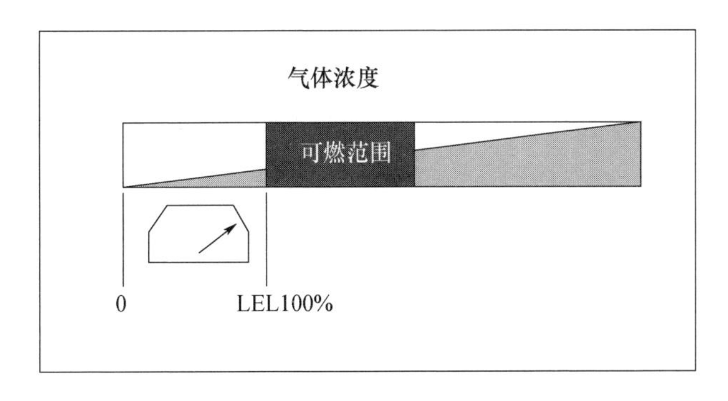

图 5.10 可燃气体%LEL 读数与可燃范围的关系示意图

各类气体或蒸气间的燃烧范围有很大的不同。一般使用百分比浓度而不是用 $g \cdot m^{-3}$ 表示 LFL/LEL 和 UFL/UEL。当使用 $g \cdot m^{-3}$ 表示时,大多数的物质 LFL/LEL 都是相近的,平均为 45 ~ 50$g \cdot m^{-3}$。表 5.3 给出了常见物质的燃烧限度。

表 5.3 常见物质的燃烧限度

物质	LFL/LEL/(体积分数/%)	UFL/UEL/(体积分数/%)
丙酮	2.6	12.8
乙炔	2.5	100
氨气	16	25
一氧化碳	12.5	74
氧化乙烯	3	100
氢气	4	75

（续）

物质	LFL/LEL/（体积分数/%）	UFL/UEL/（体积分数/%）
硫化氢	4.3	46
甲烷	5	15
丙烷	2.2	9.5

在上述资料中所列出的燃烧限度通常都是在标准大气中氧的浓度(20.9%(V/V))和常温常压下得到的数据。充足的氧气会使燃烧过程加速并且使燃烧限度范围发生改变。

可燃性气体的监测仪器读数大多数采用“% LEL”，而不是“%（体积分数）”。如果气体/蒸气或者混合物的精确组分是已知的，就可以根据监测仪器的读数确定混合气体或蒸气的可燃性；反之，如果不知道它们的准确组成，也就无法确定混合气体或蒸气的可燃性。假设一个仪器读数为3%（体积分数），如果气体是甲烷(甲烷的 LEL 是 5%（体积分数）)，这个浓度就低于它的 LEL/LFL，但如果气体是丙烷，那么，这个浓度高于 LEL(丙烷的 LEL 是 2.2%（体积分数）)，就会有爆炸的危险。

大多数易燃易爆气体监测仪器的读数是在 0 ~ 100% LEL，这是因为大多数的标准都使用 LEL/LFL 的百分数来制定危险程度指标。安全起见，一般应当在可燃气体浓度在 LEL 的 10% 和 20% 时发出警报，这里，10% LEL 称作警告警报，而 20% LEL 称作危险警报。这也是将催化燃烧式可燃气体传感器又称作 LEL 检测仪的原因。需要说明的是，LEL 检测仪上显示的 100%，并不是可燃气体的浓度达到气体体积的 100%，而是达到了 LEL 的 100%，即相当于可燃气体的爆炸下限。

2. 催化燃烧式气体传感器的发展历程

最初的催化燃烧反应传感器为绕成线圈形状的铂丝，如图 5.11 所示，铂具有极好的物理、化学性质，但对于某些烃类气体的燃烧来说却是一种不良的催化剂。

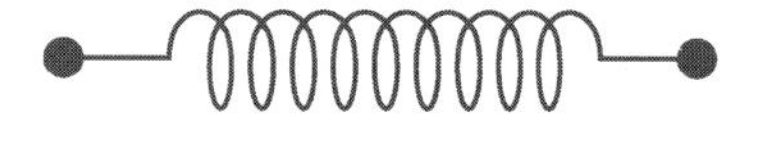

图 5.11　热丝传感器

某些烃类气体的充分、稳定燃烧会使传感器表面温度达到 900 ~ 1000℃，而在该温度下，铂开始蒸发并导致铂丝横截面减小、电阻增大，对传感器工作温度的影响表现为零点和跨度漂移。温度达到1000℃时,铂丝会变得很软,难以保持线圈的形状,同时,铂丝的热导系数与温度的线性关系变差,寿命变短。

在20世纪60年代,出现了一种在氧化物中添加微量的铂和钯等贵金属经过高温烧结而成半导体材料的丸珠状催化燃烧式传感器,如图5.12所示,该传感器由一对检测元件组成,其中一个元件对可燃气体非常敏感,称为灵敏元件,元件的电阻变化与气体浓度呈线性关系;另一个元件与灵敏元件材料相同,即补偿元件,用以补偿温度变化对传感器的影响。

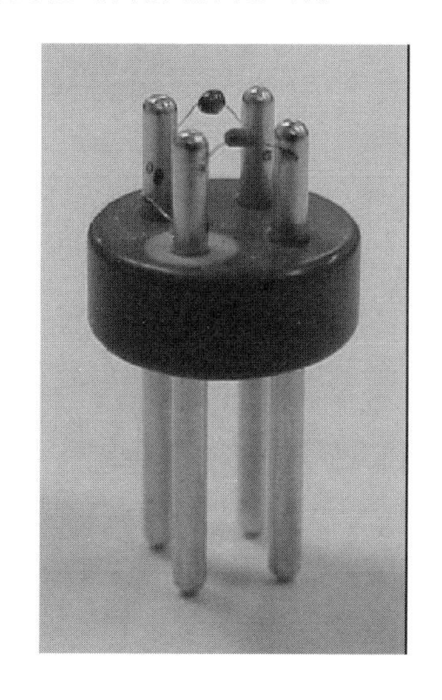

图5.12 丸珠状催化燃烧式传感器

3. 催化燃烧式传感器检测机理

1)检测原理

可燃性气体(H_2、CO、CH_4等)与空气中的氧接触发生氧化反应,产生反应热(无焰催化燃烧热),使作为敏感材料的铂丝温度升高,电阻值相应增大。一般情况下,空气中可燃性气体的浓度都不太高(低于10%),可燃性气体可以完全燃烧,其发热量与可燃性气体的浓度有关。空气中可燃性气体的浓度越大,氧化反应(燃烧)产生的反应热量(燃烧热)越多,铂丝的温度变化(增高)越大,其电阻值增加得就越多。因此,只要测定敏感件铂丝的电阻变化值(ΔR),就可检测空气中可燃性气体的浓度。但是,单纯使用铂丝线圈作为检测元件,其寿命较短,所以,实际应用的检测元件,都是在铂丝圈外面涂覆一层氧化物触媒,这样既可以延长使用寿命,又可以提高检测元件的响应特性。

催化燃烧式气体传感器的桥式电路如图 5.13 所示,图中 F_1 是检测元件;F_2 是补偿元件,其作用是补偿可燃性气体催化燃烧以外由环境温度、电源电压变化等因素所引起的偏差。测量时,必须在 F_1 和 F_2 上保持 100 ~ 200mA 的电流通过,以供可燃性气体在检测元件 F_1 上发生氧化反应(催化燃烧)所需要的热量。当检测元件 F_1 与可燃性气体接触时,由于剧烈的氧化作用(燃烧)释放出热量,使检测元件的温度上升,电阻值相应增大,桥式电路不再平衡,在 A、B 间产生电位差 E,则有

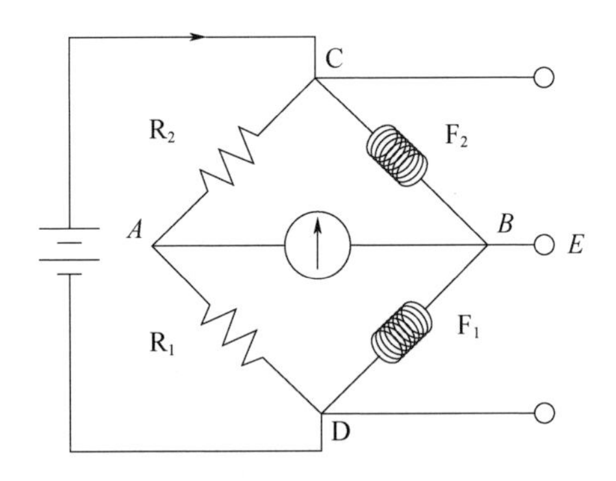

图 5.13 催化燃烧式气体传感器的桥式电路示意图

$$E = k\left(\frac{R_{F_2}}{R_{F_1}}\right)\Delta R_F \tag{5.10}$$

这样,在补偿元件 F_2 和检测元件 F_1 的电阻比 R_{F_2}/R_{F_1} 接近于 1 的范围内,A、B 两点间的电位差 E,近似地与 ΔR_F 成比例。其中,ΔR_F 是由于可燃性气体催化燃烧所产生的温度变化(燃烧热)引起的,与催化燃烧热(可燃性气体氧化反应热)成比例,ΔR_F 可用下式表示:

$$\Delta R_F = \alpha \cdot \Delta T = \alpha \cdot \frac{\Delta H}{C} = \alpha \cdot a \cdot m\frac{Q}{C} \tag{5.11}$$

式中:α 为检测元件的电阻温度系数;ΔT 为由于可燃性气体催化燃烧所引起的温度增加值;ΔH 为可燃性气体催化燃烧产生的热量;C 为检测元件的热容量;Q 为可燃性气体的燃烧热;m 为可燃性气体的浓度(% VOL);a 为由检测元件上涂覆的催化剂决定的常数。

由于 α、C 和 a 的数值与检测元件的材料、形状、结构、表面处理方法等因素有关，Q 是由可燃性气体的种类决定的，若令 $K=\alpha \cdot a \cdot \frac{Q}{C}$，在一定条件下，$K$ 是定值，则有

$$E=K \cdot m \tag{5.12}$$

即 A、B 两点间的电位差与可燃性气体的浓度 m 成正比。如果在 A、B 两点间连接电流计或电压计，就可以测得 A、B 间的电位差 E，由此可求得空气中可燃性气体的浓度。若与相应的电路配合，当空气中可燃性气体达到一定浓度时，就能自动发出报警信号。

2）催化燃烧式气敏元件的结构

图 5.14 和图 5.15 分别为丸珠状催化燃烧式传感器及其装配结构示意图，用高纯的铂丝绕制成线圈，为了使线圈具有适当的阻值（1 ~ 2Ω），一般应绕 10 圈以上。在线圈外面涂上由氧化铝或氧化铝 - 氧化硅组成的膏状涂覆层，干燥后在一定温度下烧结成球状多孔体，将烧结后的小球放在贵金属铂、钯等的盐溶液中充分浸渍后，取出烘干，再经过高温热处理，使在氧化铝（氧化铝一氧化硅）载体上形成贵金属触媒层，最后组装成气体敏感元件。此外，也可以将贵金属触媒粉体与氧化铝、氧化硅等载体充分混合后配成膏状涂覆在铂丝绕成的线圈上，直接烧成后备用。另外，作为补偿元件的铂线圈，其尺寸、阻值均应与检测元件相同，并应涂覆氧化铝或者氧化硅载体层，无须浸渍贵金属盐溶液或者混入贵金属触媒粉体以形成触媒层。

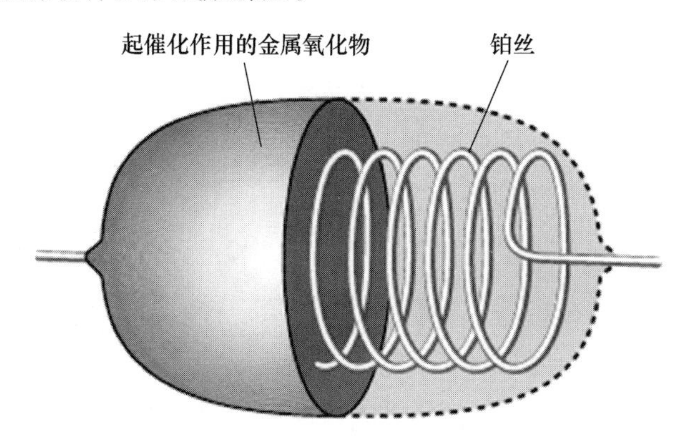

图 5.14 丸珠状催化燃烧式传感器结构示意图

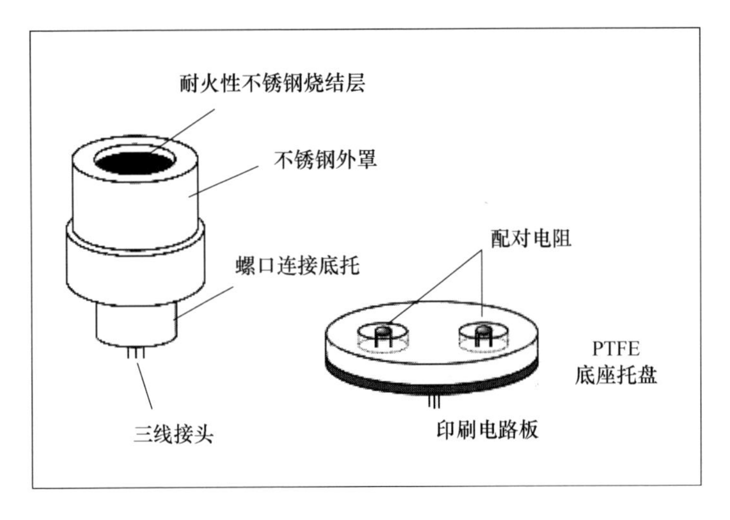

图 5.15　传感器装配结构示意图

3）响应特性

催化燃烧式传感器的输出信号与目标物的氧化率成正比，混合气体按化学计量比例或按理论燃烧反应方程式燃烧时输出最大信号，以甲烷为例：

$$CH_4 + 2O_2 + 8N_2 \longrightarrow CO_2 + 2H_2O + 8N_2$$

假定空气由 1 份 O_2和 4 份 N_2组成，1mol 甲烷完全燃烧需要 10mol 空气，即甲烷占混合反应物的 9.09%。气体浓度与传感器输出信号的关系如图 5.16 所示，甲烷气体浓度在 0～5% 范围内，传感器的响应信号与浓度之间呈现良好的线性关系；当甲烷气体浓度上升，接近其催化燃烧反应的化学计量值 9% 时，传感器的响应信号迅速增大到峰值的 10% 附近；在甲烷气体浓度继续上升至 20% 的过程中，相应的信号开始缓慢减小；当甲烷气体浓度继续上升直至 100%，传感器的响应信号迅速减小直至 0。

4）指示值与被测气体种类的关系

由于催化燃烧式传感器是根据可燃气体在检测元件上进行无焰燃烧，引起电阻变化来检测气体浓度的，这就决定了它是一种广谱型的检测仪器，对可燃气体没有选择性。但可燃气体的浓度与传感器输出信号之间几乎都是线性关系，而且对不同气体成分的爆炸下限值具有相近的灵敏度，对于有多种可燃气体成分的混合气体，各成分在检测元件上的反应具有加合性。

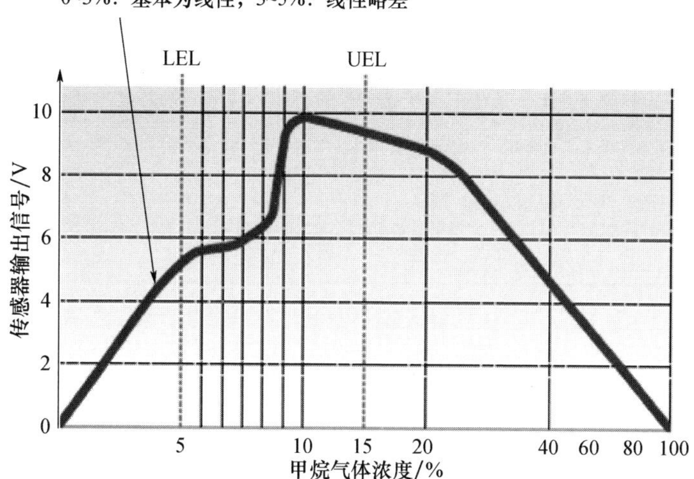

图 5.16　气体浓度与传感器输出信号的关系

虽然催化燃烧式传感器的输出与各种可燃气体的浓度几乎都呈现线性关系，但各种可燃气体的特性曲线还是有所不同，如图 5.17 所示。因此，在测量要求很精确的情况下，最好测量什么气体，就用什么气体标定仪器，以消除检测误差。如果无法用待测气体对仪器进行校正，或者待测气体是未知的，在这种情况下，一定要选择 10% LEL 或更低作为警报限值。通常情况下，催化燃烧式传感器生产厂家都是用甲烷或异丁烷气体来标定仪器，这是因为这两种气体的线性关系较好，而且具有一定的代表性。

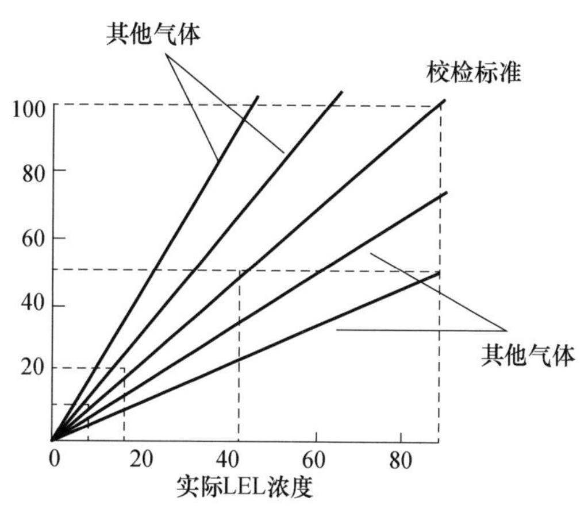

图 5.17　相对灵敏度响应曲线

还有一种方法就是在测量某种气体前，使用其他气体对仪器进行校正的相对校正法，即使用校正系数的方法。但是，由于不同传感器间的校正系数有所不同，同时，这个系数也会在同一个传感器的使用期间发生变化，因此，使用这一方法有很大的限制，这种方法更不适合于检测混合物。表5.4列出了一些物质相对于另一些物质的校正系数。

表5.4 传感器的相对响应值

可燃气体和蒸气	用戊烷标定时的相对响应	用丙烷标定时的相对响应	用甲烷标定时的相对响应
氢气	2.2	1.7	1.1
甲烷	2.0	1.5	1.0
丙烷	1.3	1.0	0.65
正丁烷	1.2	0.9	0.6
正戊烷	1.0	0.75	0.5
正己烷	0.9	0.7	0.45
正辛烷	0.8	0.6	0.4
甲醇1	2.3	1.75	1.15
乙醇	1.6	1.2	0.8
异丙醇	1.4	1.05	0.7
丙酮	1.4	1.05	0.7
氨气	2.6	2.0	1.3
甲苯	0.7	0.5	0.35
无铅汽油	1.2	0.9	0.6

需要说明的是，这些值仅仅是一些参考值，正如上面提到的那样，不能任意拿它们进行实际的计算。例如，从表5.4看到，用一个甲烷标定的仪器来测定乙醇，仪器读出的相对响应数值是0.8，比实际读数要低20%。有些制造商会提供校正系数代替相对响应，它们是倒数关系。例如，上例中，乙醇对甲烷的校正系数是1/0.8=1.25，即此时测得的乙醇实际浓度是显示浓度乘以1.25。如果显示是40% LEL，则实际乙醇为40% LFL/LEL×1.25=50% LFL/LEL。使用丙烷校正的仪器测量乙醇时的校正系数与用甲烷标定的仪器也有所不同，此时的校正系数是1/1.2=0.83，如果显示是40% LEL，则实际乙醇为40% LFL/LEL×0.83=33% LFL/LEL。

校正系数越接近 1,测量结果越准。

从表 5.4 还可以看到,用甲烷标定的仪器测量其他物质的结果都会很低,而用戊烷标定则会相当高。如果用丙烷标定,则结果会比较接近。因此,对于很多的实际情况,丙烷是一个较为合适的标定物。

5.3.2 催化燃烧式传感器的操作要素

催化燃烧式传感器长时间暴露在高浓度环境(接近或者超过爆炸下限)、酸性气体或含硫、铅等环境中,都会导致催化剂中毒,灵敏度下降,燃烧热减小;泵管堵塞、泄漏等现象也会使待测气量减少,读数偏小。这两种情况都会导致校正系数增大,带来“有险不报”的危险。

1. 防止催化剂中毒和抑制

传感器的使用环境会对传感器造成很大的影响。尤其是某些物质,如含铅化合物(特别是四乙基铅)、含硫化合物、硅类树脂、磷酸盐和其他含磷化合物等,都可能使催化剂中毒而降低其性能。这些物质可能会分解催化剂,并在催化剂表面形成固态物质,导致传感器灵敏度降低。另外,高浓度含硅化合物会使传感器立即失效。

还有一些物质会被催化剂吸收或形成新的化合物,从而抑制催化反应,这种抑制可能是暂时性的,只要将传感器在新鲜空气中放置一段时间就会一定程度地自动恢复,如卤代烃(氟利昂、三氯乙烯、二氯甲烷等)的影响就是这样。但是无论如何都不可能完全复原,都会对传感器的灵敏度造成一定的影响。

另一些物质,如硫化氢,可能会具有上述两种影响。在高浓度情况下会使传感器立即失效,而浓度较低时则对灵敏度有轻微的影响。

2. 防止传感器破损

催化燃烧式传感器的精确度还会受到高浓度易燃气体混合物的影响,对测量桥的过分加热会加速催化剂的蒸发,从而使得传感器的灵敏度部分降低甚至丧失,过热还有可能烧毁测量电桥。当传感器暴露于更高浓度且氧气不足的易燃易爆气体之中时,会导致炭黑在烧结表面的沉积,而炭黑的积聚会导致传感器爆裂而损坏电路。为减少这些损坏,有些仪器会在浓度接近 100% LEL 时自动关闭电路,并指示超标和警报。此外,长时间的使用也会影响易燃易爆传感器的灵敏度,因此,经常校正仪器是十分必要的。

3. 校正系数的选择

对于大多数的传感器而言,如果由于中毒或受到抑制使灵敏度降低,一般都是相对甲烷而言的。此时,它们对丙烷的检测灵敏度并没有受到多大影响,这也提出了如何选择校正气体的问题。如果仪器是用丙烷或戊烷校正的,就很难发现它对甲烷灵敏度的降低,这是相当危险的,因为甲烷是常见的易燃易爆气体。如果仪器的灵敏度降低,可以通过重新校正加以调整,如果校正不成,则需要更换传感器。

5.3.3 展望

1. 对低浓度碳氢化合物的检测

大多数易燃易爆气体或蒸气的主要危害是引起火灾或爆炸,但是也必须考虑到其他危险,比空气重的蒸气或气体可能会替代密闭空间中的氧气。更多的情况下,被测气体浓度即使是低于 LEL 的浓度,也要考虑其毒性。例如,苯的 LEL 是 1.2% 或 12000ppm,那么,在 10% LEL 的情况下,苯的浓度则是 1200ppm,这个浓度对人是有毒的,因为苯的立即致死剂量是 500ppm。

催化燃烧式传感器有望采用电学的方法,即通过放大惠斯通电桥信号得到 ppm 级的信号,但它们需要提高传感器的工作温度或使用内置泵提高测量的稳定性。

2. 对高浓度易燃易爆气体的检测

标准的催化燃烧式传感器至少需要在 8% ~10% 的氧气条件下才能检测到准确的结果。同时,较高浓度的易燃易爆气体可能会在测量桥上产生高热,从而损坏传感器或引起催化剂蒸发降低灵敏度。因此,对于超过 LEL/LFL 的易燃易爆气体的检测需要其他的方法。

红外式传感器可以测量 0 ~ 100% VOL 的易燃易爆气体浓度。当有气体存在时,采用红外吸收原理的气体检测器会按一定波长吸收固定能量发出的红外光线,根据仪器检测出的相对变化量可测得相对体积浓度比。

最新的技术已经可以将催化燃烧式传感器和红外式传感器融合在一起,即双量程易燃易爆气体传感器。图 5.18 为配备双量程易燃易爆气体(0 ~ 100%

LEL 催化式和 0 ~ 100% VOL 红外式)传感器的复合式仪器。它既可以分段测量% LEL,也可以自动转换测量% VOL。

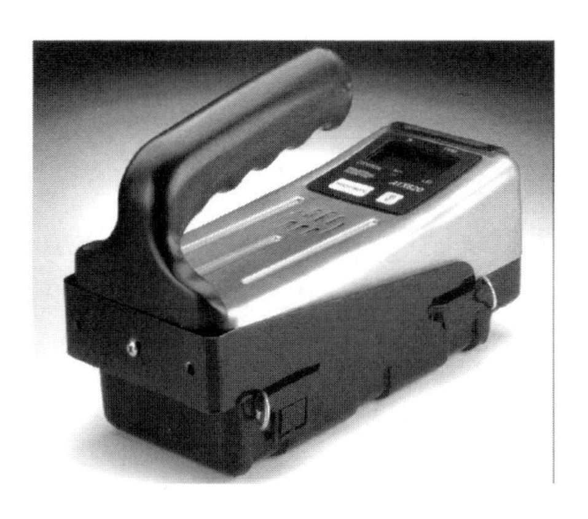

图 5.18 双量程易燃易爆气体复合式传感器

5.4 热导装置

热导装置是用于测量气体的导热系数,并且一般都用作气相色谱(GC 或 GLC)中的检测器。热导检测器(Thermal Conductivity Detector,TCD)是利用被测组分和载气的热导系数不同而响应的浓度型检测器。

早在 20 世纪二三十年代,欧美就有许多公司生产相当于现代 TCD 的气体分析装置,用于化学工业和电厂的气体分析。气相色谱出现后,TCD 开创了现代气相色谱检测器的时代。其操作原理和响应特性在 20 世纪 60 年代就已成熟。

TCD 具有结构简单、性能可靠、定量准确、价格低廉且耐用等特点,同时,它又属于非破坏性检测器,可与其他检测器联用。虽然灵敏度较低,但 TCD 对所有物质都有响应。特别是近十几年来,由于毛细管柱的发展,TCD 在流路、外形、热丝材料、检测电路、温控精度、灵敏度及线性范围等方面也得到相应的改进和提高,目前其池体体积小至几微升,可与填充柱或毛细管柱直接相连;不仅适于常量分析,也可直接作 μg/g 级的痕量分析。TCD 至今仍是应用最广、最成熟的一种检测器[1184]。

5.4.1 热导池的结构

TCD 由热导池及检测电路组成，热导池由池体和热敏元件构成，又可分双臂热导池和四臂热导池两种，可参阅文献[1185－1186]。

热导池池体用不锈钢块制成，其结构如图 5.19 所示，有两个大小相同、形状完全对称的孔道，每个孔里固定一根金属丝（如钨丝、铂丝），两根金属丝长短、粗细、电阻值都一样，此金属丝称为热敏元件。为了提高检测器的灵敏度，一般选用电阻率高、电阻温度系数（即温度每变化 1℃，导体电阻的变化值）大的金属丝或半导体热敏电阻作热导池的热敏元件。

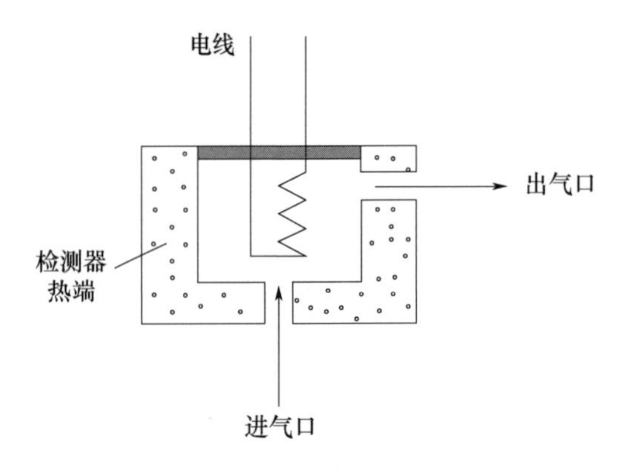

图 5.19　热导池的结构

钨丝具有较高的电阻温度系数（$6.5\times10^{-3}\,\mathrm{cm}\cdot\Omega^{-1}\cdot℃^{-1}$）和电阻率（$5.5\times10^{-6}\,\Omega\cdot\mathrm{cm}$），而且价廉，易加工，因此是目前最广泛使用的热敏元件。钨丝的主要缺点是高温时容易氧化。为克服钨丝的氧化问题，可采用铼钨合金制成的热丝，铼钨丝抗氧化性好，机械强度、化学稳定性及灵敏度都比钨丝高。

热导池有 2 根钨丝（采用 220V、40W 白炽灯钨丝）的是双臂热导池，其中一臂是参比池，一臂是测量池；有 4 根钨丝（采用 220V，5W 白炽灯钨丝）的是四臂热导池，其中两臂是参比池，两臂是测量池。

热导池体两端有气体进口和出口，参比池仅通过载气气流，从色谱柱出来的组分由载气携带进入测量池。

5.4.2 热导池检测器的基本原理

热导池作为检测器,是基于不同的物质具有不同的热导系数。一些物质的热导系数如表 5.5 所列。

当电流通过钨丝时,钨丝被加热到一定温度,钨丝的电阻值也会增加到一定值(一般金属丝的电阻值随温度升高而增加)。在未进试样时,通过热导池两个池孔(参比池和测量池)的都是载气。由于载气的热传导作用,钨丝的温度下降,电阻减小,此时,热导池的两个池孔中钨丝温度下降和电阻减小的数值是相同的。在试样组分进入以后,载气流经参比池,而带有试样组分的载气流经测量池,由于被测组分与载气组成的混合气体的热导系数和载气的热导系数不同,因而,测量池中钨丝的散热情况会发生变化,使两个池孔中的两根钨丝的电阻值之间有了差异,此差异可以利用电桥测量出来(表 5.5)。

表 5.5 某些气体与蒸气的热导系数(λ) (单位:J/(cm · ℃ · s))

气体种类	$\lambda \times 10^5$(100℃)	气体种类	$\lambda \times 10^5$(100℃)
氢	224.3	甲烷	45.8
氦	175.6	乙烷	30.7
氧	31.9	丙烷	26.4
空气	31.5	甲醇	23.1
氮	31.5	乙醇	22.3
氩	21.8	丙酮	17.6

气相色谱仪中的桥路如图 5.20 所示。

图 5.20 中,R_1 和 R_2 分别为参比池和测量池的钨丝电阻,连于电桥中作为两臂。在安装仪器时,应挑选配对的钨丝,使 $R_1 = R_2$。钨丝通电,加热与散热达到平衡后,从物理学中知道,两臂电阻值的关系为 $R_1 \cdot R_{测} = R_2 \cdot R_{参}$。当电流通过热导池中两臂的钨丝时,钨丝加热到一定温度,其电阻值也增加到一定值,两个池中电阻增加的程度相同。如果用氢气做载气,当载气经过参比池和测量池时,由于氢气的热导系数较大,被氢气传走的热量也较多,钨丝温度就迅速下降,电阻减小。在载气流速恒定时,在两只池中的钨丝温度下降和电阻值减小

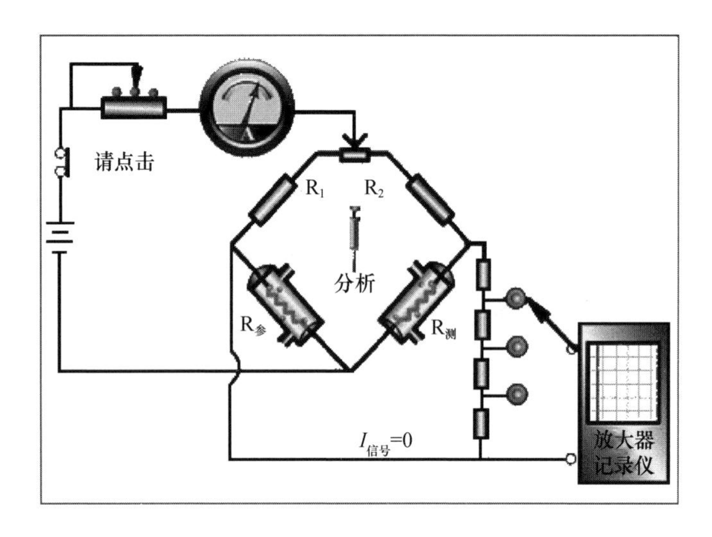

图 5.20　热导检测器原理示意图

程度是相同的,亦即 $\Delta R_1 = \Delta R_2$。因此,当两个池都通过载气时,电桥处于平衡状态,能满足 $(R_1 + \Delta R_1) \cdot R_{测} = (R_2 + \Delta R_2) \cdot R_{参}$。此时,$\Delta E = 0$,就没有信号输出,电位差计记录的是一条零位直线,称为基线。从进样器注入试样,经色谱柱分离后,由载气先后带入测量池。此时,由于被测组分与载气组成的二元导热系数与纯载气不同,使测量池中钨丝散热情况发生变化,导致测量池中钨丝温度和电阻值的改变,而与只通过纯载气的参比池内的钨丝的电阻值之间有了差异,这样电桥就不平衡,即

$$\Delta R_1 \neq \Delta R_2$$

$$(R_1 + \Delta R_1) \cdot R_{测} \neq (R_2 + \Delta R_2) \cdot R_{参}$$

这时,电桥之间产生不平衡电位差,就有信号输出。载气中被测组分的浓度越大,测量钨丝的电阻值改变也越显著,因此,检测器的响应信号在一定条件下与载气中组分的浓度存在定量关系。用自动平衡电位差计记录电桥上的不平衡电位差值,在记录纸上即可记录出各组分的色谱峰。

5.4.3　影响热导池检测器灵敏度的因素

1. 桥路工作电流的影响

电流增加,使钨丝温度升高,钨丝和热导池体的温差增大,气体容易将热量

传出去，灵敏度就越高。一般工作电流与响应值之间有3次方的关系，即增加电流能使灵敏度迅速增加；但电流太大，将使钨丝处于灼热状态，引起基线不稳，呈不规则抖动，甚至会将钨丝烧坏。因此，一般桥路电流控制在100～200mA（N_2 作载气时为100～150mA，H_2 作载气时为150～200mA）。

2. 热导池体温度的影响

当桥路电流一定时，钨丝温度一定。如果池体温度低，池体和钨丝的温差就大，能提高灵敏度。但池体温度不能太低，否则被测组分将在检测器内冷凝。所以，一般池体温度不应低于室温。

3. 载气的影响

载气与试样的热导系数相差越大，则灵敏度越高。由于一般物质的热导系数都比较小，故选择热导系数大的气体（如 H_2 或 He）作载气，灵敏度会比较高。另外，在相同的桥路电流下，载气的热导系数大，热丝温度较低，桥路电流就可升高，从而使热导池的灵敏度大为提高，因此通常采用氢作载气。如果用氮作载气，除了由于氮和被测组分热导系数差别小、灵敏度低以外，还常常由于热导系数呈非线性，以及因热导性能差而使对流作用在热导池中影响增大等原因，会出现不正常的色谱峰（如倒峰、W 峰等）。载气流速对输出信号有影响，因此载气流速要稳定。

4. 热敏元件阻值的影响

选择阻值高、电阻温度系数较大的热敏元件（钨丝），当温度有一些变化时，就能引起电阻明显变化，灵敏度就高。

5. 热导池的死体积

一般热导池的死体积较大且灵敏度较低，这是其主要缺点，为提高灵敏度并能在毛细管柱气相色谱仪上配用，应使用具有微型池体（2.5μL）的热导池。

5.4.4 热导池检测器的应用

热导检测器是一种通用的非破坏性浓度型检测器，它可以检测多种类型组分，特别是可以检测氢火焰离子化检测器不能直接检测的许多无机气体；它不破坏被检测的组分，有利于样品的收集，或与其他仪器联用；它能满足工业分析中峰高定量的要求,很适于工厂控制分析;使用填充柱及较大进样量情况时,它可测出浓度低至 10×10^{-5}的组分。但以此检测器做定量分析,用 N_2、Ar 等热导率低的载气时,要注意组分的相对校正因子彼此相差很大;另外,池体温度、载气流速、电桥电流对检测器的灵敏度影响很大。

第6章

化学传感器新进展

6.1 分子印迹聚合物传感器

分子印迹技术(Molecular Imprinting Technique,MIT)起源于 Pauling 在免疫学研究中提出的抗体形成学说[1187],即用抗原作为模板来操纵抗体多肽链的重组使抗体形成与抗原分子互补的空间构型。虽然该学说已经被克隆选择理论所否定,但化学家们却由此而发明了分子印迹技术。1949 年,Dickey[1188]首次实验了染料在硅胶上的印迹;1972 年,Wulff 等[1189]在高分子聚合物上成功地实现了印迹。

随着 Wulff、Mosbach 和 Whitcombe 等在共价、非共价和共价 - 非共价混合型分子印迹聚合物(Molecular Imprinting Polymers,MIP)制备技术方面的创新性工作,分子印迹技术得到了广泛研究和迅猛发展。自 1997 年起开始召开分子印迹技术的专题学术会议并成立了专门的学术组织。

Wuff 认为,理想的 MIP 应该具有如下特征[1190]。

(1)具有一定的刚性,以确保印迹分子除去后,能够使空穴的形状和印迹位点的空间取向得到保持。

(2)空间构型应具有一定的柔性,以使分子识别作用能够较快达到平衡。

(3)MIP 上的印迹位点应具有可接近性。

(4)MIP 还应具有一定的机械强度和热稳定性,以便能用于高效液相色谱、搅拌反应器中进行的催化反应过程等。由 MIP 的制备过程可知,为使 MIP 对印迹分子具有高选择性,印迹分子与功能单体之间的作用力应该足够强,以使形成的主客体配合物在聚合过程中能够保持稳定。但是由于印迹分子在聚合反应完成后应从 MIP 中除去,所以要求印迹分子与 MIP 之间的作用在一定程度上是可逆的。

分子印迹技术具有 3 个特点:构效预知性、特异识别性和广泛适用性。

将分子印迹技术和分子印迹聚合物应用于传感器,就制成了分子印迹聚合物传感器(MIP 传感器)。其实质就是将分子印迹技术所特有的高选择性与各种传感技术结合起来,从而实现对目标化合物的快速高效检测。1987 年,Tabushi 等[1191]首次用表面模板印迹的方法制得传感器。他们将十八烷基甲硅烷与接到其中的正十六烷一起共价键合到二氧化锡电极上。萃取出正十六烷模板分子后,活性二氧化锡层在吸收有长、薄疏水链的客体分子(如维生素 K_1、K_2、E)时,表现出很强的电化学响应。这是利用 MIP 制备传感器的第一例。多年来,MIP 传感器获得了长足的发展,新的应用不断出现。

6.1.1 分子印迹的基本原理

1. 基本原理

当模板分子(印迹分子)与聚合物单体接触时,会形成多重作用点。通过聚合过程,这种作用就被记忆下来。当模板分子除去后,聚合物中就形成了与模板分子空间构型相匹配的具有多重作用点的空穴,这样的空穴将对模板分子及其类似物具有选择识别特性。目前,根据模板分子和聚合物单体之间形成多重作用点方式的不同,可以把分子印迹技术分成三类。

1)共价法(预组织法)[1192]

印迹分子先通过较强的共价键与单体结合,然后交联聚合,聚合后再将共价键断裂除去印迹分子。共价法印迹过程复杂,并且需要用化学方法除去模板分子。由于可供选用的化学反应非常有限,从而限制了此法的广泛应用。使用的具有共价键的化合物包括硼酸酯、缩醛、酮酯和螯合物等。常用的单体有 4-乙烯苯硼酸、4-乙烯苯甲醛、4-乙烯苯胺和 4-乙烯苯酚等(图 6.1)。

2)非共价法(自组织法)[1193]

印迹分子与功能单体之间预先自组织排列,以较弱的非共价键形成多重作用位点。聚合后这种作用保存下来。常用的非共价作用有氢键、络合作用、静

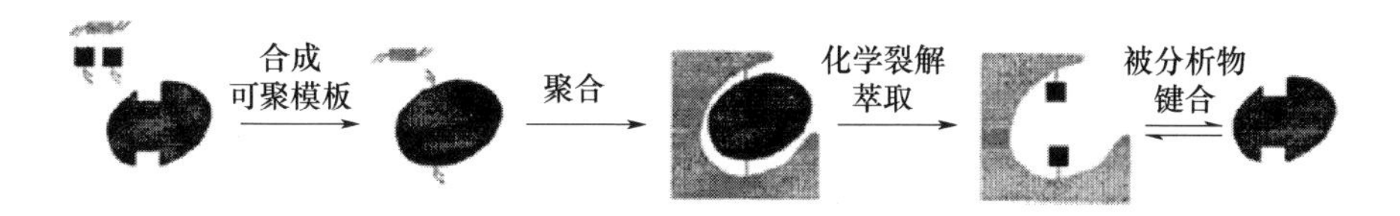

图6.1 共价印迹

电引力、偶极作用、疏水作用以及范德华力等,以氢键应用最多。与共价法相比,非共价法简单易行,模板分子易于除去,其分子识别过程也更接近天然的分子识别系统。如抗体-抗原和酶-底物等在印迹过程中还可以同时采用多种单体,以提供给模板分子更多的相互作用,改善印迹效果。非共价法中分子识别特性主要取决于印迹分子与印迹聚合物内功能基间的离子键、氢键、疏水作用,结合机理类似于天然生物分子,是分子印迹技术研究的热点,对此方面的研究发展很快。常用非共价型单体有丙烯酸、甲基丙烯酸、三氟甲基丙烯酸、亚甲基丁二酸、4-乙烯基苯甲酸、2-丙烯酰胺-2-甲基-1-丙磺酸、N-丙烯酰基丙氨酸、甲基丙烯酸甲酯、甲基丙烯酸羟乙酯、4-乙烯基苯乙烯、丙烯酰胺、1-乙烯基咪唑、4-乙烯基吡啶、2-乙烯基吡啶、26-二丙烯酰胺吡啶、N-4-乙烯苄基亚氨二乙酸铜等(图6.2)。

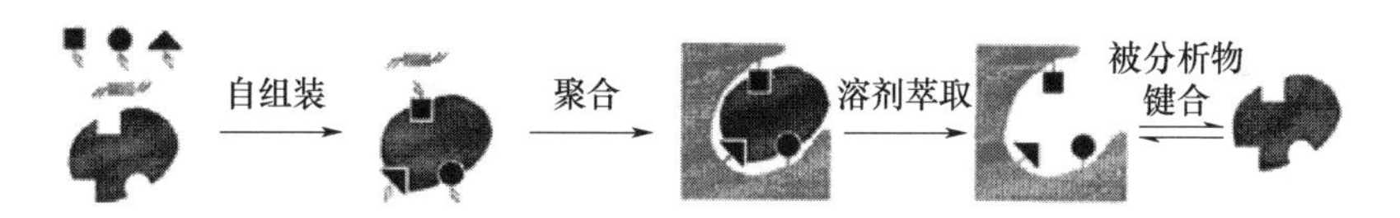

图6.2 非共价印迹

3)综合型[1194]

综合型印迹技术是将以上两种技术结合起来,兼有共价型亲和性强、选择性高以及非共价型操作条件温和等特点。

2. 分子印迹过程机理

目前,分子印迹过程机理还缺乏定量和系统的研究。从本质上讲,分子印迹聚合物对分子的识别源于它与模板分子之间在化学基团以及三维空间结构上的相互匹配,即 MIP 的选择性与模板分子和功能单体相互作用的数量和强度,以及模板分子的形态和刚性有关。Nicholls 等[1195]认为 MIP 复合物的形成过程以及 MIP 与印迹分子之间识别过程均受热力学定律制约,相应的自由能变化可通过下式计算：

$$\Delta G_{\mathrm{bind}} = \Delta G_{t+r} + \Delta G_r + \Delta G_h + \Delta G_{\mathrm{vib}} + \sum \Delta G_p + \Delta G_{\mathrm{conf}} + \Delta G_{\mathrm{vdw}} \tag{6.1}$$

式中：ΔG_{bind}为形成复合物时 Gibbs 自由能的变化；ΔG_{t+r}为分子转动引起的自由能减少；ΔG_r 为分子内旋受限引起的自由能减少；ΔG_h 为疏水作用引起的自由能增加；ΔG_{vib}为基团振动引起的自由能变化；$\sum \Delta G_p$ 为极性基团相互作用对自由能的贡献；ΔG_{conf}为由构型变化引起的自由能变化；ΔG_{vdw}为由非范德华力引起的自由能减少。由式(6.1)可以分析影响 MIP 形成和识别过程的因素并进而改善 MIP 的设计与制备。

在研究模板重新键合时，式(6.1)可以简化为

$$\Delta G_{\mathrm{bind}} = \Delta G_{t+r} + \Delta G_r + \Delta G_h + \Delta G_{\mathrm{vib}} + \sum \Delta G_p \tag{6.2}$$

式(6.2)依赖于以下假设：①重新键合是在聚合时用作成孔剂的溶剂中发生的；②底物的构象张力(ΔG_{conf})最小；③在重新键合到高亲合性的键合位点上时没有不利的范德华力(ΔG_{vdW})发生。

要认识底物分子与嵌在分子印迹聚合物基质上的键合位点键合时发生的分子识别，就需要了解这些系数对键合的详细能量贡献。一些贡献，如静电作用($\sum \Delta G_p$)，可以通过对不同溶剂极性以及一系列结构相关的化合物的系统研究测定。但是，在自组装方法中，生成键合位点的贡献范围包括从高亲合键合位点到低亲合键合位点(包括如诱导键合位点、二聚或多聚体的补充位点等)，并形成选择性空穴。非选择性键合提高了整个 MIP 的性能。ΔG_{vib}是一个受温度影响的参数，并且$\sum \Delta G_p$ 所描述的底物与功能单体间的作用强度与数量也会决定生成的聚合物的选择性程度。实际上，在预聚合溶液中自组装而成的底物－功能单体复合物的稳定性决定了高亲合位点的数量，并由此决定了所合成的非共价 MIP 的性能。所以对于制备的 MIP 的特异性来说，预聚合物的复合物的稳定性就十分重要。因此，通过制作键合等温线来衡量 MIP 中键合位点贡献的不同组成就能更好地理解印迹过程，从而优化印迹技术。

为了研究 MIP 键合过程的动力学，假设 H 和 G 是一对相互作用的分子(主/客)，则

$$\mathrm{H} + \mathrm{G} \underset{k_{-1}}{\overset{k_1}{\leftrightarrow}} \mathrm{HG}, \quad K_1 = \frac{k_1}{k_{-1}} \tag{6.3}$$

式中:k_1 为键合速率常数,k_{-1} 为解离速率常数。键合反应的反应级数可以表示为

$$\frac{d[HG]}{dt} = k_1[H][G] - k_{-1}[HG] \tag{6.4}$$

因此,不同类型的键合位点可以用不同的速率常数表征。通过测量 k_i 可以计算出到达平衡状态的时间。通常,在非共价制备的 MIP 中,高亲和性键合位点只占键合位点总数的 1% 左右。因此,对多重主 - 客作用进行衡量就比较困难。

热力学和动力学的研究能够使我们更好地认识在获得具有最优化识别性质的聚合物过程中起主导作用的系数。但是,即使给出了大量对识别性质产生实质性影响的系数,仍需要对 MIP 制备的每一步都进行大量的分析和表征。在用一系列符合设计分子印迹过程中边界条件的分析方法获得的足够实验数据的基础上,可以合理地设计和优化 MIP。

6.1.2 分子印迹聚合物的制备

1. 常用方法

早期研究中制备的 MIP 是块状的,近年来,MIP 的制备已经不再局限于此,多了无定型粉末状、棒状、球状、膜等多种形态,并分别有不同的制备方法,如表 6.1所示[1195]。

表 6.1 分子印迹聚合物的形态及制备技术

MIP 形态	制备技术	解释	MIP 实例	应用
粉末状	封管聚合	在密闭容器中制备出块状 MIP 再粉碎筛分得到适宜粒径的 MIP 颗粒	茶碱、聚三甲基丙烯酸丙三醇酯	限量检测
棒状	原位聚合	在所用的分析器皿(色谱柱、毛细管柱)中直接聚合,得到连续棒状 MIP	茶碱、烟碱、金鸡纳碱、戊烷	色谱、拆分
	分散聚合	在非极性分散体系中聚合得到 1 ~ 25μm 的微球	α - 天冬氨酰苯丙氨酸甲酯	色谱、拆分
球状	沉淀聚合	以全氟化碳液体代替传统的有机溶剂 - 水悬浮介质,根除非共价印迹中存在的不稳定的预组织合成物	茶碱、雌二醇	分离、提纯、分析

（续）

MIP 形态	制备技术	解释	MIP 实例	应用
球状	表面分子印迹	功能单体与印迹分子在乳液界面结合，形成的结合物印迹在聚合物表面	金属离子	分离、提纯、分析
	溶胀聚合	聚合形成小微球，再以其为种子，进行多次溶胀，聚合得到稍大微球	萘普生、甲基橙、甲基红、L-苯丙氨酸、分散红、分散蓝	分离、提纯、分析
膜状	成膜聚合	将 MIP 制备聚合成超滤膜或传感膜	阿特拉津、吗啡、硅酸、茶碱、氯霉素、维生素	分离材料、传感器材料

目前，MIP 常用的制备方法主要包括本体聚合、沉淀聚合、悬浮聚合、乳液聚合、分散聚合、表面分子印迹法等[1196-1197]。

1）本体聚合

本体聚合是最常用和最早使用的方法。具体过程是将模板分子、功能单体、交联剂和引发剂等按照一定比例混合于非性溶剂中，在光照或加热条件下进行聚合反应制得棒状或块状的固体聚合物。该方法制备条件容易控制、操作过程相对简单，得到的聚合物表现出较高的选择性和吸附能力[1198]。在使用前需要进行粉碎、研磨和筛分等处理过程，聚合物收率低。印迹材料中识别位点包埋过深，难以用有机溶剂洗脱模板分子，这在一定程度上影响了吸附效果。同时，残留的模板分子在使用过程中发生缓慢脱吸，导致 MIP 在使用过程中引起假阳性结果[1199]。

2）沉淀聚合

沉淀聚合制备过程和本体聚合相似，但是使用了大量的成孔剂。将模板分子、功能单体、交联剂和引发剂溶解在溶剂中，生成的 MIP 不溶于该体系中而析出形成沉淀，然后通过离心或过滤分离，洗涤除去模板分子。通过沉淀聚合得到的 MIP，相比本体聚合法有更为均一的识别位点、较高的表面体积比和吸附性能。

3）悬浮聚合

悬浮聚合法的制备方法简便，制备周期短。此法是将模板分子、功能单体、致孔剂和交联剂溶于溶剂中，加入分散剂形成均匀的混合溶液，后加入引发剂。

在搅拌条件下,经升温或光照引发进行聚合,得到高度交联的微球型分子印迹聚合物,最后利用物理方法或化学方法除去模板分子。但是,这种制备工艺常使用水作为分散剂,强极性溶剂干扰模板分子和功能单体的非共价作用,进而影响实际使用过程中的吸附性能[1200]。

4)乳液聚合

乳液聚合是先用有机溶剂溶解模板分子、功能单体和交联剂,然后在水中搅拌该溶液使之乳化,再加入引发剂发生交联聚合反应。这种方法制备的分子印迹聚合物尺寸在纳米级别,并且粒子粒径均一、比表面积大。

5)分散聚合

分散聚合是介于本体聚合和悬浮聚合之间的一种聚合方法,主要制备不同粒径的聚合物微球。在进行反应之前,功能单体、模板分子、交联剂、引发剂和分散剂都溶解在溶剂中,体系通过引发剂分解产生自由基引发进行聚合,形成的聚合物颗粒借助分散剂的作用稳定悬浮于介质中[1201]。分散聚合体系的优点是具有高固含量、良好的剪切稳定性、黏度低、较低的介质蒸发热以及可选用毒性低和危险性小的分散介质,可减少对环境的污染等优点。

6)表面分子印迹法

表面分子印迹法也是制备分子印迹聚合物的一种较好的方法。这种方法主要是将活性识别位点集中在聚合物的表面,这样更有利于去除模板分子和特异性识别目标物。表面印迹技术是以适当的纳米材料为载体,如二氧化硅[1202]、氧化石墨烯[1203]和磁性纳米颗粒[1204]等,利用合适的手段(如接枝、螯合等)在载体表面引入功能单体后,加入模板分子、交联剂和引发剂等发生交联聚合反应,最后得到了表面分子印迹聚合物。这层 MIP 在颗粒载体表面含有印迹空穴,提供了更多的吸附位点,不仅具有快速的识别速度和传质速率,而且由于印迹位点都在表面,减少了包埋现象,模板分子更容易洗脱,可解决模板泄露问题[1205]。

2. 基本步骤

通常,分子印迹聚合物的制备包括印迹分子与单体发生相互作用、聚合反应、去除印迹分子、后处理及分子印迹聚合物的表征等几个步骤[1206-1207]。

1)印迹分子与单体发生相互作用

根据与印迹分子作用力的类型和大小进行预测,合理地设计、合成带有能与印迹分子发生作用的功能基的单体。印迹分子主要有糖、氨基酸、核酸、生物碱、维生素、蛋白质和酶、抗原、杀虫剂、除草剂、染料等。单体的选择主要由印迹分子决定,它首先必须能与印迹分子成键,并且在反应中与交联剂分子处于合适的位置才能使印迹分子恰好镶嵌其中。通常,选择一端带有孤对电子、另一端带有双键结构的分子作为功能单体,如甲基丙烯酸、乙烯基吡啶等。常用的共价单体主要有含乙烯基的硼酸或二醇以及含硼酸酯的硅烷混合物等。常用非共价键单体主要有甲基丙烯酸(MAA)、2-乙烯基吡啶、4-乙烯基吡啶、三氟甲基丙烯酸(TFMAA)等。

2)聚合反应

这一过程就是在印迹分子和交联剂存在的条件下对单体进行聚合交联。通常选择含有多个末端双键结构的分子作交联剂,如乙二醇二甲基丙烯酸酯、三羟甲基丙烷三甲基丙烯酸酯、二乙烯基苯(DVB)、二甲基丙烯酸乙二醇酯(EGDMA)、丙烯酸三甲氧基丙烷三甲基酯(TRIM),聚合方式有本体聚合、悬浮聚合、原位聚合、表面聚合等。影响聚合反应的因素包括浓度、温度、压力、光照、溶剂种类和极性等。一般来说,低温下单体与印迹分子能形成更为有序和稳定的聚合物,并且选择性也好。由于非共价作用的强弱主要取决于溶液的极性,故非共价法一般在有机溶液(如氯仿、甲苯)中进行,而共价法一般在极性较强的水、醇等溶液中进行。

3)印迹分子的去除

采用萃取、酸解等物理或化学方法把占据在识别位点上的印迹分子洗脱下来。

4)后处理

块状的分子印迹聚合物需要在适宜温度下进行真空干燥和研磨等成型加工。

5)分子印迹聚合物的表征

图6.3为对非共价法制备的分子印迹聚合物的分析表征[1208]:在自组织阶段,应用的分析方法包括核磁共振谱(NMR)、紫外-可见分光光度法(UV-Vis)、傅里叶变换红外光谱法(FT-IR)以及等温滴定量热法(ITC)等;在聚合阶段,分析方法包括傅里叶变换红外光谱法(FT-IR)、固态NMR法;在溶剂提

取阶段，主要应用高效液相色谱法（HPLC）；在重新键合阶段，应用的方法包括键合化验、HPLC（前沿分析）、ITC 以及 BET 方法等。

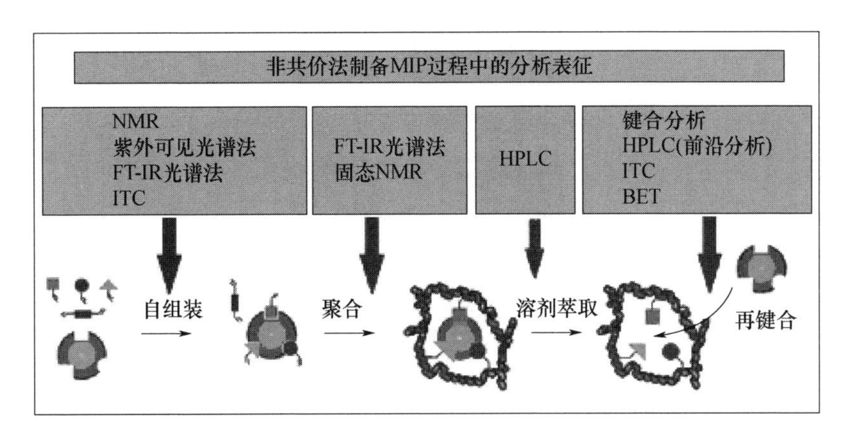

图 6.3 MIP 的分析表征

MIP 的典型表征方法如表 6.2 所列[1198]。

表 6.2 MIP 的典型表征方法

目的	表征方法
形态评价	SEM，TEM，AFM
筛选与模板相互作用或用于验证计算设计数据的单体	NMR，IR，UV－Vis
结构分析	X－ray，XPS
测量聚合物的比表面积和孔径	BET
热稳定性评价	TGA
磁性能评价	VSM

6.1.3 分子印迹聚合物传感器的应用

分子印迹技术及分子印迹聚合物的主要应用领域包括分离纯化（主要包括色谱分离、膜分离、固相萃取等）、对酶的人工模拟、抗体结合模拟以及化学与生物传感器等方面，并显示出巨大的应用潜力。目前，在传感器领域的应用受到了广泛的关注。

图 6.4 是 MIP 传感器与免疫传感器检测流程对比示意图[1192]。

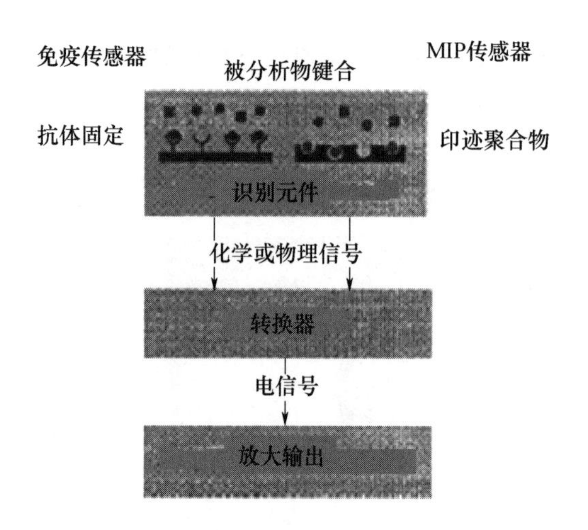

图6.4　MIP 传感器与免疫传感器检测流程对比示意图

分子印迹传感器与其他类型传感器的最大区别就是采用了分子印迹聚合物作为识别元件的敏感材料[1209]。将为模板分子量身定做的分子印迹膜以一定方式固定在信号转换器表面,代替了原有识别元件。当待检的模板分子扩散进入"定制"的分子印迹膜时,与膜上的识别位点特异性结合,导致膜的性能发生改变,再通过信号转换器将膜上接收到的信号转变为可识别信号,如吸光度、振动频率、电压以及荧光强度等可定量输出的物理或者化学信号。最后检测器通过监测信号的强度变化即可实现对目标物质进行高效、实时的检测,提高传感器的灵敏度和选择性。采用不同类型的信号转换器,输出的可识别信号不相同。常见的信号转换器有压电晶体、热敏电阻、电极及光电管等[1210]。分子印迹膜在转换器上的固定方式是影响传感器性能的重要因素[1211-1213]。分子印迹聚合物与转换器的界面连接是设计分子印迹聚合物传感器的重要环节。大多数情况下,分子印迹聚合物要与转换器紧密接触,因此,将这一步集成到自动化生产过程中就具有很明显的优势。聚合物可以在转换器表面合成或者转换器表面能够涂制备好的聚合物。

1. 分子印迹聚合物传感器的制作[1214-1215]

分子印迹聚合物传感器的制作方式大体上分为两类:直接法,直接在转换器表面合成 MIP 薄膜;间接法,将制备好的 MIP 颗粒或膜连接或不连接到转换器上。响应时间较短(30min 内)的 MIP 传感器基本是采用直接法制作的[1216-1217]。间接法一般是先用热聚合法制备 MIP 颗粒,再将颗粒与惰性可溶性聚合物混合,涂布于转换器表面。涂膜方法常采用标准表面涂膜技术,如旋涂和喷涂。间接法制作的 MIP 传感器,因为识别层的 MIP 膜一般较厚,所以扩散限制会使传感器的响应时间相对较长,以及非特异性键合或者键合能力的下降等问题。

1)涂覆法

涂覆法是最简单的分子印迹传感器的间接制备方法。通过低沸点溶剂使分子印迹聚合物溶解,再以旋涂、蘸涂或滴涂等手段将混合液固定到转换器表面,待溶剂挥发后即得到表面具有 MIP 敏感膜的传感器。该方法所制得的 MIP 敏感膜厚薄均匀,并可通过原始聚合物的浓度和体积计算出其中 MIP 的覆盖量。涂膜界面粗糙、不平整,则 MIP 敏感膜易脱落使得传感器信号不稳定性、重现性差。

2)电聚合法

电聚合法是最具潜力的分子印迹传感器制备方法,是一种直接制备方法。将电极浸入聚合底液,以电极电压作为驱动力使其反应生成聚合物,后洗脱模板分子得电活性聚合膜或非电活性聚合膜。常用功能单体主要有吡咯、邻氨基苯酚、苯酚及邻苯二胺等。该方法可以在任何形状和体积的转换器上形成膜,操作简单且聚合膜的位置可精确到点,能极大地提升传感器的性能,适用于尺寸较大的模板分子。但其对电极的前处理要求较高,可逆性和稳定性较差。

3)原位引发聚合法

原位引发聚合法是一种直接制备方法。在光照、加热的条件下,引发滴涂在转换器表面的预聚合液发生聚合反应,在表面直接形成 MIP 敏感膜。该方法常以甲基丙烯酸、乙烯基吡啶、丙烯酰胺衍生物等为功能单体,以偶氮二异丁腈、苯甲酮、苯乙酮等为引发剂。该方法所制得的 MIP 敏感膜不易脱落、吸附能力强,成膜厚度、通透性及疏水程度可调控,但 MIP 敏感膜中模板分子洗脱困难,所制传感器难以再生。

4)自组装法

自组装法属于直接成膜法。主要利用化学吸附法使含巯基官能团的分子附着在惰性金属电极表面形成自组装二维单层膜。该方法具有原位自发性、热力学稳定性且不受基底材料形状的影响，但此类印迹是非交联的，模板分子和功能单体间仅通过非共价作用力结合，并且硫基分子横向扩散会破坏识别位点，故传感器性能受制备条件影响大，特异性识别能力相对较差。

5）溶胶－凝胶法

溶胶－凝胶法是将有机组分加入到无机聚合膜内以增强其结构稳定性的一种制备方法。该方法所制的 MIP 敏感膜刚性好，故在极端条件下不易破坏，具有大孔结构，促进了分子的传质过程，并且可引入特定官能团，提高传感器选择性。

2. 分子印迹聚合物传感器的应用

分子印迹聚合物传感器按检测原理可分为一般形式、被分析物产生信号、竞争形式以及聚合物产生信号等几种类型；按转换器的不同，又可分为电化学式、质量式、光学式和热学式等。目前的应用主要集中在电化学式、质量式和光学式 3 种形式。

将电化学分析与分子印迹技术结合用于传感器检测就成了分子印迹电化学传感器。根据响应信号的不同，电化学传感器主要可分为电流型（安培法和伏安法）、电位型（离子选择电极和场效应晶体管）、电容/阻抗型和电导型，具有设备简单、便于携带、速度快、重复性好、可用于现场测定、高灵敏度、高选择性、低成本、易于微型化和自动化等优点。电流型传感器通过分子印迹敏感膜对目标分子特异性识别前后电流的变化进行检测，是目前报道最多的电化学传感器。该类传感器可对电活性物质进行直接检测，也可对非电活性物质进行间接检测。检测非电活性物质时，通过小分子的电活性物质作为探针进行间接检测，或与其结构相似的电活性物质通过竞争性识别进行间接检测[1218]。分子印迹电流型化学传感器的关键是印迹膜必须提供一个通道，使底物分子能够穿过特异性的膜到达电极表面发生氧化还原反应而产生电流。使用安培法进行检测的电流型传感器又称为安培型传感器；使用伏安法进行检测的电流型传感器又称为伏安型传感器，常用的伏安法有线性扫描伏安法（LSV）、循环伏安法（CV）和差分脉冲伏安法（DPV）。电位型传感器通过分子印迹敏感膜对目标分子特异性识别前后电位的变化进行检测，由于其可以避免将模板分子从膜相中除去,以及目标分子不需要扩散进入膜相,使得模板分子的大小不受限制,因此,电位型传感器被认为是最有应用前景的一种电化学传感器。两种主要器件属于这一类:离子选择电极和场效应晶体管,对于场效应晶体管,电位测量系统主要应用于离子敏感场效应晶体管(ISFET)和扩展栅场效应晶体管(EGFET)的研制[1198]。电导型传感器是根据电导转换原理进行制作,主要是利用靶向分子与印迹敏感膜结合后,导电性发生改变从而进行测定。分子印迹膜电导检测模式、响应及平衡迅速,测试方法简单;分子印迹膜不需要经过复杂的程序固化在某种探头表面。但在传感器制造中,膜的制备和冲洗对其性能影响较大,因为微量杂质存在对电导都有影响,但是电导型传感器仍是一种有发展前景的检测模式。电容或阻抗型化学传感器通过分子印迹敏感膜对目标分子特异性识别前后电容或阻抗的变化进行检测,优点是无须加入额外的试剂或标记,而且灵敏度高,操作简单,价格低廉。在实际应用中超薄膜的制备、自组装单层的构造及其绝缘性能是制造这种电容型传感器的关键[1219]。

质量传感与MIP相结合,可增加晶体表面检测时的选择性,从而构建可检测特定分子的质量敏感传感器。质量敏感型传感器可分为石英晶体微天平(QCM)、声表面波(SAW)和悬臂梁化学体声波(BAW)传感器。其工作原理是通过测量传感器体系质量的微小变化,或测量由传感器体系质量改变引起的声波参数的变化获得待测物质的质量和浓度等信息。目前,最为常见的是QCM-MIP传感器。其适用范围广,灵敏度高,测量精度可达pg至ng级(质量)或pmol/L至nmol/L(浓度);结构简单、特异性好、可实现在线监测,但其材料损耗大,难以实现大规模的制备[1215]。

将分子印迹技术与光学传感器相结合用于检测分析,可充分发挥各自优势建立一个选择性高、灵敏度好的传感系统。目前,MIP光化学传感器基于荧光、化学发光、表面等离子共振(SPR)、光纤(OFS)、光子晶体(PCs)、共振光散射(RLS)等[1220-1221],主要的MIP光化学传感器分为荧光、化学发光及表面等离子共振3种。MIP荧光传感器利用荧光光谱为手段对不同的物质进行检测,当MIP荧光膜与目标分子接触时,其荧光信号会发生变化,根据荧光信号的变化值可对目标分子进行定量测定。其灵敏度高、检测限低,可实现在线检测。根据待测物的性质不同,可将分子印迹荧光传感器分为三类[1222]:

(1)直接检测荧光分析物。对于本身可发射荧光的待测物,一般以荧光待测物为模板分子制备MIP。该类型的荧光传感器的制备过程较简单,但由于大多数待测物本身不发射荧光,该法使用受到限制。(2)通过荧光试剂间接检测非荧光分析物。对于本身不发荧光的待测物,可设计合成具有荧光团的物质直接作为功能单体参与形成空腔,也可在MIP中包埋荧光试剂,利用荧光猝灭分析待测物。该法制备分子印迹荧光传感器,首先需要合成荧光材料,再合成分子印迹材料并进行修饰,最后将荧光材料与分子印迹材料相结合方可获得分子印迹荧光传感器。在MIP荧光传感器中广泛使用。(3)检测荧光标记竞争物。利用待测物与荧光标记物竞争材料表面的位点,将荧光标记物替换下来,根据溶液荧光的变化分析待测物。MIP化学发光传感器在无须外借光源的条件下,通过目标物质在发生氧化还原或发光反应过程中发射固定波长光信号强弱来测定其含量。该传感器线性范围广、灵敏度高、选择性好,但发光系统稳定性较差。分子印迹SPR传感器在金属薄膜表面固定一层分子印迹识别膜,当目标分子的量或者构型发生改变时,将使金属薄膜表面折射率发生改变,最终输出SPR信号实现对目标分子浓度或者构型等改变值的测定。其样品无须纯化,背景干扰小,具有分析快速、高灵敏度、高选择性的优势[1215](表6.3)。

表6.3　按检测原理分类的分子印迹聚合物传感器[1192,1223-1224]

	转换器	被分析物	检测范围/检出限	文献
电化学式	电导型	莠去津	10 ~ 500μg · L^{-1}	1225
		莠去津	5 ~ 100nmol · L^{-1},5nmol · L^{-1}	1226
		莠去津	5 ~ 100nmol · L^{-1},5nmol · L^{-1}	1227
		甲基磷酸异丙酯	10μL	1228
		氨基酸、核苷酸、除草剂、唾液酸	0.005 ~ 0.05μmol · L^{-1}	1226
	电容型	S-氰戊菊酯	0.36 ~ 5mg · L^{-1},0.36mg · L^{-1}	1229
		苯噻酰草胺	1 ~ 50μmol · L^{-1}	1230
		敌草净		1231
		苯丙氨酸苯胺	定性	1232

(续)

	转换器	被分析物	检测范围/检出限	文献
电化学式	电容型	苯丙氨酸	$6000\mu mol \cdot L^{-1}$	1233
		2,4-D	$0.06 \sim 1.25\mu g \cdot L^{-1}$, $0.02\mu g \cdot L^{-1}$	1234
		安非他明	$10\mu mol \cdot L^{-1}$	1235
		吗啡	$20 \sim 40 \times 10^{-6} mol \cdot L^{-1}$, $5.95 \times 10^{-6} mol \cdot L^{-1}$	1236
	电流型	莠去津	$1 \sim 10\mu mol \cdot L^{-1}$	1237
		2,4-D	$917 \sim 3818 mmol \cdot L^{-1}$	1238
		对氧磷	$100\mu mol \cdot L^{-1}$	1239
		对硫磷	$0.1 mmol \cdot L^{-1}$	1240
		吗啡	$3.5 \sim 35\mu mol \cdot L^{-1}$	1241
		喹喔啉-2-羧酸	$1.0 \times 10^{-8} \sim 5.0 \times 10^{-4} mol \cdot L^{-1}$, $2.1 nmol \cdot L^{-1}$	1242
	电位型	2,4-D	$1 \sim 1000\mu mol \cdot L^{-1}$	1243
		盐酸克伦特罗	$1.0 \times 10^{-7} \sim 1.0 \times 10^{-4} mol \cdot L^{-1}$	1244
	伏安法	2,4-D	$0.1 \sim 100\mu mol \cdot L^{-1}$	1244
	场效应管	莠去津	$1 \sim 10\mu mol \cdot L^{-1}$, $1\mu mol \cdot L^{-1}$	1245
		D-阿拉伯醇	$0.15 \sim 1.25 mmol \cdot L^{-1}$, $0.12 mmol \cdot L^{-1}$	1245
		肌苷	$0.5 \sim 50\mu mol \cdot L^{-1}$, $0.62\mu mol \cdot L^{-1}$	1246
		多巴胺	$0.1 pmol \cdot L^{-1}$	1247
质量式	QCM	沙林	$0.7 \sim 50\mu L \cdot L^{-1}$, $1 nL \cdot L^{-1}$	1248
		2,4-D	$0.20 \sim 500\mu mol \cdot L^{-1}$, $0.10\mu mol \cdot L^{-1}$	1249
		莠去津	$2.0\mu mol \cdot L^{-1}$	1250
		莠去津	$0.02 \sim 1 mmol \cdot L^{-1}$	1251
		对硫磷	$0.1 mg \cdot m^3$ (gas)	1240
		氯霉素	$50 mmol \cdot L^{-1}$	1252
		溶剂蒸气	$4\mu L \cdot L^{-1}$	1259
		葡萄糖	$1000 \sim 20000\mu mol \cdot L^{-1}$	1253
		心得安(s-propranolol)	$50 \sim 1300\mu mol \cdot L^{-1}$	1254
		阿特拉辛	$0.08 \sim 1.5 nmol \cdot L^{-1}$, $0.028 nmol \cdot L^{-1}$	1255
		洛伐他汀	$0.10 \sim 1.25 nmol \cdot L^{-1}$, $0.03 nmol \cdot L^{-1}$	1256

（续）

	转换器	被分析物	检测范围/检出限	文献
质量式	QCM	妥布霉素	$1.7\times10^{-11}\sim1.5\times10^{-10}mol\cdot L^{-1}$，$5.7\times10^{-12}mol\cdot L^{-1}$	1257
	SAW	氯霉素	$6\mu g\cdot L^{-1}$	1258
		溶剂蒸气	$0.1\mu L\cdot L^{-1}$	1259
		沙林	$0.4\sim13mg\cdot m^{-3}$	1260
		DMMP	—	1261
		DMMP、沙林	$0.1\sim0.6mg\cdot m^{-3}$	1262
	Love - wave	2 - 甲氧基 - 3 - 甲基吡嗪	未提及	1263
光学式	荧光型	氯霉素	$3\sim1000mg\cdot L^{-1}$,$3mg\cdot L^{-1}$	1253
		氯霉素	$3\sim1000mg\cdot L^{-1}$,$3mg\cdot L^{-1}$	1264
		氯霉素	$8\sim100mg\cdot L^{-1}$,$8mg\cdot L^{-1}$	1265
		莠去津	—	1266
		2,4 - D	$0.1\sim10\mu mol\cdot L^{-1}$,$100nmol\cdot L^{-1}$	1267
		2,4 - D	$44.8\sim754.0\mu mol\cdot L^{-1}$	1268
		cAMP	$0.1\sim100\mu mol\cdot L^{-1}$	1269
		丹磺酰苯丙氨酸	$25\sim250\mu mol\cdot L^{-1}$	1270
		PAH(Pyrene)	$0.00015\sim0.2\mu mol\cdot L^{-1}$	1271
		甲基对硫磷	$0.013\sim2.63mg\cdot kg^{-1}$,$0.004mg\cdot kg^{-1}$	1272
		甲硝唑	$0.2\sim15\mu mol\cdot L^{-1}$,$0.15\mu mol\cdot L^{-1}$	1273
		克伦特罗	$5\sim100\mu g\cdot L^{-1}\cdot L^{-1}$,$0.12\mu g\cdot L^{-1}$	1274
		甲胺磷	$0.35\sim710\mu mol\cdot L^{-1}$,$19.16nmol\cdot L^{-1}$	1275
	镧系发光纤维	甲基磷酸片呐酯	$1\mu g\cdot L^{-1}\sim150mg\cdot L^{-1}$,$125ng\cdot L^{-1}$	1276
		甲基磷酸片呐酯	$10ng\cdot L^{-1}\sim10mg\cdot L^{-1}$,$7ng\cdot L^{-1}$	1216
		草甘磷	$9ng\cdot L^{-1}\sim100mg\cdot L^{-1}$,$9ng\cdot L^{-1}$	1277
		甲基氯蜱硫磷	$5ng\cdot L^{-1}\sim100mg\cdot L^{-1}$,$5ng\cdot L^{-1}$	1278
	光纤	二嗪磷	$7ng\cdot L^{-1}\sim100mg\cdot L^{-1}$,$7ng\cdot L^{-1}$	1278
		麦芽醇	$1ng\cdot mL^{-1}$	1278
		皮质醇	$0\sim10^{-6}g\cdot mL^{-1}$,$0.072pmol\cdot L^{-1}$	1279
	椭圆光度法(Ellipsometry)	维生素 K_1	定性	1280

（续）

	转换器	被分析物	检测范围/检出限	文献
光学式	比色法	氯霉素	$10 \sim 3000\mu mol \cdot L^{-1}$	1281
	红外渐消波	2,4-D	$0.0045 \sim 4.5mmol \cdot L^{-1}$	1282
	化学发光	2,4-D	$2.9 \sim 2.8\mu mol \cdot L^{-1}$	1283
		草甘膦	$0.5 \sim 1.0 \times 10^{6}\mu g \cdot L^{-1}$	1284
		溴氰菊酯	$2.72 \times 10^{-7}mol \cdot L^{-1}$	1285
		多巴胺	$0.053 \sim 46.5\mu g \cdot mL^{-1}$,$0.018\mu g \cdot mL^{-1}$	1286
	光子晶体	氯霉素	$8 \sim 200ng \cdot mL^{-1}$,$1.5ng \cdot mL^{-1}$	1287
		双酚 A	$1ng \cdot mL^{-1} \sim 1mg \cdot mL^{-1}$	1288
		三聚氰胺	$1ng \cdot mL^{-1} \sim 1\mu g \cdot mL^{-1}$	1289
		四环素	$10^{-5}mg \cdot mL^{-1}$ $10 \times 10^{-9} \sim 150 \times 10^{-9}mol \cdot L^{-1}$,	1290
	SPR	茶碱	$2 \times 10^{-9}mol \cdot L^{-1}$	1291
		尿酸	$5000 \sim 33000\mu mol \cdot L^{-1}$	1292
		双酚 A	$0.5 \sim 40mg \cdot mL^{-1}$,$0.247mg \cdot mL^{-1}$	1293
		氯磺隆	$0.08 \sim 10mg \cdot L^{-1}$	1294
		双氯芬酸	$0.1 \sim 1\mu g \cdot mL^{-1}$,$50ng \cdot mL^{-1}$	1295
		阿莫西林	$1.24 \sim 80ng \cdot mL^{-1}$,$4.14nmol \cdot mL^{-1}$ $0.1 \sim 2.6nmol \cdot mL^{-1}$,$73pmol \cdot mL^{-1}$	1296
	放射性(Radioactivity)	2,4-D	$0.135 \sim 45\mu mol \cdot L^{-1}$	1297
	共振光散射	青霉素	$1.5 \sim 19.5mmol \cdot L^{-1}$	1298

1)电化学式

尼古丁是烟草及其制品中的成分。吴朝阳等[1299]研制了用电化学聚合制备的尼古丁分子印迹聚邻氨基酚敏感膜传感器，并对分子印迹膜的结构和性能进行了探讨与研究。在弱酸性条件下，以邻氨基酚为单体，尼古丁为模板分子，用循环伏安法电聚合成膜制备传感器。该传感器对尼古丁有良好的选择性和敏感度，用恒电位计时安培法，尼古丁浓度在 $4.0 \times 10^{-7} \sim 3.3 \times 10^{-5}mol \cdot L^{-1}$ 范围内与电流增量呈线性关系，检测下限为 $2.0 \times 10^{-7}mol \cdot L^{-1}$，加标回收率为 99% ~ 102%。

Lawrence 等[1300]将分子印迹技术与厚膜电化学传感器相结合检测胆固醇的浓度。用氰化亚铁－氰化铁偶联氧化还原反应方法对胆固醇进行定量。这种电化学传感器使用了修饰金工作电极、铂对电极和一个 Ag/AgCl 参比电极。巯基烷醇用于在金工作电极上制备自组装单层膜(SAM)。SAM 与作为模板分子的胆固醇形成分子印迹层。这种传感器可以检测浓度为 66～700nmol・L^{-1} 的胆固醇,所需样品体积仅为 1μL。

Piletsky 等[1225]用电导型分子印迹聚合物传感器对农药莠去津进行了检测。以莠去津为模板分子,通过二乙基氨乙基甲基丙烯酸酯和乙烯基乙二醇二甲基丙烯酸酯的自由基聚合来合成膜。除去模板分子后,将分子印迹聚合物用于电导传感器检测农药。这种方法检测溶液中莠去津浓度范围为 0.01～0.50mg・L^{-1},响应时间为 30min,这种膜可以在 4 个月内保持灵敏度。

Li 等[1301]用 p－特丁基杯[6]－1,4－冠－4 为功能单体,用溶胶－凝胶(sol－gel)法制作了检测对硫磷的新型电化学传感器。用循环伏安法、线性扫描伏安法、计时安培分析法和交流阻抗光谱法对对硫磷在溶胶－凝胶膜传感器上的电化学行为进行了表征。对硫磷检测的线性范围为 5.0×10^{-9}～1.0×10^{-4}mol・L^{-1},检出限为 1.0×10^{-9}mol・L^{-1}(信噪比为 3)。用这种分子印迹聚合物膜传感器对实际样品中的对硫磷进行了检测,检测结果与高效液相色谱的结果一致性很好。

Li 等[1302]还使用溶胶－凝胶法制作了用于检测 O,O－二甲基－(2,4－二氯苯氧基乙酰基)(3′－硝基苯基)次甲基膦酸酯(Phi－NO_2)的分子印迹膜电极伏安传感器。这种传感器检测 Phi－NO_2 的线性范围为 1.0×10^{-8}～2.0×10^{-5}mol・L^{-1},检出限为 1.0×10^{-9}mol・L^{-1}(信噪比为 3)。这种传感器能有效地消除溶液中共存物质的干扰。

王澍[1303]以邻氨基苯甲酸为单体,麻黄素为模板分子,在 pH 值为 6.98 的条件下,用循环伏安法电聚合合成了对麻黄素敏感的分子印迹聚合物薄膜,以此制备了麻黄素电容传感器。该传感器对与麻黄素结构相似物质肾上腺素及去甲肾上腺素选择性良好。

Kirsch 等[1304]以 1－羟基芘(1－hydroxypyrene,1－OHP)为模板,苯乙烯为功能单体,采用热聚合法制备了直径小于 53μm 的 MIP 颗粒,将颗粒与碳素墨水 D14 混匀后铺展在丝印碳电极(Screen - printed Carbon Electrode,SPCE)上,制成的 MIP - SPCE 作为工作电极与 Ag/AgCl 参考电极组成电化学传感器。测定时先将 MIP - SPCE 浸入含 1 - OHP 的溶液中,使 MIP 与 1 - OHP 充分结合,然后再插入电解质溶液中,在扫描电场中,1 - OHP 在一定的电位下会从电极上氧化溶出,通过观察氧化溶出峰的变化,对 1 - OHP 进行测定。测定范围为 0.1 ~ 1mol · L^{-1},对 1 - OHP 有良好的选择性,在相同浓度时,对 1 - OHP 的吸附分别是 1 - 萘酚和苯酚的 5 倍和 20 倍,但校准曲线的斜率是 3.11μA · mol^{-1},灵敏度尚有待提高。

Pogorelova 等[1305]发展了一种分子印迹 TiO_2 膜离子灵敏性场效应晶体管(ISFET)传感器用于检测苯基磷酸和苯硫酚。研究人员在膦酸钛复合物中用钛酸丁酯的聚合制备了对多种苯基磷酸衍生物有人工识别位点的分子印迹聚合物膜。利用同样条件,但不添加磷酸盐,制备了参比聚合物。在印迹过程中,用 FTIR 监测苯基磷酸 - 钛氧化物复合物的制备。研究人员将印迹聚合物制作成 ISFET 传感器的敏感膜并进行了检测。结果表明,这种传感器对被分析的印迹基体有选择性,但其识别能力强烈依赖于磷酸分子上的取代基。这种传感器的响应时间大约为 45s,稳定性在两周内没有任何变化。研究人员还制作了用于检测苯硫酚和 p - 硝基苯硫酚的膜 ISFET 装置。

Liang 等[1306]结合流动分析系统,成功制备了检测牛奶中三聚氰胺的离子选择性电极分子印迹聚合物膜电位型传感器。以三聚氰胺为模板分子,甲基丙烯酸为功能单体,乙二醇二甲基丙烯酸酯为交联剂,合成了具有选择性识别功能的分子印迹聚合物膜。该传感器可以在较高离子干扰下可快速检测目标分子,整个分析过程包括预处理阶段仅不到 15min,检测限为 6.0×10^{-6}mol · L^{-1}。

Tonelli 等[1307]制备了一种新型的对 L - 抗坏血酸有良好选择性和亲和性的电位型膜传感器。采用修饰过的玻碳电极制成 PPy 膜,再进行氧化处理提高了传感器的稳定性。该电位式膜传感器已成功应用在食品和制药样品中对抗坏血酸的测定,回收率近 100%。

Chen 等[1308]用苏丹红Ⅰ、3 - 氨丙基三乙氧基硅烷、四乙氧基硅烷、壳聚糖、金纳米粒子合成了苏丹红Ⅰ印迹溶胶凝胶聚合物电化学传感器,用线性扫描伏安法对苏丹红Ⅰ进行检测,结果显示:苏丹红Ⅰ浓度在 $0.1 \times 10^{-7} \sim 1.0 \times 10^{-5}$

$mol \cdot L^{-1}$范围内呈线性关系,检测限为$2 \times 10^{-9} mol \cdot L^{-1}$。

Iskierko 等[1246]开发了一种新的化学传感器,通过在场效应晶体管 EGFET 信号转导单元上沉积肌苷模板 MIP 膜来选择性地测定肌苷,其中薄的肌苷 MIP 和 EGFET 分别作为识别和信号转导单元,提供了高灵敏度的集成化学传感器装置。线性范围为$0.5 \sim 50 mmol \cdot L^{-1}$,检测限为$0.62 mmol \cdot L^{-1}$。此外,利用这种分子工程传感元件也获得了更高的肌苷选择性。这种 MIP 薄膜包覆的 EGFET 化学传感器通过栅极电压调整在测量过程中表现出良好的灵活性,为设计和开发基于 MIP 的场效应晶体管提供了一种很有前途的策略。

Alizadeh 等[1309]分别用乙烯基吡啶和喹纳酸作为功能单体和络合剂,混合碳粉和融化的正二十烷,首次用碳糊电极制备了Cd^{2+}离子印迹电化学传感器检测水样中超痕量Cd^{2+}。该传感器相对其他Cd^{2+}传感器具有明显的抗干扰能力。线性范围为$1.0 \times 10^{-9} \sim 5.0 \times 10^{-7} mol \cdot L^{-1}$,检测限为$5.2 \times 10^{-10} mol \cdot L^{-1}$。

Wang 等[1310]利用席夫碱和金属离子之间强的相互作用在水溶液中制备了对Pb^{2+}离子具有灵敏度高的自组装单层膜(SAM)分子印迹电化学传感器。Pb^{2+}离子浓度在$3.0 \times 10^{-7} \sim 5.0 \times 10^{-5} mol \cdot L^{-1}$范围内和印迹电极上的电流呈线性关系。该法制备的印记聚合物传感器相比较三维的分子印迹传感器,响应时间更短、敏感性更强、稳定性更好,主要是 SAM 在某种程度上克服了模板分子的横向扩散,该法已成功用于检测黄河水中的Pb^{2+}离子。

Wang 等[1311]首次成功开发出一种离子液体修饰的石墨烯分子印迹电化学传感器(MIPs/IL/GR/GCE),其作为一种分子识别元件,用于修饰玻碳电极(GCE),以构建电化学传感器(MIP/IL/GR/GCE),成功地应用于牛血红蛋白(BHb)检测,线性范围为$1.0 \times 10^{-10} \sim 1.0 \times 10^{-3} g \cdot L^{-1}$,检测限为$3.09 \times 10^{-11} g \cdot L^{-1}$,该传感器具有良好的选择性和稳定性,可以成为临床应用中蛋白质定量检测的一种有前景的技术。

Ma 等[1312]以人类免疫缺陷病毒 p24(HIV - p24)为模板分子,丙烯酰胺(AAM)为功能单体,N,N′ - 亚甲基双丙烯酰胺(MBA)为交联剂,过硫酸铵(APS)为引发剂,在多壁碳纳米管(MWCNT)修饰玻璃碳电极(GCE)表面构建了一种新型分子印迹聚合物(MIP)电化学传感器。它对 HIV - p24 具有特异性的识别作用,其性能优于大多数基于其他方法的 HIV - p24 传感器。同时,该传感器具有良好的选择性、重复性、稳定性,已成功应用于实际血清样品中 HIV - p24 的测定,取得满意的结果。

Uygun 等[1313]将吡咯与毒死蜱(CPF)共同作为模板分子,在铅笔石墨电极上通过电化学聚合法制备了 CPF 分子印迹膜,制得一种可检测有机磷农药 CPF 残留的新型阻抗传感器。在所选条件下,该阻抗传感器的线性范围为 $20 \sim 300 \times 10^{-7} \mu g \cdot L^{-1}$,检出限为 $4.5 \mu g \cdot L^{-1}$,具有一次性、低消耗以及高选择性和高灵敏度等特点。

Toro 等[1314]通过分子建模的方法从甲基丙烯酸(MAA)、2 - 乙烯基吡啶(2 - VP)和丙烯酰胺(AM)中筛选出 2 - VP 作为环嗪酮(HXZ)MIP 的功能单体,将该 MIP 修饰至碳糊电极表面,采用微分脉冲吸附阴极溶出伏安法(DPAdCSV)进行 HXZ 测定,得该传感器的线性范围为 $1.9 \times 10^{-11} \sim 1.1 \times 10^{-10} mol \cdot L^{-1}$,检测限为 $2.6 \times 10^{-12} mol \cdot L^{-1}$。该传感器在存在其他类似化合物的情况下具有选择性,已成功应用于河流水样中 HXZ 的分析。

徐玮等[1315]设计了一种新型分子印迹电化学(MIP - EC)传感器,并用于高选择性和高灵敏地测定 β_2 - 兴奋剂。通过引入单壁碳纳米管(SWCNT)作为传感界面,有效增强了电子传输速率和传感器的灵敏度,分子印迹膜提供特定结合位点用于选择性识别和富集 β_2 - 兴奋剂。以克伦特罗(CLE)为目标分子,采用循环伏安法(CV)研究了其在 SWCNT 修饰电极上的电化学行为,在最佳实验条件下,其线性伏安扫描曲线峰电流值与 CLE 浓度在 $9.9 \times 10^{-8} \sim 3.9 \times 10^{-5} mol \cdot L^{-1}$范围内呈良好的线性关系,检测限($S/N = 3$)为 $3.3 \times 10^{-8} mol \cdot L^{-1}$。该传感器还成功应用于其他 10 种 β_2 - 兴奋剂的高灵敏定量分析检测,具有良好的普适性。该传感器可用于人血清样品中 β_2 - 兴奋剂的加标回收测定,回收率为 95.0% ~101.0%,显示了所构建的 MIP - EC 传感在兴奋剂安全控制中潜在的应用价值。

Udomsap 等[1316]在交联的 MIP 粒子的结合腔内引入氧化还原示踪剂乙烯基二茂铁(VFc)作为电化学传感元件,并将其固定在碳糊电极(CPE)上,从而开发了一种多功能的电化学 MIP(e - MIP)传感受体。通过测量氧化还原示踪信号检测苯并[a]芘(BaP)。乙烯基二茂铁中的两个环戊二烯基环可与 BaP 产生芳族堆积相互作用,从而促进 e - MIP 对 BaP 的识别。在结合实验中,研究了不同体积比例的溶剂(乙腈中的甲苯)以生成各种 MIP(如比例为 30% 的 e - MIP30 颗粒),其中 e - MIP30 对 BaP 的亲和力最高(0.46V),BaP 在 0.08 ~ 3.97μmol · L^{-1}的浓度范围内呈线性,检测限为 0.09μmol · L^{-1}。这种简单地通过测量氧化还原示踪信号测定 BaP 的方法也适用于其他物质。

Dickert 等[1317]利用负载在聚氨酯上的多壁碳纳米管(MWCNT)作为导电填料合成敏感层,然后将该层与 MIP 相结合来设计电导传感器。由于所得聚合物的厚度,这种纳米管 - 聚氨酯复合材料显示出比 TiO_2复合材料更好的导电性。癸酸印迹氨基丙基三乙氧基硅烷(APTES)前体层中含有氨基,能与酸性组分发生相互作用,电导约为 2.7ms。该电导传感器对新鲜油中癸酸检测的浓度范围宽,具有较高的灵敏度。

Soares 等[1318]使用硫脲作为功能单体,将优化的 MIP 受体整合到柔性膜中,以测量环境水样中的可溶性磷酸盐。在磷酸盐存在下,MIP 能够在电导中产生可逆的变化,可以用来定量废水样品中不同浓度的磷酸盐,线性范围为 0.66 ~ 8mg P · L^{-1},检测限为 0.16mg P · L^{-1}。与硝酸盐(62mg · L^{-1})或硫酸盐(96.1mg · L^{-1})等摩尔(1mmol · L^{-1})溶液相比,磷酸盐溶液(31mg P · L^{-1})响应更大。这种含有硫脲基 MIP 受体的膜结合在电导传感器中,有望在环境监测应用中直接定量磷酸盐。

Najafi 等[1319]利用电聚合 MIP 构建了一种新的电容传感器,通过在金电极上电聚合苯酚制备分子印迹膜,用于直接检测人血清中的硫喷妥钠。模板分子用乙醇水溶液从修饰电极表面去除,循环伏安法和电容测量用于表征和评价聚合物膜。该传感器响应的线性范围为 2 ~ 20mmol · L^{-1},检测限为 0.6mmol · L^{-1},通过电容测量。这种新材料具有灵敏度高、无标签、实时监测等独特优点。此外,该传感器制备工艺简单,可应用于其他检测方法。

2)质量式

邓桂茹等[1320]用分子印迹聚合物膜传感器对气味物质进行了选择性识别。将正丁醇(模板分子)、甲基丙烯酸(功能单体)、三甲氧基丙烷三甲基丙烯酸酯(TRIM,交联剂)和偶氮二异丁腈(AIBN,引发剂)在氯仿(致孔剂)中混合,滴涂于 QCM 金电极上,并加盖玻片,于 365nm 紫外线下照射 5h,即得分子印迹聚合物膜 QCM 传感器。对正丙醇、正丁醇、正戊醇、正己醇、乙酸正丁酯、乙酸乙酯、异丙醇和叔丁醇进行了检测,对正丁醇的响应明显高出其他几种物质。正丁醇检测的线性范围为 $0 \sim 13\mu L \cdot L^{-1}$。

Dickert 等[1321]设计了两套 QCM 装置,分别用于液相和气相检测。其中气相检测用一个孔径为 200nm 的 Teflon 半透膜将水蒸气中的痕量有机污染物分离出来。由于气相检测的噪声(约 1Hz)远远小于液相检测噪声(约 10Hz),所以检出限比液相检测低两个数量级,可检测到低于 1ppm 的甲苯。用于检测的分子印迹聚合物用 210μL 二乙烯基苯(DVB)、90μL 苯乙烯、3mg 氮-异丁基腈(Azo-isobutyronitrile,AIBN)和 4.4mg 联苯以及 100μL 印迹模板(苯或甲苯)混合,将溶液溅射到 QCM 上,并在 40℃下的饱合溶剂气氛中聚合一夜,然后用对二甲苯清洗,150℃干燥,除去模板分子和联苯。

研究人员设计了六通道的传感器阵列,对小分子脂肪醇、乙酸乙酯、柠檬油精和水汽进行了检测。这 4 种待测物可以分别表征植物降解的各个阶段。

Liang 等[1322]将 MIP 涂在体声波传感器表面,用于检测人血清和尿中的咖啡因。以咖啡因为模板分子,甲基丙烯酸(MAA)为功能单体,乙烯基乙二醇二异丁烯酸酯(EDMA)为交联剂,制备分子印迹聚合物。对涂膜厚度、pH 值、重现性等进行了研究。该分子印迹聚合物传感器的响应范围为 $5.0 \times 10^{-9} \sim 1.0 \times 10^{-4} mol \cdot L^{-1}$,在 pH 值为 8.0 时,检出限为 $5.0 \times 10^{-9} mol \cdot L^{-1}$,回收率为 96.1% ~ 105.6%。对干扰物质的影响进行了研究,发现只有与咖啡因结构类似的茶碱在浓度大于 $1.0 \times 10^{-5} mol \cdot L^{-1}$时对检测才会有较小的影响。将这种传感器用于实际样品的分析,获得了很好的选择性和灵敏度,仪器简单适用。

Lieberzeit 等[1323]将分子印迹聚合物与 QCM 传感器方法结合起来,检测了二甲苯的不同异构体。将 210μL 二甲基苯(DVB)、90μL 苯乙烯、3mg 氮-异丁基腈(AIBN)、4.4mg 联苯、100μL 模板二甲苯混合,旋涂到 QCM 传感器上,在 40℃下饱和溶剂蒸气中过夜,即可完成聚合,然后用 o-二甲苯洗去联苯,150℃下干燥即可。

研究人员还利用 SAW 技术与分子印迹聚合物相结合,测定了机油的氧化降解过程。将 50μL 四丁醇醚化钛酸酯与 1mL 丁醇混合,加入 10mg 模板羊蜡酸和 10μL 水。在 70℃下预水解 1h,室温放置 3 天,然后加入 6μL 的 $0.1 mol \cdot L^{-1}$ 盐酸和 20μL 水,在 70℃下加热 1h,再在室温下聚合 2 天,就制成了对降解产物敏感的钛酸酯溶胶-凝胶聚合物。将所得溶液直接滴到SAW传感器的敏感区后进行检测。

Murray等[1324]设计了将分子印迹聚合物传感器用于对2,4,6-三硝基甲苯(TNT)、1,3,5-三硝基苯(TNB)等的检测。将0.1%~1%(质量比)的卟啉和等摩尔量的三硝基苯、83%~88%(摩尔百分比)的苯乙烯以及5%~10%(质量比)作为交联剂的二乙烯基苯在一个装有2ml醇的小瓶中混合。用大约1%(质量比)的偶氮异丁基腈(AIBN)作为触发剂,用氮气吹扫,然后封好口,得到的溶液呈紫褐色,当用蓝光激发时呈红色。

单体溶液在60℃下超声降解2~4h,然后油浴加热到60℃过夜,将得到的大块共聚物磨碎,通过加热或者浸泡在醇中除去底物。除去底物后会使发射光谱中710nm的谱带强度减弱,660nm处的卟啉带强度增大。印迹聚合物被涂在光纤传感器和SAW传感器上,对TNB进行了检测,取得了较好的效果。

左言军等[1248,1325]对分子印迹纳米膜的制备及其在检测神经性毒剂沙林中的应用进行了研究。研究人员用电化学聚合法制备了聚邻苯二胺分子印迹聚合物纳米QCM传感器,并用循环伏安法、AFM、XPS进行了系统的结构表征。该传感器对沙林检测的线性范围为0.7~50μL·L^{-1},灵敏度可达1nL·L^{-1},最初响应时间仅为2s。聚合方法为循环伏安法;电解质选用pH值为5.2的HAc-NaAc缓冲溶液(0.2mol·L^{-1});单体浓度为12.5mmol·L^{-1},模板分子浓度为5mmol·L^{-1};模板分子:单体浓度=1:2.5,扫描电位为0~0.8V,扫描次数为20次,膜厚约35nm。

甲基膦酸二甲酯(DMMP)是与毒剂气体甲氟膦酸异丙酯(沙林,GB)的化学结构相似的一种化合物,但毒性小、操作安全,是检测GB的模拟剂。潘勇等[1326]利用分子印迹电聚合成膜方法在声表面波(SAW)双通道延迟线上制备了对DMMP有选择性的分子印迹薄膜(纳米膜),并证实了分子印迹的明显效果。以甲基羟基膦酸异丙酯(沙林酸)为模板分子、邻苯二胺为聚合单体,电化学三电极体系(对电极(Pt电极)、参比电极(饱和Ag,AgCl/KCl电极)、工作电极),0.2mol·L^{-1}HAc-0.2mol·L^{-1}NaAc的缓冲体系(pH=5.2)、循环伏安法为镀膜方法(扫描范围0~0.8V)在SAW延迟线的金膜上制备分子印迹薄膜。电聚合完成后以重蒸水除去模板分子,氮气吹干,即制成SAW-MIP传感器。这种传感器对DMMP检测的线性范围为25~1000mg·m^{-3},检出限为5mg·m^{-3}。

Oguz等[1327]开发了分子印迹QCM和SPR传感器,用于2,4-二氯环氧乙酸(2,4-D)的高灵敏度和选择性检测,使用分子印迹技术合成了非印迹(NIP)和2,4-D印迹(MIP)[乙二醇二甲基丙烯酸酯-N-元丙烯醇-(Ⅰ)-色氨酸甲基酯-p(EGDMA-MATrp)]聚合物纳米膜。采用傅里叶变换红外光谱衰减全反射光谱(FTIR-ATR)、原子力显微镜(AFM)、接触角和椭圆偏振仪等方法对MIP和NIP纳米薄膜进行了表征,发现制备的聚合物表面对于QCM和SPR传感器的敏感识别是非常理想的。传感器的竞争性实验表明,MIP纳米膜比NIP的灵敏度和选择性更强。在0.23~8.0nmol·L^{-1}范围内传感器的响应与2,4-D浓度具有良好的线性关系,QCM的检测限制为20.17ng·L^{-1},SPR传感器的检测限值为24.57ng·L^{-1}。结果表明,QCM和SPR传感器系统均表现出良好的精度和精度,回收率分别为90%~92%和87%~93%,具有响应时间快、可重复使用、选择性和灵敏度高、检测限低等优点。

Kartal等[1328]研究以分子印迹技术为基础的QCM传感器,用于水溶液和人工等离子体中胰岛素的实时检测。基于聚甲基丙烯酸羟乙基-N-甲基丙烯酰-(I)-组氨酸甲酯制备胰岛素印迹石英晶体微天平传感器。采用紫外(UV)聚合法在芯片表面制备了聚甲基丙烯酸羟乙基-N-甲基丙烯酰-1-组氨酸甲酯基薄膜,用于检测低浓度胰岛素。用椭偏仪、接触角、傅里叶变换红外衰减全反射光谱和原子力显微镜对聚合物薄膜进行了表征。采用Langmuir、Freundlich和Langmuir-Freundlich吸附等温线模型。用Langmuir吸附等温线(r^2:0.999)解释分子印迹芯片与胰岛素分子之间的相互作用。采用平衡结合再生法,对胰岛素印迹芯片的重复性进行了4次研究。检测限为0.00158ng·mL^{-1}。结果表明,QCM传感器对胰岛素检测具有较低的检测限、较高的选择性和灵敏度。

Karaseva等[1329]报道了纳米颗粒分子印迹聚合物(NMIP)作为分子识别元件在检测青霉素类药物的压电化学传感器中的应用,通过沉淀聚合法合成了纳米级分子印迹聚合物,并将该聚合物作为用于检测青霉素的压电传感器的识别元件,其测定青霉素G和氨苄青霉素的线性范围分别为0.1~0.5μg·mL^{-1}和0.1~1.0μg·mL^{-1},检测限分别为0.04μg·mL^{-1}和0.09μg·mL^{-1},均低于肉制品中所规定的这类抗生素的最大残留限量,可运用于食品工业生产。

3)光学式

Greene 等[1330]制备了7种分子印迹聚合物,并设计了一个八通道传感器阵列对6种不同的芳香基胺化合物进行分析,其中包括非对映异构体,准确率为94%。用7种芳基胺做模板制备的分子印迹聚合物呈粉状,然后用索氏提取方法除去模板分子和未反应的单体。将含3mmol·L^{-1}的6种待测物的乙腈溶液与恒重的聚合物混合,在258nm处测其吸光率,通过检测每一种聚合物平衡前后溶液吸光率的比率$(A_0-A_i)/A_i$作为响应信号。每一种待测物都用八通道传感器阵列单独检测5次。将所得的数据用多元统计分析方法处理,利用线性判别(LDA)方法将数据组转换成两维图进行识别,准确率为94%。

Jonathan 等[1331]及 Jenkins 等[1276]研究了分子印迹聚合物传感器对化学战剂梭曼的检测。这种聚合物可以用于波导传感器检测。这一检测是针对梭曼的水解产物片呐基甲基膦酸酯(PMP)进行的。

带有乙烯基的二酮类物质能够提供一定特性的键合点,并有所需要的光谱特性。研究人员用所需的酮浓缩溴取代芳香化合物制备了乙烯基取代的联苯甲酰甲烷,如图6.5所示。最后,形成了溴取代β-二酮,并通过"Heck 耦合"方法将其转化为乙烯基取代β-二酮。这种"Heck 耦合"是从烯烃化合物和卤代芳香化合物制备碳-碳键化合物的方法。

将三等分β-二酮溶于丙酮中,加稍微过量的碱生成β-二酮阴离子,加入三氯化铕。纯化生成的三(β-二酮)铕溶于丙酮中,向溶液中加入模板分子PMP的碱液。三(β-二酮)铕 PMP 钠(印迹络合物)就会通过沉淀从溶液中分离出来(反应如图6.5所示)。

图6.6是用乙烯基安息香酸盐做配体的印迹络合物和用乙烯基联苯甲酰甲烷做配体的印迹络合物的光谱比较。用乙烯基联苯甲酰甲烷作配体的印迹络合物不仅所需能量小,而且发光强度高。

将0.1%~2%的印迹络合物、2%的交联剂二乙烯基苯、1%触发剂2,2′-偶二异丁基腈和模板单体(均为摩尔比)加在一起,得到的溶液放在玻璃瓶中,氮气吹扫,用螺旋瓶帽密封。在60℃下超声降解1~2h,再用紫外照射,就可以完成聚合过程。生成的聚合物覆盖的基质在适当的溶剂中膨胀,可以除去印迹分子。

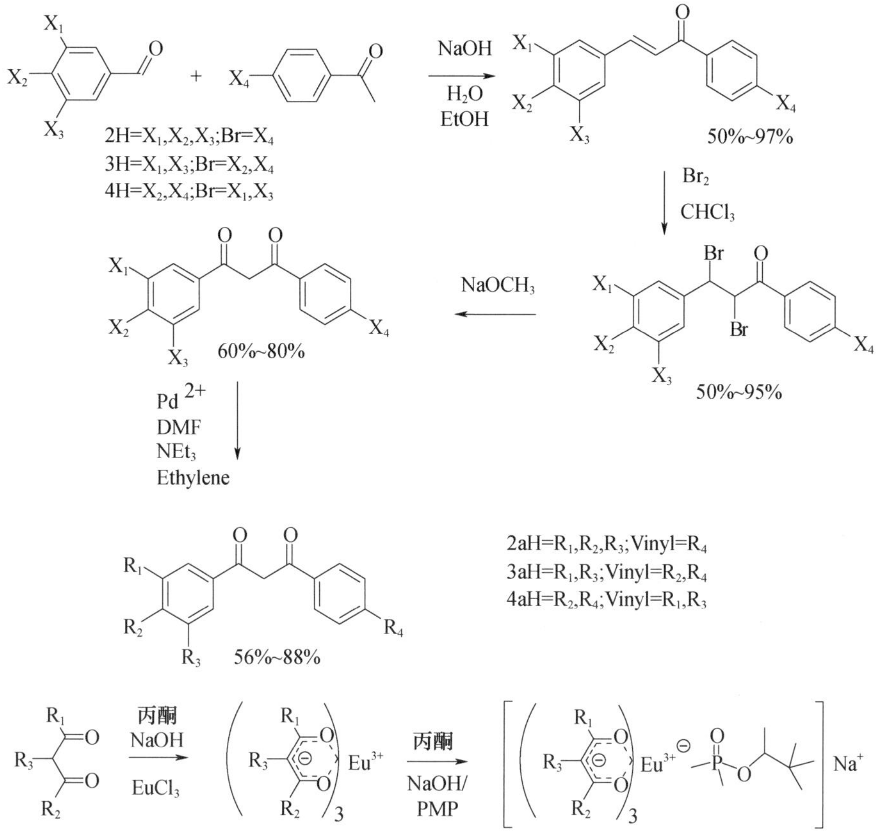

图 6.5 分子印迹聚合物的合成(R_1 -4 - 乙烯苯基或 3,5 - 二乙烯苯基,

R_2 - 甲基或苯基,R_3 - H,烯丙基或 4 - 乙烯基苯甲基)[1331]

使用带有一个长通道检测池充满液体的光波导实现吸收和发光检测,是近期分光光度技术的一项新突破。池子是用一种折光率比水还低的氟聚合物材料制成,在波长 200 ~ 2000nm 范围内透明,对气体和蒸汽的渗透率比聚四氟乙烯材料要高 3 个数量级。

波导包括一个充满稀释碱液的氟聚合物管。梭曼在碱性条件下水解,并在波导内与分子印迹聚合物选择性地键合(这种键合是可逆的)。形成的键合络合物被光源激发后在 610nm 区发出窄带光。氟聚合物波导将激发光传递到光电倍增管进行检测。这种方法可以在数秒内检测到 ppt 级的 PMP。

对于通过测定产生的荧光来对待测物进行测定的分子印迹方法,分子印迹聚

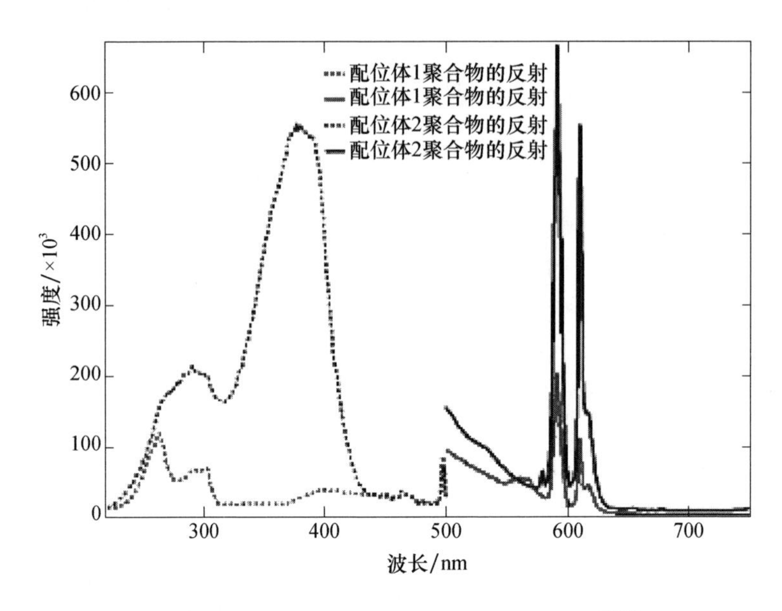

图 6.6 不同配位体印迹聚合物的光谱对比图[1331]

合物本身常常会因具有荧光生色团而干扰测定。Chen 等[1332]通过蒽印迹聚合物研究了分子印迹聚合物键合待测物前后的荧光各向异性。将蒽、1.25mol·L^{-1}单体溶液(0.375mmol 联苯 A 和 0.455mmol p,p′-二异氰酸酯基二苯基甲烷)和交联剂(0.250mmol 三羟基苯和 0.195mmol p,o,p′-三异氰酸酯基二苯基甲烷)在二甲基甲酰胺中混合制备蒽印迹聚合物,非印迹聚合物的制备同上,但不添加蒽。用旋涂法将两种溶液分别涂在传感器表面,用荧光计对聚合物进行测定。在 380~450nm 范围扫描垂直(I_V)和水平(I_H)偏振态电子发射。样品的各向异性 r 可以表示为

$$r=\frac{I_V-I_H}{I_V+2I_H} \tag{6.5}$$

研究发现,尽管很难从印迹的荧光分子中将非印迹聚合物的荧光区分出来,但是印迹待测物的荧光各向异性比非印迹聚合物的要高。这表明,利用荧光各向异性的差别有可能将印迹分子与非印迹聚合物区分开来。

Jenkins 等[1333]用分子印迹聚合物发光传感器方法对多种毒剂进行了检测。所有的聚合物都是使用乙烯基苯甲酸酯作基质单体,联乙烯基苯(DVB)为交联剂,AIBN 为触发剂。用氩离子激光器发出的 465.8nm 的 1mW 单线光作为激发

光源，在光纤上涂 200μm 厚的聚合物膜制成光纤传感器。研究人员利用这种传感器对自来水、去离子水和含残余氯的反渗透性水中的 EA2192（VX 的水解产物）、VX、GB 和 GD 等毒剂进行了检测。这种传感器对毒剂的检出限大约为 50ppt，线性动态范围在 ppt ~ ppm，响应时间大约为 15min。

Liu 等[1334]以高效氯氟氰菊酯为模板分子，甲基丙烯酸为功能单体，二甲基丙烯酸乙二醇酯为交联剂，通过沉淀聚合的方式使模板分子在钒酸钇（YVO4）- Eu^{3+} 纳米粒子表面聚合，制得一种可以特异性检测高效氯氟氰菊酯的新型传感器。其中的镧系元素铕（Eu）是一种发光元素，Eu^{3+} 与待测物结合后其荧光光谱会发生改变，从而使得纳米粒子表面的 MIP 可以特异性识别模板分子。该荧光传感器的线性范围为 2.0 ~ 10.0μmol · L^{-1} 和 10.0 ~ 90.0μmol · L^{-1}，检测限为 1.76μmol · L^{-1}。

Xie 等[1335]以甲基噻吩磺隆（TFM）为模板，丙烯酰胺为功能单体，乙二醇二甲基丙烯酸酯为交联剂，采用沉淀聚合法制备了均匀的 MIP 微球。该 MIP 可以特异性吸附 TFM，而被吸附的 TFM 可显著提高发光氨和过氧化氢之间的化学发光作用。基于此原理，设计了一种新型 MIP 光化学传感器，可用于检测 TFM 残留。当 TFM 浓度在 1.0×10^{-9} ~ 5.0×10^{-5}mol · L^{-1} 范围内时，TFM 浓度对数与化学发光强度的对数呈正比例关系，检出限为 8.3×10^{-10}mol · L^{-1}。实验证明，该传感器可逆且可重复利用，并提高了化学发光分析的选择性和灵敏度。

Liu 等[1336]研制了一种用于检测神经毒剂降解产物的无标记分子印迹光子晶体（MIPC）。使用直径为 280nm 的单分散聚甲基丙烯酸甲酯胶体颗粒制备紧密堆积的胶体晶体阵列（CCA），并以甲基膦酸（MPA）为模板分子，甲基丙烯酸 2 - 羟乙基酯和 N - 异丙基丙烯酰胺为单体，乙二醇二甲基丙烯酸酯和 N,N′ - 亚甲基双丙烯酰胺为交联剂，正辛醇和乙腈的混合物为成孔剂，制备 MPA 印迹水凝胶。经 MPA 吸附后，MIPC 的衍射强度显著降低，检测限为 10^{-6}mol · L^{-1}。此外，随着温度的升高，衍射强度降低，蓝移；随着离子强度的增加，衍射强度降低，红移。在较高的 pH 值下，衍射强度增大，衍射位移不明显。MIPC 通过监测神经毒剂水解释放的 MPA，提供了一种间接检测神经毒剂（沙林、梭曼、VX 和 R - VX）的途径，沙林、梭曼、VX 和 R - V 的检测限分别为 3.5×10^{-6}mol · L^{-1}、2.5×10^{-5}mol · L^{-1}、

$7.5\times10^{-5}mol\cdot L^{-1}$和$7.5\times10^{-5}mol\cdot L^{-1}$。

张鑫等[1337]构建了基于反蛋白石结构分子印迹光子晶体聚合物(MIPP)的阵列传感器,用于微量双酚A(BPA)和双氰胺(DCD)的特异识别检测。采用垂直沉降的胶体自组装法制备光子晶体模板。选用BPA与DCD为模板分子,致孔剂为乙醇-水,功能单体为甲基丙烯酸(MAA),交联剂为乙二醇二甲基丙烯酸酯(EGDMA),引发剂为偶氮二异丁氰(AIBN),制备的预聚合溶液,采用后填充技术构建MIPP。构建的MIPP传感器对BPA和DCD的响应时间分别为2.5min和4.0min,在BPA和DCD的浓度分别为$0.1\sim5.0\mu g\cdot L^{-1}$和$0.1\sim10.0\mu g\cdot L^{-1}$范围内,衍射峰位移量与浓度具有良好的线性关系,最大衍射峰位移量分别为39nm和31nm,检出限分别为$0.051\mu g\cdot L^{-1}$和$0.038\mu g\cdot L^{-1}$;非印迹光子晶体膜的衍射峰位移不明显,表明制备的MIPP阵列具有选择特异性。另外,此MIPP阵列传感器对实际样品中的目标物有明显的光学信号响应,可以快速、灵敏、选择性地检测环境水样中的目标分析物。

Saylan等[1338]分别以氰嗪、西马嗪、莠去津为模板分子制得可重复使用的分子印迹SPR传感器。通过紫外聚合反应制备了分子印迹纳米薄膜,N-甲基丙烯酰基-1-苯丙氨酸甲酯(MAPA)为功能单体,1-乙烯基咪唑(VIM)为共单体,乙二醇二甲基丙烯酸酯(EGDMA)为交联剂。线性范围为$0.1\sim6.64nmol\cdot L^{-1}$,检出限分别为$0.095nmol\cdot L^{-1}$、$0.031nmol\cdot L^{-1}$和$0.091nmol\cdot L^{-1}$,该传感器响应时间为15min;以平衡-吸附-解吸-再生作为一个周期,重复4次该周期,折射率的变化值都相等,有效实现了对酸橙中的氰嗪、西马嗪和莠去津的快速可视化检测。

Chantada[1339]制备了一种以可卡因(COC)为模板的分子印迹聚合物荧光受体MIP传感器,利用荧光可快速检测COC的存在。将二乙烯基苯功能单体与EGDMA混合合成的MIP与PEG包覆、Mn掺杂的ZnS量子点(QD)相结合,具有MIP的高选择性和Mn掺杂ZnSQD的灵敏荧光性能。报道的PEG包覆ZnS点的毒性明显低于常用的量子点。当可卡因或其代谢物存在时,这些点的荧光会被猝灭,但在其他滥用药物如四氢大麻酚(THC)、可待因或吗啡的存在下则不会猝灭。直接使用1:20比例的稀释尿液,无须任何检查和标准添加方法,可快速测量药物的存在,检测限为$250nmol\cdot L^{-1}$,低于确认可卡因滥用的可接受值。分析时间为15min,印迹因子为23。通过与HPLC/MS/MS测定结果的比较,证实了实验的准确性。作者推测,经过进一步的发展,该方法可以取代目前使用的放射免疫分析方法。

Wang等[1340]开发了一种复合化学发光((CL))传感器,用于在纸张基底上对农药2,4－D进行化学发光检测,基于游离的2,4－D和烟草过氧化物酶(TOP)标记的2,4－D和酶催化的Luminol－TOP－H_2O_2CL系统的CL发射之间的竞争。游离的2,4－D取代了标记物质,释放了酶,使化学发光强度降低。发射强度的减少与溶液中2,4－D浓度成正比。传感器的灵敏度为fmol级。

Zor等[1341]制备了一种新型多功能复合材料－磁性硅珠/石墨烯量子点/分子印迹聚吡咯(MSGP),在与硅珠和石墨烯量子点的复合材料中使用聚吡咯印迹MIP,通过重新结合靶标后,光致发光猝灭来检测海水中的三丁基锡。提出了通用技术作为检测小分子的平台,并且对密切相关的单丁基锡和二丁基锡竞争具有选择性,检测限为0.45nmol·L^{-1}。

Yao等[1342]采用表面等离子体共振(SPR)作为表面印迹传感器检测有机磷农药毒死蜱的方法。将多巴胺聚合到Fe_3O_4磁性纳米颗粒上制备化学传感元件,然后将纳米颗粒与自组装在金表面的烷基硫醇结合以进行传感。该传感器与毒死蜱浓度呈良好的线性关系,在0.001～10μmol·L^{-1}的范围内,检出限为0.76nmol·L^{-1}。

6.1.4 展望

在未来一段时间分子印迹技术的研究有可能主要集中在如下几个方面。

(1)印迹和识别机理的研究更加透彻。目前,在小分子领域已部分实现痕量测定,但在大分子领域多是定性和半定量描述,未来将往定量研究发展,并实现将分子模拟软件运用于分子印迹聚合物的设计,可提前计算分析出聚合物“空穴”的形状、大小等数据。

(2)开发新型的功能单体、交联剂等。目前,功能单体、交联剂的种类单一且选择时往往依赖于现有文献和经验,没有明确的理论依据和切实可靠系统匹配方法。未来开发更多种类的新型功能单体,可进一步拓宽其应用范围。

(3)实现在水相/气相中进行识别。多数分子聚合物都在有机相中进行聚合反应,在水相和气相中吸附率很低,进行聚合和识别仍然较困难,实现和天然分子识别系统一样在水/气相中检测是未来研究发展的方向。

(4)分子印迹聚合物和识别元件进行有机结合。新的无机材料、刺激响应性水凝胶材料、直接电聚合薄膜基质和纳米材料用来合成分子印迹聚合物粒子或薄膜。如采用具有导电性能的高分子材料制备分子印迹聚合物,整合识别元件和转换器,使得传感器的制备更加简便快捷,并且更加智能化、便携化。

(5)小型化和多传感器阵列是传感器发展的一个显著趋势。一些基于转换器的检测,如电化学、电容、光检测等,都将使用含有几个不同特异性的 MIP 的传感器阵列。利用微处理器控制的可同时检测多种待测物的多传感装置及其与模式识别的联合将迅速发展起来。

(6)文中提到的大多数转换器类型所产生的信号都是二维的,只能提供有限的关于样品成分的信息。尽管通常可以利用 MIP 的高选择性对此进行弥补,但是可以用智能转换器产生的信号来给出更多的信息。

(7)研究方向转向大分子领域。目前的研究都集中在氨基酸、药物等小分子化合物上,以后研究方向将逐渐过渡到生物大分子化合物上,如蛋白质、核苷酸、微生物等。

6.2 微纳传感器

纳米材料凭借着比表面积大、反应活性强、灵敏度高等独特优势,在传感领域的应用一直备受关注。特别是近十年,随着微加工技术和微电子技术的不断提高,各种新颖的一维、二维纳米材料被广泛地应用于传感技术,关于微纳化学传感器的研究井喷式涌现。本节主要介绍几种常见的微纳化学传感器。

6.2.1 微纳传感器的原理

微纳传感器技术,是以新型纳米材料(如硅纳米线、石墨烯、碳纳米管、微悬臂梁等)为基础,采用微米级乃至纳米级的微纳加工技术和大规模集成电路工艺来实现各种传统大型传感器以及检测仪表系统的微米、纳米级尺寸缩小化的技术[1343]。

纳米材料是至少存在一个维度的尺寸在纳米量级的材料。该维度上的特征尺度会直接决定材料结构上的特殊性,更会影响到材料的电学、力学、热学、光学等特性。纳米材料与宏观材料相比,可使更多比例的原子直接暴露在环境中,因此具有极高的比表面积和反应活性,即纳米材料对环境的变化会极其敏感。

目前,微纳电化学传感器常见的工作机制有两类,包括微纳电阻传感器和微纳场效应晶体管传感器[1344-1345]。微纳电阻传感器是通过目标物与纳米材料表面的敏感端基的相互作用来改变微纳材料表面的局部电子浓度,从而影响载电子(或空穴)的浓度,最终表现为微纳传感器的电阻的变化。虽然微纳电阻传感器原理与半导体金属氧化物传感器非常相似,但得益于微纳材料比表面积大与活性位点多等优势,实现了基于微纳材料的电阻传感器的灵敏度的提升。

另一种常见的微纳电化学传感器是由纳米材料组成的场效应晶体管(Field Effect Transistor,FET),一般由半导体沟道(即硅纳米线、碳纳米管、石墨烯等为微纳材料)和源电极、漏电极和栅电极三电极体系构成[1346-1347]。通常将外部电压施加到源漏极间的半导体沟道,源漏两极间半导体沟道中载流子的变化可由栅极调控,产生的电流信号可即为所得的电信号。因为半导体纳米器件对栅极电压非常敏感,特别是在亚阈值区,栅压对沟道中载流子的调控能力极强。当微纳传感器表面修饰了敏感材料后,可将溶液(或气相)中的目标物分子特异性捕获,通过化学栅控效应改变沟道的电流(或电导),即化学栅控效应。以 n 型微纳材料构成的场效应晶体管传感器为例,带负电荷的目标物分子结合到微纳材料表面后,费密能级偏离价带,导致沟道中的电荷积累,从而使得电流信号增大;带正电荷的目标物分子结合到微纳材料表面后,费密能级向价带靠近,导致沟道中的电荷耗尽,从而使得电流降低。

6.2.2 微纳化学传感器的应用

当材料的尺度缩小到纳米尺度时,低维材料特有的优异的光学和物理特性,为实现高灵敏、超快速的化学传感器提供了可能[1348]。本节将简要介绍硅纳米线、石墨烯、碳纳米管等几种微纳材料在化学传感器上的应用。

1. 硅纳米线传感器

近二十年,基于硅纳米线材料制成的化学传感器已受到国内外学者的重视。虽然硅纳米线有灵敏度高、反应活性强、响应快速、电学光学性能优异等优势,但其应用却一直受到制备方法复杂、制备工艺成本高等因素的制约。现有的制备硅纳米线方法基本可硅纳为“自下而上”和“自上而下”这两类。

一类制备方法为“自下而上”[1349-1350],即基于自组装反应在衬底材料上从原子出发通过物理或化学方法得到硅纳米线。虽然这类方法所需仪器便宜,制作成本很低,产率也较高,但因常常使用到金属催化剂,所以容易对硅纳米线造成污染,并且难于操作和定位,转移和定位难度较大,大规模集成困难,限制了其批量制造与应用。

另一类制作方法为“自上而下”[1351-1354],即基于微电子加工工艺,在硅圆片等衬底材料上利用光刻技术直接或间接地转移图形制备出硅纳米线。相比于第一类“自下而上”法,这种制备方式因为采用了光刻、刻蚀、沉积等微电子加工工艺,能实现硅纳米线位置的精确控制,从而可以提高硅纳米线器件制备的稳定性和重复性。虽然制备成本更高,但这类方法可以与 CMOS 工艺集成,重复性和可靠性更好。

新制备的硅纳米线露在大气环境中后,自发氧化并在硅纳米线表面形成氧化层[1355-1356]。当硅纳米线的特征尺度大于 10nm 时,硅纳米线表面的自然氧化层厚度约为 1.5 ~ 10nm。硅纳米线的功能化正是基于在表面氧化层上的硅烷化反应。近十年来,实现硅纳米线表面功能化最常见的途径是基于硅烷化试剂在硅纳米线表面进行自组装反应[1357-1358]。目前,硅纳米线表面上自组装硅烷化的方法大多是先通过等离子体轰击的方法,清洁硅纳米线表面并使其富羟基化;接着将硅纳米线浸泡到含硅烷化试剂的无水乙醇(或丙酮)中一定时间后,再用相应溶剂清洗去除硅纳米线表面过量的硅烷化试剂,并在烘箱中进一步固化硅纳米表面的自组装分子层[1359]。

Lieber 课题组[1360]最先意识到硅纳米线在化学传感器上的潜在使用价值,并证实了该器件对于硅纳米线表面上电荷量的变化有极其灵敏的响应。该硅纳米线化学传感器可检测的 pH 值范围为 2 ~ 9,该范围内电导率基本与 pH 值呈线性相关。作者认为，硅纳米线表面的氨基会在酸性环境下被质子化，降低p型硅纳米线中的空穴载流子，从而引起电导率的降低；当pH值增大时，硅纳米线表面又会被去质子化，从而使电导率增加。

Patolsky课题组[1361]制备了基于硅纳线阵列的场效应晶体管传感器，并在表面修饰3-氨基丙基三乙氧基硅烷（APTES），通过电流的变化来检测三硝基甲苯（TNT）。该传感器对溶液中TNT的检测限可低至0.5fmol·L^{-1}，气态中的检测限可低至10^{-2}ppt。作者认为，该传感器的检测基理为TNT中的硝基具有比较强的吸电子能力，可与硅纳米表面的氨基间存在着较强的供体-受体相互作用。这也说明了硅纳米传感器不仅对电荷的变化敏感，对电子云密度的变化也很敏感。为了提高传感器的选择性，作者[1362]又进一步将8种不同受体组装在单独的纳米传感器子阵列点上，构成场效应晶体管阵列。通过收集化学修饰的纳米传感器阵列与TNT分子之间相互作用的动力学和热力学数据，建立了对一系列爆炸物的指纹检测与识别平台，实现了对TNT等一系列爆炸物低至ppb级的指纹识别。相比于依靠单一敏感材料识别TNT，这种使用多种敏感材料进行指纹识别的策略，可以显著提高传感器的选择性。

Smet等[1363]合成了一种金属有机多面体，并将其修饰到硅纳米线上，制成Cu-MOP-SiNW场效应晶体管。铜离子和氨基的组合赋予了该识别载体有效的弱相互作用，使分子笼可以通过电子效应和空间效应两个方面实现对几种类似物的较好的区分。当TNT分子与硅纳米线表面的金属有机多面体结合时，会引起载流子密度的改变，通过检测电流的变化，实现了对溶液中TNT的高灵敏度和高选择性检测，检测限为1nmol·L^{-1}。

高安然等[1364]在硅纳米线表面自组装形成氨基分子层后，通过戊二醛进一步连接人体嗅觉蛋白，实现了对挥发性有机物（VOC）的高灵敏响应。目前，硅纳米线在生化传感器领域应用广泛，其功能化的路线基本是：在硅纳米线表面自组装形成氨基分子层后，再用戊二醛进一步连接核酸、抗体等生化敏感材料[1365]。

硅纳米线结构有着灵敏度高、反应活性强、响应快速等优点，但当前对于硅纳米线化学传感器方面的应用仍处于起步阶段。一方面，需要进一步优化硅纳米线材料的制备方法；另一方面，也需要把灵敏、高效的敏感材料与硅纳米线更好地结合起来。目前,金属有机多面体[1366-1367]、聚合物[1368-1369]、多肽[1370-1371]、核酸适配体[1372-1373]等新的生化分子识别材料发展迅速,也给硅纳米线化学传感器的进一步发展提供新的可能。

2. 石墨烯传感器

石墨烯(graphene)是一种由碳原子以 sp^2 杂化轨道的方式紧密排列构成的二维微纳材料[1374],包括寡层石墨烯、氧化石墨烯、还原氧化石墨烯、石墨烯纳米片等类型。对于单层石墨烯来说,碳原子的离域大 π 键赋予了石墨烯极高的载流子迁移率,约为 $2.0\times10^5cm^2\cdot V^{-1}\cdot s$,比表面积也较大,约为 $2630m^2\cdot g^{-1}$。

石墨烯在表面和边缘位置有大量羟基、羧基等活性基团,可以和一些分子发生化学反应或吸附,通过功能化修饰或掺杂可将石墨烯进一步功能化,从而提高和改善传感器的灵敏度和选择性。因此,石墨烯凭借着比表面积大、高本征迁移率和易于被化学修饰功能化等优点,在气体传感器领域有着独特的优势[1375]。

当气体分子吸附于石墨烯表面时,气体分子的电子会与石墨烯表面的电子形成杂化轨道,导致表面能带变形,引起电荷转移,从而使石墨烯的电荷分布发生改变,这种改变在宏观上表现为电阻及电容的参数变化。通过检测气体传感器电学参数的变化即可检测出被测气体甚至其浓度,因此石墨烯可作为高灵敏度气体传感器。Taher 等[1376]用水合肼、抗坏血酸和硼氢化钠 3 种还原剂对合成的氧化石墨烯进行功能化,制备成石墨烯传感阵列。研究发现,用于还原氧化石墨烯(GO)的还原剂种类对甲基磷酸二甲酯(DMMP)敏感性有很大影响,硼氢化钠和抗坏血酸形成的 RGO 对 DMMP 的反应比水合肼对 RGO 的反应敏感。作者测试了 3 种 RGO 暴露在不同蒸气中的电阻变化,并对所得数据进行主成分分析。结果表明,由水合肼和硼氢化钠制备的 RGO 是有效区分 DMMP 与其他蒸气的最佳 RGO 组合。

Kim 等[1377]用三亚苯对石墨烯进行非共价功能化,并作为电阻传感器用于检测神经性毒剂模拟剂 DMMP。该传感器可检测出蒸气浓度低至 1.3ppm 的 DMMP,并且选择性良好,对目标检测物 DMMP 的响应比其他类似物高出两个数量级。作者认为,该传感器的高灵敏度和选择性来源于供电子的 DMMP 与芳香敏感材料之间的强氢键作用。

Jiří 等[1378]采用两种水基方法制备了氧化钛/氧化石墨烯(GO)纳米复合材料。作者发现,氧化石墨烯薄片在负载 TiO_2 纳米粒子后,对 DMMP 的吸附和反应活性有显著提升。该方法无须高温高压条件和有机金属前体,有利于石墨烯的高纯度大规模合成,并且氧化钛/氧化石墨烯(GO)的纳米复合结构可提高传感器的灵敏度。

Hee 等[1379]合成了一种基于 NSrGO - HFHPB 纳米片复合结构的气体传感器,可用于检测 DMMP。作者通过重氮化反应将 HFHPB 基团接枝到 NSrGO 上,合成的 NSrGO - HFHPB 三维薄膜具有高表面积($507.5m^2 \cdot g^{-1}$)、高孔径(40.37nm)和高孔容($5.1219cm^3 \cdot g^{-1}$)。中孔 NSrGO - HFHPB 可以高灵敏、选择性地检测 DMMP,并且检测信号远高于普通 rGO - HFHPB(20.14Hz)结构的数十倍。在疏水 HFHPB 受体的影响下,NSrGO - HFHPB 疏水传感器即使在70%湿度的环境下也能保持70%的响应。

Weiwei Li 等[1380]报道了一种基于中空 SnO_2 纳米纤维功能化还原氧化石墨烯(rGO)的紫外(UV)光激活气体传感器。作者通过电纺丝和热处理合成多孔空心氧化锡,将不同含量的氧化锡引入还原氧化石墨烯中,通过简单的磁搅拌和超声波处理制备还原氧化锡/氧化锡纳米复合材料。该传感器在 ppm 水平下对 NO_2 具有明显的感应响应,解吸附性能强,并且不受温度干扰。作者还研究了该传感器在不同强度紫外光照射下对气体传感特性。在紫外光照射下,对 NO_2(102%)和 SO_2(11%)的选择性检测得到了极大的增强,响应比为9.3。该结果表明,说明紫外光对气体检测有显著的调制作用,可提高传感器的响应和选择性。

清华大学任天令课题组[1381]制备的石墨烯/介孔 ZnO 组合结构导电纤维传感器(图6.7)对 NO_2 响应灵敏,检测极限低至43.5ppb,并且该气体传感器具有较大的机械变形容限(3000次弯曲、1000次扭转和65%应变强度)。这类石墨烯可穿戴传感器凭借着良好的传感性能与贴合性、舒适性,为广泛监测个人移动电子设备和人机交互中的许多人类活动提供了新的方向[1382-1383]。

近十年来,对其石墨烯传感性能的研究一直是微纳传感器的热点之一,然而,要实现高效、稳定的功能化石墨烯仍然是一个挑战。因此,选用适当的材料及掺杂方式[1384],将石墨烯与有机高分子聚合物[1385]、无机半导体或其他材料结

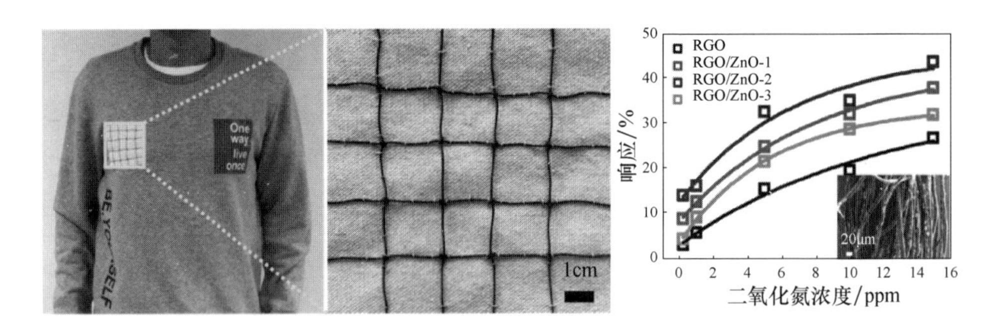

图 6.7　石墨烯/介孔 ZnO 组合结构导电纤维传感器示意图及对 NO_2 气体的响应

合起来[1386]，对石墨烯进行改性，具有十分重要的理论和现实意义。

3. 碳纳米管传感器

碳纳米管（Carbon Nanotubes，CNT）是一种同轴管状结构的碳原子簇（类似于树木年轮环），其管径与管之间相互交错的缝隙都属于纳米数量级，根据管壁的层数可以将 CNT 分为单壁碳纳米管（SWCNT）和多壁碳纳米管（MWCNT）。

基于碳纳米管的化学传感器是一类新兴的传感器。从理论上来说，几乎碳纳米管上所有的原子都直接暴露在环境中，因此具有极高的比表面积和反应活性，即碳纳米管传感器对环境的变化会极其敏感。微量掺杂与合适的表面功能化往往会较明显地提高碳纳米管的灵敏度和选择性，因此，可以通过聚合物、金属或者其他敏感材料对碳纳米管进行有效的功能化，引入高活性官能团，从而进一步拓展其应用领域[1387]。

Simonato 等[1388]将 SWCNT 与 NMP（n – 甲基吡咯烷酮）结合起来，构成了检测 DPCP 的碳纳米管电阻传感器。该器件直接暴露在浓度为 600 ~ 800ppb 的 DPCP 蒸气压力下时，在 10min 内电阻率增加了约 50%。为了提高对 OP 的选择性，作者借鉴了 Rebek 等[46]开发的新型敏感材料，进一步功能化碳纳米管表面，在相同的环境和测试方法下，传感器信号的强度增加了 800%，优化效果显著。

Shasha Li 等[1389]通过 H_2O_2 氧化反应和硅烷试剂自组装反应，获得了羟基功能化多壁碳纳米管（MWCNT – OH）和胺基功能化多壁碳纳米管（MWCNT – APTES）。用 SEM、XPS、FT – IR、TGA 等方法表征了碳纳米管表面形貌和结构的变化过程，通过对比发现，其功能化显著地改善了多壁碳纳米管的润湿性、抗拉强度、硬度、存储模量、玻璃过渡温度、热稳定性和电导率。

Changsik Song 等[1390]利用交流双向电泳技术制备了单壁碳纳米管,并用TU1、PDMS－TU、PEI－PEO、PEO 和 Triton X－100 5 种聚合物材料共价官能化或非共价涂覆在 SWCNT 表面。通过测试传感器阵列对神经性毒剂(G 类和 V类)、窒息性毒剂、糜烂性毒剂以及杀虫剂的选择性反应,并将每个传感器的电容变化信号采集到数据库中,基于主成分分析实现了对化学战剂的选择性检测。传感器实现了对多种化学战剂低至200ppb 的可重复性检测。该传感器成本低、功耗低、体积小,具有多种 CWA 检测能力,日后有望作为智能传感器应用于士兵个体的制服中(图 6.8)。

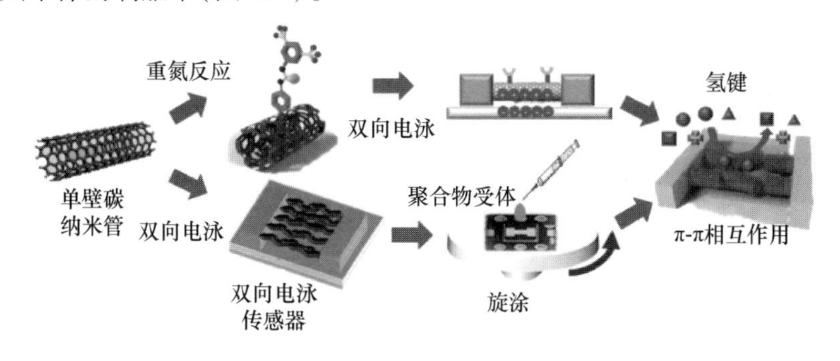

图 6.8　检测 CWA 的化学电容传感器示意图

Michael 等[1391]用 12 个聚合物－石墨烯(GNP)复合涂层电极组合成交叉反应阵列,制备出了用于指纹检测和鉴别化学战剂(CWA)的半选择性化学电阻传感器阵列。该传感器阵列可以在 5 个 CWA 模拟剂和 8 个常见背景干扰物组成的蒸气环境循环工作 100 次,并在连续 5 天暴露于多种分析物的复杂环境后,信号强度依然可以基本保持一致。通过将收集的数据进行向量归一化以降低浓度依赖性,利用主成分分析对处理后的数据进行降维处理,并用 4 种不同的机器学习算法对数据进行分析,以评估其识别能力。测试的分析物分类精度达到99%,证明了该系统对 CWA 的识别能力较强,这类新型的传感器制作方法和数据处理与识别技术日后可能会得到更多得重视。

6.2.3　展望

近十几年来,随着纳米材料制备和微纳加工水平的不断提高,各种基于新颖的一维、二维纳米材料的化学传感器研究井喷式出现。虽然目前将纳米材料用于化学传感技术还基本处于实验研究阶段,但纳米材料表现出的高灵敏度已引起人们极大的关注。随着微纳材料制备技术、材料表面功能化方法及敏感材料的层出不穷,微纳化学传感器将在未来突破传统传感器的瓶颈,取得不可估量的进步,今后可能会受到重点关注的几个研究方向如下。

(1)优化微纳材料制备技术。微纳材料的高质量、高重复性的制备技术一直是制约微纳传感器应用的重要因素之一。正是因为受限于制备方法复杂、制备工艺成本高等因素,微纳化学传感技术至今尚未得到真正广泛的应用。近年来,快速发展的微加工技术和微电子技术有可能会极大地提高微纳材料的制备水平。

(2)微纳材料的功能化修饰。微纳材料制造成本较高、尺寸极小,这就对表面功能化提出了较高的要求。如何高效、准确地将硅纳米表面功能化,还需要人们进一步探索。

(3)新型生化识别材料的发展。金属有机多面体、聚合物、多肽、核酸适配体等新的生化分子识别材料发展迅速,这些敏感材料的出现会为微纳化学传感器的发展提供新的方向。

6.3 模式识别技术在化学传感器中的应用

模式识别是对感知信号进行分析,对其中的物体对象或行为进行判别和解释的过程[1392],是对信息进行分类、辨别的主要方法之一[1393-1394]。在化学检测领域,每种传感器都有其各自的特点,往往只能在某一范围内从某一方面描述被测对象,没有哪种传感器能在任何情况下提供全面且完全准确的信息,单个传感器只能提供部分、不精确的信息。因此,通过多传感器阵列以获得更多、更全面的信息就成为目前化学检测的常用手段。多传感器阵列的响应信号通常包含有大量信息的数据集,这为物质的性质、结构判断提供了大量依据;但同时也对数据的分析和处理造成了困难,甚至还会误导辨别结果。作为利用化学传感器阵列进行准确可靠的定性和定量分析所不可或缺的条件,合适的模式识别和多元校正等数据处理方法已经成为阵列式化学传感器的有机组成部分[1395-1396]。

传感器阵列的数据处理过程一般分为信号获取、数据预处理、特征提取和分类决策 4 个步骤[1397]，信号获取就是通过测量或采集从传感器获取信息；数据预处理是在模式识别之前通过数学变换或计算对所选取特征空间的结构进行优化和调整，目的是去除噪声，增强特征信息，同时对输入测量仪器或其他因素造成的退化现象进行复原；特征提取是对原始数据进行变换，得到最能反映分类本质的特征，这是模式识别成败的关键；分类决策是指在特征空间中借助适当的数学工具对样本进行分类。这一过程如图 6.9 所示。

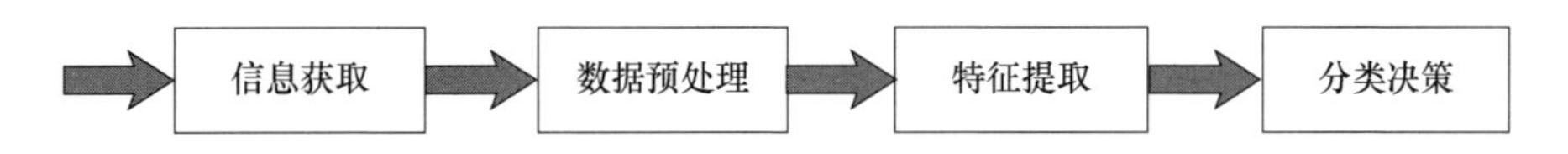

图 6.9 化学传感器模式识别的一般过程

6.3.1 应用范围

模式识别技术在化学传感器，尤其是阵列式化学传感器的研究和应用中起着不可或缺的重要作用。其主要作用是依照所采集的信号对样本进行定性或定量分析。阵列式化学传感器俗称电子鼻[1398]，在复杂混合物的特异性识别与鉴定领域内具有独特的优势[1399]，因此，得到了广泛的关注与飞速的发展。目前，已经有多种阵列式化学传感器得以广泛研究和应用[1400-1404]，如何有效地从化学传感器阵列的多维测量数据中提取和有效利用相关的化学信息进行准确可靠的定性与定量分析，是化学传感器阵列研究的关键问题之一[1405]，而模式识别正是被用于解决这一问题的关键技术。

模式识别时要求不同样本所产生的响应信号所对应的模式可以区分，这就需要阵列中的每个传感器都应对多种化合物有响应，而不是仅对某一种物质有高度的选择性；同时，从统计学的角度分析，为使获得的信息最大化，阵列中每个传感器所产生的信号都应尽可能独立。有多种化学传感器可以满足上述要求，如金属氧化物半导体传感器（MOS）、金属氧化物半导体场效应传感器（MOSFET）、石英微天平传感器（QCM）、声表面波传感器（SAW）、光纤传感器和其他一些覆涂有聚合物的传感器等。关于这些传感器的原理及应用现状见本书其他章节。此外,还有一些综述对这些传感器在阵列系统中的应用进行了详细评述[1406-1416]。

6.3.2 数据预处理方法

数据预处理是对传感器的原始响应信号进行系统调节的数学工具,这可以使特征集满足所选择的模式识别方法的要求。虽然数据预处理有很多优点,但是目前针对不同传感器阵列如何选取合适的预处理方法还没有统一的指导性理论。对于某种特定的传感器阵列,通常都是通过实验方法确定最合适的预处理方法。

传感器阵列的响应信号有动态和静态之分,但不论静态的还是动态的都有相应的预处理方法。数据预处理可以使模式空间样本代表点的分布结构改变,使其便于分类运算。例如,当每个变量的量纲不同时,如果绝对值相差很大,就会影响分类判别,这时采用标度化方法使各变量的变化幅度处于同一水平线上,可以获得更优的结果。

下面介绍几种常用的数据预处理方法。

(1)相对缩放法。相对缩放法是指将响应信号相对于参考信号或指定样本的响应信号进行缩放,以消除响应信号的浓度依赖性。因此,这种方法非常适用于定量分析。这种预处理方法常用于基于静态数据处理的阵列传感系统中,即

$$x_{ij} = x_{ij}/\max(x_i) \tag{6.6}$$

(2)背景扣除法。背景扣除法是一种简单的背景校正方法,为减少基体效应,从响应信号中减去空白样本的信号,即

$$x_{\text{new}} = x_{\text{old}} - x_{\text{b}} \tag{6.7}$$

式中:x_{new}为处理后的信号;x_{old}为处理前的信号;x_{b}为背景信号。

(3)平均值中心法。平均值中心法使响应信号的数值中心与样本原点趋于一致,即

$$x_{\text{new}} = x_{\text{old}} - \bar{x} \tag{6.8}$$

式中:x_{new}为处理后的信号;x_{old}为处理前的信号;$\bar{x}$为样本平均值。

(4)基线扣除法。基线扣除法是处理动态数据的一种方法,通过已记录的响应信号校准检测物的信号,其缺点在于校准时要求处于无样本状态,同时在检测过程中还需指出进样的起始时间。

(5)范围标度化,即

$$x_{ij,new} = (x_{ij,old} - x_{ij,min})/(x_{ij,max} - x_{ij,min}) \tag{6.9}$$

式中:$x_{ij,new}$为第 i 个样本经换算后的第 j 分量;$x_{ij,old}$为第 i 个样本原有的第 j 分量;$x_{ij,min}$为原有第 j 分量的最小值;$x_{ij,max}$为原有第 j 分量的最大值。

范围标度法的一个缺点是:若数值集合中有一个数值很大,则其余各值的相差会太小。

(6)自标度化,即

$$x_{ij,new} = (x_{ij,old} - m_j)/V_j \tag{6.10}$$

式中:V_j 为变量 j 的方差;m_j 为变量 j 的均值。

自标度法是一种较好的方法,变换后各变量在分类过程中影响程度相同。

(7)变换法。在模式识别中还常采用变换法处理数据。即经过一些简单的数学变换改变数据的标度。例如:

$$x_{ij,new} = \sqrt{x_{ij,old}}; x_{ij,new} = \lg(x_{ij,old}) \tag{6.11}$$

(8)组合法。根据不同的情况将变量按照一定方式(如变量相加、相减或变量相对比等)组合以产生新的变量。

不同情况应采用不同的预处理方法,这不但需要正确理解各种预处理方法的物理意义,同时必须依据具体的化学经验对原始数据进行预处理[1417-1418]。此外,随着多种不同类型传感器集成系统的开发,传统的数据预处理方法已无法完全满足大量不同类型、不同时序数据的综合处理了,一些数据融合处理方法得到了广泛研究。下面介绍几种应用较多的数据融合方法。

(1)加权平均法。加权平均法是最简单、最直观的数据融合方法,该方法将一组传感器提供的冗余信息进行加权平均,结果作为融合值,是一种直接对数据源进行操作的方法。

(2)卡尔曼滤波法。卡尔曼滤波主要用于融合低层次实时动态多传感器冗余数据。该方法用测量模型的统计特性递推,决定统计意义下的最优融合和数据估计。如果系统具有线性动力学模型,并且系统与传感器的误差符合高斯白噪声模型,则卡尔曼滤波将为融合数据提供唯一统计意义下的最优估计。

(3)多贝叶斯估计法。贝叶斯估计法是融合静环境中多传感器高层信息的常用方法。它使传感器信息依据概率原则进行组合,测量不确定性以条件概率表示,当传感器组的观测坐标一致时,可以直接对传感器的数据进行融合,但大多数情况下,传感器测量数据要以间接方式采用贝叶斯估计进行数据融合。多贝叶斯估计将每一个传感器作为一个贝叶斯估计,将各个单独物体的关联概率分布合成一个联合的后验的概率分布函数,通过使用联合分布函数的似然函数为最小,提供多传感器信息的最终融合值,融合信息与环境的一个先验模型提供整个环境的一个特征描述。

(4)D-S证据推理法。D-S证据理论可以看作是有限域上对经典概率推理理论的一般化扩展。该算法具有很强的处理不确定信息的能力。它不需要先验信息,对不确定信息的描述采用“区间估计”而不是“点估计”的方法,解决了关于“未知”不确定性的表示方法,在区分不知道与不确定方面以及精确反映证据收集方面显示出很大的灵活性。当不同传感器所提供的测量数据对结论的支持发生冲突时,D-S算法可以通过“悬挂”在所有目标集上共有的概率是的发生的冲突获得解决。它用集合表示事件,用D-S组合规律代替贝叶斯推理法实现信任函数的更新。

6.3.3 模式识别方法

模式识别是通过计算机用数学技术方法来研究模式的自动处理和判读,将一个输入数据集转换为一个输出属性集。对化学传感器来说,就是将响应信号转换为样本的种类或浓度的信息。多种模式识别方法可以用来处理传感器阵列的信号,可以按照两个标准对这些方法进行划分。

(1)是否模型相关。模型相关是指存在一个由一组参数描述的连接函数,并且这些定义了的参数具有明确的物理意义;反之,则属于模型无关。

(2)是否需要监督学习。监督学习方法和非监督学习方法的主要区别在于训练过程。在训练的过程中,监督学习方法需要提供传感器的信号和相应的定性定量结果,训练是通过比较这两种信息进行的;非监督学习方法仅以传感器信号作为参考即可。

依据这两个标准,可以按照计算过程将模式识别算法分为 4 种,它们的关系如图 6.10 所示。

(1)适用于定性分析的模型相关的非监督方法,如主成分分析法(PCA)。

(2)适用于定量分析的模型相关的监督方法,如偏最小二乘法(PLS)、多元线性回归法(MLR)。

(3)适用于定性分析的模型无关的非监督方法,如自组织映射网络(SOM)、聚类分析法(CA)。

(4)适用于定量分析的模型无关的监督方法,如反向传播神经网络法(BPN)。

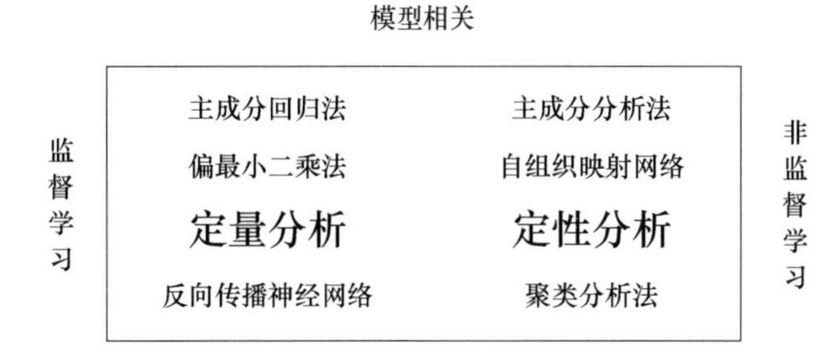

图 6.10 部分用于定性、定量分析的模式识别方法

6.3.4 模式识别方法的一些应用

在化学传感器的研究中,模式识别作为一种多元数据分析法,主要用于对样本的分类判别。这是一种借助数学方法和电子计算机揭示传感器信号的内部规律与隐含性质的综合技术[1393,1397]。以下对常用的一些模式识别方法和应用作简要介绍。

1. 线性辨别分析法

线性辨别分析法(Linear Discriminant Analysis,LDA)又称线性学习机(Linear Learning Machine),是一种简单线性辨别函数的迭代算法,可对样本进行分类[3]。线性辨别分析法借助已知样本对线性分类器进行训练,求出判决面,而后利用判决面划分特征空间,从而根据未知样本在特征空间中的位置来分类。

线性辨别分析法适用于阵列响应信号的特征集和样本的属性集存在线性关系的情况,对于线性不可分的情况,往往得不到理想的结果。此外,辨别函数是建立在训练样本平均值和协方差矩阵上的,因此,为避免训练数据和母体样本存在差异,最好从母体的每一类中选取较多的样本作为训练集。和其他监督学习方法相似,当仅考虑用来计算判决面的样本时,线性辨别分析法可能会给出过优的结果。为避免这种情况,最好使用一个扩展的预测集(所包含的样本没有用于训练)对模型的优劣进行鉴定。

LDA 法可用来确定响应信号的特征空间中不同组分之间的边界。Doleman 等[1419]制作了一个含有 14 种炭黑 - 聚合物电阻型传感器的阵列,并用这个传感器阵列分析了 19 种挥发性有机化合物,所使用的特征值是阻抗的相对变化率,使用自标度法对特征集进行预处理,以 LDA 法进行模式识别,完成了检测物的正确定性识别。同时,该文献还将这种传感器阵列的性能与导电聚合物传感器阵列和氧化锡传感器阵列进行了比较,发现将 LDA 法应用于这种炭黑 - 聚合物传感器阵列的效果最好。

He 等[1420]使用 7 通道传感器阵列检测纸、木头、塑料和谷物等燃烧时产生的烟。对传感器阵列的特征集,采用 LDA 法生成辨别判据对样品分类,取得了良好的效果,对 52 个用于计算分类判据的样本进行识别时仅有 1 个出错。

在香水的分析应用方面,Pearce 等[1421]用 24 通道导电聚合物传感器阵列对 3 种香水和 1 个对照样本进行了分析,选取 LDA 法对数据集进行分类计算,识别率超过了 80%,但实验中评价所用的样本和分类计算所用的样本是相同的,因此,在实际应用中,识别率较低。

Wang 等[1422]开发了一种基于微悬臂梁的传感器阵列,可以用于检测蛋白质。将 LDA 法用于区分悬臂梁的响应信号,取得了良好的效果。实验结果表明,越多的传感器分离效果越好。

Yu 等[1423]研究了用电子鼻测定不同茶叶样品的等级。从响应信号中提取不同品质等级茶叶的特征向量,采用线性判别分析分析和主成分分析对数据进行处理。对 5 种不同品质的茶叶样品进行了 LDA 分类,分类正确率达到 100%。

2. 主成分分析法

主成分分析(Principal Component Analysis,PCA)是一种常用的数据压缩方法。它是建立在统计特性基础上的一种空间变换方式,经过处理的变量线性组合成若干个相互正交的向量,并且第一个向量能反映样本间自变量的最大差异,其他向量反映的这种差异程度依次降低,这些向量称为主成分,这种变换称为KL变换(Karhunen - Loève Transform)或霍特林(Hotelling)变换。

传感器阵列通常会在很短的时间内输出包含大量信息的数据集,那么,从这些数据中快速地提取出有用的信息就成了首要的问题。例如,当检测样本和阵列中的传感器数目远大于3时,用图形实现数据的分析和显示就不太可能。通过降维可以使输出的信号可视化,提供便于分析的样本信息。此外,初始特征集通常含有大量相互关联的特征,它们对样本分类的贡献各不相同。处理大型特征向量集合时有很多不便,并且计算过程繁琐。主成分分析法就是基于正交变换的思想,仅保留那些对分类有显著贡献的特征向量的降维方法。该方法利用特征值之间的共线性,对数据进行简约,初始特征集经PCA法处理将会得到一个与原特征集相当的更小的特征集合。

PCA法在阵列化学传感领域的应用十分广泛,包含从独立、完整的数据分析到与其他方法联用的数据降维处理等多个方面。用PCA法对数据进行处理时,通常只选取前两个主成分作为分析的依据,因为从理论上讲,它们已经可以很好地描述所代表的数据集了。大多数情况下,应用传感器阵列或电子鼻仪器时只需对模式进行区分,如食品工业和环境监测中。以下就列举一些PCA法在阵列传感领域中的应用。

为评价传感器阵列的性能,通常选取挥发性有机物作为测试样本。在Freund等[1424]的研究中,用14通道导电聚合物传感器阵列分析了8种不同的有机物。在这项研究中,首先分析了每个传感器的响应信号,发现没有一个传感器具有高选择性,这说明单个的传感器无法辨别这些物质。随后,应用PCA法分析了14个传感器采集的数据集,选取前4个主成分所提供的信息在多种三维特征空间中绘图,确定了辨别条件,成功地完成了对这8种有机物的定性分析。在随后的研究中,用PCA法分析了二元混合物,实验中还用到了一个动态气体检测装置,当气体流量固定时,响应信号数据集的前两个主成分分别与组分1

和组分 2 的浓度呈线性关系,这说明 PCA 法不仅能够对混合物的组分定性,还能分别进行定量分析。

传感器阵列也广泛用于饮料的检测。Nanto 等[1425]成功地应用一个 4 石英共振传感器阵列对几种含酒精的饮料进行了定性。在这项研究中,使用前两个主成分提供的信息就完成了定性鉴定的工作。同样,Di Natale 等[1426]使用一个 5 MOS 阵列对葡萄酒进行了定性分析,实验中选用 5 种葡萄酒作样本,各取 3 个浓度进行了检测,用 PCA 法分析所得的数据集时未能实现对样本的定性,随后他们去除了 1 路响应信号,用 4 路响应信号分析,成功地实现了对样本的定性。在 Di Natale 等[1427]的另一项研究中,他们用 8 通道 QCM 传感器阵列定性测定了 8 种番茄酱,所采集的数据与由 7 人评价组评价的数据对比,并用 PCA 法分析基本上能正确定性 8 类番茄酱,但是 8 通道 QCM 传感器阵列测得数据的分类效果不如评价组提出来的。以上两个例子说明 PCA 法受传感器交叉敏感性的影响较大,在实际应用中并不是传感器的数目越多、采集的信息量越大,就分辨得越准确。

在食品分析中,Di Natale 等[1428]用一个 6 通道 QCM 阵列结合 PCA 法对鳕鱼的新鲜程度进行了分析,实验中将待测样本用 250ml 的瓶子密封后置于冰箱中保存,温度控制在 5℃。在 6 天里每天对样本取样、检测,所得的数据集由 PCA 法分析,结果显示使用 2 个主成分分析时,仅有前 3 天的数据可以较好地实现分类。由此可以看出,PCA 法可以确定每一个主成分的辨别函数,但是所确定的辨别函数却不一定能满足对样品特征空间边界条件的描述。

Gopel 等[1429]构建了一种称为模块传感器系统的传感器阵列(MOSES),这是由多种工作原理的传感器组成的阵列。8 个 QCM 传感器和 8 个 MOS 传感器组成的 16 通道传感器阵列用于检测食品包装材料,对采集到的数据集用 PCA 法处理,取得了较好的效果;同样的传感器阵列还用在了对 4 种橄榄油的分析中。与之相似,MOSES 系统结合 PCA 法也成功地用于其他一些样本的定性,包括咖啡、酒和纺织材料等。实践证明,在定性分析中,不同类型传感器组成的阵列结合 PCA 法优于单种传感器组成的阵列,需要注意的是,PCA 法并不适合处理非线性数据,因此,在传感器类型的选择上要十分谨慎。

在 Gibson 等[1430]的研究中,应用 16 通道导电聚合物传感器阵列对参比介质、蒸馏水和 3 种酵母菌等 5 种物质进行分析,用 PCA 法对响应信号最大的 7 个传感器所采集的数据集进行了分析,结果有一种酵母菌和参比介质的信号重叠,未能完全分离。

气味分析在香水生产上是至关重要的,传统的气味分析依赖于人的嗅觉,但是由于人的差异性导致分析结果的不确定性。Carrasco 等[1431]用一个 18 通道 MOS 传感器阵列辨别不同香水。从两种香水中取 3 个样品,其中一种香水的一个样品已被专家确认存在问题,检测中,对每个样品的两个浓度分别进行 3 次检测(即总共是 6 类),18 个响应信号中去除 2 个异常值后,对剩下的信号用 PCA 法定性,未能完全识别,特别是无法完全识别一种香水的问题样本和正常样本,这应该是由于两个样本信号的线性不可分造成的。

虽然 PCA 是一种定性测量的工具,但有时也可用于定量分析。Hong 等[1432]应用一个 4 通道传感器阵列对 4 种气体的 3 个浓度进行了分析,使用 PCA 法根据气体的种类和浓度对响应信号进行了处理,定性较为成功,但是由于低浓度时传感器的灵敏度低,导致在低浓度区域内样本不能完全识别。这说明,PCA 法可以按照样本浓度定性,但是实际应用时人们常通过归一化处理消除样本的浓度效应,只对样本进行定性分析。

3. 主成分回归法

主成分回归法(PCR)是一种模型相关的监督学习的算法,这种线性回归方法的过程分为两步:首先对传感器的原始多元特征集进行主成分分析,而后以主成分取代原始特征,利用线性回归法进行回归。由于这些主成分是正交的,所以这种方法不存在共线性问题。

主成分回归法是对普通最小二乘估计法的一种改进,其参数估计是一种有偏估计,是根据多元统计分析中的主成分分析提出的一种方法。这种方法在简化结构、消除变量之间的相关性方面作用明显,但也使回归方程的解释变得复杂。方程中解释变量是原始解释变量的线性组合,但它的解释没有原始解释变量的边缘效应那样简单;主成分分析提取的主成分中带进了许多无用噪声,从而对因变量的解释变得乏力。

当传感器的响应信号为线性时,利用线性 PCR 算法进行模式识别能得到非常好的结果,但这并不能保证所得到的主成分与我们所需要的信息是相关的。

因此,通常我们仅用主成分回归法作为分析多重共线性问题的一种方法。为了得到合理的估计结果,最终必须把主成分还原成原始变量。

Eklov 等[1433]使用 PCR 法预测了香肠样本的发酵时间,香肠发酵的过程中,数据集用一个 14 通道传感器阵列采集,这个数据集被分成了两个子集:一个用来训练模型;另一个用来校准模型。实验证明,使用两个主成分建立的 PCR 模型比线性回归模型能更好地预测香肠的发酵时间,但是作者最后指出香肠发酵的时间与响应信号的关系应是非线性的,所以 PCR 模型所预测的结果也不一定是最优的。

在表征鱼样品保存时间的实验中,Schweizer - Berberich 等[1434]用 PCR 法对产生气味的多种化合物进行处理,分析了气味变化的过程,建立了气体中几个主要成分的浓度与气味变化的关系。实验中主要检测含硫和含氮的有机物,所用的检测器是一个 8 通道电化学传感器阵列。从实验结果看,这个传感器阵列对含硫和含氮物质以外的物质识别率很低,但这应是传感器本身对其他物质的不敏感造成的,与 PCR 方法本身关系不大。

Bodenhofer 等[1435]的研究指出,使用涂有手性聚合物的传感器阵列配合 PCA 法可以检测手性异构体,在此基础上,他们使用 PCR 法建立模型预测样本中 R 型和 S 型手性异构体的比例。实验中首先建立各个手性物质的分离模式,而后研究了阵列中传感器的数目对预测结果的影响。结果表明,当采用 11 通道传感器阵列时,预测误差可控制在 4% 以内。

Zellers 等[1436 - 1438]改进了 PCR 法,提出了一种称为扩展分离主成分回归的方法(EDPCR),这种方法对每个检测组都建立了一个主成分模型,未知样本依照其符合各主成分的程度定性。一旦合适的模型确定,还可根据这个模型进行定量分析。在另一项研究中,EDPCR 法还成功地用于评价涂有不同敏感涂层的 4 通道 SAW 传感器阵列,实验结果显示,优选的敏感涂层使得传感器阵列的识别率超过 90% 。此外,该方法还用于考察温度、湿度等因素对 SAW 传感器的影响。

4. 偏最小二乘法

偏最小二乘法(Partial Least Squares,PLS)是 20 世纪 70 年代发展起来的主成分方法。为了区别于原主成分方法,常称为 PLS 方法。大部分 PLS 方法被用于回归建模,并在很大程度上取代了一般的多元回归和主成分回归。偏最小二乘法是一种用于找寻输出特征集与输入特征集关系的多元线性回归法。这种方法与主成分回归法 PCR 不同,其区别主要在于对原始特征集降维时,PCR 法只基于输入特征集,而 PLS 同时基于输入特征集和输出特征集。这使得 PLS 法获得主成分的过程较 PCR 法复杂,PCR 法仅使用一次奇异值分解(SVD),而 PLS 法中每次仅抽取输入特征集和输出特征集中贡献最大的一个主成分,然后再对剩余的特征集进行分解,这样循环下去直到得到期望的主成分个数。

与 PCA 相比,PLS 法也能排除原始变量的相关性,还能过滤自变量和因变量的噪声。此外,PLS 描述模型所需的特征变量数目比 PCA 少,预报能力更强、更稳定。

在传感器阵列数据集的处理中,PLS 法既可用于定量分析,也可用于定性分析。Carrasco 等[1439]使用 18 通道 MOS 阵列气体传感器配合 PLS 法进行数据处理,成功地对一组香水样品实行定性分析。虽然 PCA 法和 PCR 法也可以识别香水的种类和浓度,但效果不如 PLS 法好。

虽然 PLS 法可用于定量分析,但是效果并不好,于是,人们提出了一些预测精度更高,同时计算更为复杂的二次 PLS 算法。在 Domansky 等[1440]的研究中就使用了一种用于定量分析的非线性 PLS 模型,对氢气和氨气的定量检测也达到了预期目的。与之相似,Dikert 等[1441]也使用非线性 PLS 法处理 4 通道 QCM 传感器阵列的响应信号,成功地完成了对几种结构相似的芳香化合物的定量分析。

Great 和 Wise 等[1442]利用线性溶剂能参数(LSER)对未知样本进行表征,将涂有不同敏感涂层的声表面波传感器阵列的响应向量与敏感涂层的 LSER 系数相结合,就可以计算被分析气体的溶解特性参数。应用这种方法即便是在气体浓度未知的情况下,也可顺利求得参数,而且,在求取参数的同时可对气体进行定量分析。一旦溶解特性参数确定下来,就可以按照匹配度从数据库中查出最有可能的物质。在这项研究中,选用了 PLS 法预测溶剂能参数。

5. 误差回传神经网络

人工神经网络是建立在现代神经学基础上的一种抽象的数学模型,它是大脑功能的简化、抽象和模拟,并反映了大脑的若干基本特征。相应于复杂的多项式响应曲面，人工神经网络可用来解决非线性问题。

误差回传神经网络[1443]（Back - Propagation Neural Network，BPN）是一种无反馈的前向网络，网络中的神经元分层排列。除了有输入层、输出层外，至少还有一个隐蔽层；每一层神经元的输出均传送到下一层，这种传送由权重控制，除了输入层的神经元外，隐蔽层和输出层神经元的净输入是前一层神经元输出的加权和。

对于传感器阵列，输入层节点的数目一般等于传感器的数目，或者是传感器的数目与信号采集次数的乘积，但大多数情况下，采集次数为1。数据集中的数据经预处理后传入输入层。每个输入数据都经过带有权重参数和偏置项的隐层向下传递。输入的数据经过隐层后到达输出层，通常输出层节点数目依赖于传感器的功能，如果用这个网络来定性，那么，输出层节点的数目就等于类别的数目。

训练BP神经网络主要是对权重和偏置项的优化和调整。基于这个目标，研究人员研究出了许多算法，其中最广泛的是误差回传法，但是这种方法也存在一些不足，如训练时间较长、容易出现局部最优等。此外，在网络的训练过程中，可能由于权重调得过大，使全部或部分神经元加权的总和偏大，其激活函数工作在S型函数的饱和区，导致函数的导数偏小，也使得网络权值的调节过程非常慢，甚至无法进行。

除了算法以外，训练过程也是一个迭代的过程。在训练的过程中，为使真值和预测值之间的差异最小化，在观察后都会调整网络的权值和偏置项。训练通过调整网络的权值和偏置项的方法来优化网络，其过程一直持续到网络的输出结果小于规定的误差或达到迭代的次数。这种用来确定网络权值和偏置项的方法依赖于优化算法的选择。在实际使用中，通常使用一个扩展的测试集而不是训练集来对网络预测的结果进行评价，以确定网络是否达到了预期的训练目标。

经过训练的神经网络的性能主要依赖于初始的权重和偏置项。如果随机选取一组权重和偏置项，最终训练所得神经网络的性能就不能确定，用来预测和分类时，错误率或偏差可能大也可能小。通常，解决这类依赖于初始值问题的方法是随机选取多组初始值，分别对其进行训练，取性能最好的一个网络作为最终结果;或者通过经验选取一组较为合理的初始权重和偏置项来训练网络。

另一个影响 BP 神经网络性能的因素是过拟合和过训练。在样本数量和输入节点数确定的情况下,若隐层节点过少,则网络权重不充分,此时的网络不能较好地描述样本集的固有规律,即不能得到较好的预测结果;相反,当隐层节点数过多时,则会发生过拟合。当这种情况发生时,由于网络对样本的噪声也进行了拟合,所以对构造预测模型的训练集来说,误差较小,但是对于测试集,这种不稳定性可能造成预测的误差较大。过训练是网络去适应个别的训练样本所致,这样得到的网络同样是不稳定的。因此,当网络处于过拟合或过训练状态时,对未知样本预测的误差就可能偏大。

近年来,BP 神经网络法在传感器阵列数据处理中的应用越来越广泛,尤其在仪器中得到了更为广泛的应用,如表 6.4 所列。这种方法可处理非线性数据,既可用于定性分类,也可用于定量分析。在监测啤酒的一项应用中,Gardner 等使用了一个结构为 18:6:3 的 BP 神经网络对样本定性,对 5 种样本的识别率为 93%。但是这个结果是否适用于一般情况还不确定。首先,虽然该网络的训练经过了 100000 次迭代,但是在迭代的过程中却没有找到一个合适的方法优化训练终止的条件,这有可能造成网络的过拟合或过训练;其次,网络中可以调整的参数相对于训练集来说太多,而且每次所选用的 5 个样本是完全相同的。

表 6.4 BP 神经网络在传感器阵列数据分析中的应用

传感器阵列	分析样本	分析方法	网络结构	分析结果	参考文献
6 通道 MOS 传感器	26 种含有一氧化碳/碳氢化合物的样本	定性分析和定量分析	6:15:26	一氧化碳 0 ~ 7.6%;碳氢化合物 0 ~ 400ppm	[1444]
2 通道 MOS 传感器和 1 通道湿度传感器	一氧化碳、甲烷和水的三元混合物	定量分析	3:22:22:3	定量分析误差小于 5%	[1445]
8 通道氧化锡气体传感器	三种茶叶的气味	定性分析	8:5:3 64:20:3 208:80:3 13:15:3	识别率 93%、69%、95%和 81%	[1446]

（续）

传感器阵列	分析样本	分析方法	网络结构	分析结果	参考文献
19 通道光纤化学传感器	19 种有机挥发物质	定性分析和定量分析	9：3：1	对预测集定性和定量的识别率分别达到 90% 和 97%	[1447]
4 通道 MOS 传感器	甲硫醇、三甲胺、乙醇和一氧化碳	定性分析和定量分析	4：8：12	识别率为 100%	[1448]
4 通道氧化锡薄膜传感器	乙醇、甲苯和邻二甲苯	定性分析和定量分析	4：3：3	识别率达到 100%	[1449]
3 通道有机薄膜传感器	水、异丙醇丙酮和乙酸	定性分析	12：8：4	对水和异丙醇成功分类	[1450]
4 通道 QCM 传感器	丙酮、苯、氯仿和戊烷	定性分析	4：3：4	成功分类	[1451]
6 通道 QCM 传感器	正辛烷/氯仿、正辛烷/正丙醇、氯仿/正丙醇三种二元混合物	定性分析	6：4：3	识别率高于 80%	[1452]
4 通道 MOS 传感器	来自不同葡萄园的两种红酒	定性分析	4：5：2	识别率高于标准的化学分析法	[1453]
8 通道 MOS 传感器	6 种航空煤油	定性分析	5：7：5	对预测集识别率达到 100%	[1454]
12 通道 TGS 传感器	3 种咖啡	定性分析	12：3：3	识别率为 86%	[1455]

Hong 等[1444]制造了一个电子鼻移动系统，它由 6 通道 MOS 传感器阵列、Intel 80c196kc 处理芯片、用于记录 BP 神经网络参数的 EEPROM 和 LCD 显示屏等元件组成，其中 BP 神经网络的结构中包含 6 个输入节点、15 个隐含节点和 26 个输出节点。用 26 种气体样本的检测信号对该神经网络进行训练，使网络对这些气体的识别率达到 100%。

Huyberechts 等[1445]的研究中使用了仅包含 3 个金属半导体氧化物传感器的阵列配合四层的 BP 神经网络在 20℃ 下对浓度范围为 0～0.5% 的甲烷、0～1000ppm 的一氧化碳和相对湿度为 0～60% 的水的三元混合物进行了定量分析，取得了良好的效果。但是输出结果与给定浓度的一致性和训练数据集的大小有关,所以如何选取合适的训练集就成为这项工作中的一个重点,正是由于上述原因,选取训练集的过程成为整个研究中最耗时的一个步骤。

在 Corcoran 等[1446]用8通道氧化锡气体传感器对3种茶叶进行定性分析的工作中,使用4种不同的方法对传入 BP 神经网络的数据进行了预处理,得到了不同的结果,其中以使用遗传算法 GA 的分析结果最优,识别率达到93%。可以看出,虽然 BP 神经网络法较其他统计学方法更适用于非线性数据的处理,但是 BP 神经网络参数的选取和调整与网络性能的关系很大,因此,如何选取关键参数是这个领域中的一个重点。

人工神经网络模式识别技术结合阵列传感技术可提高传感器的选择性,在 Llobet 等[1449]将 BP 神经网络应用于由本身没有选择性的氧化锡薄膜传感器阵列中,成功地实现了对有机物-乙醇、甲苯和邻二甲苯的定性、定量分析。该传感器阵列对这3种气体定性分析的正确率为100%,定量分析的正确率为95%。这种提高传感系统选择性的模式识别技术为研制容错能力高、便携式的大气污染物或有毒有害气体的定量分析仪器提供了有效手段。

6. 自组织特征映射神经网络

在生物神经系统中存在一种"侧抑制"现象,即一个神经细胞兴奋后,通过它的分支会抑制周围的神经细胞。这种抑制使神经细胞之间出现竞争,虽然开始阶段各个神经细胞处于不同程度的兴奋状态,但是由于抑制作用,各细胞之间竞争的最终结果是:兴奋程度高的细胞所产生的抑制作用抑制了其他细胞。

自组织特征映射神经网络(SOM)就是基于上述生物结构和现象提出来的,它是一种以无人管理方式进行网络训练的、具有自组织功能的神经网络,网络通过自身训练,自动对输入模式进行识别。在网络结构上,自组织人工神经网络一般是由输入层和竞争层构成的双层网络,网络没有隐含层,两层之间各节点实行双向连接。在学习算法上,它模拟生物神经系统依靠神经元之间的兴奋、协调与抑制作用来进行信息处理,指导分类辨别。

在化学传感器的研究中,SOM 通常被用来校正响应信号的漂移。Macro 等[1456]让 SOM 网络在传感器阵列工作的过程中不断训练,同时使控制训练的速率尽量小,只允许竞争获胜的神经元更新它的权重。实验结果表明,当模拟的传感器漂移达到20%时,该网络的识别率仍高于80%。这就是说,用不断漂移的响应信号对网络进行训练并没有给网络造成破坏。Davide 等[1457]也通过模拟传感器信号的漂移发现 SOM 是一种可以有效抵消信号漂移的方法,在随后的工作中[1458],他们还利用模拟漂移的传感器响应信号优化了 SOM 的参数,使其在漂移的不稳定环境中能正常工作。

在化学传感器的研究中,人工神经网络是一种发展前景广阔的处理模式识别问题的工具。进一步的研究发现,不同类型的神经网络适用于模式识别问题的不同方面,如 BP 神经网络就适用于寻找特征提取的规则,而自组织神经网络 SOM 则更适用于定性分析,因此,将神经网络联合使用也是这个领域的研究方向之一。Corrado 等应用 6 通道 QCM 传感器阵列识别几种有机气体的二元混合物时就用到了组合神经网络,实验证明,这是一种更为可靠和稳定的模式识别方法,它在利用不同神经网络法优点的同时还避免了它们的缺点。与之相似,Nitale 等[1459]使用 QCM 传感器阵列对有机溶剂三氯甲烷、正辛烷和正丙醇的二元混合物进行定性分析时选用了一个 8×8 的 SOM 网络,识别率均超过 80%。这项工作中他们还将前向神经网络和 SOM 网络组成了复合型神经网络,前向神经网络用于特征提取,SOM 网络用于分类辨别,定性分析时取得了更好的效果。

7. 模糊模式识别

模糊性是指存在于现实中的不确定性,这种不确定性是由排中律的破缺造成的。由于很多客观事物的特征具有不确定性,所以可以根据事物的这种模糊性对其进行分类和识别,称为模糊模式识别。

模糊模式识别(Fuzzy)的理论基础是模糊数学。模糊识别又可分为两类:一类是"最大隶属度"法,即根据隶属度函数的值直接对个体进行模式识别,归属到相应的类别中;另一类是间接分类法,即按照"择近原则"进行分类,主要用于群体模型的识别。常用的方法有三分法、模糊统计分类法、F 分布法等。

此外,模糊识别还经常被用于对其他方法的改良或与其他方法联合使用。Shubhang 等[1460]将模糊模式识别算法用于金属氧化物半导体电子鼻传感器检测水稻稻瘟病,证实了电子鼻传感器响应的有效性,并进一步采用主成分分析法对不同程度稻瘟病的水稻进行了准确分类。Sharma 等[1461]开发了一种应用于电子鼻数据分类的模糊聚类算法。首先对各维数据应用 k 均值聚类算法,然后计算各维数据的模糊熵。根据数据点的隶属度计算模糊熵。在模糊熵的基础上对最终数据类别进行标记,提高了传统 k 均值算法的精度。

张文等[1462]用十六烷基三甲基溴化铵十乙醇/含苦味酸的二氯甲烷/蔗糖水溶液为研究体系,在油水界面建立可兴奋性人工膜,观察到甜、酸、苦、咸物质均能对该体系振荡波形有影响。采用模糊数学的方法,用计算机对有味物质实现定性识别,取得了满意的结果,并解释了该味觉电化学传感器产生电位振荡响应的机理和利用模糊数学进行模式识别的规则。

6.3.5 展望

研究模式识别的目的是让机器具备人的感知和认知能力,代替人完成繁重的信息处理工作。当我们把计算机的模式识别能力与人的模式识别(嗅觉、视觉、听觉感知)能力相比,就会发现现有的模式识别方法与人的感知过程有很大区别,在性能上也相差很远,很多对人来说轻而易举的事情,对计算机来说却很难做到。这是由于目前对人的感知过程的机理和大脑结构还不是很了解,已经了解的部分也不容易在计算上或硬件上模拟。进一步研究人的感知机理并借鉴该机理设计新的模式识别计算模型和方法是将来的一个重要方向。

除了上述常用的模式识别方法,还有很多方法,如支持向量机、径向基函数等也逐渐受到人们重视[1463],被用于传感器的模式识别。随着微加工、微制造技术不断创新和发展,微传感系统响应信号特征集的复杂度不断增大、数量不断增多,甚至会有海量不同类型的数据信息汇集,多传感器的数据融合、模式识别将在传感器的应用中,将凸显更加重要的作用与地位,对现有方法的改良以及多种识别方法的综合运用将在今后得到更加深入的研究和应用。

6.4 物联网技术在化学传感器中的应用

6.4.1 物联网的架构

提到物联网,我们首先想到的可能是互联网。20 年前的手机没有无线网络，只有通话功能；如今，互联网深入到家家户户的日常生活，从手机、计算机、日用家电，到汽车、安全控制系统等设备都可以与互联网相连。物联网作为一种模糊想法最早出现在1995年比尔·盖茨《未来之路》一书中。1999年，美国麻省理丁学院成立了自动识别技术中心，提出了产品电子代码概念，该中心的Kevin Ashton教授在研究无线射频识别技术（Radio Frequency Identification，RFID）时就提出了结合物品编码、RFID和互联网等技术的物联网技术方案。主要是通过互联网技术、RFID技术、电子标签（Electronic Product Code，EPC）标准，在计算机互联网的基础上，利用射频识别技术、无线数据通信技术等，构造一个实现全球物品信息实时共享的实物互联网"Internet of Things"（简称物联网）。同年，在美国召开的移动计算和网络国际会议首先确定了物联网这个概念。

2005年11月17日，在突尼斯举行的"信息社会世界峰会（WSIS）"上，国际电信联盟（ITU）在年度报告中发布了《ITU互联网报告2005：物联网》一文，该报告指出：无所不在的物联网通信时代即将来临，信息与通信技术的目标已经从任何时间、任何地点连接任何人，发展到连接任何物品的阶段，世界上所有的物体（从房屋到公路设施、从轮胎到冰箱）都可以通过物联网连接并进行数据交换。本次会议正式提出了物联网的概念，物联网概念不仅受到互联网行业的关注，更受到科学界和工业界的重视。物联网的崛起，不但促进了智慧生活产业的成长，同时也加速催化了"工业4.0"的智能制造革命。

一方面，根据国际电信联盟（国际电联）的定义，物联网是信息社会的全球基础设施，通过基于现有和不断发展的相互操作信息和通信技术将（物理和虚拟）事物互连，从而实现高级服务。另一方面，标准化委员会ISO/IEC JTC1 SWG 5将其描述为"一个由相互连接的对象、人员、系统和信息资源以及智能服务组成的基础设施，以允许它们处理物理和虚拟世界的信息并做出反应"。这些定义强调了一种通信基础设施的存在，这种基础设施将所谓的智能对象互连起来。

物联网是以感知为前提，通过射频识别、红外感应器、全球定位系统、激光扫描器、摄像头等信息传感设备捕捉物体的状态、位置信息，再通过通信网络传递交互，实现人与人、人与物、物与物全面互连，从而达到对物体的智能化识别、定位、跟踪、监控和管理的一种网络。全面感知、无缝互连、高度智能是物联网的最大特征。物联网的出现具有划时代的意义,它标示着物质世界自身正朝着信息化方向发展,物联网是建立在互联网上的一种泛在网络,物联网的核心依旧是互联网,只是物联网将互联网的外延进行了扩展。互联网可以看作人的一种延伸,而物联网则是万物的一种延伸,最终必然导致物质世界与信息世界的统一。

体系架构可以精确地定义系统的各组成部件及其之间的关系,指导开发人员遵从一致的原则实现系统,保证最终建立的系统符合预期的设想[1464]。由此可见,体系架构的研究与设计关系到整个物联网系统的发展。目前的物联网体系架构可以被分为3层:感知层、网络层和应用层。根据不同的划分思路,也有将物联网系统分5层的:信息感知层、物联接入层、网络传输层、智能处理层和应用接口层。还有一些其他的设计方法,诸如由美国麻省理工学院 Auto ID 实验室提出的 networked Auto ID、由日本东京大学发起的非盈利标准化组织 UID 中心制定的物联网体系结 IDIoT、由美国弗吉尼亚大学的 Vicaire 等针对多用户多环境下管理与规划异构传感和执行资源的问题提出的一个分层物联网体系结 physical - net,欧洲电信标准组织(ETSI)制定的 M2M 等其他体系架构。主流为3层的物联网体系架构介绍如下。

感知层是物联网3层体系架构当中最基础的一层,也是最为核心的一层,感知层的作用是通过传感器对物质属性、行为态势、环境状态等各类信息进行大规模、分布式的获取与状态辨识,然后采用协同处理的方式,针对具体的感知任务对多种感知到的信息进行在线计算与控制并做出反馈,是一个万物交互的过程。感知层被看作实现物联网全面感知的核心层,主要完成的是信息的采集、传输、加工及转换等工作。感知层主要由传感网及各种传感器构成,传感网主要包括以 NB IoT 和 LoRa 等为代表的低功耗广域网(LPWAN),传感器包括 RFID 标签、传感器、二维码等[1465]。

通常把传感网划分于传感层中,传感网被看作随机分布的集成,有传感器、数据处理单元和通信单元的微小节点,这些节点可以通过自组织、自适应的方式组建无线网络。传感层的通信技术主要是以低功耗广域网为代表的传感网,主要解决物联网低带宽、低功耗、远距离、大量连接等问题,以 NB - IoT、Sigfox、LoRa、Weightless 等为代表的通信技术;其次包括 Zigbee、WiFi、蓝牙、Z - wave 等短距离通信技术。

网络层作为整个体系架构的中枢,起到承上启下的作用,解决的是感知层在一定范围、一定时间内所获得的数据传输问题,通常以解决长距离传输问题为主。这些数据可以通过企业内部网、通信网、互联网、各类专用通用网、小型局域网等网络进行传输交换。网络层关键长距离通信技术主要包含有线、无线通信技术及网络技术等,以 3G、4G 等为代表的通信技术为主,可以预见 5G 技术将成为物联网技术的一大核心。网络层使用的技术与传统互联网之间本质上没有太大差别,各方面技术相对来说已经很成熟了。

应用层位于 3 层架构的最顶层,主要解决的是信息处理、人机交互等相关的问题,通过对数据的分析处理,为用户提供丰富特定的服务。本层的主要功能包括数据及应用两个方面的内容。首先,应用层需要完成数据的管理和数据的处理;其次,要发挥这些数据价值还必须与应用相结合。这些传感器在收集到用户用电的信息后,经过网络发送并汇总到相应应用系统的处理器中。该处理器及其对应相关工作就是建立在应用层上的,它将完成对用户用电信息的分析及处理,并自动采取相关信息。

6.4.2 物联网的无线通信技术

通信技术主要分有线通信技术和无线通信技术,无线通信技术是交流技术的核心,使人们在任何时间、任何地点,只要有无线通信就可以实现交流。

1895 年,意大利人马可尼试验成功了无线电报。无线通信技术一直处于不断发展变化的状态,无线通信技术起初只是应用于军事领域方面,采用短波频及电子管技术。1979 年,在芝加哥的贝尔实验室成功研制出移动电话系统,建成了第一代的模拟蜂窝移动通信系统(1G),实现了移动电话与公共电话之间的衔接,器件技术向半导体技术过渡。数字移动通信技术大力崛起并发展,不再局限于大众的通信交流,而是实现了个人通信业务。

20 世纪 80 年代,欧洲率先推出数字移动通信网(GSM)的体系,使无线通信进入数字蜂窝移动通信系统时代(2G)。1996 年,为解决中速数据传输问题,出现了 GPR5 和 IS－95B(2.5G)。2000 年 5 月,国际电信联盟正式公布第三代移动通信标准,进入 3G 时代。我国提交的 TD－scDMA 正式成为国际标准,与欧洲 wCDMA、美国 CDMA 2000 成为 3G 时代三大主流技术。2012 年,无线通信全会在日内瓦通过了 4G 移动通信技术标准。2020 年,国际电信联盟(ITU)召开会议,5G 最新版标准宣布冻结,而 NB - loT 技术被正式接受为全球 5G 现行技术标准。这项技术从标准到芯片以及模组,再到系统设备以及整体解决方案,主要是由中国产业链主导,这也意味着中国标准正变成世界标准。

物联网中的无线通信技术主要分为短距离通信技术和低功率广域网两大类。短距离通信技术包括 ZigBee、WiFi、Bluetooth、Z - Wave、NFC、UWB 等[1466-1468];低功率广域网主要有窄带物联网(Narrow - BandInternet of Things, NB - IoT)、Weightless、远距离无线电(Long Rang Radio, LoRa)、SigFox 等[1469-1471]。

ZigBee 是基于 IEEE 802. 15. 4 标准的近距离无线组网通信技术,我国使用的是 ISM 频段,频率为 2. 4GHz,带宽为 5Hz,共分配了 27 个信道,采用调频技术。ZigBee 具有如下特点:传输可靠性强;网络节点数量大,理论上可到 65000 个;传输功耗低、成本低;传输安全性较高;网络自愈能力强。由于具备这些特点,ZigBee 技术已被广泛地应用于智能家居、电器设备温度采集和水表抄表等。

WiFi 全称 Wireless Fidelity,是一种商业认证,具有 WiFi 认证的产品符合 IEEE 802. 11a/b/n/g 无线网络规范。目前,家庭、办公、公共场所的无线网络环境广泛使用 WiFi 技术。WiFi 是由无线访问节点(AP)和无线网卡组成的无线网络,无线访问节点是作为线局域网络与无线局域网络之间的桥梁,其工作原理相当于一个内置无线发射器的 HUB 或是路由器;无线网卡则是负责接收由无线访问节点所发射信号的 CLIRNT 端设备。因此,任何一台装有无线网卡的计算机均可通过无线访问节点分享有线局域网络甚至广域网络的资源。如果有多个用户同时通过一个点接入,带宽被多个用户分享。WiFi 的连接速度只有几百 kb/s,信号不受墙壁阻隔,但在建筑物内的有效传输距离小于户外。

Bluetooth 又称蓝牙,是由 Ericsson、Nokia、Toshiba、IBM、Intel 五家公司于 1998 年 5 月联合宣布的一种无线通信技术,是一种无线数据与语音通信的开放性全球规范,以低成本的短距离无线连接为基础,可为固定的或移动的终端设备提供低价的按入服务,其传输频段为全球通用的 2. 4GHS - ISM 频段,提供 1Mb/s 的传输速率和 10m 的传输距离。蓝牙技术协议规范已经历了若干个版本,2010 年 7 月,推出蓝牙技术 4. 0 核心规范。蓝牙 4. 0 将传统蓝牙技术、高速技术和低耗能技术有效整合。低成本和跨厂商互操作性,3ms 低延迟、100m 以上超长距离、AE5 - 128 加密等诸多特色,可以用于心率监视器、智能仪表、计步器和化学传感器等物联网等众多领域,极大地扩展蓝牙的应用范围。蓝牙 4.0 向下兼容,包含经典技术规范和最高速度 24Mb/s 的高速技术规范。

Z - Wave 是由丹麦公司 Zensys 设计的无线组网规格,它是一种新兴的基于射频、低成本、低功耗、高可靠的短距离无线通信技术,但缺乏国际标准为其依靠,主要应用于家庭自动化领域。其功耗远低于 WiFi 跟蓝牙,在智能家居的应用领域占有一定优势。

近距离无线通信(Near Field Communication, NFC)技术是由非接触式射频识别(RFID)及互连互通技术整合演变而来。NFC 使用电磁感应来传输信息,并向下兼容 RFID,由于采用电感耦合技术,使得设备之间配对非常快,对于需要快速连接的场景非常适用。

超宽带(Ultra Wide Band, UWB)技术指的是一种基带传输或无载波通信技术,利用纳秒级的非正弦波窄脉冲传输数据,最初是美国军方用在军用雷达上的技术。2002 年 4 月,美国联邦通信委员会(Federal Communications Commission, FCC)制定了超宽带无线设备规定,批准了 UWB 技术用于民用。目前的超宽带已经不仅指脉冲通信,而且包含了所有采用超宽频谱的通信方式。室内超宽带通信的目前占用的频谱为 3.1 ~ 10.6GHz。UWB 技术以其功耗低、高速率、抗干扰能力强等特性在军事、医疗、多媒体等方面有广泛的应用。

低功耗广域网是当今物联网接入网技术的主要热点之一,为了满足大规模、广覆盖、低功耗、低时延等物联网场景而提出的。在进行通信技术选择的同时还需要考虑成本、复杂度、可扩展性、频段资源等因素。很多场景需要进行长距离通信,而低功耗广域网技术就是为解决长距离、低成本等问题而产生的,旨在实现物联网中分布广泛、数量极大的物物之间的互联互通。

NB - IoT 主要应用于低功耗、广域覆盖物联网场景,被看作是在全球范围内广泛实践应用的一种新兴技术。它是由 3GPP 负责标准化,基于现有的移动蜂窝网络,使用 LTE 的无线技术,可采取带内、保护带或独立载波 3 种部署方式,与现有网络共存,使得运营商能够低成本高效地进行物联网市场布局。NB - IoT 标准化经过一系列的讨论和协商才形成了统一的国际标准。直接部署于 2G 网络、3G 网络、4G 和未来的 5G 网络上，NB - IoT 具备下列特点：广覆盖，具有 164dB 最大耦合损耗，比 GPRS 高 20dB，覆盖面积大 100 倍；大连接，一个扇区支持 10 万个连接；低功耗，终端模块待机时间长达 10 年；模块成本低。

LoRa 属于低功耗广域网通信技术中的一种，是美国 Semtech 公司大力推广和应用的一种基于扩频技术的超远距离无线传输方案。为此，这一通信方案也改变了以往关于传输距离与功耗不兼容的问题，LoRa 为用户提供一种能实现低功耗、远距离、大容量、低带宽的系统解决方案，进而对传感网络的发展起到了促进作用。目前，LoRa 主要在全球免费非授权频段运行，以 433MHz、868MHz、915MHz 等频段为主。LoRa 技术具有远距离、多节点、电池寿命长（低功耗）、低成本的特性。LoRa 主要线性调频扩频调制技术为主，既保持了低功耗特性，又明显地增加了通信的距离，还提升了网络传输效率。另一方面还增加了网络抗干扰的能力，即不同扩频序列的终端即使使用相同的频率同时发送数据信息也不会产生相互干扰的现象，在此基础上研发的集中器/网关能够并行接收并同步处理多个节点的数据，系统容量得到了极大地提升。同时，线性扩频技术空间通信已在军事等领域使用了数十年，主要是因为其具有长通信距离和抗干扰能力强的特性。LoRa 也是第一个用于商业用途的低成本物联网通信技术。这一技术改变了以往关于传输距离与功耗不兼容的问题，提供一种简单的能实现远距离、长电池寿命（低功耗）、大容量、低成本的通信技术。

SigFox 是总部位于法国图鲁斯的公司，在 LPWAN 领域具有显著的吸引力。它还拥有庞大的供应商生态系统，包括德州仪器、Silicon Labs 和 Axom。SigFox 属于于非授权频谱，是一种采用超窄带（Utral Narrow Band，UNB）技术，使用较低的调制速率实现更长的传输范围，主要应用于低功耗、低数据量的物联网或 M2M 连接方案，能够与 WiFi、蓝牙相兼容。由于这种设计选择，SigFox 是仅需要发送较小的、不频繁的数据突发应用的绝佳选择，可用于包括停车传感器、水表或智能垃圾桶等情景。

Weightless 是一组物联网无线通信标准，由国际 IoT/M2M 标准组织 WeightlessSIG（Special Interest Group，特别兴趣组）主导和管理，标准免费供其他成员使用。WeightlessSIG 是一个非盈利性的全球标准组织，成员有 Accenture、ARM、M2COMM。Weightless 既可以工作在 Sub - 1GHz 免授权频段，也可以工作在授权频段。Weightless 是一组开放的标准,目前有 Weightless - W、Weightless - N 和 Weightless - P 三项标准。Weightless - W 针对 TV 频段未使用的频谱,该频谱不具备普适性,阻碍了该技术的发展。因此,WeightlessSIG 又发布新的 Weightless - N,使用了超窄带技术,提供数千米的通信范围。Weightless - P 可提供双向通信,速率在 100kb/s 内时通信服务质量最佳。

物联网的最大特征是实现物与物之间的交流与通信,物联网通信对带宽及功耗要求低,但对传输距离和连接量有很高要求。无线通信技术与物联网技术的整合是一件复杂的工程,在具体的实施过程中,需要物联网技术中的传感器和控制器自身的组织结构体系进行支撑。

6.4.3 物联网的应用

物联网被称为是继计算机和互联网之后的第三次信息技术革命,已成为当前世界新一轮经济和科技发展的战略制高点之一。发展物联网对于促进经济发展和社会进步具有重要的现实意义。"十三五"时期,我国经济发展进入新常态,创新是引领发展的第一动力,物联网、大数据等新技术、新业态广泛应用,培育壮大新动能成为国家战略。当前,物联网正进入跨界融合、集成创新和规模化发展的新阶段,迎来重大的发展机遇。

万物互连时代的开启,物联网将进入万物互连发展新阶段,智能可穿戴设备、智能家电、智能网联汽车、智能机器人等数以万亿计的新设备将接入网络,形成海量数据,应用呈现爆发性增长,促进生产生活和社会管理方式进一步向智能化、精细化、网络化方向转变,经济社会发展更加智能、高效。第五代移动通信技术(5G)、窄带物联网(NB - IoT)等新技术为万物互连提供了强大的基础设施支撑能力。万物互连的泛在接入、高效传输、海量异构信息处理和设备智能控制,以及由此引发的安全问题等,都对发展物联网技术和应用提出了更高要求。物联网万亿级的垂直行业市场正在不断兴起。制造业成为物联网的重要应用领域,相关国家纷纷提出发展"工业互联网"和"工业 4.0",我国提出建设制造强国、网络强国,推进供给侧结构性改革,以信息物理系统(CPS)为代表的物联网智能信息技术将在制造业智能化、网络化、服务化等转型升级方面发挥重要作用。《物联网十三五规划》强调了突破以下关键核心技术。

核心敏感元件：试验生物材料、石墨烯、特种功能陶瓷等敏感材料，抢占前沿敏感材料领域先发优势；强化硅基类传感器敏感机理、结构、封装工艺的研究，加快各类敏感元器件的研发与产业化。传感器集成化、微型化、低功耗：开展同类和不同类传感器、配套电路和敏感元件集成等技术和工艺研究。支持基于 MEMS 工艺、薄膜工艺技术形成不同类型的敏感芯片，开展各种不同结构形式的封装和封装工艺创新。支持具有外部能量自收集、掉电休眠自启动等能量储存与功率控制的模块化器件研发。下面就和化学传感器关系比较密切几个方面研究进展简要介绍。

为了实现智能可穿戴服装的无线传输与人体生理参数采集，易红霞等将传感器以镀银导电纱线的形式编织在智能可穿戴服装上，运用的 ZigBee 无线网络来采集人体的呼吸信号，继而存储于终端设备以备日后查询[1472]。

植入型传感器通过对葡萄糖、DNA 等标志物测量，更直接地获取病人的实时数据，如图 6.11 所示。当然，随之而来的问题便是体内传感器的生物相容性、生物降解芯片以及体内供电储能装置的研发等，这些都需要材料学和电子学领域的深入研究[1473]。

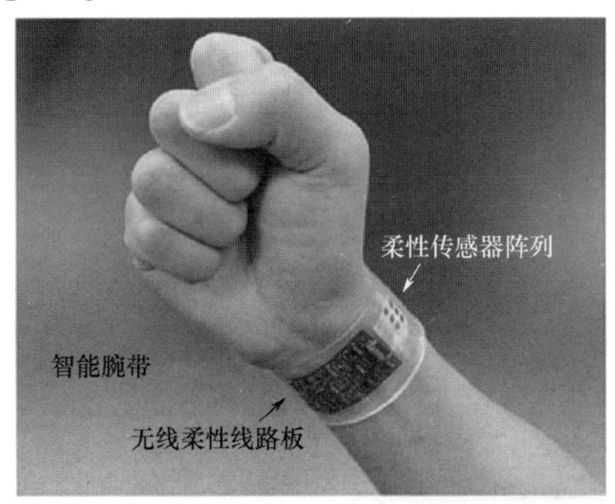

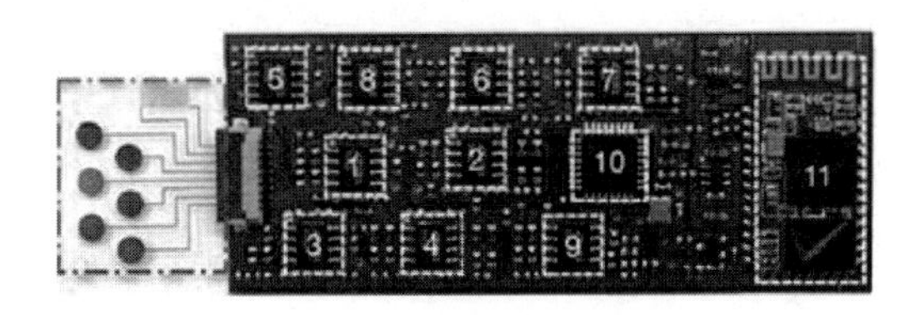

图 6.11　植入型传感器

有研究者受到美甲的灵感启发，研发了可穿戴的指甲化学感应平台，如图 6.12所示，通过颜色变化测量 pH 值，还可以循环使用[1474]。

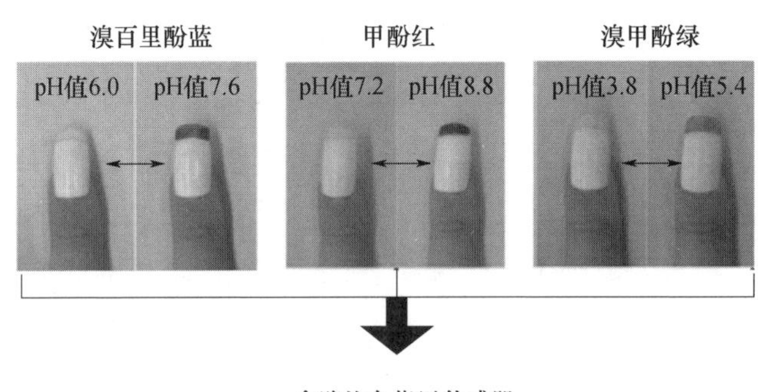

多路比色指甲传感器

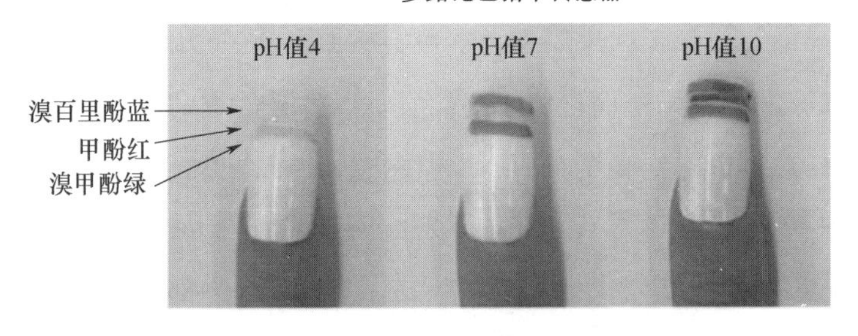

图 6.12　可穿戴的指甲化学感应平台

关于农业物联网应用有很多，如土壤养分、墒情监测，为作物选择和耕种方式提供指导；粮情信息监测，为监管部门科学决策保护粮食安全提供有效数据；农业大棚温室监控、田间自动化管理，通过连续监测土壤湿度数据，实现多点同时滴灌补水；二维码动物溯源，通过食品追溯标签使消费者全面了解产品信息，确保食品安全；智能化水产养殖，通过对鱼类声音及其他活动情况的监测，确定鱼在进食前后的状态与其食物需求之间的关系，在此基础上为给食量、摄食时间、频率、心理状态、检测外部侵袭等提供一定的辅助信息。

物联网在国外一些发达国家的大田粮食作物种植精准作业、设施农业环境监测和灌溉施肥控制、果园生产不同尺度的信息采集和灌溉控制、畜禽水产精细化养殖监测网络和精细养殖等方面应用广泛。在智能农业方面，我国也正在进行有效的实践。目前已在很多地区建立起农业数字化技术、大田作物数字化技术和数字农业继承技术综合应用示范基地。当然，成本、功能和稳定性成为传感器在农业应用中的最大的挑战，它们需要适应不同的自然环境，并且能稳定地监测和传输数据。

美国克尔斯博科技有限公司(Crossbow Technology,Inc)推广一种基于无线Mesh网络实现农作物监测的物联网,传感器主要监测土壤温湿度、环境温湿度、土壤容积含水量、太阳辐射强度、叶片湿度等。用户可以通过网络浏览提供农作物健康、生长情况的实时数据。可对各传感器设置相应的限值,超过限值或者有效范围的传感器测量的数据可通过Email或者手机短信方式发给用户。

农业依赖于地区的气候条件和全球的自然生态系统变化,因此,环境监测对现代农业十分重要,而传感器的升级可以增强人们对于自然的了解程度。图6.13(a)是安装在鸟类腿上的GPS模块,用于研究它们的迁徙路线。试想,如果将环境监测的传感器也安装其腿上,就成了一个采集地区气候数据的有效途径[1475]。

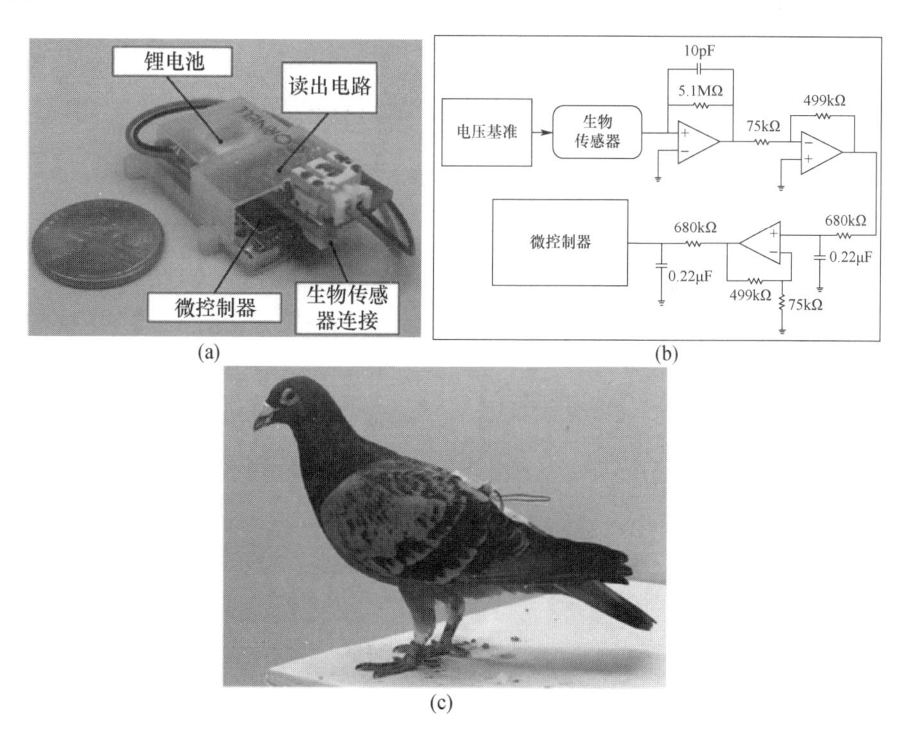

图6.13 安装在鸟类腿上的GPS模块

化学传感器很早就应用于环境的监测,包括水、空气等信息的采集。早期主要是有线数据的传送与接收,目前,大量的研究热点在与无线网络有效结合以及应用。Chiesa 等研发了氨气传感器系统对城市污染进行区域监测。他们使用一种基于碳纳米管的化学传感器来检测环境氨气浓度，由此监控由于汽车排放引起的空气污染。传感器的基底选用陶瓷，在野外条件下比较稳定可靠，制造和运营成本较低。基于神经网络系统学习和模糊逻辑算法，能克服只对一种物质检测的缺点，容易将氨气与干扰气体（如 NO 和臭氧）区分开来[1476]。在英国剑桥市进行了类似的研究，科研人员利用电化学传感器对 CO、NO 和 NO_2 进行检测，该方法具有极低的检出限（ppb）。传感器之间进行通信交流，将每个传感器上的数据分析单元组合起来，从而实时生成空气污染的三维图，如图 6.14所示，这些检测结果可融入公众健康的报警网络中[1477]。

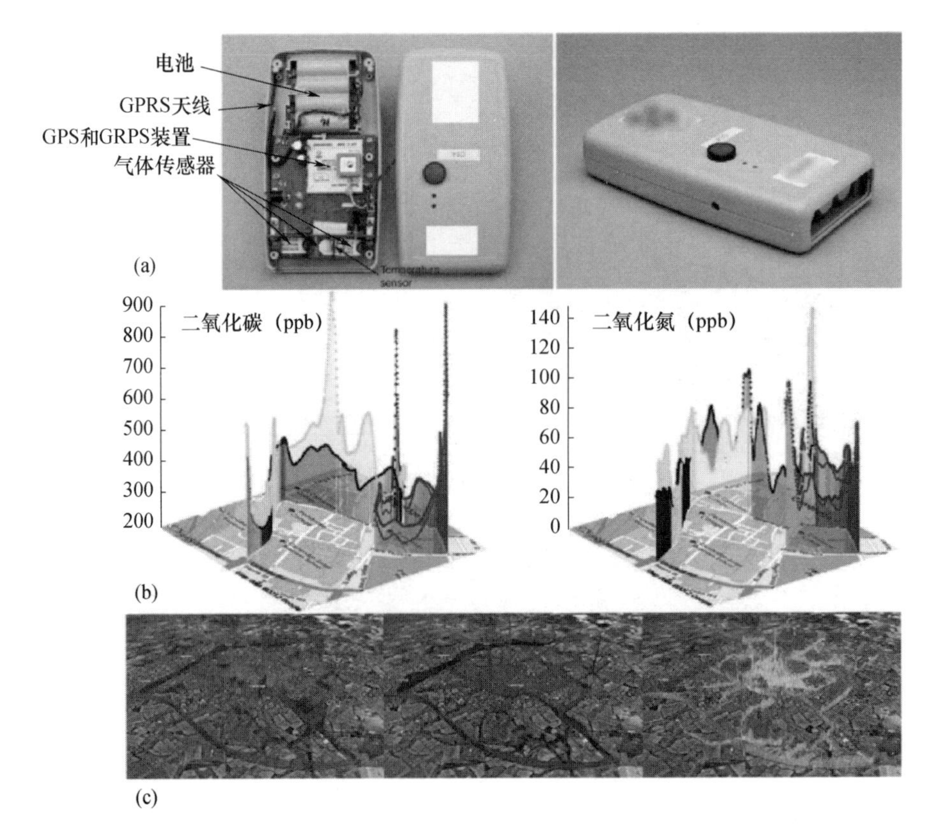

图 6.14　融入公众健康的报警网络

Alreshaid 等分析了将化学和液体/气体检测传感器集成到批次中的过程。以最近开发的集成到无线平台的传感器为出发点，介绍了一种用于检测不同类型液体的微流控传感器,以及能够以非常小的量发出目标气体存在信号的气体传感器;这些气体传感器包括甲基膦酸二甲酯、磷酸二乙酯和氨[1478]。Kassal 等开发了一种超低功率射频识别(RFID)无线传感器标签,该标签具有电位测量输入,可用于 pH 和 ISE(离子选择电极)。该标签能够测量并存储在其内部存储器中的电极电位,然后将记录的数据通过 RFID 无线传输到附近的读卡器或通过近场通信(NFC)传输到智能手机。这种传感器标签非常简单,具有超低功耗、电位感应能力、自主数据记录和 RFID/NFC 兼容的空中接口。这些特性使标签适合用于环境分析,因为在某些参数的连续监测中,pH 或其他离子交换电极被部署为独立的化学传感器或作为支持该批次的大型化学传感器网络的一部分。作者比较了该标签在溶液 pH 值测定中的性能,并与商用 pH 计进行了比较[1479]。

水质的实时监测一直是世界各国研究人员和监管机构的重要课题。一种典型的方法是在批量设置中使用传感器网络检测和测量水质参数,并通过互联网共享结果数据。基于叉指微电极阵列(IDA)电极的灵敏和选择性传感器已经开发出来,用于检测余氯(以次氯酸盐离子的形式存在)。离子敏感涂层的 IDA 传感器比传统的传感方法具有更高的灵敏度,当次氯酸根离子从 0 增加到 10mg/L 时,其灵敏度约为 60mV。讨论了反应机理和选择性。此外,还测试了影响传感过程的几种材料成分。另一方面,稳定性/重复性和线性度得到了显著改善。作者声称,带有改进的 ISE 膜的微 IDA 芯片在水监测中显示出很强的应用潜力,对水中其他常见离子,如硫酸盐、碳酸盐和氯化物也有很高的选择性。其他优点还包括体积小、成本低、反应迅速,而且功耗低,特别适合批量生产[1480]。

食品安全已成涉及公众安全、社会稳定的重要问题,各国对此在技术与法规上的要求越来越严格,其中最重要的技术措施就是通过建立食品信息的可追踪性制度,一旦发生问题,可采取问题跟踪、范围控制和食品召回等措施。产销履历的前端以数以万计的标签附在每件农产品或其外包装上,标签起着面向消费者的数据界面的作用。并非所有农产品都适于纸质标签动态记录信息,特别是牲畜类。国家农业部开始要求在生猪生产管理中,采用电子标签记录。做法之一是推行牲畜耳标十条码的记录制度,规定猪成年 12 月以后要打耳标,耳标内置 RFID 芯片,以记录猪饲养场和生长过程中接种疸苗的情况,并将信息输入食品安全管理信息系统,如养户信息、种类、生长期等。对于食品安全的查验,可以生成商品条码,商品出货时,打印出标准的一维通用商品条码,使产销履历标签也能用于零售 POS 机扫描结算。产销履历制度是为了让消费者随时随地读取农产品的生产信息,使用二维条码,商家和消费者就能用手机了解履历记载的生产记录内容。

在食品加工、储存和运输过程中,都需要准确控制各项条件来保持食品的新鲜和安全,温度和湿度是比较重要的影响因素,这也是物联网接入的关键点。不仅是集装箱,包装箱的产品和单个包装的加工食品都可以通过化学传感器来监测食品的新鲜度。

食品包装箱中的传感器,对氨或其他小分子进行检测,可以监测包装食品的新鲜度,确保包装食品的安全性,如图 6.15 所示。有研究者在肉类包装中配置了小型传感器,作为实时监测的“化学条形码”,使用温度和湿度传感器监测包装蔬菜的新鲜度。他们集成了两个无源射频识别(RFID)传感器标签,RFID 阅读器通过附近电磁场提供送所需的能量。通过测量变质代谢物——CO_2及挥发性碱性氮的含量,确定包装内鸡肉的新鲜程度[1481]。

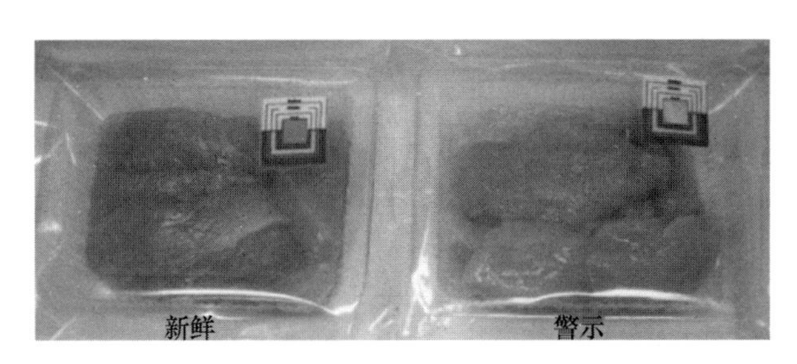

图 6.15　肉类传感器示意图

Kassal 等通过比较 2007 年至 2016 年发表的相关文章,分析了传感器的类型、检测对象、检测单元、原理、分析机理、无线技术和应用领域等几个关键点。在物联网中运用最多的电化学传感器占 46%;吸收与反射原理传感器占 20%;电导传感器占 16%;荧光与化学显色原理的传感器占 6%;pH 计是使用最多的传感器;无线技术中研究应用最多的是蓝牙技术。应用领域中用于环境监测占 33%,生理监测占 31%,食品监测占 14%。其中用于检测血糖、乳酸和尿酸的传感器与物联网结合是研究热点之一,也是最受大众最欢迎的领域。表6.5列出了典型的不同类型化学传感器、检测对象、检测单元、原理、无线技术和应用领域[1482]:

表6.5 化学传感器在物联网中的应用

检测对象	检测单元	原理	无线技术	应用领域
pH值	玻璃电极	电位分析法	RFID	环境、水监测等
K^+,Mg^{2+}	离子选择电极	电位分析法	RFID	环境、水监测等
K^+	离子选择电极	电位分析法	蓝牙	环境、水监测等
NO^{3-}	离子选择电极(PET)	电位分析法	GPRS	环境、水监测等
pH值	离子选择电极	电位分析法	ISM/SRD	环境、水监测等
Na^+	离子选择电极	电位分析法	蓝牙	运动、汗液监测
Na^+	离子选择电极	电位分析法	ZigBee	运动、汗液监测
Na^+	离子选择电极	电位分析法	RFID/NFC	运动、汗液监测
Na^+,K^+,葡萄糖,乳酸	离子选择电极,GOX,LOX	电位分析法;安培法	蓝牙	运动、汗液监测
pH值,Na^+,K^+,乳酸	离子选择电极(PH,Na^+)	电位分析法;安培法	蓝牙	运动、汗液监测
pH值	聚苯二胺	电位分析法	蓝牙	血液CO2含量
pH值,Na^+,Cl^-	离子选择电极	电位分析法	蓝牙	生理监测
葡萄糖	ZnO纳米线	电位分析法	GSM	生理监测
葡萄糖	LOx	安培法	蓝牙	生理监测
乳酸	LOx	安培法	RFID/SRD	生理监测
胆固醇	胆固醇氧化酶	安培法	RFID/SRD	生理监测
尿酸	尿酸酶	安培法	RFID/SRD	生理监测
$K_3Fe(CN)_6$ 葡萄糖	GOx/LOx	安培法	RFID/SRD	生理监测
尿酸	尿酸酶	安培法	蓝牙	生理监测
乳酸	LOx	安培法		生理监测
乙醇	乙醇氧化酶	安培法	蓝牙	生理监测
CO,SO_2,NO_2	氧化还原	安培法	蓝牙	空气监测
$Fe(CN)_6$	金电极	CV	蓝牙	食品安全
多巴胺	碳纳米线电极	Fast scan cyclic voltammetry	蓝牙	生理监测

（续）

检测对象	检测单元	原理	无线技术	应用领域
Cd^{2+}, Pb^{2+}	Polyglycine, ZnO – graphene	电位分析法	RFID	环境、水监测等
CO, CO_2, SO_x, NO_x, O_2	MO_x	电导法	ZigBee	环境、水监测等
H_2, CH_4	Fe_2O_3	电导法	ZigBee	公共安全
乙醇	PEDOT:PSS	电导法	RFID	通用
甲醇	CNT	电导法	蓝牙	通用
有机挥发物	ZnO 修饰电极	阻抗滴定法	蓝牙	空气监测
pH 值	溴甲酚绿	反射法	RFID	环境、水监测等
湿度	直接吸收	红外吸收	ZigBee	环境、水监测等
pH 值	溴甲酚紫	吸收法	RFID	环境、水监测等
CO_2, NH_3	奈酚酞	吸收法	NFC	食品安全
葡萄糖	双硼酸银光	荧光法	NFC	生理监测
促甲状腺激素	抗体夹心免疫法	化学发光	RFID	生理监测

参考文献

[1]张志鹏,Gambling W A. 光纤传感器原理[M]. 北京:中国计量出版社,1991.

[2]孙圣和,王廷云,徐影. 光纤测量传感技术[M]. 哈尔滨:哈尔滨工业大学出版社,1999.

[3]靳伟,阮双琛. 光纤传感技术新进展[M]. 北京:科学出版社,2005.

[4]Narayanaswamy R,Wolfbeis O S. Optical sensors for industrial,environmental and clinical applications[M]. Berlin:Springer – Verlag,2003.

[5]Peterson J I,Vurek G G. Fiber – optic sensors for biomedical applications[J]. Science,1984,224(4645):123 – 127.

[6]Gehrich J L,Lubbers D W,Opity N,et al. Optical fluorescence and its application to an intravascular blood gas monitoring system[J]. IEEE Transactions on Bio – medical Engineering,1986,33(2):117 – 132.

[7]Seitz W R. Chemical sensors based on fiber optics[J]. Analytical Chemistry,1984,1(56):16A – 34A.

[8]Kirkbright G F,Narayanaswamy R,Welti N A. Fibre – optic pH probe based on the use of an immobilised colorimetric indicator[J]. Analyst,1984,109(8):1025 – 1028.

[9]Peterson J I,Goldstein S R,Fitzgerald R V,et al. Fiber optic pH probe for physiological use[J]. Analytical Chemistry,1980,52(6):864 – 869.

[10]Lui B L,Schulty J S. Equilibrium binding in immunosensors[J]. IEEE Transactions on Bio – medical Engineering,1986,33(2):133 – 138.

[11]Raimundo I M,Narayanaswamy R. Simultaneous determination of relative humidity and ammonia in air employing an optical fibre sensor and artificial neural

network[J]. Sensors and Actuators B – Chemical,2001,74(1 –3):60 –68.

[12] Oehme I, Wolfbeis O S. Optical chemical sensors for determination of heavy metal ions[J]. Mikrochimica Acta,1997,126(3 –4):177 –192.

[13] Rogers K R,Pojiomek E J. Fiber optic sensors for environmental monitoring[J]. Chemosphere,1996,33(6):1151 –1173.

[14] 范世福,陈莉. 光纤传感技术在化学和生物医学分析中的应用[J]. 国外分析仪器技术与应用,1995,2:14 –25.

[15] Wolfbeis O S. Fiber – optic chemical sensors and biosensor[J]. Analytical Chemistry,2004,76(12):3269 –3284.

[16] Paleologos E K,Prodromidis M I,Giokas D L,et al. Highly selective spectrophotometric determination of trace cobalt and development of a reagentless fiber – optic sensor[J]. Analytica Chimica Acta,2002,467(1 –2):205 –215.

[17] Treadaway A C J,Lynch R J,Bolton M D. Pollution transport studies using an in – situ fibre – optic photometric sensor[J]. Engineering Geology,1998,53(2): 195 –204.

[18] Mulchandani A,Kaneva I,Chen W. Biosensor for direct determination of organophosphate nerve agents using recombinant escherichia coli with surface – expressed organophosphorus hydrolase. 2. Fiberoptic microbial biosensor[J]. Analytical Chemistry,1998,70(23):5042 –5046.

[19] Spear S K,Patterson S L,Arnold M A. Flow – through fiber – optic ammonia sensor for analysis of hippocampus slice perfusates[J]. Analytica Chimica Acta, 1997,357(1 –2):79 –84.

[20] Elosua C,Bariain C,Matias J R,et al. Volatile alcoholic compounds fibre optic nanosensor[J]. Sensors and Actuators B – Chemical,2006,115(1):444 –449.

[21] Kumar J,Jha S K,D'Souza S F. Optical microbial biosensor for detection of methyl parathion pesticide using flavobacterium sp whole cell adsorbed on glass fiber filters as disposable biocomponent[J]. Biosensors and Bioelectronics,2006, 21(11):2100 –2105.

[22] Schwotzer G,Latka I,Lehmann H,et al. Optical sensing of hydrocarbons in

air or in water using UV absorption in the evanescent field of fibers[J]. Sensors and Actuators B - Chemical,1997,38(1-3):150-153.

[23]罗鸣. pH 值与湿度的光纤传感器研究[J]. 分析科学学报,2007,1:25-29.

[24]Roy S. Fiber optic sensor for determining adulteration of petrol and diesel by kerosene[J]. Sensors and Actuators B - Chemical,1999,55(2-3):12-216.

[25]Cunningham B,Li P,Lin B,et al. Colorimetric resonant reflection as a direct biochemical assay technique[J]. Sensors and Actuators B - Chemical,2002,81(2-3):316-328.

[26]Ahmad M,Hamzah H,Marsom E S. Development of an Hg(Ⅱ) fibre - optic sensor for aqueous environmental monitoring[J]. Talanta,1998,47(2):275-283.

[27]Watanabe M,Kajikawa K. An optical fiber biosensor based on anomalous reflection of gold[J]. Sensors and Actuators B - Chemical,2003,89(1-2):126-130.

[28]Sutapun B,Tabib - Azar M. Grating - coupled multimode fiber optics for filtering and chemical - sensing applications[J]. Sensors and Actuators B - Chemical,2000,69(1-2):63-69.

[29]Meriaudeau F,Wig A,Passian A. Gold island fiber optic sensor for refractive index sensing[J]. Sensors and Actuators B - Chemical,2000,69(1-2):51-57.

[30]Lu J Z,Zhang Z J. A simplified nitroso - r salt - based optic fiber sensor for copper[J]. Microchemical Journal,1995,52(3):315-319.

[31]付华,康海潮,梁明广,等. 新型光纤化学瓦斯传感器的研究[J]. 传感器与微系统,2011,30(6):24-25.

[32]Lee J R. Yoon C Y. Dhital D,et al. 3rd International Conference on Multi - Functional Materials and Structures,September 14-18,2010[C]. Durnten - Zurich:Trans Tech Publications Ltd,2010.

[33]Yuan P,Walt D R. Calculation for fluorescence modulation by absorbing species and its application to measurements using optical fibers[J]. Analytical Chemistry,1987,59(19):2391-2394.

[34]Leese R A,Wehry E L. Corrections for inner - filter effects in fluorescence

quenching measurements via right - angle and front - surface illumination[J]. Analytical Chemistry,1978,50(8):1193 - 1197.

[35]Lakowiez J R. Principles of fluorescence spectroscopy[M]. New York:Plenum Press,1983.

[36]Chudyk W A,Carrabba M M,Kenny J E. Remote detection of groundwater contaminants using far - ultraviolet laser - induced fluorescence [J]. Analytical Chemistry,1985,57(7):1237 - 1242.

[37]Rosenzweig Z,Kopelman R. Development of a submicrometer optical fiber oxygen sensor[J]. Analytical Chemistry,1995,67(15):2650 - 2654.

[38]Haddock H S,Shankar P M,Mutharasan R. Evanescent sensing of biomolecules and cells[J]. Sensors and Actuators B - Chemical,2003,88(1):67 - 74.

[39]Wiejata P J,Shankar P M,Mutharasan R. Fluorescent sensing using biconical tapers[J]. Sensors and Actuators B - Chemical,2003,96(1 - 2):315 - 320.

[40]Koronczi I,Reichert J,Ache H. Submicron sensors for ion detection based on measurement of luminescence decay time[J]. Sensors and Actuators B - Chemical,2001,74(1 - 3):47 - 53.

[41]Li X P,Rosenzweig Z. A fiber optic sensor for rapid analysis of bilirubin in serum[J]. Analytica Chimica Acta,1997,353(2 - 3):263 - 273.

[42]Singer E,Duveneck G,Ehrat M. Fiber optic sensor for oxygen determination in liuquids[J]. Sensors and Actuators A - Physical,1994,42(1 - 3):542 - 546.

[43]Walt D R,Barnard S M. Imaging fiber optic array sensors,apparatus,and methods for concurrently detecting multiple analytes of interest in a fluid sample[P]. US5244636,1993 - 9 - 14.

[44]McNamara K P,Li X P,Stull A D. Fiber - optic oxygen sensor based on the fluorescence quenching of tris (5 - acrylamido,1,10 phenanthroline) ruthenium chloride[J]. Analytica Chimica Acta,1998,361(1 - 2):73 - 83.

[45]Prince B J,Schwabacher A W,Geissinger P. A readout scheme providing high spatial resolution for distributed fluorescent sensors on optical fibers[J]. Analytical Chemistry,2001,73(5):1007 - 1015.

[46]Dickinson T A,White J,Kauer J S. A chemical - detecting system based on a cross - reactive optical sensor array[J]. Nature,1996,382(6593):697 - 700.

[47]Walt D R,Dickinson T,White J. Optical sensor arrays for odor recognition [J]. Biosensors and Bioelectronics,1998,13(6):697 - 699.

[48]汪尔康. 分析化学新进展[M]. 北京:科学出版社,2002.

[49]郭炬亮,陈坚. 用光纤化学传感器连续在位监测呋喃妥因肠溶片的体外溶出[J]. 中国药物分析杂志,1997,17(4):228 - 231.

[50]陈坚,朱滨. PBA 光纤化学传感器在线监测家兔口服呋喃妥因的尿药浓度[J]. 分析科学学报,1994,10(4):31 - 35.

[51]袁立懋,孙棉龄,陈坚,等. PBA 光纤化学传感器测定水中微量铬[J]. 环境保护,1995,12:17 - 19.

[52]Zhang L H,Iburiam A. Determination of content of VB_2 tablet with fluorescence fiber - optic chemical sensor [J]. Agricultural Biotechnology, 2015, 4(2):56 - 58.

[53]Nguyen T H,Sun T,Grattan K T V,et al. Fourth european workshop on optical fibre sensors,September 08 - 10,2010 [C]. Bellingham:Spie - Int Soc Optical Engineering,2010.

[54]Chen ZP,Kaplan D L,Gao H,et al. Molecular assembly of multilayer enzyme:toward the development of a chemiluminescence - based fiber optic biosensor [J]. Materials Science and Engineering C:Biomimetic Materials Sensors and Systems,1996,4(3):155 - 159.

[55]Choi S H,Gu M B. A portable toxicity biosensor using freeze - dried recombinant bioluminescent bacteria[J]. Biosensors and Bioelectronics,2002,17(5): 433 - 440.

[56]赵藻藩,周性尧,张悟铭,等. 仪器分析[M]. 北京:高等教育出版社,1998.

[57]Campiglia A D,Alarie J P,Vo - Dinh T. Development of a room - temperature phosphorescence fiber - optic sensor[J]. Analytical Chemistry,1996,68(9): 1599 - 1604.

[58]Schwab S D,McCreery R L. Versatile,efficient raman sampling with fiber optics[J]. Analytical Chemistry,1984,56(12):2199 -2204.

[59]Stokes D L,Vo - Dinh T. Development of an integrated single - fiber SERS sensor[J]. Sensors and Actuators B - Chemical,2000,69(1 -2):28 -36.

[60]Frank C J,Redd D C B,Gansler T S. Characterization of human breast biopsy specimens with near - irraman spectroscopy[J]. Analytical Chemistry,1994,66(3):319 -326.

[61]Frank C J,McCreery R L,Redd D C B. Raman spectroscopy of normal and diseased human breast tissues[J]. Analytical Chemistry,1995,67(5):777 -783.

[62]Blair D S,Burgess L W,Brodsky A M. Evanescent fiber - optic chemical sensor for monitoring volatile organic compounds in water[J]. Analytical Chemistry,1997,69(13):2238 -2246.

[63]Potyrailo R A,Hobbs S E,Hieftje G M. Near - ultraviolet evanescent - wave absorption sensor based on a multimode optical fiber[J]. Analytical Chemistry,1998,70(8):1639 -1645.

[64]Fang X H,Tan. W H. Imaging single fluorescent molecules at the interface of an optical fiber probe by evanescent wave excitation[J]. Analytical Chemistry,1999,71(15):3101 -3105.

[65]Gupta B D,Sharma N K. Fabrication and characterization of U - shaped fiber - optic pH probes[J]. Sensors and Actuators B - Chemical,2002,82(1):89 -93.

[66]赵明富,吴亮,钟年丙,等. 有机掺杂复合指示剂的光纤 pH 传感器及其性能研究[J]. 激光杂志,2016(7):87 -89.

[67]Mulyanti B,Faozan Y M R,Putro W S,et al. Development of fiber optic chemical sensor for monitoring acid rain level[J]. International Symposium on Materials and Electrical Engineering,2018,384:1 -7.

[68]Nylander C,Liedbery B,Lind T. Gas detection by means of surface plasmon resonance[J]. Sensors and Actuators B - Chemical,1982,3(1):79 -88.

[69]Liedbery B,Nylander C,Lundstrom I. Surface plasmon resonance for gas detection and biosensing[J]. Sensors and Actuators B - Chemical,1983,4(2):

299 – 304.

[70]Jorgenson R C, Yee S S. Fiber – optic chemical sensor based on surface plasmon resonance[J]. Sensors and Actuators B – Chemical,1993,12(3):213 – 220.

[71]Abdelghani A,Chovelon J M,Jaffrezic – Renault N. Chemical vapour sensing by surface plasmon resonance optical fibre sensor coated with fluoropolymer[J]. Analytica Chimica Acta,1997,337(2):225 – 232.

[72]Lin W B,Lacroix M,Chovelon J M. Development of a fiber – optic sensor based on surface plasmon resonance on silver film for monitoring aqueous media[J]. Sensors and Actuators B – Chemical,2001,75(3):203 – 209.

[73]Sharma A K,Kaur B. Chalcogenide fiber – optic SPR chemical sensor with MoS_2 monolayer, polymer clad, and polythiophene layer in NIR using selective ray launching[J]. Optical Fiber Technology,2018,43:163 – 168.

[74]Kim J A,Hwang T,Dugasani S R,et al. Graphene based fiber optic surface plasmon resonance for bio – chemical sensor applications[J]. Sensors and Actuators B – Chemical,2013,187:426 – 433.

[75]Nguyen T H,Sun T ,Grattan K T V. 6th European Workshop on Optical Fibre Sensors,May 31 – June 03,2016[C]. Bellingham:Spie – Int Soc Optical Engineering,2016.

[76]Pathak A K,Bhardwaj V,Gangwar R K,et al. International Conference on Condensed Matter and Applied Physics,October 30 – 31,2015[C]. Melville:Amer Inst Physics,2016.

[77]Bronk K S,Michael K L,Pantano P. Combined imaging and chemical sensing using a single optical imaging fiber[J]. Analytical Chemistry,1995,67(17):2750 – 2757.

[78]李庆臻. 科学技术方法大辞典[M]. 北京:科学出版社,1999.

[79]上官春梅,何巍,娄小平,等. 基于化学腐蚀法制备的光纤微结构传感器[J]. 仪表技术与传感器,2018,3:1 – 5.

[80]Liu C,Cai Q,Sun Z,et al. 6th European Workshop on Optical Fibre Sensors, May 31 – June 03,2016[C]. Bellingham:Spie – Int Soc Optical Engineering,2016.

[81]Kennard E H. The excitation of fluorescence in fluorescein[J]. Physical Review,1927,29(3):466 -477.

[82]Bukantz S C, Dammin G J. Fluorescein as an indicator of antihistaminic activity: inhibition of histamine - induced fluorescence in the skin of human subjects [J]. Science,1948,107(2774):224 -225.

[83]Martin M M, Lindqvist L. The pH dependence of fluorescein fluorescence [J]. Journal of luminescence,1975,10(6):381 -390.

[84] Diehl H, Markuszewski R. Studies on fluorescein. 7. the fluorescence of fluorescein as a function of ph[J]. Talanta,1989,36(3):416 -418.

[85]Pant S, Tripathi H B, Pant D D. Fluorescence lifetime studies on various ionic species of sodium fluorescein (uranine)[J]. Journal of Photochemistry and Photobiology A: Chemistry,1994,81(1):7 -11.

[86]Ma L Y, Wang H Y, Xie H, et al. A long lifetime chemical sensor: study on fluorescence property of fluorescein isothiocyanate and preparation of pH chemical sensor[J]. Spectrochimica Acta Part A: Molecular and Biomolecular Spectroscopy, 2004,60(8 -9):1865 -1872.

[87]Elmgren H. The fluorescence lifetime of free and conjugated fluorescein in various environments[J]. Journal of Polymer Science Part C: Polymer Letters,1980, 18(12):815 -822.

[88]Liu C. Studies on influenza infection in ferrets by means of fluorescin - labelled antibody[J]. Journal of Experimental Medicine,1955,101(6):677 -687.

[89]Kumke M U, Li G, Mcgown L B, et al. Hybridization of fluorescein - labeled dna oligomers detected by fluorescence anisotropy with protein - binding enhancement[J]. Analytical Chemistry,1995,67(21):3945 -3951.

[90]Wallach D F H, Steck T L. Fluorescence techniques in the microdetermination of metals in biological materials[J]. Analytical Chemistry, 1963, 35(8): 1035 -1044.

[91]龚波林,龚国权,王怀公. 荧光素荧光猝灭法测定微量碘酸根[J]. 分析化学,1997,25(8):906 -908.

[92]李学强,田晓燕,龚波林. 荧光素荧光法测定大气中 SO_2 的研究[J]. 宁夏大学学报(自然科学版),1999,20(4):338 - 339.

[93]李学强,龚波林. 2′,7′ - 二氯荧光素荧光法测定环境样品中微量 As(III) 的研究[J]. 光谱学与光谱分析,2000,20(3):420 - 422.

[94]Alhakiem M H H,Landon J,Smith DS,et al. Fluorimetric assays for avidin and biotin based on biotin - induced fluorescence enhancement of fluorescein - labeled avidin[J]. Analytical Biochemistry,1981,116(2):264 - 267.

[95]Keimig T L,Mcgown L B. Micellar modification of the spectral,intensity and lifetime characteristics of the fluorescence of fluorescein - labeled phenobarbital[J]. Talanta,1986,33(8):653 - 656.

[96]Wu S L,Dovichi N J. High - sensitivity fluorescence detector for fluorescein isothiocyanate derivatives of amino - acids separated by capillary zone electrophoresis[J]. Journal of Chromatography,1989,480:141 - 155.

[97]Wu S O,Dovichi N J. Capillary zone electrophoresis separation and laser - induced fluorescence detection of zeptomole quantities of fluorescein thiohydantoin derivatives of amino - acids[J]. Talanta,1992,39(2):173 - 178.

[98]Reif O W,Lausch R,Scheper T,et al. Fluorescein isothiocyanate - labeled protein - g as an affinity ligand in affinity immunocapillary electrophoresis with fluorescence detection[J]. Analytical Chemistry,1994,66(22):4027 - 4033.

[99]Zeng H H,Wang K M,Li D,et al. Development of an alcohol optode membrane - based on fluorescence enhancement of fluorescein derivatives[J]. Talanta,1994,41(6):969 - 975.

[100]Zeng H H,Wang K M,Yang X H,et al. Fiberoptic sensor for the determination of carboxylic - acids based on fluorescence enhancement of lipophilized fluorescein isologs[J]. Analytica Chimica Acta,1994,287(3):267 - 273.

[101]龚国权,贾丽,苏琛. 二氯荧光素结合氯化十六烷基吡啶荧光猝灭法测定微量碘[J]. 分析化学,1994,22(5):465 - 467.

[102]Mukherjee P S,Karnes H T. Analysis of gamma - (cholesteryloxy)butyric acid in biologic samples by derivatization with 5 - (bromomethyl)fluorescein fol-

lowed by high performance liquid chromatography with laser – induced fluorescence detection[J]. Analytical Chemistry,1996,68(2):327 – 332.

[103]Selanger K A,Falnes J,Sikkeland T. Fluorescence lifetime studies of rhodamine 6g in methanol[J]. Journal of Physical Chemistry,1977,81(20):1960 – 1963.

[104]Penzkofer A,Lu Y. Fluorescence quenching of rhodamine 6g in methanol at high – concentration[J]. Chemical Physics,1986,103(2 – 3):399 – 405.

[105]Tellinghuisen J,Goodwin P M,Ambrose W P,et al. Analysis of fluorescence lifetime data for single rhodamine molecules in flowing sample streams[J]. Analytical Chemistry,1994,66(1):64 – 72.

[106]Karstens T,Kobs K. Rhodamine – b and rhodamine – 101 as reference substances for fluorescence quantum yield measurements[J]. Journal of Physical Chemistry,1980,84(14):1871 – 1872.

[107]Kubin R F,Fletcher A N. Fluorescence quantum yields of some rhodamine dyes[J]. Journal of luminescence,1982,27(4):455 – 462.

[108]Wyatt W A,Bright F V,Hieftje G M. Characterization and comparison of 3 fiberoptic sensors for iodide determination based on dynamic fluorescence quenching of rhodamine – 6G[J]. Analytical Chemistry,1987,59(18):2272 – 2276.

[109]Litwiler K S,Kluczynski P M,Bright F V. Determination of the transduction mechanism for optical sensors based on rhodamine 6g impregnated perfluorosulfonate films using steady – state and frequency – domain fluorescence[J]. Analytical Chemistry,1991,63(8):797 – 802.

[110]Rahavendran S V,Karnes H T. Application of rhodamine 800 for reversed phase liquid chromatographic detection using visible diode laser – induced fluorescence[J]. Analytical Chemistry,1996,68(21):3763 – 3768.

[111]孙静轩,潘玉诚,宋玉民. 罗丹明6G荧光猝灭测定微量钌[J]. 高等学校化学学报,1987,8(11):972 – 974.

[112]吴曼君,李玉珍. 罗丹明6G萃取荧光光度法测定硫化矿及石英中微量金[J]. 岩矿测试,1988,1:23 – 27.

[113]王筱敏,邵谦,柏竹平,等. 罗丹明6G荧光猝灭法测定水中微量磷

[J]. 光谱学与光谱分析,1988,8(3):51 - 54.

[114]张仁德,焦凤菊,王怀公. 丁基罗丹明B荧光光度法测定痕量铟[J]. 兰州大学学报(自然科学版),1991,27(4):83 - 86.

[115]张勇,张兰芳,周漱萍. 催化荧光法测定痕量铜[J]. 分析化学,1992,20(8):957 - 959.

[116]赵慧春,张连青. 丁基罗丹明B - Bi(Ⅲ) - SCN—PVA - Tween - 80体系荧光熄灭法测定痕量铋[J]. 分析试验室,1992,11(1):40 - 41.

[117]张仁德,周林红,徐晓昕,等. 丁基罗丹明B荧光法测定痕量钽[J]. 兰州大学学报(自然科学版),1992,28(2):118 - 122.

[118]赵慧春,季红. 罗丹明B - Mo(Ⅴ) - SCN—PVA体系荧光熄灭法测痕量钼[J]. 分析测试通报,1992,11(1):48 - 51.

[119]刘绍璞,刘忠芳,李康业. 硒(Ⅳ) - 碘化物 - 罗丹明B体系荧光猝灭反应测定痕量硒[J]. 科学通报,1992,22:2054 - 2057.

[120]郑肇生,吴和舟,陈峰,等. 动力学法测定卤素研究. Ⅲ. 过氧化氢氧化罗丹明B催化荧光法测定溴离子[J]. 分析化学,1993,21(9):1092 - 1094.

[121]王钢,何应律,赵中一,等. 罗丹明6G水相荧光光度法测定汞[J]. 岩矿测试,1993,12(2):159 - 160.

[122]宋功武. 罗丹明6G荧光猝灭法测定微量硅的研究[J]. 分析测试学报. 1995,14(1):85 - 87.

[123]高甲友,赵岚. 砷钼杂多酸 - 罗丹明6G荧光猝灭法测定痕量砷[J]. 环境监测管理与技术,1995,7(2):26 - 27,46.

[124]Jie NQ,Si ZK,Yang JH,et al. Determination of cerium in rare earth ores by fluorescence quenching of rhodamine 6G[J]. Mikrochimica Acta,1997,126(1 - 2):93 - 96.

[125]奉平,刘绍璞,刘忠芳. 碲(Ⅳ) - 碘化钾 - 罗丹明B体系荧光猝灭反应测定痕量碲[J]. 分析化学,1997,25(9):1072 - 1075.

[126]李建国,王耀荣,唐亚莲,等. 碘化物 - 罗丹明B体系荧光猝灭反应测定痕量亚硝酸根[J]. 分析化学,1997,25(5):590 - 593.

[127]赵兴茹,刘保生,丁良,等. 丁基罗丹明B四溴荧光素双荧光剂萃取

荧光法测定镓[J]. 分析化学,1997,25(5):619-619.

[128]张杰,郑基甸,陈颖,等. 罗丹明 B-7-碘-8-羟基喹啉-5-磺酸胶束体系荧光熄灭测定铌[J]. 分析化学,1997,25(9):1082-1085.

[129]蒋淑艳. 罗丹明 B 同步荧光猝灭法测微量磷的条件研究[J]. 光谱学与光谱分析,1997,17(4):120-123.

[130]李建国,王耀荣,魏永前,等. 硒(IV)-碘化物-罗丹明 6G 体系荧光猝灭反应测定茶叶中痕量硒[J]. 分析试验室,1997,16(5):52-54.

[131]Jie N Q,Zhang Q,Yang J H,et al. Determination of chromium in waste-water and cast iron samples by fluorescence quenching of rhodamine 6G[J]. Talanta,1998,46(1):215-219.

[132]冯素玲,陈红,张桂恩. 高碘酸钾-罗丹明 6G 催化荧光法测定超痕量钌[J]. 分析试验室,1999,18(6):52-54.

[133]董存智. 罗丹明 3GO 荧光猝灭法测定微量亚硝酸根[J]. 分析化学,2002,30(11):1407-1407.

[134]Zhang X,Wang H,Fu N N,et al. A fluorescence quenching method for the determination of nitrite with rhodamine 110[J]. Spectrochimica Acta Part A:Molecular and Biomolecular Spectroscopy,2003,59(8):1667-1672.

[135]高甲友. 罗丹明 6G 荧光猝灭法测定食盐中痕量碘酸根[J]. 冶金分析,2003,23(3):38-39,47.

[136]Todoroki K,Hayama T,Ijiri S,et al. Rhodamine B amine as a highly sensitive fluorescence derivatization reagent for saccharides in reversed-phase liquid chromatography[J]. Journal of Chromatography A,2004,1038(1-2):113-120.

[137]张爱梅,臧运波. 罗丹明 6G-锰 A-过氧化氢体系荧光法测定常见油性种子的抗氧化活性[J]. 分析化学,2004,32(10):1337-1340.

[138]Jiang Z L,Zhang B M,Liang A H. A new sensitive and selective fluorescence method for determination of chlorine dioxide in water using rhodamine S[J]. Talanta 2005,66(3):783-788.

[139]刘保生,高静,杨更亮. 吖啶橙-罗丹明 6G 能量转移荧光猝灭法测定维生素 B12[J]. 光谱学与光谱分析,2005,25(7):1080-1082.

[140]刘保生,高静,杨更亮．吖啶橙-罗丹明6G荧光共振能量转移及其罗丹明6G荧光猝灭法测定蛋白质[J]．分析化学,2005,33(4):546-548.

[141]汪新,刘金水,王伦．丁基罗丹明B-表面活性剂体系荧光光谱法测定人血清蛋白[J]．光谱实验室,2005,22(2):337-340.

[142]章表明,蒋治良．基于罗丹明S缔合微粒荧光猝灭效应测定ClO^-[J]．广西师范大学学报(自然科学版),2005,23(4):69-72.

[143]高甲友．罗丹明6G荧光猝灭法测定痕量铬[J]．冶金分析,2005,25(1):34-35.

[144]Stevens H M. The effect of the electronic structure of the cation upon fluorescence in metal-8-hydroxyquinoline complexes[J]. Analytica Chimica Acta, 1959,20(4-5):389-396.

[145]Dowling S D, Seitz W R. Effect of metal-ligand ratio on polarization of fluorescence from metal-8-quinolinol complexes[J]. Spectrochimica Acta Part A: Molecular and Biomolecular Spectroscopy, 1984,40(10):991-993.

[146]Soroka K, Vithanage R S, Phillips D A, et al. Fluorescence properties of metal-complexes of 8-hydroxyquinoline-5-sulfonic acid and chromatographic applications[J]. Analytical Chemistry, 1987,59(4):629-636.

[147]Gong Z L, Zhang Z L. An optosensor based on the fluorescence of metal complexes adsorbed on Chelex 100[J]. Analytica Chimica Acta, 1996,325(3): 201-204.

[148]Zhu RH, Kok W T. Determination of trace metal ions by capillary electrophoresis with fluorescence detection based on post-column complexation with 8-hydroxyquinoline-5-sulphonic acid[J]. Analytica Chimica Acta, 1998,371(2-3):269-277.

[149]Kayne M S, Cohn M. Enhancement of Tb(III) and Eu(III) fluorescence in complexes with escherichia-coli transfer-RNA[J]. Biochemistry, 1974, 13(20):4159-4165.

[150]Bidoglio G, Grenthe I, Qi P, et al. Complexation of eu and tb with fulvic-acids as studied by time-resolved laser-induced fluorescence[J]. Talanta, 1991,

38(9):999 – 1008.

[151] Cabaniss S E. Synchronous fluorescence – spectra of metal – fulvic acid complexes[J]. Environmental Science and Technology,1992,26(6):1133 – 1139.

[152] Wang Y P,Lei Z Q,Feng H Y,et al. Synthesis and fluorescence properties of rare – earth – metal ion polymer ligand low – molecular – weight ligand ternary complexes[J]. Journal of Applied Polymer Science,1992,45(9):1641 – 1648.

[153] Morisige K. Metal – complexes of aromatic schiff – base compounds. 1. fluorescence properties of aluminum and gallium complexes of aromatic schiff – bases and their use in fluorimetry[J]. Analytica Chimica Acta,1974,72(2):295 – 305.

[154] Morisige K. Metal – complexes of aromatic schiff – base compounds. 2. fluorescence of beryllium and scandium complexes and their use in fluorimetry [J]. Analytica Chimica Acta,1974,73(2):245 – 254.

[155] Sawada T,Shibamoto T,Kamada H. Fluorescence lifetime measurements of morin – metal ion complexes[J]. Bulletin of the Chemical Society of Japan,1978, 51(6):1736 – 1738.

[156] Baxendale J H,Rodgers M A J. Fluorescence of tris(2,2′ – bipyridyl) ruthenium(ii) in sodium dodecyl – sulfate solutions below the critical micelle concentration[J]. Journal of Physical Chemistry,1982,86(25):4906 – 4909.

[157] Sexton D A,Ford P C,Magde D. Dual emissions in the solution phase photo – luminescence of rhodium(iii) complexes – ligand – field fluorescence from a heavy – metal complex[J]. Journal of Physical Chemistry,1983,87(2):197 – 199.

[158] 林玲,肖来龙,辛玲玲,等. 基于钌配合物荧光猝灭氧二次传感 BOD 检测的研究[J]. 光谱学与光谱分析,2006,26(1):15 – 18.

[159] Sanzmedel A,Perez M M F,Cirugeda M D,et al. Metal chelate fluorescence enhancement by nonionic micelles – surfactant and auxiliary ligand nature influence on the niobium lumogallion complex [J]. Analytical Chemistry, 1986, 58(11):2161 – 2166.

[160] Marsh S,Grandjean C. Combined ultraviolet absorbance and fluorescence monitoring – aid to identification of polycyclic aromatic hydrocarbon metabolites by

high - pressure liquid - chromatography[J]. Journal of Chromatography,1978,147(JAN):411 - 414.

[161]Richardson J H,Larson K M,Haugen G R,et al. Time - resolved laser - induced fluorescence with high - performance liquid - chromatography for analysis of polycyclic aromatic hydrocarbon mixtures[J]. Analytica Chimica Acta,1980,116(2):407 - 411.

[162]Chi Z H,Cullum B M,Stokes D L,et al. High - temperature vapor detection of polycyclic aromatic hydrocarbon fluorescence[J]. Fuel,2001,80(12):1819 - 1824.

[163]Kershaw J R. Fluorescence spectroscopic analysis of coal - derived liquids - determination of polycyclic aromatic hydrocarbon ring - systems and identification of basic nitrogen - heterocycles[J]. Fuel,1983,62(12):1430 - 1435.

[164]Suzuki I,Ui M,Yamauchi A. Supramolecular probe for bicarbonate exhibiting anomalous pyrenefluorescence in aqueous media[J]. Journal of the American Chemical Society,2006,128(14):4498 - 4499.

[165]周宏标,陈彬,高建华. 镧系超分子核酸荧光探针的研究和应用[J]. 理化检验 - 化学分册,2001,37(12):532 - 533,538.

[166]Bakirci H,Nau W M. Fluorescence regeneration as a signaling principle for choline and carnitine binding:A refined supramolecular sensor system based on a fluorescent azoalkane[J]. Advanced Functional Materials,2006,16(2):237 - 242.

[167]Sirish M,Maiya B G. Fluorescence studies on a supramolecular porphyrin bearing anthracene donor moieties[J]. Journal of Photochemistry and Photobiology A:Chemistry,1995,85(1 - 2):127 - 135.

[168]尹伟,张迈生,康北笙. 稀土超分子纳米功能材料的组装及其荧光性质比较[J]. 无机化学学报,2001,17(1):60 - 64.

[169]Palaniappan K,Hackney SA,Liu J. Supramolecular control of complexation - induced fluorescence change of water - soluble,beta - cyclodextrin - modified CdS quantum dots[J]. Chemical Communications,2004,23:2704 - 2705.

[170]Ormo M,Cubitt A B,Kallio K,et al. Crystal structure of the Aequorea

victoria green fluorescent protein[J]. Science, 1996, 273(5280): 1392 – 1395.

[171] Chan W C W, Nie S M. Quantum dot bioconjugates for ultrasensitive nonisotopic detection[J]. Science, 1998, 281(5385): 2016 – 2018.

[172] Bruchez M, Moronne M, Gin P, et al. Semiconductor nanocrystals as fluorescent biological labels[J]. Science, 1998, 281(5385): 2013 – 2016.

[173] Goldman E R, Medintz I L, Whitley J L, et al. A hybrid quantum dot – antibody fragment fluorescence resonance energy transfer – based TNT sensor[J]. Journal of the American Chemical Society, 2005, 127(18): 6744 – 6751.

[174] Meiser F, Cortez C, Caruso F. Biofunctionalization of fluorescent rare – earth – doped lanthanum phosphate colloidal nanoparticles[J]. AngewandteChemie – International Edition, 2004, 43(44): 5954 – 5957.

[175] Yi G S, Lu H C, Zhao S Y, et al. Synthesis, characterization, and biological application of size – controlled nanocrystalline $NaYF_4$: Yb, Er infrared – to – visible up – conversion phosphors[J]. Nano Letters, 2004, 4(11): 2191 – 2196.

[176] Bell A G. On the production and reproduction of sound by light. Journal of the Society of Telegraph Engineers, 1880, 9(34): 404 – 426.

[177] Kreuger L B. Ultralow gas concentration infrared absorption spectroscopy [J]. Journal of Applied Physics, 1997, 42(7): 2934 – 2945.

[178] 罗森威格. 光声学和光谱学[M]. 王耀俊，张淑仪，卢宗桂，译. 北京：科学出版社，1986.

[179] 殷庆瑞，王通，钱梦騄. 光声光热技术及其应用[M]. 北京：科学出版社，1991.

[180] 朱贵云，杨景和. 激光光谱分析法[M]. 北京：科学出版社，1989.

[181] Morse P M, Uno K. Theoretical acoustics. New York: Ingard Mc Graw Hill Inc, 1968.

[182] 泽田嗣郎. 光声光谱法的原理和应用[M]. 詹光耀，译. 北京：北京大学出版社，1988.

[183] 四川省分析测试技术联合服务中心. 精密分析仪器及应用(上)[M]. 成都：四川科技出版社，1989.

[184] Patel E K N, TAM A C. Pulsed optoacoustic spectroscopy of condensed matter[J]. Reviews of Modern Physics, 1981, 53(3): 517 – 550.

[185] Tam A C. Applications of photoacoustic sensing techniques[J]. Reviews of Modern Physics , 1986, 58(2): 381 – 431.

[186] 左伯莉, 邓延倬, 曾云鹗. 液体光声光谱及应用分析实验室[J]. 分析实验室, 1991, 1(10): 48 – 51.

[187] 左伯莉, 邓延倬, 曾云鹗. 液体光声传感器的声阻匹配[J]. 应用激光, 1989, 3(9): 122 – 123.

[188] 易良平, 朱清理, 左伯莉. 红外激光光声光谱法检测沙林[J]. 防化研究, 1995, 2: 43 – 46.

[189] 王茂鑫, 王静环, 袁加勇. 红外激光光声光谱中的弱信号检测[J]. 分析仪器, 1990, 1: 23 – 26.

[190] Michael B P, Nuth J A, Lilleleht L U. Zinc crystal growth in microgravity[J]. Astrophysical Journal, 2003, 590(1): 579 – 585.

[191] 易良平, 杨静韬, 戴金水, 等. 气相色谱 – 红外光声检测器联机检测醚类化合物[J]. 色谱, 1993, 6(11): 344 – 345.

[192] Mattiello M, Niklès M, Schilt S. Novel helmholtz – based photoacoustic sensor for trace gas detection at ppm level using GaInAsSb/GaAlAsSb DFB lasers [J]. Spectrochimica Acta Part A – Molecular and Biomolecular Spectroscopy, 2006, 63(5): 952 – 958.

[193] Grossel A, Zeninari V, Joly L. New improvements in methane detection using a Helmholtz resonant photoacoustic laser sensor: A comparison between near – IR diode lasers and mid – IR quantum cascade lasers[J]. Spectrochimica Acta Part A – Molecular and Biomolecular Spectroscopy, 2006, 63(5): 1021 – 1028.

[194] Kim S J, Byun I S, Han H Y, et al. Photoacoustic measurements of water – gas shift reaction on ferric oxide catalyst[J]. Applied Catalysis A: General, 2002, 234 (1 – 2): 35 – 44.

[195] Zeninari Z, Kapitanov V A, Courtois D. Design and characteristics of a differential Helmholtz resonant photoacoustic cell for infrared gas detection[J]. Infra-

red Physics and Technologyol, 1999, 40(1): 1 – 23.

[196] Arnott W P, Moosmüller H, Rogers C F, et al. Photoacoustic spectrometer for measuring light absorption by aerosol: instrument description [J]. Atmospheric Environment, 1999, 33(17): 2845 – 2852.

[197] Zéninari V, Parvitte B, Courtois D. Methane detection on the sub – ppm level with a near – infrared diode laser photoacoustic sensor[J]. Infrared Physics and Technology, 2003, 44(4): 253 – 261.

[198] Song K, Oh S, Jung E C. Application of laser photoacoustic spectroscopy for the detection of water vapor near 1.38μm [J]. Microchemical Journal, 2005, 80(2): 113 – 119.

[199] Besson J P, Schilt S, Thevenaz L. Sub – ppm multi – gas photoacoustic sensor[J]. Spectrochimica Acta Part A – Molecular and Biomolecular Spectroscopy, 2006, 63(5): 899 – 904.

[200] Chen T, Su G F, Yuan H Y. In situ filter correlation: photoacoustic CO detection method for fire warning[J]. Sensors and Actuators B – Chemical, 2005, 109(2): 233 – 237.

[201] Nebiker P W, Pleisch R E. Photoacoustic gas detection for fire warning [J]. Fire Safety Journal, 2002, 37(4): 427 – 436.

[202] Keller A, Ruegg M, Forster M. Open photoacoustic sensor as smoke detector[J]. Sensors and Actuators B – Chemical, 2005, 104(1): 1 – 7.

[203] Gondal M A, Dastageer A, Shwehdi M H. Photoacoustic spectrometry for trace gas analysis and leak detection using different cell geometries [J]. Talanta, 2004, 62(1): 131 – 141.

[204] Schäfer S, Miklos A, Hass P. Progress in photo – thermal and photoacoustic science and technology, September 8 – 10, 1997 [C]. Washington: SPIE Optical Engineering Press, 1997.

[205] Schafer S, Miklos A, Hess P. Quantitative signal analysis in pulsed resonant photoacoustics[J]. Applied Optics, 1997, 36(15): 3202 – 3211.

[206] Meyer P L, Sigrist M W. Atmospheric pollution monitoring using CO2 –

laser photoacoustic spectroscopy and other techniques[J]. Review of Scientific Instruments,1990,61(7):1779 - 1807.

[207]Dahnke H,Kahi J,Schüler G,et al. On - line monitoring of biogenic isoprene emissions using photoacoustic spectroscopy. Applied Physics B:Lasers and Optics,2000,70(2):275 - 280.

[208]Zha S L,Liu K,Zhu G D,et al. Acetylene detection based on resonant high sensitive photoacoustic spectroscopy[J]. Spectroscopy and Spectral Analysis,2017,37(9):2673 - 2678.

[209]Ma Y F,Qiao S D,He Y,et al. Highly sensitive acetylene detection based on multi - pass retro - reflection - cavity - enhanced photoacoustic spectroscopy and a fiber amplified diode laser[J]. Optics Express,2019,27(10):14163 - 14172.

[210]Wang Q,Wang Z,Chang J,et al. Fiber - ring laser - based intracavity photoacoustic spectroscopy for trace gas sensing[J]. Optics Letters,2017,42(11):2114 - 2117.

[211]Han L,Chen X L,Xia H,et al. Conference on Advanced Sensor Systems and Applications VII,October 12 - 14,2016[C]. Bellingham:Spie - Int Soc Optical Engineering,2016.

[212]Wang Z,Wang Q,Zhang W P,et al. Ultrasensitive photoacoustic detection in a high - finesse cavity with Pound - Drever - Hall locking[J]. Optics Letters,2019,44(8):1924 - 1927.

[213]Kauppinen J,Wilcken K,Kauppinen I. High sensitivity in gas analysis with photoacoustic detection[J]. Microchemical Journal,2004,76(1 - 2):151 - 159.

[214]Uotila J,Koskinen V,Kauppinen J. Selective differential photoacoustic method for trace gas analysis[J]. Vibrational Spectroscopy,2005,38(1 - 2):3 - 9.

[215]Dostal M,Suchanek J,Valek V,et al. Cantilever - enhanced photoacoustic detection and infrared spectroscopy of trace species produced by biomass burning[J]. Energy and Fuels,2018,32(10):10163 - 10168.

[216]Mikkonen T,Amiot C,Aalto A,et al. Broadband cantilever - enhanced photoacoustic spectroscopy in the mid - IR using supercontinuum[J]. Optics Letters,

2018,43(20):5094 -5097.

[217]Teemu T, Markku V, Tuomas H, et al. Sub - parts - per - trillion level sensitivity in trace gas detection by cantilever - enhanced photo - acoustic spectroscopy[J]. Scientific Reports,2018,8(1848):1 -7.

[218]Liu K,Cao Y,Wang G S,et al. A novel photoacoustic spectroscopy gas sensor using a low cost polyvinylidene fluoride film[J]. Sensors and Actuators B - Chemical,2018,277:571 -575.

[219] Breguet J, Pellaux J P, Gisin N. Photoacoustic detection of trace gases with an optical microphone[J]. Sensors and Actuators A - Physical,1995,48(1):29 -35.

[220]Firebaugh S L,Jensen K F,Schmidt M A. Miniaturization and integration of photoacoustic detection with a microfabricated chemical reactor system[J]. Journal of Microelectromechanical Systems,2001,2 (10):232 -237.

[221]Chen K,Yu Z H,Yu Q X,et al. Fast demodulated white - light interferometry - based fiber - optic Fabry - Perot cantilever microphone[J]. Optics Letters,2018,43(14):3417 -3420.

[222]Chen K,Zhang B,Liu S,et al. Parts - per - billion - level detection of hydrogen sulfide based on near - infrared all - optical photoacoustic spectroscopy [J]. Sensors and Actuators B - Chemical,2019,283:1 -5.

[223]Kosterev A A,Bakhirkin Y A,Curl R F,et al. Quartz - enhanced photoacoustic spectroscopy[J]. Optics Letters,2002,27(21):1902 -1904.

[224]Dong L,Kosterev A A,Thomazy D,et al. QEPAS spectrophones:design,optimization,and performance[J]. Applied Physics B 2010,100(3):627 -635.

[225] Dong L, Wu H P, Zheng H D, et al. Double acoustic microresonator quartz - enhanced photoacoustic spectroscopy[J]. Optics Letters,2014,39(8):2479 -2482.

[226]Liu K,Guo X Y,Yi H M,et al. Off - beam quartz - enhanced photoacoustic spectroscopy[J]. Optics Letters,2009,34(10):1594 -1596.

[227]Li Z L,Shi C,Ren W. Mid - infrared multimode fiber - coupled quantum

cascade laser for off - beam quartz - enhanced photoacoustic detection[J]. Optics Letters,2016,41(17):4095 - 4098.

[228]Rück T,Bierl R,Matysik F. NO_2 trace gas monitoring in air using off - beam quartz enhanced photoacoustic spectroscopy (QEPAS) and interference studies towards CO_2, H_2O and acoustic noise[J]. Sensors and Actuators B - Chemical, 2018,255:2462 - 2471.

[229]Hu L E,Zheng C T,Zheng J,et al. Quartz tuning fork embedded off - beam quartz - enhanced photoacoustic spectroscopy[J]. Optics Letters, 2019, 44 (10):2562 - 2565.

[230]Borri S,Patimisco P,Galli I,et al. Intracavity quartz - enhanced photoacoustic sensor[J]. Applied Physics Letters,2014,104(9):143 - 162.

[231]Patimisco P,Borri S,Sampaolo A,et al. A quartz enhanced photo - acoustic gas sensor based on a custom tuning fork and a terahertz quantum cascade laser [J]. Analyst,2014,139(9):2079 - 2087.

[232]Patimisco P,Sampaolo A,Dong L,et al. Recent advances in quartz enhanced photoacoustic sensing[J]. Applied Physics Reviews,2018,5(1):1 - 15.

[233]杜昌文,周健民,王火焰,等. 土壤的中红外光声光谱研究[J]. 光谱学与光谱分析,2008,28(6):1242 - 1245.

[234]曹渊,解颖超,王瑞峰,等. 光声光谱气体传感技术研究进展[J]. 应用光学,2019,40(6):1152 - 1158.

[235]Wu H P,Yin X K,Dong L,et al. Simultaneous dual - gas qepas detection based on a fundamental and overtone combined vibration of quartz tuning fork[J]. Applied Physics Letters,2017,110(12):121104.

[236]Liu K,Mei J X,Zhang W J,et al. Multi - resonator photoacoustic spectroscopy[J]. Sensors and Actuators B - Chemical,2017,251:632 - 636.

[237]Lai E P C ,Vorgtman E ,and Winefordner J D. Photoacoustic probe for spectroscopic measurements in condensed matter :convenient and corrosion - resistant[J]. Applied Optics,1982,21(17):3126 - 3128.

[238]左伯莉,邓延倬,曾云鹗. 双联光声传感器和差分池在液体光声检测

中的应用[J]. 高等学校化学学报,1990,1(11):15 - 17.

[239]Oda S,Suwada T. Laser - induced photoacoustic detector for high - performance liquid chromatography[J]. Analytical Chemistry,1981,53(3):471 - 474.

[240]左伯莉,邓延倬,曾云鹗. 微型石英流动光声池在高效液相色谱中的应用[J]. 分析化学,1991,4(19):481 - 483.

[241]左伯莉,邓延倬,颜金莲. 石英毛细管液相色谱光声检测器[J]. 色谱,1990,6(8):375 - 377.

[242]闫宏涛 ,邓延倬 ,曾云鹗. 光声光谱分析中溶剂效应的研究I - 与水混溶的有机溶剂的光声信号增强作用[J]. 光谱学与光谱分析,1989,9(4):9 - 12.

[243]闫宏涛,邓延倬,曾云鹗. 溶液光声光谱分析中的离子效应研究[J]. 分析化学,1990,18(3):280 - 283.

[244]邓延倬,陈观铨,盛蓉生. 痕量物质的激光光声测定[J]. 武汉大学学报(自然科学版). 4(1982):61 - 66.

[245]闫宏涛,邓延倬,曾云鹗. 溶液中三价稀土 Ho^{3+}、Nd^{3+}的脉冲激光光声光谱研究及测定[J]. 高等学校化学学报,1988,9(6):556 - 559.

[246]Autrey T, Foster N, Hopkins D. Tunable ultraviolet visible photoacoustic detection Analysis of the sensitivity and selectivity provided by a xenon flash lamp [J]. Analytica Chimica Acta,2001,434(2):217 - 222.

[247]Sikorska A, Linde B B J, ? wirbla W. Study of thermal effusivity variations in water solutions of polyethylene glycol 200 using photoacoustic method[J]. Chemical Physics,2005,320(1):31 - 36.

[248]Autery T, Foster N S, Klepzig K, et al. A new angle into time - resolved photoacoustic spectroscopy: A layered prism cell inceases experimental flexibility [J]. Review of Scientific Instruments,1998,69(6):2246 - 2258.

[249]Shan Q, Kuhn A, Dewhurst R J. Characterization of polymer ultrasonic receivers by a photoacoustic method[J]. Sensors and Actuators B - Chemical,1996,57 (3):187 - 195.

[250]Mohácsi A, Bozóki Z, Niessner R. Direct diffusion sampling - based photoacoustic cell for in situ and on - line monitoring of benzene and toluene concentra-

tions in water[J]. Sensors and Actuators B－Chemical,2001,79(2－3):127－131.

[251]Schmid T,Panne U,Adams J. Investigation of biocide efficacy by photoacoustic biofilm monitoring[J]. Water Research,2004,38(5):1189－1196.

[252]Puccetti G,Lahjomri F,Leblane R M. Pulsed photoacoustic spectroscopy applied to the diffusion of sunscreen chromophores in human skin:the weakly absorbent regime[J]. Journal of Photochemistry and Photobiology B:Biology,1997,39(2):110－120.

[253]Jorge M P P M,Filho J M,Oliveira A C. Resonant photoacoustic cell for low temperature measurements[J]. Cryogenics,1999,39(3):193－195.

[254]Osiander R,Korpiun P. Duschl C. Photoacoustic detection of water permeation through ultrathin films[J]. Thin Solid Films,1988,160(1－2):501－505.

[255]Shen Q,Inoguchi M,Toyoda T. The influence of chemical post－etching and thermal diffusivity of porous silicon studied by photoacoustic technique[J]. Thin Solid Films,2006,499(1－2):161－167.

[256]苏庆德,杨跃涛,张靖. MTEC 100 型光声池在 FTIR－PAS 中的应用[J]. 分析仪器,1996,2:61－64.

[257]Thoen J,Glorieux C. Photoacoustic and photopyroelectric approach to calorimetric studies[J]. Thermochim Acta,1997,305:137－150.

[258]Dóka O,Bicanic D,Bunzel M. Quantification of lignin in synthetic mixtures of xylan and cellulose powders by photoacoustic spectroscopy[J]. Analytica Chimica Acta,2004,514(2):235－239.

[259]王习东,黄佐华,刘高潮. 多组分固体粉末的光声检测[J]. 激光与光电子学进展,2010,47(5):050401.

[260]Carrano J C,Zukauskas A. Conference on Optically Based Biological and Chemical Sensing for Defence,October 25－28,2004[C]. Bellingham:Spie－Int Soc Optical Engineering,2004.

[261]Pellegrino P M,Polcawich R G. Conference on Chemical and Biological Sensing IV,April 21－22,2003[C]. Bellingham:Spie－Int Soc Optical Engineering,2003.

[262]章竹君,吕九如. 化学发光分析和生物发光分析的新进展[J]. 痕量分析,1989,5(1):13 -38.

[263]李善茂,刘国宏,左伯莉,等. 新化学发光试剂的合成和性能的研究[J]. 化学试剂,1999,21(6):356 -359;378.

[264]Collins G E,Rosepehrsson S L. Chemiluminescent chemical sensors for oxygen and nitrogen - dioxide[J]. Analytical Chemistry,1995,67(13):2224 -2230.

[265]Collins G E,RosePehrsson S L. Chemiluminescent chemical sensors for inorganic and organic vapors[J]. Sensors and Actuators B - Chemical,1996,34(1 - 3):317 -322.

[266]Liu G H,Zhu Y F,Zhang X R,et al. Chemiluminescence determination of chlorinated volatile organic compounds by conversion on nanometer TiO_2[J]. Analytical Chemistry,2002,74(24):6279 -6284.

[267]Liu G H,Wang J L,Zhu Y F,et al. Destructive adsorption of carbon tetrachloride on nanometer titanium dioxide[J]. Physical Chemistry Chemical Physics, 2004,6(5):985 -991. Physical Chemistry Chemical Physics

[268]Lan Z H,Mottola H A. Determination of CO_2(g) by enhancement of luminol - cobalt(i1) phthalocyanine chemiluminescence:analysis of atmospheric air and human breath[J]. Analytica Chimica Acta,1996,329(3):305 -310.

[269]MacTaggart D L,Farwell S O,Burdge J R,et al. A continuous monitor - sulfur chemiluminescence detector(CM - SCD) system for the measurement of total gaseous sulfur species in air[J]. Atmospheric Environment,1999,33(4):625 -632.

[270]Li H,Wang Q J,Xu J M,et al. A novel nano - Au - assembled amperometric SO_2 gas sensor:preparation,characterization and sensing behavior[J]. Sensors and Actuators B - Chemical,2002,87(1):18 -24.

[271]何振江,杨冠玲,艾锦云,等. 低浓度氮氧化物的化学发光和检测[J].光电工程,2004,31(8):27 -29.

[272]Ademola D I,Purnendu K D,Zhang G,et al. A gas - phase chemiluminescence - based analyzer for waterborne arsenic[J]. Analytical Chemistry,2006,78(20):7088 -7097.

[273] Martin A F, Nieman T A. Chemiluminescence biosensors using tris(2,2′ - bipyridyl) ruthenium(II) and dehydrogenases immobilized in cation exchange polymers [J]. Biosensors and Bioelectronics, 1997, 12(6): 479 - 489.

[274] Feng X L, Ren H L, Li Y S, Qin W, et al. A magnetic particles - based chemiluminescence enzyme immunoassay for rapid detection of ovalbumin [J]. Analytical Biochemistry, 2014, 459: 12 - 17.

[275] Long Z, Fang D C, Ren H, et al. Excited oxidized - carbon nanodots induced by ozone from low - temperature plasma to initiate strong chemiluminescence for fast discrimination of metal ions [J]. Analytical Chemistry, 2016, 88(15): 7660 - 7666.

[276] Qin W, Zhang Z J, Liu H J. Chemiluminescence flow sensor for the determination of vitamin B_{12} [J]. Analytica Chimica Acta, 1997, 357(1 - 2): 127 - 132.

[277] Song Z H, Wang L. Reagentless chemiluminescence flow sensor for the determination of riboflavin in pharmaceutical preparations and human urine [J]. Analyst, 2001, 126(8): 1393 - 1398.

[278] 吕九如,张新荣,韩文德,等. 鲁米诺 - 氰化物化学发光反应的研究 - 环境水样中氰化物的测定[J]. 分析化学,1992,20(5):575 - 577.

[279] Wu XZ, YamadA M, Hobo T, et al. Uranine sensitized chemi - luminescence for alternative determinations of copper(ii) and free cyanide by the flow - injection method [J]. Analytical Chemistry, 1989, 61(14): 1505 - 1510.

[280] Goldenson J. Detection of nerve gases by chemiluminescence [J]. Analytical Chemistry, 1957, 29(6): 877 - 879.

[281] Yurow H W, Sass S. Detection of various alpha - substituted ketones via chemiluminescence of 5 - amino - 2,3 - dihydro - 1,4 - phthalazinedione [J]. Analytica Chimica Acta, 1974, 68(1): 203 - 204.

[282] Fritsche U. Chemiluminescence method for the determination of nanogram amounts of highly toxic alkylphosphates [J]. Analytica Chimica Acta, 1980, 118(1): 179 - 183.

[283] 刘国宏,李善茂,左伯莉. 鲁米诺 - H_2O_2体系化学发光对邻氯代苯亚甲基丙二腈和丙二腈的研究[J]. 分析化学,1999,21(1):59 - 62.

[284]向玉联,刘国宏,李善茂,等. 沙林在CTAB逆胶束介质中的化学发光分析[J]. 分析试验室,2001,20(5):7-10.

[285]向玉联,刘国宏,李善茂,等. 十六烷基三甲基溴化铵逆胶束介质中邻氯代苯亚甲基丙二腈的化学发光测定[J]. 分析化学,2002,30(4):436-439.

[286]Maddah B,Shamsi J,Barsang M J,et al. The chemiluminescence determination of 2-chloroethyl ethyl sulfide using luminol-$AgNO_3$-silver nanoparticles system[J]. Spectrochim. Acta A,2015,142:220-225.

[287] Dufford R T, Nightingale D, Gaddum L W. Luminescence of grignard compounds in electric and magnetic fields, and related electrical Phenomena[J]. Journal of the American Chemical Society,1927,9(8):1858-1864.

[288] Harvey N. Luminescence during electrolysis[J]. Journal of Physical Chemistry,1929,33:1456-1459.

[289]Hercules D M. Chemiluminescence resulting from electrochemically generated species[J]. Science,1964,145(363):808-809.

[290]Hercules D M,Lytle F E. Chemiluminescence from Reduction Reactions[J]. Journal of the American Chemical Society,1966,88(20):4745-4746.

[291]Santhanam K S V,Bard A J. Chemiluminescence of electrogenerated 9,10-diphenylanthracene anion radical[J]. Journal of the American Chemical Society,1965,87(1):139-140.

[292]Zweig A,Metzler G,Maurer A,Roberts BG. Electrochemiluminescence of aryl-substituted isobenzofurans,tsoindoles,and related substances[J]. Journal of the American Chemical Society,1967,88(12):2864-2865.

[293] Maricle D L, Maurer A. Pre-annihilation electrochemiluminescence of rubrene[J]. Journal of the American Chemical Society,1967,89(1):188-189.

[294] Faulkner L R, Bard A J. Electrogenerated chemiluminescence. i. mechanism of anthracene chemiluminescence in n,n-dimethylformamide solution[J]. Journal of the American Chemical Society,1968,90(23):6284-6290.

[295] Werner T C, Chang J, Hercules D M. Electrochemiluminescence of perylene. the role of direct excimer formation[J]. Journal of the American Chemical

Society,1970,92(19):5560 - 5565.

[296] Tokel N E, Keszthelyi C P, Bard A J. Electrogenerated chemiluminescence. x. α,β γ,δ - tetraphenylporphin chemiluminescence[J]. Journal of the American Chemical Society,1972,94(14):4872 - 4877.

[297] Saji T, Bard A J. Electrogenerated chemiluminescence. 29. the electrochemistry and chemiluminescence of chlorophyll a in n,n - dimethylformamide solutions[J]. Journal of the American Chemical Society,1977,99(7):2235 - 2240.

[298] Debad J D, Morris J C, Lynch V, et al. Dibenzotetraphenylperiflanthene: synthesis, photophysical properties, and electrogenerated chemiluminescence [J]. Journal of the American Chemical Society,1996,118(10):2374 - 2379.

[299] Lai R Y, Kong X, Jenekhe S A, et al. Synthesis, cyclic voltammetric studies, and electrogenerated chemiluminescence of a new phenylquinoline - biphenothiazine donor - acceptor molecule[J]. Journal of the American Chemical Society,2003, 125(41):12631 - 12639.

[300] Tokel N E, Bard A J. Electrogenerated chemiluminescence. ix. electrochemistry and emission from systems containing tris(2,2′ - bipyridine) ruthenium(ii) dichloride[J]. Journal of the American Chemical Society,1972,94(8):2862 - 2863.

[301] Tokel N E, Hemingway R E, Bard A J. Electrogenerated chemiluminescence. xiii. electrochemical and electrogenerated chemiluminescence studies of ruthenium chelates[J]. Journal of the American Chemical Society, 1973, 95(20): 6582 - 6589.

[302] Rubinstein I, Bard A J. Electrogenerated chemiluminescence. 37. aqueous ecl systems based on ru(2,2' - bip - ridine), - + and oxalate or organic acids [J]. Journal of the American Chemical Society,1981,103(3):512 - 516.

[303] White H S, Bard A J. Electrogenerated chemiluminescence. 41. electrogenerated chemiluminescence and chemiluminescence of the ru(2,2′ - bpy)32 + - s2o82 - system in acetonitrile - water solutions[J]. Journal of the American Chemical Society,1982,104(25):6891 - 6895.

[304] Ding Z F, Quinn B M, Haram S K, et al. Electrochemistry and electrogen-

erated chemiluminescence from silicon nanocrystal quantum dots[J]. Science,2002,296(5571):1293 - 1297.

[305] Myung N, Ding Z, Bard A J. Electrogenerated chemiluminescence of CdSe nanocrystals[J]. Nano Letters,2002,2(11):1315 - 1319.

[306] Myung N, Bae Y, Bard A J. Effect of surface passivation on the electrogenerated chemiluminescence of CdSe/ZnSe nanocrystals[J]. Nano Letters,2003,3(8):1053 - 1055.

[307] Bae Y, Myung N, Bard A J. Electrochemistry and electrogenerated chemiluminescence of cdte nanoparticles[J]. Nano Letters. 2004,4(6):1153 - 1161.

[308] Myung N, Lu X M, Johnston K P, et al. Electrogenerated chemiluminescence of ge nanocrystals[J]. Nano Letters,2004,4(1):183 - 185.

[309] Myung N, Lu X M, Johnston K P, et al. Electrogenerated chemiluminescence of Ge nanocrystals[J]. Nano Letters,2004,4(1):183 - 185.

[310] Morita H, Konishi M. Electrogenerated chemiluminescence derivatization reagents for carboxylic acids and amines in high - performance liquid chromatography using tris(2,2′ - bipyridine) ruthenium(Ⅱ)[J]. Analytical Chemistry,2002,74(7):1584 - 1589.

[311] Zhan W, Alvarez J, Sun L, et al. A multichannel microfluidic sensor that detects anodic redox reactions indirectly using anodic electrogenerated chemiluminescence[J]. Analytical Chemistry,2003,75(6):1233 - 1238.

[312] Cao W D, Liu J F, Yang X R, et al. New technique for capillary electrophoresis directly coupled with end - column electrochemiluminescence detection[J]. Electrophoresis,2002,23(21):3683 - 3691.

[313] Liu JF, Yan JL, Yang XR, et al. Miniaturized tris(2,2′ - bipyridyl) ruthenium(Ⅱ) electrochemiluminescence detection cell for capillary electrophoresis and flow injection analysis[J]. Analytical Chemistry,2003,75(14):3637 - 3642.

[314] Miao WJ, Bard AJ. Electrogenerated chemiluminescence. 72. determination of immobilized dna and creactive protein on au(111) electrodes using tris(2,2¢ - bipyridyl) ruthenium(ii) labels[J]. Analytical Chemistry,2003,75(21):5825 - 5834.

[315]Breysse M,Claudel B,Faure L,et al. Chemiluminescence during catalysis of carbon monoxide oxidation on a thoria surface[J]. Journal of Catalysis,1976,45(2):137 – 144.

[316]Utsunomiya K, Nakagawa M, Sanari N, et al. Continuous determination and discrimination of mixed odourvapours by a new chemiluminescence – based sensor system[J]. Sensors and Actuators B – Chemical,1995,25(1 – 3):790 – 793.

[317]Zhu Y F,Shi J J,Zhang Z Y,et al. Development of a gas sensor utilizing chemiluminescence on nanosized titanium dioxide[J]. Analytical Chemistry,2002,74(1):120 – 124.

[318]Shi J J,Li J J,Zhu Y F,et al. Nanosized $SrCO_3$ – based chemiluminescence sensor for ethanol[J]. Analytica Chimica Acta,2002,466(1):69 – 78.

[319]Zhang Z Y,Zhang C,Zhang X R. Development of a chemiluminescence ethanol sensor based on nanosized ZrO_2[J]. Analyst,2002,127(6):792 – 796.

[320]饶志明,施进军,张新荣. 利用 Cr_2O_3 – $LaCoO_3$ – Pt 纳米材料催化发光测定大气中的氨分子[J]. 化学学报,2002,60(9):1668 – 1671.

[321]曹小安,张振宇,张新荣. 一种基于碳酸锶纳米材料的催化发光乙醛气体传感器研究[J]. 分析化学. 2004,32(12):1567 – 1570.

[322]Zhang Z Y,Jiang H J,Xing Z,et al. A highly selective chemiluminescent H_2S sensor[J]. Sensors and Actuators B – Chemical,2004,102(1):155 – 161.

[323]Zhang Z Y, Xu K, Xing Z, et al. A nanosized Y_2O_3 – based catalytic chemiluminescent sensor for trimethylamine[J]. Talanta,2005,65(4):913 – 917.

[324]Zhang Z Y,Xu K,Baeyens W R G,et al. An energy – transfer cataluminescence reaction on nanosized catalysts and its application to chemical sensors[J]. Analytica Chimica Acta,2005,535(1 – 2):145 – 152.

[325]Yu C,Liu G H,Zuo B L,et al. A novel gaseous pinacolyl alcohol sensor utilizing cataluminescence on alumina nanowires prepared by supercritical fluid drying[J]. Analytica Chimica Acta,2008,618(2):204 – 209.

[326]Yu C,Liu G H,Zuo B L,et al. A novel gaseous dimethylamine sensor utilizing cataluminescence on zirconia nanoparticles[J]. Luminescence,2009,24(5):

282 – 289.

[327] Almasian M R, Na N, Wen F, et al. Development of a plasma – assisted cataluminescence system for benzene, toluene, ethylbenzene, and xylenes analysis [J]. Analytical Chemistry, 2010, 82(9): 3457 – 3459.

[328] Li L, Wei C D, Song H J, et al. Cataluminescence coupled with photoassisted technology: a highly efficient metal – free gas sensor for carbon monoxide [J]. Analytical Chemistry, 2019, 91(20): 13158 – 13164.

[329] Lv Y, Zhang S C, Liu G H, et al. Development of a detector for liquid chromatography based on aerosol chemiluminescence on porous alumina [J]. Analytical Chemistry, 2005, 77(5): 1518 – 1525.

[330] Huang G M, Lv Y, Zhang S C, et al. Development of an aerosol chemiluminescent detector coupled to capillary electrophoresis for saccharide analysis [J]. Analytical Chemistry, 2005, 77(22): 7356 – 7365.

[331] Cao X A, Zhang X R. A research on determination of explosive gases utilizing cataluminescence sensor array [J]. Luminescence, 2005, 20(4 – 5): 243 – 250.

[332] Cao X A, Li J W, Peng Y. Determination of explosive gases utilizing cataluminescence sensor [J]. Chinese Journal of Analytical Chemistry, 2006, 34: s299 – s302.

[333] Na N, Liu H Y, Han J Y, et al. Plasma – assisted cataluminescence sensor array for gaseous hydrocarbons discrimination [J]. Analytical Chemistry, 2012, 84(11): 4830 – 4836.

[334] Lin J M, Yamada M. Chemiluminescent reaction of fluorescent organic compounds with khso5 using cobalt(II) as catalyst and its first application to molecular imprinting [J]. Analytical Chemistry, 2000, 72(6): 1148 – 1155.

[335] Lin J M, Yamada M. Chemiluminescent flow – through sensor for 1,10 – phenanthroline based on the combination of molecular imprinting and chemiluminescence [J]. Analyst, 2001, 126(6): 810 – 815.

[336] Liu M, Lu JR, He YH, et al. Molecular imprinting – chemiluminescence sensor for the determination of brucine [J]. Analytica Chimica Acta, 2005, 541(1 – 2): 99 – 104.

[337]李保新,章竹君. 化学发光传感器研究进展[J]. 世界科技研究与发展,2004,26(4):80－88.

[338]Wood R W. On a remarkable case of uneven distribution of light in a diffraction grating spectrum[J]. Philosophical Magazine,1902,4(1－24):396－402.

[339]Fano U. The theory of anomalous diffraction gratings and of quasi－stationgary waves on the metallic surfaces(Sommerfeld's waves) [J]. Journal of the Optical Society of America,1941,31(3):213－222.

[340]Ritchie RH. Plasma Losses by Fast Electrons in Thin Films[J]. Physical Review B,1957. 106(5):74－81.

[341]Stem E,Ferrell R A. Surface plasma oscillations of a degenerate electron gas[J]. TPhysical Review,1960,120(1):130－136.

[342]Liedberg B,Nylander C,Lundstrom I. Surface plasmonsresonance for gas detection and biosensing[J]. Sensors and Actuators B－Chemical,1983,4:299－304.

[343]Rich R L,Myszka D G,Biacore J. A new platform for routine biomolecular interaction analysis[J]. Journal of Molecular Recognition,2001,14(4):223－228.

[344]Homola J. On the sensitivity of surface plasmon resonance sensors with spectral interrogation[J]. Sensors and Actuators B－Chemical,1997,41(1－3):207－211.

[345]Homola J,Yee S S,Gauglitz G. Surface plasmon resonance sensors:review[J]. Sensors and Actuators B－Chemical,1999,54(1－2):3－15.

[346]Ho H P,Wu S Y,Yang M,et al. Application of white light－emitting diode to surface plasmon resonance sensors[J]. Sensors and Actuators B－Chemical,2001,80(2):89－94.

[347]Martin N. Ramakant W. Groger H,et al. A theoretical investigation of environmental monitoring using surface plasmon resonance waveguide sensors[J]. Sensors and Actuators A－Physical,1996,51(2－3):211－217.

[348]成娟娟,谢康. 光波导生物化学传感器的研究进展[J]. 激光与光电子学进展,2005,42 (11):17－21.

[349]曹振新,吴乐南,王兴,等. 光纤表面等离子体波传感器的理论研究

[J]. 东南大学学报(自然科学版),2004,1134 (15):582 -584.

[350]吴英才,袁一方,徐艳平. 表面等离子共振传感器的研究进展[J]. 传感器技术,2004,23 (5):1 -5.

[351]Abdelghani A, Chovelon J M, Jaffrezic - Renault N, et al. Surface plasmon resonance fiber - optic sensor for gas detection[J]. Sensors and Actuators B - Chemical,1997,39(1 -3):407 -410.

[352]Chadwick B, Gal M. Enhanced optical detection of hydrogen using the excitation of surface plasmons in palladium[J]. Applied Surface Science, 1993, 68 (1):135 -138.

[353]Chaha S, Yib J, Zare R N. Surface plasmon resonance analysis of aqueous mercuric ions[J]. Sensors and Actuators B - Chemical,2004,99(2 -3):216 -222.

[354]杨生春,唐春,董守安,等. 基于纳米 Ag 粒子的表面等离子体共振光谱测定 CN - 的研究[J]. 分析试验室,2005,24 (1):55 -58.

[355]王晨晨,李慧冬,郭长英,等. 表面等离子体共振技术检测沙丁胺醇[J]. 分析试验室,2019 2004,38(8):925 -928.

[356]Kumar D N, Alex S A, Chandrasekaran N, et al. Acetylcholinesterase (AChE) - mediated immobilization of silver nanoparticles for the detection of organophosphorus pesticides[J]. Rsc Advances,2016,6(69):64769 -64777.

[357]Rasooly A. Surface plasmon analysis of staphylococcal enterotoxin B in food[J]. Journal of Food Protection,2001,64(1):37 -43.

[358]Indyk H E, Persson B S, Caselunghe M C, et al. Determination of vitamin B_{12} in milk products and selected foods by optical biosensor protein - binding assay: method comparison[J]. Journal of Aoac International,2002,85(1):72 -81.

[359]Morton T A, Myazka D G. Kinnetic analysis of macromolecular interactions using surface plasmon resonance biosensors[J]. Methods in Enzymology,1998, 295:268 -294.

[360]Bischoff G, Bischoff R, Birch - Hirschfeld E, et al. DNA - drug interaction measurements using surface plasmon resonance[J]. Journal of Biomolecular Structure and Dynamics,1998,16(2):187 -203.

[361]申刚义,高妍,张爱芹,等. 基于表面等离子体共振技术的血清白蛋白与色氨酸对映异构体手性识别的热力学研究[J]. 高等学校化学学报,2015,36(5):1645 - 1647.

[362]Chang S,Lin C W,Lin S M. 2nd Annual International IEEE/EMBS Conference on Microtechnologies in Medicine and Biology,May 2 - 4,2002[C]. New York:IEEE,2002.

[363]张一丁,徐姝婷,白玉,刘虎威. 表面等离子体共振 - 质谱联用技术研究进展[J]. 分析科学学报,2017,33(5):691 - 699.

[364]Vikas V,Akhlesh L. Chiral sculptured thin films for circular polarization of mid - wavelength infrared light[J]. Applied Opticsics,2018,57(22):6410 - 6416.

[365]Fietzek P,Fiedler,Bjorn,Steinhoff T,et al. In situ quality assessment of a novel underwaterpCO_2sensor based on membrane equilibration and ndir spectrometry[J]. Journal of Atmospheric and Oceanic Technology,2014,31(1):181 - 196.

[366]Yasuda T,Yonemura S,Tani A. Comparison of the characteristics of small commercial ndir CO_2 sensor models and development of a portable CO_2 measurement device[J]. Sensors,2012,12(3):3641 - 3655.

[367]Klingbeil A E,Jeffries J B,Hanson R K. Temperature - and composition - dependent mid - infrared absorption spectrum of gas - phase gasoline:Model and measurements[J]. Fuel,2008,87(17 - 18):3600 - 3609.

[368]曲楠,朱明超,窦森. 近红外与中红外光谱技术在土壤分析中的应用[J]. 分析测试学报,2015,34(1):120 - 126.

[369]Christoph Z,Lukas E,Mohd F,et al. Assessment of recent advances in measurement techniques for atmospheric carbon dioxide and methane observations[J]. Atmospheric Measurement Techniques,2016,9(9):4737 - 4757.

[370] Hodgkinson J, Smith R, Ho W O, et al. Non - dispersive infra - red (NDIR) measurement of carbon dioxide at 4. 2μm in a compact and optically efficient sensor[J]. Sensors and Actuators B - Chemical,2013,186:580 - 588.

[371]Dinh T V,Ahn J W,Choi I Y,et al. Limitations of gas filter correlation:A case study on carbon monoxide non - dispersive infrared analyzer[J]. Sensors and

Actuators B – Chemical,2017,243:684 – 689.

[372] Pfeiffer H G, Liebhafsky H A. The origin of beer's law[J]. Journal of Chemical Education,1951,28(3):123 – 125.

[373] Mellqvist J, Arne R J. DOAS for flue gas monitoring—2. Deviations from the Beer – Lambert law for the U. V. /visible absorption spectra of NO, NO_2, SO_2 and NH_3[J]. Journal of Quantitative Spectroscopy and Radiative Transfer,1996,56(2):209 – 224.

[374] Tolbin A Y, Pushkarev V E, Tomilova L G, et al. Threshold concentration in the nonlinear absorbance law[J]. Physical Chemistry Chemical Physics,2017,19(20):12953 – 12958.

[375] Fooladgar E, Chan C K. Effects of stratification on flame structure and pollutants of a swirl stabilized premixed combustor[J]. Applied Thermal Engineering,2017,124:45 – 61.

[376] Dufour E, Bréon F M. Spaceborne estimate of atmospheric CO_2 column by use of the differential absorption method: error analysis[J]. Applied Optics,2003,42(18):3595 – 3609.

[377] Chen X H, Huang X L. J. Usage of differential absorption method in the thermal IR: A case study of quick estimate of clear – sky column water vapor[J]. Journal of Quantitative Spectroscopy and Radiative Transfer,2014,140:99 – 106.

[378] Wang X, Rödjegard H, Oelmann B, et al. 24th Eurosensors International Conference, September 05 – 08,2010[C]. Amsterdam: Elsevier Science BV,2010.

[379] Hwang W J, Shin K S, Roh J H, et al. Development of micro – heaters with optimized temperature compensation design for gas sensors[J]. Sensor,2011,11(12):2580 – 2591.

[380]孙友文,刘文清,汪世美,等. 非线性吸收对多组分气体分析的影响及其修正方法[J]. 光学学报,2012,32(9):11 – 18.

[381]孙友文,刘文清,汪世美,等. NDIR 多组分气体分析的干扰修正方法研究[J]. 光谱学与光谱分析,2011,31(10):2719 – 2724.

[382] Sun Y W, Liu W Q, Wang S M, et al. Method of sensitivity improving in

the non - dispersive infrared gas analysis system[J]. Chinese Optics Letters,2011,9(6):5 - 8.

[383]赵建华,方丽丽. 基于 CO_2浓度监测的飞机火警探测方法[J]. 北京航空航天大学学报,2015,41(12):18 - 23.

[384]薛宇,常建华,徐曦. 基于 RBF 神经网络的非色散红外 SF_6气体传感器[J]. 光子学报,2016,45(7):1 - 6.

[385]Lambrecht A, Hartwig S, Schweizer S L, et al. Conference on Photonic Crystal Materials and Devices VI, January 22 - 25, 2007[C]. Bellingham: Spie - Int Soc Optical Engineering, 2007.

[386]Zhu L J, Chen J H, Kang S S, et al. Design of the mixed gas quantitative analysis based on grating spectral[J]. Applied Mechanics and Materials, 2012, 241 - 244:135 - 139.

[387]Rutkauskas M, Asenov M, Ramamoorthy S, et al. Autonomous multi - species environmental gas sensing using drone - based Fourier - transform infrared spectroscopy[J]. Optics Express, 2019, 27(7):9578 - 9587.

[388]Roush T L, Colaprete A, Cook A M, et al. Volatile monitoring of soil cuttings during drilling in cryogenic, water - doped lunar simulant[J]. Advances in Space Research, 2018, 62(5):1025 - 1033.

[389]Gharajeh A, Haroldson R, Li Z, et al. Continuous - wave operation in directly patterned perovskite distributed feedback light source at room temperature[J]. Optics Letters, 2018, 43(3):611 - 614.

[390]Li X Z, Li S S, Zhuang J P, et al. Random bit generation at tunable rates using a chaotic semiconductor laser under distributed feedback[J]. Optics Letters, 2015, 40(17):3970 - 3973.

[391]Scholz L, Perez A O, Knobelspies S, et al. Conference on EUROSENSORS, September 06 - 09, 2015[C]. Amsterdam: Elsevier Science BV, 2015.

[392]Fanchenko S, Baranov A, Savkin A, et al. 5th International Conference on Materials and Applications for Sensors and Transducers (IC - MAST), September 27 - 30, 2015[C]. Temple back: IOP Publishing LTD, 2015.

[393] Lebedev N V, Naumov N D, Rudenko V V. Simulation of lower ionosphere heating by modulated radiofrequency waves [J]. Plasma Physics Reports, 2013,39(13):1068 - 1073.

[394] Chen Y, Guo R X. Gas monitor technology of electrical modulation non - dispersion infrared sensor [J]. The International Society for Optics and Photonics, 2009,7283:1 - 6.

[395] Kosse P, Kleeberg T, Lubken M, et al. Quantifying direct carbon dioxide emissions from wastewater treatment units by nondispersive infrared sensor (NDIR)—A pilot study [J]. Science of the Total Environment, 2018,633:140 - 144.

[396] Yuan W, Lu S, Guan Y, et al. Open - path Halon 1301 NDIR sensor with temperature compensation [J]. Infrared Physics and Technology, 2019,97:129 - 134.

[397] Tang H L, Fu X H, Liu G J. Research on preparation band - pass filter by lon beam sputtering [J]. Advances in Optics Manufacture, 2013,552:152 - 157.

[398] 张雷,张于帅,张静,等. 光纤通信系统中带通滤光膜的研制[J]. 中国激光,2016,43(3):1 - 6.

[399] Liu J J, Li Y Y, Song Y X, et al. Bi_2Te_3 photoconductive detectors on Si [J]. Applied Physics Letters, 2017,110(14):1 - 4.

[400] Jiang T, Cheng X A, Zheng X, et al. The over - saturation phenomenon of a $Hg_{0.46}Cd_{0.54}Te$ photovoltaic detector irradiated by a CW laser [J]. Semiconductor Science and Technology, 2011,26(11):1 - 6.

[401] Bergs R, Islam R A, Vickers M, et al. Magnetic field anomaly detector using magnetoelectric composites [J]. Journal of Applied Physics, 2007,101(2):1 - 5.

[402] Yokoyama K, Nishihara K, Mimura K, et al. Bandpass photon detector for inverse photoemission spectroscopy [J]. Review of Scientific Instruments, 1993,64(1):87 - 90.

[403] Qie Z Y, Bai J L, Xie B, et al. Sensitive detection of atrazine in tap water using Telisa [J]. Analyst, 2015,140(15):5220 - 5226.

[404] Benavides - SerranoAJ, Mannan M S, Laird C D. Optimal placement of gas detectors: a p - median formulation considering dynamic nonuniform unavailabil-

ities[J]. Aiche Journal,2016,62(8):2728 – 2739.

[405]Wu H W,Emadi A,Graaf G D,et al. Conference on Next – Generation Spectroscopic Technologies III,April 05 – 06,2010[C]. Bellingham:Spie – Int Soc Optical Engineering,2010.

[406]Li B,Wang D Y,Zhou X,et al. Continuous – wave terahertz digital holographic tomography with a pyroelectric array detector[J]. Optical Engineering,2016,55(5):1 – 6.

[407]Barritault P,Brun M,Lartigue O,et al. Low power CO_2 NDIR sensing using a micro – bolometer detector and a micro – hotplate IR – source[J]. Sensors and Actuators B – Chemical,2013,182(23):565 – 570.

[408]Barritault P,Brun M,Gidon S,et al. Mid – IR source based on a free – standing microhotplate for autonomous CO_2 sensing in indoor applications[J]. Sensors and Actuators A – Physical,2011,172(2):379 – 385.

[409]Gibson D,Macgregor C. A novel solid state non – dispersive infrared CO_2 gas sensor compatible with wireless and portable deploy[J]. Sensors,2013,13(6):7079 – 7103.

[410]袁子茹,汪献忠,吕运朋,等. 基于非分光红外技术的低浓度 SF_6气体检测方法[J]. 仪表技术与传感器,2012,19(1):80 – 99.

[411]裴昱,陈远鸣,卞晓阳,等. 基于 RBF 神经网络气压补偿的非色散红外 SF_6气体传感器[J]. 应用光学,2018,39(3):366 – 372.

[412]Sebacher D I. Airborne Nondispersive Infrared Monitor for Atmospheric Trace Gases[J]. Review of Scientific Instruments,1978,49(11):1520 – 1525.

[413] Bernard P, Labranche B. Opto – Contact – Workshop on Technology Transfers,Start – Up Opportunities and Strategic Alliances,July 13 – 14,1998[C]. Bellingham:Spie – Int Soc Optical Engineering,1998.

[414] Breitenbach L P,Shelef M. Development of a method for the analysis of NO_2 and NH3 by no – measuring instruments[J]. Air Repair,2012,23(2):128 – 131.

[415]Zhao Y J,Gao C B,Qu B. Research on environment materials with ndir NO_2 concentration measurement by soot position influence[J]. Applied Mechanics

and Materials,2014,540(2):255 – 258.

[416]Liu G H,ZhangY J,Chen C,et al. International Symposium on Infrared Technology and Application / International Symposium on Robot Sensing and Advanced Control,May 09 – 11,2016[C]. Bellingham:Spie – Int Soc Optical Engineering,2016.

[417]Tan Q L,Tang L C,Yang M L,et al. Three – gas detection system with IR optical sensor based on NDIR technology[J]. Optics and Lasers in Engineering, 2015,74:103 – 108.

[418]Rouxel J,Coutard J G,Gidon S,et al. Conference on EUROSENSORS, September 06 – 09,2015[C]. Amsterdam:Elsevier Science BV,2015.

[419]Kitagawa T,Yoneda T,Nakajima S. Proceedings,Volume II 8th International Conference on Alcohol,Drugs and Safety,June 15 – 19,1980[C]. Stockholm: Swedish National Road And Transport Research Institute (VTI),1980.

[420]Kim J H,Lee K H,Yi S H. 30th Eurosensors Conference,September 04 – 07,2016[C]. Amsterdam:Elsevier Science BV,2016

[421]Yuan W,Zhang H P,Lu S. IEEE/CSAA International Conference on Aircraft Utility Systems (AUS),October 10 – 12,2016[C]. New York:IEEE,2016.

[422]袁伟,陆松,胡洋,等. 基于红外吸收法的哈龙替代灭火剂 HFC – 125 的浓度监测技术[J]. 火灾科学,2016,25(4):194 – 198.

[423]黄继先. 红外吸收光谱(NDIR)检测混合气体中二甲醚含量分析法[J]. 低温与特气,2013,31(2):42 – 43.

[424]Biasio M D,Leitner R,Leitner. 15th IEEE Sensors Conference,October 30 – November 02,2016[C]. New York:IEEE,2016.

[425]殷亚龙. 基于 NDIR 技术的油气检测的研究[M]. 郑州:郑州大学,2019.

[426]Priyanka,Maheshkar S. IEEE 2nd International Conference on Recent Trends in Information Systems (ReTIS),July 09 – 11,2015[C]. New York: IEEE,2015.

[427]Du S P,Choi S Y,Lee H Y,et al. A new wide – gamut rgb primary set

and efficient color encoding methods for ultrahigh – definition television (UHDTV) [J]. Proceedings of the IEEE,2013,101(1):18 – 30.

[428] Oleari C, Pavesi M. Grassmann's laws and individual color – matching functions for non – spectralprimaries evaluated by maximumsaturation technique in foveal vision[J]. Color Research and Application,2008,33(4):271 – 281.

[429] Broadbent A. D. A Critical review of the development of the cie1931 rgb color – matching functions[J]. Color Research and Application,2004,29(4):267 – 272.

[430] Wang M,Xiao K,Ming R L,et al. An investigation into the variability of skin colour measurements[J]. Color Research and Application,2018,43(4):458 – 470.

[431] Songjaroen T,Dungchai W,Chailapakul O,et al. Novel,simple and low – cost alternative method for fabrication of paper – based microfluidics by wax dipping [J]. Talanta,2011,85(5):2587 – 2593.

[432] Klinker G J,Shafer S A,Kanade T. The measurement of highlights in color images[J]. International Journal of Computer Vision,1988,2(1):7 – 32.

[433] Taki K,Yanagimoto T,funami E,et al. Visual observation of CO_2 foaming of polypropylene – clay nanocomposites[J]. Polymer Engineering and Science,2004, 44(6):1004 – 1011.

[434] Kirchner E, Koeckhoven P, Sivakumar K. Improving color accuracy of colorimetric sensors[J]. Sensor,2018,18(4):1252 – 1257.

[435] Chance B. Principles of differential spectrophotometry with special reference to the dual wavelength method[J]. Methods in Enzymology,1972,24:322 – 335.

[436] Choodum A, Daeid N N. Digital image – based colourimetric tests for amphetamine and methylamphetamine [J]. Drug Testing and Analysis, 2011, 3 (5):277 – 282.

[437] Abbaspour A,Khajehzadeh A,Noori A. A simple and selective sensor for the determination of ascorbic acid in vitamin c tablets based on paptode[J]. Analytical Sciences,2008,24(6):721 – 725.

[438] Amirjani A,Fatmehsari D H. Colorimetric detection of ammonia using smartphones based on localized surface plasmon resonance of silver nanoparticles[J].

Talanta,2018,176:242 -246.

[439]De Sena R C,Soares M,Pereira M L,et al. A simple method based on the application of a ccd camera as a sensor to detect low concentrations of barium sulfate in suspension[J]. Sensors,2011,11(1):864 -875.

[440]Chen Y,Zilberman Y,Mostafalu P,et al. Paper based platform for colorimetric sensing of dissolved NH_3 and CO_2[J]. Biosensors and Bioelectronics,2015,67:477 -484.

[441]Abbaspour A,Mirahmadi E,Khajehzadeh A. Disposable sensor for quantitative determination of hydrazine in water and biological sample[J]. Analytical Methods,2010,2(4):349 -353.

[442]Sen A,Albarella J D,Carey J R,et al. Low - cost colorimetric sensor for the quantitative detection of gaseous hydrogen sulfide[J]. Sensors and Actuators B - Chemical,2008,134(1):234 -237.

[443]Wang X D,Meier R J,Link M,et al. Photographing oxygen distribution [J]. AngewandteChemie:International Edition,2010,49(29):4907 -4909.

[444]Lopez - Ruiz N,Martínez - Olmos A,Perez de Vargas - Sansalvador I M, et al. Determination of O_2 using colour sensing from image processing with mobile devices[J]. Sensors and Actuators B - Chemical,2012,171 -172:938 -945.

[445]Meier R J,Schreml S,Wang X D,et al. Simultaneous Photographing of Oxygen and pH In Vivo Using Sensor Films[J]. AngewandteChemie:International Edition,2011,123(46):11085 -11088.

[446]Larsen M,Borisov S M,Grunwald B,et al. A simple and inexpensive high resolution color ratiometric planar optode imaging approach:application to oxygen and pH sensing[J]. Limnology Oceanography Methods,2011,9(9):348 -360.

[447]Nitinaivinij K,Parnklang T,Thammacharoen C,et al. Colorimetric determination of hydrogen peroxide by morphological decomposition of silver nanoprisms coupled with chromaticity analysis[J]. Analytical Methods,2014,6(4):9816 -9824.

[448]Firdaus M L,Alwi W,Trinoveldi F,et al. 4th International Conference on Sustainable Future for Human Security (SUSTAIN),October 19 -21,2013[C].

Amsterdam: Elsevier Science BV, 2013.

[449] Li L, Zhang L, Zhao Y, et al. Colorimetric detection of Hg(II) by measurement the color alterations from the Bbefore and Bafter RGB images of etched triangular silver nanoplates[J]. Mikrochimica Acta, 2018, 185(4): 235 - 240.

[450] Feng L, Zhang Y, Wen L, et al. Colorimetric filtrations of metal chelate precipitations for the quantitative determination of nickel(II) and lead(II)[J]. Analyst, 2011, 136(20): 4197 - 4203.

[451] Soldat D J, Barak P, Lepore B J. Microscale Colorimetric Analysis Using a Desktop Scanner and Automated Digital Image Analysis[J]. Journal of Chemical Education, 2009, 86(5): 617 - 620.

[452] Lopez - Molinero A, Cubero V T, Irigoyen R D, et al. Feasibility of digital image colorimetry - Application for water calcium hardness determination[J]. Talanta, 2013, 103(21): 236 - 244.

[453] Lopez - Molinero A, Liñan D, Sipiera D, et al. Chemometric interpretation of digital image colorimetry. Application for titanium determination in plastics[J]. Microchemical Journal, 2010, 96(2): 380 - 385.

[454] Feng L, Li H, Li X, et al. Colorimetric sensin of anions in water using ratiometric indicator - displacement assay[J]. Analytica Chimica Acta, 2012, 743(18): 1 - 8.

[455] Apyari V V, Dmitrienko S G, Zolotov Y A. Analytical Possibilities of Digital Colorimetry: Determination of Nitrite Using Polyurethane Foam[J]. Moscow University Chemistry Bulletin, 2011, 66(1): 32 - 37.

[456] Steiner M S, Meier R J, Duerkop A, et al. Chromogenic sensing of biogenic amines using a chameleon probe and the red - green - blue readout of digital camera images[J]. Analytical Chemistry, 2010, 82(20): 8402 - 8405.

[457] Alimelli A, Filippini D, Paolesse R, et al. Direct quantitative evaluation of complex substances using computer screen photo - assisted technology: The case of red wine[J]. Analytica Chimica Acta, 2007, 597(1): 103 - 112.

[458] Apyari V V, Dmitrienko S G. Using a digital camera and computer data

processing for the determination of organic substances with diazotized polyurethane foams[J]. Journal of Analytical Chemistry,2008,63(6):530 - 537.

[459] Lima M B,Andrade S I E,Barreto I S,et al. A digital image - based micro - flow - batch analyzer[J]. Microchemical Journal,2013,106:238 - 243.

[460] Kostelnik A,Cegan A,Pohanka M. Color change of phenol red by integrated smart phone camera as a tool for the determination of neurotoxic compounds [J]. Sensors,2016,16(9):1212 - 1221.

[461] Krissanaprasit A,Somasundrum M,Surareungchai W. RGB colour coding of Y - shaped DNA for simultaneous tri - analyte solid phase hybridization detection [J]. Biosensors and Bioelectronics,2011,26(5):2183 - 2187.

[462] Ornatska M,Sharpe E,Andreescu D,et al. Paper bioassay based on ceria nanoparticles as colorimetric probes[J]. Analytical Chemistry,2011,83(11): 4273 - 4280.

[463] Chun H J,Park Y M,Han Y D,et al. Paper - based glucose biosensing system utilizing a smartphone as a signal reader[J]. Biochip Journal,2014,8(3): 218 - 226.

[464] Yang X X,Piety N Z,Vignes S M,et al. Simple paper - based test for measuring blood hemoglobin concentration in resource - limited settings[J]. Clinical Chemistry,2013,59(10):1506 - 1513.

[465] Bang - Iam N,Udnan Y,Masawat P. Design and fabrication of artificial neural network - digital image - based colorimeter for protein assay in natural rubber latex and medical latex gloves[J]. Microchemical Journal,2013,106(106):270 - 275.

[466] Kucheryavskiy S,Melenteva A,Bogomolov A. Determination of fat and total protein content in milk using conventional digital imaging[J]. Talanta,2014,121 (3):144 - 152.

[467] Iqbal Z,Bjorklund R B. Assessment of a mobile phone for use as a spectroscopic analytical tool for foods and beverages[J]. International Journal of Food Science and Technology,2011,46(11):2428 - 2436.

[468] Kehoe E,Penn R L. Introducing Colorimetric analysis with camera phones

and digital cameras:an activity for high school or general chemistry[J]. Journal of Chemical Education,2013,90(9):1191 - 1195.

[469]Botelho B G,de Assis L P,Sena M M. Development and analytical validation of a simple multivariate calibration method using digital scanner images for sunset yellow determination in soft beverages[J]. Food Chemistry,2014,159(6):175 - 180.

[470]Choodum A,Kanatharana P,Wongniramaikul W,et al. Rapid quantitative colourimetric tests for trinitrotoluene (TNT) in soil[J]. Forensic Science International,2012,222(1 - 3):340 - 345.

[471]Belyaeva E I,Zrelova L V,Marchenko D Y,et al. Colorimetric determination of n - methylaniline in hydrocarbon media[J]. Petroleum Chemistry,2015,55(1):74 - 79.

[472]Frant M. S,Ross J. W. Electrode for sensing fluoride ion activity in solution[J]. Science,1966,154(3756):1553 - 1555.

[473]孟凡昌,潘祖亭. 分析化学核心教程[M]. 北京:科学出版社,2005.

[474]谢声洛. 离子选择电极分析技术[M]. 北京:化学工业出版社,1985.

[475]IUPAC,Analytical Chemistry Division,Commission on analytical nomenclature. recommendations for nomenclature of ionselective electrode. Pure and Applied Chem,1976,48(1):127.

[476]黄德培,裴学熠,吴正平,等. 化学传感器原理[M]. 上海:华东理工大学出版社,2003.

[477]赵文宽,贺飞,方程,等. 仪器分析[M]. 北京:高等教育出版社,2001.

[478]Durst R A. 离子选择电极[M]. 殷晋尧,译. 北京:科学出版社,1976.

[479]Pioda L A,Stankova V,Simon W. Highlyselectivepotassiumion responsiveliquid - membrane electrode[J]. Analytical Letters,1969,2(12):665 - 674.

[480]Moody G J,Oke R B,Thomas D R. A calcium - sensitive electrode based on a liquid ion. exchanger in a poly(vinyl chloride) matrix[J]. Analyst,1970,95(1136):910 - 918.

[481]Gorski L,Saniewska A,Parzuchowski P,et al. Zirconium(IV) - salo-

phens as fluoride - selective ionophores in polymeric membrane electrodes[J]. Analytica Chimica Acta,2005,551(1 -2):37 -44.

[482]Ortuno J A,Exposito R,Sanchez - Pedreno C. A nitrate - selective electrode based on a tris(2 - aminoethyl)aminetriamide derivative receptor[J]. Analytica Chimica Acta,2004,525(2):231 -237.

[483]Lee B H,Shim Y - B,Park S B. A lipophilic sol - gel matrix for the development of a carbonate - selective electrode[J]. Analytical Chemistry,2004,76(20):6150 -6155.

[484]Shin J H,Lee H L,Cho S H,et al. Characterization of epoxy resin - based anion - responsive polymers:applicability to chloride sensing in physiological samples[J]. Analytical Chemistry,2004,76(14):4217 -4222.

[485]Broncova G,Shishkanova T V,Matejka P,et al. Citrate selectivity of poly(neutral red) electropolymerized films[J]. Analytica Chimica Acta,2004,510(2):197 -205.

[486]Kimura K,Miura T,Matsuo M,et al. Polymeric membrane sodium - selective electrodes based on lipophilic calix[4]arene derivatives[J]. Analytical Chemistry,1990,62(14):1510 -1513.

[487]Chandra S,Lang H. A new sodium ion selective electrode based on a novel silacrown ether[J]. Sensors and Actuators B - Chemical,2006,114:849 -854.

[488]Yamamoto H,Shinkai S. Molecular design of calix[4]arene - based sodium - selective electrodes which show remarkably high 105. 0 - 105. 3 sodium/potassium selectivity chemistry letters[J]. Chemistry Letters,1994,23(6):1115 -1118.

[489]Ganjali M R,Norouzi P,Shamsolahrari L,et al. PPb level monitoring of lanthanium by a novel PVC - membrane sensor based on 4 - methyl -2 - hydrazinobenzothiazole[J]. Sensors and Actuators B - Chemical,2006,114(2):713 -719.

[490]颜振宁,侯彦辉,周稚仙,等. 以芴的衍生物为载体的PVC膜铜(Ⅱ)离子选择电极的研究[J]. 分析测试学报,2005,24(3):104 -106.

[491]Kupis - Rozmyslowicz J,Wagner M,Bobacka J,et al. Biomimetic membranes based on molecularly imprinted conducting polymers as a sensing element for

determination of taurine[J]. Electrochimica Acta,2015,188:537 – 544.

[492]Hashemi F,Zanganeh A R. Electrochemically induced regioregularity of the binding sites of a polyaniline mem – brane as a powerful approach to produce selective recognition sites for silver ion[J]. Journal of Electmanalytical Chemistry, 2016,767:24 – 33.

[493]Liang H,Yin T,Wei Q. A simple approach for fabricating solidcontaction-selective electrodes using nanomaterials as transducers[J]. Analytica Chimica Acta, 2015,853(1):291 – 296.

[494]Jasinski A,Guzinski M,Lisak G,et al. Solid – contact lead(II) ion – selective electmdes for potentiometric determination of lead(IDin presence of high concentrations of Na(D,Cu(II),Cd(II),Zn(II),Ca(II) and Mg(II)[J]. Sensors and Actuators B – Chemical,2015,218:25 – 30.

[495]Situmorang M,Sembiring T. The Levelopment of mercury ion selective electrode with ionophore7,16 – di – (2 – Methylquinolyl) – 1,4,10,13 – tetraoxa – 7,16 – diazacy – clooctad ecane (DQDC) [J]. Modern Applied Science,2015,9 (8):81 – 90.

[496]Asif M H,O. Nur,Willander M,Yakovleva M. B. Danielsson. Studies on calcium ion selectivity of ZnO nanowire sensors using ionophore membrane coatings [J]. Research Letters in Nanotechnology,2008,2008:701813.

[497]Mitrou N,Nikoleli G P,Nikolelis D P,et al. A calcium solid state ion selective minisensor based on lipid films on ZnO nanorods [J]. Electroanalysis,2014, 26(5):919 – 923.

[498]吴志鸿. 金属阳离子选择电极测定弱酸强碱盐水解常数方法研究[J]. 菏泽师范专科学校学报,2004,26(2):33 – 35.

[499]Ali T A,Abd – Elaal A A,Mohamed G G. Screen printed ion selective electrodes based on self – assembled thiol surfactant – gold – nanoparticles for determination of Cu(II) in different water samples[J]. Microchemical Journal,2021,160 (B):1010 – 1016.

[500]Radic J,Bralic M,Kolar M,et al. Development of the new fluoride ion –

selective electrode modified with fexoy nanoparticles[J]. Molecules,2020,25(21):5213 -5220.

[501]徐灵,吴成志,何丹,等. 离子选择电极法校准微量移液器方法的建立及验证[J]. 中国卫生检验杂志,2015,25(12):1898 -1900.

[502]韦秋叶,磨昕玥. 离子选择电极法氯离子含量测定仪的校准方法[J]. 计量技术,2020,3:39 -41.

[503]刘萍. 浅析离子选择电极法测定氟化物的影响因素[J]. 环保科技,2018,24(6):47 -50.

[504]丁永波,刘婷,申亮. 优化内充液对离子选择电极检测下限的影响[J]. 广州化工,2015,43(21):1 -4.

[505]Jawonska E,Kiaiel A,Makaymiuk K,et al. Lowering the reaiativity of polyacrylate ion -selective membranes by platinum nanoparticles addition[J]. Analytical Chemistry,2011,83(1):438 -445.

[506]Reichmuth P,Sigrist H,Badertscher M,et al. Immobilization of biomolecules on polyurethane memhrane surfaces[J]. Bioconjugate Chemistry,2002,13(1):90 -96.

[507]Tom L,Julia S,Fredrik S,et al. Polyaniline nanoparticle -based solid -contact silicone rubber ion -selective electrodes for ultratrace measurements[J]. Analytical Chemistry,2010,82 (22):9425 -9432.

[508]Li X G,Feng H,Huang M,et al. Ultrasensitive Pb(Ⅱ) potentiometric sensor based on copolyaniline nanoparticles in a plasticizer -free membrane with a long lifetime[J]. Analytical Chemistry. 2012,84(1):134 -140.

[509]黄美荣,丁水波,施凤英,等. 基于高选择性氟液相传感膜的离子传感器[J]. 化学进展,2012,24(11):2224 -2233.

[510]罗云凤,刘保双,李春香. 基于碳纳米管/Ag /MoS_2转导层的全固态钙离子选择电极[J]. 应用化学,2016,36(6):704 -710.

[511]杨金凤,杨慧中. 全固态硝酸根离子选择电极的性能分析[J]. 环境工程学报,2017,11(1):229 -335.

[512]中国环境保护标准汇编. 水质分析方法[M]. 北京:中国标准出版

社,2001.

[513]中国环境保护标准汇编. 大气质量分析方法[M]. 北京:中国标准出版社,2000.

[514]段小,施玉格. 测定土壤中水溶性氟化物的方法比较[J]. 化学工程与装备,2019,10:262-265.

[515]张琨. 电极法测定氟化物准确度影响因素分析[J]. 山西化工,2018,38(6):62-64.

[516]魏文,曾静,张冠华. 离子选择电极法测定工业污水中的氟[J]. 化学化工,2019,24:156-158.

[517]任忠虎,杨占菊,李振昌. 离子选择性电极法测定氟石膏中氟[J]. 化学分析计量,2020,29(6):93-97.

[518]向晓霞,罗军,刘汉林,等. 离子选择电极法、离子色谱法和氟试剂分光光度法测定水中氟化物的比较[J]. 环境卫生学杂志,2020,10(1):94-97.

[519]张志军. 氟离子选择电极法测定环境空气氟化物[J]. 中国科技信息,2020,12:80-81.

[520]刘晓芳. 高温燃烧水解-离子选择电极法测定土壤中氟[J]. 资源节约与环保,2018,7:39-40.

[521]葛江洪,于兆水. 高温灰化一离子选择性电极法测定植物样品中微量氟[J]. 化学工程师,2019,33(3):24-26.

[522]杨倩. 高温碱熔滴子选择性电极法测定铜矿石中的氟化物[J]. 现代矿业,2019,35(11):183-185.

[523]陈玉兰. 水中氟化物离子色谱法与离子选择电极法测定结果比较分析[J]. 中国农村卫生,2019,11(10):47-48.

[524]Phillips S L,Mack D A,Macleod W D. Electrode indicator technique for measuring low levels of cyanide[J]. Analytical Chemistry,1972,44(13):2227-2230.

[525]黄德培,沈子琛,吴国梁. 离子选择电极的原理及应用[M]. 北京:新时代出版社,1982.

[526]袁波,王雪,吴光进,等. 电石炉净化系统废水中的氰根离子的测定[J]. 贵州科学,2016,34(4):57-60.

[527]周键,田森林,张骄佼,等. 基于离子选择电极法的密闭电石炉尾气中氰化氢的测定[J]. 安全与环境学报,2014,14(5):237 - 240.

[528]Petanen T,Romantschuk M. Use of bioluminescent bacterial sensors as an alternative method for measuring heavy metals in soil extracts[J]. Analytica Chimica Acta,2002,456(1):55 - 61.

[529]Mahajan R K,Kaur I,Lobana T S. A mercury(Ⅱ) ion - selective electrode based on neutral salicylaldehyde thiosemicarbazone[J]. Talanta,2003,59(1):101 - 105.

[530]Mohammad M,Amini Mohammad K,IrajMohammadpoor B. Mercury selective membrane electrodes using 2 - mercaptobenzimidazole,2 - mercaptobenzothiazole,and hexathiacyclooctadecane carriers[J]. Sensors and Actuators B - Chemical,2000,63(1 - 2):80 - 85.

[531]Guessous A,Papet P,Sarradin J,et al. Thin films of chalcogenide glass as sensitive membranes for the detection of mercuric ions in solution[J]. Sensors and Actuators B - Chemical,1995,24(1 - 3):296 - 299.

[532]Miloshova M,Bychkov E,Tsegelnik V,et al. Tracer and surface spectroscopy studies of sensitivity mechanism of mercury ion chalcogenide glass sensors[J]. Sensors and Actuators B - Chemical,1999,57(1 - 3):171 - 178.

[533]门洪,刘大龙,韩清鹏,等. Hg^{2+}离子传感器的最新研究进展[J]. 传感技术学报,2003,3:299 - 305.

[534]任秀丽,张静邵,新田. 纳米 TiO2 修饰的涂碳型 PVC 膜汞离子选择电极的研制与应用[J]. 冶金分析,2015,35(4):30 - 33.

[535]黄美荣,饶学武,李新贵. 以聚苯胺与无机盐复合物为载体的离子选择电极[J]. 化学传感器,2008,3:7 - 13.

[536]胡卫军,邹绍芳,Alisa R. 汞离子选择电极在海水痕量元素检测中的应用[J]. 传感技术学报,2007,6:1215 - 1218.

[537]门洪,李小英,邬广建,等. 全固态汞离子选择电极的研究[J]. 传感器与微系统,2007,1:39 - 40.

[538]Bahrami A,Besharati - Seidani A,Abbaspour A,et a1. A highly selective

voltammetric sensor for nanomolar detection of mercury ions using a carbon ionic liquid paste electrode impregnated with novel ion imprinted polymeric nanobeads[J]. Materials Science and Engineering C – Materials for Biological Applications, 2015, 48:205 – 212.

[539]Sardohan – Koseoglu T, Kir E, Dede B. Preparation and analytical application of the novel Hg (II) – selective membrane electrodes based on oxime compounds[J]. Journal of Colloid and Interface Science, 2015, 444:17 – 23.

[540]Satoshi I, Yasukazu A, Hiroko W. Development of highly sensitive cadmium ion – selective electrodes by titration method and its application to cadmium ion determination in industrial waste water[J]. Talanta, 1997, 44(4 – 6):697 – 704.

[541]高云霞,孙宝盛. 离子选择电极法同时测定铅和镉的实验研究[J]. 沈阳理工大学学报,2006,25(2):92 – 94.

[542]Chandra S, Singh D, Sarkar A. PVC membrane selective electrode for determination of cadmium(Ⅱ) ion in chocolate samples[J]. Chinese Journal of Chemical Engineering, 2014, 22(4):480 – 488.

[543]袁敏,钱世权,曹慧,等. 一种超灵敏检测镉离子的核酸适配体电化学传感器[J]. 分析化学,2020,48(12):1701 – 1708.

[544]魏光华,赵学亮,李康,等. 基于 STM32 的重金属离子测量仪器的设计与试验[J]. 传感技术学报,2017,30(12):1828 – 1833.

[545]Nezamzadeh E A, Shahanshahi M. Modification of clinoptilolite nano – particles with hexadecylpyridyniumbromide surfactant as an active component of Cr (VI) selective electrode[J]. Journal of Industrial and Engineering Chemistry, 2013, 19(6):2026 – 2033.

[546]黄艳玲,魏小平,刘涛. 二苯基乙二酮缩邻氨基苯酚双席夫碱的合成及铜(Ⅱ)离子选择性电极的研制[J]. 化学研究与应用,2013,25(1):33 – 37..

[547]李光华,丁国华. 一种新的席夫碱敏感膜 Cu(Ⅱ)离子选择电极[J]. 化学通报,2011,74(9):853 – 856.

[548]罗传军,张宇虹,李朋珍,等. 以 1,2 – 双(3 – 氨基苯氧基)乙烷为载体的 PVC 膜银离子选择电极的研究[J]. 郑州大学学报(理学版),2011,43

(2):88 -92.

[549] Singh A K, Gupta V K, Gupta B. Chromium(Ⅲ) selective memhrane sensors based on Schiff bases as chelating ionphores[J]. Analytica Chimica Acta, 2007,585(1):171 -178.

[550]陆艳琦,王洪涛,颜振宁. 以N-(苯并〔1-3〕二噁茂-5-亚甲基)-1H-苯并咪唑-2-甲酰肼为载体的PVC膜铬离子选择电极的研究[J]. 河南工业大学学报(自然科学版),2015,36(5):96 -100.

[551] Khan A A, Baig U. Electrically conductive membrane of polyaniline - titanium(Ⅳ) phosphate nation exchange nanonomposite: Applinable for detention of Pb (Ⅱ) using its ion - selentiveelentrode[J]. Journal of Industrial and Engineering Chemistry,2012,18(6):1937 -1944.

[552]邹翠英. 血中游离钙的研究进展[J]. 海军医高专学报,1996,18(2):102 -103.

[553]刘海玲,朱桂平. 以环糊精包结物为敏感膜的钙离子选择电极研究[J]. 分析试验室,2004,23(4):52 -54.

[554] Wang S H, Chou T C, Liu C C, et al. Development of a solid - state thick film calcium ion - selective electrode[J]. Sensors and Actuators B - Chemical, 2003,96(3):709 -716.

[555] Konopka A, Sokalski T, Michalska A. Factors affecting the potentiometric response of all - solid - state solvent polymeric membrane calcium - selective electrode for low - level measurements[J]. Analytical Chemistry,2004,76(21):6410 -6418.

[556] Pandey P C, Chauhan D S, Prakash R. Calcium ion - sensor based on polyindole - camphorsulfonic acid composite[J]. Journal of Applied Polymer Science,2012,125(4):2993 -2999.

[557]罗云凤,刘保双,李春香. 基于碳纳米管/Ag /MoS_2转导层的全固态钙离子选择电极[J]. 应用化学,2019,36(6):704 -710.

[558] Vigassy T, Huber C, Wintringer R, et al. Monolithic capillary - based ion - selective[J]. Analytical Chemistry,2005,77(13):3966 -3970.

[559] Rohwedder J R, Pasquini C, Raimundo I M, et al. Design and develop-

ment of a multichannel potentiometer for monitoring an electrode arrayt and its application in flow analysis[J]. Journal Automated Methods and Management Chemistry, 2002,24(4):105 – 110.

[560]Legin A,Rudnitskaya A,Lvova L,et al. Chemical sensor array for multicomponent analysis of biological liquids[J]. Analytica Chimica Acta,1999,385(1 – 3):131 – 135.

[561]Liao W Y,Lee Y G,Huang C Y. Telemetric electrochemical sensor[J]. Biosensors and Bioelectronics,2004,20(3):482 – 490.

[562]Tamer A A,Gehad G M,A new screen – printed ion selective electrode for determination of citalopram hydrobromide in pharmaceutical formulation[J]. Chinese Journal of Analytical Chemistry,2014,42(4):565 – 572.

[563]高闻,李东辉,王稀. 涂丝型 PVC 膜离子选择电极测定格列齐特缓释片[J]. 化学研究与应用,2017,29(3):412 – 414.

[564]刘宇婷,李东辉. 纳米 CdS 修饰的恩诺沙星选择电极的研制与应用[J]. 分析试验室,2016,35(6):672 – 675.

[565]任忠虎,杨占菊,李振昌. 离子选择性电极法测定氟石膏中氟[J]. 化学分析计量,2020,29(6):93 – 97.

[566]赖心,谢辉,张婷,等. 离子选择电极法测定镨钕合金中的氟含量[J]. 材料研究与应用,2019,13(3):242 – 246.

[567]曾艳. 离子选择电极法联合测定重铀酸盐中氟和氯[J]. 广东化工,2019,46(3):174 – 175.

[568]Morimoto T,Nishina H,Hashimoto Y,et al. Sensor for ion – control – An approach to control ofnutrient solution in hydroponics[J]. Acta Horticulturae,1992,304:301 – 308.

[569]孙德敏,张利,王永. 无土栽培营养液检测仪的研制[J]. 仪器仪表学报,2004,25(3):281 – 287.

[570]李彧文,张西良. 基于 ISE 的营养液多离子浓度检测装置的实现[J]. 电子科技,2017,30(3):138 – 141.

[571]Liang G. Liu X H. Highly sensitive detection of a – naphthol based on G –

DNA modified gold electrode by electrochemical impedance spectroscopy[J]. Biosensors and Bioelectronics,2013,45(15):46 -51.

[572] Gonzalez M I, Gomegmonedero B, Agrisuelas J. et al. Highly activated screen - printed carbon electrodes by electrochemical treatment with hydrogen peroxide[J]. ElectroChemical Communications,2018,91:36 -40.

[573] Khorshed A A, Khairy M, Banks C E. Voltammetric determination of meclizine antihistamine drug utilizing graphite screen - printed electrodes in physiological medium[J]. Journal of Electroanalytical Chemistry. 2018,824:39 -44.

[574] Yugender G K, Sunil K V, Hayat A, et al. A highly sensitive electrochemical immunosensor for zearalenone using screen - printed disposable electrodes[J]. Journal of Electroanalytical Chemistry,2019,832:336 -342.

[575] Kurniawan A, Kurniawan F, Gunawan F, et al. Disposable electrochemical sensor based on copper - electrodeposited screenprinted gold electrode and its application in sensing 1 - cysteine[J]. Electrochimica Acta,2019,293:318 -327.

[576] Ekomo V M, Branger C, Bikanga R. et al. Detection of bisphenol A in aqueous medium by screen printed carbon electrodes incorporating electrochemical molecularly imprinted polymers[J]. Biosensors and Bioelectronics,2018,112:156 -161.

[577] 梁刚,张全刚,赵杰,等. 基于丝网印刷电极的电化学传感器在农药残留检测中的应用综述[J]. 环境化学,2020,39(7):1913 -1922.

[578] 王继阳,胡敬芳,宋钮. 基于石墨烯的离子印迹电化学传感器在水质重金属检测中的研究进展[J]. 传感器世界,2019,25(12):7 -16.

[579] Istamboulie G. Sikora T, Jubete E, et al. Screen - printed poly (3,4 - ethylenedioxythiophene) (PEDOT): A new electrochemical mediator for acetylcholinesterase - based biosensors[J]. Talanta,2010,82(3):957 -961.

[580] Cinti S, Neagu D, Carbone M, et al. Novel carbon black - cobalt phthalocyanine nanocomposite as sensing platform to detect organophosphorus pollutants at screen - printed electrode[J]. Electrochimica Acta,2016,188:574 -581.

[581] 单益江,武国凡,卢小泉,等. 基于金纳米材料修饰的 Cu^{2+} 印迹电化学传感器的研制[J]. 化学研究与应用,2017,29(6):786 -792.

[582]李玥琪. 基于石墨烯纳米材料的便携式水质重金属 Cr(VI)检测系统研究[D]. 北京:北京信息科技大学,2018.

[583]Medina S M,Cadevall M,Ros J,et a1. Eco – friendly electrochemical lab – on – paper for heavy metal detection[J]. Analytical and Bioanalytical Chemistry, 2015,407(28):8445 – 8449.

[584]Clark C L. Monitor and control of blood and tissue oxygen tensions[J]. Transactions American Society for Artificial Internal Organs,1956,2:41 – 44.

[585]张正奇,刘辉,黎艳妞. 碳糊电极新进展[J]. 分析科学学报,1998, 14 (1):80 – 86.

[586]Rosa L C,Pariente F,Hernandez L,et al. Determination of organophosphorus and carbamate pesticides with an acetylcholinesterase amperometric biosensor using 4 – aminophenyl acetate as substrate[J]. Analytica Chimica Acta,1994,2(95):742 – 748.

[587]Sklada P. Determination of organophosphate and carbamate pesticides using a cobalt phthalocyanine – modified carbon paste electrode and a cholinesterase enzyme membrane[J]. Analytica Chimica Acta,1991,252(1 – 2):11 – 15.

[588]Singh A K,Flounders A W,Volponi J V,et al. Development of sensors for direct detection of organophosphates. Part I:Immobilization,characterization and stabilization of acetylcholinesterase and organophosphate hydrolase on silica supports[J]. Biosensors and Bioelectronics,1999,14(8 – 9):323 – 329.

[589]Holub K,Tessari G,Delahay P. Electrode impedance without a priori. separation of double – layer charging. and faradaic process[J]. Journal of Physical Chemistry,1967,71(8):2612 – 2618.

[590]Barbosa P C,Rodrigues L C,Silva M M,et al. Solid – state electrochromic devices using pTMC/PEO blends as polymer electrolytes[J]. Electrochimica ACTA, 2010,55(4):1495 – 1502.

[591]Hillman A R,Linford R G. In electrochemical science and technology of polymers[M]. Elsevier:London,1987.

[592]Wang J,Tian B,Rogers K R. Thick – film electrochemical immunosensor

based on stripping potentiometric detection of a metal ion label[J]. Analytical Chemistry 1998,70(9):1682－1685.

[593] Pereira AC, SantosAD, Kubota LT. Trends in amperometric electrodes modification for electroanalytical applications[J]. Quimica Nova, 2002, 11(25): 1012－1021.

[594] Ugo P, Moretto L M. Ion－exchange voltammetry at polymer－coated electrodes: Principles and analytical prospects[J]. Electroanalysis, 1995, 7(12): 1105－1113.

[595] MacDiarmid A G, Maxfield M. Electrochemical science and technology of polymers[M] Elsevier: London, 1987.

[596] Mortimer R J, Barbeira P J S, Sene A F B, et al. Potentiometric determination of potassium cations using a nickel(II) hexacyanoferrate－modified electrode [J]. Talanta, 1999, 49(2): 271－275.

[597] Silva P R M, El Khakani M A, et al. Development of Hg－electroplated－iridium based microelectrode arrays for heavy metal traces analysis[J]. Analytica Chimica Acta, 1999, 385(1－3): 249－255.

[598] Hilaki Suzuki, TaishiHirakawa, et al. An integrated three－electrode system with a micromachined liquid－junction Ag/AgCl referece electrode[J]. Analytica Chimica Acta, 1999, 387: 103－112.

[599] Bay H W, Blurton K F, Lieb H C, et al. Electrochemical measurements of blood alcohol levels[J]. Nature, 1972, 240(5375): 52－55.

[600] Ayumu Y, Takeo S. Electrochemical carbon monoxide sensor with a Nafion film[J]. Reactive and Functional Polymers, 1999, 41(1－3): 235－243.

[601]张小水,古瑞琴,李志刚. 定电位电解型电化学气体传感器稳定性研究[J]. 陶瓷学报,2008 (3):286－289.

[602]高雅娟. 室内空气质量监测仪中电化学传感器的应用[J]. 科技创新与运用,2017,19:165－166.

[603]刘文龙,陈垅,周鑫. 电化学法制备 PANI/Pt/$A1_2O_3$梳状电极及其在气体传感器上的应用研究[J]. 成都大学学报(自然科学版),2015,34(4):391－394.

[604]管海翔,陈娟,祁欣. 基于高灵敏度电化学传感器的有害气体检测系统设计[J]. 北京化工大学学报(自然科学版),2020,47(2):107 - 114.

[605]杨邦朝,简家文,段建华,等. 氧传感器原理与进展[J]. 传感器世界,2002,1:1 - 8.

[606]Fujita Y, Ku D, Hisa S, et al. Galvanic cell type oxygen sensor, USP 4495051,1984.

[607]Cardenas - Valencia A M, Biver C J, Bumganer J, et al. 2007 International Conference on Sensor Technologies and Applications (SENSORCOMM 2007), October 14 - 20,2007[C]. New York: IEEE, 2007.

[608]李颖,付金宇,侯永超. 有害气体检测的电化学技术的应用发展[J]. 科学技术与工程,2018,18(3):132 - 141.

[609]矶部满夫. 电量式氯气传感器开发[J]. 化学装置,1979,21(1):35 - 39.

[610]金篆脏,王明时. 现代传感器技术[M]. 北京:电子工业出版社,1995.

[611]Wang J. Electroanalysis and biosensors[J]. Analytical Chemistry, 1999, 71(12):328 - 332.

[612]钟桐生,刘国东,沈国立,等. 电化学免疫传感器研究进展[J]. 化学传感器,2002,1:7 - 14.

[613]Crowley E, O' sullivan C, Guilbault G. Amperometric immunosensor for granulocyte - macrophage colony - stimulating factor using screen - printed electrodes[J]. Analytica Chimica Acta, 1999, 389(1 - 3):171 - 178.

[614]Lee K S, Kim T H, Shin M C, et al. Disposable liposome immunosensor for theophylline combining an immunochromatographic membrane and a thick - film electrode[J]. Analytica Chimica Acta, 1999, 380(10):17 - 26.

[615]Xu Y H, Suleiman A A. Reusable amperometric immunosensor for the. determination of cortisol[J]. Analytical Letters, 1997, 30 (15), 2675 - 2689.

[616]Aboul - Enein H Y, Stefan R, Radu G L, et al. The construction of an amperometric immunosensor for the thyroid hormone (+) - 3. 3′,5 - triiodo - L -

thyronine (L－T[3])[J]. Analytical Letters,1999,32 (3):447－455.

[617]Benkert A,Scheller F,Schosslere W,et al. Development of a creatinine ELISA and an amperometric antibody－based creatinine sensor with a detection limit in the nanomolar range[J]. Analytical Chemistry,2000,72(5),916－921.

[618]Wang J,Pamidi P V A. Sol－gel－derived thick－film amperometric immunosensors[J]. Analytical Chemistry,1998,70(6):1171－1175.

[619]Pemberton R M,Hart J P,Foulkes J A. Development of a sensitive,selective electrochemical immunoassay for progesterone in cow's milk based on a disposable screen－printed amperometric biosensor[J]. Electrochimica Acta,1998,23(8):3567－3574.

[620]Wang J,Tian B,Rogers K R. Thick－film electrochemical immunosensor based on stripping potentiometric detection of a metal ion label[J]. Analytical Chemistry,1998,70(9):1682－1685.

[621]Liu G D,Hu K S,Li W,et al. Renewable amperometric immunosensor based on paraffin－graphite－transferrin antiserum biocomposite for transferrin assay [J]. Analyst,2000,125(9),1595－1599.

[622]Zhu X,Li C L,Liu Q,et al. Investigation of nonenzymatic glucose biosensor based on graphene/gold nanocomposites[J]. Chinese J Analytical Chemistry,2011,39(12):1846－1852.

[623]Srivastava S,Abraham S,Singh C,et al. Protein conjugated carboxylated-gold@ reduced graphene oxide for aflatoxin B－1 detection[J]. RSC Advances,2015,5(7):5406－5414.

[624]Elshafey R,Siaj M,Tavares A C. Au nanoparticle decorated graphene nanosheets for electrochemical immunosensing of p53 antibodies for cancer prognosis [J]. Analyst,2016,141(9):2733－2740.

[625]Roushani M,Valipour A. Voltammetric immunosensor for human chorionic gonadotropin using a glassy carbon electrode modified with silver nanoparticles and a nanocomposite composed of graphene,chitosan and ionic liquid,and using riboflavin as a redox probe[J]. Microchim Acta,2016,183(2):845－853.

[626]Chen Q,Yu C,Gao R,et al. A novel electrochemical immunosensor based on the rGO – TEPA – PTC – NH_2 and AuPt modified C – 60 bimetallic nanoclusters for the detection of Vangl1,a potential biomarker for dysontogenesis[J]. Biosensors and Bioelectronics,2016,79:364 – 370.

[627]Jiang X,Chen K,Wang J,et al. Solid – state voltammetry – based electrochemical immunosensor for Escherichia coli using graphene oxide – Ag nanoparticle composites as labels[J]. Analyst,2013,138(12):3388 – 3393.

[628]Clark L C,Lyons C. Electrode system for continuous monitoring in cardiovascular surgery[J]. Annals of the New York Academy of Sciences,1962,102(1):29 – 45.

[629]Updisk S J,Hicks G P. The enzyme electrode[J]. Nature,1967,214:986 – 988.

[630]Gray D N,Keyes M H and Waston B. Immobilized enzyme in analytical chemistry[J]. Analytical Chemistry,1977,49 (12):1067 – 1072.

[631]魏福祥,韩菊,刘庆洲,等. 计时电位法测定乙酰胆碱酯酶活性[J]. 分析科学学报. 2004,20(6):663 – 664.

[632]La Rosa C,Pariente F,Herndndez L,et al. Determination of organophosphrus and carbamic pesticides with a acetylcholinesterase amperometric biosensor using 4 – aminophyenyl acetate as substrate[J]. Analytica Chimica Acta,1994,295(3):273 – 282.

[633]Gogel E V,Evtugyn G A,Marty J L,et al. Amperometric biosensor based on nafion coated screen – printed electrodes for the determination of cholinesterase inhibitors[J]. Talanta,2000,53(2):379 – 389.

[634]Bonnet C,Andreescu S,Marty J L. Adsorption:an easy and efficient immobilization of acetylcholinesterase on screen – printed electrode[J]. Analytica Chimica Acta Acta,2003,481(2):209 – 211.

[635]Wei F X,Han J,Liu Q Z,et al. Determination of dichlorovs by an acetylcholinesterase biosensor[J]. Journal of Hehei University of Science and Technology,2003,24(4):92 – 94.

[636]Ciucu A A, Negulescu C, Baldwin R P. Detection of pesticides using an amperometric biosensor based on ferophthalocyanine chemically modified carbon paste electrode and immobilized bienzymatic system[J]. Biosensors and Bioelectronics, 2003, 18(2-3): 303-310.

[637]Palanivelu J, Chidambaram R. Acetylcholinesterase with mesoporous silica: Covalent immobilization, physiochemical characterization, and its application in food for pesticide detection[J]. Journal of Cellular Biochemistry, 2019, 120(6): 10777-10786.

[638]Zheng J, Wang B, Jin Y, et al. Nanostructured MXene-based biomimetic enzymes for amperometric detection of superoxide anions from HepG2 cells[J]. Microchimica Acta, 2019, 186(2): 95-104.

[639]Liu J Y, Han L, Wang T S, et al. Enzyme immobilization and direct electrochemistry based on a new matrix of phospholipid-monolayer-functionalized graphene[J]. Chemistry-An Asian Journal, 2012, 7(12): 2824-2829.

[640]Cosnier S, Senillou A, Grarzel M, et al. A glucose biosensor based on enzyme entrapment within polypyrrole films electrodeposited on mesoporous titanium dioxide[J]. Journal of Electroanalytical Chemistry, 1999, 469(2): 176-181.

[641]Seo H K, Park D J, Park J Y. Fabrication and characterization of platinum black and mesoporous platinum electrodes for in-vivo and continuously monitoring electrochemical sensor applications[J]. Thin Solid Films, 2008, 516(16): 5227-5230.

[642]张玉雪，牟靖男，刘丽燕，等．基于聚吡咯/多壁碳纳米管复合膜的电化学 DNA 生物传感器研究[J]．中华疾病控制杂志，2011，15(09): 745-748.

[643]Luo L, Deng D, Lu B. Simultaneous determination of epinephrine and uric acid at ordered mesoporous carbon modified glassy carbon electrode[J]. Analytical Methods, 2012, 4(8): 2417-2422.

[644]Kriz D, Ramstrom O, Svensson A, et al. Introducing biomimetic sensors based on molecularly imprinted polymers as recognition elements[J]. Analytical Chemistry, 1995, 67(13): 2142-2144.

[645] Sode K, Takahashi Y, Ohta S, et al. A new concept for the construction of an artificial dehydrogenase for fructosylamine compounds and its application for an amperometricfructosylamine sensor[J]. Analytica Chimica Acta, 2002, 43(5):151 - 156.

[646] Sode K. Construction of a molecular imprinting catalyst using target analogue template and its application foranamperometricfructosylamine sensor[J]. Biosensors and Bioelectronics, 2003, 18(12):1485 - 1490.

[647] Albrecht Uhlig, Manfred Paeschke, et al. Chip - array electrodes for simultaneous stripping analysis of trace metals[J]. Sensors and Actuators B - Chemical, 1995, 25(1 - 3):899 - 903.

[648] Rosemary Feeney, Janet Herdan, et al. Analytical characterization of microlithographically fabricated iridium - based ultramicroelectrode arrays[J]. Electroanalysis, 1998, 10(2):89 - 93.

[649] 王营章. 饮用水中铅的催化极谱分析方法研究[J]. 山东科技大学学报, 2008, 27(3):98 - 101.

[650] 黄灿灿, 简锦明, 曾立波. 阳极溶出伏安法测定水样中痕量铜离子的研究厂[J]. 现代科学仪器, 2013 (3):104 - 106.

[651] Tarley C R T, Santos V S, Baeta B E L, et al. Simultaneous determination of zinc, cadmium and lead in environmental water samples by potentiometric stripping analysis (PSA) using multiwalled carbon nanotube electrode[J]. Journal of Hazardous Materials, 2009, 169(1 - 3):256 - 262.

[652] Abbasia S, Khodrahmiyan K, Abbasia F. Simultaneous determination of uhra trace amounts of lead and cadmiumin food samples by adsorptive stripping vohammetry[J]. Food Chemistry, 2011, 128(1):254 - 257.

[653] 胡黎明, 刘祥萱, 张浪浪. 多壁碳纳米管修饰玻碳电极的循环伏安法测定水中微量偏二甲肋[J]. 理化检验(化学分册), 2018, 54(2):177 - 181.

[654] 杜平, 商希礼. 碲化镉/石墨烯修饰玻碳电极差分脉冲伏安法测定矿石中痕量铅[J]. 冶金分析, 2018, 38(8):43 - 47.

[655] 刘蕊, 刘涛, 崔闻宇. DVD - Ag 电极阳极溶出伏安法测定枸杞子中铅和镉残留[J]. 应用化工, 2020, 49(3):792 - 795.

[656]杨敏芬,沈媛媛,唐佳倩. 基于石墨烯修饰玻碳电极伏安法测定6-苄氨基嘌呤[J]. 化学传感器,2015,35(1):28-32.

[657]冯春梁,管云霞,刘金珍. 基于石墨烯和普鲁士蓝-金纳米复合材料电流型 H_2O_2 传感器的制备[J]. 北华大学学报(自然科学版),2015,16(3):302-306.

[658]赵继文,何玉彬. 传感器与应用电路设计[M]. 北京:科学出版社,2002.

[659]李科杰. 新编传感器技术手册[M]. 北京:国防工业出版社,2004.

[660]孙宝元,杨宝清. 传感器及其应用手册[M]. 北京:机械工业出版社,2004.

[661]Sodhi D S. Nondimultaneous crushing during edge indentation of freshwater ice sheets[J]. Cold Regions Science and Technology,1998,27(3):179-195.

[662]Worby A P,Griffin P W Lytle V I,et al. On the use of electromagnetic induction sounding to determine winter and spring sea ice thickness in the Antarctic[J]. Cold Region Science and Technology,1999,29(1):49-58.

[663]秦建敏,沈冰. 基于冰和水导电特性的新型冰层厚度传感器[J]. 传感器技术,2004,9:55-56.

[664]宋萍,隋丽,潘志强. 现代传感器手册-原理、设计及应用[M]. 北京:机械工业出版社,2019.

[665]Jones E. Hydrogen sulfide sensor,U. S. Patent No. 4822465,1989.

[666]张进,姚桃花,王燕青. 分子印迹电化学传感器研究进展[J]. 理化检验,2013,49(8):1017-1023.

[667]Kriz D,Kempe M,Mosbach K. Introduction of molecularly lmprinsed polymers as recognition elements in conductometric chemical sensors[J]. Sensors and Actuators B-Chemical,1996,31(1-3):178-181.

[668]王胜碧,吕瑞红,徐岚. 基于分子印迹聚合物的水杨酸电导型传感器[J]. 安顺学院学报,2007,9(2):89-92.

[669]李锋,王莉,刘国艳. 基于分子印迹膜的电导型传感器检测牛乳中琥珀酸氯霉素残留[J]. 上海交通大学学报,2009. 28(6):566-571.

[670] Li X, Zhang L, Wei X, et al. A sensitive and renewable chlortoluron molecularly imprinted polymer sensor based on the gate: controlled catalytic electro oxidation of H_2O_2 on magnetic nano – NiO[J]. Electroanalysis, 2013, 25 (5): 1286 – 1293.

[671] 刘顺珍, 张丽霞, 黄燕敏. 沉淀电导滴定法测定水中氯离子含量[J]. 桂林理工大学学报, 2011, 31(4): 586 – 590.

[672] 贺东琴, 房宽峻. 电导滴定法研究阳离子乳胶粒的导电性能及其在棉织物上的吸附[J]. 应用化学, 2014, 31: 581 – 588.

[673] Lilienfeld J E. Method and apparatus for controlling electric currents: US1745175, 1926 – 1 – 28.

[674] Shockley W, Pearson G L. Modulation of conductance of thin films of semi – conductors by surface charges[J]. Physical Review, 1948, 71(2): 232 – 233.

[675] Shockley W. A unipolar filed effect transistor, Proc. IRE, 1952, 40(11): 1365 – 1376.

[676] Atalla M M, Tannebanum E, Scheibner E J, et al. Stabilization of silicon surfaces by thermally grown oxides bell[J]. Bell System Technical Journal, 1959, 38 (3): 749 – 783.

[677] Teszner S, Gicquel R. Gridistor – A new field – effect device[J]. Proceedings of the IEEE, 1964, 52(12): 1502 – 1513.

[678] Bergveld P. Development of an ion – sensitive solid – state device for neurophysiological measurements[J]. IEEE Transactions on Biomedical Engineering, 1970, 17(1): 70 – 71.

[679] Bergveld P. Development operation and application of the ion – sensitive field – effect transistor as a tool for electrophysiology[J]. IEEE Transactions on Biomedical Engineering, 1972, 19(5): 342 – 351.

[680] Esashi M, Matsuo T. Integrated micro multi ion sensor using field effect of semiconductor[J]. IEEE Transactions on Biomedical Engineering, 1978, 25 (2): 184 – 192.

[681] 方培生, 黄强, 田守礼. 化学敏感半导体器件的研制[J]. 半导体技术, 1981, 6: 14 – 17.

[682]付庭治,朱春生,黄德培. 一种新型的涂丝场效应离子敏感器钾钙微电极的研制[J]. 离子选择电极通讯,1984,2:111 – 111.

[683]Janata J, Moss S. Chemically sensitive field – effect transistors[J]. Biomedical Engineering,1976,11(7):241 – 245.

[684]Caras S, Janata J. Field effect transistor sensitive to penicillin[J]. Analytical Chemistry,1980,52(12):1935 – 1937.

[685]Schoning M J, Poghossian A. Recent advances in biologically sensitive field – effect transistors(BioFETs)[J]. Analyst,2002,127(9):1137 – 1151.

[686]Butko V Y, Chi X, Ramirez A P. Free – standing tetracene single crystal field effect transistor[J], Solid State Communications,2003,128(11):431 – 434.

[687]江丕桓,周国云,黄运锐,等. 场效应晶体管及其集成电路[M]. 北京:国防工业出版社,1974.

[688]亢宝位. 场效应晶体管理论基础[M]. 北京:科学出版社,1985.

[689]Richman P. Variable – Precision Exponentiation[J]. Communications of the ACM,1973,16(1):38 – 40.

[690]Kim M J, Brown D M. Mo_2N/Mo gate MOSFET's[J]. IEEE Transactions on Electron Devices,1983,30(6):598 – 602.

[691]Tsui B Y, Huang C F, Lu C H. Investigation of molybdenum nitride gate on SiO_2 and H_fO_2 for MOSFET application[J]. Journal of the electrochemical society,2006,153(3):197 – 202.

[692]Sarkar D, Liu W, Xie X, et al. MoS_2 field – effect transistor for next – generation label – free biosensors[J]. ACS Nano,2014,8(4):3992 – 4003.

[693]Li H, Yin Z, He Q, et al. Fabrication of single and multilayer MoS_2 film – based field – effect transistors for sensing NO at room temperature[J]. Small,2012,8(1):63 – 67.

[694]Tadjer M J, Mahadik N A, Wheeler V D, et al. Editors' Choice communication – A(001) (3 – Ga2O3 MOSFET with +2.9 V threshold voltage and H_fO_2 gate dielectric[J]. ECS Journal of Solid State Science and Technology,2016,5(9):468 – 470.

[695]Ke Z,Abhishek V,Uttam S. 1. 85 kV breakdown voltage in lateral field - plated Ga_2O_3 MOSFETs[J]. IEEE Electron Device Letters,2018,39(9):1385 - 1388.

[696]Hwang W S,Verma A,Peelaers H,et a1. High - voltage field effect transistors with wide - bandgap {beta} - Ga_2O_3 nanomembranes[J]. Applied Physics Letters,2014,104(20):203111.

[697]Shieh M S,Chen P S,Tsai M J,et al. The CMP process and cleaning solution for planarization of strain - relaxed SiGe virtual substrates in MOSFET[J]. Journal of the electrochemicalsociety,2006,153(2):144 - 148.

[698]张林,杨小艳,高攀. SiC SBD 与 MOSFET 温度传感器的特性[J]. 半导体技术,2017,42(2):115 - 118.

[699]Lu N,Gao A,Dai P,et al. Ultrasensitive detection of dual cancer biomarkers with integrated cmos - compatible nanowire arrays[J]. Analytical Chemistry. 2015,87(22):11203 - 11208.

[700]Larramendy F,Mathieu F,Charlota S,et al. Parallel detection in liquid phase of N - channel MOSFET/ChemFET microdevices using saturation mode[J]. Sensors and Actuators B - Chemical,2013,176:379 - 385.

[701]袁寿财,王紫玉,范小林. 一种用于生物检测的半导体电场效应传感器[J]. 半导体光电,2012,33(4):474 - 477.

[702]黄德培,方培生,牛文成,等. 离子敏感器件及其应用[M]. 北京:科学出版社,1987.

[703]方培生. Si_3N_4/SiO_2绝缘栅氢离子敏感晶体管研制及敏感机理的分析[J]. 半导体杂志,1983,3:28 - 32.

[704]方培生,黄强. 中性载体为活性物质的 PVC 膜 K^+ - ISFET 及其敏感机理分析[J]. 西安交通大学学报,1984,6:85 - 91.

[705]Janata J,Huber R J. Ion - sensitive field effect transistors[J]. Ion - Selective Electrode Reviews,1980,1:31 - 79.

[706]Bergveld P. Development of an ion - sensitive solid - state device for neurophysiological measurements[J]. IEEE Transactions on Biomedical Engineering,1970,17(1):70 - 71.

[707]Moss S D, Janata J, Johnson C C. Potassium ion – sensitive field effect transistor[J]. Analytical Chemistry, 1975, 47 (13): 2238 – 2243.

[708]Masayoshi E, Takahito O. Micro – nano electromechanical system by bulk silicon micromachining[J]. Optics and Precision Engineering, 2002, 10(6): 608 – 613.

[709]Zhang M, Liao C Z, Yao Y L, et al. High – performance dopamine sensors based on whole – graphene solution – gated transistors[J]. Advanced Functional Materials, 2014, 24(8): 978 – 985.

[710]Huang J, Chen H, Niu W, et al. Highly manufacturable graphene oxide biosensor for sensitive interleukin – 6 detection[J]. RSC Advances, 2015, 5(49): 39245 – 39251.

[711]杨佳,张煜杨,刘陈. 基于聚二硫二丙烷磺酸膜修饰FET延长栅极的L – 胱氨酸传感器[J]. 高等学校化学学报, 2018, 39(11): 2386 – 2394.

[712]Zhang B, Cui T H. High – perfermance and low – cost ion sensitive sensor array based on self – assembled graphene[J]. Sensors and Actuators A – Physical, 2012, 177: 110 – 114.

[713]Huag W G, Kalpana B, Rachel L. Highly sensitive NH_3 detection based on organic field – effect transistors with tris(pentafluorophenyl) borane as receptor [J]. Journal of the American Chemical Society, 2012, 134(36): 14650 – 14653.

[714]Wang B H, Ding J Q, Chi L F. Fast patterning of oriented organic microstripes for field – effect ammonia gas sensors[J]. Nanoscale, 2016, 8(7): 3954 – 3961.

[715]Zeng Y B, Huang W, Shi W, et al. Enhanced sensing performance of nitrogen dioxide sensor based on organic field – effect transistor with mechanically rubbed pentacene active layer[J], Applied Physics A: Materials Science and Processing, 2015, 118(4): 1279 – 1285.

[716]Lv A F, Wang M, Chi L F. Investigation into the sensing process of high – performance H_2S sensors based on polymer transistors[J]. Chemistry – A European Journal, 2016, 22(11): 3654 – 3659.

[717]Bergveld P. Thirty years of ISFETOLOGY what happened in the past 30 years and what may happen in the next 30 years[J] Sensors and Actuators B – Chem-

ical,2003,88(1):1 -20.

[718]罗细亮,徐静娟,陈洪渊. 场效应晶体管生物传感器[J]. 分析化学评述与进展,2004,10:1395 -1400.

[719]Dzyadevivh S V,Korpan Y I,Arkhipova V N,et al. Application of enzyme field - effect transistors for determination of glucose concentrations in blood serum [J]. Biosensors and Bioelectronics,1999,14(3):283 -287.

[720]Poghossian A S. Method of fabrication of ISFET - based biosensors on an Si - SiO_2 - Si structure[J]. Sensors and Actuators B - Chemical,1997,44(1 -3):361 -364.

[721]Gorchkov D V,Poyard S,Soldatkin A P,et al. Application of the charged polymeric materials as additional permselective membranes for improvement of the performance characteristics of urea - sensitive ENFETs,determination in blood serum [J]. Materials Science and Engineering C - Biomimetic Materials Sensors and Systems,1997,5(1):29 -34.

[722]Pijanowska D G,Torbicz W. pH - ISFET based urea biosensor[J]. Sensors and Actuators B - Chemical,1997,44(1 -3):370 -376.

[723]Liu J,Liang L,Li G,et al. H^+ - ISFET - based biosensor for determination of penicillin G[J]. Biosensors and Bioelectronics,1998,13(9):1023 -1028.

[724]Schasfoort R B M,Bergveld P,Kooyman R P H,et al. Possibilities and limitations of direct detection of protein charges by means of an immunological field - effect transistor[J]. Analytica Chimica Acta,1990,238(2):323 -329.

[725]Selvanayagam Z E,Neuzil P,Sridhar U,et al. An ISFET - based immunosensor for the detection of β - Bungarotoxin[J]. Biosensors and Bioelectronics,2002,17(9):821 -826.

[726]Sergeyeva T A,Soldatkin A P,Rachkov A E,et al. β - Lactamase label - based potentiometric biosensor for α -2 interferon detection[J]. Analytica Chimica Acta,1999,390(1):73 -81.

[727]Schütz S,Schŏning M J,Schroth P,et al. An insect - based biofet as a bioelectronic nose[J]Sensors and Actuators B - Chemical,2000,65(1 -3):291 -295.

[728]Schroth P, Luth H, Hummel H E, et al. Characterising an insect antenna as a receptor for a biosensor by means of impedance spectroscopy[J]. Electrochimca Acta, 2001, 47(1-2):293-297.

[729]Schoning M J, Schutz S, Schroth P, et al. Method of fabrication of ISFET-based biosensors on an Si-SiO_2-Si structure[J]. Sensors and Actuators B-Chemical, 1997, 44(1-3):361-364.

[730]Lehmann M, Baumann W, Brischwein M, et al. Non-invasive measurement of cell membrane associated proton gradients by ion-sensitive field effect transistor arrays for microphysiological and bioelectronical application[J]. Biosensors and Bioelectronics, 2000, 15(3-4):117-124.

[731]Baumann W H, Lehmann M, Schwinde A, et al. Microelectronic sensor system for microphysiological application on living cells[J]. Sensors and Actuators B-Chemical, 1999, 55(1):77-89.

[732]Offenhaser A, Knoll W. Cell-transistor hybrid systems and their potential application[J]. Trends in Biotechnology, 2001, 19(2):62-66.

[733]Kitagawa Y, Tamiya E, Karube I. MicrobialFET alcohol sensor[J]. Analytical Letters, 1987, 20(1):81-96.

[734]Souteyrand E, Cloarec J P, Martin J R, et al. Direct detection of the hybridization of synthetic homo-oligomer DNA sequences by field effect[J]. Journal of Physical Chemistry, B, 1997, 101(15):2980-2985.

[735]Ristori C, Delcarlo C, Martini M, et al. Potentiometric detection of pesticides in water samples[J]. Analytica Chimica Acta, 1996, 325(3):151-160.

[736]Arkhypova V N, Dzyadevych S V, Soldatkin A P, et al. Multibiosensor based on enzyme inhibition anylysis for determination of different toxic substances [J]. Talanta, 2001, 55(5):919-927.

[737]Flounders A W, Singh A K, Volponi J V, et al. Development of sensors for direct detection of organophosphates Part IIsol-gel modified field effect transistor with immobilized organophosphate hydrolase[J]. Biosensors and Bioelectronics, 1999, 14:715-722.

[738]汪正孝. 双管差分式丁酰胆碱酯酶 FET 传感器的研制[J]. 传感技术学报,1994,2:58-59.

[739]余孝颖,陈贵春. 胆碱酯酶场效应传感器[J]. 分析化学,1996,24(5):521-524.

[740]魏福祥,韩菊,刘庆洲,等. 胆碱酯酶生物传感器测定有机磷农药敌敌畏[J]. 河北科技大学学报,2003,24(4):92-94.

[741]徐磊,韩泾鸿,梁卫国,等. 光寻址电位式传感器在有机磷检测上的应用[J]. 传感器技术,2003,22(10):42-47.

[742]Star A,Tu E,Niemann J,et al. Label-free detection of DNA hybridization using carbon nanotube network field-effect transistors[J]. Proceedings of the National Academy of Sciences of the United States of America,2006,103(4):921-926.

[743]Maehashi K,Sofue Y,Okamoto S,et al. Selective ion sensors based on ionophore-modified graphene field-effect transistors[J]. Sensors and Actuators B-Chemical,2013,187:45-49.

[744]Chen H,Lim S K,Chen P,et al. Reporter-encapsulated liposomes on graphene field effect transistors for signal enhanced detection of physiological enzymes[J]. Physical Chemistry Chemical Physics,2015,17(5):3451-3456.

[745]Azmi M A M,Tehrani Z,Lewis R P,et al. Highly sensitive covalently functionalised integrated silicon nanowire biosensor devices for detection of cancer risk biomarker[J]. Biosensors and Bioelectronics,2014,52:216-224.

[746]Presnova G,Presnov D,Krupenin V,et al. Biosensor based on a silicon nanowire field-effect transistor functionalized by gold nanoparticles for the highly sensitive determination of prostate specificantigen[J]. Biosensors and Bioelectronics,2017,88:288-289.

[747]Patolsky F,Zheng G F,Lieber C M. Nanowire sensors for medicine and the life sciences[J]. Nanomedicine,2006,1(1):51-65.

[748]Sarkar D,Liu W,Xie X,et al. MoS_2 field-effect transistor for next-generation label-free biosensors[J]. ACS Nano,2014,8(4):3992-4003.

[749]Lin S P,Vinzons L U,Kan Y S,et al. Non-faradaic electrical impedime-

tric investigation of the interfacial effects of neuronal cell growth and differentiation on silicon nanowire transistors[J]. ACS Applied Materials and Interfaces,2015,7(18):9866 – 9878.

[750]Jayant K,Singhai A,Cao Y Q,et al. Non – faradaic electrochemical detection of exocytosis from mast and chromaffin cells using floating gate MOS transistors[J]. Scientific Reports,2015,5(18477):1 – 8.

[751] Cheng S S, Hideshima S, Kuroiwab S, et al. Label – free detection of tumor markers using field effect transistor (FET) – based biosensors for lung cancer diagnosis[J]. Sensors and Actuators B – Chemical,2015,212:329 – 334.

[752]清山哲郎. 化学传感器[M]. 北京:化学工业出版社,1997.

[753]丁衡高. 微米/纳米技术文集[M]. 北京:国防工业出版社,1994.

[754]申永良. 纳米材料的应用[J]. 现代化工,1999,19(2):46 – 48.

[755]孙萍. 质量敏感型有毒有害气体传感器及阵列研究[D]. 成都:电子科技大学,2010.

[756]徐甲强,韩建军,孙雨安,等. 半导体气体传感器敏感机理的研究进展[J]. 传感器与微系统,2006,11:5 – 8.

[757]徐毓龙,HeilandG. 金属氧化物气敏传感器(Ⅳ)[J]. 传感器学报,1996,3:72 – 78.

[758]Sanjines R,Levy F,DemarneV,et al. Some aspects of the interaction of oxygen with polycrystalline SnOx thin films[J]. Sensors and Actuators B – Chemical,1990,1(1 – 6):176 – 182.

[759]李言荣,挥正中. 电子材料导论[M]. 北京:清华大学出版社,2001:402 – 405.

[760] Dong Y F, WangWL, LiaoKJ. Ethanol – sensing characteristics of pure and pt – acivateCdIn$_2$O$_4$films prepared by rf reactive sputtering[J]. Sensors and Actuators B – Chemical,2000,67(3):254 – 257.

[761]张维新,朱秀文,毛赣如. 半导体传感器[M]. 天津:天津大学出版社,1990.

[762]甘露. 纳米二氧化锡气敏薄膜的研究[D]. 武汉:华中科技大

学,2012.

[763]常剑,蒋登高,詹自力,等. 半导体金属氧化物气敏材料敏感机理概述[J]. 传感器世界,2003,8:14-18.

[764]李冠娜. In/Sb 掺杂 SnO_2 纳米薄膜的制备及气敏特性研究[D]. 武汉:武汉华中科技大学,2007.

[765]中国电子学会敏感技术学会,北京电子学会编. 2003-2004 传感器与执行器大全[M]. 北京:机械工业出版社,2004.

[766]Frank J, Fleischer M, Meixner H, et al. Enhancement of sensitivity and conductivity of semiconducting Ga_2O_3 gas sensor by doping with SnO_2[J]. Sensors and Actuators B-Chemical, 1998, 49(1-2):110-114.

[767]Chung W Y, Lim J W, Lee D D, et al. Thermal and gas-sensing properties of planar-type micro gas sensor[J]. Sensors and Actuators B-Chemical, 2000, 64(1-3):118-123.

[768]Kim C K, Choi S M, Noh I H, et al. A study on the thin film gas sensor based on SnO2 prepared by pulsed laser deposition method[J]. Sensors and Actuators B-Chemical, 2001, 77(1-2):463-467.

[769]任红军. Au_2SnO_2高温 CO 气敏元件的研制[J]. 郑州轻工业学院学报,1999,14(3):17-19.

[770]Wurzinger O, Reinhard G. CO-sensing properties of doped SnO_2 sensors in H_2-rich gases[J]. Sensors and Actuators B-Chemical, 2004, 103(1-2):104-110.

[771]Bose S, Chakraborty S, Ghosh B K, et al. Methane sensitivity of Fe-doped SnO_2 thick films[J]. Sensors and Actuators B-Chemical, 2005, 105(2):346-350.

[772]易家保. 氧化锡甲烷传感器的研究[J]. 传感技术学报,2001,4:285-291.

[773]王中纪,李培德,张淑贤,等. 气敏半导体矿灯式瓦斯自动报警器[J]. 应用科学学报,1986,4(2):182-185.

[774]Tetercyz H, Kita J, Bauer R, et al. New design of an SnO_2 gas sensor on low temperature cofiring ceramics[J]. Sensors and Actuators B-Chemical, 1998, 47

(1 – 3):100 – 103.

[775]Varghese O K, Malhotra L K, Sharma G L. High ethanol sensitivity in sol – gel derived SnO_2 thin films[J]. Sensors and Actuators B – Chemical, 1999, 55(2 – 3): 161 – 165.

[776]Gruber D, Kraus F, Muller J. A novel gas sensor design based on CH_4/H_2/H_2O plasmaetckedZnO thin films[J]. Sensors and Actuators B – Chemical, 2003, 92(1 – 2):81 – 89.

[777]Bender M, Gagaoudakis E, Douloufakis E, et al. Production and characterization of zinc oxide thin films for room temperature ozone sensing[J]. Thin Solid Film, 2002, 418(1):45 – 50.

[778]Bhooloka Rao B. Zinc oxide ceramic semi – conductor gas sensor for ethanol vapour[J]. Materials Chemistry and Physics, 2000, 64(1):62 – 65.

[779]MinYK, TullerHL, PalzerS, et al. Gas response of reactively sputtered ZnO films on Si – based micro – array[J]. Sensors and Actuators B – Chemical, 2003, 93(1 – 3):435 – 441.

[780]XuJQ, ShunYA, PanQY, et al. Sensing characteristics of double layer film of ZnO[J]. Sensors and Actuators B – Chemical, 2000, 66(1 – 3):161 – 163.

[781]Chang J F, Kuo H H, Leu I C, et al. The effects of thickness and operation temperature on ZnO:Al thin film CO gas sensor[J]. Sensors and Actuators B – Chemical, 2002, 84(2 – 3):258 – 264.

[782]Gruber D, Kraus F, Muller J. A novel gas sensor design based on CH_4/H_2/H_2O plasmaetckedZnO thin films[J]. Sensors and Actuators B – Chemical, 2003, 92(1 – 2):81 – 89.

[783]詹自力,徐甲强,蒋登高. In_2O_3基气体传感器研究现状[J]. 传感器技术,2003,22(3):1 – 3.

[784]徐甲强,闫冬良,王国庆,等. WO_3基 H_2S 气敏材料的研究[J]. 硅酸盐学报,1999,27(5):591 – 596.

[785]徐红燕,王介强,青海洲,等. 掺杂 Fe_2O_3对 ZnO 多孔纳米固体厚膜气敏传感器性能的影响[J]. 功能材料与器件学报,2008,14(6):977 – 982.

[786]徐甲强,刘照红,王焕新,等. $CdFe_2O_4$纳米粉体的制备及其气敏特性研究[J]. 功能材料与器件学报,2004,10(3):387-390.

[787]宋晓岚,闫程印. 气敏材料的研究进展及展望[J]. 材料导报,2012,26(6):36-39.

[788]徐甲强,沈嘉年,王焕新,等. $CdSnO_3$纳米材料的室温固相合成及其气敏特性研究[J]. 传感技术学报,2004,2:265-268.

[789]吴印林,王岭,赵海燕,等. $La_{0.75}Sr_{0.25}Cr_{0.5}Mn_{0.5}O_3$认的制备及其 NO_2 气敏性能[J]. 中国稀土学报,2007,5:562-565.

[790]刘锦淮,刘伟,张鉴,等. 银掺杂的半导体氧化物二氧化碳传感器研究[J]. 功能材料与器件学报,2003,9(4):457-460.

[791]耿丽娜,吴世华. 聚苯胺/二氧化锡杂化材料的制备、表征及气敏性测试[J]. 无机化学学报. 2011,27(1):47-52.

[792]Patil U V,Ramgir N S,Karmakar N,et al. Room temperature ammonia sensor based on copper nanoparticle intercalated polyaniline nanocomposite thin films[J]. Applied Surface Science,2015,339:69-74.

[793]Patil V,Navale S,Mu N,et al. Ultra-sensitive polyaniline-iron oxide nanocomposite room temperature flexible ammonia sensor[J]. Rsc Advances,2015,5(84):68964-68971.

[794]Geng L N,Zhao Y Q,Huang X L,et al. Characterization and gas sensitivity study of polyaniline/SnO_2 hybrid material prepared by hydrothermal route[J]. Sensors and Actuators B-Chemical,2007,120(2):568-572.

[795]Huang J,Yang T L,Kang Y F,et al. Gas sensing performance of polyaniline/ZnO organic-inorganic hybrids for detecting VOCS at low temperature[J]. Journal Natural Gas Chemistry,2011,20(5):515-519.

[796]邱美艳. 薄膜型气体传感器的研究与制备[D]. 天津:河北工业大学,2007.

[797]刘凤敏. SnO_2及其复合氧化物气体传感器的修饰改性研究[D]. 吉林:吉林大学,2012

[798]邱美艳,孙以材. ZnO 薄膜的丙酮气敏特性研究[J]. 电子元件与材

料,2007,26(5):45 -52.

[799]杨晓红. WO_3基气敏传感器薄膜材料的性质及研究应用[D]. 重庆:重庆大学,2008.

[800]冯庆. TiO_2半导体薄膜的制备与气敏传感性质研究[D]. 重庆:重庆大学,2009.

[801]TamakiJ,Naruo C,YamamotoY. Matsuoka M. Sensing properties to dilute chlorine gas of indium oxide based thin film sensors prepared by electron beam evaporation[J]. Sensors and Actuators B - Chemical,2002,83(1 -3):190 -194.

[802]杨志华,余萍,肖定全. 半导体陶瓷型薄膜气敏传感器的研究进展[J]. 功能与材料,2004,1(35):4 -10.

[803]Bender F,Kim C,MLsna T,Uetelino JF. Characterization of a WO_3 thin film chlorine sensor[J]. Sensors and Actuators B - Chemical,2001;77(1 -2):281 -286.

[804]Bak B,Wilk J,Artiemjew P,et al. Diagnosis of varroosis based on bee brood samples testing with use of semiconductor gas sensors[J]. Sensors,2020,20(14):1 -20.

[805]Palacin J,Martinez D,Clotet E,et al. Application of an array of metal - oxide semiconductor gas sensors in an assistant personal robot for early gas leak detection[J]. Sensors,2020,19(9):1 -16.

[806] Sberveglieri G, BarattoC, CominiE, et al. A semiconducting tin oxide nanowires and thin films for chemical warfare agents detection[J]. Thin Solid Films,2009,517(22):6156 -6160.

[807]Lee SC,Choi HY,Lee SJ,et al. The development of SnO_2 - based recoverable gas sensors for the detection of DMMP[J]. Sensors and Actuators B - Chemical,2009,137(1):239 -245.

[808]LeeWS,LeeSC,LeeSJ,et al. The sensing behavior of SnO_2 - based thick - film gas sensors at a low concentration of chemical agent simulants[J]. Sensors and Actuators B - Chemical,2005,108(1 -2):148 -153.

[809]OhS W,Kim Y H,YooDJ,et al. Sensing behavior of semiconducting

metal – oxides for the detection of organophosphorus compounds[J]. Sensors and Actuators B – Chemical,1993,13(1 –3):400 –403.

[810]BrunolE,Bergen F,FrommM,et al. Detection of dimethyl methylphosphonate(DMMP) by tin dioxide – based gas sensor:response curve and understanding of the reactional mechanism[J]. Sensors and Actuators B – Chemical,2006,120(1):35 –41.

[811] BergerF, BrunolE, PlanadeR, et al. Detection of DEMP vapors using SnO_2 – based gas sensors:Understanding of the chemical reactional mechanism[J]. Thin Solid Films,2003,436(1):1 –8.

[812]Morrison S R. Selectivity in semiconductor gas sensors[J]. Sensors and Actuators B – Chemical,1987,12(4):425 –440.

[813] Sukharev V Y. Semiconductor Sensors in Physico – Chemical Studies [M]. Amsterdam:Elsevier,1996.

[814]Pearce T C,Schiffman S S,Nagle H T,et al. Handbook of machine olfaction:electronic nose technology[M]. Wein – helm:Wiley – VCH,2003.

[815]刘波,赵将,张根伟,等. 离子迁移谱和半导体气敏传感器集成检测系统的研制[J]. 仪表技术与传感器,2015,6:71 –74.

[816] Utriainen M, Karpanoja E, Paakkanen H. Combining miniaturized ion mobility spectrometer and metal oxide gas sensor for the fast detection of toxic chemical vapors[J]. Sensors and Actuators B:Chemical,2003,93(1 –3):17 –24.

[817]Office of Naval Research,USA. Personal chemical agent detector ready for trials[R]. media release of [2003 –12 –3]. http://www onr. navy. mil/media.

[818]Hulanicki A,Glab S,Ingman F. Chemical sensors:definitions and classification[J]. Pure and Applied Chemistry,1991,63(9):1247 –1250.

[819]Grate J W,Martin S J,White R M. Acoustic wave microsensors[J]. Analytical Chemistry,1993,65(21):940A –948A.

[820]裴仁军,胡继明,胡毅,等. 压电生物传感器研究进展[J]. 武汉大学学报:自然科学版,1997,43(2):265 –270.

[821] Alder J F, McCallum J J. Piezoelectric crystals for mass and chemical

measurements. A review[J]. Analyst,1983,108(1291):1169 – 1189.

[822]Buck R P,Lindner E,Kutner W,et al. Piezoelectric chemical sensors (IUPAC technical report)[J]. Pure and Applied Chemistry,2004,76(6):1139 – 1160.

[823]陈令新,关亚风,杨丙成,等. 压电晶体传感器的研究进展[J]. 化学进展,2002,14(1):68 – 76.

[824]Nie L H,Wang T Q,Yao S Z. Determination of sulpha – drugs with a piezoelectric sensor[J]. Talanta,1992,39(2):155 – 158.

[825]宋道仁,肖鸣山. 压电效应及其应用[M]. 北京:科学普及出版社,1987.

[826]袁希光. 传感器技术手册[M]. 北京:国防工业出版社,1986.

[827]Sauerbrey G Z. Use of quartz vibrator for weighting thin films on a microbalance[J]. Physical Journal,1959,155:206 – 212.

[828]Lu C S,Lewis O. Investigation of film – thickness determination by oscillating quartz resonators with large mass load[J]. Journal of Applied Physics,1972,43(11):4385 – 4390.

[829]Kanazawa K K,Gordon J G. Frequency of a quartz microbalance in contact with liquid[J]. Analytical Chemistry,1985,57(8):1770 – 1771.

[830]Bruckenstein S,Shay M. Experimental aspects of use of the quartz crystal microbalance in solution[J]. Electrochimica Acta,1985,30(10):1295 – 1300.

[831]Rodahl M,Höök F,Kasemo B. QCM operation in liquids:An explanation of measured variations in frequency and Q factor with liquid conductivity[J]. Analytical Chemistry,1996,68(13):2219 – 2227.

[832]Nomura T,Okuhara M. Frequency shifts of piezoelectric quartz crystals immersed in organic liquids[J]. Analytica Chimica Acta,1982,142:281 – 284.

[833]Yao S Z,Zhou T A. Dependence of the oscillation frequency of a piezoelectric crystal on the physical parameters of liquids[J]. Analytica Chimica Acta,1988,212:61 – 72.

[834]Schumacher R,Gordon J G,Melroy O. Observation of morphological relaxation of copper and silver electrodes in solution using a quartz microbalance[J].

Journal of Electroanalytical Chemistry,1987,216(1 -2):127 -135.

[835]Duncan - Hewitt W C,Thompson M. Four - layer theory for the acoustic shear wave sensor in liquids incorporating interfacial slip and liquid structure[J]. Analytical Chemistry,1992,64(1):94 -105.

[836]McGill R A, Abraham M H, Grate J W. Choosing polymer coatings for chemical sensors[J]. Chemtech,1994,24(9):27 -37.

[837]Göpel W. New materials and transducers for chemical sensors[J]. Sensors and Actuators B - Chemical,1994,18(1 -3):1 -21.

[838]O'sullivan C K,Guilbault G G. Commercial quartz crystal microbalances - theory and applications[J]. Biosensors and Bioelectronics,1999,14(8 -9):663 -670.

[839]Grate J W, McGill R A. Dewetting effects on polymer - coated surface acoustic wave vapor sensors[J]. Analytical Chemistry,1995,67(21):4015 -4019.

[840]Chang Y, Noriyan J, Lloyd D R, et al. Polymer sorbents for phosphorus esters:I. Selection of polymers by analog calorimetry[J]. Polymer Engineering and Science,1987,27(10):693 -702.

[841]Wohltjen H, Dessy R. Surface acoustic wave probe for chemical analysis. I. Introduction and instrument description[J]. Analytical Chemistry, 1979, 51(9):1458 -1464.

[842]Wohltjen H. Mechanism of operation and design considerations for surface acoustic wave device vapour sensors[J]. Sensors and Actuators,1984,5(4):307 -325.

[843]Mirmohseni A, Oladegaragoze A. Construction of a sensor for determination of ammonia and aliphatic amines using polyvinylpyrrolidone coated quartz crystal microbalance[J]. Sensors and Actuators B - Chemical,2003,89(1 -2):164 -172.

[844]Nakamura K, Nakamoto T, Moriizumi T. Classification and evaluation of sensing films for QCM odor sensors by steady - state sensor response measurement[J]. Sensors and Actuators B - Chemical,2000,69(3):295 -301.

[845]Schroeder A H, Kaufman F B. The influence of polymer morphology on polymer film electrochemistry[J]. Journal of Electroanalytical Chemistry, 1980, 113

(2):209 - 224.

[846]Daum P,Murray R W. Charge - transfer diffusion rates and activity relationships during oxidation and reduction of plasma - polymerized vinylferrocene films [J]. The Journal of Physical Chemistry,1981,85(4):389 - 396.

[847]Schroeder A H, Kaufman F B, Patel V, et al. Comparative behavior of electrodes coated with thin films of structurally related electroactive polymers[J]. Journal of Electroanalytical Chemistry,1980,113(2):193 - 208.

[848]Weiss T,Schierbaum K D,van Velzen U T,et al. Self - assembled monolayers of supramolecular compounds for chemical sensors[J]. Sensors and Actuators B - Chemical,1995,26(1 - 3):203 - 207.

[849]King W H. Piezoelectric sorption detector[J]. Analytical Chemistry, 1964,36(9):1735 - 1739.

[850]Konash P L, Bastiaans G J. Piezoelectric crystals as detectors in liquid chromatography[J]. Analytical Chemistry,1980,52(12):1929 - 1931.

[851]Nomura T. Behavior of a piezoelectric quartz crystal in an aqueous solution and the application to the determination of minute amount of cyanide[J]. Nippon Kagaku Kaishi,1980,10:1621 - 1625.

[852]Kaufman J H,Kanazawa K K,Street G B. Gravimetric electrochemical voltage spectroscopy:in situ mass measurements during electrochemical doping of the conducting polymer polypyrrole[J]. Physical Review Letters,1984,53(26):2461 - 2464.

[853]Bruckenstein S,Shay M. An in situ weighing study of the mechanism for the formation of the adsorbed oxygen monolayer at a gold electrode[J]. Journal of Electroanalytical Chemistry,1985,188(1 - 2):131 - 136.

[854]Thompson M, Kipling A L, Duncan - Hewitt W C, et al. Thickness - shear - mode acoustic wave sensors in the liquid phase. A review[J]. Analyst, 1991,116(9):881 - 890.

[855]Oberg P,Lingensjo J. Crystal film thickness monitor[J]. Review of Scientific Instruments,1959,30(11):1053 - 1053.

[856]Guilbault G G. Analytical uses of piezoelectric crystals for air pollution

monitoring[J]. Analytical Proceedings,1982,19:68 – 70.

[857]Karmarkar K H, Guilbault G G. The detection of ammonia and nitrogen dioxide at the parts per billion level with coated piezoelectric crystal detectors[J]. Analytica Chimica Acta,1975,75(1):111 – 117.

[858]Hlavay J, Guilbault G G. Detection of hydrogen chloride gas in ambient air with a coated piezoelectric quartz crystal[J]. Analytical Chemistry,1978,50(7):965 – 967.

[859]McCallum J J. Piezoelectric devices for mass and chemical measurements:an update. A review[J]. Analyst,1989,114(10):1173 – 1189.

[860]Karmarkar K H, Guilbault G G. A new design and coatings for piezoelectric crystals in measurement of trace amounts of sulfur dioxide[J]. Analytica Chimica Acta,1974,71(2):419 – 424.

[861]Cheney J L, Homolya J B. A systematic approach for the evaluation of triethanolamine as a possible sulfur dioxide sorption detector coating[J]. Analytical Letters,1975,8(3):175 – 193.

[862]King Jr W H. Monitoring of hydrogen, methane, and hydrocarbons in the atmosphere[J]. Environmental Science & Technology,1970,4(12):1136 – 1141.

[863]Hlavay J, Guilbault G G. Detection of ammonia in ambient air with coated piezoelectric crystal detector[J]. Analytical Chemistry,1978,50(8):1044 – 1046.

[864]Webber L M, Karmarkar K H, Guilbault G G. A coated piezoelectric crystal detector for the selective detection and determination of hydrogen sulfide in the atmosphere[J]. Analytica Chimica Acta,1978,97(1):29 – 35.

[865]奚旦立,孙裕生,刘秀英. 环境监测[M]. 北京:高等教育出版社,1996.

[866]崔九思,王钦源,王汉平. 大气污染监测方法[M]. 北京:化学工业出版社,1984.

[867]Karasek F W, Tiernay J M. Analytical performance of the piezoelectric crystal detector[J]. Journal of Chromatography A,1974,89(1):31 – 38.

[868]Karasek F W, Gibbins K R. A gas chromatograph based on the piezoelec-

tric detector[J]. Journal of Chromatographic Science,1971,9(9):535 -540.

[869]Konash P L, Bastiaans G J. Piezoelectric crystals as detectors in liquid chromatography[J]. Analytical Chemistry,1980,52(12):1929 -1931.

[870]Guilbault G G. The use of mercury (II) bromide as coating in a piezoelectric crystal detector[J]. Analytica Chimica Acta,1967,39:260 -264.

[871]Kristoff J, Guilbault G G. Application of uncoated piezoelectric crystals for the detection of an organic phosphonate[J]. Analytica Chimica Acta,1983,149:337 -341.

[872]Guilbault G G, Affolter J, Tomita Y, et al. Piezoelectric crystal coating for detection of organophosphorus compounds[J]. Analytical Chemistry,1981,53(13):2057 -2060.

[873]Shackelford W M, Guilbault G G. A piezoelectric detector for organophosphorus pesticides in the air[J]. Analytica Chimica Acta,1974,73(2):383 -389.

[874]Scheide E P, Guilbault G G. Piezoelectric detectors for organophosphorus compounds and pesticides[J]. Analytical Chemistry,1972,44(11):1764 -1768.

[875]Tomita Y, Guilbault G G. Coating for a piezoelectric crystal sensitive to organophosphorus pesticides[J]. Analytical Chemistry,1980,52(9):1484 -1489.

[876]Milanko O S, Milinkovi ? S A, Rajakovi ? L V. Improved methodology for testing and characterization of piezodelectric gas sensors[J]. Analytica ChimicaActa,1992,264(1):43 -52.

[877]Guilbault G G, Kristoff J, Owens D. Detection of organophosphorus compounds with a coated piezoelectric crystal[J]. Analytical Chemistry,1985,57(8):1754 -1756.

[878]Suleiman A, Guilbault G G. A coated piezoelectric crystal detector for phosgene[J]. Analytica ChimicaActa,1984,162:97 -102.

[879]Grate J W, Klusty M, Barger W R, et al. Role of selective sorption in chemiresistor sensors for organophosphorus detection[J]. Analytical Chemistry,1990,62(18):1927 -1934.

[880]左伯莉,陈传治,岳丽君,等. 甲基磷酸二甲酯气体的石英晶体微天

平流动检测方法研究[J]. 分析测试学报,2005,24(5):26 - 29.

[881]陈传治,左伯莉,张金芳,等. 石英晶体微天平测定甲基磷酸二甲酯气体[J]. 分析试验室,2004,23(增刊):176 - 178.

[882]Gomes M S R. Application of piezoelectric quartz crystals to the analysis of trace metals in solution:A review[J]. IEEE Sensors Journal,2001,1(2):109 - 118.

[883]Brucker G A. The Quartz Crystal Microbalance,a Versatile Characterization Tool for Thin Film Coatings[J]. Vacuum Technology and Coating,2005,6:62 - 67.

[884]Zugmann S,Moosbauer D,Amereller M,et al. Electrochemical characterization of electrolytes for lithium - ion batteries based on lithium difluoromono (oxalato) borate[J]. Journal of Power Sources,2011,196(3):1417 - 1424.

[885]Bruckenstein S,Swathirajan S. Potential dependence of lead and silver underpotential coverages in acetonitrile using a piezoelectric crystal oscillator method [J]. Electrochimica Acta,1985,30(7):851 - 855.

[886]Levi M D,Sigalov S,Salitra G,et al. Assessing the solvation numbers of electrolytic ions confined in carbon nanopores under dynamic charging conditions [J]. The Journal of Physical Chemistry Letters,2011,2(2):120 - 124.

[887]Gordon J S,Johnson D C. Application of an electrochemical quartz crystal microbalance to a study of water adsorption at gold surfaces in acidic media[J]. Journal of Electroanalytical Chemistry,1994,365(1 - 2):267 - 274.

[888]Shimazu K,Kita H. In situ measurements of water adsorption on a platinum electrode by an electrochemical quartz crystal microbalance[J]. Journal of Electroanalytical Chemistry,1992,341(1 - 2):361 - 367.

[889]Cheng T J,Lin T M,Wu T H,et al. Determination of heparin levels in blood with activated partial thromboplastin time by a piezoelectric quartz crystal sensor[J]. Analytica Chimica Acta,2001,432(1):101 - 111.

[890]Deakin M R,Byrd H. Prussian blue coated quartz crystal microbalance as a detector for electroinactive cations in aqueous solution[J]. Analytical Chemistry,1989,61(4):290 - 295.

[891]Jureviciute I,Bruckenstein S,Hillman A R,et al. Kinetics of redox

switching of electroactive polymers using the electrochemical quartz crystal microbalance. Part I. Identifying the rate limiting step in the presence of coupled electron/ion and solvent transfer[J]. Physical Chemistry Chemical Physics, 2000, 2(18):4193-4198.

[892]Han S W, Ha T H, Kim C H, et al. Self-assembly of anthraquinone-2-carboxylic acid on silver: Fourier transform infrared spectroscopy, ellipsometry, quartz crystal microbalance, and atomic force microscopy study[J]. Langmuir, 1998, 14(21):6113-6120.

[893]Kushwaha A, Srivastava J, Singh A K, et al. Epitope imprinting of Mycobacterium leprae bacteria via molecularly imprinted nanoparticles using multiple monomers approach[J]. Biosensors and Bioelectronics, 2019, 145:111698-111706.

[894]Yang G, Kampstra K L, Abidian M R. High performance conducting polymer nanofiber biosensors for detection of biomolecules[J]. Advanced Materials, 2014, 26(29):4954-4960.

[895]Caruso F, Rodda E, Furlong D N, et al. Quartz crystal microbalance study of DNA immobilization and hybridization for nucleic acid sensor development[J]. Analytical Chemistry, 1997, 69(11):2043-2049.

[896]Takada K, Storrier G D, Pariente F, et al. EQCM studies of the redox processes during and after electropolymerization of films of transition-metal complexes of vinylterpyridine[J]. The Journal of Physical Chemistry B, 1998, 102(8):1387-1396.

[897]Donohue J J, Buttry D A. Adsorption and micellization influence the electrochemistry of redox surfactants derived from ferrocene[J]. Langmuir, 1989, 5(3):671-678.

[898]Caruso F, Rodda E, Furlong D N, et al. Quartz crystal microbalance study of DNA immobilization and hybridization for nucleic acid sensor development[J]. Analytical Chemistry, 1997, 69(11):2043-2049.

[899]Wang J, Jiang M. Toward genolelectronics: Nucleic acid doped conducting polymers[J]. Langmuir, 2000, 16(5):2269-2274.

[900]Lé T,Aradilla D,Bidan G,et al. Charge Storage Properties of Nanostructured Poly (3,4 – ethylenedioxythiophene) Electrodes Revealed by Advanced Electrogravimetry[J]. Nanomaterials,2019,9(7):962 – 974.

[901]Carstens T,Ispas A,Borisenko N,et al. In situ scanning tunneling microscopy (STM), atomic force microscopy (AFM) and quartz crystal microbalance (EQCM) studies of the electrochemical deposition of tantalum in two different ionic liquids with the 1 – butyl – 1 – methylpyrrolidinium cation[J]. Electrochimica Acta, 2016,197:374 – 387.

[902]He Y,Wang Y,Zhu G,et al. Electrochemical scanning tunneling microscopy and electrochemical quartz crystal microbalance study of the adsorption of phenanthraquinone accompanied by an electrochemical redox reaction on the Au electrode[J]. Journal of Electroanalytical Chemistry,1997,440(1 – 2):65 – 72.

[903]Zeng X,Bruckenstein S. Polycrystalline gold electrode redox behavior in an ammoniacal electrolyte: Part I. A parallel RRDE,EQCM,XPS and TOF – SIMS study of supporting electrolyte phenomena[J]. Journal of Electroanalytical Chemistry,1999,461(1 – 2):131 – 142.

[904]Aurbach D,Moshkovich M,Cohen Y,et al. The study of surface film formation on noble – metal electrodes in alkyl carbonates/Li salt solutions,using simultaneous in situ AFM,EQCM,FTIR,and EIS[J]. Langmuir,1999,15(8):2947 – 2960.

[905]Ju J,Liu X,Yu J J,et al. Electrochemistry at bimetallic Pd/Au thin film surfaces for selective detection of reactive oxygen species and reactive nitrogen species[J]. Analytical Chemistry,2020,92(9):6538 – 6547.

[906]Turner A P F. Biosensors – – sense and sensitivity[J]. Science,2000, 290(5495):1315 – 1317.

[907]叶为全,周康源,王君,等. 微型石英晶体生物传感器的研究[J]. 传感器技术,2000,19(4):7 – 10.

[908]Shons A, Dorman F, Najarian J. An immunospecific microbalance[J]. Journal of Biomedical Materials Research,1972,6(6):565 – 570.

[909]Nakanishi K,Muguruma H,Karube I. A novel method of immobilizing an-

tibodies on a quartz crystal microbalance using plasma – polymerized films for immunosensors[J]. Analytical Chemistry,1996,68(10):1695 – 1700.

[910]Ngeh – Ngwainbi J,Foley P H,Kuan S S,et al. Parathion antibodies on piezoelectric crystals[J]. Journal of the American Chemical Society,1986,108(18):5444 – 5447.

[911]Su X,Chew F T,Li S F Y. Design and application of piezoelectric quartz crystal – based immunoassay[J]. Analytical Sciences,2000,16(2):107 – 114.

[912]Zhou X,Liu L,Hu M,et al. Detection of hepatitis B virus by piezoelectric biosensor[J]. Journal of Pharmaceutical and Biomedical Analysis,2002,27(1 – 2):341 – 345.

[913]Caruso F,Rodda E,Furlong D N,et al. Quartz crystal microbalance study of DNA immobilization and hybridization for nucleic acid sensor development[J]. Analytical Chemistry,1997,69(11):2043 – 2049.

[914]薛彦辉,康琪,申大忠,等. 压电传感器在线监测蛋白质在自组装膜上的吸附[J]. 传感器技术,1999,18(3):13 – 15.

[915]König B,Grätzel M. A novel immunosensor for herpes viruses[J]. Analytical Chemistry,1994,66(3):341 – 344.

[916]Muratsugu M,Ohta F,Miya Y,et al. Quartz crystal microbalance for the detection of microgram quantities of human serum albumin:relationship between the frequency change and the mass of protein adsorbed[J]. Analytical Chemistry,1993,65(20):2933 – 2937.

[917]吴朝阳,何春萍,汪世平,等. 基于巯基自组装单层膜的日本血吸虫石英晶体微天平免疫传感器[J]. 高等学校化学学报,2001,22(4):542 – 546.

[918]左伯莉,郭钊,张金芳,等. 基于巯基和聚电解质双层自组装膜的压电免疫传感器检测小鼠 IgG 气溶胶[J]. 分析科学学报,2005,21(5):491 – 495.

[919]郭钊,张金芳,左伯莉,等. 压电式免疫传感器检测小鼠 IgG 气溶胶[J]. 传感器与微系统,2006,25(1):22 – 24.

[920]Zuo B,Li S,Guo Z,et al. Piezoelectric immunosensor for SARS – associated coronavirus in sputum[J]. Analytical Chemistry,2004,76(13):3536 – 3540.

[921] Ertekin Ö, Öztürk S, Öztürk Z Z. Label free QCM immunobiosensor for AFB1 detection using monoclonal IgA antibody as recognition element[J]. Sensors, 2016,16(8):1274.

[922] Luan Y, Li D, Wei T, et al. "Hearing loss" in qcm measurement of protein adsorption to protein resistant polymer brush layers[J]. Analytical Chemistry, 2017,89(7):4184 - 4191.

[923] Pegueroles M, Tonda - Turo C, Planell J A, et al. Adsorption of fibronectin, fibrinogen, and albumin on TiO_2: time - resolved kinetics, structural changes, and competition study[J]. Biointerphases, 2012, 7(1):48.

[924] QCM - D Measurement[EB/OL]. https://www.biolinscientific.com/measurements/qcm - d.

[925] McAlernon P, Slater J M, Lowthian P, et al. Interpreting signals from an array of non - specific piezoelectric chemical sensors[J]. Analyst, 1996, 121(6): 743 - 748.

[926] Gopel W. Chemical imaging: I. Concepts and visions for electronic and bioelectronic noses[J]. Sensors and Actuators B - Chemical, 1998, 52(1 - 2):125 - 142.

[927] Ulmer H, Mitrovis J, Weimar U, et al. 12th European Conference on Solid - State Transducers - 9th UK Conference on Sensors and Their Applications, September 13 - 16, 1998[C]. Bristol: IOP Publishing Ltd, 1998.

[928] Dinatale C, Macagnano A, Paolesse R, et al. Electronic nose and sensorial analysis: comparison of performances in selected cases[J]. Sensors and Actuators B - Chemical, 1998, 50(3):246 - 252.

[929] Grate J W, Abraham M H. Solubility interactions and the design of chemically selective sorbent coatings for chemical sensors and arrays[J]. Sensors and Actuators B - Chemical, 1991, 3(2):85 - 111.

[930] Kepley L J, Crooks R M, Ricco A J. A selective SAW - based organophosphonate chemical sensor employing a self - assembled, composite monolayer: a new paradigm for sensor design[J]. Analytical Chemistry, 1992, 64(24):3191 - 3193.

[931] Grate J W, Klusty M. Surface acoustic wave vapor sensors based on re-

sonator devices[J]. Analytical Chemistry,1991,63(17):1719-1727.

[932]Rayleigh L. On waves propagated along the plane surface of an elastic solid[J]. Proceedings of the London Mathematical Society,1885,1(1):4-11.

[933]White R M,Voltmer F W. Direct piezoelectric coupling to surface elastic waves[J]. Applied Physics Letters,1965,7(12):314-316.

[934]Thompson M,Stone D C,Sensors S L A W. Chemical Sensing and Thin-Film Characterization[J]. Analitical Chemistry and Its Applications,John Wiley&Sons Inc.,New York,1997.

[935]陈明,范东远,李岁劳. 声表面波传感器[M]. 西安:西北工业大学出版社,1997.

[936]秦树基. SAW 气体传感器的转换机制[J]. 传感器技术,1993,S1:1-4.

[937]陈荣忠,陈莉. 声表面波气体传感器的理论分析[J]. 传感器技术,1997,16(3):27-30.

[938]Auld B A. Acoustic fields and waves in solids[M]. New York:Wiley-Interscience Publication,1973.

[939]Ricco A J,Martin S J,Zipperian T E. Surface acoustic wave gas sensor based on film conductivity changes[J]. Sensors and Actuators,1985,8(4):319-333.

[940]Ingebrigtsen K A. Linear and nonlinear attenuation of acoustic surface waves in a piezoelectric coated with a semiconducting film[J]. Journal of Applied Physics,1970,41(2):454-459.

[941]Grate J W,Martin S J,White R M. Acoustic wave microsensors[J]. Analytical Chemistry,1993,65(21):940A-948A.

[942]Love A E H. Some Problems of Geodynamics[M]. New York:Dover Publications,1967.

[943]贺江涛. 压电晶体及其应用[J]. 压电与声光,1991,13(1):26-38.

[944]Venema A,Nieuwkoop E,Vellekoop M J,et al. Design aspects of SAW gas sensors[J]. Sensors and Actuators,1986,10(1-2):47-64.

[945]魏培永,朱长纯,刘君华. 声表面波 SO_2 气体传感器敏感膜的研究

[J]. 西安交通大学学报,2000,34(9):17 - 19.

[946]Horn M,Pichlmaier J,Tra H R. Physical description of the principle of an SO_2 sensor[J]. Sensors and Actuators B - Chemical,1995,25(1 - 3):400 - 402.

[947]Lee Y J,Kim H B,Roh Y R,et al. Development of a SAW gas sensor for monitoring SO_2 gas[J]. Sensors and Actuators A:Physical,1998,64(2):173 - 178.

[948]Qin S J,Wu Z J,Tang Z Y,et al. The sensitivity to SO_2 of the SAW gas sensor with triethanolamine modified with boric acid[J]. Sensors and Actuators B - Chemical,2000,66(1 - 3):240 - 242

[949]吴忠洁,秦树基,宋一麟. 以 $C_{10}H_{24}N_2O_4$为基的SAW传感器对SO_2的敏感特性[J]. 传感器技术,1999,18(5):4 - 6.

[950]栾桂冬,张金铎,金欢阳,等. 传感器及其应用[M]. 西安:西安电子科技大学出版社,2002.

[951]Atashbar M Z,Bazuin B J,Simpeh M,et al. 3D FE simulation of H2 SAW gas sensor[J]. Sensors and Actuators B - Chemical,2005,111:213 - 218.

[952]Penza M,Milella E,Anisimkin V I. Monitoring of NH_3 gas by LB polypyrrole - based SAW sensor[J]. Sensors and Actuators B - Chemical,1998,47(1 - 3):218 - 224.

[953]Shen C Y,Huang C P,Huang W T. Gas - detecting properties of surface acoustic wave ammonia sensors[J]. Sensors and Actuators B - Chemical,2004,101(1 - 2):1 - 7.

[954]Nieuwenhuizen M S,Nederlof A J,Barendsz A W. (Metallo) phthalocyanines as chemical interfaces on a surface acoustic wave gas sensor for nitrogen dioxide[J]. Analytical Chemistry,1988,60(3):230 - 235.

[955]Vikholm I. Langmuir - Blodgett films of hexadecylvinylbenzyldimethylammonium chloride and their ozone sensitivity[J]. Thin solid films,1992,210:368 - 371.

[956]Li H,Li M,Kan H,et al. Surface acoustic wave NO_2 sensors utilizing colloidal SnS quantum dot thin films[J]. Surface and Coatings Technology,2019,362:78 - 83.

[957]Luo W,Fu Q,Zhou D,et al. A surface acoustic wave H_2S gas sensor employing nanocrystalline SnO_2 thin film[J]. Sensors and Actuators B – Chemical, 2013,176:746 – 752.

[958]Serban B,Kumar A K S,Costea S,et al. 31st International Semiconductor Conference,October 13 – 15,2008[C]. New York:IEEE,2008.

[959]Wang S H,Shen C Y,Lien Z J,et al. Nitric oxide sensing properties of a surface acoustic wave sensor with copper – ion – doped polyaniline/tungsten oxide nanocomposite film[J]. Sensors and Actuators B – Chemical,2017,243:1075 – 1082.

[960]Bryant A,Poirier M,Riley G,et al. Gas detection using surface acoustic wave delay lines[J]. Sensors and Actuators,1983,4:105 – 111.

[961]D'amico A,Palma A,Verona E. Surface acoustic wave hydrogen sensor [J]. Sensors and Actuators,1982,3:31 – 39.

[962]Ippolito S J,Kandasamy S,Kalantar – Zadeh K,et al. Highly sensitive layered ZnO/$LiNbO_3$ SAW device with InOx selective layer for NO_2 and H_2 gas sensing[J]. Sensors and Actuators B – Chemical,2005,111:207 – 212.

[963]D'Amico A,Petri A,Verardi P,et al. IEEE 1987 Ultrasonics Symposium, October 14 – 16,1987[C]. New York:IEEE,1987.

[964]Shen C Y,Huang C P,Chuo H C. The improved ammonia gas sensors constructed by L – glutamic acid hydrochloride on surface acoustic wave devices[J]. Sensors and Actuators B – Chemical,2002,84(2 – 3):231 – 236.

[965]Hohkawa K,Komine K,Suzuki H,et al. 1998 IEEE Ultrasonics Symposium,October 05 – 08,1998[C]. New York:IEEE,1998.

[966]Varghese O K,Gong D,Dreschel W R,et al. Ammonia detection using nanoporous alumina resistive and surface acoustic wave sensors[J]. Sensors and Actuators B – Chemical,2003,94(1):27 – 35.

[967]Hao H C,Lin T H,Chen M C,et al. 2010 IEEE 5th International Conference on Nano/Micro Engineered and Molecular Systems, January 20 – 23, 2010 [C]. New York:IEEE,2010.

[968]Yuquan C,Wuming Z,Guang L. SAW gas sensor with proper tetrasulpho-

nated phthalocyanine film[J]. Sensors and Actuators B - Chemical, 1994, 20(2 - 3): 247 - 249.

[969] Nieuwenhuizen M S, Nederlof A J. A silicon - based SAW chemical sensor for NO_2 by applying a silicon nitride passivation layer[J]. Sensors and Actuators B - Chemical, 1992, 9(3): 171 - 176.

[970] Ricco A J, Martin S J, Zipperian T E. Surface acoustic wave gas sensor based on film conductivity changes[J]. Sensors and Actuators, 1985, 8(4): 319 - 333.

[971] Nieuwenhuizen M S, Nederlof A J. Surface acoustic wave gas sensor for nitrogen dioxide using phthalocyanines as chemical interfaces. Effects of nitric oxide, halogen gases, and prolonged heat treatment[J]. Analytical Chemistry, 1988, 60(3): 236 - 240.

[972] Von Schickfus M, Stanzel R, Kammereck T, et al. Improving the SAW gas sensor: device, electronics and sensor layer[J]. Sensors and Actuators B - Chemical, 1994, 19(1 - 3): 443 - 447.

[973] Nieuwenhuizen M S, Nederlof A J, Vellekoop M J, et al. Preliminary results with a silicon - based surface acoustic wave chemical sensor for NO_2[J]. Sensors and Actuators, 1989, 19(4): 385 - 392.

[974] Galipeau J D, Falconer R S, Vetelino J F, et al. Theory, design and operation of a surface acoustic wave hydrogen sulfide microsensor[J]. Sensors and Actuators B - Chemical, 1995, 24(1 - 3): 49 - 53.

[975] Brace J G, Sanfelippo T S, Joshi S G. A study of polymer/water interactions using surface acoustic waves[J]. Sensors and Actuators, 1988, 14(1): 47 - 68.

[976] Story P R, Galipeau D W, Mileham R D. A study of low - cost sensors for measuring low relative humidity[J]. Sensors and Actuators B - Chemical, 1995, 25(1 - 3): 681 - 685.

[977] Oglesby D M, Upchurch B T, Leighty B D, et al. Surface acoustic wave oxygen sensor[J]. Analytical Chemistry, 1994, 66(17): 2745 - 2751.

[978] Nieuwenhuizen M S, Nederlof A J. A SAW gas sensor for carbon dioxide and water. Preliminary experiments[J]. Sensors and Actuators B - Chemical, 1990, 2

(2):97 - 101.

[979]Urbanczyk M,Jakubik W,Kochowski S. Investigation of sensor properties of copper phthalocyanine with the use of surface acoustic waves[J]. Sensors and Actuators B - Chemical,1994,22(2):133 - 137.

[980]Ballantine D S. Effects of film morphology on the frequency and attenuation of a polymer - coated SAW device exposed to organic vapor[J]. Analytical Chemistry,1992,64(24):3069 - 3076.

[981]刘国锋,陈明. 用声表面波延迟线实现化学气体浓度的检测[J]. 测控技术,1994,13(6):19 - 21.

[982]Thompson M,Stone D C. Surface acoustic wave detector for screening molecular recognition by gas chromatography[J]. Analytical Chemistry,1990,62(17):1895 - 1899.

[983]Whiting J J,Lu C J,Zellers E T,et al. A portable,high - speed,vacuum - outlet GC vapor analyzer employing air as carrier gas and surface acoustic wave detection[J]. Analytical Chemistry,2001,73(19):4668 - 4675.

[984]Kannan G K,Nimal A T,Mittal U,et al. Adsorption studies of carbowax coated surface acoustic wave (SAW) sensor for 2,4 - dinitro toluene (DNT) vapour detection[J]. Sensors and Actuators B - Chemical,2004,101(3):328 - 334.

[985]Kannan G K,Kapoor J C. Adsorption studies of carbowax and poly dimethy siloxane to use as chemical array for nitro aromatic vapour sensing[J]. Sensors and Actuators B - Chemical,2005,110(2):185312 - 320

[986]Martin S J,Schweizer K S,Schwartz S S,et al. IEEE 1984 Ultrasonics Symposium,November 14 - 16,1984[C]. New York:IEEE,1984.

[987]Watson G,Horton W,Staples E. IEEE 1991 UltrasonicsSymposium,December 08 - 11,1991 [C]. New York:IEEE,1991.

[988]Grate J W,Klusty M. Surface acoustic wave vapor sensors based on resonator devices[J]. Analytical Chemistry,1991,63(17):1719 - 1727.

[989]Grate J W,Wenzel S W,White R M. Frequency - independent and frequency - dependent polymer transitions observed on flexural plate wave ultrasonic

sensors[J]. Analytical Chemistry,1992,64(4):413 –423.

[990]McGill R A,Mlsna T E,Chung R,et al. The design of functionalized silicone polymers for chemical sensor detection of nitroaromatic compounds[J]. Sensors and Actuators B – Chemical,2000,65(1 –3):5 –9.

[991]戴恩光,冯冠平,何振华. 一种新型的声表面波有机气体检测方法 –①[J]. 云南大学学报(自然科学版),1997,19(1):100 –103.

[992]Shen Y T,Huang C L,Chen R,et al. A novel SH – SAW sensor system [J]. Sensors and Actuators B – Chemical,2005,107(1):283 –290.

[993]Ballantine D S,Rose S L,Grate J W,et al. Correlation of surface acoustic wave device coating responses with solubility properties and chemical structure using pattern recognition[J]. Analytical Chemistry,1986,58(14):3058 –3066.

[994]Rose – Pehrsson S L,Grate J W,Ballantine D S,et al. Detection of hazardous vapors including mixtures using pattern recognition analysis of responses from surface acoustic wave devices[J]. Analytical Chemistry,1988,60(24):2801 –2811.

[995]Patrash S J,Zellers E T. Characterization of polymeric surface acoustic wave sensor coatings and semiempirical models of sensor responses to organic vapors [J]. Analytical Chemistry,1993,65(15):2055 –2066.

[996]Hivert B,Hoummady M,Henrioud J M,et al. Feasibility of surface acoustic wave (SAW) sensor array processing with formal neural networks[J]. Sensors and Actuators B – Chemical,1994,19(1 –3):645 –648.

[997]Ricco A J,Martin S J. Multiple – frequency SAW devices for chemical sensing and materials characterization[J]. Sensors and Actuators B – Chemical, 1993,10(2):123 –131.

[998]Dai E,Feng G. A novel instrument based upon extremely high Q – value surface acoustic wave resonator array and neural network[J]. Sensors and Actuators B – Chemical,2000,66(1 –3):109 –111.

[999]Groves W A,Zellers E T. Analysis of solvent vapors in breath and ambient air with a surface acoustic wave sensor array[J]. Annals of Occupational Hygiene,2001,45(8):609 –623.

[1000] Grate J W, Snow A, Ballantine D S, et al. Determination of partition coefficients from surface acoustic wave vapor sensor responses and correlation with gas – liquid chromatographic partition coefficients[J]. Analytical Chemistry, 1988, 60(9): 869 – 875.

[1001] Grate J W, Klusty M, McGill R A, et al. The predominant role of swelling – induced modulus changes of the sorbent phase in determining the responses of polymer – coated surface acoustic wave vapor sensors[J]. Analytical Chemistry, 1992, 64(6): 610 – 624.

[1002] Thompson M, Stone D C, Nisman R. Response selectivity of etched surface acoustic wave sensors[J]. Analytica ChimicaActa, 1991, 248(1): 143 – 153.

[1003] Amati D, Arn D, Blom N, et al. Sensitivity and selectivity of surface acoustic wave sensors for organic solvent vapour detection[J]. Sensors and Actuators B – Chemical, 1992, 7(1 – 3): 587 – 591.

[1004] Stahl U, Rapp M, Wessa T. Adhesives: a new class of polymer coatings for surface acoustic wave sensors for fast and reliable process control applications [J]. Analytica ChimicaActa, 2001, 450(1 – 2): 27 – 36.

[1005] Penza M, Cassano G. Application of principal component analysis and artificial neural networks to recognize the individual VOCs of methanol/2 – propanol in a binary mixture by SAW multi – sensor array[J]. Sensors and Actuators B – Chemical, 2003, 89(3): 269 – 284.

[1006] Horrillo M C, Fernández M J, Fontecha J L, et al. Detection of volatile organic compounds using surface acoustic wave sensors with different polymer coatings[J]. Thin Solid Films, 2004, 467(1 – 2): 234 – 238.

[1007] García – González D L, Barie N, Rapp M, et al. Analysis of virgin olive oil volatiles by a novel electronic nose based on a miniaturized SAW sensor array coupled with SPME enhanced headspace enrichment[J]. Journal of Agricultural and Food Chemistry, 2004, 52(25): 7475 – 7479.

[1008] Gan H L, Man Y B C, Tan C P, et al. Characterisation of vegetable oils by surface acoustic wave sensing electronic nose[J]. Food Chemistry, 2005, 89(4):

507 – 518.

[1009] Biswas S, Heindselmen K, Wohltjen H, et al. Differentiation of vegetable oils and determination of sunflower oil oxidation using a surface acoustic wave sensing device[J]. Food Control, 2004, 15(1): 19 – 26.

[1010] Sayago I, Fernández M J, Fontecha J L, et al. New sensitive layers for surface acoustic wave gas sensors based on polymer and carbon nanotube composites [J]. Procedia Engineering, 2011, 25: 256 – 259.

[1011] Hribsek M F, Ristic S S, Radojkovic B M, et al. Modelling of chemical surface acoustic wave sensors and comparative analysis of new sensing materials[J]. International Journal of Numerical Modelling: Electronic Networks, Devices and Fields, 2013, 26(3): 263 – 274.

[1012] Devkota J, Ohodnicki P R, Gustafson J A, et al. Joint Conference of the IEEE International Frequency Control Symposium and European Frequency and Time Forum (EFTF/IFC), April 14 – 18, 2019[C]. New York: IEEE, 2019.

[1013] 王金龙. 基于细菌纤维素的声表面波传感器的湿敏及气敏性研究[D]. 成都:电子科技大学,2020.

[1014] 陈星,陈璟,陈超,等. 基于气相色谱 – 声表面波传感器联用技术的中医脾胃证候辨识[J]. 世界中医药,2020,15(11):1540 – 1545.

[1015] Davis D M, Schiff L J, Parsons J A. Surface acoustic wave detection of chemical warfare agents: Chemical Research Developmentand Engineering Center Aberdeen Proving Ground MD: ADA202702[R], 1988: 1 – 29.

[1016] Dominguez D D, Chung R, Nguyen V, et al. Evaluation of SAW chemical sensors for air filter lifetime and performance monitoring[J]. Sensors and Actuators B – Chemical, 1998, 53(3): 186 – 190.

[1017] Grate J W, Patrash S J, Kaganove S N, et al. Hydrogen bond acidic polymers for surface acoustic wave vapor sensors and arrays[J]. Analytical Chemistry, 1999, 71(5): 1033 – 1040.

[1018] Hartmann – Thompson C, Hu J, Kaganove S N, et al. Hydrogen – bond acidic hyperbranched polymers for surface acoustic wave (SAW) sensors[J]. Chemistry of Materials,2004,16(25):5357 -5364.

[1019]Rose - Pehrsson S L,Grate J W,Ballantine D S,et al. Detection of hazardous vapors including mixtures using pattern recognition analysis of responses from surface acoustic wave devices[J]. Analytical Chemistry,1988,60(24):2801 -2811.

[1020]Grate J W,Rose - Pehrsson S L,Venezky D L,et al. Smart sensor system for trace organophosphorus and organosulfur vapor detection employing a temperature - controlled array of surface acoustic wave sensors,automated sample preconcentration,and pattern recognition[J]. Analytical Chemistry,1993,65(14):1868 -1881.

[1021]Katritzky A R,Offerman R J,Wang Z. Utilization of pyridinium salts as microsensor coatings[J]. Langmuir,1989,5(4):1087 -1092.

[1022]Katritzky A R,Offerman R J,Aurrecoechea J M,et al. Synthesis and response of new microsensor coatings - II Acridinium betaines and anionic surfactants[J]. Talanta,1990,37(9):911 -919.

[1023]Katritzky A R,Savage G P,Offerman R J,et al. Synthesis of new microsensor coatings and their response to vapors - III Arylphosphonic acids,salts and esters[J]. Talanta,1990,37(9):921 -924.

[1024]潘勇,王艳武,伍智仲,等. 声表面波分子印迹技术检测甲基膦酸二甲酯的研究[J]. 分析测试学报,2005,24(4):42 -44.

[1025]Déjous C,Rebière D,Pistré J,et al. A surface acoustic wave gas sensor: detection of organophosphorus compounds[J]. Sensors and Actuators B - Chemical,1995,24(1 -3):58 -61.

[1026]Zimmermann C,Rebiere D,Dejous C,et al. A love - wave gas sensor coated with functionalized polysiloxane for sensing organophosphorus compounds[J]. Sensors and Actuators B - Chemical,2001,76(1 -3):86 -94.

[1027]Han C H,Cai W J,Wang Y C,et al. Calibration and evaluation of a carbonate microsensor for studies of the marine inorganic carbon system[J]. Journal of Oceanography,2014,70(5):425 -433.

[1028]Rose - Pehrsson S L,Di Lella D,Grate J W. Smart sensor system and method using a surface acoustic wave vapor sensor array and pattern recognition for selective trace organic vapor detection:U. S. Patent 5469369[P]. 1995 - 11 - 21.

[1029]Hartmann - Thompson C,Hu J,Kaganove S N,et al. Hydrogen - bond acidic hyperbranched polymers for surface acoustic wave (SAW) sensors[J]. Chemistry of Materials,2004,16(25):5357 - 5364.

[1030]Hartmann - Thompson C,Keeley D L,Dvornic P R,et al. Hydrogen - bond acidic polyhedral oligosilsesquioxane filled polymer coatings for surface acoustic wave sensors[J]. Journal of Applied Polymer Science,2007,104(5):3171 - 3182.

[1031]张萍,马晋毅,陈传治,等. 新型声表面波神经性毒剂传感器的研究[J]. 压电与声光,2015,37(5):734 - 736.

[1032]朱霁,高适,吉小军,等. 基于超支化聚合物的声表面波化学毒剂传感器[J]. 传感器与微系统,2009,28(2):97 - 99.

[1033]Hill H H,Martin S J. Conventional analytical methods for chemical warfare agents[J]. Pure and Applied Chemistry,2002,74(12):2281 - 2291.

[1034]Ronda Foster. Conference on Chemical and Biological Sensing IV,April 21 - 22,2003[C]. Bellingham:Spie - Int Soc Optical Engineering,2003.

[1035]Laljer C E. Conference on Chemical and Biological Sensing IV,April 21 - 22,2003[C]. Bellingham:Spie - Int Soc Optical Engineering,2003.

[1036]McGill R A. A Nose For Toxic Gases:A new breed of blood hound sniffs out chemical agents[J]. Surface Warfare,1996,21:32 - 35.

[1037]McGill R A,Nguyen V K,Chung R,et al. The "NRL - SAWRHINO": A nose for toxic gases[J]. Sensors and Actuators B - Chemical,2000,65(1 - 3): 10 - 13.

[1038]Yamanaka K,Sakamoto T,Yamamoto Y,et al. 2010 First International Conference on Sensor Device Technologies and Applications,July 18 - 25,2010[C]. New York:IEEE,2010.

[1039]Qi X,Liu J,Liang Y,et al. 2017 Symposium on Piezoelectricity,Acoustic Waves,and Device Applications (SPAWDA),October 27 - 30,2017[C]. New York:IEEE,2017.

[1040]刘雪莉,张玉凤,梁勇,等. 基于声表面波的DMMP气体传感器设计[J]. 声学技术,2018,37(6):421-422.

[1041]Roederer J E,Bastiaans G J. Microgravimetric immunoassay with piezoelectric crystals[J]. Analytical Chemistry,1983,55(14):2333-2336.

[1042]Calabrese G S,Wohltjen H,Roy M K. Surface acoustic wave devices as chemical sensors in liquids. Evidence disputing the importance of Rayleigh wave propagation[J]. Analytical Chemistry,1987,59(6):833-837.

[1043]刘一声. 声表面波传感器的最新进展[J]. 传感器技术,1988,5:1-7,19.

[1044]Welsch W,Klein C,Von Schickfus M,et al. Development of a surface acoustic wave immunosensor[J]. Analytical Chemistry,1996,68(13):2000-2004.

[1045]Josse F. Acoustic wave liquid-phase-based microsensors[J]. Sensors and Actuators A:Physical,1994,44(3):199-208.

[1046]Barnes C. An in vitro urea sensor using a torsion-wave crystal device[J]. Sensors and Actuators B-Chemical,1992,8(2):143-149.

[1047]刘德忠,姚守拙. 表面声波传感器的发展与应用[J]. 化学传感器,1995,15(4):241-257.

[1048]Liu D,Ge K,Chen K,et al. Clinical analysis of urea in human blood by coupling a surface acoustic wave sensor with urease extracted from pumpkin seeds[J]. Analytica ChimicaActa,1995,307(1):61-69.

[1049]陈昕,周康源,陶进绪. 声表面波免疫传感器的设计及应用[J]. 应用声学,2003,22(2):8-11.

[1050]叶为全,周康源,王君,等. 声表面波压电免疫检测系统的设计[J]. 声学技术,2001,20(2):63-67.

[1051]Caliendo C,D'Amico A,Verardi P,et al. IEEE Symposium on Ultrasonic,December 04-07,1990[C]. New York:IEEE,1990.

[1052]Harding G L,Du J,Dencher P R,et al. Love wave acoustic immunosensor operating in liquid[J]. Sensors and Actuators A:Physical,1997,61(1-3):279-286.

[1053]Du J,Harding G L,Collings A F,et al. An experimental study of Lovewave acoustic sensors operating in liquids[J]. Sensors and Actuators A: Physical, 1997,60(1-3):54-61.

[1054] Kalantar-Zadeh K, Wlodarski W, Chen Y Y, et al. Novel Love mode surface acoustic wave based immunosensors[J]. Sensors and Actuators B-Chemical, 2003, 91(1-3):143-147.

[1055] Freudenberg J, Schelle S, Beck K, et al. A contactless surface acoustic wave biosensor[J]. Biosensors and Bioelectronics, 1999, 14(4):423-425.

[1056] Konig B, Gratzel M. Detection of human T-lymphocytes with a piezoelectric immunosensor[J]. Analytica ChimicaActa, 1993, 281(1):13-18.

[1057] Prusak-Sochaczewski E, Luong J H T. A new approach to the development of a reusable piezoelectric crystal biosensor[J]. Analytical letters, 1990, 23(3):401-409.

[1058] Länge K, Bender F, Voigt A, et al. A surface acoustic wave biosensor concept with low flow cell volumes for label-free detection[J]. Analytical Chemistry, 2003, 75(20):5561-5566.

[1059] Li Z, Jones Y, Hossenlopp J, et al. Analysis of liquid-phase chemical detection using guided shear horizontal-surface acoustic wave sensors[J]. Analytical Chemistry, 2005, 77(14):4595-4603.

[1060] Sajauskas S, Paliuliene G. Investigation of interaction of surface acoustic waves with liquid in the ultrasonic range[J]. Ultragarsas, 2007, 62(3):49-52.

[1061] 雷声. 基于声表面波及微纳技术的高性能湿敏传感器研究[D]. 杭州:浙江大学,2011.

[1062] Lu D, Zheng Y, Penirschke A, et al. Highly sensitive dual-mode relative humidity sensor based on integrated SAW and LC resonators[J]. Electronics Letters, 2015, 51(16):1219-1220.

[1063] Baracu A, Gurban A M, Giangu I, et al. 2015 International Semiconductor Conference (CAS), October 12-14, 2015 [C]. New York: IEEE, 2015.

[1064] Bui T H, Morana B, Scholtes T, et al. 2016 IEEE 29th International Conference on Micro Electro Mechanical Systems (MEMS), January 24-28, 2016

[C]. New York:IEEE,2016.

[1065]唱凯. Ⅰ:LSAW 生物传感器的构建及临床应用研究 Ⅱ:两株罕见致病菌的鉴定[D]. 重庆:第三军医大学,2015.

[1066]Mosavi A,Varkonyi - Koczy A R. Recent Global Research and Education:Technological Challenges[M]. SpringerCham,2017:295 - 300.

[1067]张希. 声表面波传感器及其在肺癌标志物与毒素快速检测中的应用研究[D]. 杭州:浙江大学,2017.

[1068]Yildirim B,Senveli S U,Gajasinghe R W R L,et al. Surface Acoustic Wave Viscosity Sensor with Integrated Microfluidics on a PCB Platform[J]. IEEE Sensors Journal,2018,18(6):2305 - 2312.

[1069]李双明. 高灵敏声表面波生物传感器关键技术研究[D]. 南京:南京理工大学,2017.

[1070]Wang T,Green R,Guldiken R,et al. Multiple - layer guided surface acoustic wave (SAW) - based pH sensing in longitudinal FiSS - tumoroid cultures[J]. Biosensors and Bioelectronics,2019,124:244 - 252.

[1071]陶翔. 应用于健康医疗的新型声表面波传感器及微流器件的研究[D]. 杭州:浙江大学,2020.

[1072]王文博. 新型声表面波传感器及微流体致动器研究[D]. 杭州:浙江大学,2016.

[1073]Wang T,Ni Q,Crane N,et al. Surface acoustic wave based pumping in a microchannel[J]. Microsystem Technologies,2017,23(5):1335 - 1342.

[1074]Nam J,Jang W S,Lim C S. Micromixing using a conductive liquid - based focused surface acoustic wave (CL - FSAW)[J]. Sensors and Actuators B - Chemical,2018,258:991 - 997.

[1075]Hou T,Yang J,Wang W,et al. Polymeric liquid layer densified by surface acoustic wave[J]. The Journal of Chemical Physics,2020,152(22):224901 - 224906.

[1076]Hammiche A,Bozec L,Conroy M,et al. Highly localized thermal, mechanical, and spectroscopic characterization of polymers using miniaturized thermal probes[J]. Journal of Vacuum Science & Technology B:Microelectronics and Nanometer Structures Processing, Measurement, and Phenomena, 2000, 18(3): 1322 - 1332.

[1077] Zaborowski M, Grabiec P, Gotszalk T, et al. A temperature microsensor for biological investigations[J]. Microelectronic Engineering, 2001, 57: 787 - 792.

[1078] Arutyunov P A, Tolstikhina A L. Atomic force microscopy as a universal means of measuring physical quantities in the mesoscopic length range[J]. Measurement Techniques, 2002, 45(7): 714 - 721.

[1079] Binnig G, Gerber C, Stoll E, et al. Atomic resolution with atomic force microscope[J]. Surface Science, 1987, 189 - 190: 1 - 6.

[1080] Wiesendanger R, Roland W. Scanning probe microscopy and spectroscopy: methods and applications[M]. Cambridge University Press, 1994.

[1081] Davis Z J. Nano - resonators for high resolution mass detection[M]. MikroelektronikCentret, Technical University of Denmark, 2003.

[1082] Arecco D. Analysis and preliminary characterization of a MEMS cantilever - type chemical sensor[D]. Worcester Polytechnic Institute, 2003.

[1083] Sader J E. Frequency response of cantilever beams immersed in viscous fluids with applications to the atomic force microscope[J]. Journal of Applied Physics, 1998, 84(1): 64 - 76.

[1084] Chon J W M, Mulvaney P, Sader J E. Experimental validation of theoretical models for the frequency response of atomic force microscope cantilever beams immersed in fluids[J]. Journal of Applied Physics, 2000, 87(8): 3978 - 3988.

[1085] Betts T A, Tipple C A, Sepaniak M J, et al. Selectivity of chemical sensors based on micro - cantilevers coated with thin polymer films[J]. Analytica Chimica Acta, 2000, 422(1): 89 - 99.

[1086] Chang J S, Huang C W. Mechanical modeling of the micro - cantilever sensors[J]. Bulletin of the College of Engineering, 2004, 91: 33 - 40.

[1087] Davis Z J. Fabrication and characterization of nano - resonator devices [D]. Technical University of Denmark, 1999.

[1088] Ji H F, Hansen K M, Hu Z, et al. An approach for detection of pH using various microcantilevers[J]. Sensors and Actuator B: Chemical, 2001, 3641: 1 - 6.

[1089]邢志明,金涛,郑璐璐. 用于小面积热源测量的高灵敏悬臂梁温度传感器[J]. 光电工程,2020,47(6):190296.

[1090]Pinnaduwage L A, Boiadjiev V, Hawk J E, et al. Sensitive detection of plastic explosives with self – assembled monolayer – coated microcantilevers[J]. Applied Physics Letters,2003,83(7):1471 – 1473.

[1091]Lang H P, Berger R, Battiston F, et al. A chemical sensor based on amicromechanical cantilever array for the identification of gases and vapors[J]. Applied Physics A,1998,66(ARTICLE):S61 – S64.

[1092]Yang J, Ono T, Esashi M. Mechanical behavior of ultrathin microcantilever[J]. Sensors and Actuators A:Physical,2000,82(1 – 3):102 – 107.

[1093]Mertens J, Finot E, Nadal M H, et al. Detection of gas trace of hydrofluoric acid using microcantilever[J]. Sensors and Actuators B – Chemical,2004,99(1):58 – 65.

[1094]Kooser A, Gunter R L, Delinger W D, et al. Gas sensing using embedded piezoresistive microcantilever sensors[J]. Sensors and Actuators B – Chemical,2004,99(2 – 3):474 – 479.

[1095]Nuryadi R, Aprilia L, Hosoda M, et al. Observation of CO Detection Using Aluminum – Doped ZnO Nanorods on Microcantilever[J]. Sensors,2020,20(7):2013.

[1096]唐蕾. 基于谐振式微悬臂梁的 H2S 气体化学传感机理研究及固体酸碱催化剂性能评估[D]. 上海:上海师范大学,2020.

[1097]Jensenius H, Thaysen J, Rasmussen A A, et al. A microcantilever – based alcohol vapor sensor – application and response model[J]. Applied Physics Letters,2000,76(18):2615 – 2617.

[1098]Hagleitner C, Hierlemann A, Lange D, et al. Smart single – chip gas sensor microsystem[J]. Nature,2001,414(6861):293 – 296.

[1099]黄赛鹏,薛长国,梅永松,等. 微悬臂梁传感系统在乙醇挥发检测中的应用[J]. 传感器与微系统,2020,39(8):158 – 160.

[1100]Battiston F M, Ramseyer J P, Lang H P, et al. A chemical sensor based on a microfabricated cantilever array with simultaneous resonance - frequency and bending readout[J]. Sensors and Actuators B - Chemical,2001,77(1 -2):122 -131.

[1101]Fagan B C,Tipple C A,Xue Z,et al. Modification of micro - cantilever sensors with sol - gels to enhance performance and immobilize chemically selective phases[J]. Talanta,2000,53(3):599 -608.

[1102]Peng R P,Chen B,Ji H F,et al. Highly sensitive and selective detection of beryllium ions using a microcantilever modified with benzo -9 - crown -3 doped hydrogel[J]. Analyst,2012,137(5):1220 -1224.

[1103]Xu X,Zhang N,Brown G M,et al. Ultrasensitive detection of Cu^{2+} using a microcantilever sensor modified with L - cysteine self - assembled monolayer[J]. Applied Biochemistry and Biotechnology,2017,183(2):555 -565.

[1104]Baller M K,Lang H P,Fritz J,et al. A cantilever array - based artificial nose[J]. Ultramicroscopy,2000,82(1 -4):1 -9.

[1105]Bedair S S,Fedder G K.. The 13th International Conference on Solid - State Sensors, Actuators and Microsystems, June 05 - 09, 2005[C]. New York: IEEE,2005.

[1106]Tamayo J,Humphris A D L,Malloy A M,et al. Chemical sensors and biosensors in liquid environment based on microcantilevers with amplified quality factor[J]. Ultramicroscopy,2001,86(1 -2):167 -173.

[1107]Yang R,Huang X,Wang Z,et al. A chemisorption - based microcantilever chemical sensor for the detection of trimethylamine[J]. Sensors and Actuators B - Chemical,2010,145(1):474 -479.

[1108]Steffens C,Leite F L,Manzoli A,et al. Microcantilever sensors coated with a sensitive polyaniline layer for detecting volatile organic compounds[J]. Journal of Nanoscience and Nanotechnology,2014,14(9):6718 -6722.

[1109]Gardner J W,Yinon J. Electronic Noses and Sensors for the Detection of Explosives [M]. New York:Kluwer Academic Publishers,2004:249 -266.

[1110]Tang Y,Fang J,Xu X,et al. Detection of femtomolar concentrations of HF using an SiO_2 microcantilever[J]. Analytical Chemistry,2004,76(9):2478 -2481.

[1111]Yang Y,Ji H F,Thundat T. Nerve agents detection using a Cu^{2+}/L – cysteine bilayer – coated microcantilever[J]. Journal of the American Chemical Society,2003,125(5):1124 – 1125.

[1112]Ji H F,Thundat T,Dabestani R,et al. Ultrasensitive detection of CrO_4^{2-} using a microcantilever sensor[J]. Analytical Chemistry,2001,73 (7):1572 – 1576.

[1113]Li G,Burggraf L W,Baker W P. Photothermal spectroscopy using multilayer cantilever for chemical detection[J]. Applied Physics Letters,2000,76(9):1122 – 1124.

[1114]Voiculescu I,Zaghloul M E,McGill R A,et al. Electrostatically actuated resonant microcantilever beam in CMOS technology for the detection of chemical weapons[J]. IEEE Sensors Journal,2005,5(4):641 – 647.

[1115]Pinnaduwage L A,Hedden D L,Gehl A,et al. A sensitive,handheld vapor sensor based on microcantilevers[J]. Review of Scientific Instruments,2004,75(11):4554 – 4557.

[1116]Porter T,Venedam R,Kyle K,et al. Detection of VX simulants using piezoresistive microcantilever sensors[J]. Sensors & Transducers,2011,128(5):73.

[1117]Zhu Q, Shih W H, Shih W Y. Enhanced dimethy methylphosphonate (DMMP) detection sensitivity by lead magnesium niobate – lead titanate/copper piezoelectric microcantilever sensors via Young's modulus change[J]. Sensors and Actuators B – Chemical,2013,182:147 – 155.

[1118]Zhi – Wei L I U,Zhao – Yang T,Lan – Qun H A O,et al. Aptamer – Based Microcantilever Sensor for O – ethyl S – [2(diisopropylamino)ethyl] methylphosphonothiolate,Sarin Detection and Kinetic Analysis[J]. Chinese Journal of Analytical Chemistry,2014,42(8):1143 – 1147.

[1119]Li C,Zhang G,Wu S,et al. Aptamer – based microcantilever – array biosensor for profenofos detection[J]. Analytica ChimicaActa,2018,1020:116 – 122.

[1120]Shen Y,Liang L,Zhang S,et al. Organelle – targeting surface – enhanced Raman scattering (SERS) nanosensors for subcellular pH sensing[J]. Nanoscale,2018,10(4):1622 – 1630.

[1121] Bashir R, Hilt J Z, Elibol O, et al. Micromechanical cantilever as an ultrasensitive pH microsensor[J]. Applied Physics Letters, 2002, 81(16): 3091 - 3093.

[1122] Zhang Q, Ruan W, Wang H, et al. A self - bended piezoresistive microcantilever flow sensor for low flow rate measurement[J]. Sensors and Actuators A: Physical, 2010, 158(2): 273 - 279.

[1123] Kang K, Sachan A, Nilsen - Hamilton M, et al. Aptamer functionalized microcantilever sensors for cocaine detection[J]. Langmuir, 2011, 27(23): 14696 - 14702.

[1124] Grogan C, Amarandei G, Lawless S, et al. Silicon microcantilever sensors to detect the reversible conformational change of a molecular switch, spiropyan[J]. Sensors, 2020, 20(3): 854.

[1125] Okan M, Sari E, Duman M. Molecularly imprinted polymer based micromechanical cantilever sensor system for the selective determination of ciprofloxacin [J]. Biosensors and Bioelectronics, 2017, 88: 258 - 264.

[1126] Okan M, Duman M. Functional polymeric nanoparticle decorated microcantilever sensor for specific detection of erythromycin[J]. Sensors and Actuators B - Chemical, 2018, 256: 325 - 333.

[1127] Alves G M A, Goswami S B, Mansano R D, et al. Using microcantilever sensors to measure poly (lactic - co - glycolic acid) plasticization by moisture uptake[J]. Polymer Testing, 2018, 65: 407 - 413.

[1128] Hulanicki A, Glab S, Ingman F. Chemical sensors: definitions and classification[J]. Pure and Applied Chemistry, 1991, 63(9): 1247 - 1250.

[1129] Hagleitner C, Hierlemann A, Lange D, et al. Smart single - chip gas sensor microsystem[J]. Nature, 2001, 414(6861): 293 - 296.

[1130] Bataillard P, Steffgen E, Haemmerli S, et al. An integrated silicon thermopile as biosensor for the thermal monitoring of glucose, urea and penicillin[J]. Biosensors and Bioelectronics, 1993, 8(2): 89 - 98.

[1131] Lerchner J, Seidel J, Wolf G, et al. Calorimetric detection of organic vapours using inclusion reactions with organic coating materials[J]. Sensors and Actuators B - Chemical, 1996, 32(1): 71 - 75.

[1132]Van Herwaarden A W, Sarro P M, Gardner J W, et al. Liquid and gas micro – calorimeters for (bio) chemical measurements[J]. Sensors and Actuators A: Physical, 1994, 43(1 – 3): 24 – 30.

[1133]Hierlemann A, Brand O, Hagleitner C, et al. Microfabrication techniques for chemical/biosensors[J]. Proceedings of the IEEE, 2003, 91(6): 839 – 863.

[1134]Mosbach K, Danielsson B. An enzyme thermistor[J]. Biochimica et Biophysica Acta (BBA) – Enzymology, 1974, 364(1): 140 – 145.

[1135]梁振普,谢卫红,张小霞,等. 量热生物传感器及其发展趋势[J]. 武汉大学学报(理学版), 2002, 48(6): 747 – 753.

[1136]邹国林,李海. 微量量热法在生命科学中的应用[J]. 氨基酸和生物资源, 1996, 18(2): 36 – 39.

[1137]Flygare L, Danielsson B. Advantages of organic solvents in thermometric and optoacoustic enzymic analysis[J]. Annals of the New York Academy of Sciences, 1988, 542(1): 485 – 496.

[1138]Scheller F, Siegbahn N, Danielsson B, et al. High – sensitivity enzyme thermistor determination of L – lactate by substrate recycling[J]. Analytical Chemistry, 1985, 57(8): 1740 – 1743.

[1139]铃木周一. 生物传感器[M]. 霍纪文,姜远海,译. 北京:科学出版社, 1988.

[1140]Xie B, Ramanathan K, Danielsson B. Mini/micro thermal biosensors and other related devices for biochemical/clinical analysis and monitoring[J]. TrAC Trends in Analytical Chemistry, 2000, 19(5): 340 – 349.

[1141]乔丽娜,周在德,肖丹. 酶生物传感器中酶的固定化技术[J]. 化学研究与应用, 2005, 17(3): 299 – 302.

[1142]Mosbach K, Danielsson B. Thermal bioanalyzers in flow streams. Enzyme thermistor devices[J]. Analytical Chemistry, 1981, 53(1): 83 – 94.

[1143]Xie B, Danielsson B, Winquist F. Miniaturized thermal biosensors[J]. Sensors and Actuators B – Chemical, 1993, 16(1 – 3): 443 – 447.

[1144]Xie B, Mecklenburg M, Danielsson B, et al. Microbiosensor based on an integrated thermopile[J]. Analytica ChimicaActa,1994,299(2):165 – 170.

[1145]Flygare L,Larsson P O,Danielsson B. Control of an affinity purification procedure using a thermal biosensor[J]. Biotechnology and Bioengineering,1990,36(7):723 – 726.

[1146]Guilbault G G,Danielsson B,Mandenius C F,et al. Enzyme electrode and thermistor probes for determination of alcohols with alcohol oxidase[J]. Analytical Chemistry,1983,55(9):1582 – 1585.

[1147]Mandenius C F,Bülow L,Danielsson B,et al. Monitoring and control of enzymic sucrose hydrolysis using on – line biosensors[J]. Applied Microbiology and Biotechnology,1985,21(3):135 – 142.

[1148]Scheller F,Siegbahn N,Danielsson B,et al. High – sensitivity enzyme thermistor determination of L – lactate by substrate recycling[J]. Analytical Chemistry,1985,57(8):1740 – 1743.

[1149]Winquist F,Danielsson B,Malpote J Y,et al. Determination of oxalate with immobilized oxalate oxidase in an enzyme thermistor[J]. Analytical Letters,1985,18(5):573 – 588.

[1150]Xie B,Harborn U,Mecklenburg M,et al. Urea and lactate determined in 1 – microL whole – blood samples with a miniaturized thermal biosensor[J]. Clinical Chemistry,1994,40(12):2282 – 2287.

[1151]Mattiasson B,Danielsson B. Calorimetric analysis of sugars and sugar derivatives with aid of an enzyme thermistor[J]. Carbohydrate Research,1982,102(1):273 – 282.

[1152]Danielsson B,Gadd K,Mattiasson B,et al. Determination of serum urea with an enzyme thermistor using immobilized urease[J]. Analytical Letters,1976,9(11):987 – 1001.

[1153]Decristoforo G,Danielsson B. Flow injection analysis with enzyme thermistor detector for automated determination of. beta. – lactams[J]. Analytical Chemistry,1984,56(2):263 – 268.

[1154]Rank M,Gram J,Stern Nielsen K,et al. On – line monitoring of ethanol, acetaldehyde and glycerol during industrial fermentations with Saccharomyces cerevisiae[J]. Applied Microbiology and Biotechnology,1995,42(6):813 -817.

[1155]Satoh I. Biomedical applications of the enzyme thermistor in lipid determination[J]. Methods in Enzymology,1988,137:217 -225.

[1156]Satoh I. 3rd IUMRS International Conference on Advanced Materials (ICAM),August 31 - Septempber 04,1993[C]. Amsterdam:Elsevier Science Publ B V,1993.

[1157]Xie B,Tang X,Wollenberger U,et al. Hybrid biosensor for simultaneous electrochemical and thermometric detection[J]. Analytical Letters,1997,30(12):2141 -2158.

[1158]Xie B,Danielsson B,Winquist F. Miniaturized thermal biosensors[J]. Sensors and Actuators B - Chemical,1993,16(1 -3):443 -447.

[1159]Torabi F,Ramanathan K,Larsson P O,et al. Coulometric determination of NAD+ and NADH in normal and cancer cells using LDH,RVC and a polymer mediator[J]. Talanta,1999,50(4):787 -797.

[1160]Danielsson B,Mosbach K. Determination of enzyme activities with the enzyme thermistor unit[J]. FEBS Letters,1979,101(1):47 -50.

[1161]Danielsson B,Rieke E,Mattiasson B,et al. Determination by the enzyme thermistor of cellobiose formed on degradation of cellulose[J]. Applied Biochemistry and Biotechnology,1981,6(3):207 -222.

[1162]Amine A,Digua K,Xie B,et al. A microdialysis probe coupled with a miniaturized thermal glucose sensor for in vivo monitoring[J]. Polymer - Plastics Technology and Engineering,1995,28(13):2275 -2286.

[1163]Carlsson T,Adamson U,Lins P E,et al. Use of an enzyme thermistor for semi - continuous blood glucose measurements[J]. ClinicaChimicaActa,1996,251(2):187 -200.

[1164]Harborn U,Xie B,Venkatesh R,et al. Evaluation of a miniaturized thermal biosensor for the determination of glucose in whole blood[J]. ClinicaChimica Acta,1997,267(2):225 -237.

[1165] Raghavan V, Ramanathan K, Sundaram P V, et al. An enzyme thermistor – based assay for total and free cholesterol[J]. ClinicaChimicaActa, 1999, 289(1 – 2): 145 – 158.

[1166] Ramanathan K, Jonsson B R, Danielsson B. Analysis in non – aqueous milieu using thermistors: methods in non – aqueous enzymology[M]. Basel: Springer, 2000.

[1167] Xie B, Mecklenburg M, Danielsson B, et al. Development of an integrated thermal biosensor for the simultaneous determination of multiple analytes[J]. Analyst, 1995, 120(1): 155 – 160.

[1168] Danielsson B, Mosbach K. Determination of enzyme activities with the enzyme thermistor unit[J]. FEBS Letters, 1979, 101(1): 47 – 50.

[1169] Mattiasson B, Danielsson B. Calorimetric analysis of sugars and sugar derivatives with aid of an enzyme thermistor[J]. Carbohydrate Research, 1982, 102(1): 273 – 282.

[1170] Mandenius C F, Danielsson B, Mattiasson B. Process control of an ethanol fermentation with an enzyme thermistor as a sucrose sensor[J]. Biotechnology Letters, 1981, 3(11): 629 – 634.

[1171] Rank M, Danielsson B, Gram J. Implementation of a thermal biosensor in a process environment: on – line monitoring of penicillin V in production – scale fermentations[J]. Biosensors and Bioelectronics, 1992, 7(9): 631 – 635.

[1172] Akertek E, Tarhan L. Characterization of immobilized catalases and their application in pasteurization of milk with H2O2[J]. Applied Biochemistry and Biotechnology, 1995, 50(3): 291 – 303.

[1173] Mattiasson B, Danielsson B, Hermansson C, et al. Enzyme thermistor analysis of heavy metal ions with use of immobilized urease[J]. FEBS Letters, 1978, 85(2): 203 – 206.

[1174] Satoh I. Flow – injection calorimetry of heavy metal ions using apoenzyme – reactors[J]. NetsuSokutei, 1991, 18(2): 89 – 96.

[1175] Satoh I. Use of immobilized alkaline phosphatase as an analytical tool for flow – injection biosensing of zinc（II）and cobalt（II）ions[J]. Annals – New York Academy of Sciences,1992,672:240 –240.

[1176]Danielsson B,Mattiasson B,Mosbach K. Enzyme thermistor devices and their analytical applications[M]. Applied Biochemistry and Bioengineering. Elsevier, 1981,3:97 –143.

[1177]Thavarungkul P,Håkanson H,Mattiasson B. Comparative study of cell – based biosensors using Pseudomonas cepacia for monitoring aromatic compounds[J]. Analytica ChimicaActa,1991,249(1):17 –23.

[1178]Borrebaeck C,Mattiasson B. Recent developments in heterogeneous enzyme immunoassay[J]. Journal of Solid – phase Biochemistry,1979,4(1):57 –67.

[1179] Mattiasson B, Danielsson B, Hermansson C, et al. Enzyme thermistor analysis of heavy metal ions with use of immobilized urease[J]. FEBS Letters,1978, 85(2):203 –206.

[1180]Raghavan V, Ramanathan K, Sundaram P V, et al. An enzyme thermistor – based assay for total and free cholesterol[J]. ClinicaChimicaActa, 1999, 289(1 –2):145 –158.

[1181] Ramanathan K, Jönsson B R, Danielsson B. Thermometric Sensing of Peroxide in Organic Media. Application To Monitor the Stability of RBP – Retinol – HRP Complex[J]. Analytical Chemistry,2000,72(15):3443 –3448.

[1182]Birnbaum S, Bülow L, Hardy K, et al. Automated thermometric enzyme immunoassay of human proinsulin produced by Escherichia coli[J]. Analytical Biochemistry,1986,158(1):12 –19.

[1183]Kirstein D, Danielsson B, Scheller F, et al. Highly sensitive enzyme thermistor determination of ADP and ATP by multiple recycling enzyme systems[J]. Biosensors,1989,4(4):231 –239.

[1184]吴烈钧,傅若农．气相色谱检测方法[M]．北京:化学工业出版社,2000.

[1185]金鑫荣．气相色谱法[M]．北京:高等教育出版社,1987.

[1186]中国科学院大连化学物理研究所．气相色谱法[M]．北京:科学出

版社,1972.

[1187]Pauling L. A theory of the structure and process of formation of antibodies[J]. Journal of the American Chemical Society 1940,62:2643 – 2657.

[1188]Dickey F H. The preparation of specific adsorbents. Proceedings of the National Academy of Sciences of the United States of America[J],1949,35(5):227 – 229.

[1189]Wulff G, SarhanA. Use of polymers with enzyme – analogous structures for resolution of racemates[J]. AngewandteChemie: International Edition,1972,11(4):341 – 344.

[1190]Wuff G. Molecular imprinting in cross – linked materials with the aid of molecular templates – a way towards artificial antibodies[J]. AngewandteChemie: International Edition,1995 ,34(17):1812 – 1832.

[1191]Tabushi I, Kurihara K, Naka K, et al. Supramolecular sensor based on SnO_2 electrode modified with octadecylsilyl monolayer having molecular binding sites [J]. Tetrahedron Letters,1987,28(37):4299 – 4302.

[1192]Haupt K, Mosbach K. Molecularly imprinted polymers and their use in biomimetic sensors[J]. Chemical Reviews,2000,100(7):2495 – 2504.

[1193] Kristina M. Molecularly imprinted solid – phase extraction and liquid chromatography/mass spectrometry for biological samples[D]. Stockholm: Stockholm University,2006.

[1194]周勤,袁笑一. 分子印迹技术有其在环境领域的应用[J]. 科技通报,2005,21(1):110 – 114.

[1195]Nocholls, Adlbo K, Andersson K. Can we rationally design molecularly imprinted polymers? [J]. Analytica Chimica Acta,2001,435(1):9 – 18.

[1196]柯珍,朱华,钟世安,等. 分子印迹技术及其应用研究进展[J]. 化学研究与应用,2018,30(6):865 – 874.

[1197]徐武,付含,陈贵堂,等. 分子印迹技术用于食品中真菌毒素样品前处理的研究进展[J]. 生物加工过程,2020,18(4):417 – 424.

[1198]Chen L X, Wang X Y, Lu W H, et al. Molecular imprinting: perspectives and applications[J]. Chemical Society Reviews,2016,45(8):2137 – 2211.

[1199]Zhao F N,She Y X,Zhang C,et al. Selective determination of chloramphenicol in milk samples by the solid – phase extraction based on dummy molecularly imprinted polymer[J]. Food Analytical Methods,2017,10(7):2566 – 2575.

[1200]刘欣,孙秀兰,曹进. 分子印迹技术在食品样品安全分析中的应用[J]. 食品安全质量检测学报,2020,11(1):106 – 113.

[1201]那骥宇. 基于分子印迹技术的丹参总酚酸吸附材料的研究成[D]. 天津:天津理工大学,2012.

[1202]Anene A,Kalfat R,Chevalier Y,et al. Molecularly imprinted polymer – based materials as thin films on silica supports for efficient adsorption of Patulin[J]. Colloids and Surfaces A – Physicochemical and Engineering Aspects,2016,497:293 – 303.

[1203]Khoo W C,Kamaruzaman S,Lim H N,et al. Synthesis and characterization of graphene oxide – molecularly imprinted polymer for Neopterin adsorption study[J]. Journal of Polymer Research,2019,26(8):184 – 184.

[1204]Piovesana S,Capriotti L,Cavaliere C,et al. Magnetic molecularly imprinted multishell particles for zearalenone recognition [J] . Polymer, 2020, 188:122102.

[1205]Gawande M B,Goswami A,Asefa T,et al. Core – shell nanoparticles: synthesis and applications in catalysis and electrocatalysis[J]. Chemical Society Reviews,2015,44(21):7540 – 7590.

[1206]Cormack P,Mosbach K. Molecular imprinting:recent developments and the road ahead[J]. Reactive and Functional Polymers,1999,41(1 – 3):115 – 124.

[1207]Yan M D,Kapua A. Fabrication of molecularly imprinted polymer microstructures[J]. Analytica Chimica Acta,2001,435(1):163 – 167.

[1208]Alexandra M. Molecularly imprinted polymers:towards a rational understanding of biomimetic materials[D]. Georgia:Georgia Institute of Technology,2004.

[1209]Fuchs Y,Soppera O,Haupt K. Photopolymerization and photostructuring of molecularly imprinted polymers for sensor applications – A review[J]. Analytica

Chimica Acta,2012,717:7 -20.

[1210]Arora p,Sindhu A,Dilbaghi N,et al. Biosensors as innovative tools for the detection of food borne pathogens[J]. Biosensors and Bioelectronics,2011,28(1):1 -12.

[1211]Abbasa Y,Bomer J,Brusse - Keizer M,et al. 30th Eurosensors Conference,September 04 -07,2016[C]. Amsterdam:Elsevier Science BV,2016.

[1212]Agrawal H,Shrivastav A M. ,Gupta B D. Surface plasmon resonance based optical fiber sensor for atrazine detection using molecular imprinting technique[J]. Sensors and Actuators B - Chemical,2016,227:204 -211.

[1213]Yanez - Sedeno P,Campuzano S,Pingarron J M. Electrochemical sensors based on magnetic molecularly imprinted polymers: A review[J]. Analytica Chimica Acta,2017,960:1 -17.

[1214]何永红,高志贤,晁福寰. 分子印迹 - 仿生传感器的研究进展[J]. 分析化学,2004,32(10):1407 -1412.

[1215]李俣珠,李增威,曾月,等. 分子印迹传感器的制备方法与应用进展[J]. 化学世界,2019,60(8):465 -475.

[1216]Jenkins A L,Uy O M,Murray Q M. Polymer based lanthanide luminescent sensor for detection of the hydrolysis product of the nerve agent soman in water[J]. Analytical Chemistry,1999,71(2):373 -378.

[1217]Panasyuk - Delaney T,Mirsky V M,Ulbricht M,et al. Impedometric herbicide chemosensors based on molecularly imprinted polymers[J]. Analytica Chimica Acta,2001,435(1):157 -162.

[1218]陈志强,李建平,张学洪,等. 分子印迹电化学传感器敏感膜体系的构建及其研究进展[J]. 分子测试学报,2010,29(1):97 -104.

[1219]栾崇林,李铭杰,李仲谨,等. 分子印迹电化学传感器的研究进展[J]. 化工进展,2011,30(2):353 -370.

[1220]朱潇,顾丽莉,陈昱安,等. 基于分子印迹技术光化学传感器的研究进展[J]. 高分子通报,2018 (12):9 -16.

[1221]成琛,史楠,姜霄震. 分子印迹光学生物传感器的研究进展[J]. 高

校化学工程学报,2020,34(3):572-581.

[1222]贾梦凡,张忠,杨兴斌,等. 新型分子印迹荧光传感器的构建与应用[J]. 中国科学,2017,47(3):300-314.

[1223]姜忠义,吴洪. 分子印迹技术[M]. 北京:化学工业出版社,2003.

[1224]张慧婷,叶贵标,李文明,等. 分子印迹传感器技术在农药检测中的应用[J]. 农药学学报,2006,8(1):8-13.

[1225]Piletsky S A,Piletskaya E V,Elgersma A V,et al. Atrazine sensing by molecularly imprinted membranes[J]. Biosensors and Bioelectronics,1995,10(9-10):959-964.

[1226]Sergeyeva T A,Piletsky S A,Brovko A A,et al. Conductimetric sensor for atrazine detection based on molecularly imprinted polymer membranes[J]. Analyst,1999,124(3):331-334.

[1227]Sergeyeva T A,Piletsky S A,Brovko A A,et al. Selective recognition of atrazine by molecularly imprinted polymer membranes. Development of conductometric sensor for herbicides detection[J]. Analytica Chimica Acta,1999,392(2-3):105-111.

[1228]孟子晖,李元光,刘琴,等. 通过分子烙印聚合物膜电阻的变化检测甲基膦酸异丙酯[J]. 分析化学,2001,29(4):490-490.

[1229]Gong J L,Gong F C,Kuang Y,et al. Capacitive chemical sensor for fenvalerate assay based on electropolymerized molecularly imprinted polymer as the sensitive layer[J]. Analytical and Bioanalytical Chemistry,2004,379(2):302-307.

[1230]Yang L,Wei W Z,Xia J J,et al. Artificial receptor layer for herbicide detection based on electrosynthesized molecular imprinting technique and capacitive transduction[J]. Analytical Letters,2004,37(11):2303-2319.

[1231]Panasyuk-Delaney T,Mirsky V M,Ulbricht M,et al. Impedometric herbicide chemosensors based on molecularly imprinted polymers[J]. Analytica Chimica Acta,2001,435(1):157-162.

[1232]Hedborg E,Winquist F,Lundstrom I,et al. Some studies of molecularly-imprinted polymer membranes in combination with field-effect devices[J]. Sensors and Actuators A – Physical,1993,37 – 38:796 – 799.

[1233]Panasyuk T L,Mirsky V M,Piletsky S A,et al. Electropolymerized molecularly imprinted polymers as receptor layers in a capacitive chemical sensors[J]. Analytical Chemistry,1999,71(20):4609 – 4613.

[1234]Prusty A K,Bhand S. A capacitive sensor for 2,4 – D determination in water based on 2,4 – dimprintedpolypyrrole coated pencil electrode[J]. Materials Research Express,2017,4(3):035306.

[1235]Graniczkowska K,Putz M,Hauser F M,et al. Capacitive sensing of n – formylamphetamine based on immobilized molecular imprinted polymers[J]. Biosensors and Bioelectronics 2017,92:741 – 747.

[1236]Vergara A V,Pernites R B,Tiu B D B,et al. Capacitive detection of morphine via cathodically electropolymerized,molecularly imprinted poly(p – aminostyrene) films[J]. Macromolecular Chemistry Physics,2016,217(16):1810 – 1822.

[1237]Shoji R,Takeuchi T,Kubo I. Atrazine sensor based on molecularly imprinted polymer – modified gold electrode[J]. Analytical Chemistry,2003,75(18):4882 – 4886.

[1238]Weetall H H,Rogers K R. Preparation and characterization of molecularly imprinted electropolymerized carbon electrodes[J]. Talanta,2004,62(2):329 – 335.

[1239]Yamazaki T,Meng Z,Mosbach K,et al. A novel amperometric sensor for organophosphotriester insecticides detection employing catalytic polymer mimicking phosphotriesterase catalytic center[J]. Electrochemistry,2001,69(12):969 – 972.

[1240]Marx S,Zaltsman A,Turyan I,et al. Parathion sensor based on molecularly imprinted sol – gel films[J]. Analytical Chemistry,2004,76(1):120 – 126.

[1241]Kriz D,Mosbach K. Competitive amperometric morphine sensor based on an agarose immobilised molecularly imprinted polymer[J]. Analytica Chimica Acta,1995,300(1 – 3):71 – 75.

[1242]Yang Y,Fang G,Wang X,et al. Determination of quinoxaline – 2 – carboxylic acid based on bilayer of novel poly(pyrrole) functional composite using one – step electro – polymerization and molecularly imprinted poly(o – phenylenediamine)

[J]. Analytica Chimica Acta,2014,806:136 - 143.

[1243] Kroger S, Turner A P F, Mosbach K, et al. Imprinted polymer - based sensor system for herbicides using differential - pulse voltammetry on screen - printed electrodes[J]. Analytical Chemistry,1999,71(17):3698 - 3702.

[1244] Liang R N, Gao Q, Qin W. Potentiometric sensor based on molecularly imprinted polymers for rapid determination of clenbuterol in pig urine[J]. Chinese J Analytical Chemistry,2012,40(3):354 - 358.

[1245] Dabrowski M, Sharma P S, Iskierko Z, et al. Early diagnosis of fungal infections using piezomicrogravimetric and electric chemosensors based on polymers molecularly imprinted with d - arabitol[J]. Biosensors and Bioelectronics,2016,79: 627 - 635.

[1246] Iskierko Z, Sosnowska M, Sharma P S, et al. Extended - gate field - effect transistor (EG - FET) with molecularly imprinted polymer (MIP) film for selective inosine determination. Biosensors and Bioelectronics,2015,74,526 - 533.

[1247] Lee J S, Oh J, Kim S G, et al. Highly sensitive and selective field - effect - transistor nonenzyme dopamine sensors based on Pt/conducting polymer hybrid nanoparticles[J]. Small,2015,11(20):2399 - 2406.

[1248] 左言军,余建华,黄启斌,等. 分子印迹纳米膜的制备及其在检测神经性毒剂沙林中的应用[J]. 分析化学,2003,37(7):769 - 773.

[1249] Liang C D, Peng H, Nie L H, et al. Bulk acoustic wave sensor for herbicide assaybased on molecularly imprinted polymer[J]. Fresenius Journal of Analytical Chemistry,2000,367(6):551 - 555.

[1250] Luo C H, Liu M Q, Mo Y C, et al. Thickness - shear mode acoustic sensor for atrazine using molecularly imprinted polymer as recognition element[J]. Analytica Chimica Acta,2001,428(1):143 - 148.

[1251] Pogorelova S P, Bourenko T, Kharitonov A B, et al. Selective sensing of triazine herbicides in imprinted membranes using ion - sensitive field - effect transistors and microgravimetric quartz crystal microbalance measurements[J]. Analyst, 2002,127(11):1484 - 1491.

[1252] Levi R, McNiven S, Piletsky S A, et al. Optical detection of chloramphenicol using molecularly imprinted polymers[J]. Analytical Chemistry, 1997, 69(11):2017-2021.

[1253] Malitesta C, Losito I, Zambonin P G. Molecularly imprinted electrosynthesized polymers: New materials for biomimetic sensors[J]. Analytical Chemistry, 1999, 71(7):1366-1370.

[1254] Haupt K, Noworyta K, Kutner W. Imprinted polymer-based acoustic sensor using a quartz crystal microbalance[J]. Analytical Communications, 1999, 36(11-12):391-393.

[1255] Gupta V K, Yola M L, Eren T, et al. Selective QCM sensor based on atrazine imprinted polymer: Its application to wastewater sample[J]. Sensors and Actuators B-Chemical, 2015, 218:215-221.

[1256] Eren T, Atar N, Yola M L, et al. A sensitive molecularly imprinted polymer based quartz crystal microbalance nanosensor for selective determination of lovastatin in red yeast rice[J]. Food Chemistry, 2015, 185:430-436.

[1257] Yola M L, Uzun L, Özaltın N, et al. Development of molecular imprinted nanosensor for determination of tobramycin in pharmaceuticals and foods[J]. Talanta, 2014, 120:318-324.

[1258] Zhao C, Ren Y M, Lu W Z, et al. Detection of Piezoelectric Magnetic Surface Molecularly Imprinted Sensor to Chloramphenicol[J]. Science Technology and Engineering, 2016, 16(15):154-158.

[1259] Dickert F L, Forth P, Lieberzeit P, et al. Molecular imprinting in chemical sensing-detection of aromatic and halogenated hydrocarbons as well as polar solvent vapors[J]. Fresenius Journal of Analytical Chemistry, 1998, 360(7-8):759-762.

[1260]邵晟宇,穆宁,潘勇,等. SAW 分子印迹技术检测甲氟膦酸异丙酯研究[J]. 化学传感器,2013,33(2):54-58.

[1261]潘勇,何世堂,林涛,等. 间苯二酚杯[4]芳烃硫醚衍生物 SAW 分子印迹膜的合成[J]. 化学传感器,2010,30(3):48-53.

[1262]曹丙庆,潘勇,赵建军,等. 对-叔丁基杯[4]芳烃衍生物自组装分

子在声表面波传感器中检测有机磷[J]. 应用化学,2008,25(10):1176 - 1180.

[1263]Jakoby B,Ismail G M,Byfield M P,et al. A novel molecularly thin film applied to a Love - wave gas sensor[J]. Sensors and Actuators A - Physical,1999,76(1 - 3):93 - 97.

[1264]McNiven S,Kato M,Levi R,et al. Chloramphenicol sensor based on an in situ imprinted polymer[J]. Analytica Chimica Acta,1998,365(1 - 3):69 - 74.

[1265]Suarez - Rodriguez J L,Diaz - GarciaM E. Fluorescent competitive flow - through assay for chloramphenicol using molecularly imprinted polymers[J]. Biosensors and Bioelectronics,2001,16(9 - 12):955 - 961.

[1266]Piletsky S A,Piletskaya E V,Elskaya A V,et al. Optical detection system for triazine based on molecular - imprinted polymers[J]. Analytical Letters,1997,30(3):445 - 455.

[1267]Haupt K,Dzgev A,Mosbach K. Assay system for the herbicide 2,4 - dichlorophenoxyacetic acid using a molecularly imprinted polymer as an artificial recognition element[J]. Analytical Chemistry,1998,70(3):3936 - 3939.

[1268]Leung M K P,Chow CF,Lam MH W. A sol - gel derived molecular imprinted luminescent PET sensing material for 2,4 - dichlorophenoxyacetic acid[J]. Journal of Materials Chemistry,2001,11(12):2985 - 2991.

[1269]Turkewitsch P,Wandelt B,Darling G D,et al. Fluorescent functional recognition sites through molecular imprinting a polymer - based fluorescent chemosensor for aqueous cAMP[J]. Analytical Chemistry,1998,70(10):2025 - 2030.

[1270]Kriz D,Ramstrom O,Svensson A,et al. Introducing biomimetic sensors based on molecularly imprinted polymers as recognition elements[J]. Analytical Chemistry,1995,67(13):2142 - 2144.

[1271]Dickert F L,Tortschanoff M,Bulst W E,et al. Molecularly imprinted sensor layers for the detection of polycyclic aromatic hydrocarbons in water[J]. Analytical Chemistry,1999,71(20):4559 - 4563.

[1272]Sun Q,Yao Q Q,Sun Z L,et al. Determination of parathion - methyl in vegetables by fluorescent - labeled molecular imprinted polymer[J]. Chinese Journal

Chemistry,2011,29(10):2134 - 2140.

[1273] Mehrzad - Samarin M, Faridbod F, Dezfuli A S, et al. A novel metronidazole fluorescent nanosensor based on graphene quantum dots embedded silica molecularly imprinted polymer[J]. Biosensors and Bioelectronics,2017,92:618 - 623.

[1274] Tang Y W, Gao Z Y, Wang S, et al. Upconversion particles coated with molecularly imprinted polymers as fluorescence probe for detection of clenbuterol [J]. Biosensors and Bioelectronics,2015,71:44 - 50.

[1275] Liu X Y, Liu Q R, Kong F, et al. Molecularly imprinted fluorescent probe based on hydrophobic CdSe/ZnS quantum dots for the detection of methamidophos in fruit and vegetables[J]. Advances in Polymer Technology,2018,37(6): 1790 - 1796.

[1276] Jenkins A L, Uy O M, Murray G M. Polymer based lanthanide luminescent sensors for the detection of nerve agents[J]. Analytical Communications,1997, 34(8):221 - 224.

[1277] Jenkins A L, Yin R, Jensen J L. Molecularly imprinted polymer sensors for pesticide and insecticide detection in water[J]. Analyst,2001,126(6):798 - 802.

[1278] Lepinay S, Lanoul A, Albert J. Molecular imprinted polymer - coated optical fiber sensor for the identification of low molecular weight molecules[J]. Talanta,2014,128:401 - 407.

[1279] Usha S P, Shrivastav A M, Gupta B D. A contemporary approach for design and characterization of fiber - optic - cortisol sensor tailoring LMR and ZnO/PPY molecularly imprinted film[J]. Biosensors and Bioelectronics,2017,87:178 - 186.

[1280] Andersson L I, Mandenius C F, Mosbach K. Studies on guest selective molecular recognition on an octadecyl silylated silicon surface using ellipsometry[J]. Tetrahedron Letters,1988,29(42):5437 - 5440.

[1281] Levi R, McNiven S, Piletsky S A, et al. Optical detection of chloramphenicol using molecularly imprinted polymers[J]. Analytical Chemistry,1997,69 (11):2017 - 2021.

[1282] Jakusch M, Janotta M, Mizailoff B. Molecularly imprinted polymers and infrared evanescent wave spectroscopy. A chemical sensors approach[J]. Analytical Chemistry,1999,71(20):4786 -4791.

[1283]Svitel J, Surugiu I, Dzgoev A, et al. Functionalized surfaces for optical biosensors: Applications to in vitro pesticide residual analysis[J]. Journal of Materials Science: Materials in Medicine,2001,12(10 -12):1075 -1078.

[1284]Zhao P N, Yan M, Zhang CC, et al. Determination of glyphosate in foodstuff by one novel chemiluminescence - molecular imprinting sensor[J]. Spectrochimica Acta Part A: Molecular and Biomolecular Spectroscopy,2011,78(5):1482 -1486.

[1285]Ge S G, Zhang C C, Yu F, et al. Layer - by - layer self - assembly CdTe quantum dots and molecularly imprinted polymers modified chemiluminescence sensor for deltamethrin detection[J]. Sensors and Actuators B - Chemical,2011,156(1):222 -227.

[1286]Duan H M, Li L L, Wang X J, et al. A sensitive and selective chemiluminescence sensor for the determination of dopamine based on silanized magnetic graphene oxide - molecularly imprinted polymer[J]. Spectrochimica Acta Part A: Molecular and Biomolecular Spectroscopy,2015,139:374 -379.

[1287]Zhou CC, Wang, TT, Liu J Q, et al. Molecularly imprinted photonic polymer as an optical sensor to detect chloramphenicol[J]. Analyst,2012,137(19):4469 -4474.

[1288]Guo C, Zhou C H, Sai N, et al. Detection of bisphenol a using an opal photonic crystal sensor[J]. Sensors and Actuators B - Chemical,2012,166:17 -23.

[1289]You A M, Cao Y H, Cao G Q. Colorimetric sensing of melamine using colloidal magnetically assembled molecularly imprinted photonic crystals[J]. RSC Advances,2016,6(87):83663 -83667.

[1290]Hou J, Zhang H C, Yang Q, et al. Hydrophilic - hydrophobic patterned molecularly imprinted photonic crystal sensors for high - sensitive colorimetric detection of tetracycline[J]. Small,2015,11(23):2738 -2742.

[1291]Lai E P C, Fafara A, VanderNoot V A, et al. Surface plasmon resonance sensors using molecularly imprinted polymers for sorbent assay of theophylline, caffeine and xanthine[J]. Canadian Journal of Chemistry – Revue Canadienne De Chimie,1998,76(3):265 – 273.

[1292]Sarıkaya A G, Osman B, Çam T, et al. Molecularly imprinted surface plasmon resonance (SPR) sensor for uric acid determination[J]. Sensors and Actuators B – Chemical,2017,251:763 – 772.

[1293]Shaikh H,Sener G,Memon N,et al. Molecularly imprinted surface plasmon resonance (SPR) based sensing of bisphenol A for its selective detection in aqueous systems[J]. Analytical Methods,2015,7(11):4661 – 4670.

[1294]Zhang L,Cui D,Cai H,et al. Recognition of chlorsulfuron based on SPR sensors with the molecular imprinted polymer[J]. WeinadianziJishu,2011,48(4):254 – 257.

[1295]Altintas Z,Guerreiro A,Piletsky S A,et al. NanoMIP based optical sensor for pharmaceuticals monitoring[J]. Sensors and Actuators B – Chemical,2015,213(1):305 – 313.

[1296]Ayankojo A G,Reut J,Pik A,et al. Hybrid molecularly imprinted polymer for amoxicillin detection[J]. Biosensors and Bioelectronics,2018,118:102 – 107.

[1297]Haupt K, Mayes A G, Mosbach K. Herbicide assay using an imprinted polymer based system analogous to competitive fluoroimmunoassays[J]. Analytical Chemistry,1998,70(18):3936 – 3939.

[1298]Weber P,Riegger B R,Niedergall K,et al. Nano – MIP based sensor for penicillin G:Sensitive layer and analytical validation[J]. Sensors and Actuators B – Chemical,2018,267:26 – 33.

[1299]吴朝阳,张晓蕾,杨云慧,等. 尼古丁分子印迹聚邻氨基酚敏感膜传感器[J]. 湖南大学学报,2005,32(3):10 – 14.

[1300]Chou L C S,Liu C C. Development of a molecular imprinting thick film electrochemical sensor for cholesterol detection[J]. Sensors and Actuators B – Chemical,2005,110(2):204 – 208.

[1301]Li C Y,Wang C F,Guan B,et al. Electrochemical sensor for the determination of parathion based on p – tert – butylcalix[6]arene – 1,4 – crown – 4 sol –

gel film and its characterization by electrochemical methods[J]. Sensors and Actuators B - Chemical,2005,107(1):411 - 417.

[1302]Li C Y,Wang C F,Wang C H,et al. Construction of a novel molecularly imprinted sensor for the determination of O,O - dimethyl - (2,4 - dichlorophenoxyacetoxyl) (3′ - nitrophenyl) methinephosphonate[J]. Analytica Chimica Acta,2005, 545(2):122 - 128.

[1303]王澍. 基于分子印迹技术的麻黄素电容传感器的研制[J]. 娄底师专学报,2004,2:16 - 18.

[1304]Kirsch N,Hart J P,Bird D J,et al. Towards the development of molecularly imprinted polymer based screen - printed sensors for metabolites of PAHs[J]. Analyst,2001,126(11):1936 - 1941.

[1305]Pogorelova S P,Kharitonov A B,Willner I,et al. Development of ion - sensitive field - effect transistor - based sensors for benzylphosphonic acids and thiophenols using molecularly imprinted TiO_2 films[J]. Analytica Chimica Acta,2004, 504(1):113 - 122.

[1306]Liang R N,Zhang R M,Qin W. Potentiometric sensor based on molecularly imprinted polymer for determination of melamine in milk[J]. Sensors and Actuators B - Chemical,2009,141(2):544 - 550.

[1307]Tonelli D,Ballarin B,Guadagnini L,et al. A novel potentiometric sensor for L - ascorbic acid based on molecularly imprinted polypyrrole[J]. Electrochimica Acta,2011,56(20):7149 - 7154.

[1308]Chen S Z,Du D,Huang J,et al. Rational design and application of molecularly imprinted sol - gel polymer for the electrochemically selective and sensitive determination of Sudan I[J]. Talanta,2011,84(2):451 - 456.

[1309]Alizadeh T,Amjadi S. Preparation of nano - sized Pb2 + imprinted polymer and its application as the chemical interface of an electrochemical sensor for toxic lead determination in different real samples[J]. Journal of Hazardous Materials,2011,190(1 - 3):451 - 459.

[1310]Wang Z H,Qin Y X,Wang C,et al. Preparation of electrochemical sensor for lead (Ⅱ) based on molecularly imprinted film[J]. Applied Surface Science, 2012,258(6):2017 -2021.

[1311]Wang Z H, Li F, Xia J F, et al. An ionic liquid - modified graphene based molecular imprinting electrochemical sensor for sensitive detection of bovine hemoglobin[J]. Biosensors and Bioelectronics,2014,61:391 -396.

[1312] Ma Y, Shen X L, Zeng Q, et al. A multi - walled carbon nanotubes based molecularly imprinted polymers electrochemical sensor for the sensitive determination of HIV - p24[J]. Talanta,2017,164:121 -127.

[1313]Uygun Z O, Dilgin Y. A novel impedimetric sensor based on molecularly imprinted polypyrrole modified pencil graphite electrode for trace level determination of chlorpyrifos[J]. Sensors and Actuators B - Chemical,2013,188:78 -84.

[1314]Toro M J U, Marestoni L D, Sotomayor M D T. A new biomimetic sensor based on molecularly imprinted polymers for highly sensitive and selective determination of hexazinone herbicide[J]. Sensors and Actuators B - Chemical,2015, 208:299 -306.

[1315]徐玮,毛乐宝,陈苗苗,等. 新型分子印迹电化学传感器的构建及其对 11 种 β2 -兴奋剂的检测[J]. 分析科学学报,2020,36(5):734 -740.

[1316] Udomsap D, Branger C, Culioli G, et al. A versatile electrochemical sensing receptor based on a molecularly imprinted polymer[J]. Chemical Communications,2014,50(56):7488 -7491.

[1317]Latif U, Dickert F L. Conductometric sensors for monitoring degradation of automotive engine oil[J]. Sensors,2011,11(9):8611 -8625.

[1318]Warwick C, Guerreiro A, Gomez - Caballero A, et al. Conductance based sensing and analysis of soluble phosphates in wastewater Soares[J]. Biosensors and Bioelectronics,2014,52:173 -179.

[1319]Najafi M, Baghbanan A A. Capacitive chemical sensor for thiopental assay based on electropolymerized molecularly imprinted polymer[J]. Electroanalysis, 2012,24(5):1236 -1242.

[1320]邓桂茹,龚海英,郭洪声,等. 分子印迹聚合物作为电传感电极涂层

对气味物质的选择性识别[J]. 武警医学院学报,2002,11(3):149 - 152.

[1321]Dickert F L,Lieberzeit P A,Hayden O,et al. Chemical sensors - from molecules,complex mixtures to cells - supramolecular imprinting strategies[J]. Sensors,2003,3(9):381 - 392.

[1322]Liang C D,Peng H,Bao X Y,et al. Study of a molecular imprinting polymer coated BAW bio - mimic sensor and its application to the determination of caffeine in human serum and urine[J]. Analyst,1999,124(12):1781 - 1785.

[1323]Peter A L,Gerd G,Michael J,et al. Softlithography in chemical sensing - analytes from molecules to cells[J]. Sensors,2005,5(12):509 - 518.

[1324]Murray G M,Arnold B M. Molecularly imprinted polymeric sensor for the detection of explosives. US 10182818[P],2005 - 03 - 29.

[1325]左言军,余建华,黄启斌,等. 沙林酸印迹聚邻苯二胺纳米膜制备及结构表征[J]. 物理化学学报,2003,19(6):528 - 532.

[1326]潘勇,王艳武,伍智仲,等. 声表明波分子印迹纳技术检测甲基膦酸二甲酯的研究[J]. 分析测试学报,2005,24(4):42 - 44.

[1327]Cakir O,Bakhshpour M,Yilmaz F,et al. Novel QCM and SPR sensors based on molecular imprinting for highly sensitive and selective detection of 2,4 - dichlorophenoxyacetic acid in apple samples[J]. Materials Science and Engineering C - Materials for Biological Applications,2019,102:483 - 491.

[1328]Kartal F,Çimen D,Bereli N. Molecularly imprinted polymer based quartz crystal microbalance sensor for the clinical detection of insulin[J]. Materials Science and Engineering C - Materials for Biological Applications,2019,97:730 - 737.

[1329]Karaseva N,Ermolaeva T,Mizaikoff B. Piezoelectric sensors using molecularly imprinted nanospheres for the detection of antibiotics[J]. Sensors and Actuators B - Chemical,2016,225:199 - 208.

[1330]Greene N T,Morgan S L and Shimizu K D. Molecularly imprinted polymer sensor arrays[J]. Chemical Communications,2004,10:1172 - 1173.

[1331]Boyd J W,Cobb G P,Southard G E,et al. Development of molecularly imprinted polymer sensors for chemical warfare agents[J]. Johns Hopkins APL Technical Digest,2004,25(1):44 -49.

[1332]Chen Y C,Wang Z M,Yan M D,et al. Symposium on Molecularly Imprinted Materials,December 03 -05,2003[C]. Warrendale:Materials Research Society,2003.

[1333] Jenkins A L, Bae S Y. Molecularly imprinted polymers for chemical agent detection in multiple water matrices[J]. Analytica Chimica Acta,2005,542(1):32 -37.

[1334]Liu C B,Song Z L,Pan J M,et al. A simple and sensitive surface molecularly imprinted polymers based fluorescence sensor for detection of lambda - cyhalothrin [J]. Talanta,2014,125:14 -23.

[1335]Xie C G,Gao S,Zhou H K,et al. Chemiluminescence sensor for sulfonylurea herbicide using molecular imprinted microspheres as recognition element[J]. Luminescence,2011,26(4):271 -279.

[1336]Liu F,Huang S Y,Xue F,et al. Detection of organophosphorus compounds using a molecularly imprinted photonic crystal[J]. Biosensors and Bioelectronics,2012,32(1):273 -277.

[1337]张鑫,李彦松,韩睿,等. 分子印迹光子晶体阵列传感器的构建及其对双酚 A 和双氰胺的检测[J]. 分子化学,2020,48(3):389 -395.

[1338]Saylana Y,Akgnullua S,Cimen D,et al. Development of surface plasmon resonance sensors based on molecularly imprinted nanofilms for sensitive and selective detection of pesticides[J]. Sensors and Actuators B - Chemical,2017,241:446 -454.

[1339] Chantada - Vazquez M,Sanchez - Gonzalez J,Pena - Vazquez E,et al. Simple and sensitive molecularly imprinted polymer - Mn - doped ZNS quantum dots based fluorescence probe for cocaine and metabolites determination in urine[J]. Analytical Chemistry,2016,88(5):2734 -2741.

[1340]Wang S M,Ge L,Li L,et al. Molecularly imprinted polymer grafted paper - based multi - disk micro - disk plate for chemiluminescence detection of pesticide[J]. Biosensors and Bioelectronics,2013,50:262 -268

[1341]Zor E,Morales – Narvaez E,Zamora – Galvez A,et al. Graphene quantum dots – based photoluminescent sensor:A multifunctional composite for pesticide detection[J]. ACS Applied Materials and Interfaces,2015,7(36):20272 – 20279.

[1342]Yao G H,Liang R P,Huang C F,et al. Surface plasmon resonance sensor based on magnetic molecularly imprinted polymers amplification for pesticide recognition[J]. Analytical Chemistry,2013,85(24):11944 – 11951.

[1343]朱勇,张海霞. 微纳传感器及其应用[M]. 北京:北京大学出版社,2010.

[1344]Cao A P,Sudholter E J R,de Smet L C P M. Silicon nanowire – based devices for gas – phase sensing[J]. Sensors,2013,14(1):245 – 271.

[1345]Choi S,Mo H S,Kim J,et al. Experimental extraction of stern – layer capacitance in biosensor detection using silicon nanowire field – effect transistors[J]. Current Applied Physics,2020,20(6):828 – 833.

[1346]Tran D P,Winter M,Yang C T,et al. Silicon Nanowires Field Effect Transistors:A Comparative Sensing Performance between Electrical Impedance and Potentiometric Measurement Paradigms[J]. Analytical Chemistry,2019,91(19):12568 – 12573.

[1347]Lu N,Gao A R,Dai P F,et al. The application of silicon nanowire field – effect transistor – based biosensors in molecular diagnosis[J]. Chinese Science Bulletin,2016,61(1):52 – 62.

[1348]Yang Z,Dou X C. Emerging and future possible strategies for enhancing 1d inorganic nanomaterials – based electrical sensors towards explosives vapors detection[J]. Advanced Functional Materials,2016,26(15):2406 – 2425.

[1349]Colli A,Fasoli A,Beecher P,et al. Thermal and chemical vapor deposition of Si nanowires:Shape control,dispersion,and electrical properties[J]. Journal of Applied Physics,2007,102(3):19 – 22.

[1350]Whang D,Jin S,Wu Y,et al. Large – Scale Hierarchical organization of nanowire arrays for integrated nanosystems[J]. Nano Lettersers,2003,3(9):1255 – 1259.

[1351] Yu X, Wang Y C, Zhou H, et al. Top – down fabricated silicon – nanowire – based field – effect transistor device on a (111) silicon wafer[J]. Small, 2013, 9(4): 525 – 530.

[1352] Yang X, Gao A R, Wang Y L, et al. Wafer – level and highly controllable fabricated silicon nanowire transistor arrays on (111) silicon – on – insulator (SOI) wafers for highly sensitive detection in liquid and gaseous environments[J]. Nano Research, 2018, 11(3): 1520 – 1529.

[1353] Zhou K, Zhao Z D, Pan L Y, et al. Silicon nanowire pH sensors fabricated with CMOS compatible sidewall mask technology[J]. Sensors and Actuators B – Chemical, 2019, 279: 111 – 121.

[1354] Yang X, Wang Y L, Li T. 13th Annual IEEE International Conference on Nano/Micro Engineered and Molecular Systems (IEEE – NEMS), April 22 – 26, 2018[C]. New York: IEEE, 2018.

[1355] Lin M C, Chu C J, Chen C D, et al. Control and detection of organosilane polarization on nanowire field – effect transistors[J]. Nano Letters, 2007, 7(12): 3656 – 3661.

[1356] Chen Y, Xu P C, Li XX. Self – assembling siloxane bilayer directly on SiO_2 surface of micro – cantilevers for long – term highly repeatable sensing to trace explosives[J]. Nanotechnology, 2010, 21(26): 265501.

[1357] Wang H, Chen S X, Gao A R, et al. Detection of TNT in sulfuric acid solution by SiNWs – FET based sensor[J]. Microsystem Technologies – Micro – and Nanosystems – Information Storage and Processing Systems 2022, 28(6): 1525 – 1534.

[1358] Gasparyan L F, Mazo I A, Simonyan V V, et al. EIS Biosensor for Detection of Low Concentration DNA Molecules[J]. Journal of Contemporary Physics – Armenian Academy of Sciences 2020, 55(1): 101 – 109.

[1359] Klinghammer S, Rauch S, Pregl S, et al. Surface modification of silicon nanowire based field effect transistors with stimuli responsive polymer brushes for biosensing applications[J]. Micromachines, 2020, 11(3): 274.

[1360] Cui Y, Wei QQ, Park H K, et al. Nanowire nanosensors for highly sensitive and selective detection of biological and chemical species[J]. Science,2001, 293(5533):1289 - 1292.

[1361]Engel Y,Elnathan R,Pevzner A,et al. Supersensitive detection of explosives by silicon nanowire arrays[J]. AngewandteChemie - International Edition, 2010,49(38):6830 - 6835.

[1362]Lichtenstein A,Havivi E,Shacham R,et al. Supersensitive fingerprinting of explosives by chemically modified nanosensors arrays[J]. Nature Communications,2014,5:4195.

[1363]Cao A P,Zhu W,Shang J,et al. Metal - organic polyhedra - coated si nanowires for the sensitive detection of trace explosives[J]. Nano Letters,2017,17 (1):1 - 7.

[1364]Gao A R,Wang Y,Zhang D W,et al. Highly sensitive and selective detection of human - derived volatile organic compounds based on odorant binding proteins functionalized silicon nanowire array[J]. Sensors and Actuators B - Chemical, 2020,309:127762.

[1365]Chen S Y,Dong H P,Yang J. Surface potential/charge sensing techniques and applications[J]. Sensors,2020,20(6):1690.

[1366]Cao A P,Zhu W,Shang J,et al. Metal - organic polyhedra - coated si nanowires for the sensitive detection of trace explosives[J]. Nano Letters,2017,17 (1):1 - 7.

[1367]Zhang X,Fan Q Y,Yang H,et al. Metal - organic framework assisted synthesis of nitrogen - doped hollow carbon materials for enhanced supercapacitor performance[J]. New Journal of Chemistry,2018,42(21):17389 - 17395.

[1368]Guo S B,Xu P C,Yu H T,et al. Hyper - branch sensing polymer batch self - assembled on resonant micro - cantilevers with a coupling - reaction route[J]. Sensors and Actuators B - Chemical,2015,209:943 - 950.

[1369]Lo YR,Chen HM P,Yang YS,et al. Gas sensing ability on polycrystalline - silicon nanowire[J]. ECS Journal of Solid State Science and Technology, 2018,7(7):Q3104 - Q3107.

[1370]Gao L,Zhao R H,Wang Y W,et al. Surface plasmon resonance biosensor for the accurate and sensitive quantification of O – GlcNAc based on cleavage by β – D – N – acetylglucosaminidase[J]. Analytica Chimica Acta,2018,1040:90 – 98.

[1371]Zhan SS,Wu Y G,Wang L M,et al. A mini – review on functional nucleic acids – based heavy metal ion detection[J]. Biosensors and Bioelectronics,2016,86:353 – 368.

[1372]Pang B,Fu K Y,Liu Y S,et al. Development of a self – priming PDMS/paper hybrid microfluidic chip using mixed – dye – loaded loop – mediated isothermal amplification assay for multiplex foodborne pathogens detection[J]. Analytica Chimica Acta,2018,1040:81 – 89.

[1373]Hernaez M. Applications of graphene – based materials in sensors[J]. Sensors,2020,20(11):3196.

[1374]Pang Y,Han X,Yang Z,et al. IEEE International Conference on Electron Devices and Solid – State Circuits (EDSSC),June 12 – 14,2019[C]. New York:IEEE,2019.

[1375]Alizadeh T,Soltani L H. Reduced graphene oxide – based gas sensor array for pattern recognition of DMMP vapor[J]. Sensors and Actuators B – Chemical,2016,234:361 – 370.

[1376]Yoo R,Kim J,Song M J,et al. Nano – composite sensors composed of single – walled carbon nanotubes and polyaniline for the detection of a nerve agent simulant gas[J]. Sensors and Actuators B – Chemical,2015,209:444 – 448.

[1377]Henych J,Stengl V,Mattsson A,et al. Chemical warfare agent simulant DMMP reactive adsorption on TiO_2/graphene oxide composites prepared via titanium peroxo – complex or urea precipitation[J]. Journal of Hazardous Materials,2018,359:482 – 490.

[1378]Hwang H M,Hwang E,Kim D,et al. Mesoporous non – stacked graphene – receptor sensor for detecting nerve agents[J]. Scientific Reports,2016,6:33299.

[1379]Li WW,Qi W Z,Cai L,et al. Enhanced room – temperature NO2 – sensing performance of AgNPs/rGO nanocomposites[J]. Chemical Physics Letters,2019,738:136873.

[1380]Li WW,Chen R S,Qi W Z,et al. Reduced graphene oxide/mesoporous ZnOnss hybrid fibers for flexible,stretchable,twisted,and wearable NO_2 e-textile gas sensor. ACS Sensors[J],2019,4(10):2809-2818.

[1381]Qi W Z,Li W W,Sun Y L,et al. Influence of low-dimension carbon-based electrodes on the performance of SnO_2 nanofiber gas sensors at room temperature. Nanotechnology,2019,30(34):345503.

[1382]Lee,K,KyoungYoo Y,Chae M S,et al. Highly selective reduced graphene oxide (rGO) sensor based on a peptide aptamer receptor for detecting explosives[J]. Scientific Reports,2019,9:10297.

[1383]Kim D,Park C,Choi W,et al. Improved long-term responses of Au-decorated si nanowire fet sensor for NH_3 detection [J]. IEEE Sensors Journal,2020,20(5):2270-2277.

[1384]Yoonessi M,Shi Y,Scheiman D A,et al. Graphene polyimide nanocomposites;thermal,mechanical,and high-temperature shape memory effects[J]. ACS Nano,2012,6(9):7644-7655.

[1385]Kybert N J,Han G H,Lerner M B,et al. Scalable arrays of chemical vapor sensors based on DNA-decorated graphene[J]. Nano Research,2014,7(1):95-103.

[1386]Foudeh A M,Pfattner R,Lu S H,et al. Effects of water and different solutes on carbon-nanotube low-voltage field-effect transistors[J]. Small,2020,16(34):2002875.

[1387]Simonato J P,Clavaguera S,Carella A,et al. 16th Conference in the Biennial Sensors and their Applications,September 12-14,2011[C]. Bristol:IOP Publishing LTD,2011.

[1388]Dale T J,Rebek J. Fluorescent sensors for organophosphorus nerve agent mimics[J]. Journal of the American Chemical Society,2006,128(14):4500-4501.

[1389]Li SS,Wang Z D,Jia J L,et al. Preparation of hydroxyl and (3-aminopropyl) triethoxysilane functionalized multiwall carbon nanotubes for use as conductive fillers in the polyurethane composite[J]. Polym Composite,2018,39(4):1212 - 1222.

[1390]Song S G,Ha S,Cho H J,et al. Single - walled carbon - nanotube - based chemocapacitive sensors with molecular receptors for selective detection of chemical warfare agents[J]. ACS Applied Nano Materials,2019,2(1):109 - 117.

[1391]Wiederoder M S,Nallon E C,Weiss M,et al. Graphene nanoplatelet - polymer chemiresistive sensor arrays for the detection and discrimination of chemical warfare agent simulants[J]. ACS Sensors,2017,2(11):1669 - 1678.

[1392]霍桂利. 现代模式识别发展的研究与探索[J]. 河北广播电视大学学报,2012,17(5):81 - 83.

[1393]陈念贻,钦佩,陈瑞亮. 模式识别方法在化学化工中的应用[M]. 北京:科学出版社,2000.

[1394]Logrieco A,Arrigan D W M,Brengel - Pesce K,etal. DNA arrays,electronic noses and tongues,biosensors and receptors for rapid detection of toxigenic fungi and mycotoxins:a review[J]. Food Additives and Contaminants Part A - Chemistry Analysis Control Exposure & Risk Assessment,2005,22(4):335 - 344.

[1395]陈四海,周敬良. 化学传感器阵列的计算机数据分析方法和发展趋势[J]. 化学传感器,2008,28(4):22 - 26.

[1396]Jurs P C,Bakken G A,McClelland H E. Computational methods for the analysis of chemical sensor array data from volatile analytes[J]. Chemical Reviews,2000,100(7):2649 - 2678.

[1397]许禄. 化学计量学一些重要方法的原理及应用[M]. 北京:科学出版社,2004.

[1398]Vlasov Y,Legin A,Rudnitskaya A,et al. Nonspecific sensor arrays ("electronic tongue")for chemical analysis of liquids (IUPAC technical report)[J]. Pure and Applied Chemistry,2005,77(11):1965 - 1983.

[1399]Askim J R,Mahmoudi M,Suslick K S. Optical sensor arrays for chemical sensing:the optoelectronic nose[J]. Chemical Society Reviews,2013,42(22):

8649 - 8682.

[1400]Zhang Y A, Askim J R, Zhong W X, et al. Identification of pathogenic fungi with an optoelectronic nose[J]. Analyst, 2014, 139(8):1922 - 1928.

[1401]Rochat S, Gao J, Qian X H, et al. Cross - reactive sensor arrays for the detection of peptides in aqueous solution by fluorescence spectroscopy[J]. Chemistry - A European Journal, 2011, 16(1):104 - 113.

[1402]Montes - Navajas P, Baumes L A, Corma A, et al. Dual - response colorimetric sensor array for the identification of amines in water based on supramolecular host - guest complexation[J]. Tetrahedron Letters, 2009, 50(20):2301 - 2304.

[1403]Palacios M A, Nishiyabu R, Marquez M, et al. Supramolecular chemistry approach to the design of a high - resolution sensor array for multianion detection in water[J]. Journal of the American Chemical Society, 2007, 129(24):7538 - 7544.

[1404]Strike D J, Meijerink M G H, Koudelka - Hep M. Electronic noses - A mini - review[J]. Fresenius Journal of Analytical Chemistry, 1999, 364(6):499 - 505.

[1405]Hierlemann A, Gutierrez - Osuna R. Higher - order chemical sensing [J]. Chemical Reviews, 2008, 108(2):563 - 613.

[1406]Vlasov Y, Legin A, Rudnitskaya A. Electronic tongues and their analytical application[J]. Analytical and Bioanalytical Chemistry, 2002, 373(3):139 - 146.

[1407]James D, Scott S M, Ali Z, et al. Chemical sensors for electronic nose systems[J]. Microchimica Acta, 2005, 149(1 - 2):1 - 17.

[1408]Wolfbeis O S. Fiber - optic chemical sensors and biosensors[J]. Analytical Chemistry, 2004, 76(12):3269 - 3284.

[1409]Bakker E. Electrochemical sensors[J]. Analytical Chemistry, 2004, 76 (12):3285 - 3298.

[1410]Dai L M, Soundarrajan P, Kim T. Sensors and sensor arrays based on conjugated polymers and carbon nanotubes[J]. Pure and Applied Chemistry, 2002, 74(9):1753 - 1772.

[1411]Stetter J R, Strathmann S, McEntegart C, et al. New sensor arrays and sampling systems for a modular electronic nose[J]. Sensors and Actuators B - Chemical,2000,69(3):410 -419.

[1412] Lyons W B, Lewis E. Neural networks and pattern recognition techniques applied to optical fibre sensors[J]. Transactions of the Institute of Measurement and Control,2000,22(5):385 -404.

[1413]Janata J. Chemical sensors[J]. Analytical Chemistry,1992,64(12):196 -219.

[1414] Janata J, Josowicz M, Devaney DM. Chemical sensors[J]. Analytical Chemistry,1994,66(12):207 -228.

[1415]Janata J,Josowicz M,Vanysek P,et al. Chemical sensors[J]. Analytical Chemistry,1998,70(12):179 -208.

[1416] Grate J W. Acoustic wave microsensor arrays for vapor sensing[J]. Chemical Reviews,2000,100(7):2627 -2648.

[1417]Gnani D,Guidi V,Ferroni M,et al. High - precision neural pre - processing for signal analysis of a sensor array[J]. Sensors and Actuators B - Chemical, 1998,47(1 -3):77 -83.

[1418]Hines E L,Llobet E,Gardner JW. Electronic noses:a review of signal processing techniques[J]. IEE Proceedings - Circuits Devices and Systems,1999, 146(6):297 -310.

[1419]Doleman B J,Lonergan M C,Severin E J,et al. Quantitative study of the resolving power of arrays of carbon black - polymer composites in various vapor - sensing tasks[J]. Analytical Chemistry,1998,70(19):4177 -4190.

[1420]He X W,Xing W L,Fang Y H. Identification of combustible material with piezoelectric crystal sensor array using pattern - recognition techniques[J]. Talanta,1997,44(11):2033 -2039.

[1421]Pearce T C,Gardner J W. Predicting organoleptic scores of sub - ppm flavor notes. Part 2. Computational analysis and results[J]. Analyst,1998,123(10): 2057 -2066.

[1422] Wang P,Pei H,Wan Y,et al. Nanomechanical identification of proteins using microcantilever -based chemical sensors[J]. Nanoscale,2012,4(21):6739 -6742.

[1423] Yu H C, Wang J, Zhang H M, et al. Identification of green tea grade using different feature of response signal from E – nose sensors[J]. Sensors and Actuators B – Chemical, 2008, 128(2): 455 – 461.

[1424] Freund M S, Lewis N S. A chemically diverse conducting polymer – based"electronic nose"[J]. Proceedings of the National Academy of Sciences of the United States of America, 1995, 92(7): 2652 – 2656.

[1425] Nanto H, Kondo K, Habara M, et al. Identification of aromas from alcohols using a Japanese – lacquer – film – coated quartz resonator gas sensor in conjunction with pattern recognition analysis[J]. Sensors and Actuators B – Chemical, 1996, 35(1 – 3): 183 – 186.

[1426] Dinatale C, Davide F A M, Damico A, etal. Complex chemical pattern recognition with sensor array: the discrimination of vintage years of wine[J]. Sensors and Actuators B – Chemical, 1995, 25(1 – 3): 801 – 804.

[1427] Dinatale C, Macagnano A, Paolesse R, etal. Electronic nose and sensorial analysis: comparison of performances in selected cases[J]. Sensors and Actuators B – Chemical, 1998, 50(3): 246 – 252.

[1428] Dinatale CMacagnano A, Davide F, et al. An electronic nose for food analysis[J]. Sensors and Actuators B – Chemical, 1997, 44(1 – 3): 521 – 526.

[1429] Ulmer H, Mitrovics J, Noetzel G, et al. Odours and flavours identified with hybrid modular sensor systems[J]. Sensors and Actuators B – Chemical, 1997, 43(1 – 3): 24 – 33.

[1430] Gibson T D, Prosser O, Hulbert J N, et al. Detection and simultaneous identification of microorganisms from headspace samples using an electronic nose[J]. Sensors and Actuators B – Chemical, 1997, 44(1 – 3): 413 – 422.

[1431] Carrasco A, Saby C, Bernadet P. Discrimination of Yves Saint Laurent perfumes by an electronic nose[J]. Flavour and Fragrance Journal, 1998, 13(5): 335 – 348.

[1432] Hong H K, Shin H W, Yun D H, et al. Electronic nose system with micro gas sensor array[J]. Sensors and Actuators B – Chemical, 1996, 36(1 – 3): 338 – 341.

[1433]Eklov T, Johansson G, Winquist F, et al. Monitoring sausage fermentation using an electronic nose[J]. Journal of the Science of Food and Agriculture, 1998, 76(4):525 - 532.

[1434] Schweier - Berberich PM, Vaihinger S, Gopel W. Characterization of food freshness with sensor arrays[J]. Sensors and Actuators B - Chemical, 1994, 18(1 - 3):282 - 290.

[1435] Bodenh K, Hierlemann A, Seemann J, et al. Chiral discrimination in the gas phase using different transducers: Thickness shear mode resonators and reflectometric interference spectroscopy[J]. Analytical Chemistry, 1997, 69(15):3058 - 3068.

[1436]Zellers E T, Batterman S A, Han M W, et al. Optimal coating selection for the analysis of organic vapor mixtures with polymer - coated surface acoustic wave sensor arrays[J]. Analytical Chemistry, 1995, 67(6):1092 - 1106.

[1437]Zellers ET, Han M W. Effects of temperature and humidity on the performance of polymer - coated surface acoustic wave vapor sensor arrays[J]. Analytical Chemistry, 1996, 68(14):2409 - 2418.

[1438]Haaland D M, Melgaar D K. New classical least - squares/partial least - squares hybrid algorithm for spectral analyses [J]. Applied Spectroscopy, 2001, 55(1):1 - 8.

[1439] Carrasco A, Saby C, Bernadet P. Discrimination of yves saint laurent perfumes by an electronic nose[J]. Flavour and Fragrance Journal, 1998, 13(5): 335 - 348.

[1440]Domansky K, Baldwin D L, Grate J W, et al. Development and calibration of field - effect transistor - based sensor array for measurement of hydrogen and ammonia gas mixtures in humid air[J]. Analytical Chemistry, 1998, 70(3):473 - 481.

[1441]Dickert F L, Hayden O, Zenkel M E. Detection of volatile compounds with mass - sensitive sensor arrays in the presence of variable ambient humidity[J]. Analytical Chemistry, 1999, 71(7):1338 - 1341.

[1442]Grate J W, Wise B M, Abraham M H. Method for unknown vapor characterization and classification using a multivariate sorption detector. Initial derivation and modeling based on polymer – coated acoustic wave sensor arrays and linear solvation energy relationships[J]. Analytical Chemistry,1999,71(20):4544 –4553.

[1443]田景文,高美娟. 人工神经网络算法研究及应用[M]. 北京:北京理工大学出版社,2006.

[1444]Hong H K,Kwon C H,Kim S R,et al. Portable electronic nose system with gas sensor array and artificial neural network[J]. Sensors and Actuators B – Chemical,2000,66(1 –3):49 –52.

[1445]Huyberechts G,Szecowka P,Roggen J,et al. Simultaneous quantification of carbon monoxide and methane in humid air using a sensor array and an artificial neural network[J]. Sensors and Actuators B – Chemical,1997,45(2):123 –130.

[1446]Corcoran P,Lowery P,Anglesea J. Optimal configuration of a thermally cycled gas sensor array with neural network pattern recognition[J]. Sensors and Actuators B – Chemical,1998,48(1 –3):448 –455.

[1447]Sutter J M,Jurs P C. Neural network classification and quantification of organic vapors based on fluorescence data from a fiber – optic sensor array[J]. Analytical Chemistry,1997,69(5):856 –862.

[1448]Hong H K,Shin H W,Park H S,et al. Gas identification using micro gas sensor array and neural – network pattern recognition[J]. Sensors and Actuators B – Chemical,1996,33(1 –3):68 –71.

[1449]Llobet E,Brezmes J,Vilanova X,et al. Qualitative and quantitative analysis of volatile organic compounds using transient and steady – state responses of a thick – film tin oxide gas sensor array[J]. Sensors and Actuators B – Chemical,1997,41(1 –3):13 –21.

[1450]Barker P S,Chen J R,Agbor N E,et al. Vapour recognition using organic films and artificial neural networks[J]. Sensors and Actuators B – Chemical,1994,17(2):143 –147.

[1451]Barko G,Hlavay J. Application of an artificial neural network (ANN) and piezoelectric chemical sensor array for identification of volatile organic compounds[J]. Talanta,1997,44(12):2237 –2245.

[1452]Dinatale C,Davide F A M,Damico A,et al. A composed neural network for the recognition of gas mixtures[J]. Sensors and Actuators B – Chemical,1995,25(1 –3):808 –812.

[1453]Dinatale C,Davide F A M,Damico A,et al. An electronic nose for the recognition of the vineyard of a red wine[J]. Sensors and Actuators B – Chemical,1996,33(1 –3):83 –88.

[1454]McCarrick C W,Ohmer D T,Gilliland LA,et al. Fuel identification by neural network analysis of the response of vapor – sensitive sensor arrays[J]. Analytical Chemistry,1996,68(23):4264 –4269.

[1455]Singh S,Hines E L,Gardner J W. Fuzzy neural computing of coffee and tainted – water data from an electronic nose[J]. Sensors and Actuators B – Chemical,1996,30(3):185 –190.

[1456]Macro S,Ortega A,Pardo A,et al. Gas identification with tin oxide sensor array and self – organizingmaps:adaptive correction of sensor drifts[J]. IEEE Transactions on Instrumentation and Measurement,1998,47(1):316 –321.

[1457]Davide F A M,Dinatale C,Damico A. Self – organizing multisensor systems for odor classification – internal categorization,adaptation and drift rejection[J]. Sensors and Actuators B – Chemical,1994,18(1 –3):244 –258.

[1458]Dinatale C,Davide F A M,Damico A. A self – organizing system for pattern classification:Time varying statistics and sensor drift effects[J]. Sensors and Actuators B – Chemical,1995,27(1 –3):237 –241.

[1459]Dinatale C,Davide F A M,Damico A,et al. Sensor arrays calibration with enhanced neural networks[J]. Sensors and Actuators B – Chemical,1994,19(1 –3):654 –657.

[1460]Srivastava S,Mishra G,Mishra H N. Fuzzy controller based E – nose classification of Sitophilus oryzae infestation in stored rice grain[J]. Food chemistry,2019,283:604 –610.

[1461]Sharma J,Panchariya P C,Purohit G N. 2013 International Conference on Advanced Electronic Systems,September 21 – 23,2013 [C]. New York:

IEEE,2013.

[1462]张文,柏竹平,金利通,等. 味觉传感器的研究－计算机对一个新的液膜体系中酸、甜、苦、咸物质的定性识别[J]. 华东师范大学学报,1997,2:56－61.

[1463]Scott S M,James D,Ali Z. Data analysis for electronic nose systems[J]. Microchim Acta. 2007,156:183－207.

[1464]孙其博,刘杰,黎,等. 物联网:概念、架构与关键技术研究综述[J]. 北京邮电大学学报,2010,33(3):1－9.

[1465]龚华明,阴躲芬. 物联网三层体系架构及其关键技术浅析[J]. 科技广场,2013,2:20－23.

[1466]陈焕,范铠,汪正祥. ZigBee 与其他短距离无线通信技术比较及其应用[J]. 信息技术,2015,5:180－183.

[1467]丁飞,张西良. Z－Wave 技术简析[J]. 现代电信科技,2005,11:56－58.

[1468]康凯斯. NB－IoT,LTE－M,LoRa,SigFox 和其他物联网 LPWAN 技术[EB]. [2019－06－05]. http:/www. concox. net/about/industry/681. html.

[1469]楚政,谢飞. 超宽带无线通信技术的发展[J]. 电信科学,2007,11:10－13.

[1470]彭红利. 物联网建设中的短距离无线通信技术[J]. 科技风,2019,24:101－111.

[1471]郑宁,杨曦,吴双力. 低功耗广域网络技术综述[J]. 信息通信技术,2017,11(1):47－54.

[1472]易红霞,龙海如,李家成. 基于针织柔性传感器无线传输系统构建与测试[J]. 针织工业,2015,(4):59－62.

[1473]Gao W,Emaminejad S,Nyein H Y Y,et al. Fully integrated wearable sensor arrays for multiplexed in situ perspiration analysis[J]. Nature,2016,529(7587):509－514.

[1474]Kim J,Cho T N,Valdes－Ramirez G,et al. A wearable fingernail chemical sensing platform:ph sensing at your fingertips[J]. Talanta,2016,150:622－628.

[1475]Gumus A,Lee S,AhsanSS,et al. Lab－on－a－bird:biophysical monitoring of flying birds[J]. Plos One,2015,10(4):e0123947.

[1476]Chiesa M,Rigoni F,Paderno M,et al. Development of low - cost ammonia gas sensors and data analysis algorithms to implement a monitoring grid of urban environmental pollutants[J]. Journal of Environmental Monitoring,2012,14(6):1565 - 1575.

[1477]Fahad,H M,Shiraki H,Amani M,et al. Room temperature multiplexed gas sensing using chemical - sensitive 3. 5 - nm - thin silicon transistors[J]. Science Advances,2017,3(3):e1602557.

[1478]Alreshaid A T,Hester J G,Su W,et al. Review - ink - jet printed wireless liquid and gas sensors for IoT,SmartAg and smart city applications[J]. Journal of the Electrochemical Society,2018,165(10):B407 - B413.

[1479]Kassal P,Steinberg I M,Steinberg M D. Wireless smart tag with potentiometric input for ultra low - power chemical sensing[J]. Sensors and Actuators B - Chemical,2013,184:254 - 259.

[1480]Liu Y,Liang Y C,Xue L,et al. Polystyrene - coated interdigitated microelectrode array to detect free chlorine towards IoT applications[J]. Analytical Sciences. 2019,35(5):505 - 509.

[1481]Le G T,Tran T V,Lee H S,et al. Long - Range Batteryless Rf Sensor for Monitoring the Freshness of Packaged Vegetables[J]. Sensors and Actuators A - Physical,2016,237:20 - 28.

[1482]Kassal P,Steinberg M D,Steinberg I M. Wireless chemical sensors and biosensors:A review[J]. Sensors and Actuators B - Chemical,2018,266:228 - 245.